annual reports in organic synthesis - 1991

ANNUAL REPORTS IN ORGANIC SYNTHESIS

ANNUAL REPORTS IN ORGANIC SYNTHESIS-1970
John McMurry and R. Bryan Miller, Eds.

ANNUAL REPORTS IN ORGANIC SYNTHESIS-1971
John McMurry and R. Bryan Miller, Eds.

ANNUAL REPORTS IN ORGANIC SYNTHESIS-1972
John McMurry and R. Bryan Miller, Eds.

ANNUAL REPORTS IN ORGANIC SYNTHESIS-1973
R. Bryan Miller and Louis S. Hegedus, Eds.
John McMurry, Series Editor

ANNUAL REPORTS IN ORGANIC SYNTHESIS-1974
Louis S. Hegedus and Stephen R. Wilson, Eds.
R. Bryan Miller, Series Editor

ANNUAL REPORTS IN ORGANIC SYNTHESIS-1975
R. Bryan Miller and L. G. Wade, Jr., Eds.

ANNUAL REPORTS IN ORGANIC SYNTHESIS-1976
R. Bryan Miller and L. G. Wade, Jr., Eds.

ANNUAL REPORTS IN ORGANIC SYNTHESIS-1977
R. Bryan Miller and L. G. Wade, Jr., Eds.

ANNUAL REPORTS IN ORGANIC SYNTHESIS-1978
L. G. Wade, Jr., and Martin J. O'Donnell, Eds.

ANNUAL REPORTS IN ORGANIC SYNTHESIS-1979
L. G. Wade, Jr., and Martin J. O'Donnell, Eds.

ANNUAL REPORTS IN ORGANIC SYNTHESIS-1980
L. G. Wade, Jr., and Martin J. O'Donnell, Eds.

ANNUAL REPORTS IN ORGANIC SYNTHESIS-1981
L. G. Wade, Jr., and Martin J. O'Donnell, Eds.

ANNUAL REPORTS IN ORGANIC SYNTHESIS-1982
L. G. Wade, Jr., and Martin J. O'Donnell, Eds.

ANNUAL REPORTS IN ORGANIC SYNTHESIS-1983
Martin J. O'Donnell and Louis Weiss, Eds.

ANNUAL REPORTS IN ORGANIC SYNTHESIS-1984
Martin J. O'Donnell and Louis Weiss, Eds.

ANNUAL REPORTS IN ORGANIC SYNTHESIS-1985
Martin J. O'Donnell and Eric F. V. Scriven, Eds.

ANNUAL REPORTS IN ORGANIC SYNTHESIS-1986
Eric F. V. Scriven and Kenneth Turnbull, Eds.

ANNUAL REPORTS IN ORGANIC SYNTHESIS-1987
Eric F. V. Scriven and Kenneth Turnbull, Eds.

ANNUAL REPORTS IN ORGANIC SYNTHESIS-1989
Kenneth Turnbull and Daniel M. Ketcha, Eds.

ANNUAL REPORTS IN ORGANIC SYNTHESIS-1990
Kenneth Turnbull, Philip M. Weintraub, Daniel M. Ketcha,
and James Keay, Eds.

annual reports in organic synthesis – 1991

edited by

Philip M. Weintraub
Marion Merrell Dow Research Institute
Cincinnati, Ohio

Kenneth Turnbull
Department of Chemistry
Wright State University
Dayton, Ohio

ACADEMIC PRESS, INC.
Harcourt Brace Jovanovich, Publishers
San Diego   New York   Boston   London   Sydney   Tokyo   Toronto

Academic Press Rapid Manuscript Reproduction

QD
262
.A558
1991

This book is printed on acid-free paper. ∞

Copyright © 1991 By ACADEMIC PRESS, INC.
All Rights Reserved.
No part of this publication may be reproduced or transmitted in any form or by any means, electronic or mechanical, including photocopy, recording, or any information storage and retrieval system, without permission in writing from the publisher.

Academic Press, Inc.
San Diego, California 92101

United Kingdom Edition published by
ACADEMIC PRESS LIMITED
24-28 Oval Road, London NW1 7DX

Library of Congress Catalog Card Number: 71-167779

ISBN   0-12-040821-X   (alk. paper)

PRINTED IN THE UNITED STATES OF AMERICA
91 92 93 94   9 8 7 6 5 4 3 2 1

Contents

PREFACE ix
JOURNALS ABSTRACTED xi
GLOSSARY OF ABBREVIATIONS xiii

I. CARBON-CARBON BOND FORMING REACTIONS
  A. Carbon-Carbon Single Bonds (see also: I.E., I.F., I.G., I.H.) 1
    1. Alkylations of Aldehydes, Ketones, and Their Derivatives 1
    2. Alkylations of Nitriles, Acids and Acid Derivatives 7
    3. Alkylations of β-Dicarbonyl, β-Dicarbonyl Systems, and Other Active Methylene Compounds 12
    4. Alkylations of N-, P-, S-, Se and Similar Stabilized Carbanions 17
    5. Alkylations of Organometallic Reagents (see also: I.B.3., I.F., I.G.) 20
    6. Other Alkylation Procedures 28
    7. Nucleophilic Addition to Electron Deficient Carbon 31
      a. 1,2-Additions 31
        (1) Aldol-Type Condensations 31
          (a) Intermolecular 31
          (b) Intramolecular 42
        (2). Addition of N-, P-, S-, Se and Similar Stabilized Carbanions 43
        (3). Addition of Other Organometallic Species and Related Species 45
        (4). Other 1,2-Additions 58
      b. Conjugate Additions 61
        (1). Enolate-Type Carbanions 61
        (2). Organometallic and Related Reagents 67
        (3). Other Conjugate Additions 74
    8. Other Carbon-Carbon Single Bond Forming Reactions 78
  B. Carbon-Carbon Double Bonds (See also: I.E.1) 90
    1. Wittig-Type Olefination Reactions 90
    2. Eliminations 100
      a. Alcohols and Derivatives 100
      b. Halides 102
      c. Other Eliminations 105
    3. Other Carbon-Carbon Double Bond Forming Reactions 107
    4. Allene Forming Reactions 122
  C. Carbon-Carbon Triple Bonds 125
  D. Cyclopropanations 129
    1. Carbene or Carbenoid Additions to a Multiple Bond 129
    2. Other Cyclopropanations 132

v

E. Thermal and Photochemical Reactions... 135
  1. Cycloadditions.. 135
  2. Other Thermal Reactions... 155
  3. Photochemical Reactions... 158
F. Aromatic Substitutions Forming a New Carbon-Carbon Bond.... 169
  1. Friedel-Crafts Type Aromatic Substitution Reactions............ 169
  2. Coupling Reactions to Form an Aromatic
     Carbon-Carbon Bond.. 175
  3. Other Aromatic Substitutions and Preparations..................... 183
G. Synthesis via Organometallics... 191
  1. Synthesis via Organoboranes... 191
  2. Carbonylation Reactions... 194
  3. Other Synthesis via Organometallics.. 204
H. Rearrangements.. 208
  1. Claisen, Cope and Similar Processes... 208
  2. Other Rearrangements... 212

II. OXIDATIONS
A. C-O Oxidations.. 218
  1. Alcohol → Ketone, Aldehyde... 218
B. C-H Oxidations.. 221
  1. C-H → C-O.. 221
  2. C-H → C-Hal... 221
C. C-N Oxidations.. 228
D. Amine Oxidations.. 229
E. Sulfur Oxidations... 230
F. Oxidative Additions to C-C Multiple Bonds................................. 232
  1. Epoxidations.. 232
  2. Hydroxylation... 234
  3. Other Oxidative Additions to C-C Multiple Bonds............... 236
G. Phenol-Quinone Oxidation... 238
H. Dehydrogenation.. 239

III. REDUCTIONS
A. C=O Reductions.. 241
B. C-N Multiple Bond Reductions.. 247
  1. Imine Reductions... 247
  2. Reduction of Heterocycles... 248
C. Reduction of Sulfur Compounds... 249
D. N-O Reductions... 250
E. C-C Multiple Bond Reductions... 252
  1. C=C Reductions... 252
  2. C≡C Reductions... 255
F. Hetero Bond Reductions.. 256

	1. C-O→C-H	256
	2. C-Hal→C-H	260
	3. C-S→C-H	261
	4. C-N→C-H	262
	G. Reductive Cleavages	263
	1. Oxiranes	263
	2. Others	264
	H. Reduction of Azides	265
	I. Reductive Cyclizations	266

IV. SYNTHESIS OF HETEROCYCLES

A. Oxiranes, Aziridines, and Thiiranes 267
B Oxetanes, Azetidines, and Thietanes 269
C. Lactams 270
D. Lactones 277
E. Furans and Thiophenes 285
F. Pyyroles, Indoles, etc. 293
G. Pyridines, Quinolines, etc. 301
H. Pyrans, Pyrones, and Sulfur Analogues 307
I. Other Heterocycles with One Heteroatom 312
J. Heterocycles with a Bridgehead Heteroatom 315
K. Heterocycles with Two or More Heteroatoms 318
   1. Heterocycles with 2 N's 318
      a. 5-Membered 318
      b. 6-Membered 320
      c. 7-Membered 323
   2. Heterocycles with 2 O's or 2 S's 324
   3. Heterocycles with 1 N and 1 O 326
   4. Heterocycles with 1 N and 1 S 331
   5. Heterocycles with 1 O and 1 S 335
   6. Heterocycles with 3 or more N's 336
   7. Heterocycles with 2 N's and 1 O 339
   8. Heterocycles with 2 N's and 1 S 340
L. Other Heterocyles 341
M. Review 346

V. PROTECTING GROUPS

A. Hydroxyl Protecting Groups 351
B. Amine Protecting Groups 356
C. Carboxyl Protecting Groups 359
D. Protecting Groups for Aldehydes and Ketones 361
E. Amino Acid Protection 362
F. Other Protecting Groups 364

VI. USEFUL SYNTHETIC PREPARATIONS
A. Functional Group Preparations.. 365
   1. Acids and Anhydrides (see also: I.G.2.)................................. 365
   2. Alcohols (see also: II.B.1., III.A.).. 367
   3. Alkyl and Aryl Halides (see also: II.B.2., VI.H.)..................... 369
   4. Amides.. 374
   5. Amine and Carbamates... 377
   6. Amino Acid Derivatives.. 380
   7. Esters (see also: I.G.2., IV.D., V.C.)..................................... 387
   8. Ethers... 390
   9. Aldehydes and Ketones (see also: I.A.1., II.A.1., V.E.).......... 392
   10. Nitriles and Imines.. 394
   11. Azides... 396
   12. Other N-Containing Functional Groups............................. 399
   13. Acetals and Ketals.. 402
B. Additions to Alkenes and Alkynes.. 405
C. Sulfur Compounds... 407
D. Phosphorus, Selenium and Tellerium Compounds..................... 411
E. Nuleotides, etc... 414
F. Silicone Compounds.. 415
G. Tin Compounds... 417
H. Halogen Compounds... 418

VII. REVIEWS
A. Techniques.. 419
B. Asymmetric Synthesis and Molecular Recognition..................... 421
C. Reactions.. 424
D. Reactive Intermediates... 429
E. Organo-metallics and metalloids... 433
F. Halogen Compounds and Halogenation (see also: VI.A.3.)........ 440
G. Natural Products.. 441
H. Others (see also: IV.M.).. 446

AUTHOR INDEX.. 451

PREFACE

One of the most difficult problems facing chemists today is that of "keeping up with the literature." For several reasons, the problem is particularly severe for the synthetic organic chemist. Bits of information of potential use are scattered throughout common chemistry journals and can be found in any paper, not just those dealing strictly with synthesis. Thus, synthetic chemists must read a large number of journals and must organize and index what they read to make the information available for future reference. All synthetic chemists do this, but the task is becoming more difficult each year as the flow of information increases.

The problem, however, is shared to some extent by all. Most organic chemists are at some time faced with the problem of synthesizing a desired material, and for many the problems are formidable. Nonspecialists faced with the synthetic problem are not likely to have kept pace with the developments in synthetic chemistry that may well solve their problems, and they will not have the necessary information in their files.

Thus, we felt that an organized annual review of synthetically useful information would prove beneficial to nearly all organic chemists, both specialists and nonspecialists in synthesis. It should help relieve some of the information storage burden of the specialist and should enable the nonspecialist who is seeking help with a specific problem to rapidly become aware of recent synthetic advances. Ideally also, it should appear as promptly as possible after the close of the abstracting period. As in the past years we have placed particular emphasis on keeping the abstracts as concise as possible, while indicating the generality of the reactions involved. We have tried to combine similar publications into inclusive abstracts, particularly in Chapters I and IV. This practice has allowed us to include a larger number of references without a substantial increase in the book's length. It should be noted that where multiple references are included in the abstract, the first mentioned refers to that abstract. The remaining references are similar but not identical.

In producing *Annual Reports in Organic Synthesis—1991* we have abstracted 47 primary chemistry journals, selecting useful synthetic advances. We have tried to present the information in an organized manner, emphasizing rapid visual retrieval. Only the common journals received by our libraries have been abstracted. Any journal received after February 1, 1991 will be covered in the next volume. We have also exercised selectivity in choosing which papers to abstract. Our general guidelines have been to include all reactions and methods that are new, synthetically useful, and reasonably general. The purpose of this emphasis is to aid the reader in scanning the book. The mind is capable of absorbing a whole picture in an instant, but is considerably slowed by having to read sentences. If the pictures presented catch the readers interest, he or she should then seek details from the original paper.

We have included an author index based on the name of the senior author or sometimes the first author. No subject index is included because we feel the Table of Contents serves that function. Chapters I–III are organized by reaction type and, hopefully, the organization is self-explanatory; thus, there should be no difficulty in locating a new method of oxidation or a new cyclopropanation procedure. Chapter IV deals with methods of synthesizing heterocyclic systems. Where fused ring systems bearing multiple heterocyclic rings are synthesized, we have chosen to categorize the heterocyclic system by the ring formed in the reaction. Chapter V covers the use of new protecting groups. Chapter VI covers those synthetically useful transformations that do not fit easily into the first three chapters. Chapter VII has been divided into sections in order to help the reader to quickly find a review on a specific topic. Heterocyclic reviews may be found in Chapter IV.

Any undertaking of this type involves a series of compromises. We have chosen to emphasize reasonable cost and rapid visual retrieval of information at the admitted expense of detail and beauty.

The task of typing and preparing the graphics was done by Marcia Ketcha and the editors.

Philip M. Weintraub
Kenneth Turnbull

JOURNALS ABSTRACTED

Accounts of Chemical Research
Acta Chemica Scandinavia
Aldrichinica Acta
Angewandte Chemie International Edition in English
Australian Journal of Chemistry
Bulletin of the Chemical Society of Japan
Bulletin de Societies Chimiques Belges
Bulletin de la Societie Chimique de France
Canadian Journal of Chemistry
Chemical and Pharmaceutical Bulletin
Chemical Reviews
Chemical Society Reviews
Chemische Berichte
Chemistry and Industry
Chemistry Letters
Collection of Czechoslovakian Chemical Communications
Gazzetta Chimica Italiana
Helvetica Chimica Acta
Heterocycles
Indian Journal of Chemistry
Journal of the American Chemical Society
Journal of Chemical Research (S)
Journal of the Chemical Society Chemical Communications
Journal of the Chemical Society (Perkin I)
Journal of the Chemical Society (Perkin II)
Journal of Heterocyclic Chemistry
Journal of Medicinal Chemistry
Journal of Organic Chemistry
Journal of Organic Chemistry (USSR)
Journal of Organometallic Chemistry
Journal fur Practische Chemie
Liebigs Annalen der Chemie
Monatschefte fur Chemie
Organic Preparations and Procedures International
Organic Synthesis
Organometallics
Pure and Applied Chemistry
Recueil des Traveaix Chimiques des Pays-bas
Russian Chemical Reviews
Synlett
Synthesis
Synthetic Communications
Tetrahedron
Tetrahedron Letters
Topics in Current Chemistry
Zeitschrift fur Chemie
Zeitschrift fur Naturforschung, Teil B

GLOSSARY OF ABBREVIATIONS

9-BBN   9-borabicyclo[3.3.1]-
nonane
18-Cr-6   18-C-6   18-crown-6
[O]   general oxidation
AA   amino acid
Ac   acetyl
acac   acetonylacetone
ad   adamantanyl
AIBN   azobisisobutyronitrile
An   p-anisyl
aq   aqueous
Ar   aryl
BDPP   (2R, 4R) or (2S, 4S) 2,4-bis(diphenylphosphino)-pentane
BINAP   DINAP = 2,2'-bis-(diphenyl-phosphino)-1,1'-binaphthyl
Bn   benzyl
Boc   t-butyloxycarbonyl
BOM   benzyloxymethyl
BPPM   t-butoxycarbonyl-4-(diphenylphosphino)-2-[(diphenylphosphino)-methyl]pyrrolidine
bpy   bipyridyl
BQ   benzoquinone
BSA   N,O-bis-silylacetamide
Bt   1- or 2-benzotriazolyl
Bu   butyl
Bz   benzoyl

CAN   ceric ammonium nitrate
cat.   catalyst
Cbz   benzyloxycarbonyl
cod   1,5-cyclooctadiene
Cp   cyclopentadienyl
CRA   complex reducing agent
CSA   camphor sulfonic acid
CTAB   cetyl trimethyl-ammonium bromide
Δ   heat
d   day
DABCO   1,4-diazabicyclo[2.2.2]-octane
DAPCO   1,4-diazabicyclo[2.2.2]-octane
DAST   diethylaminosulfur trifluoride
dba   dibenzylidene acetone
DBU   1,5-diazabicyclo[5.4.0]-undec-5-ene
DCB   dichlorobenzene
DCC   dicyclohexylcarbodiimide
DCE   1,2-dichloroethane
DDQ   2,3-dichloro-5,6-dicyano-benzoquinone
de   d.e.   diastereomeric excess
DEAD   diethyl azodicarboxylate
DET   diethyl tartrate
DIBAH   DIBAL   diisobutyl-aluminum hydride

GLOSSARY

DIOP 2,3-*O*-isopropylidene-2,3-dihydroxy-1,4-bis-(diphenylphosphino)butane
DMAD dimethyl acetylene dicarboxylate
DMAP dimethylaminopyridine
DME dimethoxyethane
DMF dimethylformamide
DMPD 4-*N,N*-dimethylaminopyridine
DMPS dimethylphenylsilyl
DMPU *N,N'*-dimethylpropyleneurea
DMSO dimethylsulfoxide
dppb bis(1,4-diphenylphosphino)butane
DPPE dppe diphenylphosphinoethane
dppf dichloro[1,1'-bis-(diphenylphosphinoferracene
DPPP 1,3-(diphenylphosphine)propane
dr diastereomeric ratio
ds diastereoselectivity
E general electrophile
ee e.e. enantiomeric excess
Et ethyl
Et$_3$N triethylamine
Et$_2$O diethyl ether
EWG electron withdrawing group
F$_c$ ferrocenyl

fl flavin
fod (6,6,7,7,8,8,8-heptafluoro-2,2-dimethyl-3,5-octanedione
FVP flash vapor pyrolysis
h hours
Hap hydroxyapatite
HDMS 1,1,1,3,3,3-hexamethyldisilazane
HMPA HMPT hexamethylphosphoramide
hv irradiation with light
Ipc isopinocamphenyl
L.R. Lawesson's reagent
LAH lithium aluminum hydride
LDA lithium diisopropylamide
liq. liquid
MCPBA *m*-chloroperbenzoic acid
Me methyl
Mek methyl ethyl ketone
MEM β-methoxyethoxymethyl
Mes mesityl
MOM methoxymethyl
MS molecular sieves
Ms methanesulfonyl
MSA methane sulfonic acid
Naph Np naphthyl
NBS *N*-bromosuccinimide
NCS *N*-chlorosuccinimide
NIS *N*-iodosuccinimide
NMO *N*-methylmorpholine-*N*-oxide

GLOSSARY

NR no reaction
PCC pyridinium chloro-
chromate
PDC pyridium dichromate
PEG polyethylene glycol
Ph phenyl
Ph-H benzene
Ph-Me toluene
PMB *p*-methoxybenzyl
PMP *p*-methoxyphenyl
PPA polyphosphoric acid
Pr propyl
psi pounds per square inch
PTC phase transfer catalysis
PTSA *p*-toluenesulfonic acid
pyr pyridine
rac racemic
RaNi Raney nickel
Rf perfluorinated alkyl
rt room temperature
Salen *N*,*N*'-ethylenebis-
(salicylideneiminato)
SEM TEOC β-trimethylsilyl-
ethoxymethyl
Sia Siamyl
TBAF tetrabutylammonium
fluoride

TBDMS TBS *t*-butyldimethyl-
silyl
TBME *t*-butyl methyl ether
TCNE tetracyanoethylene
TEA triethylamine
TEOC SEM β-trimethylsilyl-
ethoxymethyl
Tf trifluoromethanesulfonate
TFA trifluoroacetic acid
TFAA trifluoroacetic
anhydride
THF tetrahydrofuran
THP tetrahydropyranyl
TIPS tri-*i*-propylsilyl
TMEDA tetramethylethylene-
diamine
TMS trimethylsilyl
Tol tolyl
Tos Ts *p*-toluenesulfonyl
Tr trityl
wk week
Z benzyloxycarbonyl
Ⓟ polymeric support
US ultrasound

I CARBON–CARBON BOND FORMING REACTIONS

I.A. Carbon - Carbon Single Bonds

(see also : I.E., I.F., I.G., I.H.)

I.A.1. Alkylations of Aldehydes, Ketones and Their Derivatives

I.A.1-1 E. Langhals and H. Langhals, *Tetrahedron Lett.*, 31, 859 (1990); H. Spreitzer et al., *Monatsh. Chem.*, 121, 195 (1990); D. Crich and L.B.L. Lim, *Synlett.*, 117 (1990); E. Vedejs et al., *J. Am. Chem. Soc.*, 112, 4351 (1990); D. Mukherjee et al., *Chem. Commun.*, 693 (1990); J. Mathew, *ibid.*, 1264 (1990).

cyclopentanone + MeI, KOH (solid), DMSO, 50 - 60° → 2,2,5,5-tetramethylcyclopentanone

90%

similar reactions with other substrates, bases and leaving groups

---

I.A.1-2 G.J. McGarvey and M.W. Andersen, *Tetrahedron Lett.*, 31, 4569 (1990); H. Rapoport et al., *J. Org. Chem.*, 55, 3511 (1990).

tBu-C(O)-CH₂-CH(OR) + Me
1) 2.5 LDA, 10 HMPA, THF
2) MeI, -78°C
→ tBu-C(O)-CH(Me)-CH(Me)(OR)
+
tBu-C(O)-CH(Me)-CH(R)(OR) with Me

17-98% (syn : anti = 56-95 : 44-5)

I.A.1-3 K. Hiroi et al., *Chem. Lett.*, 235 (1990); E. Piers and P.C. Marais, *J. Org. Chem.*, 55, 3454 (1990); N. DeKimpe and C. Stevens, *Bull. Soc. Chim. Belg.*, 99, 41 (1990).

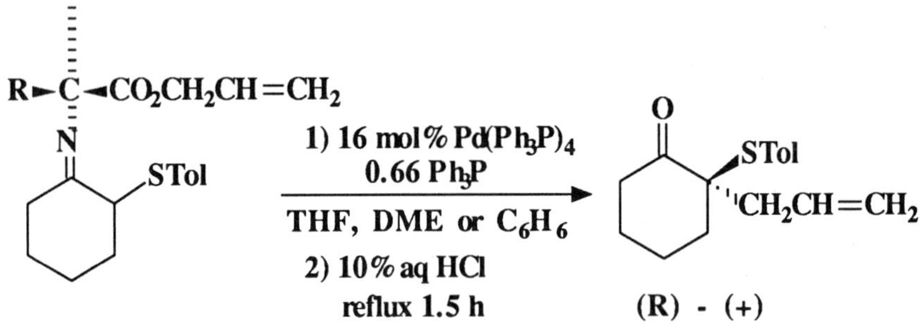

R—C—CO$_2$CH$_2$CH=CH$_2$
‖
N—STol

1) 16 mol% Pd(Ph$_3$P)$_4$
   0.66 Ph$_3$P
   THF, DME or C$_6$H$_6$
2) 10% aq HCl
   reflux 1.5 h

→ cyclohexanone with STol and ''CH$_2$CH=CH$_2$

(R) - (+)

31-89%, ee = 36-99%

Similar reaction with a vinyl iodide.
Achiral species with LDA, BnCl also examined

I.A.1-4 D. Enders and H. Dyker, *Liebigs Ann. Chem.*, 1107 (1990).

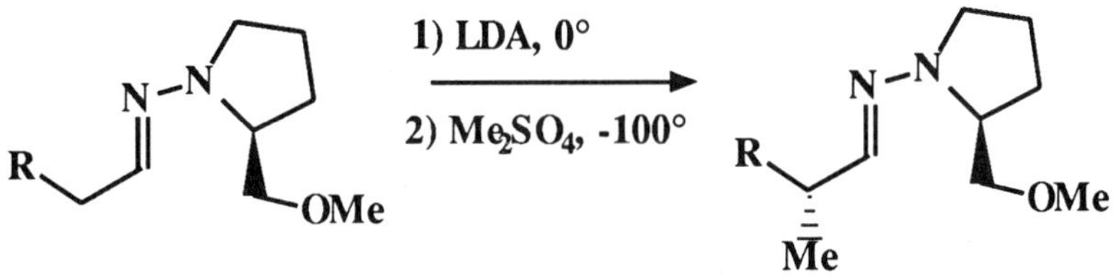

1) LDA, 0°
2) Me$_2$SO$_4$, -100°

76-88%, 93- >95% de

I.A.1-5 K. Koga et al., *Chem. Commun.*, 1657 (1990).

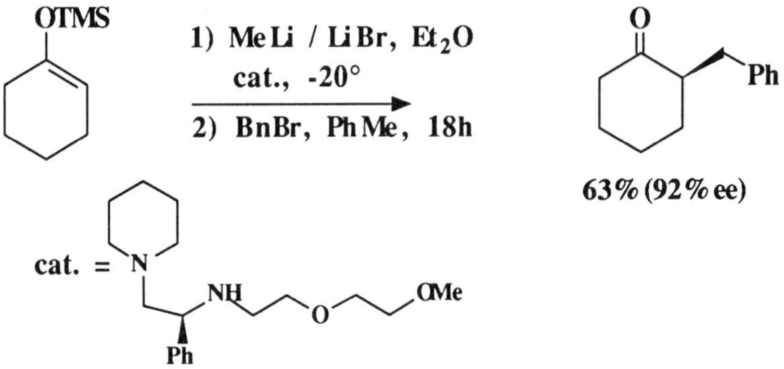

OTMS

1) MeLi / LiBr, Et$_2$O
   cat., -20°
2) BnBr, PhMe, 18h

63% (92% ee)

cat. = (piperidine)-N-CH$_2$-CH(Ph)-NH-CH$_2$CH$_2$-O-CH$_2$CH$_2$-OMe

I.A.1-6 C.H. Heathcock et al., *J. Org. Chem.*, 55, 5966 (1990); K.M. Nicholas, *ibid.*, 55, 186 (1990); K. Saigo et al., *Chem. Lett.*, 941 (1990); S.M. Makin et al., *J. Org. Chem. (USSR)*, 26, 138 (1990); H. Heaney et al., *Synlett.*, 619 and 621 (1990); A. Umani-Ronchi et al., *Chem. Commun.*, 759 (1990).

$$\underset{\text{CHO}}{\overset{\text{Me}}{R}} + 2\text{MesSSMes} \xrightarrow[\substack{\text{CH}_2\text{Cl}_2 \\ 0°, 30 \text{ min}}]{0.5 \text{ TiCl}_4} \left[\underset{\text{SMes}}{\overset{\text{Me}}{R}} \text{SMes} \right]$$

$$\underset{\text{TiCl}_4, -78°}{\overset{\text{OSiMe}_3}{\nearrow}} \xrightarrow{} \underset{\text{MesS}}{\overset{\text{Me}}{R}} \underset{\text{O}}{\overset{t\text{Bu}}{\diagdown}} \quad 73\text{-}84\%, \text{ syn : anti = 97 : 3}$$

Mes = (2,4,6-trimethylphenyl)

similar reactions with other Lewis acids, acetals, aminoethers or trialkyl orthoformates

---

I.A.1-7 K. Oshima, K. Utimoto et al., *Tetrahedron Lett.*, 31, 6391 (1990); S. Eguchi et al., *Synlett.*, 403 (1990).

$$\underset{\text{cyclohexenyl}}{\overset{\text{OTMS}}{\bigcirc}} + R_f I \xrightarrow[\substack{\text{hexane, rt, 8h} \\ 2) H_3O^+}]{1) \text{Et}_3B,\ 2,6\text{-Lutidine}} \underset{\text{cyclohexanone}}{\overset{O}{\bigcirc}} R_f$$

56-85%

RuCl$_2$(Ph$_3$P)$_3$ also used as a catalyst

I.A.1-8 S.-I. Murahashi et al., *Tetrahedron Lett.*, 31, 7475 (1990).

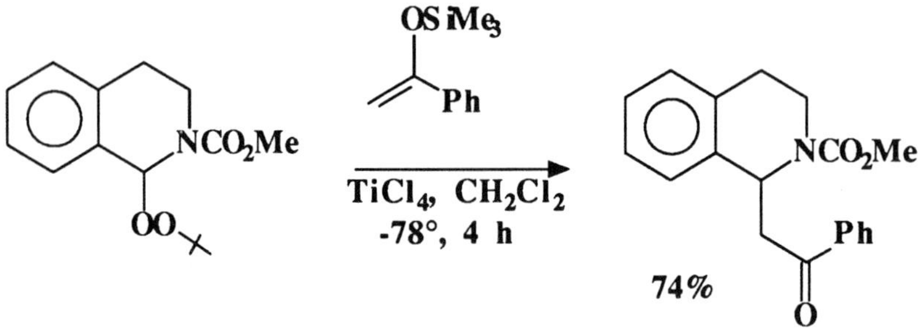

I.A.1-9 M.T. Reetz and M. Sauerwald, *J. Organomet. Chem.*, 382, 121 (1990).

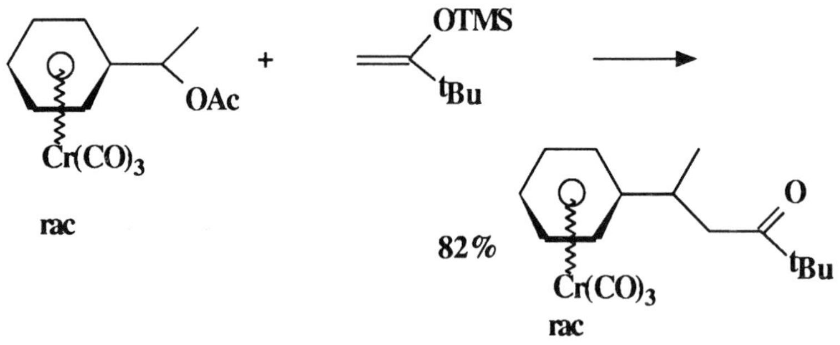

I.A.1-10 H. Ogura et al., *Tetrahedron Lett.*, 31, 265 (1990).

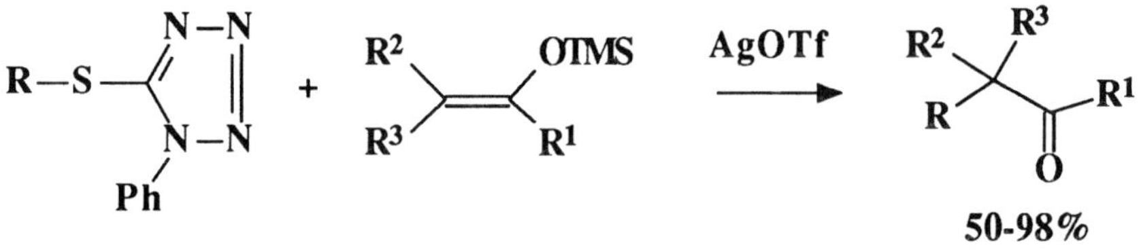

I.A.1-11 T. Baba et al., *Chem. Commun.*, 348 (1990).

$$\text{cyclopentenyl-OSiMe}_3 + [\text{CH}_2=\text{CH-CH}_2\text{-O}]_2\text{CO} \xrightarrow[\text{DME, 57°, 24 h}]{\text{Pd(NH}_3)_4\text{Cl}_2 \text{ / SiO}_2} \text{2-allylcyclopentanone}$$

74%

I.A.1-12 A. Baba et al., *J. Chem. Soc., Perkin Trans.1*, 3205 (1990).

$$\text{Bu}_3\text{SnO-C(R}^1\text{)=C(R}^2\text{)} + \text{R}^3\text{CHBr-C(O)R}^4 \xrightarrow[\text{rt, 1 h}]{\text{HMPT}, C_6H_6} \text{R}^1\text{C(O)-C(R}^2\text{)(R}^3\text{)-C(O)R}^4$$

NR w/out HMPT at rt   59-79%

$$\xrightarrow[80°]{\text{w/out HMPT}} \text{R}^1\text{C(O)-CHR}^2\text{-epoxide(R}^3,\text{R}^4\text{)}$$

I.A.1-13 T. Toru et al., *Tetrahedron Lett.*, <u>31</u>, 6669 (1990); T. Takeda et al., *ibid.*, <u>31</u>, 6685 (1990).

$$\text{Me-C(O)-CH}_2\text{-SnBu}_3 + \text{RSePh} \xrightarrow[\text{rt, 1-10 h}]{h\nu, \text{pyrex}, C_6H_6} \text{Me-C(O)-CH}_2\text{-R}$$

similar reactions with a silyl enol ether / $SnCl_4$

I.A.1-14 E. Baciocchi, R. Ruzziconi et al., *Synth. Lett.*, 679 (1990).

oxidative addition

$$\underset{R}{\overset{OSiMe_3}{\diagup}}\!\!\diagdown_{R^1} + \diagup\!\!\diagdown OEt \xrightarrow[\substack{\diagup\!\!\diagdown OEt / EtOH \\ 0°, 0.5\text{-}2 \text{ h}}]{CAN/ CaCO_3} R^1\underset{O}{\overset{R\ \ O}{\diagdown\!\!\diagup}}\!\!\diagdown\!\!\diagup H \quad 25\text{-}80\%$$

I.A.1-15 G. Shi and Y. Xu, *J. Org. Chem.*, $\underline{55}$, 3383 (1990); H.-E. Radunz et al., *Liebigs Ann. Chem.*, 705 (1990).

$$\underset{R}{\overset{OSiMe_3}{\diagup}}\!\!\diagdown_{CH_2} + \underset{CF_3}{\overset{N_2}{\diagup}}\!\!\diagdown_{CO_2Et} \xrightarrow[\substack{\text{1) } [Rh(OAc)_2]_2 \\ Et_2O, \text{ reflux} \\ \text{2) HCl (cat), 5 min}}]{} $$

$$73\text{-}94\% \quad R\overset{O}{\diagdown\!\!\diagup}\!\!\diagdown\underset{CO_2Et}{\overset{CF_3}{\diagup}}$$

I.A.1-16 S. Eguchi et al., *J. Org. Chem.*, $\underline{55}$, 6086 (1990).

CARBON-CARBON BOND FORMING REACTIONS

I.A.1-17 L.A. Paquette et al., *Org. Synth.*, <u>69</u>, 173 (1990).

2.2 LDA
THF
FeCl$_2$/DMF
-78°, 2 h

43%

I.A.1-18 J.S. Swenton et al., *Tetrahedron Lett.*, <u>31</u>, 4551 (1990).

PhI(OAc)$_2$
MeOH, rt

works better when both R^1 and R$^2 \neq$ H

34-79%

I.A.2. Alkylations of Nitriles, Acids and Acid Derivatives

I.A.2-1 D. Kim et al., *J. Chem. Soc., Perkin Trans. 1*, 3221 (1990) and *Tetrahedron Lett.*, <u>31</u>, 4027 (1990); G. Stork et al., *J. Am. Chem. Soc.*, <u>112</u>, 1661 (1990); C. Iwata et al., *Chem. Pharm. Bull.*, <u>38</u>, 1124 (1990); D.S. Matteson and T.J. Michnick, *Organometallics*, <u>9</u>, 3171 (1990); I.D. Rae and A.K. Serelis, *Aust. J. Chem.*, <u>43</u>, 1941 (1990); K. Ditrich and R.W. Hoffmann, *Liebigs Ann. Chem.*, 15 (1990); D.L.J. Clive et al., *Chem. Commun.*, 972 (1990).

K(NTMS)$_2$
THF
-78° → rt

85% (19 : 1)

I.A.2-2 G. Stork and K. Zhao, *J. Am. Chem. Soc.*, 112, 5875 (1990).

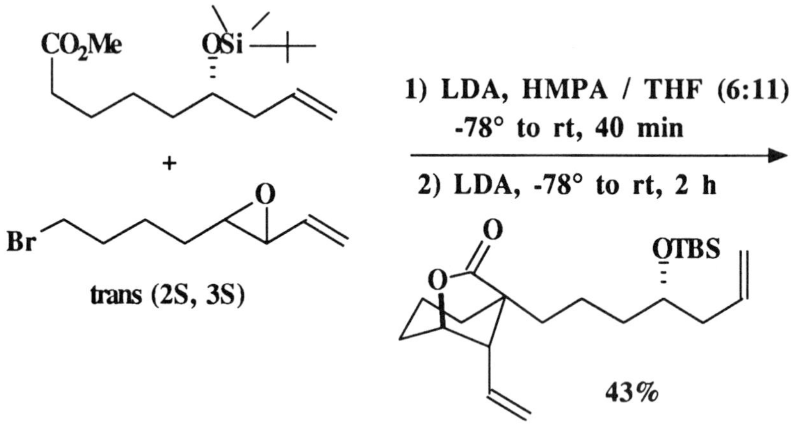

I.A.2-3 J. Rebek, Jr. et al., *Angew. Chem., Int. Ed. Engl.*, 29, 555 (1990); M.A. Brimble, *Aust. J. Chem.*, 43, 1035 (1990); R.H. Bradbury et al., *J. Med. Chem.*, 33, 2335 (1990); T.K. Jones, R.A. Reamer, S.G. Mills et al., *J. Am. Chem. Soc.*, 112, 2998 (1990); R.M. Williams et al., *ibid.*, 112, 808 (1990); Y. Nagao et al., *Tetrahedron*, 46, 6361 (1990).

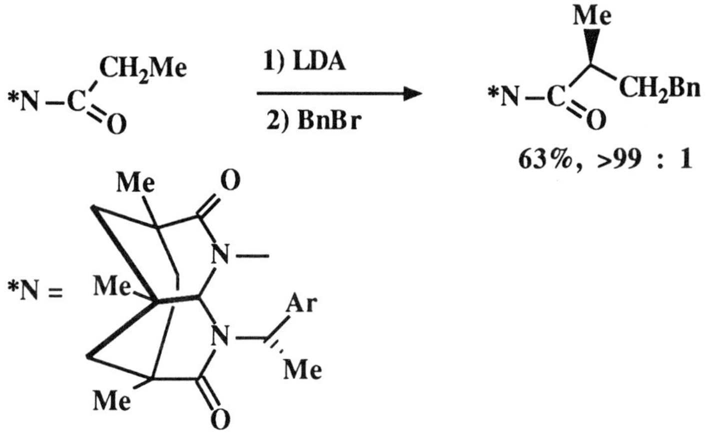

chiral oxazolidinone auxiliaries employed similarly

CARBON-CARBON BOND FORMING REACTIONS

I.A.2-4 I.V. Magedov and Y.I. Smushkevich, *Chem. Commun.*, 1686 (1990).

$$R^1\text{-CO-CH}_2\text{-N(Me)-N(Me)-CO-CH}_2\text{-R} \xrightarrow[\text{THF}]{\text{LiN(TMS)}_2} \left[\text{bis-lithium enolate} \right] \longrightarrow$$

67-87%

$R^1\text{---}\underset{H}{\overset{H}{=}}\text{---CONHMe}$
$R^{||'}\text{---CONHMe}$

I.A.2-5 C. Scolastico et al., *Tetrahedron Lett.*, **31**, 2779 (1990); D.J. Collins et al., *Aust. J. Chem.*, **43**, 617 (1990)

$$\text{MeO-oxazolidine(N-Tos, Me, Ph)} + 2 \underset{X}{\overset{\text{Me}}{=}}\text{OTBDMS} \xrightarrow[\text{CH}_2\text{Cl}_2, -78°, 2\text{ h}]{\text{BF}_3\cdot\text{OEt}_2}$$

83-91% (92% ee)   X-CO-CH(Me)-[oxazolidine(Ph, N-Tos, Me)]

similarly with TiCl$_4$ and a trialkylorthoformate

I.A.2-6 R.J. Linderman et al., *J. Am. Chem. Soc.* **112**, 7438 (1990).

$$\text{MeO-CH(SnBu}_3\text{)-O-CH}_2\text{R}^1 + R^2\text{-CH=C(OEt)(OSiMe}_3\text{)} \xrightarrow[\text{CH}_2\text{Cl}_2, -78°]{\text{TiCl}_4}$$

$R^2\text{-CH(CO}_2\text{Et)-CH}_2\text{-O-CH(SnBu}_3\text{)-R}^1$ 73-93%

I.A.2-7 K. Saigo et al., *Chem. Lett.*, 1093 (1990).

$$\text{MeO}\underset{\text{MeO}}{\overset{R^1}{\triangle}}\text{CO}_2\text{Et} + 3\;R^2\text{−CH=C(OSiMe}_2^t\text{Bu)OMe} \xrightarrow[-78° \text{ to rt, 2 h}]{\text{TiCl}_4, \text{CH}_2\text{Cl}_2}$$

[cyclopentenone product 1 with MeO, R^1, CO_2Et, R^2, O] + [cyclopentenone product 2 with MeO_2C, R^1, R^2, CO_2Et, O]

31-81%, 0-70 : 100-30

I.A.2-8 R. Pedrosa et al., *Synthesis*, 1057 (1990); A. Umani-Ronchi et al., *ibid.*, 305 (1990); N. Oguni et al., *Chem. Commun.*, 767 (1990).

[1,3-oxazinane with R, N-Bn] $\xrightarrow[\text{Et}_2\text{O, 0°, 1 h}]{\text{Zn/BrCH}_2\text{CO}_2\text{Et}}$ HO−(CH$_2$)$_3$−N(Bn)−CH(R)−CO$_2$Et

72-96%

Similar displacements from acetals and acetates reported

I.A2-9 A. Thenappan and D.J. Burton, *J. Org. Chem.*, **55**, 2311 (1990).

$$\text{Bu}_3\text{P=CFCO}_2\text{Et} \xrightarrow[\text{2) aq NaHCO}_3,\text{ rt, 4 h}]{\text{1) RX, THF, -78°}} \text{RCFHCO}_2\text{Et}$$

34-59%

I.A.2-10 T. Taguchi et al., *Chem. Lett.*, 1011 (1990).

$$\text{CH}_2\text{=CHR}^1 + \text{ICF}_2\text{CO}_2\text{Me} \xrightarrow[\text{DMF, rt, 6-20 h}]{\text{Cu powder}} \text{MeO}_2\text{CCF}_2\text{−CH}_2\text{−CHI−R}^1$$

42-72%

I.A.2-11 C.R. Holmquist and E.J. Roskamp, *Tetrahedron Lett.*, **31**, 4991 (1990).

$$R-CH=CH_2 \xrightarrow[\text{2) SnCl}_2,\ \text{EtO}_2\text{CCHN}_2,\ 0°]{\text{1) O}_3\ /\ \text{CH}_2\text{Cl}_2,\ -78°} R-\underset{O}{C}-CH_2-\underset{O}{C}-OEt$$

33-90%

I.A.2-12 V.H. Rawal et al., *J. Org. Chem.*, **55**, 5183 (1990).

[Imidazole-thiocarbonyl ester of cyclohexane epoxide with CO$_2$Me chain] $\xrightarrow[\text{C}_6\text{H}_6,\text{reflux}]{\text{Bu}_3\text{SnH, AIBN}}$ [bicyclic product with H, CO$_2$Me, OH]

69%, β : α = 2.7 : 1

I.A.2-13 J.-M. Fang and C.C. Chen, *J. Chem. Soc., Perkin Trans. 1*, 3365 (1990); J.K. MacLeod and T.F. Molinski, *Aust. J. Chem.*, **43**, 1309 (1990); E.C. Taylor and P.M. Harrington, *J. Org. Chem.*, **55**, 3222 (1990).

$$\underset{\text{NMePh}}{\text{PhS}\diagdown\hspace{-4pt}\diagup\text{CN}} \xrightarrow[\substack{\text{2) RCH}_2\text{X} \\ \text{rt, 1-72h}}]{\text{1)}^t\text{BuOK} \atop \text{THF}} \underset{H}{\overset{R}{\diagdown}}C=C\underset{\underset{Me}{N Ph}}{\overset{CN}{\diagup}}$$

50-83%

similarly with ZnCl$_2$ / HC(OEt)$_3$ / Ac$_2$O

I.A.3. Alkylations of β-Dicarbonyl, β-Cyanocarbonyl Systems and Other Active Methylene Compounds

I.A.3-1 B.M. Choudary et al., *Ind. J. Chem.*, <u>29B</u>, 481 (1990); H.-J. Schafer and K.-H. Baringhaus, *Liebigs Ann. Chem.*, 351 (1990).

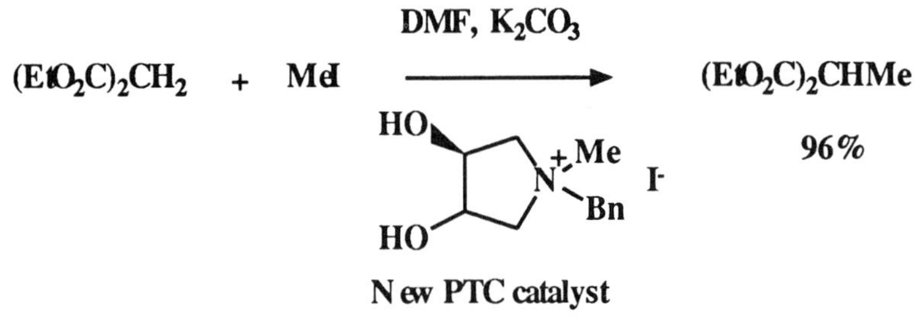

$(EtO_2C)_2CH_2$ + MeI $\xrightarrow[\text{New PTC catalyst}]{DMF, K_2CO_3}$ $(EtO_2C)_2CHMe$ 96%

similarly without PTC

I.A.3-2 H. Tagawa et al., *J. Chem. Soc., Perkin Trans. 1*, 27 (1990).

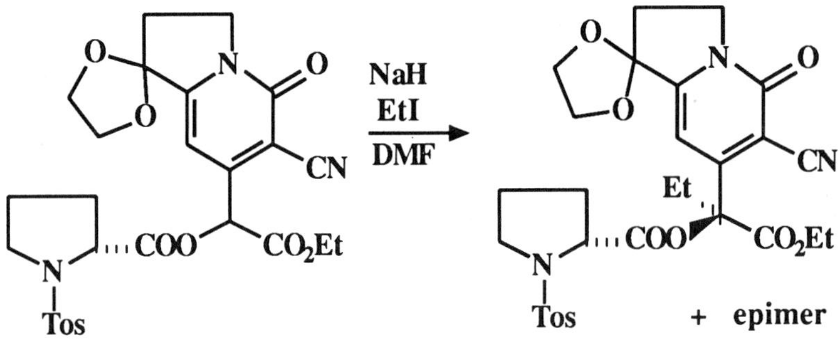

$\xrightarrow[\text{DMF}]{\text{NaH, EtI}}$

56% (isolated) + epimer

I.A.3-3 J. Marquet, M. Moreno-Manas et al., *Tetrahedron*, **46**, 2035 (1990).

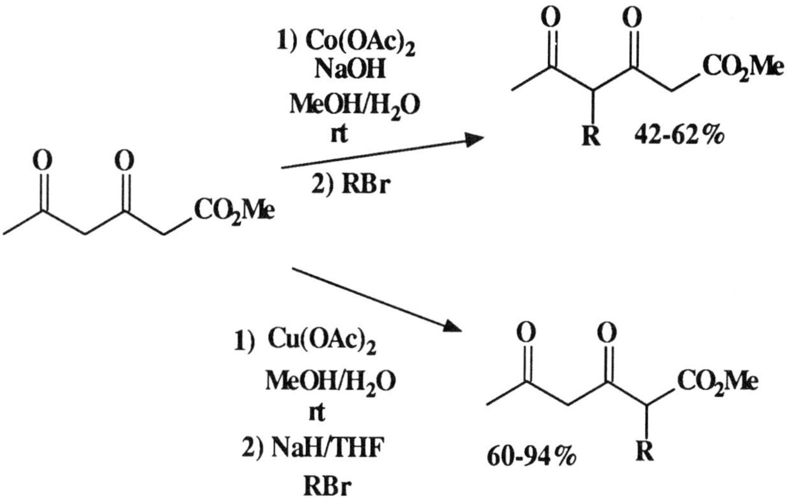

[Reaction scheme: methyl 3,5-dioxohexanoate (AcCH$_2$COCH$_2$CO$_2$Me) reacts via two pathways:

Pathway 1: 1) Co(OAc)$_2$, NaOH, MeOH/H$_2$O, rt; 2) RBr → γ-alkylated product AcCOCH(R)COCH$_2$CO$_2$Me-type (alkylation at central carbon), 42-62%

Pathway 2: 1) Cu(OAc)$_2$, MeOH/H$_2$O, rt; 2) NaH/THF, RBr → α-alkylated product AcCOCH$_2$COCH(R)CO$_2$Me, 60-94%]

I.A.3-4 M. Yamaguchi, T. Yamagishi et al., *Tetrahedron Lett.*, **31**, 5049 (1990).

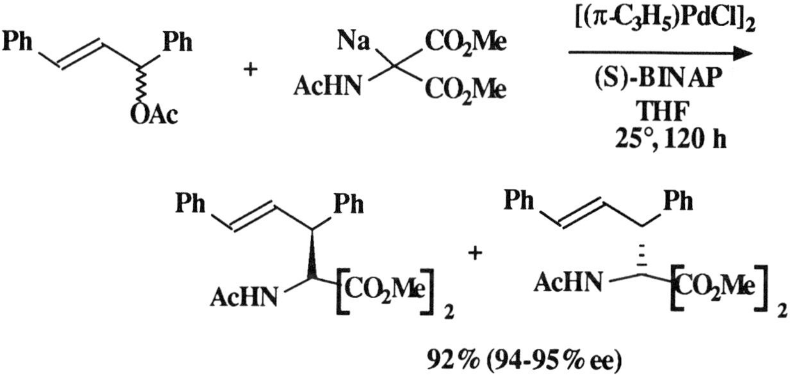

[Reaction scheme: PhCH=CHCH(OAc)Ph + AcHN−C(Na)(CO$_2$Me)$_2$ → [(π-C$_3$H$_5$)PdCl]$_2$, (S)-BINAP, THF, 25°, 120 h → PhCH=CHCH(Ph)−C(AcHN)(CO$_2$Me)$_2$ + PhCH=CHCH$_2$−C(AcHN)(CO$_2$Me)$_2$

92% (94-95% ee)]

I.A.3-5 J.-E. Backvall and J.O. Vagberg, *Org. Synth.*, 69, 38 (1990); W.A. Donaldson and J. Wang, *J. Organomet. Chem.*, 395, 113 (1990); W.J. Thompson et al., *Tetrahedron Lett.*, 31, 6819 (1990); M.O. Kahara et al., *Synthesis*, 33 (1990); R. Tanikaga et al., *J. Chem. Soc., Perkin Trans. 1*, 1185 (1990).

$$Ac\text{-}\!\!\bigcirc\!\!\text{-}Cl \xrightarrow[Ph_3P,\ 25°,\ THF,\ 2\ h]{Pd(OAc)_2} Ac\text{-}\!\!\bigcirc\!\!\text{-}CH(CO_2Me)_2$$

91%

different leaving groups and bases also used

I.A.3-6 G. Fournet et al., *Tetrahedron*, 46, 7763 (1990); J. Gore et al., *Tetrahedron Lett.*, 31, 5147 (1990); L. Geng and X. Lu, *ibid.*, 31, 111 (1990).

$$\text{CH}_2\!=\!\text{CH-CH}_2\text{CH}_2\text{CH}_2\text{CH(CO}_2\text{Me)E} \xrightarrow[\substack{2)\ Pd(dba)_2 \\ dppe \\ RX,\ 85°,\ 75\ min}]{1)\ NaH\ DMSO} \text{cyclopentane with } R,\ CO_2Me,\ E$$

57-80%

E = CO$_2$Me, COMe, SO$_2$Ph

different leaving groups and catalysts employed similarly

I.A.3-7 R.C. Larock and E.K. Yum, *Synlett.*, 529 (1990); R.C. Larock and C.A. Fried, *J. Am. Chem. Soc.*, 112, 5882 (1990).

Ar-CH(CO$_2$Et)$_2$ (I) + CH$_2$=C(R)-cyclopropyl $\xrightarrow[\substack{Bu_4NCl \\ KOAc\ or\ Na_2CO_3 \\ DMF \\ 60\text{-}80°,\ 3\text{-}7d}]{Pd(OAc)_2\ /\ Ph_3P}$ indane product

R = H, Me

80%

CARBON-CARBON BOND FORMING REACTIONS

I.A.3-8 T. Ogawa, H. Suzuki et al., *Chem. Lett.*, 937 (1990).

$$\underset{R^2}{R^1}\!\!>\!\!=\!\!<\!\!\underset{Br}{} \;+\; 2\text{-}3 \;\; \underset{O}{\overset{O}{\underset{\|}{\searrow}}}\!\!\underset{R^4}{\overset{R^3}{\diagup}} \xrightarrow[\substack{\text{CuI}\\120°}]{\text{NaH/HMPA}}$$

32-97%

I.A.3-9 C.P. Casey and C.S. Yi, *Organometallics*, **9**, 2413 (1990).

$$\text{OC}\!-\!\overset{+}{\text{Re}}\!-\!\text{CO} \;+\; \text{OC}\!-\!\overset{+}{\text{Re}}\!-\!\text{CO} \xrightarrow{\text{NaCH(CO}_2\text{Et)}_2}$$

90%

OC-Re-CO ... CO$_2$Et, CO$_2$Et

I.A.3-10 Z. Wrobel and M. Makosza, *Liebigs Ann. Chem.*, 619 (1990).

$$R^1\!-\!\text{CHE}_2 \;+\; R^2\underset{R^3}{\overset{|}{\text{C}}}\text{HNO}_2 \xrightarrow[\substack{\text{ROH, DMF}\\\text{CCl}_4 \text{ or NaCl}}]{\substack{\text{RONa}\\\text{AgNO}_3}} R^2\!\!\underset{\text{NO}_2}{\overset{R^3}{\diagdown}}\!\!\underset{\text{CO}_2\text{R}}{\overset{\text{CO}_2\text{R}}{\diagup}}\!\!R^1$$

E = CO$_2$Et

38-79.5%
(major)

I.A.3-11 J.D. White et al., *Tetrahedron Lett.*, 31, 59 (1990); E.A. Ruveda et al., *Tetrahedron*, 46, 4149 (1990); B.B. Snider et al., *J. Org. Chem.*, 55, 2427 (1990).

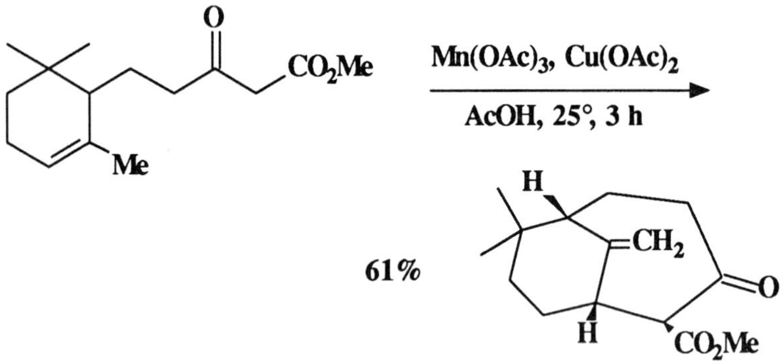

O
CO_2Me
Me
$Mn(OAc)_3$, $Cu(OAc)_2$
AcOH, 25°, 3 h
H
$=CH_2$
=O
H
CO_2Me
61%

I.A.3-12 H. Irie et al., *Synlett.*, 421 (1990).

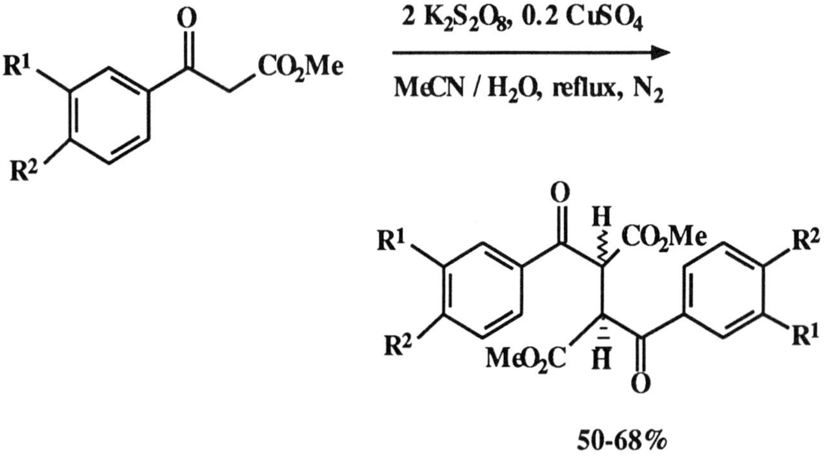

O
R1
R2
CO_2Me
2 $K_2S_2O_8$, 0.2 $CuSO_4$
MeCN / H_2O, reflux, N_2
O
H
CO_2Me
R1
R2
R2
R1
MeO_2C
H
O
50-68%

I.A.4. Alkylations of N-, P-, S-, Se and Similar Stabilized Carbanions

I.A.4-1 B.H. Lipshutz and E. Garcia, *Tetrahedron Lett.*, **31**, 7261 (1990); J. Kang et al., *J. Org. Chem.*, **55**, 5555 (1990); D.C. Rees et al., *Synthesis*, 517 (1990).

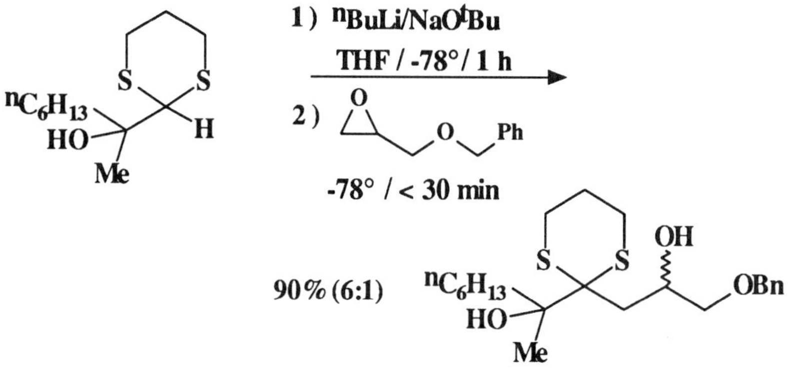

similar reactions with halo leaving groups and trithioorthformates

---

I.A.4-2 J. Mathew et al., *Chem. Commun.*, 684 (1990) and *J. Org. Chem.*, **55**, 5294 (1990).

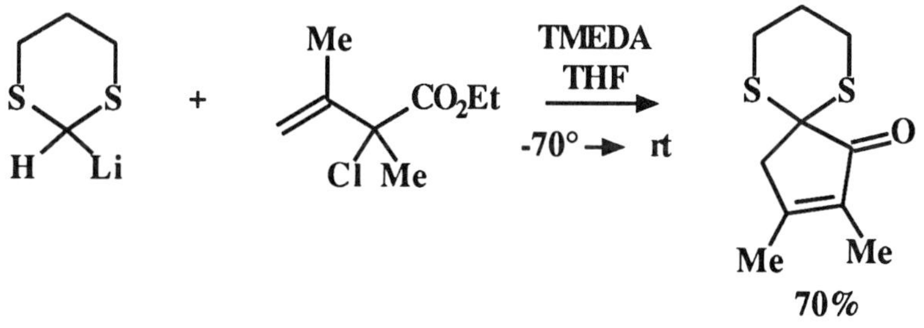

I.A.4-3 H. Ohta et al., *Tetrahedron Lett.*, 31, 2895 (1990); N. Furukawa et al., *Bull. Chem. Soc. Jpn.*, 63, 461 (1990).

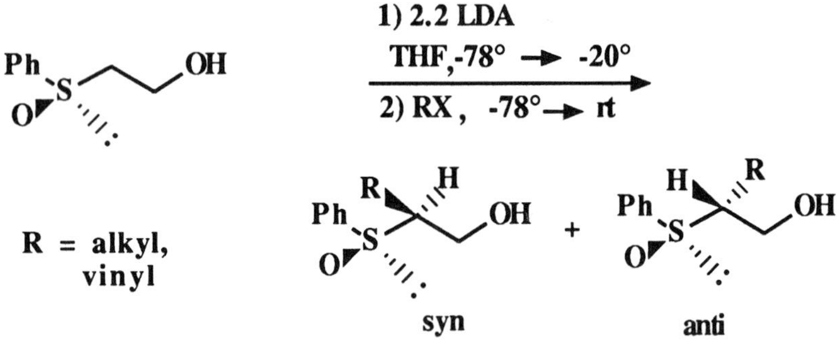

59 - 95% syn : anti = 7 : 1 to 1 : 1.7

I.A.4-4 F.A. Davis et al., *Tetrahedron Lett.*, 31, 1653 (1990); H.J.E. Loewenthal, *Chem. Commun.*, 768 (1990); K. Fukumoto et al., *Tetrahedron Lett.*, 31, 6205 (1990); K. Yamakawa et al., *J. Org. Chem.*, 55, 3962 (1990); S. Marczak and J. Wicha, *Synth. Commun.*, 20, 1511 (1990).

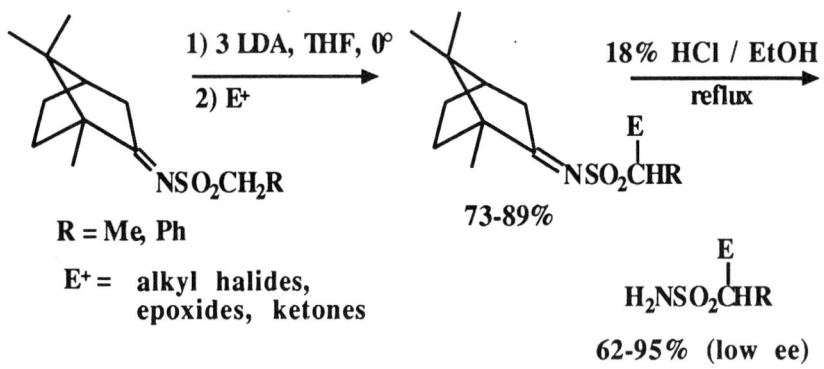

R = Me, Ph

E+ = alkyl halides, epoxides, ketones

73-89%

62-95% (low ee)

similarly with achiral examples

CARBON-CARBON BOND FORMING REACTIONS

I.A.4-5 J.P. Genet et al., *Synthesis*, 41 (1990); S. Kim and Y.C. Kim, *Synlett.*, 115 (1990).

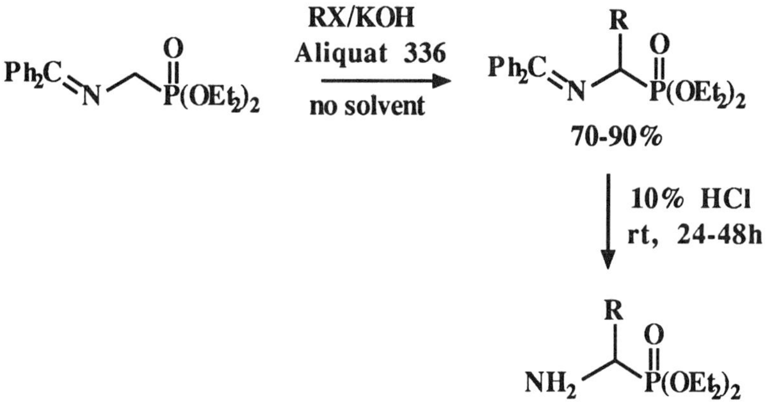

I.A.4-6 B. De and E.J. Corey, *Tetrahedron Lett.*, <u>31</u>, 4831 (1990).

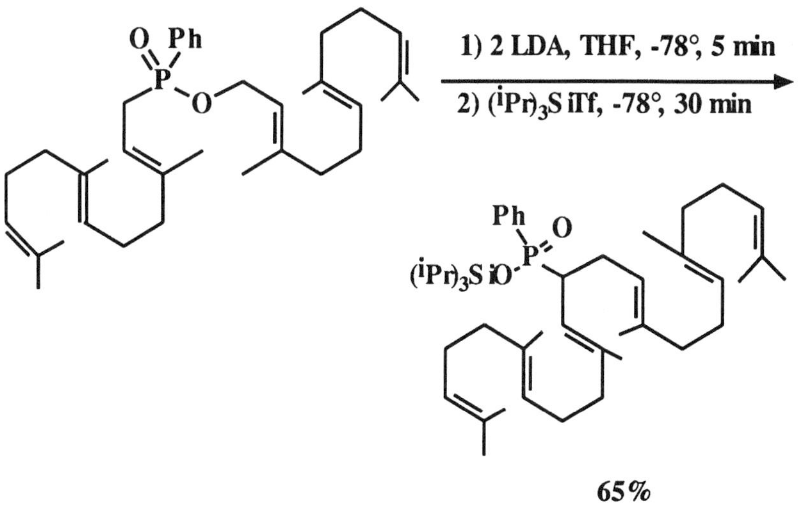

I.A.5. Alkylations of Organometallic Reagents

(see also: I.B.3, I.F., I.G.)

I.A.5-1 A.R. Katritzky et al., *Aust. J. Chem.*, 43, 133 (1990) and *Can. J. Chem.*, 68, 456 (1990); C.A. Ogle et al., *Synthesis*, 495 (1990).

$$R\underset{}{\overset{NNHPh}{\|}}Bt + R'MgX \xrightarrow{H_2O} R\underset{}{\overset{NNHPh}{\|}}R'$$

31-78%

Halide leaving groups also employed for similar reactions

I.A.5-2 B.Bogdanovic et al., *Chem. Ber.*, 123, 1507 and 1517 (1990).

Generation of Grignard Reagents from Mg anthracene•
3 THF or active Mg

I.A.5-3 J.-E. Backvall et al., *J. Am. Chem. Soc.*, 112, 6615 (1990); H. Kotsuki et al., *J. Org. Chem.*, 55, 4417 (1990); R.C. Larock and S.K. Stolz-Dunn, *Synlett.*, 341 (1990); C. Najera and J.M. Sansano, *Tetrahedron*, 46, 3993 (1990).

OAc 10 mol% CuCN
—————→
^nBuMgBr
(slow addition)

	THF, 0°	94 : 6
	Et$_2$O, 20°	3 : 97

other leaving groups used for S_N2 displacements

I.A.5-4 C.H. Brubaker, Jr. et al., *J. Organomet. Chem.*, **390**, 73 (1990).

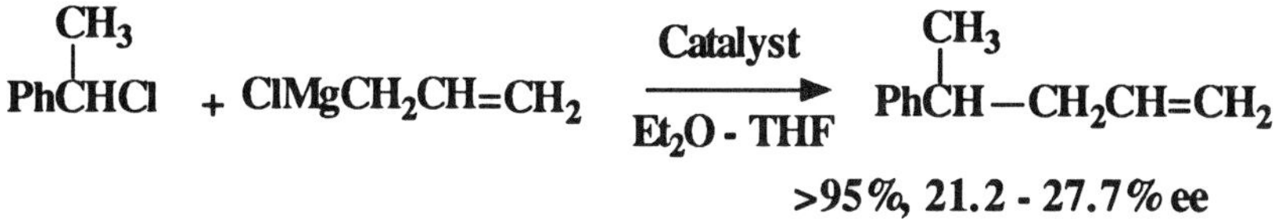

$$\text{PhCHCl} \atop \text{CH}_3 \; + \; \text{ClMgCH}_2\text{CH=CH}_2 \xrightarrow[\text{Et}_2\text{O - THF}]{\text{Catalyst}} \text{PhCH-CH}_2\text{CH=CH}_2 \atop \text{CH}_3$$

>95%, 21.2 - 27.7% ee

Catalyst = chiral nickel ferrocenyl amine sulfides

I.A.5-5 G.M. Sosnovskii and I.V. Astapovich, *J. Org. Chem. (USSR)*, **26**, 781 (1990).

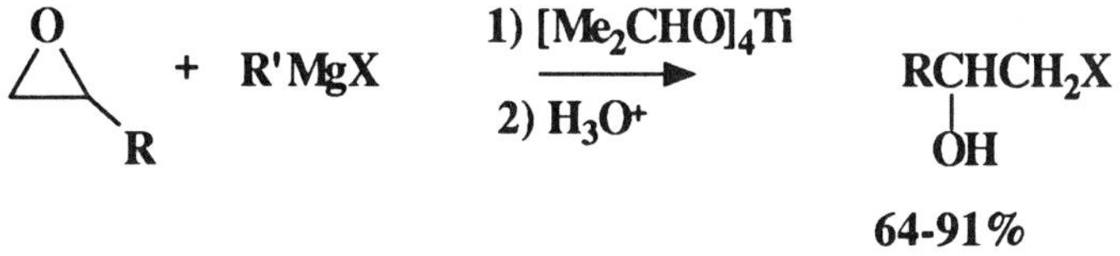

$$\underset{R}{\overset{O}{\triangle}} \; + \; R'MgX \xrightarrow[\text{2) H}_3\text{O}^+]{\text{1) [Me}_2\text{CHO]}_4\text{Ti}} \underset{\text{OH}}{\text{RCHCH}_2X}$$

64-91%

R = CH$_2$OPh, (CH$_2$)$_4$CH$_3$
X = Br, Cl, I
R' = Me, Et, Ph

I.A.5-6 J.R. Young and J.R. Stille, *Organometallics*, **9**, 3022 (1990).

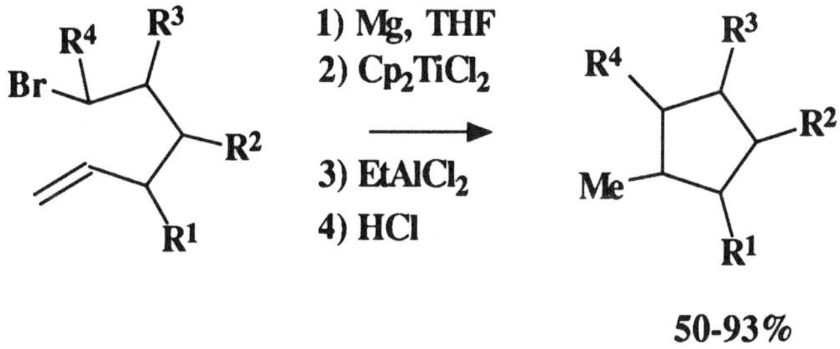

1) Mg, THF
2) Cp$_2$TiCl$_2$
3) EtAlCl$_2$
4) HCl

50-93%

I.A.5-7 R. Pankayatselvan and K.M. Nicholas, *J. Organomet. Chem.*, **384**, 361 (1990).

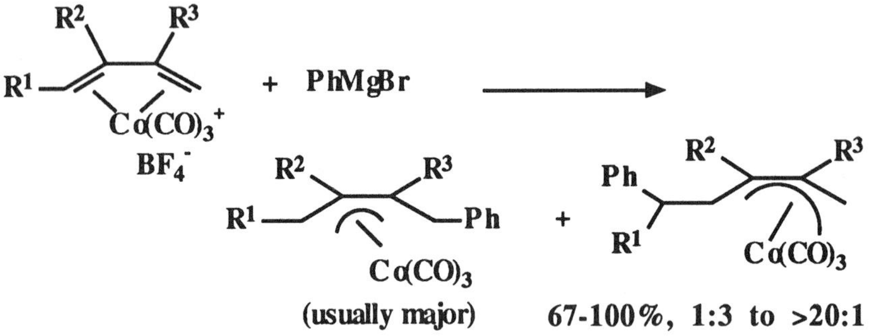

(usually major)   67-100%, 1:3 to >20:1

I.A.5-8 A. Krief and P. Barbeaux, *Synlett.*, 511 (1990); W.F. Bailey and A.D. Khanolkar, *J. Org. Chem.*, **55**, 6058 (1990) and *Tetrahedron Lett.*, **31**, 5993 (1990); E. Negishi et al., *ibid.*, **31**, 493 (1990); W.F. Bailey and T.V. Ovaska, *ibid.*, **31**, 627 (1990).

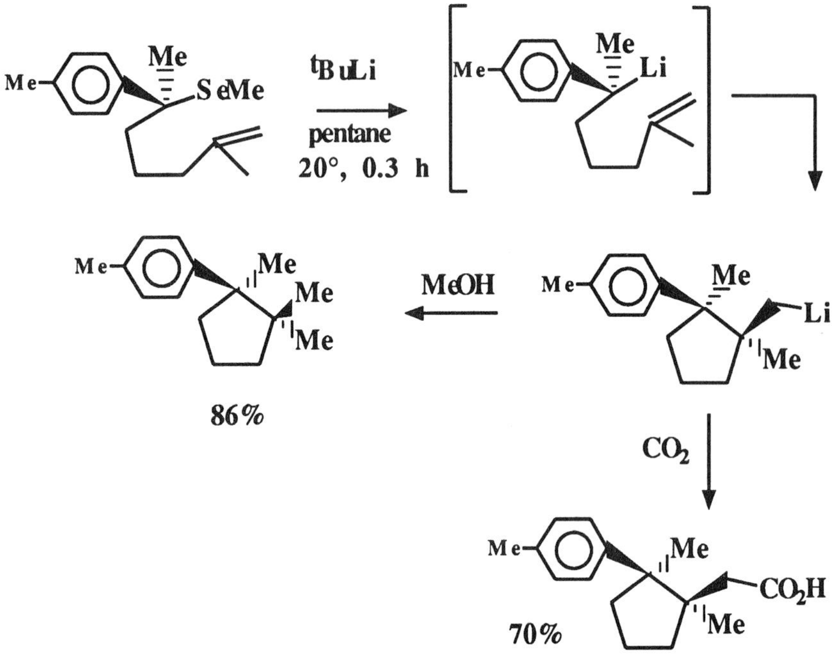

86%

70%

lithiation via halides also reported

I.A.5-9 H. Ahlbrecht and H. Sommer, *Chem. Ber.*, **123**, 829 (1990).

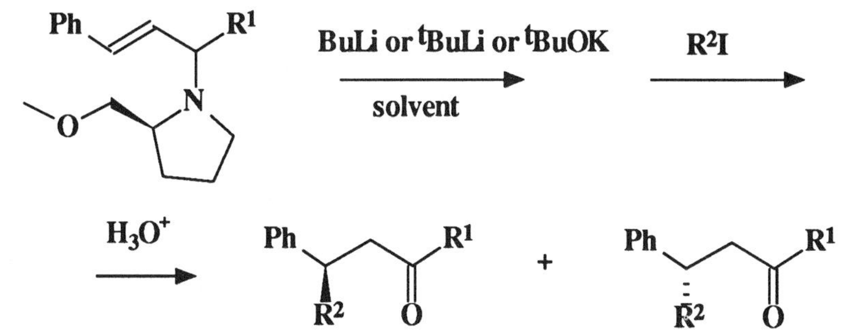

solvent = TBME, 0°, 28-78%, 11-77% ee (R) or (S)
solvent = THF, HMPT, -78°, 64-85%, 30-56% ee (R) or (S)

I.A.5-10 D.B. Reitz and S.M. Massey, *J. Org. Chem.*, **55**, 1375 (1990); J. Cornelisse et al., *Rec. Trav. Chim.*, **109**, 403 (1990); R.A. Bunce and J.P. Sullivan, *Synth. Commun.*, **20**, 865 (1990); R.S. Smith et al., *J. Organomet. Chem.*, **382**, 333 (1990); T. Goto et al., *Bull. Chem. Soc. Jpn.*, **63**, 3047 (1990); E.V. Dehmlow and J. Wilkenloh, *Liebigs Ann. Chem.*, 125 (1990).

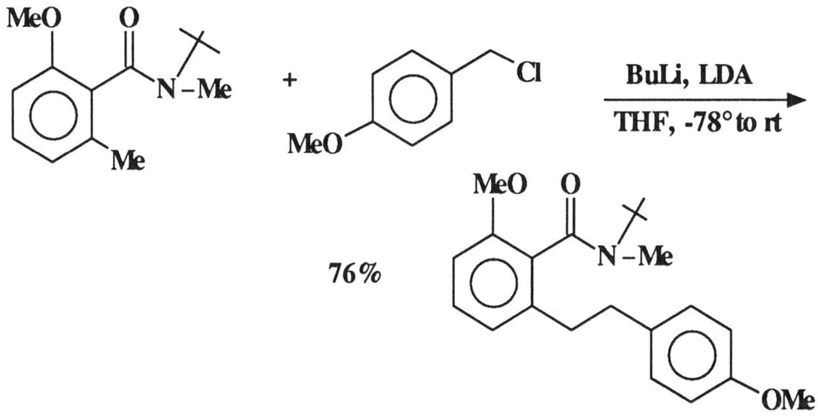

other leaving groups and bases used for similar transformations

I.A.5-11 M. Lautens et al., *J. Org. Chem.*, <u>55</u>, 5305 (1990).

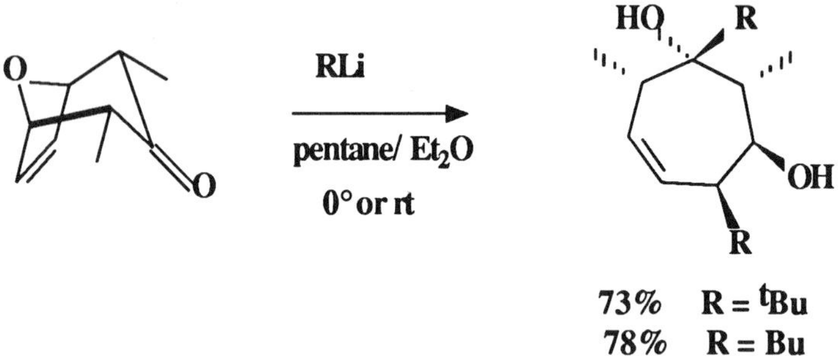

73% R = ᵗBu
78% R = Bu

I.A.5-12 S. Hanessian et al., *J. Am. Chem. Soc.*, <u>112</u>, 5276 (1990); Y. Petit et al., *Tetrahedron Lett.*, <u>31</u>, 2149 (1990); D. Tanner et al., *ibid.*, <u>31</u>, 1903 (1990); T. Miyasaka et al., *Chem. Pharm. Bull.*, <u>38</u>, 355 (1990); K. Tsushima and A. Murai, *Chem. Lett.*, 761 (1990); C. Ludwig and L.-G. Wistrand, *Acta Chem. Scand.*, <u>44</u>, 707 (1990).

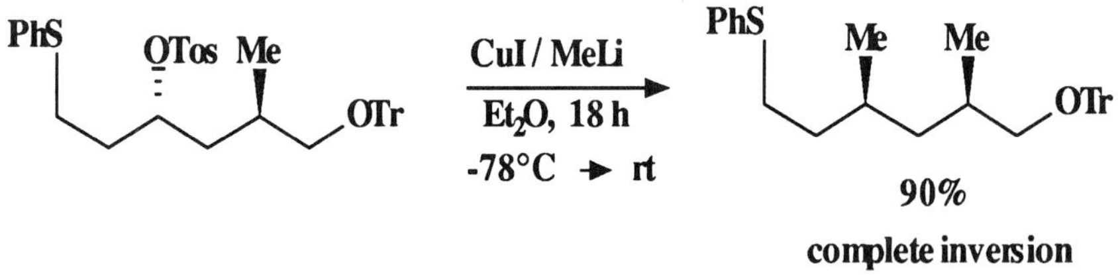

90%
complete inversion

other leaving groups used similarly

I.A.5-13 M. Isaka and E. Nakamura, *J. Am. Chem. Soc.*, 112, 7428 (1990).

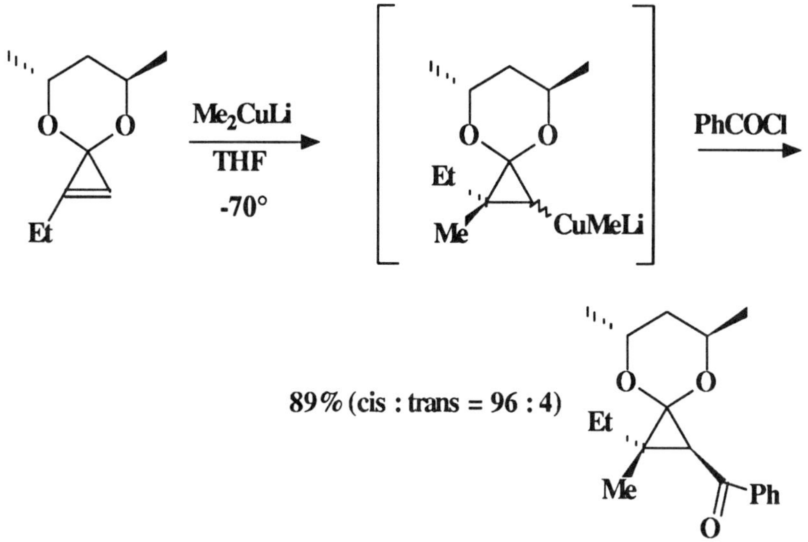

89% (cis : trans = 96 : 4)

I.A.5-14 T. Ibuka, N. Fujii, Y. Yamamoto et al., *Angew. Chem., Int. Ed. Engl.*, 29, 801 (1990); P. Boquel and Y. Chapleur, *Tetrahedron Lett.*, 31, 1869 (1990); M. Lautens et al., *ibid.*, 31, 3253 (1990); V. Calo et al., *Gazz. Chim. Ital.*, 120, 203 (1990).

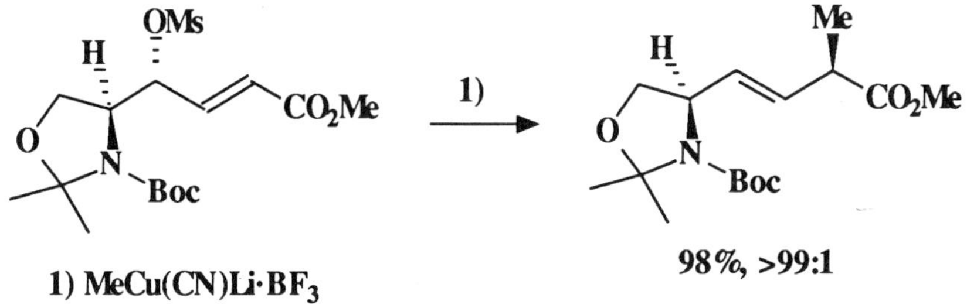

1) MeCu(CN)Li·BF$_3$

98%, >99:1

other leaving groups used in S$_N$2' reactions

I.A.5-15 A. Takle and P. Kocienski, *Tetrahedron*, 46, 4503 (1990).

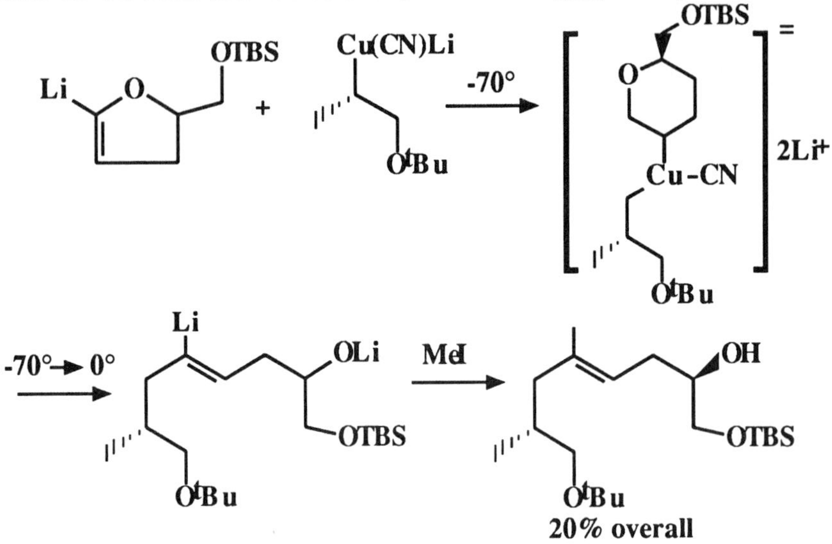

I.A.5-16 B.H. Lipshutz et al., *J. Am. Chem. Soc.*, 112, 4063 (1990) and *Org. Synth.*, 69, 80 (1990); M.J. Kurth and M.A. Abreo, *Tetrahedron*, 46, 5085 (1990).

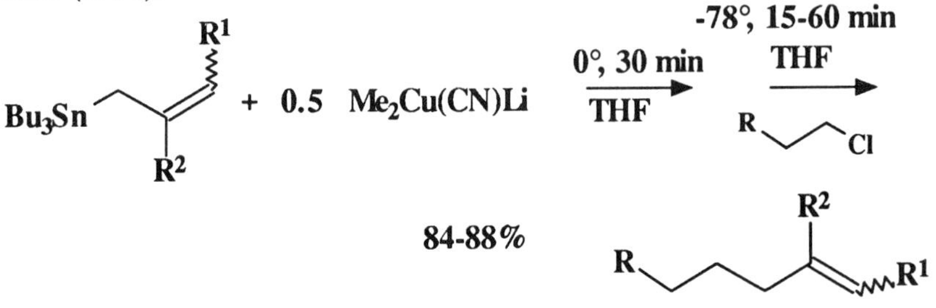

I.A.5-17 A.J. Pearson and M.S. Holden, *J. Organomet. Chem.*, 383, 307 (1990).

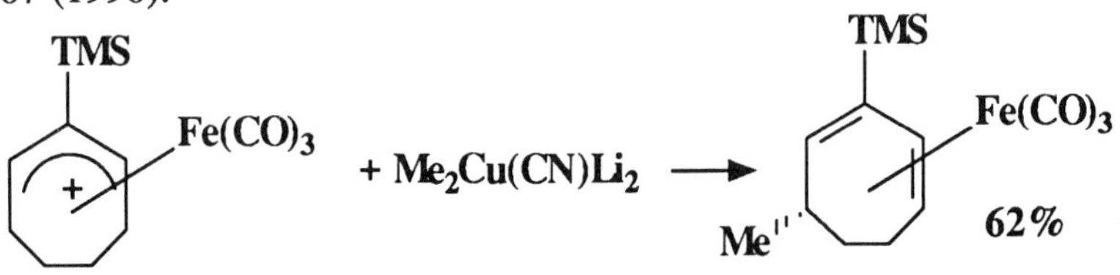

I.A.5-18 V.N. Kalinin et al., *J. Organomet. Chem.*, 383, 85 (1990).

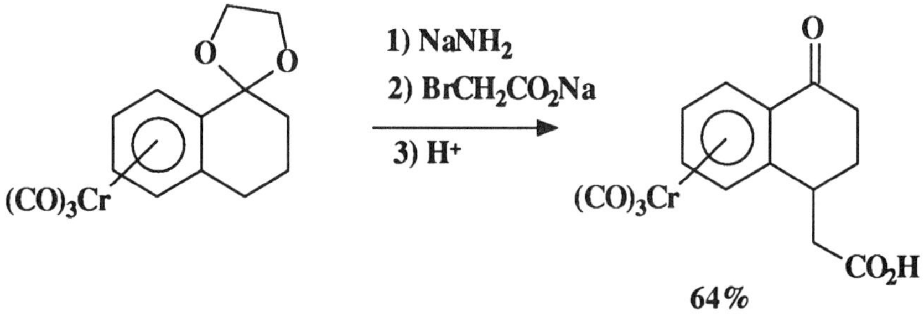

[structure] →
1) $NaNH_2$
2) $BrCH_2CO_2Na$
3) H^+
→ [structure] 64%

I.A.5-19 G. Braunlich et al., *Z. Chem.*, 417 (1989); B. Schonecker, D. Walther et al., *Tetrahedron Lett.*, 31, 1297 (1990).

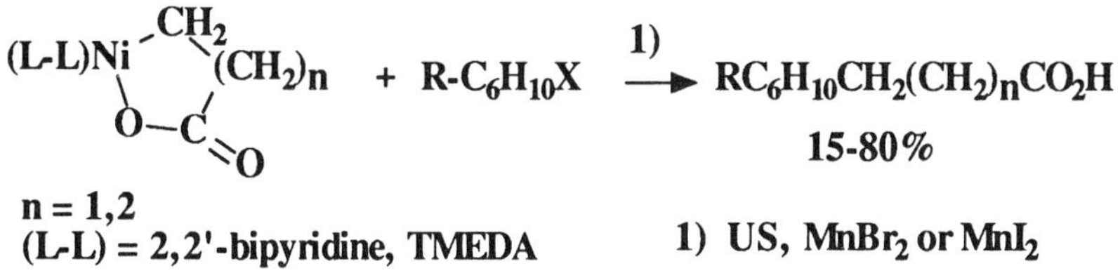

$$(L\text{-}L)Ni\overset{CH_2}{\underset{O-C=O}{\diagdown(CH_2)_n}} + R\text{-}C_6H_{10}X \xrightarrow{1)} RC_6H_{10}CH_2(CH_2)_nCO_2H$$

n = 1,2
(L-L) = 2,2'-bipyridine, TMEDA

15-80%

1) US, $MnBr_2$ or MnI_2

I.A.5-20 A. Alexakis et al., *Tetrahedron Lett.*, 31, 1271 (1990); N.L. Lentz and N.P. Peet, *ibid.*, 31, 811 (1990).

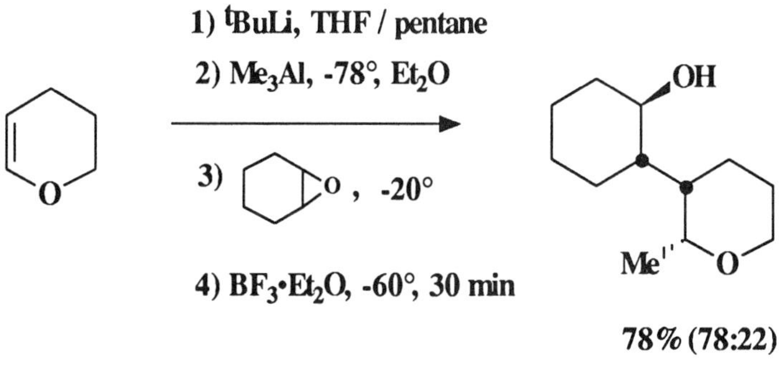

1) ^tBuLi, THF / pentane
2) Me_3Al, -78°, Et_2O
3) [cyclohexene oxide], -20°
4) $BF_3 \cdot Et_2O$, -60°, 30 min

→ [product structure]

78% (78:22)

I.A.5-21 R.P. Polniaszek et al., *J. Org. Chem.*, 55, 215 (1990); W.A. Donaldson, *J. Organomet. Chem.*, 395, 187 (1990); S. Takano et al., *Synlett.*, 691 (1990); E. Yoshii et al., *Chem. Pharm. Bull.*, 38, 1781 (1990); Y. Hatanaka and T. Hiyama, *Tetrahedron Lett.*, 31, 2719 (1990).

$$\text{pyrrolidinone-OH,Me,CH(Ar)H} + \text{CH}_2=\text{CHCH}_2\text{SiMe}_3 \xrightarrow[\text{CH}_2\text{Cl}_2,\ -22°]{\text{SnCl}_4} \text{allylated products}$$

84-92%

various electrophiles used for similar reactions

I.A.5-22 K. Saigo et al., *Chem. Lett.*, 1097 (1990); M. Yamamoto et al., *J. Chem. Soc., Perkin Trans. 1*, 1226 (1990)

$$\text{EtS}_2\text{C}(R^1)(R^2) + R^3\text{CH}=\text{C}(R^4)\text{SnBu}_3 \xrightarrow[\text{3-30 h}]{\substack{\text{GaCl}_3 \\ \text{CH}_2\text{Cl}_2 \\ -78° \to -23°}} \text{product}$$

60-86%

similar reactions with epoxides and TiCl$_4$ or TMSOTf catalysis

---

I.A.6. Other Alkylation Procedures

I.A.6-1 A.R. Katritzky and L. Urogdi, *J. Chem. Soc., Perkin Trans. 1*, 1853 (1990).

$$R^1\text{CONHCHBt}(R^2) \xrightarrow[20°]{\text{KCN, DMSO}} R^1\text{CONHCHCN}(R^2)$$

62-95%

I.A.6-2 W. Kantlehner and U. Greiner, *Liebigs Ann. Chem.*, 965 (1990).

$$R^1R^2N\!\!-\!\!\overset{+}{C}\!\!-\!\!Cl \;\; + \;\; NaCN \;\; \xrightarrow[H_2O]{Et_2O} \;\; R^1R^2N\!\!-\!\!C(CN)_2\!\!-\!\!NR^1R^2$$

with R^1R^2N and Cl^- counterion on left; product bearing two CN and two R^1R^2N groups on central C.

76-89%

I.A.6-3 K. Utimoto et al., *Tetrahedron Lett.*, **31**, 6209 and 6379 (1990); G.A. Olah et al., *J. Org. Chem.*, **55**, 2016 (1990); M. Onaka et al., *Chem. Lett.*, 481 (1990).

cyclohexene oxide
1) Yb(CN)$_3$, 25°, 1 h, THF
2) Me$_3$SiCN
→ trans-2-(trimethylsilyloxy)cyclohexanecarbonitrile (OSiMe$_3$, CN)

96%

similarly with 18-C-6, CaO or MgO as catalysts

I.A.6-4 F. Okuda and Y. Watanabe, *Bull. Chem. Soc. Jpn.*, **63**, 1201 (1990); T. Mukaiyama et al., *ibid.*, **63**, 3122 (1990) and *Chem. Lett.*, 229 (1990).

2-R^1-3-R^2-tetrahydrofuran + TMSCN $\xrightarrow[120\text{-}150°]{Co_2(CO)_8}$ TMSO-CH(R^1)-CH(R^2)-CH$_2$-CN + TMSO-CH$_2$-CH(R^2)-CH(R^1)-CN

25-88%
100:0 to 0:100

similarly with ketals and [Rh(COD)Cl]$_2$ or TrClO$_4$ as catalyst

I.A.6-5 S. Torii et al., *Tetrahedron Lett.*, 31, 5319 (1990).

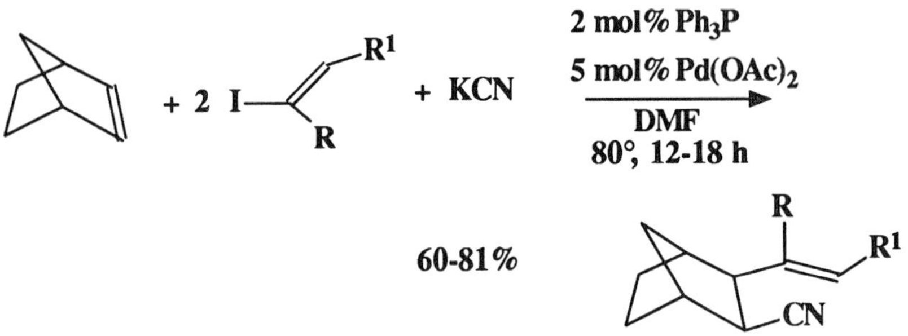

norbornene + 2 I—C(R)=CHR^1 + KCN $\xrightarrow[\text{DMF}]{\text{2 mol% Ph}_3\text{P}, \text{5 mol% Pd(OAc)}_2}$ 60-81% product

80°, 12-18 h

I.A.6-6 J. Lugtenburg et al., *Rec. Trav. Chim.*, 109, 463 (1990).

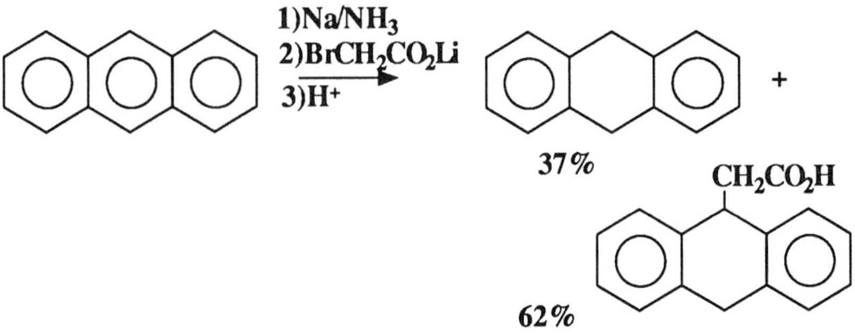

anthracene $\xrightarrow[\text{3)H}^+]{\text{1)Na/NH}_3,\ \text{2)BrCH}_2\text{CO}_2\text{Li}}$ 37% + 62% (9-CH$_2$CO$_2$H-9,10-dihydroanthracene)

I.A.6-7 C.-M. Hu and F.-L. Qing, *Tetrahedron Lett.*, 31, 1307 (1990).

$$\text{CF}_2\text{ClCFCl}_2 \ + \ \text{CH}_2\text{=CHR} \ \xrightarrow[\substack{\text{HCO}_2\text{Na·H}_2\text{O}\\ \text{DMF, 40-50°}\\ \text{2-8 h}}]{(\text{NH}_4)_2\text{S}_2\text{O}_8} \ \text{ClCF}_2\text{CFClCH}_2\text{CH}_2\text{R} \quad 47\text{-}90\%$$

I.A.6-8 J. Herscovici et al., *J. Chem. Soc., Perkin Trans. 1*, 1995 (1990).

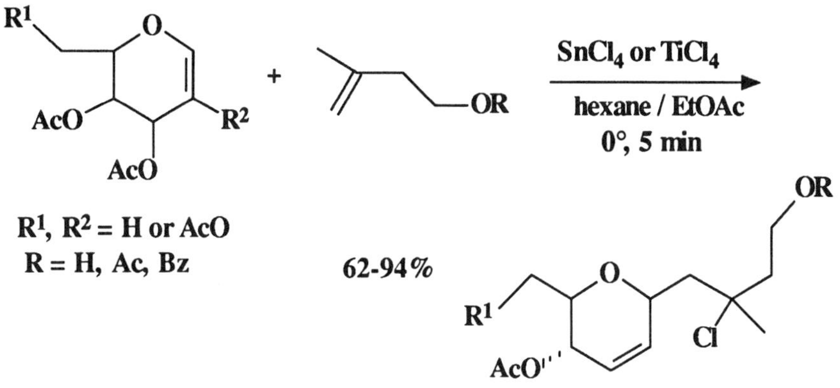

R^1, R^2 = H or AcO
R = H, Ac, Bz   62-94%

I.A.7. Nucleophilic Addition to Electron Deficient Carbon

I.A.7.a.1a. Intermolecular Aldol-Type 1,2 - Additions

I.A.7.a.1a-1 A.R. Barron et al., *Organometallics*, 9, 2529 (1990).

Aldol Condensation of Ketones Promoted by Sterically Crowded Aryloxide Compounds of Aluminum.

I.A.7.a.1a-2 C. Floriani et al., *Organometallics*, 9, 1995 (1990).

A Chemical Reaction Path from Crystal Structure Data: Isolation of Intermediates in the Reaction of a Bimetallic Chiral Enolate with Benzaldehyde.

I.A.7.a.1a-3 Kh.R. Timoteus et al., *J. Org. Chem. (USSR)*, <u>25</u>, 2073 (1989).

Regioselectivity of Aldol Condensation and the Stereochemistry of the Products from the Reduction of β-Hydroxy Ketones.

I.A.7.a.1a-4 S. Torii et al., *Bull. Chem. Soc. Jpn.*, <u>63</u>, 2430 (1990).

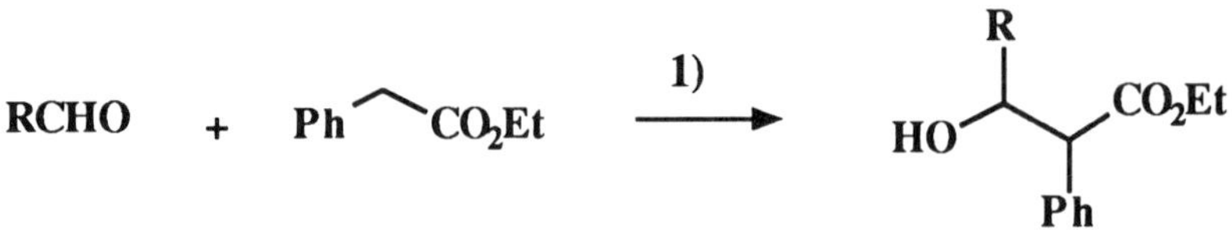

$$RCHO + Ph\underset{CO_2Et}{\frown} \xrightarrow{1)} \underset{Ph}{\underset{HO}{\overset{R}{\diagdown}}}CO_2Et$$

72-73% (major)

1) electrogenerated base, DMF -H_2O -Et_4NOTs

I.A.7.a.1a-5 H. Bouchard and J.Y. Lallemand, *Tetrahedron Lett.*, <u>31</u>, 5151 (1990).

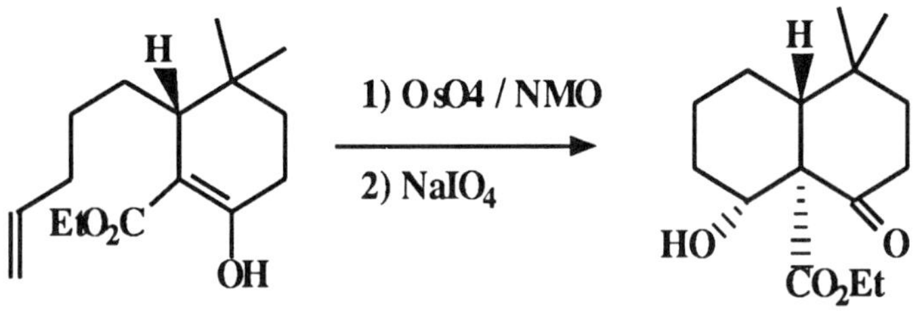

$$\underset{EtO_2C}{\text{structure}} \xrightarrow[\text{2) NaIO}_4]{\text{1) OsO}_4 / NMO} \underset{HO\quad CO_2Et}{\text{structure}}$$

95%

I.A.7.a.1a-6 J.R. Bull et al., *Tetrahedron*, 46, 5401 (1990); C. Tamm et al., *Helv. Chim. Acta*, 73, 63 (1990); E. Yoshii et al., *Chem. Pharm. Bull.*, 38, 1784 (1990).

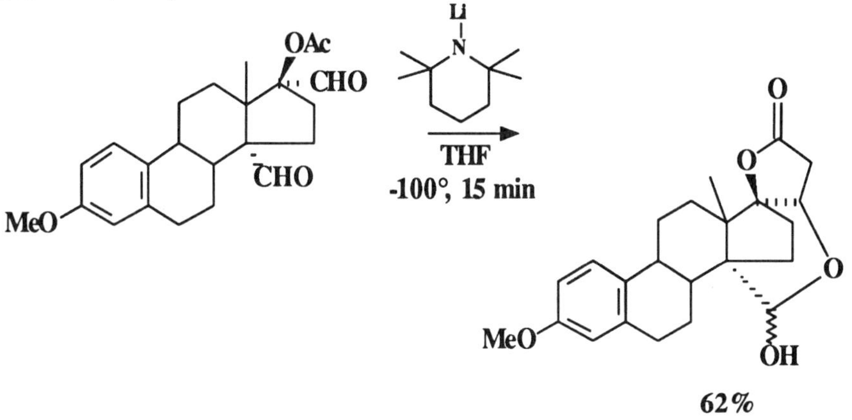

62%

I.A.7.a.1a-7 J. Brocard et al., *Tetrahedron*, 46, 6995 (1990).

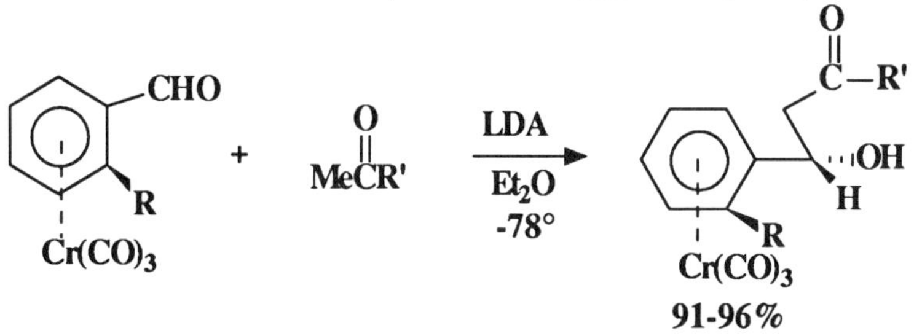

91-96%

I.A.7.a.1a-8 K. Oertle et al., *Helv. Chim. Acta*, 73, 353 (1990)

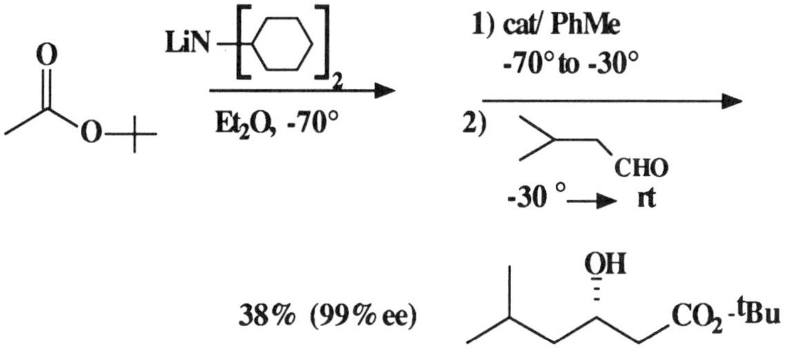

38% (99% ee)

I.A.7.a.1a-9 C.F. Longmire and S.A. Evans, Jr., *Chem. Commun.*, 922 (1990).

$(EtO)_2\overset{O}{\overset{\|}{P}}-\overset{O}{\overset{\|}{C}}Et \xrightarrow[THF]{LiHMS, -78°} \xrightarrow{2.2\ PhCHO, -78°}$

$HO_2C\underset{Me}{\overset{OH}{\diagup}}Ph + HO_2C\underset{Me}{\overset{OH}{\diagup}}Ph$

97% (syn : anti = 98.8 : 1.2)

I.A.7.a.1a-10 C. Cativiela et al., *Synth. Commun.*, 20, 3145 (1990).

$PhCHO + CH_2\text{-}CO_2R \underset{CN}{} \xrightarrow[AcOH]{NH_4AcO^-} Ph\diagup\diagdown\underset{CN}{\overset{CO_2R}{}}$

93%

exclusive E-isomer

R = [cyclohexyl with HO, Me, and isopropyl substituents]

I.A.7.a.1a-11 S. Shatzmiller et al., *Synthesis*, 502 (1990); G. Bartoli et al., *ibid.*, 895 (1990).

$R\underset{Me}{\overset{N^{-OR'}}{\diagup}} \xrightarrow[\substack{\text{THF/hexane} \\ 2)\ R"CHO\ /\ hexane \\ -40° \rightarrow -17°}]{1)\ BuLi\ /\ -65°,\ 5\ min} R\underset{}{\overset{N^{-OR'}}{\diagup}}\underset{R"}{\overset{OH}{\diagup}}$

65-93%

similar reaction of imines with esters

I.A.7.a.1a-12 A. Togni, S.D. Pastor and G. Rihs, *J. Organomet. Chem.*, 381, C21 (1990).

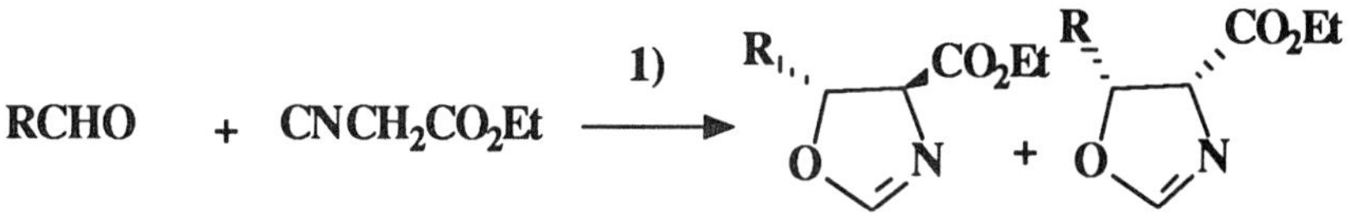

RCHO + CNCH$_2$CO$_2$Et $\xrightarrow{1)}$ [oxazoline with R$_{1,\cdot}$, CO$_2$Et] + [oxazoline with R, CO$_2$Et]

73-93% 7-27%
0-82% ee 0-74% ee

1) a chiral phosphino ferrocene, Me$_2$SAuCl

I.A.7.a.1a-13 M. Moilanen and K. Manninen, *Acta Chem. Scand.*, 44, 857 (1990).

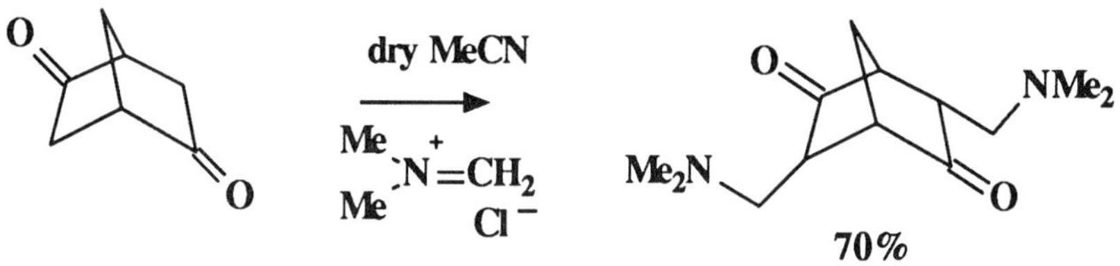

[norcamphor-2,3-dione] $\xrightarrow[\underset{Me}{\overset{Me}{>}}\overset{+}{N}=CH_2 \; Cl^-]{\text{dry MeCN}}$ [Me$_2$N-CH$_2$ substituted diketone with NMe$_2$]

70%

I.A.7.a.1a-14 R. Mahrwald and H. Schick, *Synthesis*, 592 (1990).

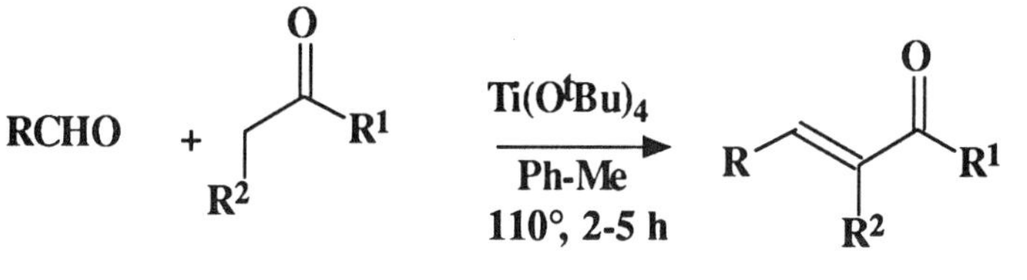

RCHO + [R^{1}C(O)CH(R^2)] $\xrightarrow[\text{Ph-Me} \\ 110°, \text{2-5 h}]{\text{Ti(O}^t\text{Bu})_4}$ [R-CH=C(R^2)-C(O)R^1]

51-93%

I.A.7.a.1a-15 A.R. Daniewski and M.R. Uskokovic, *Tetrahedron Lett.*, 31, 5599 (1990).

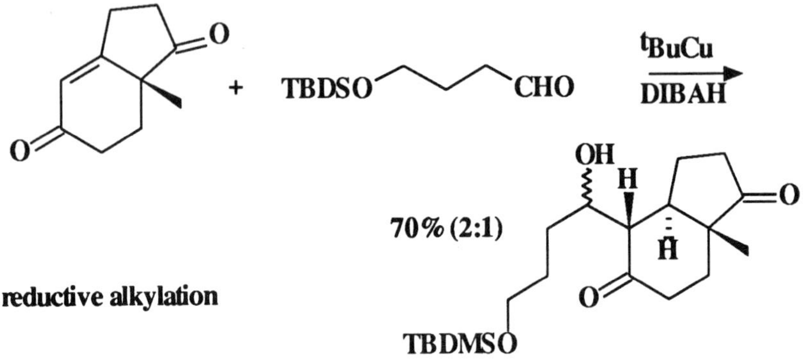

reductive alkylation

I.A.7.a.1a-16 T.H. Chan et al., *Chem. Commun.*, 505 (1990).

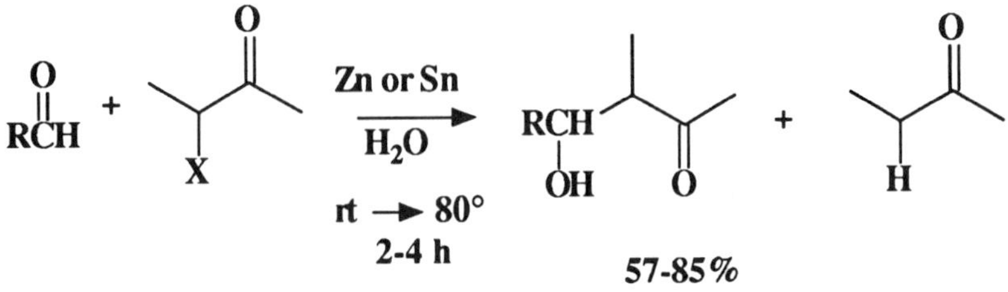

crossed aldol condensations in aqueous media

I.A.7.a.1a-17 H. Chikashita et al., *Bull. Chem. Soc. Jpn.*, 63, 497 (1990).

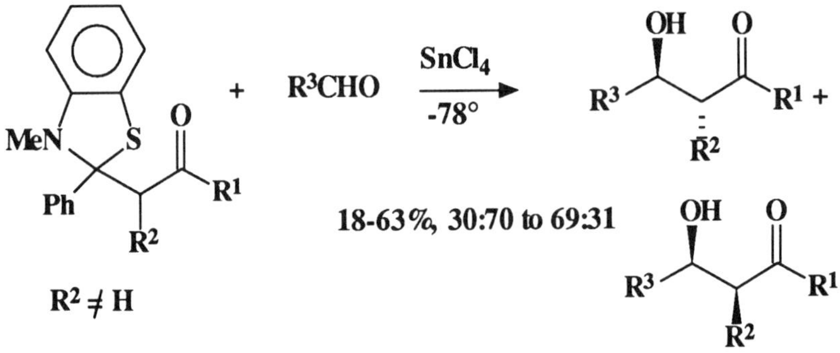

$R^2 \neq H$

18-63%, 30:70 to 69:31

I.A.7.a.1a-18 T. Ishihara et al., *Chem. Lett.*, 211 (1990); M. Kuroboshi and T. Ishihara, *Bull. Chem. Soc. Jpn.*, 63, 1191 (1990); I. Paterson and S. Osborne, *Tetrahedron Lett.*, 31, 2213 (1990).

$$CF_3CHFCNR_2 \xrightarrow[\text{2) }(^iPr)_2NEt]{\text{1) Bu}_2BOTf,\ 0°,\ 5\text{ min}} \xrightarrow[-10°,\ 30\text{ min}]{R^1CHO} R^1\text{-CH(OH)-C(CF}_3)(F)\text{-C(O)NR}_2$$

-10°, 10 min

74-88%

threo : erytho = 100 : 0 to 86 : 14

I.A.7.a.1a-19 C. Trombini et al., *Chem. Commun.*, 1680 (1990); A. Suzuki et al., *Synth. Commun.*, 20, 549 (1990); I. Matsuda et al., *Tetrahedron Lett.*, 31, 5331 (1990).

$$R\text{-CH=CH-C(O)}R^1 \xrightarrow[\text{THF, CH}_2Cl_2\text{ or CHCl}_3,\ rt]{Ipc_2BH} \xrightarrow{R^2CHO} R^2\text{-CH(OH)-CH(R)-C(O)}R^1$$

54-91% (65-90% ee)

similar results with B-Br-9-BBN and with Et_2MeSiH, $MePh_2P$, $Rh_4(CO)_{12}$

I.A.7.a.1a-20 E.J. Corey and S.S. Kim, *Tetrahedron Lett.*, 31, 3715 (1990).

$$MeCHCO_2{}^tBu\ (SnBu_3) + R_2BBr \xrightarrow[-78°,\ 5\text{ h}]{PhMe / hexane} Me\text{-C(OBR}_2)=C\text{-O}^tBu$$

R_2BBr = [bis-sulfonamide boron bromide reagent with 3,5-dimethylphenyl-SO₂ groups and Ph-substituted diamine backbone]

$\downarrow R^1CHO,\ -78°,\ 3\text{ h}$

HO,,,H / R¹ ··· Me — CO₂ᵗBu

80% (93% ee)

I.A.7.a.1a-21 J. Uenishi et al., *Chem. Commun.*, 1033 (1990).

intramolecular aldol

I.A.7.a.1a-22 D.A. Evans et al., *J. Am. Chem. Soc.*, 112, 866 (1990).

diastereoselective Aldols

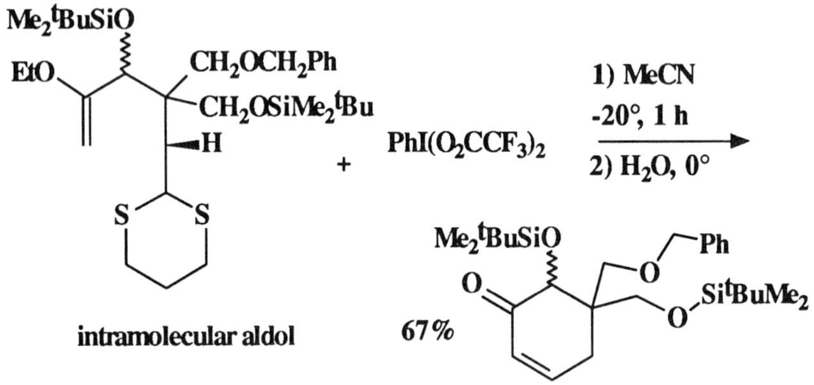

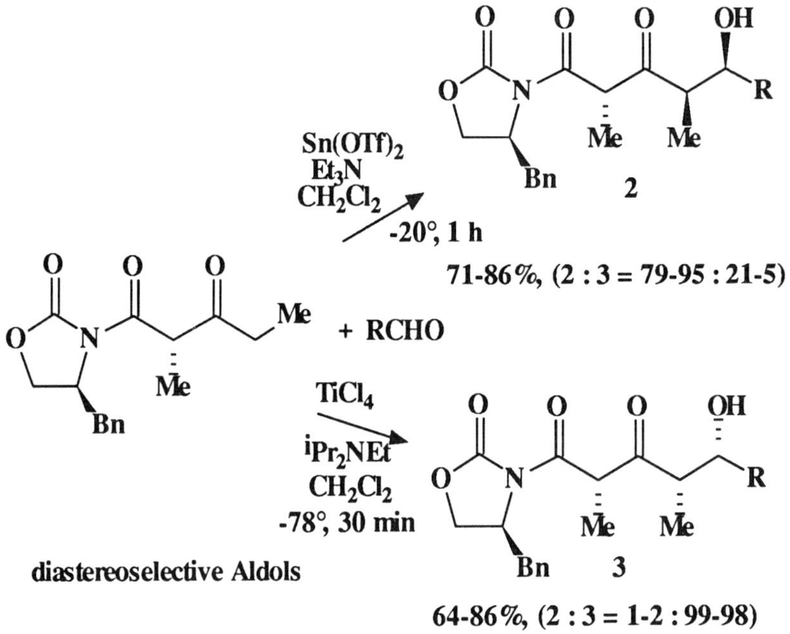

I.A.7.a.1a-23 R.J.K. Taylor et al., *Chem. Commun.*, 406 (1990) and *J. Chem. Soc., Perkin Trans. 1*, 2145 (1990); K. Suda et al., *Tetrahedron Lett.*, 31, 677 (1990).

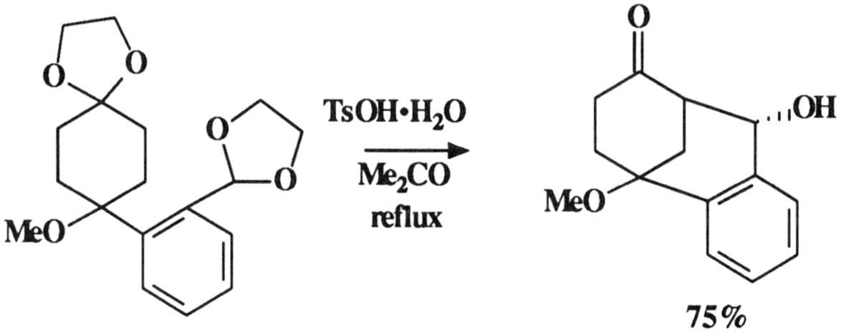

I.A.7.a.1a-24 M. Fujita and T. Hiyama, *Org. Synth.*, 69, 44 (1990); V.V. Popik and V.A. Nikolaev, *J. Org. Chem. (USSR)*, 25, 1636 (1989); M. Yamaguchi et al., *Tetrahedron Lett.*, 31, 3912 (1990).

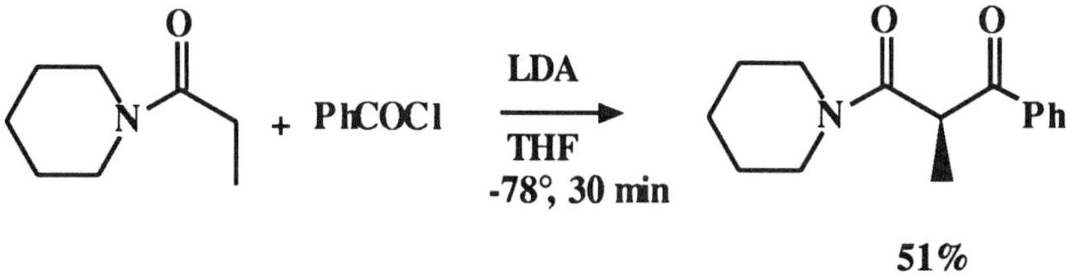

Similar reactions of ketones or esters with esters (with or without PTC) also reported.

I.A.7.a.1a-25 M. Bellassoued et al., *J. Organomet. Chem.*, 393, 19 (1990); M. Hanaoka et al., *Chem. Pharm. Bull.*, 38, 567 (1990); R. Roy and A.W. Rey, *Synlett.*, 448 (1990); S.M. Ali and G. Rousseau, *ibid.*, 397 (1990); A. Kamimura and S. Maruma, *Tetrahedron Lett.*, 31, 5053 (1990); T. Mukaiyama et al., *Chem. Lett.*, 889 (1990); O.M. Nefedov et al., *Org. Prep. Proced. Int.*, 22, 215 (1990); H. Mayr et al., *Chem. Ber.*, 123, 1571 (1990); A.G. Myers and K.L. Widdowson, *J. Am. Chem. Soc.*, 112, 9672 (1990).

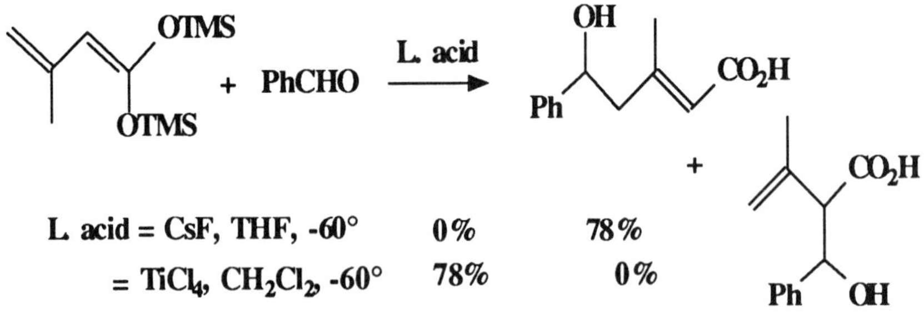

L. acid = CsF, THF, -60°   0%   78%
       = TiCl$_4$, CH$_2$Cl$_2$, -60°   78%   0%

other Lewis acids and substrates employed similarly

I.A.7.a.1a-26 T. Mukaiyama et al., *Chem. Lett.*, 1015, 1019 and 1147 (1990).

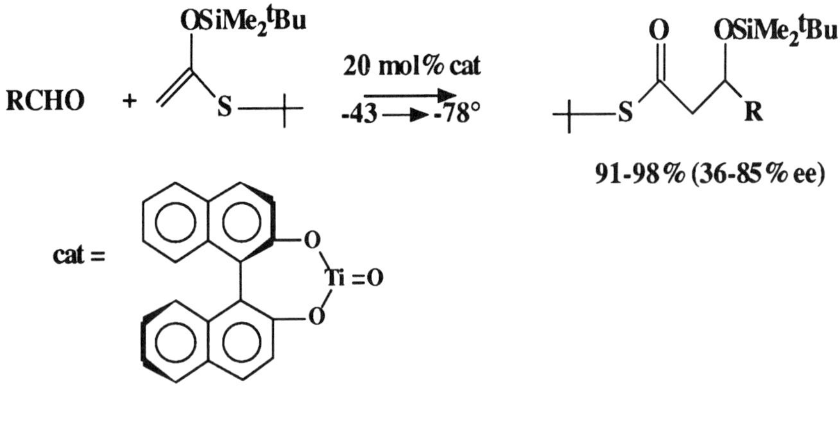

91-98% (36-85% ee)

I.A.7.a.1a-27 T. Mukaiyama et al., *Bull. Chem. Soc. Jpn.*, 63, 1898 (1990).

$$\text{R}^1\text{-cyclic(O-CO-(CH}_2)_n\text{)} + \text{CH}_2\text{=C(OTBDMS)(OEt)} \xrightarrow[\text{CH}_2\text{Cl}_2, -78°, 0.5 \text{ h}]{\text{TrSbCl}_6 \text{ or SbCl}_5\text{-TMSCl-SnI}_2}$$

1.1 eq

$$\xrightarrow[-78° \text{ or } -23° \text{ to rt}]{1.5 \text{ eq. R}_3\text{SiNu}} \text{R}^1\text{-cyclic(O-C(Nu)(CH}_2)_n\text{-CH}_2\text{CO}_2\text{Et)}$$

39-95%
cis : trans >99:1 to 10:90

I.A.7.a.1a-28 T. Mukaiyama and S. Kobayashi, *J. Organomet. Chem.*, 382, 39 (1990); T. Mukaiyama et al., *Tetrahedron*, 46, 4653 (1990) and *Chem. Lett.*, 1455 and 1777 (1990).

$$\text{R}^1\text{CHO} + \text{CH}_2\text{=C(OSiMe}_3\text{)(SR}^2\text{)} \xrightarrow[\substack{\text{Bu}_3\text{SnF} \\ \text{chiral diamine}}]{\text{Sn(OTf)}_2} \text{R}^2\text{S-C(O)-CH}_2\text{-C*H(OH)-R}^1$$

50-90%, 78- >95% ee

I.A.7.a.1a-29 H. Fujioka, Y. Kita et al., *Tetrahedron Lett.*, 31, 5951 (1990).

cyclohexane(=NOH)(OMe, Me) + CH$_2$=C(OSiMe$_3$)(Ph) $\xrightarrow[\text{CH}_2\text{Cl}_2, \text{ rt}]{0.1 \text{ TMSOTf}}$ MeO-CH(CH$_2$C(O)Ph)(CH$_2$CH$_2$CH$_2$CN)

92%

I.A.7.a.1b Intramolecular Aldol-Type 1,2 - Additions

I.A.7.a.1b-1 G. Mehta and A.N. Murty, *J. Org. Chem.*, 55, 3569 (1990).

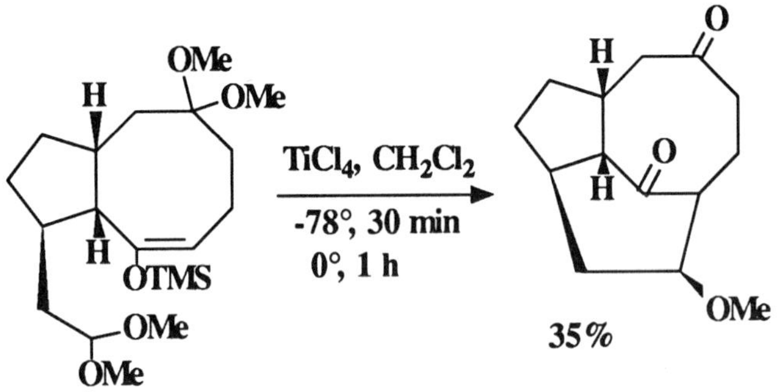

I.A.7.a.1b-2 C.S. Swindell and B.P. Patel, *J. Org. Chem.*, 55, 3 (1990).

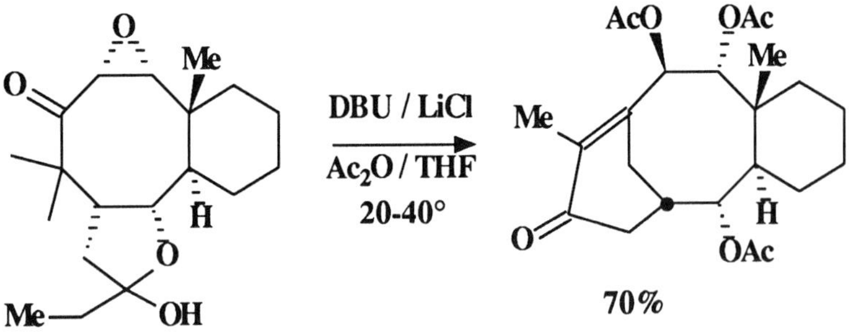

tandem Aldol-Payne reaction

I.A.7.a.2. Addition of N-, P-, S-, or Similar Stabilized Carbanions

I.A.7.a.2-1 S.G. Pyne and B. Dikic, *J. Org. Chem.*, 55, 1932 (1990); S.G. Pyne et al., *Chem. Commun.*, 1376 (1990); J.-M. Fang et al., *J. Organomet. Chem.*, 398, 219 (1990); K. Yamakawa et al., *Bull. Chem. Soc. Jpn.*, 63, 1266 (1990); J.M. Hawkins et al., *Tetrahedron Lett.*, 31, 981 (1990).

$$RCH=NR^1 + Li-CH_2S(O)Ar \xrightarrow[0.2-12h]{-78° \text{ to } 0°} R\text{-CH(NHR}^1\text{)-CH}_2\text{-S(O)Ar}$$

Ar = Ph, 4-Tol

62-96% (63-88 : 37-12)

Similar reactions with sulfoximines or dithioacetals and between sulfoxides or sulfites and aldehydes or ketones

---

I.A.7.a.2-2 R.W. Hoffman and M. Bewersdorf, *Tetrahedron Lett.*, 31, 67 (1990).

$$\text{Me}_3\text{SiO, SePh, SePh} \xrightarrow[\text{Et}_2\text{O, -78°}]{\text{BuLi}} \xrightarrow{E^+, -78°} \text{Me}_3\text{SiO, SePh, E}$$

77-93%

I.A.7.a.2-3 V. Wehner and V. Jager, *Angew. Chem., Int. Ed. Engl.*, 29, 1169 (1990); J.F. Dellaria, Jr. et al., *J. Med. Chem.*, 33, 534 (1990).

$$\text{BnO-CH-CH}_2\text{-CHO} + \text{O}_2\text{N-CH}_2\text{-CH(OEt)}_2 \xrightarrow{\text{Bu}_4\text{NF}} \text{BnO-CH(OH)-CH}_2\text{-CH(OH)-CH(NO}_2\text{)-CH(OEt)}_2$$

89-92%, arabino : ribo = 88 : 12

similarly with phosphine oxide anions

I.A.7.a.2-4 A. Cambon et al., *Synthesis*, 623 (1990).

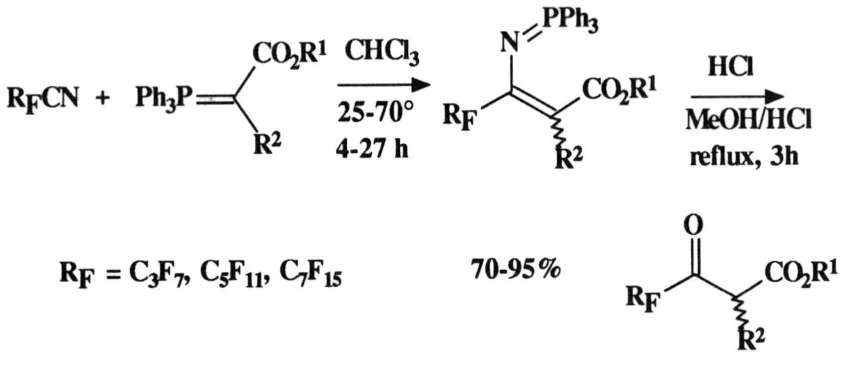

$$R_FCN + Ph_3P=\underset{R^2}{\overset{CO_2R^1}{\diagup}} \xrightarrow[\text{4-27 h}]{CHCl_3, 25-70°} \underset{\overset{\|}{R^2}}{R_F-C(=NPPh_3)-CO_2R^1} \xrightarrow[\text{reflux, 3h}]{HCl, MeOH/HCl} R_F-\underset{\overset{\|}{R^2}}{\overset{O}{C}}-CH(R^2)-CO_2R^1$$

$R_F = C_3F_7, C_5F_{11}, C_7F_{15}$ 70-95%

I.A.7.a.2-5 Yu.Yu. Morzherin et al., *J. Org. Chem. (USSR)*, <u>25</u>, 1454 (1989).

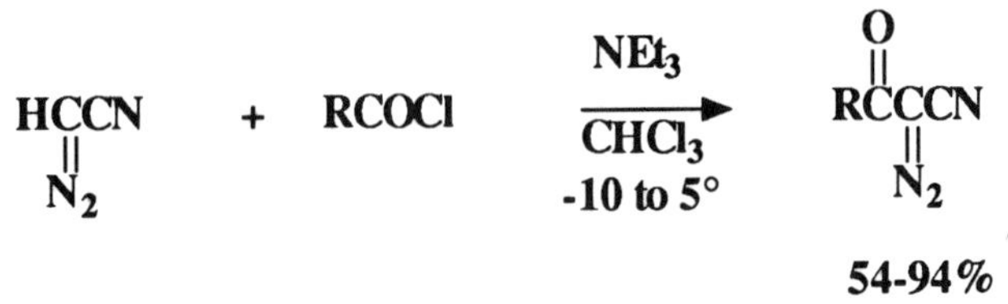

$$HC(=N_2)CN + RCOCl \xrightarrow[\text{-10 to 5°}]{NEt_3, CHCl_3} RC(=O)C(=N_2)CN$$

54-94%

I.A.7.a.2-6 S. Hunig and C. Marschner, *Chem. Ber.*, <u>123</u>, 107 (1990).

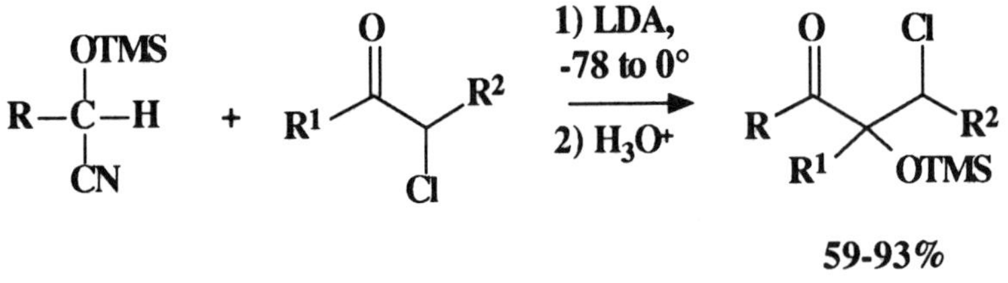

$$R-\underset{\overset{|}{CN}}{\overset{OTMS}{\underset{|}{C}}}-H + R^1-\underset{\overset{|}{Cl}}{C(=O)}-R^2 \xrightarrow[\text{2) } H_3O^+]{\text{1) LDA, -78 to 0°}} R-C(=O)-\underset{\overset{|}{R^1}}{\overset{OTMS}{\underset{|}{C}}}-CH(Cl)R^2$$

59-93%

I.A.7.a.2-7 Z.-F Xie and K. Sakai, *J. Org. Chem.*, 55, 820 (1990).

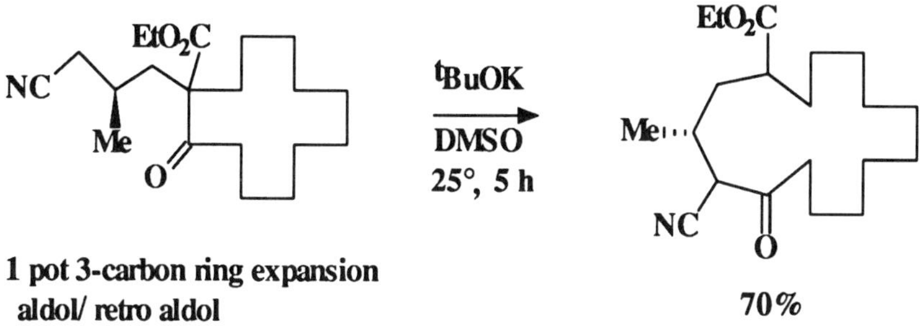

1 pot 3-carbon ring expansion
aldol/ retro aldol

70%

I.A.7.a.3. Addition of Organometallic and Related Species

I.A.7.a.3-1 A. Solladie-Cavallo and M. Bencheqroun, *Tetrahedron Lett.*, 31, 2157 (1990); M. Schakel et al., *Rec. Trav. Chim.*, 109, 305 (1990).

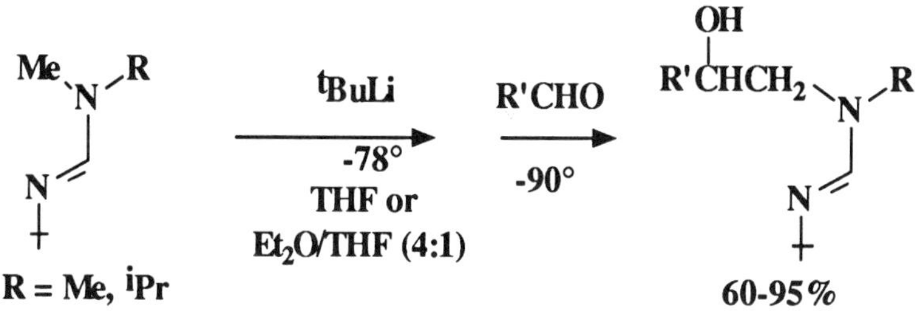

R = Me, ^{i}Pr

60-95%

I.A.7.a.3-2 J. Barluenga et al., *J. Chem. Soc., Perkin Trans. 1*, 417 (1990) and *Synthesis*, 1003 (1990); M. Souchet and R.D. Clark, *Synlett.*, 151 (1990); P. Bey et al., *J. Med. Chem.*, 33, 11 (1990); D.A. Livingston et al., *J. Am. Chem. Soc.*, 112, 6449 (1990); M. Watanabe et al., *Chem. Pharm. Bull.*, 38, 902 (1990); R.J. Jones and H. Rapoport, *J. Org. Chem.*, 55, 1144 (1990).

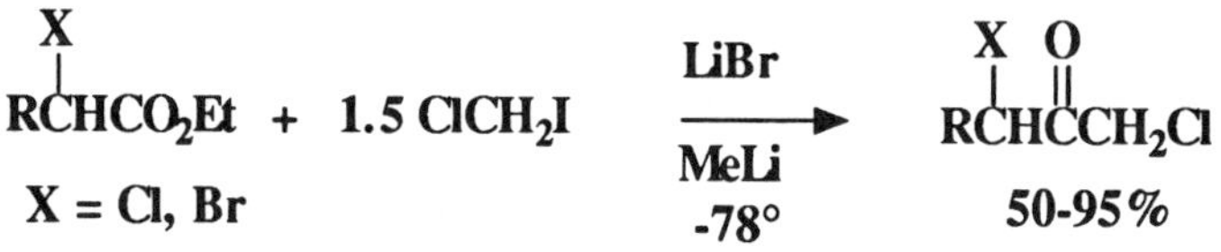

X = Cl, Br

50-95%

substituted amides and a nitrile also used as substrates

I.A.7.a.3-3 G.M. Williams et al., *J. Am. Chem. Soc.*, **112**, 205 (1990).

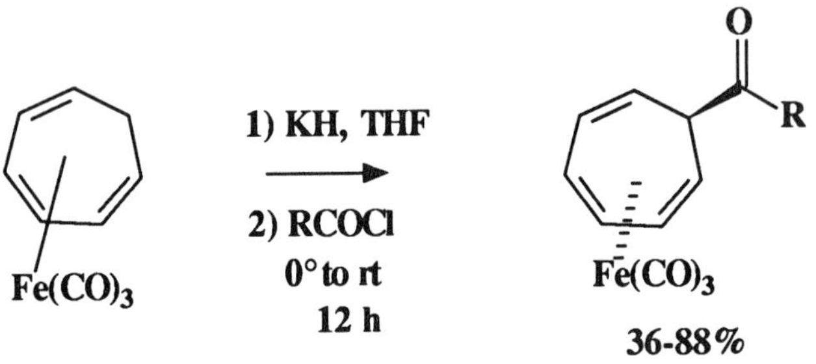

[Scheme: cycloheptatriene-Fe(CO)₃ 1) KH, THF; 2) RCOCl, 0° to rt, 12 h → acylated cycloheptadiene-Fe(CO)₃, 36-88%]

I.A.7.a.3-4 R.E. Sjoholm, *Acta Chem. Scand.*, **44**, 82 (1990); S. Rachwal et al., *J. Organomet. Chem.*, **384**, 165 (1990); K. Tamao et al., *Org. Synth.*, **69**, 96 (1990).

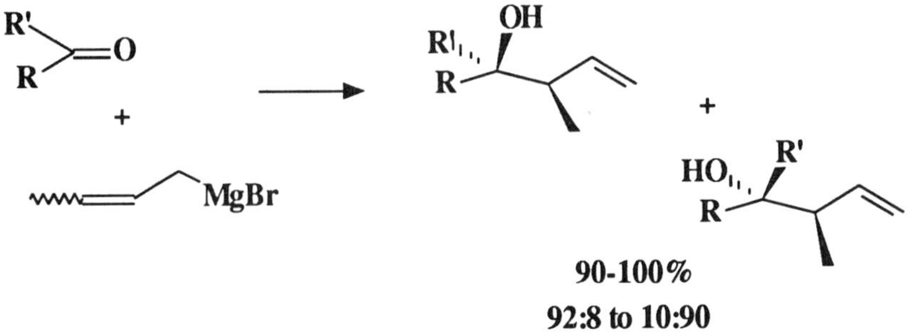

[Scheme: R'C(=O)R + CH₂=CH-CH(Me)-MgBr → diastereomeric homoallyl alcohols, 90-100%, 92:8 to 10:90]

I.A.7.a.3-5 Z.-Y. Chang and R.M. Coates, *J. Org. Chem.*, **90**, 3464 and 3475 (1990); K. Burger and N. Sewald, *Synthesis*, 115 (1990); M. Hartmann et al., *Z. Chem.*, **30**, 168 (1990).

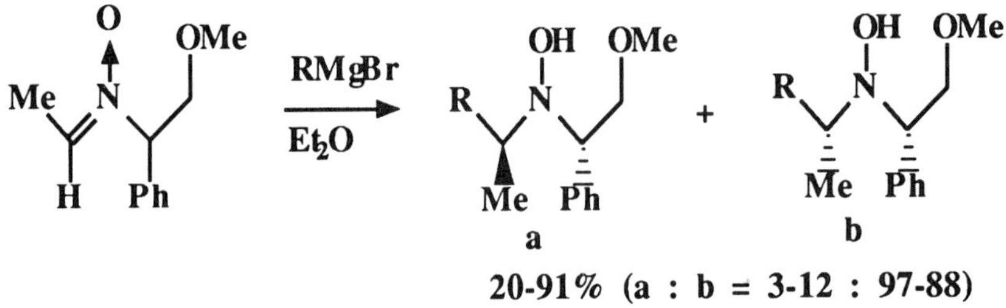

[Scheme: Me-C(=O)-N(H)-CH(Ph)-CH₂-OMe + RMgBr, Et₂O → a + b, 20-91% (a : b = 3-12 : 97-88)]

similar additions to other imines

I.A.7.a.3-6 W.R. Jackson et al., *Aust. J. Chem.*, 43, 2045 (1990); M. Gill et al., *ibid.*, 43, 1497 (1990).

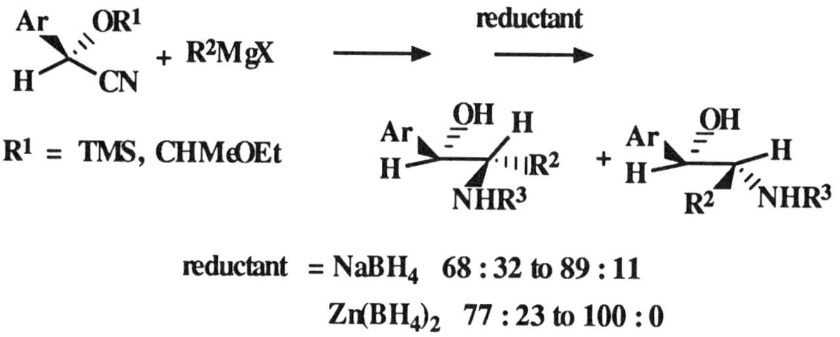

$$\underset{H}{\overset{Ar}{\searrow}}\underset{CN}{\overset{OR^1}{\swarrow}} + R^2MgX \xrightarrow{\quad} \xrightarrow{reductant}$$

R^1 = TMS, CHMeOEt

$$\underset{H}{\overset{Ar}{\searrow}}\underset{NHR^3}{\overset{OH}{\underset{\cdot\cdot\cdot R^2}{\swarrow}}}^H + \underset{H}{\overset{Ar}{\searrow}}\underset{R^2}{\overset{OH}{\underset{\cdot\cdot NHR^3}{\swarrow}}}^H$$

reductant = $NaBH_4$ 68 : 32 to 89 : 11
$Zn(BH_4)_2$ 77 : 23 to 100 : 0

I.A.7.a.3-7 T. Matsumoto et al., *Tetrahderon Lett.*, 31, 4175 (1990); J.W. Herndon et al., *ibid.*, 31, 4547 (1990); P.A. Magriotis et al., *ibid.*, 31, 2541 (1990); W.H. Bunnelle and B.A. Narayanan, *Org. Synth.*, 69, 89 (1990).

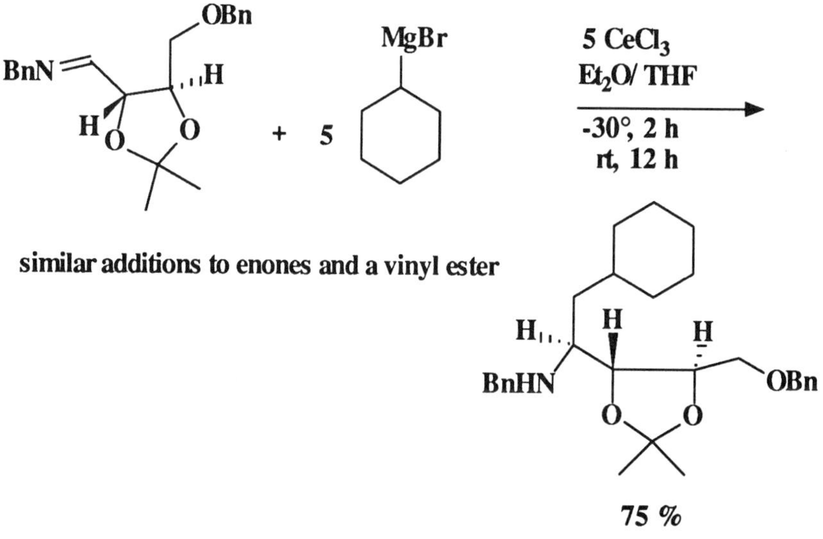

similar additions to enones and a vinyl ester

75 %

I.A.7.a.3-8 T. Fujisawa et al., *Bull. Chem. Soc. Jpn.*, 63, 1894 (1990); H. Takahashi et al., *Chem. Pharm. Bull.*, 38, 1062 (1990); T. Fujisawa et al., *Chem. Lett.*, 597 (1990); Y. Kawanami and K. Katayama, *ibid.*, 1749 (1990); S. Torii et al., *Tetrahedron Lett.*, 31, 3026 (1990).

MeM = MeMgBr·ZnCl$_2$, -78°   81%, 89 : 11
    = Me$_2$TiCl$_2$, -25°   64%, 12 : 88

various titanium reagents used similarly

I.A.7.a.3-9 Q.-Y. Chen and J.-P. Wu, *J. Chem. Res. (S)*, 268 (1990).

F(CH$_2$)$_n$MgX + ClTi(NEt$_2$)$_3$ ⟶ F(CH$_2$)$_n$Ti(NEt$_2$)$_3$

F(CH$_2$)$_n$CHAr
    |
    NEt$_2$
52-84%

-78°, 3 h / rt, 3 h   + ArCHO

I.A.7.a.3-10 J. Mulzer and L. Kattner, *Angew. Chem., Int. Ed. Engl.*, 29, 679 (1990); P. A. Wender et al., *J. Am. Chem. Soc.*, 112, 5368 (1990); K. Yamakawa et al., *Chem. Pharm. Bull.*, 38, 28 (1990); K. Takai, K. Utimoto et al., *J. Org. Chem.*, 55, 1705 (1990).

CrCl$_3$, LAH
THF, 0°
36 h

63%

Hiyama addition

I.A.7.a.3-11 P. Knochel et al., *Organometallics*, **9**, 3053 (1990) and *J. Am. Chem. Soc.*, **112**, 6146 (1990).

$$\underset{R}{\text{Ar}}\text{-CHR'X} \xrightarrow[\text{3) R}^2\text{CHO}]{\text{1) Zn} \atop \text{2) CuCN·2LiCl}} \underset{R}{\text{Ar}}\text{-CHR'-CHR}^2\text{-OH}$$

other electrophiles also used   70-97%

I.A.7.a.3-12 M. Kuroboshi and T. Ishihara, *Bull. Chem. Soc. pn.*, **63**, 428 (1990); D. Klemm et al., *J. Prakt. Chem.*, **332**, 367 (1990); C. Palomo et al., *Tetrahedron Lett.*, **31**, 2205 (1990).

$$CF_2Cl\text{-}\overset{O}{\overset{\|}{C}}R \ + \ R^1CHO \xrightarrow[\substack{\text{CuCl} \\ \text{THF, 4 h} \\ \text{reflux}}]{\text{Zn (cat.)}} R^1\overset{OH}{\overset{|}{C}}H\text{-}CF_2\text{-}\overset{O}{\overset{\|}{C}}R$$

60-100%

I.A.7.a.3-13 S. Niwa and K. Soai, *J. Chem. Soc., Perkin Trans. 1*, 937 (1990); K. Soai et al., *Chem. Commun.*, 982 (1990) and *Bull. Chem. Soc. Jpn.*, **63**, 2129 (1990); R. Noyori, N. Oguni et al., *J. Organomet. Chem.*, **382**, 19 (1990); C. Bolm et al., *Angew. Chem., Int. Ed. Engl.*, **29**, 205 (1990).

$$Me_3SiC\equiv CCHO \ + \ Et_2Zn \xrightarrow[\substack{\text{Ph-Me} \\ -20°\ 12\ \text{h}}]{5\%\ \text{cat}} Me_3SiC\equiv C-\underset{OH}{\overset{H}{\underset{|}{\overset{|}{C^*}}}}-Et$$

67% (78% ee)

cat = (S)-(+)- [pyrrolidine with N-Me, H, and C(Ph)(Ph)OH substituent]

various other chiral and achiral catalysts used for similar transformations

I.A.7.a.3-14 M. Ando, J. Watanabe and H. Kuzuhara, *Bull. Chem. Soc. Jpn.*, 63, 88 (1990).

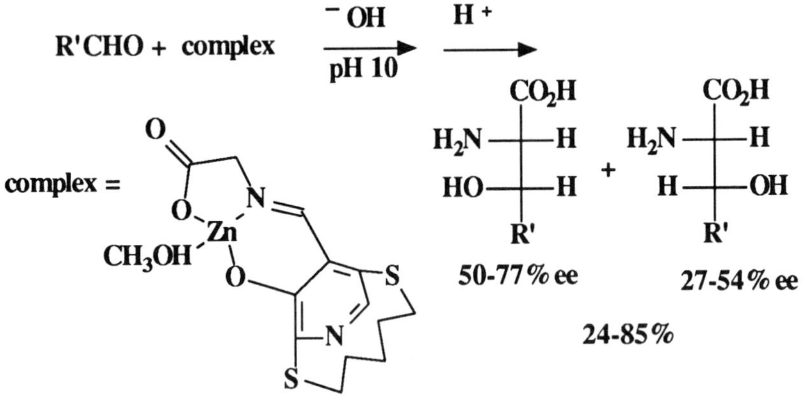

I.A.7.a.3-15 G.J. McGarvey et al., *Tetrahedron Lett.*, 31, 4573 (1990); T. Shono et al., *Chem. Lett.*, 449 (1990); H. Waldmann, *Synlett.*, 627 (1990); D. Mesnard and L. Miginiac, *J. Organomet. Chem.*, 397, 139 and 127 (1990).

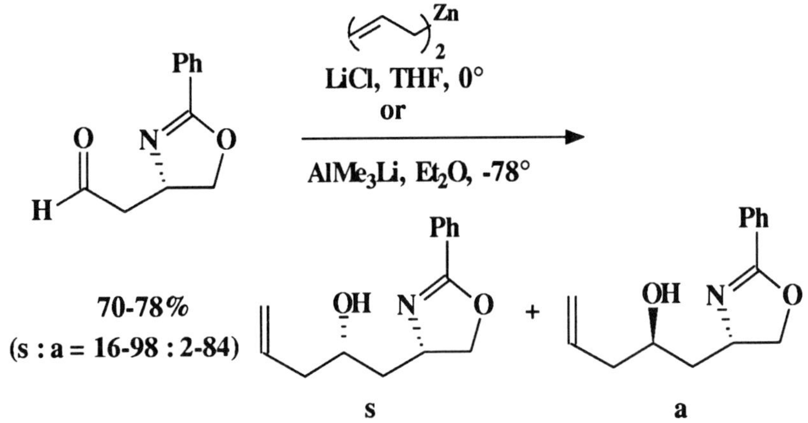

I.A.7.a.3-16 E.R. Burkhardt, R.G. Bergman and C.H. Heathcock, *Organometallics*, 9, 30 (1990).

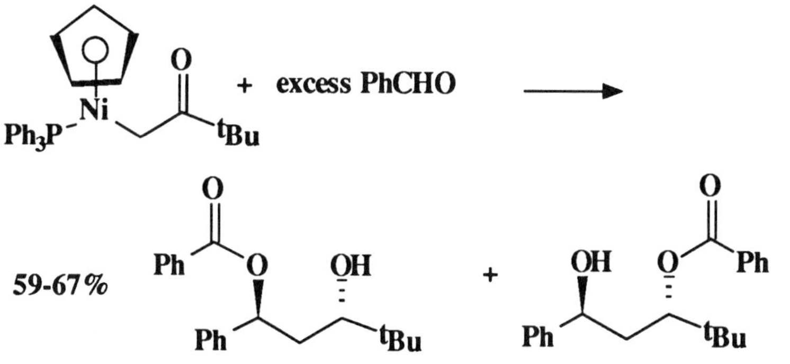

I.A.7.a.3-17 S. Inoue and Y. Sato, *Organometallics*, 9, 1325 (1990).

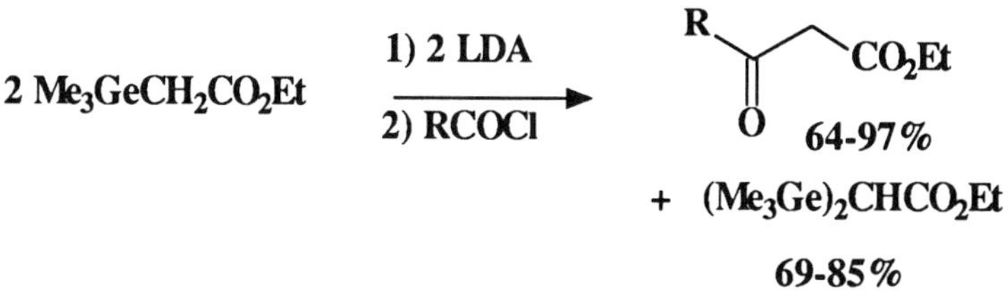

I.A.7.a.3-18 M. Shibasaki et al., *J. Org. Chem.*, 55, 5306 (1990).

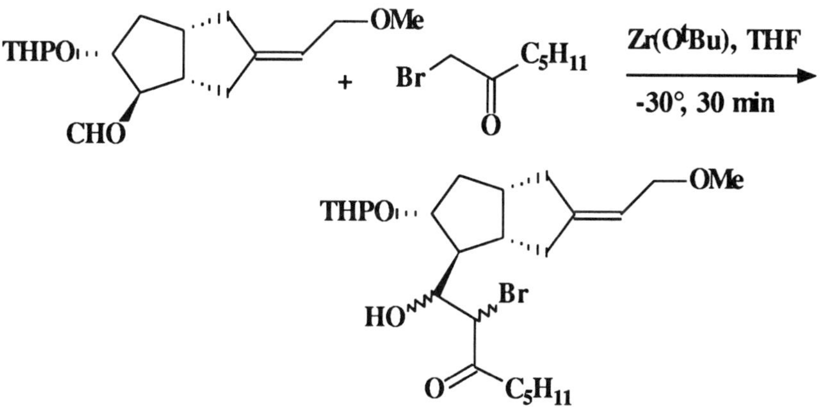

I.A.7.a.3-19 R.A. Fisher and S.L. Buchwald, *Organometallics*, 9, 871 (1990).

$$Cp_2Zr(PMe_3)\underset{}{\square} \xrightarrow[70-80\%]{RCN} Cp_2Zr\underset{N=R}{\square} \xrightarrow[2)\ H_3O^+]{1)\ I_2} \underset{60-70\%}{\overset{O}{\underset{I}{\square-C-R}}}$$

R = Et, Pr, ^{i}Pr

I.A.7.a.3-20 R.-S. Liu et al., *Chem. Commun.*, 1285 (1990).

$$CpMo(NO)(Cl)\ \text{complex with OR, Me, H} \xrightarrow[CH_2Cl_2,\ 2\ d]{PhCHO\ /\ CH_3OH} \underset{51-52\%}{\text{product}}$$

R = Me, Et

I.A.7.a.3-21 L.-L. Shi, Y.-Z. Huang et al., *J. Chem. Soc., Perkin Trans. 1*, 424 (1990).

$$RCHO + CH_2=CHCH_2Br \xrightarrow[rt,\ 4.5\text{-}7\ h]{\underset{NaI,\ DMF}{SbCl_3\ /\ Fe}} \underset{80\text{-}98\%}{R\overset{OH}{\underset{|}{C}}HCH_2CH=CH_2}$$

I.A.7.a.3-22 N. Kambe, N. Sonoda et al., *Organometallics*, 9, 1355 (1990); N. Sonoda et al., *J. Am. Chem. Soc.*, 112, 455 (1990).

$$MeOCH_2CH_2OCH_2TeBu \xrightarrow[2)\ PhCHO]{1)\ BuLi,\ THF} \underset{70\%}{MeOCH_2CH_2OCH_2\overset{OH}{\underset{|}{C}}HPh}$$

I.A.7.a.3-23 S. Collins et al., *J. Org. Chem.*, <u>55</u>, 3565 (1990); S. Fukuzawa et al., *Chem Commun*, 939 (1990).

$$\underset{Ar}{\overset{O}{\underset{\|}{C}}}Et + MeLa(OTf)_2 \xrightarrow[\text{5-30 min}]{\text{THF, -78°}} \underset{Ar}{\overset{OH\;Me}{\underset{|}{C}}}Et \quad 80\text{-}95\%$$

I.A.7.a.3-24 Y. Ito et al., *J. Am. Chem. Soc.*, <u>112</u>, 2437 (1990).

$$BnOCH_2Cl + \underset{\underset{\underset{C}{\|||}}{N}}{\overset{Me\quad\quad Me}{\bigcirc}} \xrightarrow[-15°, 3\,h]{SmI_2, THF} \xrightarrow[\substack{2)\;Ac_2O\,/\,pyr\\4\text{-}DMAP}]{1)\;\text{(spiroacetal-CHO)}\\-30°, 14\,h} \text{(spiroacetal product with N-xyl, OBn, OAc)}$$

I.A.7.a.3-25 T. Kauffmann et al., *Tetrahedron Lett.*, <u>31</u>, 503, 507 and 511 (1990).

$$\underset{R^1}{\overset{O}{\underset{\|}{C}}}R^2 + 2\,MeNbCl_4 \xrightarrow[-78°\,\text{to rt}]{Et_2O\,\text{or THF}} \underset{R^1}{\overset{Cl\;Me}{\underset{|}{C}}}R^2 \quad 20\text{-}90\%$$

I.A.7.a.3-26 K. Takai, K. Utimoto et al., *J. Org. Chem.*, 55, 1707 (1990).

$$C_5H_{11}-\equiv-C_5H_{11} \xrightarrow[\text{25° 30 min}]{\text{TaCl}_5/\text{Zn, DME/ Ph-H}} \underset{\text{TaLn}}{\overset{C_5H_{11}\quad C_5H_{11}}{\diagup\!\!\diagdown}} \xrightarrow[\text{25°, 20 min}]{\text{PhCH}_2\text{CH}_2\text{CHO}}$$

96% C$_5$H$_{11}$, C$_5$H$_{11}$, HO, Ph (allylic alcohol product)

I.A.7.a.3-27 Y. Yamamoto et al., *J. Am. Chem. Soc.*, 112, 6118 (1990).

$$\underset{C_7H_{15}}{\text{OMe}}\diagdown\text{SnBu}_3 \xrightarrow[\text{2) Bu}_3\text{PbPr}]{\text{1) BuLi}} \underset{C_7H_{15}}{\text{OMe}}\diagdown\text{PbBu}_3$$

RCHO

1.2 TiCl$_4$, -78° → OMe, C$_7$H$_{15}$, R, OH 63-94% (syn : anti = 97-99 : 3-1)

2.5 BF$_3$·Et$_2$O, -78° to 0° → OMe, C$_7$H$_{15}$, R, OH 43-95% (syn : anti = 11-39 : 89-61)

I.A.7.a.3-28 M. Wada et al., *Bull. Chem. Soc. Jpn.*, 63, 1738 (1990).

$$\underset{R^2}{\overset{R^1}{\diagdown}}\!\!=\!\!\diagdown X + R^3-\text{CHO} \xrightarrow[\text{rt}]{\text{Bi}^0, \text{DMF}} R^3\underset{R^1\;R^2}{\overset{OH}{\diagdown}}\diagup\!\!=$$

X = Br, Cl   40-98%

I.A.7.a.3-29 H.C. Brown and R.S. Randad, *Tetrahedron Lett.*, 31, 455 (1990); J.A. Soderquist and J. Vaquer, *ibid.*, 31, 4545 (1990).

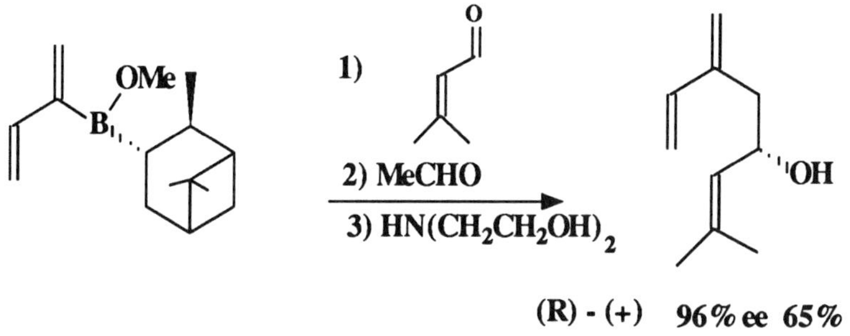

OMe
B
1)
O
2) MeCHO
3) HN(CH2CH2OH)2
OH
(R) - (+) 96% ee 65%

similar achiral reaction with a vinyl 9-BBN derivative

I.A.7.a.3-30 H.C. Brown et al., *J. Am. Chem. Soc.*, 112, 2389 (1990) and *Tetrahedron*, 46, 4457 and 4463 (1990); I. Paterson et al., *ibid.*, 46, 4663 (1990).

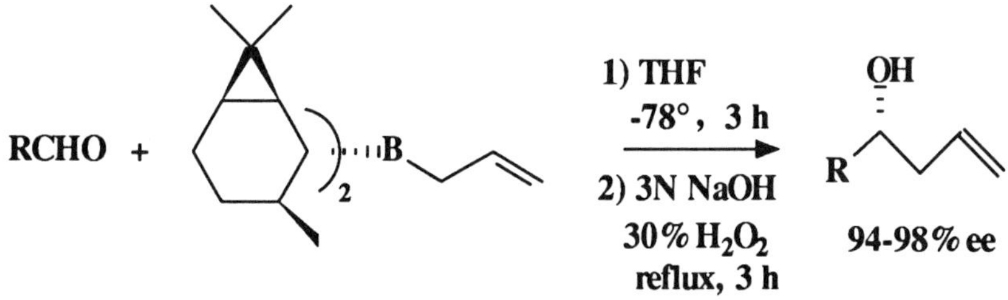

RCHO +
2
B
1) THF
-78°, 3 h
2) 3N NaOH
30% H2O2
reflux, 3 h
OH
R
94-98% ee

I.A.7.a.3-31 W.R. Roush et al., *J. Am. Chem. Soc.*, 112, 6339 and 6348 (1990) and *J. Org. Chem.*, 55, 1143 (1990); R.W. Hoffmann et al., *Chem. Ber.*, 123, 145, 2387 and 2395 (1990).

CO2iPr
O
B
O
CO2iPr
A
or
CO2iPr
O
B
O
CO2iPr
B
+ RCHO
OH
R
Me
C
+
OH
R
Me
D
from A C:D = 93-99 : 7-1
from B C:D = 6-1 : 94-99

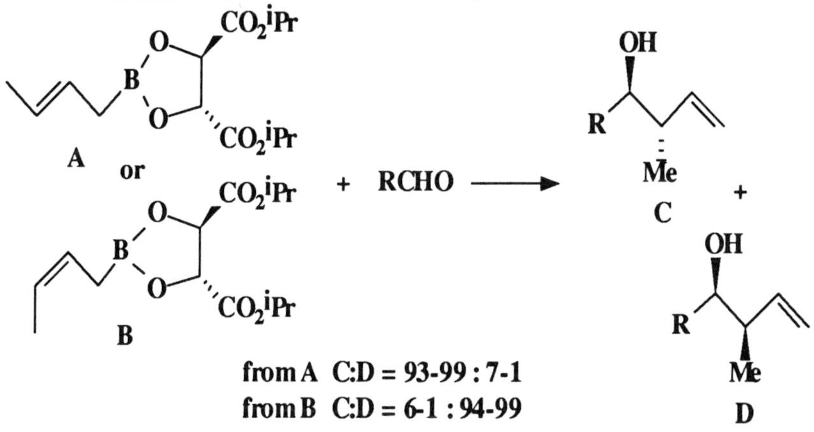

I.A.7.a.3-32 M.E. Maier and B. Schoffling, *Tetrahedron Lett.*, 31, 3007 (1990); A.P. Davis and M. Jaspers, *Chem. Commun.*, 1176 (1990); P. Kocienski et al., *Tetrahedron*, 46, 1757 (1990); A. Schmitt and H.-U. Reissig, *Synlett.*, 40 (1990); S.M. Weinreb et al., *Synth. Commun.*, 20, 573 (1990); P.S. Mariano et al., *J. Am. Chem. Soc.*, 112, 3594 (1990).

$$\text{BnO} \quad \xrightarrow[\text{CH}_2\text{Cl}_2, -78°]{\text{BF}_3 \cdot \text{Et}_2\text{O}} \quad \text{BnO}$$

82%, ($\alpha : \beta = 53 : 47$)

different Lewis Acids, carbonyl and iminium containing substrates employed similarly

---

I.A.7.a.3-33 V. Broicher and D. Geffken, *Z. Naturforsch.*, 45b, 401 (1990).

$$\text{TMS-R}_F + {}^t\text{BuOC-CO}^t\text{Bu} \xrightarrow[\text{THF}]{[\text{F}^-]} \text{TMSO, R}_F, {}^t\text{BuO, O}^t\text{Bu}$$

$R_F = CF_2Cl, CFCl_2, C_2F_5, CF_2Br$ 63-99%

I.A.7.a.3-34 J.-B. Verlhac and M. Pereyre, *J. Organomet. Chem.*, 391, 283 (1990); J.V.N.V. Prasad and D.H. Rich, *Tetrahedron Lett.*, 31, 1803 (1990).

$$\text{Bu}_3\text{Sn} \xrightarrow[\text{PhCHO}]{\text{BuLi}} \text{Ph, OH, TMS, OMe} \quad 63\%$$

$$\xrightarrow[\text{PhCHO}]{\text{Bu}_4\text{NF}} \text{Bu}_3\text{Sn, OMe, Ph, OH} \quad 52\%$$

I.A.7.a.3-35 J.A. Marshall and X. Wang, *J. Org. Chem.*, 55, 6246 (1990); K. Maruyama and Y. Matano, *Bull. Chem. Soc. Jpn.*, 63, 2218 (1990); A. Takuwa et al., *Chem. Lett.*, 1761 (1990); A. Takuwa et al., *ibid.*, 639 (1990).

$$\text{OHC}-\underset{\overset{|}{\text{OMOM}}}{\text{CH}} + \underset{\text{Me}}{\overset{H_{15}C_7\;\;SnBu_3}{\underset{|}{\text{C}}}=\text{C}=\underset{\text{H}}{\text{CH}}} \xrightarrow[-78°\;10\;\text{min}]{BF_3\cdot Et_2O} \underset{C_7H_{15}}{\text{product}}\;\;73\%$$

$$\xrightarrow[20°,\;24\;h]{MgBr_2} \quad C_7H_{15}-\!\!\!\equiv\!\!\!-\!\!\!-\!\!\!\text{CH(OH)CH(OMOM)...} \quad 77\%$$

I.A.7.a.3-36 G. Tagliavini et al., *J. Organomet. Chem.*, 390, 127 (1990) and 391, 295 (1990).

$$\text{MeCH=CHCH}_2\text{SnR}_3 + \text{RCHO} \xrightarrow{BF_3\cdot OEt_2} \text{RCH(OH)CH(Me)CH=CH}_2$$

erythro stereoselective

$$\downarrow \begin{array}{c} BCl_3 \\ EtCHO \end{array}$$

EtCH(Cl)CH$_2$CH=CHMe + EtCH$_2$CH$_2$CH=CHCH(Me)Cl

51% [E favoured]   30%

TiCl$_4$ or Cp$_2$TiCl$_2$ used in 2nd paper

I.A.7.a.3-37 P.C.-M. Chan and J.M. Chong, *Tetrahedron Lett.*, 31, 1985 (1990).

$$R\underset{\overset{|}{\text{OBOM}}}{\frown}SnBu_3 \xrightarrow[\substack{2)\;CO_2 \\ -78°\;15\;\text{min}}]{\substack{1)\;BuLi \\ DME/\,-78°,\;10\;\text{min}}} R\underset{\overset{|}{\text{OBOM}}}{\frown}CO_2H$$

95-98% ee   83-99% (95-98% ee)

I.A.7.a.3-38 M.E. Wright and C.K. Lowe-Ma, *Organometallics*, **9**, 347 (1990).

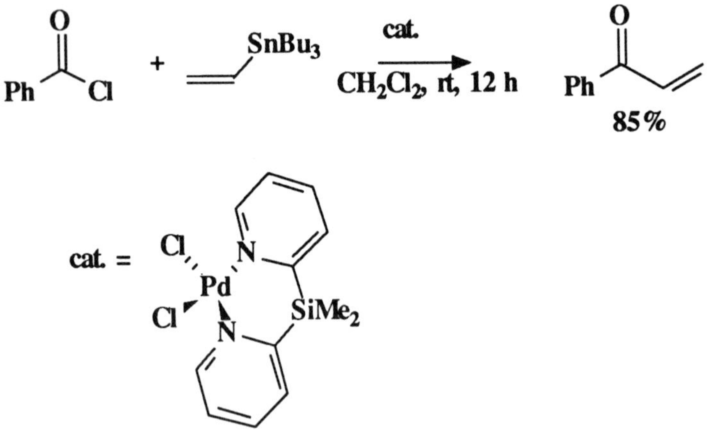

$$Ph-C(=O)-Cl + CH_2=CH-SnBu_3 \xrightarrow[CH_2Cl_2, \text{ rt, 12 h}]{\text{cat.}} Ph-C(=O)-CH=CH_2$$

85%

cat. = Cl,Pd(Cl)(N-pyridyl-SiMe_2-pyridyl-N) chelate complex

I.A.7.a.4 Other 1,2-Additions

I.A.7.a.4-1 U. Niedermeyer and M.-R. Kula, *Angew. Chem., Int. Ed. Engl.*, **29**, 386 (1990); F. Effenberger et al., *Tetrahedron Lett.*, **31**, 1249 (1990); S. Terashima et al., *Chem. Lett.*, 723 (1990); S. Inoue et al., *ibid.*, 1171 (1990); R. Herranz et al., *J. Org. Chem.*, **55**, 2232 (1990); T. Chiba and M. Okimoto, *Synthesis*, 209 (1990).

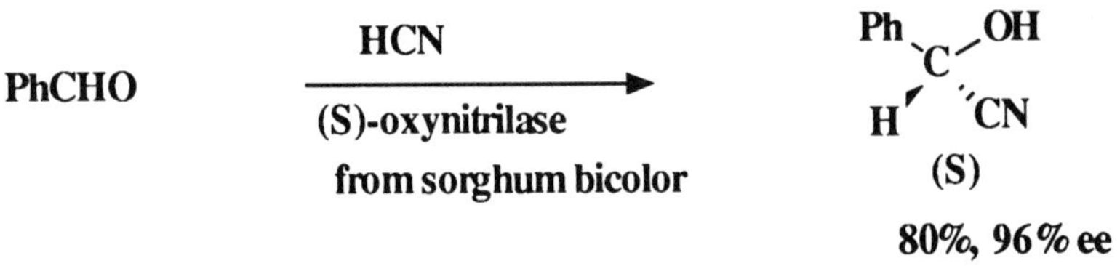

$$PhCHO \xrightarrow[\text{from sorghum bicolor}]{\text{HCN, (S)-oxynitrilase}} Ph-C(OH)(H)-CN \text{ (S)}$$

80%, 96% ee

similarly with NaCN/PTC (with aldehydes or hydrazones), Me₂C(OH)CN/ cat. or TMSCN

I.A.7.a.4-2 Z.M. Ismail et al., *Bull. Chem. Soc. Jpn.*, 63, 1807 (1990).

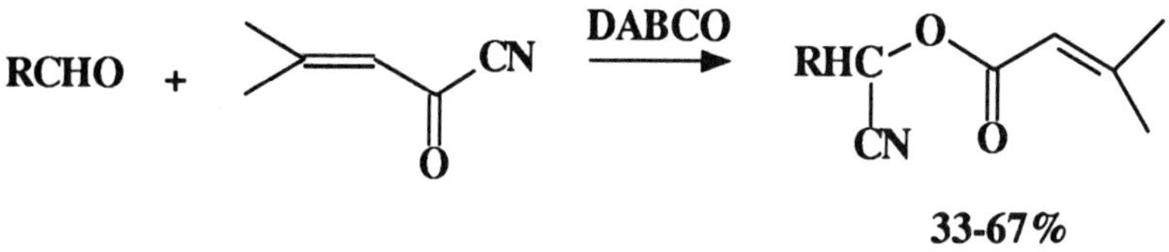

RCHO + CH₂=C(CH₃)−C(O)−CN →[DABCO] RHC(CN)−O−C(O)−CH=C(CH₃)₂

33-67%

I.A.7.a.4-3 R.D. Little et al., *Tetrahedron Lett.*, 31, 485 (1990).

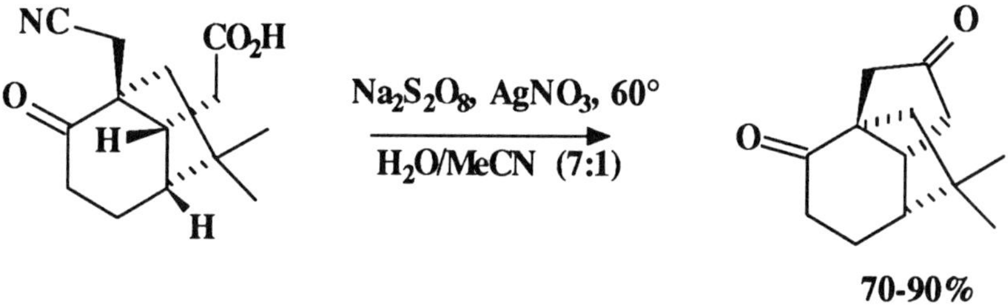

$Na_2S_2O_8$, $AgNO_3$, 60°
$H_2O/MeCN$ (7:1)

70-90%

I.A.7.a.4-4 H. Hoberg et al., *J. Organomet. Chem.*, 387, 233 (1990) and 384, C43 (1990).

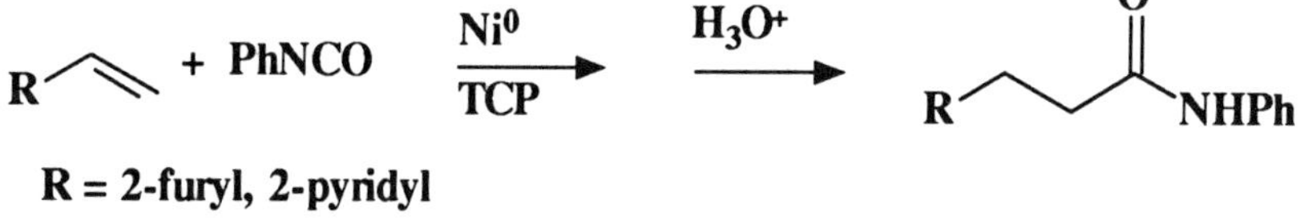

R−CH=CH₂ + PhNCO →[Ni⁰][TCP] →[H₃O⁺] R−CH₂−CH₂−C(O)−NHPh

R = 2-furyl, 2-pyridyl

I.A.7.a.4-5 P.D. Woodgate et al., *J. Organomet Chem.*, 398, C22 (1990); W.J. Grigsby, L. Main and B.K. Nicholson, *Bull. Chem. Soc. Jpn.*, 63, 649 (1990).

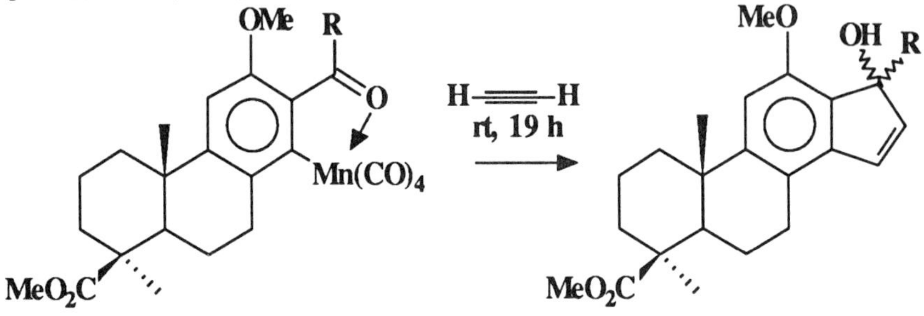

R = H, Me   92-95%

I.A.7.a.4-6 S. Yamazaki et al., *Tetrahedron Lett.*, 31, 2917 (1990).

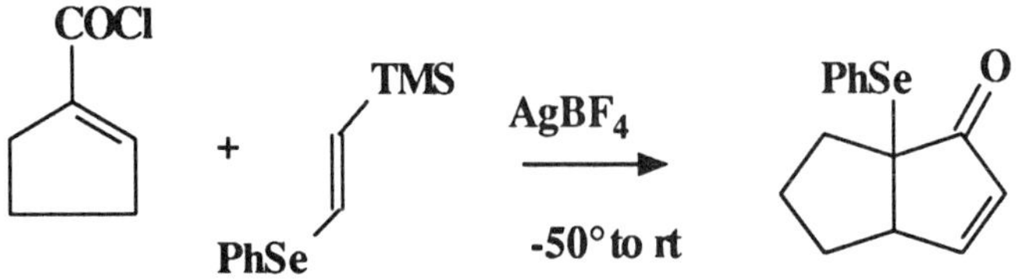

47%

I.A.7.a.4-7 B.M. Trost and H. Urabe, *J. Am. Chem. Soc.*, 112, 4982 (1990).

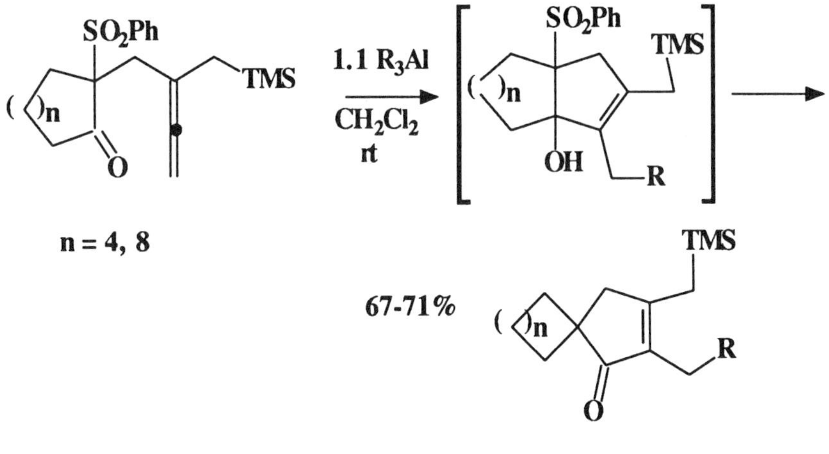

n = 4, 8

67-71%

I.A.7.a.4-8 A. Padwa et al., *J. Org. Chem.*, 55, 5297 (1990).

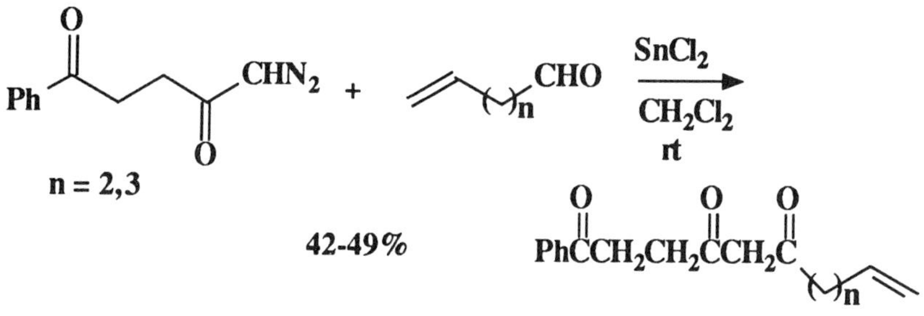

$$\text{Ph}\overset{O}{\underset{}{\|}}\text{CH}_2\text{CH}_2\overset{O}{\underset{}{\|}}\text{C(CHN}_2\text{)} + \overset{}{\diagup\!\!\!\diagdown}_n\text{CHO} \xrightarrow[\text{CH}_2\text{Cl}_2]{\text{SnCl}_2} \text{PhCCH}_2\text{CH}_2\text{CCH}_2\text{C}$$

n = 2,3

42-49%

rt

I.A.7.a.4-9 C. Gallina et al., *Synthesis*, 327 (1990).

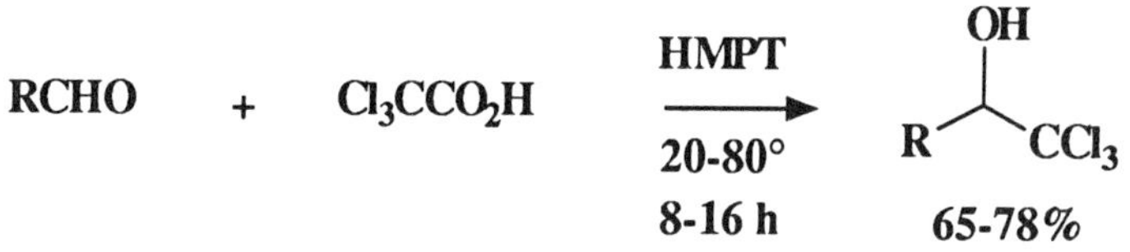

$$\text{RCHO} + \text{Cl}_3\text{CCO}_2\text{H} \xrightarrow[\substack{20\text{-}80° \\ 8\text{-}16 \text{ h}}]{\text{HMPT}} \underset{65\text{-}78\%}{R\overset{OH}{\underset{}{|}}\text{CCl}_3}$$

I.A.7.b. Conjugate Additions

I.A.7.b.1. Enolate-Type Carbanions

I.A.7.b.1-1 T.S. Gospodova and Y.N. Stefanovsky, *Monatsh. Chem.*, 121, 275 (1990).

Epimerization and Kinetic Protonation as Factors Determining the Stereochemistry of the Michael Reaction.

I.A.7.b.1-2 A. Yoshikoshi et al., *Synthesis*, 563 (1990); W. Zhou and G. Wei, *ibid.*, 822 (1990); A. Guigne and P. Metzner, *Bull. Soc. Chim. Fr.*, 127, 446 (1990).

$$\underset{OLi}{R^1\diagdown\!\!=\!\!R^2} + \underset{NO_2}{R^3\diagdown\!\!=\!\!R^4} \xrightarrow[\text{rt, 4-5 h}]{\text{THF, -78°} \quad 10\%\text{HCl}} \underset{60\text{-}75\%}{R^1\text{-CO-CHR}^2\text{-CHR}^3\text{-CO-R}^4}$$

Similar Michael additions with enone or an anion of a dithioester

---

I.A.7.b.1-3 C.-P. Qian and T. Nakai, *Tetrahedron Lett.*, 31, 7043 (1990); T. Taguchi et al., *Chem. Lett.*, 1307 (1990).

$$CF_3CFHCO_2Et + \underset{O}{\diagdown\!\!=\!\!\text{Ph}} \xrightarrow[-90° \sim -70°]{LDA, THF} \underset{83\% \ (92:8)}{CF_3\text{-C(CO}_2Et)(Me)\text{-CH}_2\text{-CO-Ph}}$$

I.A.7.b.1-4 K. Nakamura et al., *Bull. Chem. Soc. Jpn.*, 63, 91 (1990); T. Tokumitsu, *ibid.*, 63, 1921 (1990).

$$\underset{NO_2}{\text{OH-CH(CH}_3\text{)-CH}_2\text{-CH}_2\text{-NO}_2} + \underset{R^1}{R^3\diagdown\!\!=\!\!(X)R^2} \xrightarrow{TMG} \underset{0 - 91.5\%}{\text{OH, NO}_2, X \text{ product}}$$

X = MeCO, RO$_2$C, CN, PhSO$_2$, etc.

I.A.7.b.1-5 M. Yamaguchi et al., *Tetrahedron Lett.*, 31, 2423 (1990).

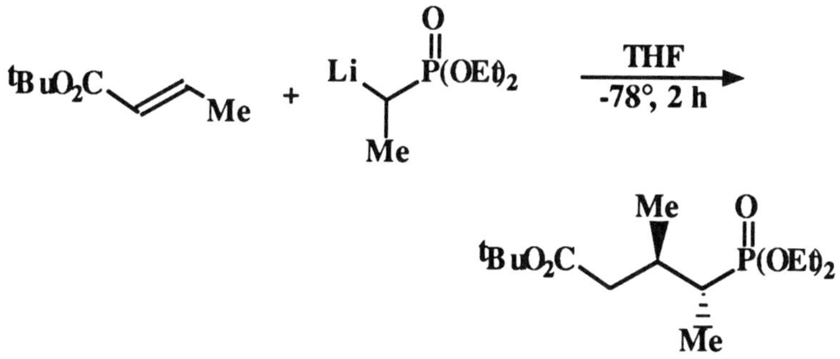

I.A.7.b.1-6 M. Reglier and S.A. Julia, *Bull. Soc. Chim. Fr.*, 127, 236 and 226 (1990).

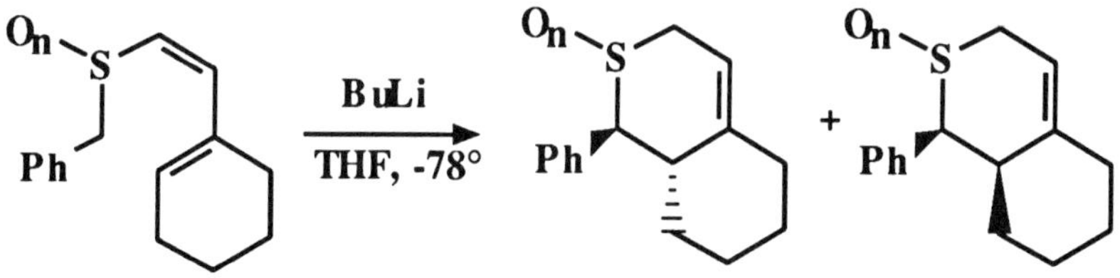

I.A.7.b.1-7 J.A. Stafford and C.H. Heathcock, *J. Org. Chem.*, **55**, 5433 (1990); D. Enders et al., *Angew. Chem., Int. Ed. Engl.*, **29**, 179 (1990).

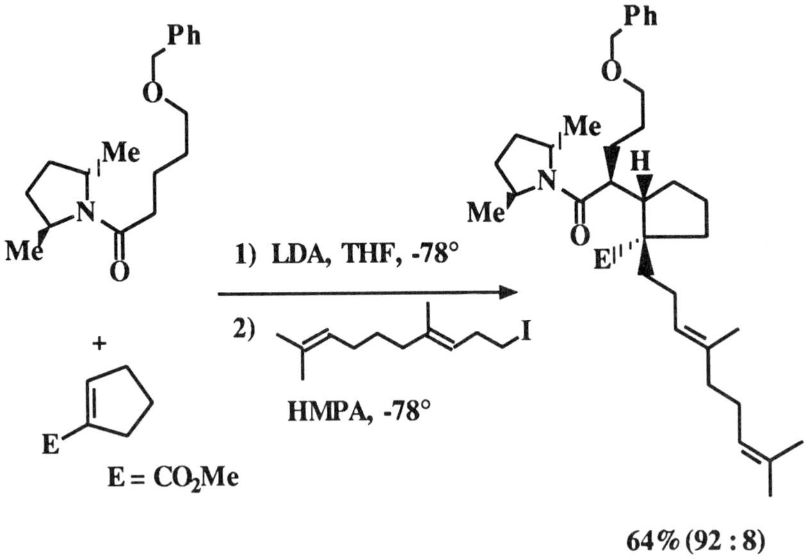

64% (92 : 8)

I.A.7.b.1-8 P. Laszlo et al., *Tetrahedron Lett.*, **31**, 4867 (1990); R. Ruel and P. Deslongchamps, *Can. J. Chem.*, **68**, 1917 (1990).

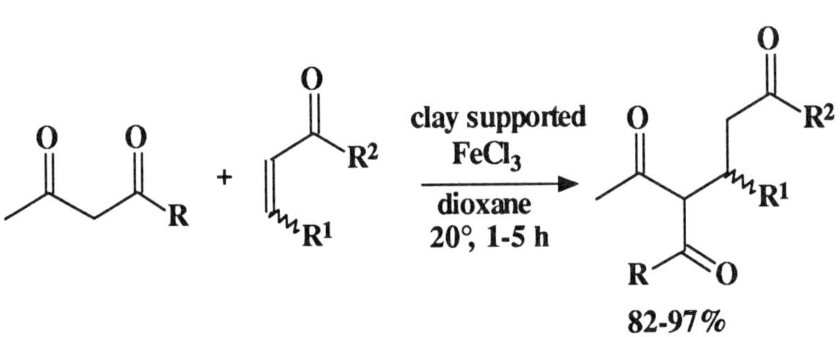

82-97%

I.A.7.b.1-9 J.K.F. Geirsson and A.D. Gudmundsdottir, *Synthesis*, 993 (1990).

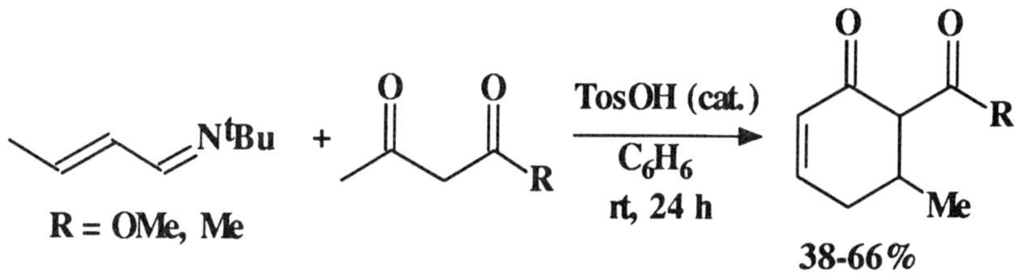

I.A.7.b.1-10 F. Richter and H.-H. Otto, *Liebigs Ann. Chem.*, 7 (1990); D. Spitzner and I. Klein, *ibid.*, 63 (1990); C. Spino and P. Deslongchamps, *Tetrahedron Lett.*, 31, 3969 (1990); K. Fukumoto et al., *J. Am. Chem. Soc.*, 112, 1164 (1990).

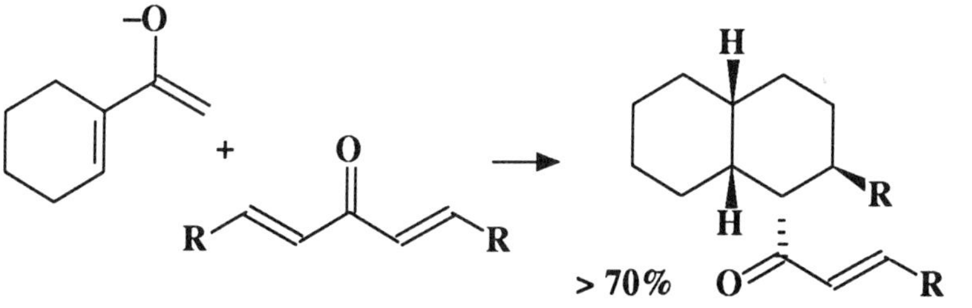

various other substrates and bases reported for double Michael additions

I.A.7.b.1-11 H. Hagiwara et al., *J. Chem. Soc., Perkin Trans. 1*, 2109 (1990).

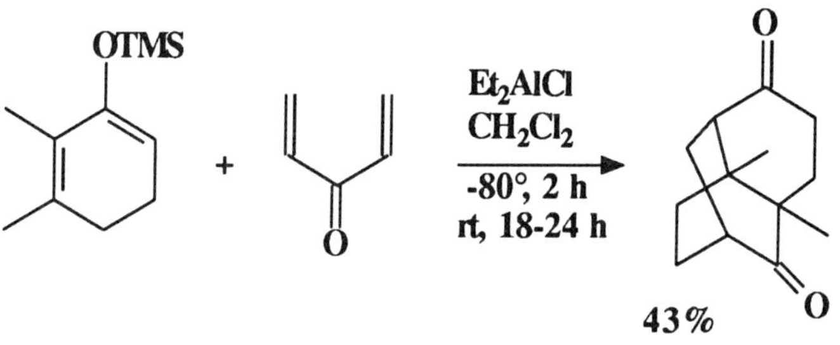

I.A.7.b.1-12 J. Otera et al., *Tetrahedron Lett.*, 31, 1581 (1990); N. Langlois and N. Dahuron, *ibid.*, 31, 7433 (1990).

$$\text{TMSO-cyclohexene(R)} + \text{CH}_2=\text{CHCOCH}_3 \xrightarrow[\text{2) 1 N HCl}]{\substack{\text{1) Bu}_2\text{Sn(OTf)}_2 \\ \text{CH}_2\text{Cl}_2 \\ \text{THF / rt / 0.5 h}}} \text{product} \quad 61\text{-}77\%$$

similarly with an iminium electrophile

I.A.7.b.1-13 S.M. Ali and G. Rousseau, *Tetrahedron*, 46, 7011 (1990).

$$\text{TMSO, OTMS, OMe diene} + \text{CH}_2=\text{CHCN} \xrightarrow[-80°,\ 45\ \text{min}]{\text{TiCl}_4,\ \text{CH}_2\text{Cl}_2} \text{product}$$

61% (cis : trans = 1 : 1)

Products: NC-CH(CH₂CH₂COCH₂CO₂Me) diastereomers

I.A.7.b.1-14 T. Mukaiyama et al., *Bull. Chem. Soc. Jpn.*, 63, 2687 (1990).

$$R^1\text{-CH=CH-CO-C}\equiv\text{C-}R^2 + R^3\text{-C(OTBDMS)=CH-}R^4 \xrightarrow[\text{CH}_2\text{Cl}_2,\ -78°]{\text{TrClO}_4} \text{product}$$

84-100%

Product: $R^3\text{-CH}(R^4)\text{-CH}(R^1)\text{-C(=O)...C(OTBDMS)=CH-C}\equiv\text{C-}R^2$

I.A.7.b.1-15 K. Fuji et al, *Tetrahedron Lett.*, 31, 2419 (1990); A. Padwa et al., *ibid.*, 31, 6145 (1990); R.K. Haynes et al., *Aust. J. Chem.*, 43, 1375 (1990).

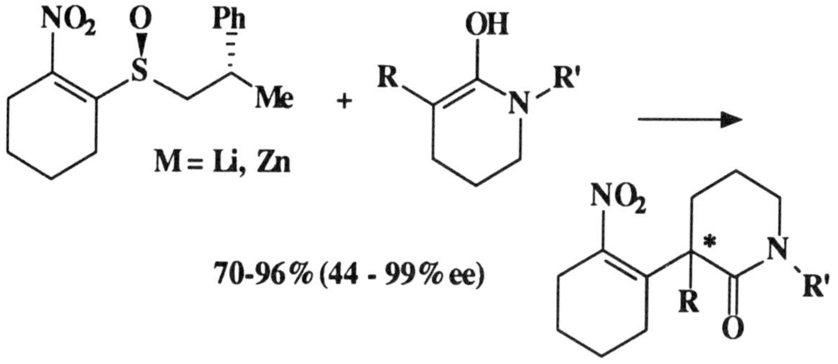

NO2
O
S
Ph
Me
M = Li, Zn
+
OH
R
N
R'
NO2
*
N
R'
R
O
70-96% (44 - 99% ee)

various other substrates and leaving groups used similarly

I.A.7.b.2. Organometallic and Related Reagents

I.A.7.b.2-1 K. Tomioka et al., *Tetrahedron Lett.*, 31, 1739 (1990); M. Iwao, *J. Org. Chem.*, 55, 3622 (1990).

MeO
O
O
+ RLi
THF
-23 to -78°
1 h
MeO
O
O
R
R = Me, Bu, Ph
99%, cis:trans 2.2:1 to 3.5 :1

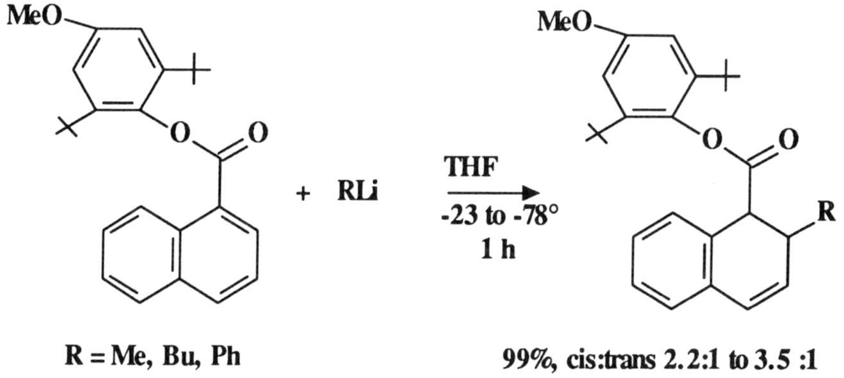

I.A.7.b.2-2 J. Tanaka, S. Kanemasa et al., *Bull. Chem. Soc. Jpn.*, 63, 466 and 476 (1990); R.M. Cory et al., *Tetrahedron Lett.*, 31, 6839 (1990).

$$\underset{CO_2Me}{\overset{TMS}{\diagdown}} + PhLi \xrightarrow{THF} \xrightarrow{PhCHO}$$

Ph–CH₂–C(CO₂Me)=CH–Ph

Ph–CH₂–C(TMS)(CO₂Me)–C(CO₂Me)=CH–Ph

-78°, HMPA   25%   63%
-30°, TMEDA   57%   17%

I.A.7.b.2-3 C. Alvarez-Ibarra et al., *Org. Prep. Proced. Int.*, 22, 77 (1990).

$$Ph\diagup\hspace{-2pt}\diagdown COPh + PhCHMgCl \longrightarrow PhCH(Ph)CH(^tBu)CH_2COPh$$
                 |
                ^tBu

100%
conditions to avoid competitive reduction established

I.A.7.b.2-4 S.J. Lippard et al., *Organometallics*, 9, 3178 (1990); I. Kuwajima et al., *Tetrahedron Lett.*, 31, 1161 (1990).

BuMgX + [cyclopentenone] $\xrightarrow[\text{HMPA}]{\text{catalyst, Ph}_2{}^tBuSiCl}$ [3-Bu-cyclopentanone] (S)

97%, 78% ee

catalyst = Cu · [bis(imine)-cycloheptatriene ligand with Ph, H, Me substituents]

I.A.7.b.2-5 G. Pourcelot et al., *J. Organomet. Chem.*, 388, C5 (1990); M. Watanabe and A. Yoshikoshi, *J. Chem. Soc., Perkin Trans. 1*, 257 (1990); C. Najera and J.M. Sansano, *Tetrahedron*, 46, 3993 (1990).

Me
Ph
Me
N
N
O
O
R1
+
BrMg
Me2S, CuBr
Me
Ph
Me
N
N
O
O
R1
82-87%, > 97% de

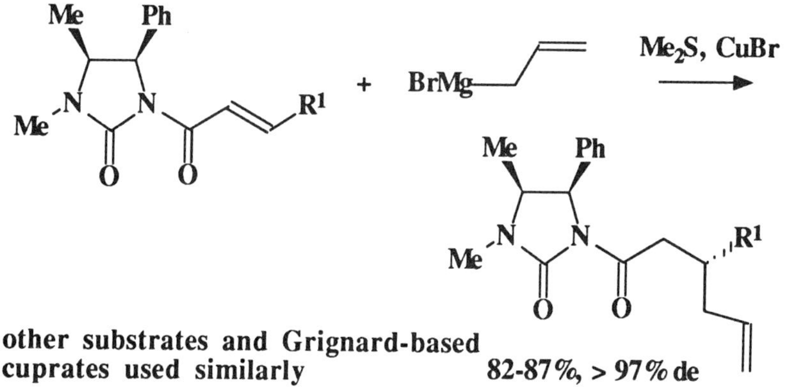

other substrates and Grignard-based cuprates used similarly

I.A.7.b.2-6 W. Amberg and D. Seebach, *Chem. Ber.*, 123, 2413, 2429 and 2439 (1990); P.C.B. Page et al., *J. Chem. Soc., Perkin Trans. 1*, 167 (1990); J.A. Charonnat et al., *Tetrahedron Lett.*, 31, 315 (1990); M. Cheng and M. Hulce, *J. Org. Chem.*, 55, 964 (1990).

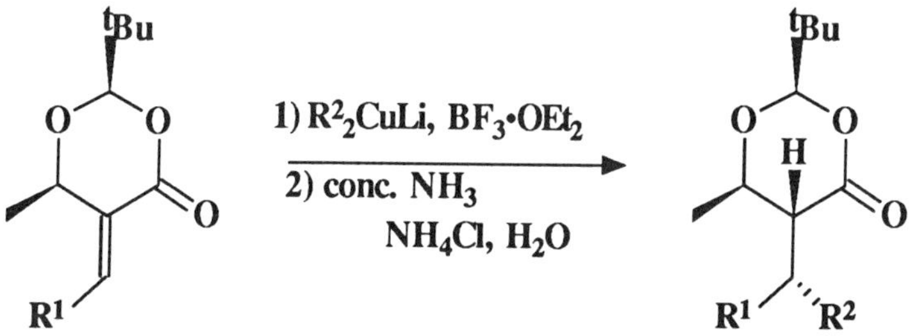

tBu
O
O
O
R1
1) R2 2CuLi, BF3•OEt2
2) conc. NH3
NH4Cl, H2O
tBu
O
O
H
O
R1
R2

51-78%

similar reactions with other chiral or achiral substrates, without added catalyst

I.A.7.b.2-7 K. Tanaka et al., *Chem. Commun.*, 795 (1990).

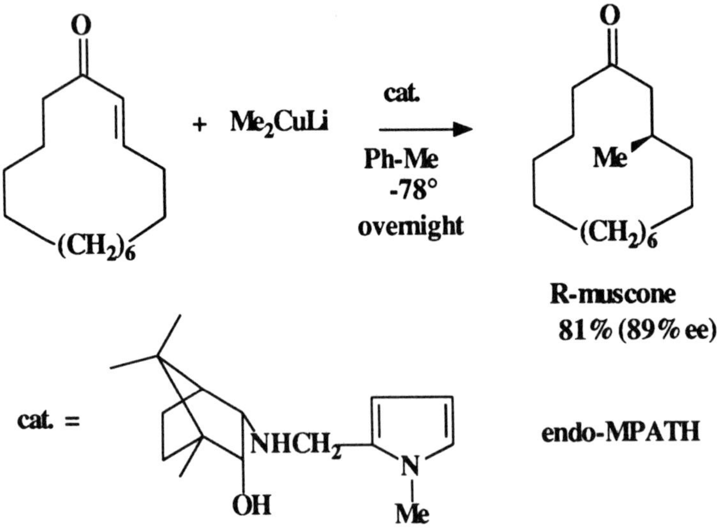

cat. = endo-MPATH

R-muscone
81% (89% ee)

I.A.7.b.2-8 M. Bergdahl et al., *J. Organomet. Chem.*, 391, C19 (1990); B.H. Lipshutz et al., *J. Am. Chem. Soc.*, 112, 4404 (1990).

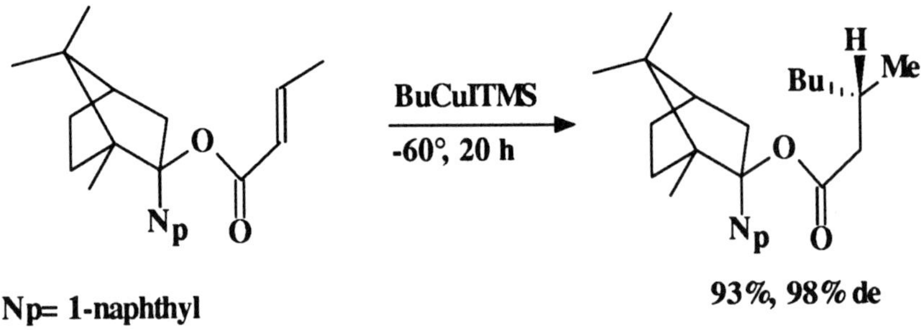

Np= 1-naphthyl

93%, 98% de

I.A.7.b.2-9 B.H. Lipshutz et al., *Tetrahedron Lett.*, 31, 4539 and 477 (1990); J.-P. Quintard et al., *ibid.*, 31, 1857 (1990); M.E. Jung and W. Lew, *ibid.*, 31, 623 (1990); S.-H. Lee and M. Hulce, *ibid.*, 31, 311 (1990).

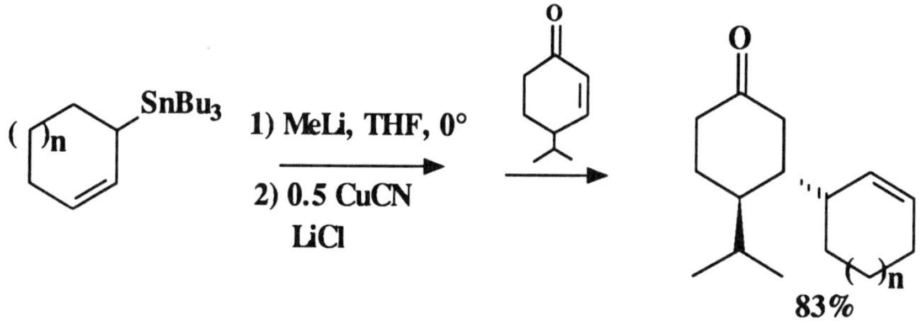

I.A.7.b.2-10 M. Asaoka et al., *Bull. Chem. Soc. Jpn.*, 63, 407 (1990); P. Knochel et al., *Tetrahedon Lett.*, 31, 7575 and 1833 (1990); F. Sato et al., *ibid.*, 31, 4481 (1990).

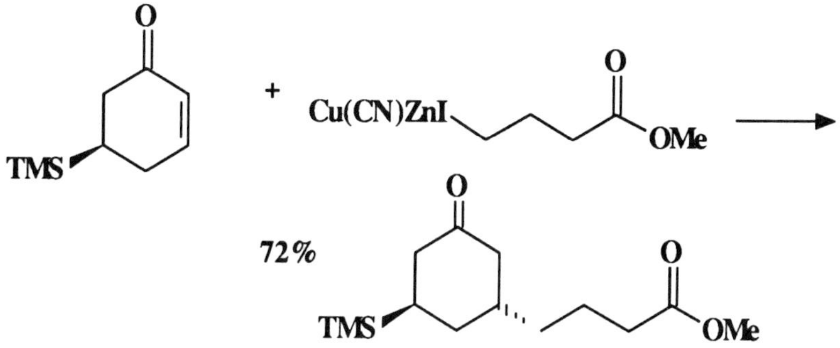

I.A.7.b.2-11 N. Rehnberg and G. Magnusson, *Acta Chem. Scand.*, 44, 377 (1990); S. Kim and J.M. Lee, *Tetrahedron Lett.*, 31, 7627 (1990).

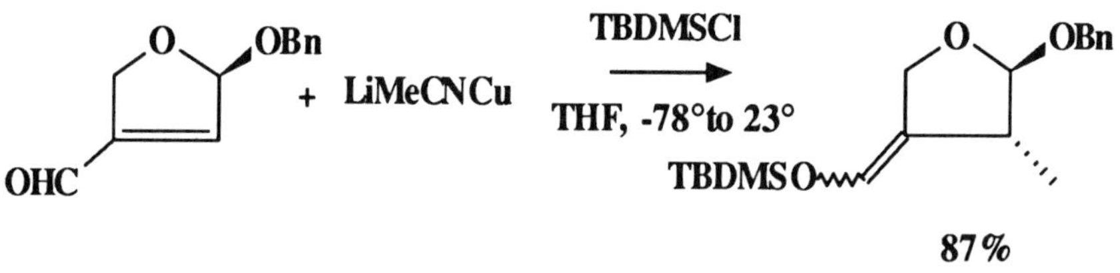

I.A.7.b.2-12 K. Sakai et al., *Tetrahedron Lett.*, 31, 4751 (1990); A.N. Kasatkin et al., *Tetrahedron Lett.*, 31, 4915 (1990); B.B. Snider and K. Yang, *J. Org. Chem.*, 55, 4392 (1990); T.P. Burkholder and P.L. Fuchs, *ibid.*, 55, 9607 (1990); A.B. Smith III et al., *ibid.*, 55, 1136 (1990).

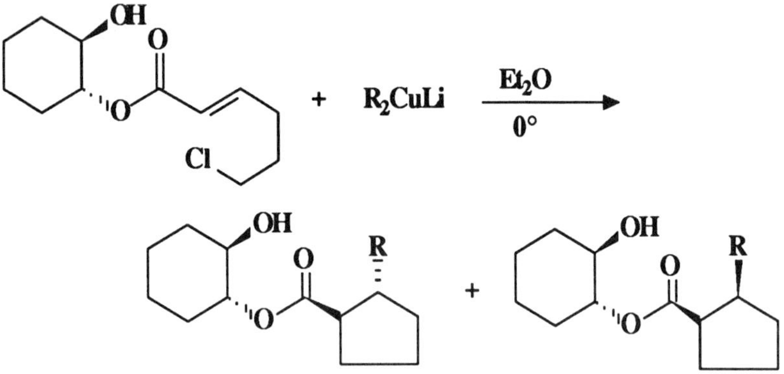

R = Me, Bu, Ph   44-50%   5-7%

organolithio and Grignard reagents used for similar Michael alkylations

---

I.A.7.b.2-13 L.N. Mander et al., *Synlett.*, 169 (1990); M.T. Crimmins and P.G. Nantermet, *J. Org. Chem.*, 55, 4235 (1990).

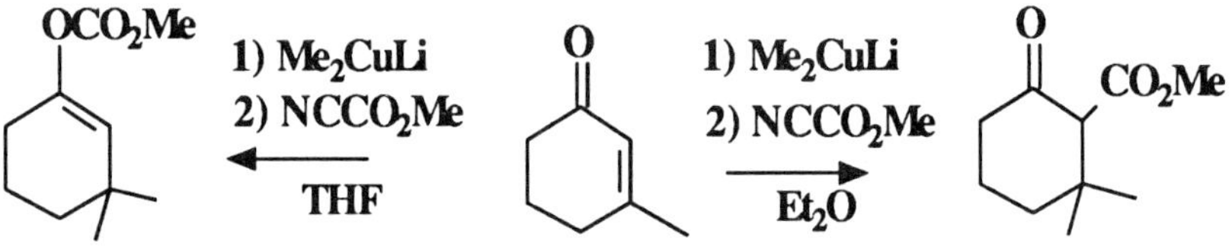

89% (C:O, 1:19)   84% (C:O, 13:1)

I.A.7.b.2-14 J. Villieras et al., *Tetrahedron*, 46, 3535 (1990) and *J. Organomet. Chem.*, 384, 1 (1990); L. Jalander et al., *Acta Chem. Scand.*, 44, 842 (1990).

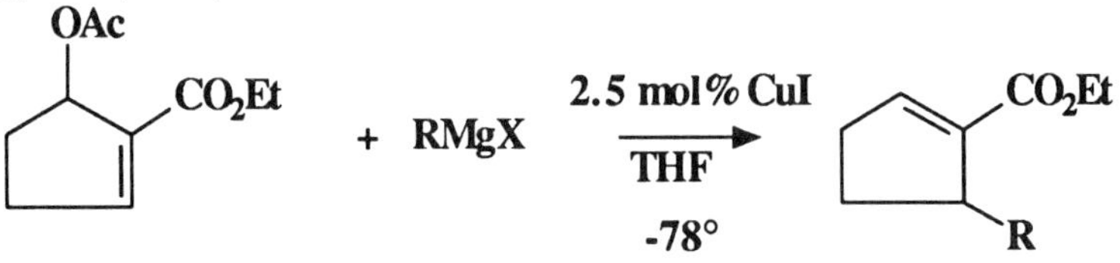

X = Cl, Br   65-79%

other leaving groups reported

I.A.7.b.2-15 G. Cahiez and M. Alami, *J. Organomet. Chem.*, 397, 291 (1990).

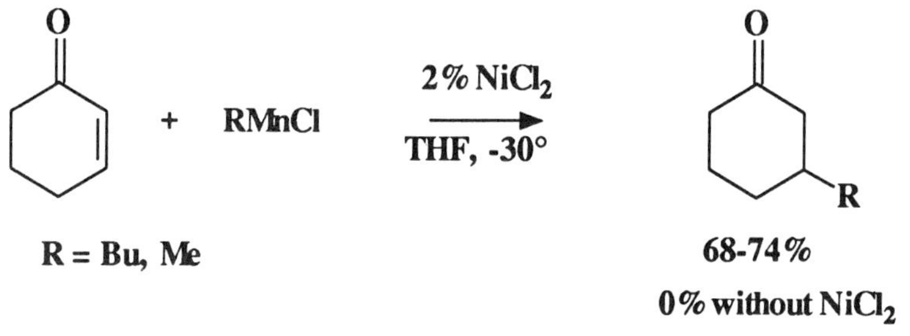
O
+ RMnCl
2% $NiCl_2$
THF, -30°
O
R
R = Bu, Me
68-74%
0% without $NiCl_2$

I.A.7.b.2-16 G.A. Russell et al., *Acta Chem. Scand.*, 44, 170 (1990).

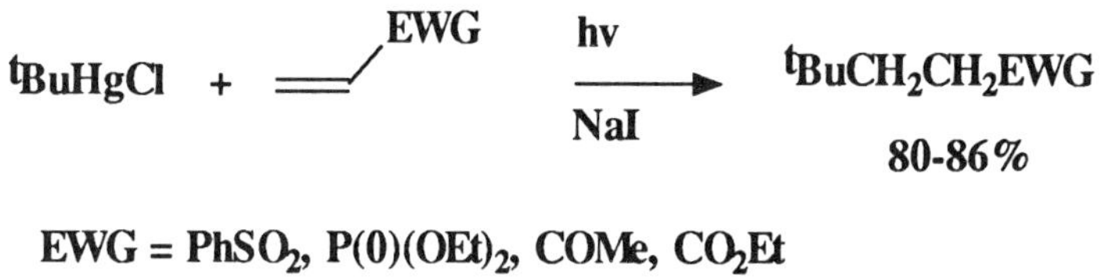
^tBuHgCl +
EWG
hv
NaI
$^tBuCH_2CH_2EWG$
80-86%
EWG = $PhSO_2$, $P(0)(OEt)_2$, COMe, CO_2Et

I.A.7.b.2-17 S.E. Denmark et al., *J. Org. Chem.*, 55, 5543 (1990); G. Majetich et al., *Tetrahedron Lett.*, 31, 51 (1990); L.T. Tietze and M. Ruther, *Chem. Ber.*, 123, 1387 (1990).

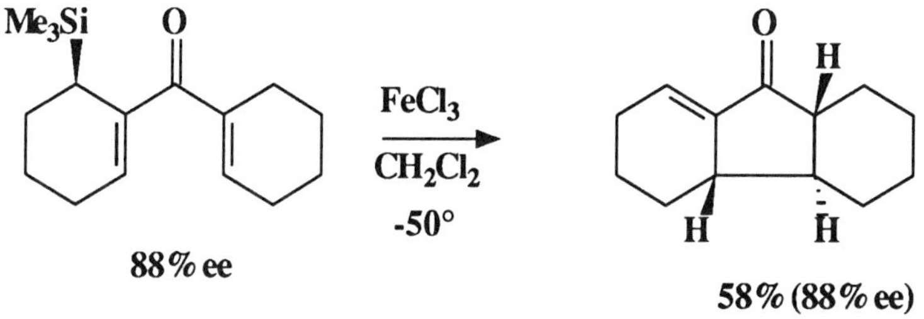
Me_3Si
O
$FeCl_3$
CH_2Cl_2
-50°
88% ee
O
H
H
H
58% (88% ee)

I.A.7.b.2-18 G. Majetich et al., *Tetrahedron Lett.*, 31, 2239 and 2243 (1990); J. Haruta, Y. Kita et al., *J. Org. Chem.*, 55, 4853 (1990); J.W. Herndon et al., *Organometallics*, 9, 3157 (1990); Y. Nishigaichi and A.T. Akuwa, *Chem. Lett.*, 1575 (1990)

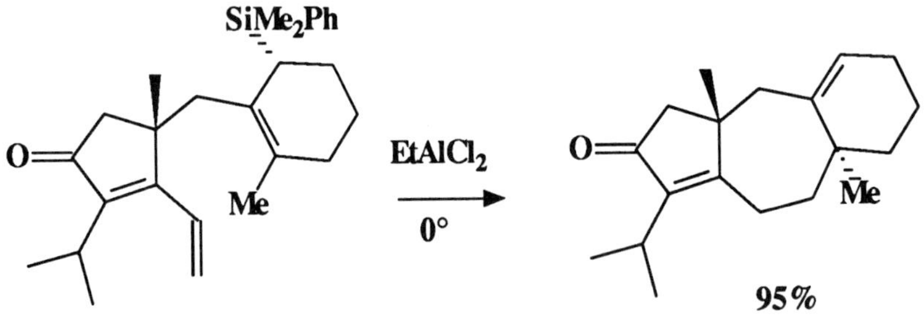

other Lewis Acids employed

I.A.7.b.3. Other Conjugate Additions

I.A.7.b.3-1 G.A. Kraus and S. Liras, *Tetrahedron Lett.*, 31, 5265 (1990).

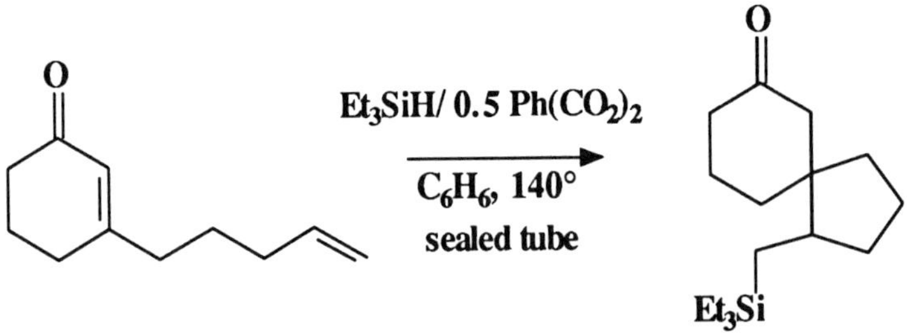

I.A.7.b.3-2 V. Snieckus, D.P. Curran et al., *J. Am. Chem. Soc.*, 112, 896 (1990); S. Caddick, P.J. Parsons et al., *Tetrahedron Lett.*, 31, 6911 (1990).

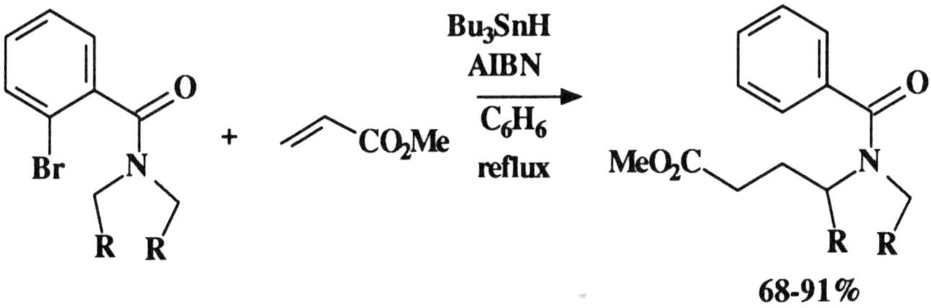

R = H, Me, -(CH$_2$)$_2$-, -(CH$_2$)$_3$-

I.A.7.b.3-3 A.G.M. Barrett and D. Pilipauskas, *J. Org. Chem.*, 55, 5194 (1990).

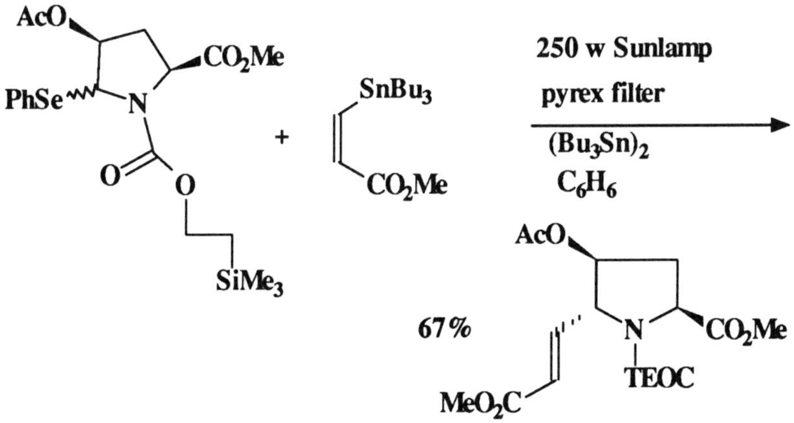

I.A.7.b.3-4 N.A. Porter et al., *Tetrahedron Lett.*, **31**, 1679 (1990); S. Corsano et al., *Gazz. Chim. Ital.*, **119**, 597 (1989).

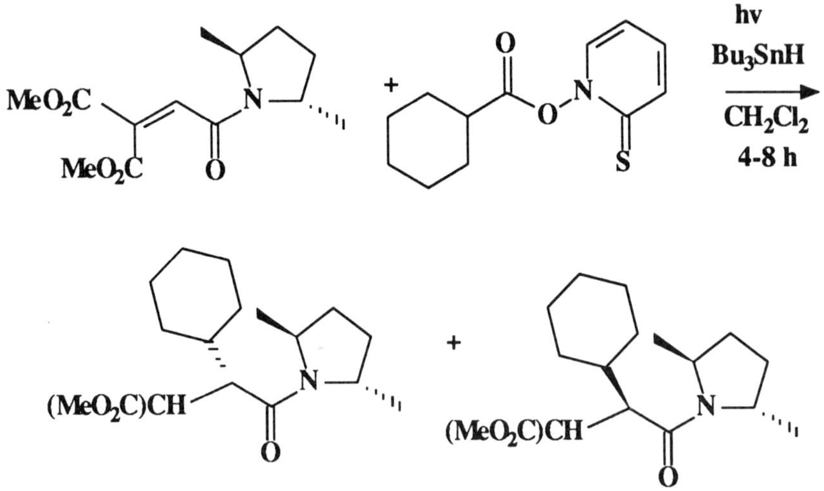

25°	67% (45:1)
-78°	>90% (>125:1)

I.A.7.b.3-5 C.-P. Chuang, *Synlett.*, 527 (1990).

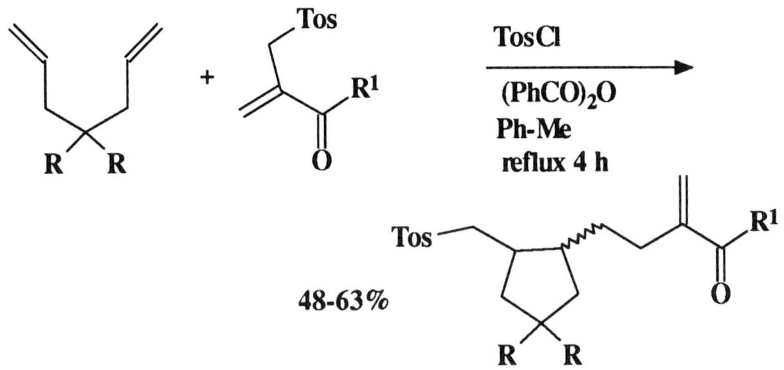

Reagents: TosCl, $(PhCO)_2O$, Ph-Me, reflux 4 h

48-63%

CARBON-CARBON BOND FORMING REACTIONS

I.A.7.b.3-6 G.I. Nikishin and I.P. Kovalev, *Tetrahedron Lett.*, <u>31</u>, 7063 (1990).

$$\underset{R}{\overset{O}{\parallel}}\diagup\!\!\!\diagdown + R'\!\!-\!\!\equiv \quad \xrightarrow[\substack{Me_2CO \\ rt,\ 48\ h}]{[RhCl(PMe_3)_3]} \quad \underset{R}{\overset{O}{\parallel}}\diagup\!\!\!\diagdown\!\!\diagdown\!\!\equiv\!\!-R' \quad 86\text{-}91\%$$

I.A.7.b.3-7 D.A. Whiting et al., *Chem. Commun.*, 518 (1990); E. Lee-Ruff and Y.S. Chung, *J. Heterocycl. Chem.*, <u>27</u>, 899 (1990); Y. Hayashi and K. Narasaka, *Chem. Lett.*, 1295 (1990).

[Structure with ClOC, OMe, MeO groups] + RC≡CH $\xrightarrow[0°,\ 1\ h]{AlCl_3 \atop CH_2Cl_2}$ [product structure]

R = Ph   44%

I.A.7.b.3-8 R.D. Little et al., *Tetrahedron Lett.*, <u>31</u>, 2524 (1990).

$\xrightarrow[nBu_4NBr]{\substack{e^-,\ MeCN \\ CH_2(CO_2R)_2}}$

R =	CO₂Me	-2.1V	90%	1:1
R =	CN	-1.6V	23%	1:1

I.A.7.b.3-9 K. Uneyama and S. Watanabe, *J. Org. Chem.*, **55**, 3909 (1990).

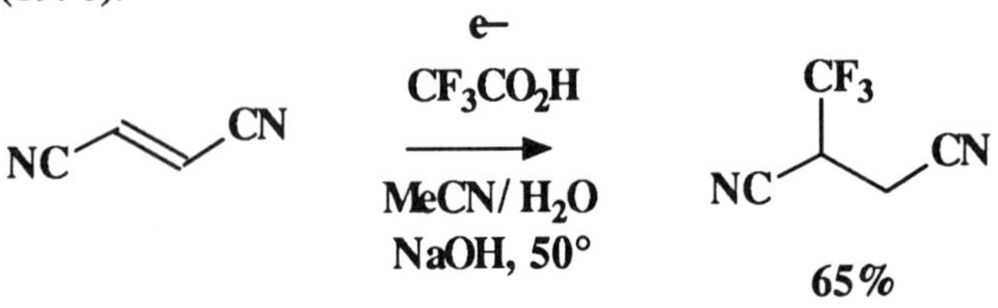

$$NC-CH=CH-CN \xrightarrow[\text{NaOH, 50°}]{\substack{e- \\ CF_3CO_2H \\ MeCN/H_2O}} NC-CH(CF_3)-CH_2-CN \quad 65\%$$

I.A.8. Other Carbon-Carbon Single Bond Forming Reactions

I.A.8-1 L. Maat et al., *Rec. Trav. Chim.*, **109**, 359 (1990).

Reversal of an Enzymatic Decarboxylation: Thiamin Mediated Carboxylation of Acetaldehyde into Pyruvic Acid.

I.A.8-2 T. Imamoto and S. Nishimura, *Chem. Lett.*, 1141 (1990); J.E. McMurry and R.G. Dushin, *J. Am. Chem. Soc.*, **112**, 6942 (1990).

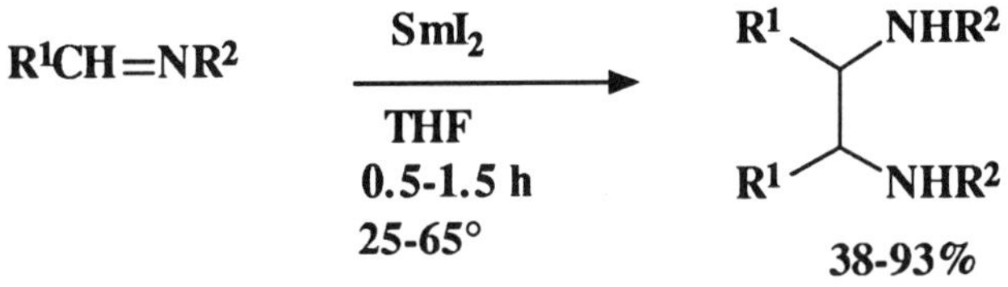

$$R^1CH=NR^2 \xrightarrow[\substack{\text{THF} \\ 0.5-1.5\text{ h} \\ 25-65°}]{SmI_2} \begin{array}{c} R^1 \quad NHR^2 \\ | \\ R^1 \quad NHR^2 \end{array} \quad 38-93\%$$

similar reaction with a keto-aldehyde and $TiCl_3$, Zn/Cu

I.A.8-3 S.C. Shim, H.-Y. Kang et al., *Tetrahedron Lett.*, 31, 4765 (1990).

$$\text{alkynyl ketone} \xrightarrow[\substack{\text{THF/ HMPA (20:1)} \\ 0°, 10 \text{ min}}]{\text{SmI}_2} \text{cyclized product}$$

R' = Ph, CO_2Et
R = H, Me
n = 1, 2

35-75%

I.A.8-4 Q. Yanlong et al., *J. Organomet. Chem.*, 381, 29 (1990); H.G. Wey and H. Butenschon, *Chem. Ber.*, 123, 93 (1990).

$$ArCH_2Cl \xrightarrow{Cp_2TiX} ArCH_2CH_2Ar$$

X = Br, Cl

76-95%

similarly with $Cr(CO)_3(NH_3)_3$

I.A.8-5 S. Torii et al., *Bull. Soc. Chim. Fr.*, 127, 283 (1990).

$$Ar-CH(OMe)_2 \xrightarrow[\substack{\text{THF} \\ \text{TFA, rt}}]{\substack{\text{Al} \\ \text{PbBr}_2}} \text{MeO-CH(Ar)-CH(Ar)-OMe}$$

83%

I.A.8-6 H. Wynberg and U.E. Wiersum, *Chem. Commun.*, 460 (1990).

$$RCCH_2C\text{—}\underset{\substack{\| \\ O}}{} \xrightarrow[\substack{\text{neat} \\ 1\text{-}7 \text{ days}}]{\text{PbO}_2} RCCHCHCR$$

R = ^tBu, Me

60-70%

I.A.8-7 R. Mestres et al., *Synthesis*, 317 (1990); D.B. MacLean et al., *Can. J. Chem.*, 68, 587 (1990).

$$\text{CH}_2=\text{CH-CH=CH-CH}_2\text{-CO}_2\text{H} \xrightarrow[\substack{2)\ \text{I}_2/\text{THF} \\ -20°,\ 20\ \text{min} \\ \text{rt, 20 min}}]{1)\ 4\ \text{LDA} \\ \text{hexane/THF}}$$

$$\text{HO}_2\text{C-CH=CH-CH}_2\text{-CH}_2\text{-CH=CH-CH=CH-CO}_2\text{H}$$

60%

similarly with $(\text{PhCO}_2)_2$ instead of I_2

I.A.8-8 J. Simonet et al., *Tetrahedron Lett.*, 31, 667 (1990).

$$2\ \text{ArSO}_2-\text{CH}=\text{CH}_2 \xrightarrow[\substack{\text{anhyd. DMF} \\ 0.1\text{M Et}_4\text{N}^+\ \text{ClO}_4^-}]{e^-} \begin{array}{c}\text{ArSO}_2 \\ \square \\ \text{ArSO}_2\end{array}$$

I.A.8-9 B.B. Snider et al., *J. Am. Chem. Soc.*, 112, 2759 (1990) and *J. Org. Chem.*, 55, 2427 (1990).

$$\text{cyclohexanone with CO}_2\text{Me, CH}_2, \text{Me substituents} \xrightarrow[\substack{\text{Cu(OAc)}_2\cdot\text{H}_2\text{O} \\ \text{AcOH} \\ \text{rt, 26 h}}]{2\ \text{Mn(OAc)}_3\cdot2\text{H}_2\text{O}} \text{bicyclic ketone with CO}_2\text{Me, Me, CH}_2$$

86%

I.A.8-10 P. Renaud, *Tetrahedron Lett.*, 31, 4601 (1990); Y.-M. Tsai et al., *ibid.*, 31, 6047 (1990); S.A. Hitchcock and G. Pattenden, *ibid.*, 31, 3641 (1990); C.-K. Sha et al., *ibid.*, 31, 3745 (1990); G.H. Posner et al., *J. Org. Chem.*, 55, 2132 (1990); S. Hanessian et al., *ibid.*, 55, 3436 (1990); P. Renaud and S. Schubert, *Synlett.*, 624 (1990) and *Angew. Chem., Int. Ed. Engl.*, 29, 433 (1990); D.P. Curran et al., *J. Am. Chem. Soc.*, 112, 6738 (1990); A. Srikrishna et al., *Chem. Commun.*, 1681 (1990); J.K. MacLeod and L.C. Monahan, *Aust. J. Chem.*, 43, 329 (1990).

TolSO$_n$—CHCl—CH$_2$CH$_2$CH$_2$—CH=CH—R

n = 1,2
R = H, OMe

2 Bu$_3$SnH
AIBN
C$_6$H$_6$
reflux

→ cyclopentane with SO$_n$Tol and R substituents

40-94% (trans:cis = 84-95:16-5)

similar results with different halogens and tin reagents; in one case using a chiral auxiliary

---

I.A.8-11 J.J. Gaudino and C.S. Wilcox, *J. Am. Chem. Soc.*, 112, 4374 (1990); C.S. Wilcox et al., *J. Org. Chem.*, 55, 3440 (1990).

Bu$_3$SnH
AIBN
C$_6$H$_6$
85°, 4 h

63% (exo:endo = 6.4:1)

I.A.8-12 D.L. Boger and R.J. Mathvink, *J. Org. Chem.*, **55**, 5442 (1990).

[Reaction scheme: bicyclic ketone with Br and alkyne-Ph side chain + Bu₃SnH/AIBN, C₆H₆ reflux → bicyclic ketone product with Me and =CHPh; 80-86% (cis:trans = 42-97:58-3)]

I.A.8-13 D.P. Curran and C.M. Seong, *J. Am. Chem. Soc.*, **112**, 9401 (1990); R.N. Saicic and Z. Cekovic, *Tetrahedron*, **46**, 3627 (1990) and *Tetrahedron Lett.*, **31**, 4203 (1990); D.L. Flynn and D.C. Zabrowski, *J. Org. Chem.*, **55**, 3673 (1990).

[Reaction scheme: NC-C(CN)(I)-CH₂-CH=CH-Me + cyclopentene, 1) 80°, 2) Bu₃SnH → bicyclic product (64%) + isomer (<5%)]

I.A.8-14 C.P. Jasperse and D.P. Curran, *J. Am. Chem. Soc.*, **112**, 5601 (1990).

[Reaction scheme: cyclopentene-SnMe₃ with CO₂Me and side chain bearing Me and Br, 1) 0.3 Bu₃SnH, 0.1 AIBN, over 10 h, C₆H₆, reflux; 2) I₂/Et₂O, DBU/hexane/5 min → bicyclic product with Me and CO₂Me, 90%]

I.A.8-15 D.A. Singleton and K.M. Church, *J. Org. Chem.*, 55, 4780 (1990).

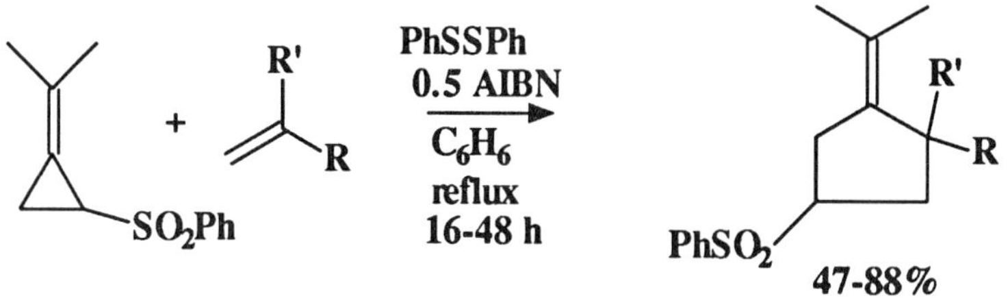

I.A.8-16 C.E. Schwartz and D.P. Curran, *J. Am. Chem. Soc.*, 112, 9272 (1990); M. Malacria et al., *Synlett.*, 320 (1990) and *Tetrahedron Lett.*, 31, 4445 (1990); J. Wicha et al., *J. Org. Chem.*, 55, 3484 (1990).

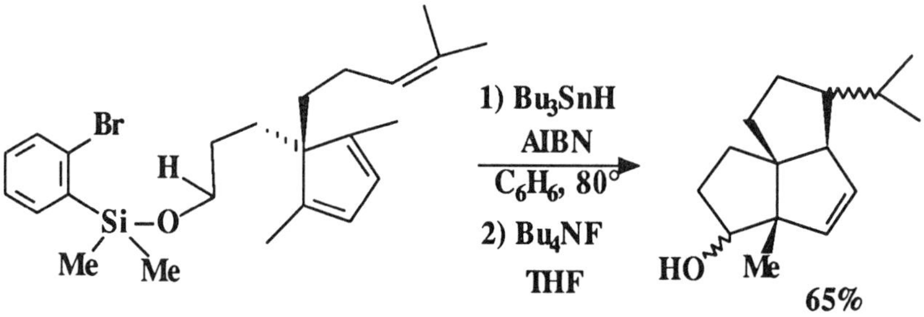

I.A.8-17 J.E. Forbes and S.Z. Zard, *J. Am. Chem. Soc.*, 112, 2035 (1990).

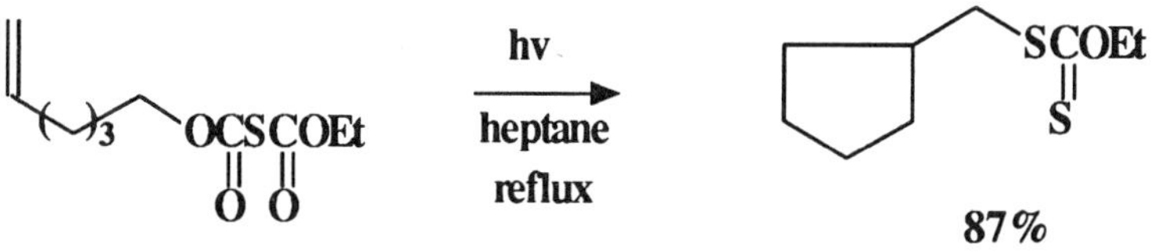

I.A.8-18 G.H. Whitham et al., *Chem. Commun.*, 481 (1990).

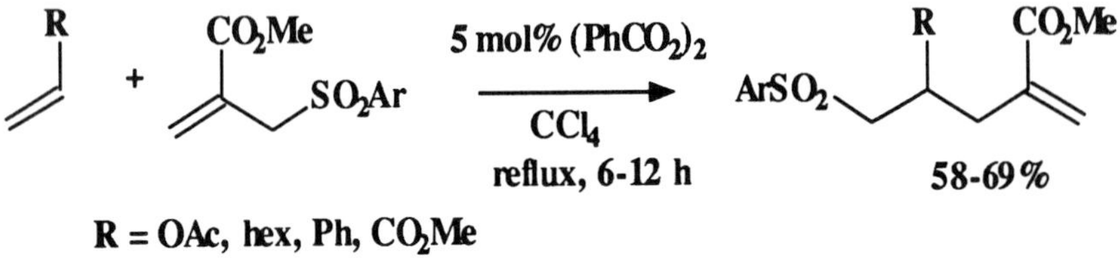

R = OAc, hex, Ph, CO_2Me

Conditions: 5 mol% $(PhCO_2)_2$, CCl_4, reflux, 6-12 h; 58-69%

I.A.8-19 D.L. Boger and R.J. Mathvink, *J. Am. Chem. Soc.*, **112**, 4008 and 4003 (1990); D. Crich et al., *J. Chem. Soc., Perkin Trans. 1*, 2875 (1990).

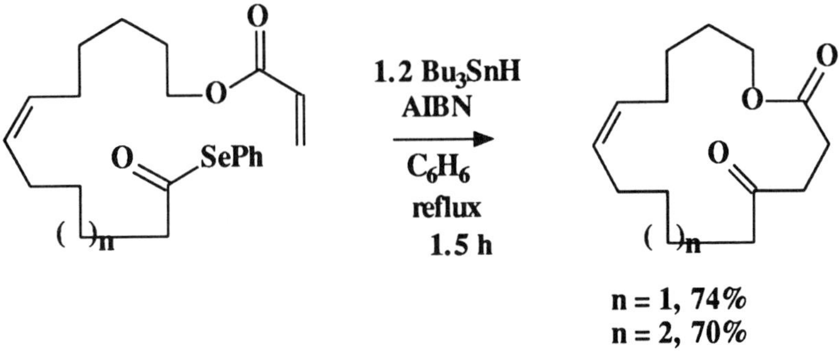

Conditions: 1.2 Bu_3SnH, AIBN, C_6H_6, reflux, 1.5 h

n = 1, 74%
n = 2, 70%

I.A.8-20 A. Nishida et al., *J. Am. Chem. Soc.*, **112**, 902 (1990).

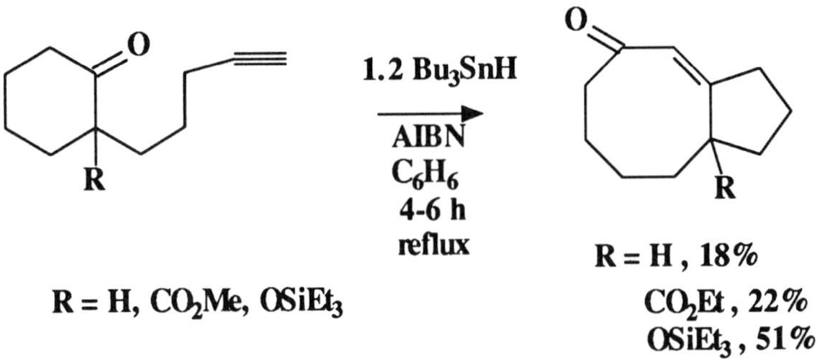

R = H, CO_2Me, $OSiEt_3$

Conditions: 1.2 Bu_3SnH, AIBN, C_6H_6, 4-6 h, reflux

R = H, 18%
CO_2Et, 22%
$OSiEt_3$, 51%

I.A.8-21 K.J. Kulicke and B. Giese, *Synlett.*, 91 (1990).

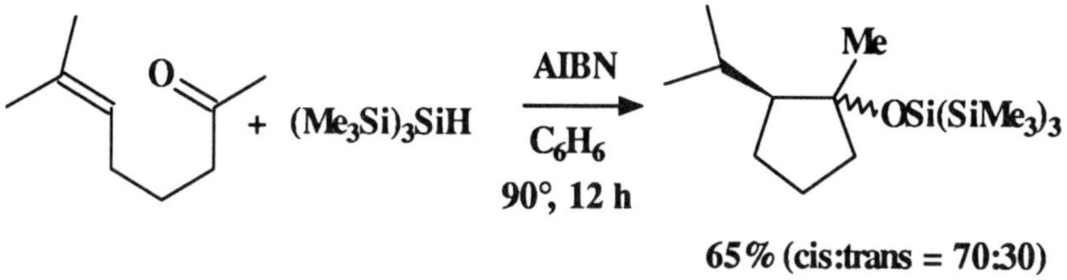

[Reaction: isopropenyl ketone + (Me$_3$Si)$_3$SiH → cyclopentane with iPr and Me, OSi(SiMe$_3$)$_3$ substituents]
Conditions: AIBN, C$_6$H$_6$, 90°, 12 h
65% (cis:trans = 70:30)

I.A.8-22 J. Kang et al., *Tetrahedron Lett.*, 31, 2713 (1990).

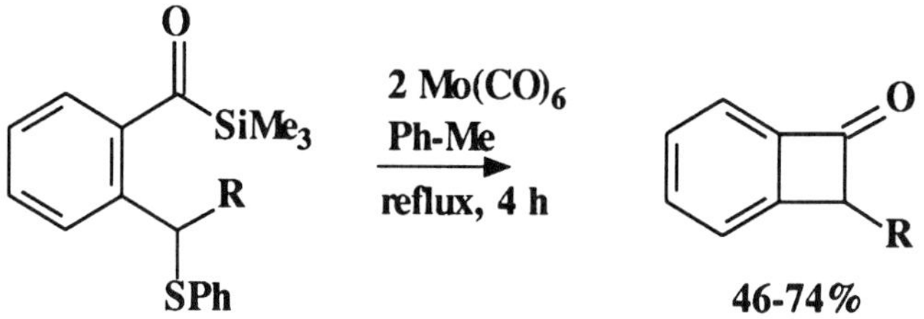

[Reaction: ortho-substituted aryl ketone with SiMe$_3$ and CH(R)SPh groups → benzocyclobutanone with R substituent]
Conditions: 2 Mo(CO)$_6$, Ph-Me, reflux, 4 h
46-74%

I.A.8-23 E. Lee et al., *Tetrahedron Lett.*, 31, 5039 (1990).

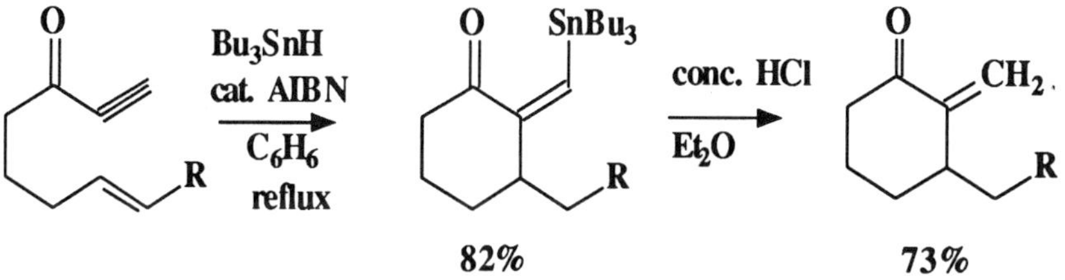

[Reaction sequence: alkyne-ene ketone → cyclohexanone with =CHSnBu$_3$ and CH$_2$R groups (82%) → cyclohexanone with =CH$_2$ and CH$_2$R (73%)]
Conditions: Bu$_3$SnH, cat. AIBN, C$_6$H$_6$, reflux; then conc. HCl, Et$_2$O

I.A.8-24 J.M. Takacs and S. Chandramouli, *Organometallics*, 9, 2877 (1990); G.P. Chiusoli et al., *Chem. Commun.*, 1303 (1990).

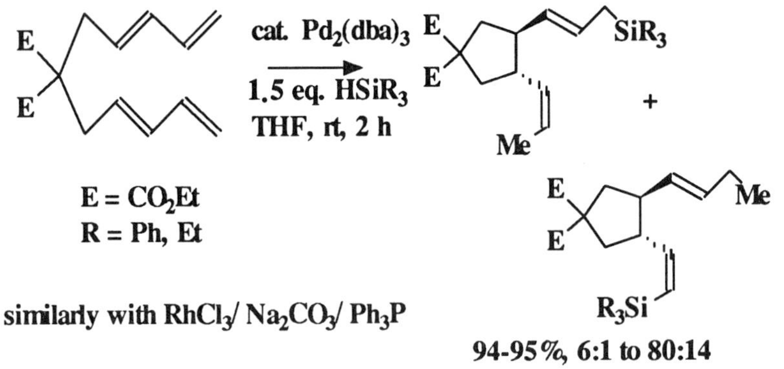

$E = CO_2Et$
$R = Ph, Et$

similarly with $RhCl_3/ Na_2CO_3/ Ph_3P$

94-95%, 6:1 to 80:14

I.A.8-25 K.D. Moeller et al., *J. Am. Chem. Soc.*, 112, 6123 (1990).

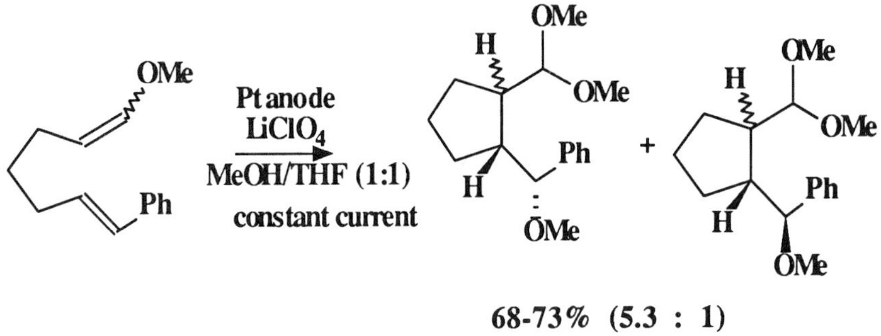

68-73% (5.3 : 1)

I.A.8-26 M.P. Bertrand et al., *Tetrahedron*, 46, 5285 (1990); V. Singh and A.V. Bedekar, *J. Chem. Res. (S)*, 400 (1990); K. Weinges et al., *Chem. Ber.*, 123, 901 (1990).

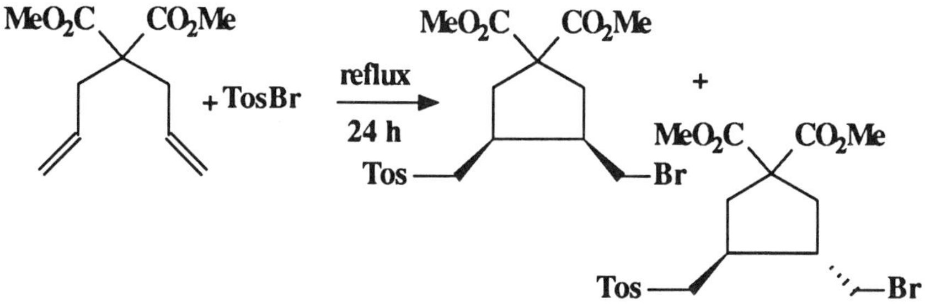

76-87% (cis : trans = 79-93 : 21-7)

similar cyclizations with I_2 or $Hg(OAc)_2$, CaO then $NaBH_4$

I.A.8-27 W.S. Johnson et al., *J. Org. Chem.*, 55, 2215 (1990).

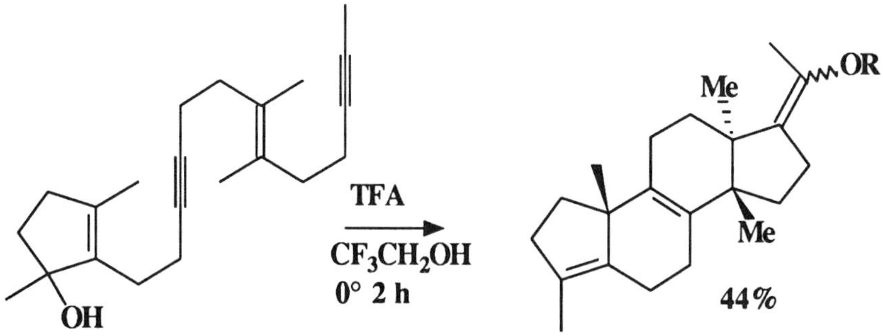

44%

I.A.8-28 S.R. Angle and D.O. Arnaiz, *J. Org. Chem.*, 55, 3708 (1990); T.A. Engler et al., *ibid.*, 55, 5810 (1990).

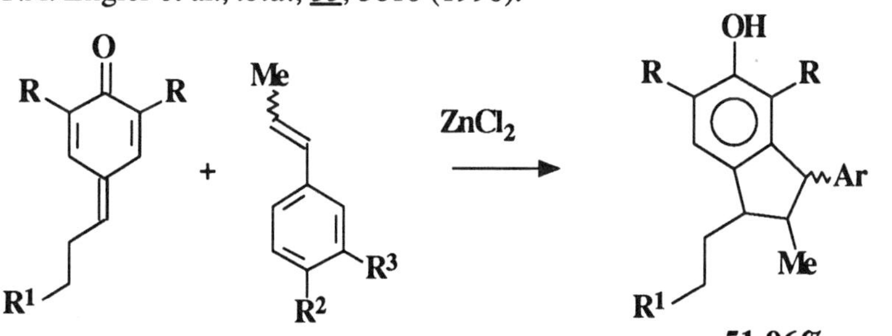

51-96%

other Lewis Acids used similarly

I.A.8-29 S. Ikegami et al., *Tetrahedron Lett.*, 31, 5173 (1990); M. Curini, E. Wenkert et al., *J. Org. Chem.*, 55, 311 (1990).

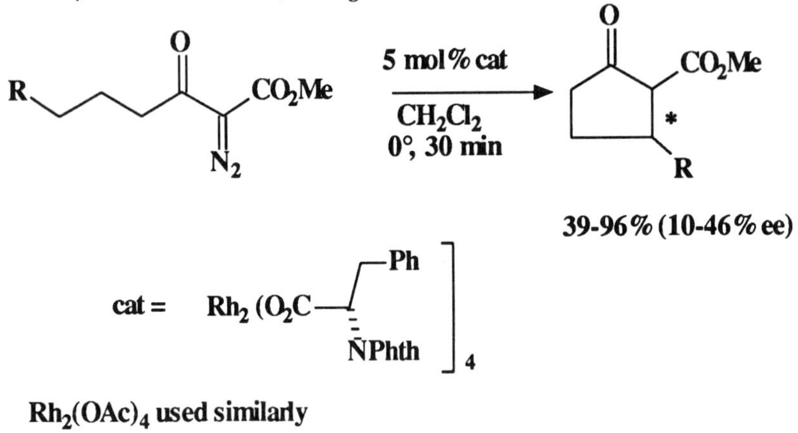

R—CH₂CH₂—C(O)—C(=N₂)—CO₂Me → [5 mol% cat, CH₂Cl₂, 0°, 30 min] → 2-(CO₂Me)-3-R-cyclopentanone

39-96% (10-46% ee)

cat = Rh₂(O₂C—CH(Ph)(NPhth))₄

Rh₂(OAc)₄ used similarly

I.A.8-30 M.A. McKervey et al., *J. Chem. Soc., Perkin Trans. 1*, 1047 and 1055 (1990) and *Chem. Commun.*, 361 and 362 (1990); L.T. Scott and C.A. Sumpter, *Org. Synth.*, 69, 180 (1990).

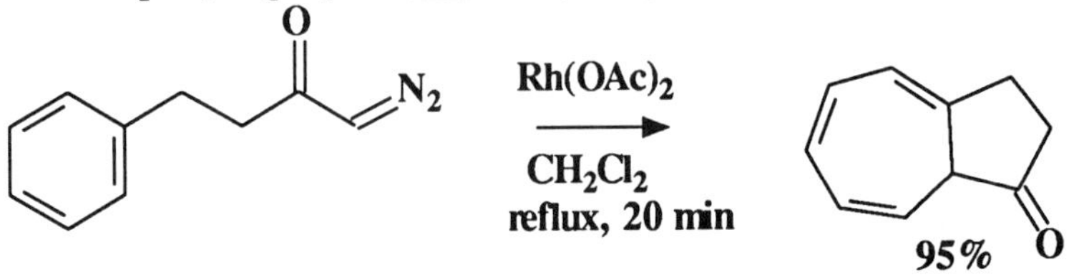

PhCH₂CH₂C(O)CH=N₂ → [Rh(OAc)₂, CH₂Cl₂, reflux, 20 min] → bicyclic product 95%

I.A.8-31 A. Padwa et al., *J. Am. Chem. Soc.*, 112, 3100 and 2037 (1990).

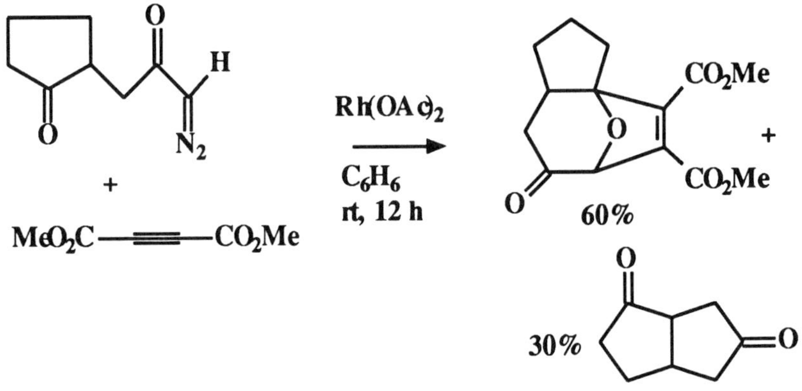

2-(2-oxocyclopentyl)methyl-diazoaldehyde + MeO₂C—≡—CO₂Me → [Rh(OAc)₂, C₆H₆, rt, 12 h] → tricyclic oxa-bridged product (60%) + bicyclic diketone (30%)

I.A.8-32 K. Shishido et al., *Tetrahedron Lett.*, 31, 219 (1990); L. Chen and L. Ghosez, *ibid.*, 31, 4467 (1990); B.B. Snider et al., *Tetrahedron*, 46, 8031 (1990); M. Fetizon and I. Hanna, *Synthesis*, 583 (1990); R.J.K. Taylor et al., *J. Chem. Soc., Perkin Trans. 1*, 1839 (1990); S.M. Kher and G.H. Kulkarni, *Synth. Commun.*, 20, 1241 (1990); Z. Paryzek and K. Blaszczyk, *Liebigs Ann. Chem.*, 665 (1990); L. Ghosez et al., *Org. Synth.*, 69, 199 (1990); P.L. Fishbein and H.W. Moore, *ibid.*, 69, 205 (1990); A.G.M. Barrett et al., *Organometallics*, 9, 151 (1990).

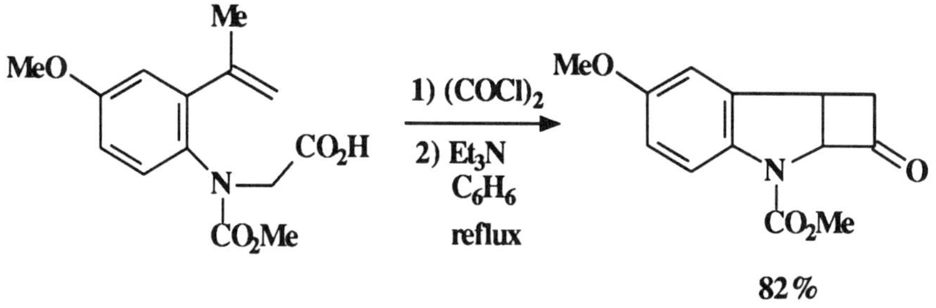

I.A.8-33 M.B. Sommer, M. Begtrup et al., *J. Org. Chem.*, 55, 4822 and 4817 (1990).

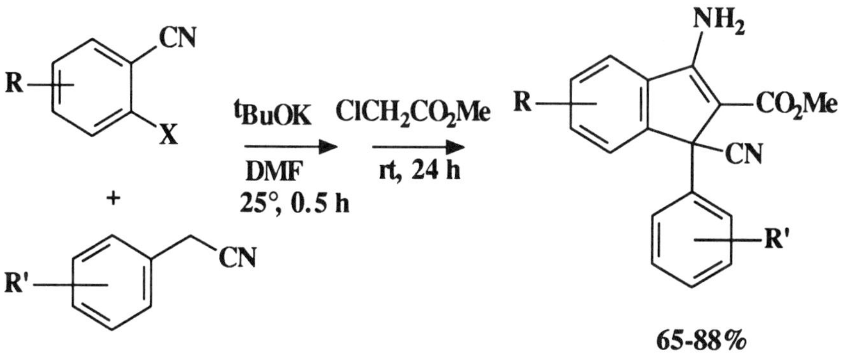

I.B. Carbon-Carbon Double Bonds

(see also: I.E.1)

I.B.1 Wittig-Type Olefination Reactions

I.B.1-1 M.W. Rathke and E. Bouhlel, *Synth. Commun.*, 20, 869 (1990); M. Nakano et al., *Bull. Chem. Soc. Jpn.*, 63, 2224 (1990).

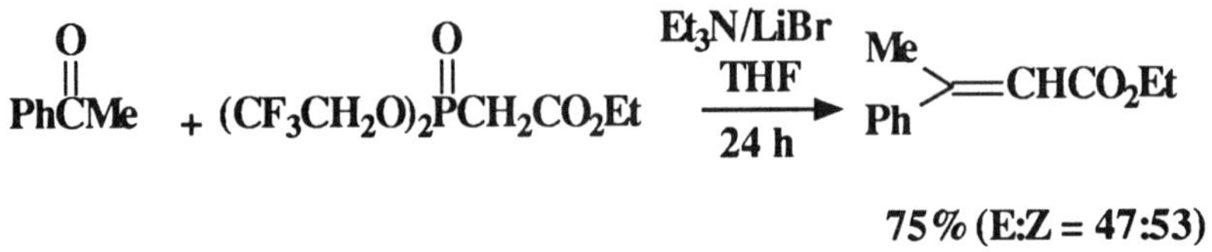

$$\underset{\text{PhCMe}}{\overset{O}{\|}} + (CF_3CH_2O)_2\overset{O}{\underset{\|}{P}}CH_2CO_2Et \xrightarrow[24\text{ h}]{Et_3N/LiBr \atop THF} \underset{Ph}{\overset{Me}{>}}=CHCO_2Et$$

75% (E:Z = 47:53)

I.B.1-2 J.R. McCarthy et al., *Tetrahedron Lett.*, 31, 5449 (1990); J.W. Lee and D.H. Oh, *Synth. Commun.*, 20, 273 (1990).

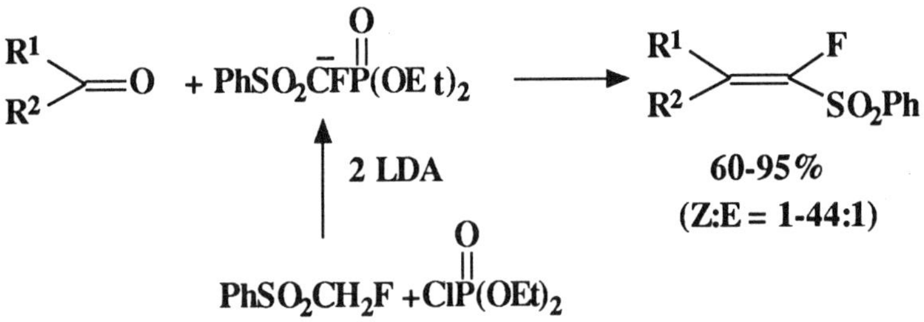

$$\underset{R^2}{\overset{R^1}{>}}=O + PhSO_2\bar{C}FP(OEt)_2 \longrightarrow \underset{R^2}{\overset{R^1}{>}}=\underset{SO_2Ph}{\overset{F}{<}}$$

$$\uparrow 2\text{ LDA}$$

$$PhSO_2CH_2F + Cl\overset{O}{\underset{\|}{P}}(OEt)_2$$

60-95%
(Z:E = 1-44:1)

I.B.1-3 S.Yamamura et al., *Bull. Chem. Soc. Jpn.*, 63, 1322 (1990); J. Lehmann and M. Scheuring, *Leibigs Ann. Chem.*, 271 (1990).

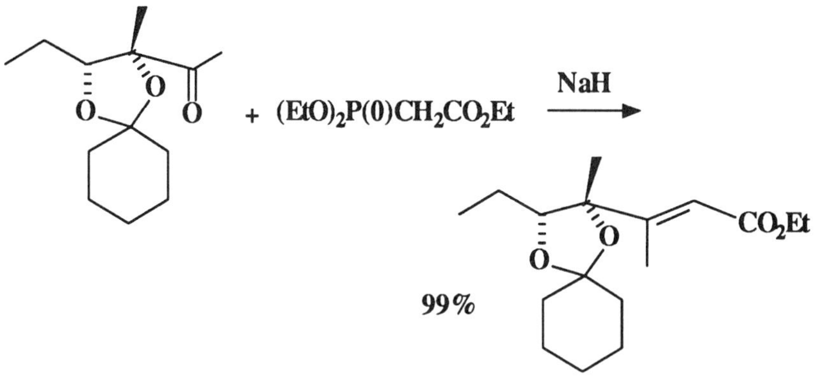

[structure] + $(EtO)_2P(O)CH_2CO_2Et$ $\xrightarrow{NaH}$ [structure]

99%

I.B.1-4 G. Wess et al., *Tetrahedron Lett.*, 31, 2545 (1990); J.-C. Rossi et al., *ibid.*, 31, 4131 (1990); P. Dussault and A. Sahli, *ibid.*, 31, 5117 (1990); N. Ikemoto and S.L. Schreiber, *J. Am. Chem. Soc.*, 112, 9657 (1990); R.W. Hoffmann and K. Ditrich, *Liebigs Ann. Chem.*, 23 (1990); L. Ghosez et al., *Bull. Soc. Chim. Belg.*, 99, 1075 (1990).

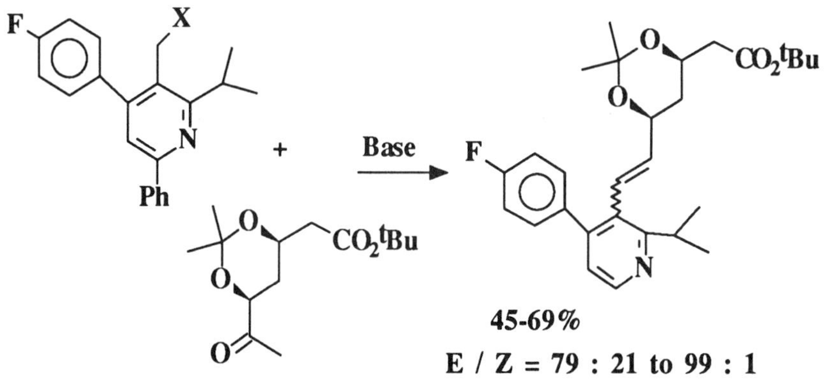

[structures] + $\xrightarrow{Base}$ [structure]

45-69%
E / Z = 79 : 21 to 99 : 1

Base = BuLi/THF

$X = \overset{+}{P}Ph_3Br^-, \overset{+}{P}Bu_3Br^-, PO(OEt)_2, POPh_2$

other (E) selective Wittig reactions reported

I.B.1-5 K. Sato et al., *Bull. Chem. Soc. Jpn.*, 63, 1629 (1990).

$$X-\overset{}{\underset{}{\diagdown}}C(=O)-\diagup + Ph_3P=\diagdown\diagup\!\!\!/ \xrightarrow[\text{DMF, 0°, 20 h}]{\text{NaOMe}}$$

$$X-\diagdown/=\diagdown\diagup\!\!\!/$$

X = THPO, 95%, 92:8, Z:E
X = PhS, 15%, 50:50, Z:E

I.B.1-6 H.J. Bestmann et al., *Liebigs Ann. Chem.*, 829 (1990); R. Hanko et al., *J. Med. Chem.*, 33, 1163 (1990).

$$\diagdown\!\!\!\diagup\!\!\diagdown\!\!\underset{\underset{Br^-}{CH_2PPh_3}}{\overset{+}{}} \xrightarrow[\text{2) OHC(CH}_2\text{)}_7\text{OTHP}]{\text{1) NaHMDS}} \diagdown\!\!\!\diagup\!\!\diagdown\!\!\diagup=\diagdown(CH_2)_7OTHP$$

72%

I.B.1-7 L. Streinz et al., *Coll. Czech. Chem. Commun.*, 55, 1555 (1990).

$$RCHO + \underset{Br^-}{\overset{+}{Ph_3PCH_2R'}} \xrightarrow[\text{ethers}]{\text{base}} R-CH=CH-R'$$

13-66%
96.5 : 3 to 12.6 : 87.4
% Z : E
(marked Z preference)

base =

$$\begin{array}{c} HN\overset{CH_2}{\diagdown}CH_2 \\ | \quad\quad | \\ M\diagdown_{NH_2}\diagup CH_2 \end{array}$$

M = Li, Na, K

I.B.1-8 H.-J. Cristau and M.-B. Gasc, *Tetrahedron Lett.*, 31, 341 (1990); B. Akermark et al., *J. Org. Chem.*, 55, 5312 (1990).

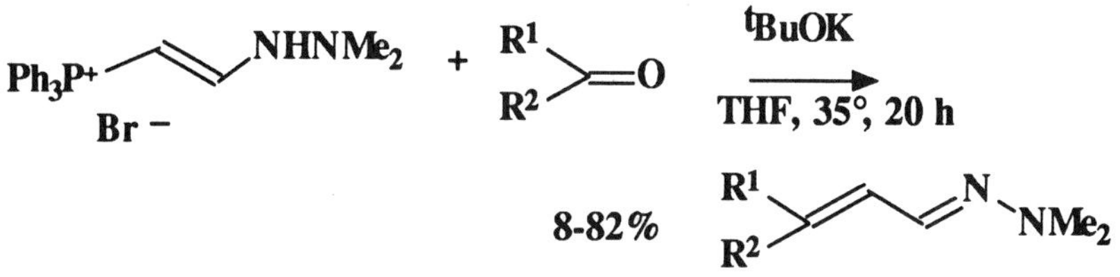

$$Ph_3P^+\text{-CH=CH-NHNMe}_2 \; Br^- \; + \; R^1R^2C=O \; \xrightarrow[\text{THF, 35°, 20 h}]{^tBuOK} \; R^1R^2C=CH-CH=N-NMe_2$$

8-82%

I.B.1-9 J. Barluenga et al., *Tetrahedron Lett.*, 31, 6713 (1990).

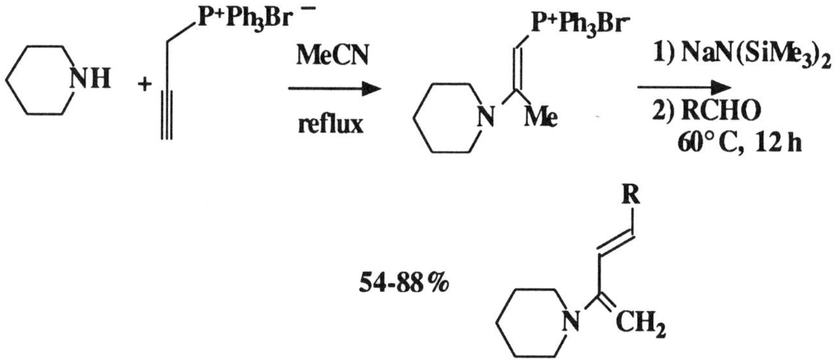

piperidine-NH + HC≡C-CH$_2$-P$^+$Ph$_3$Br$^-$ $\xrightarrow[\text{reflux}]{\text{MeCN}}$ piperidine-N-C(Me)=CH-P$^+$Ph$_3$Br$^-$ $\xrightarrow[\text{2) RCHO, 60°C, 12 h}]{\text{1) NaN(SiMe}_3)_2}$

54-88% piperidine-N-C(=CH$_2$)-CH=CH-R

I.B.1-10 J.F. Dellaria, Jr. and K.J. Sallin, *Tetrahedron Lett.*, 31, 2661 (1990).

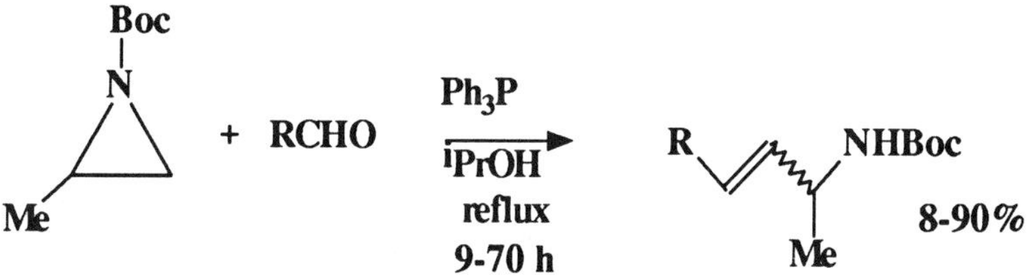

N-Boc-2-methylaziridine + RCHO $\xrightarrow[\text{reflux, 9-70 h}]{\text{Ph}_3\text{P, }^i\text{PrOH}}$ R-CH=CH-CH(Me)-NHBoc

8-90%

I.B.1-11 D.R. Williams and J.M. McGill, *J. Org. Chem.*, **55**, 3457 (1990); H. Akita, T. Oishi et al., *Tetrahedron Lett.*, **31**, 1735 (1990); D.A. Evans and E.M. Carreira, *ibid.*, **31**, 4703 (1990).

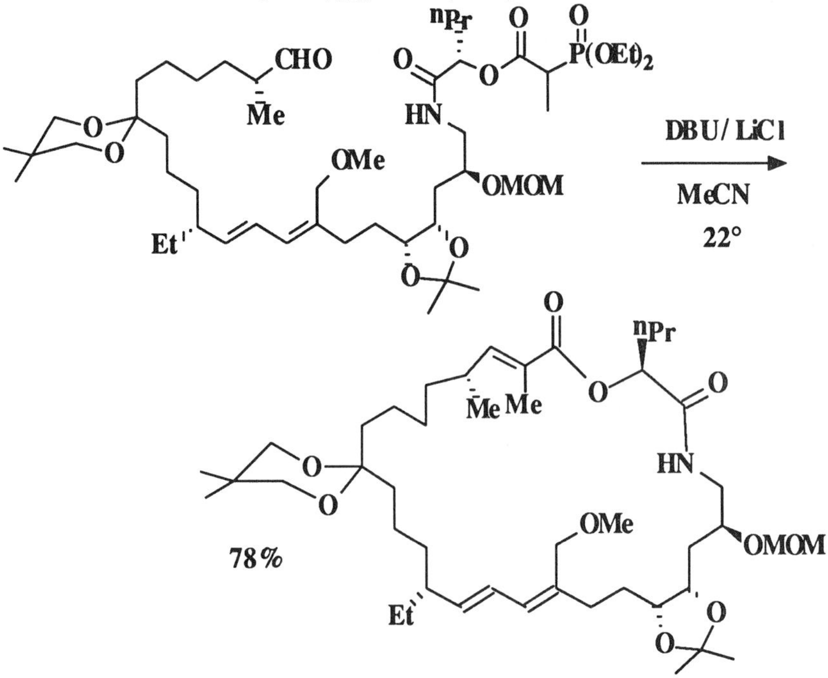

I.B.1-12 D.F. Wiemer et al., *J. Org. Chem.*, **55**, 128 (1990).

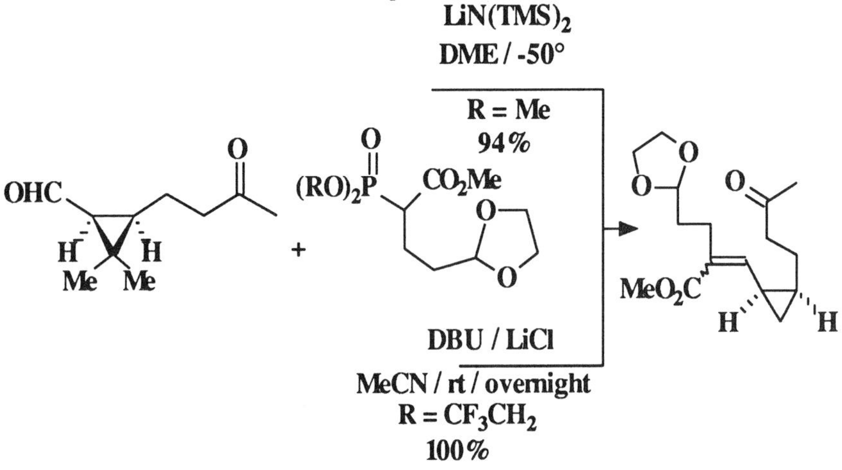

I.B.1-13 H.-J. Liu and M. Ralitsch, *Chem. Commun.*, 997 (1990).

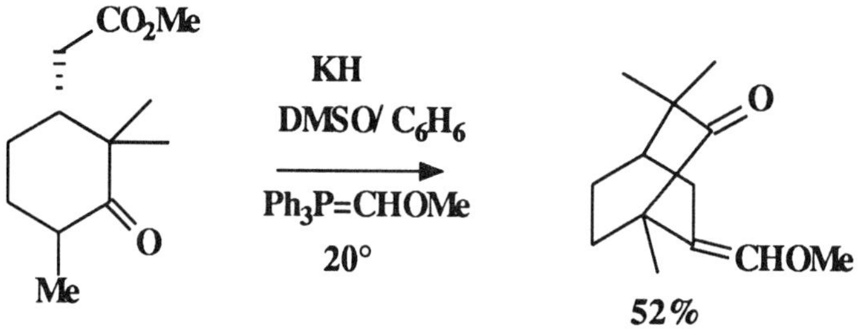

[Reactant: cyclohexanone with CO₂Me, gem-dimethyl, and Me substituents]

KH
DMSO/ C_6H_6
Ph₃P=CHOMe
20°

→ [bicyclic ketone product with =CHOMe]
52%

I.B.1-14 Y. Shen and T. Wang, *Tetrahedron Lett.*, **31**, 543 (1990).

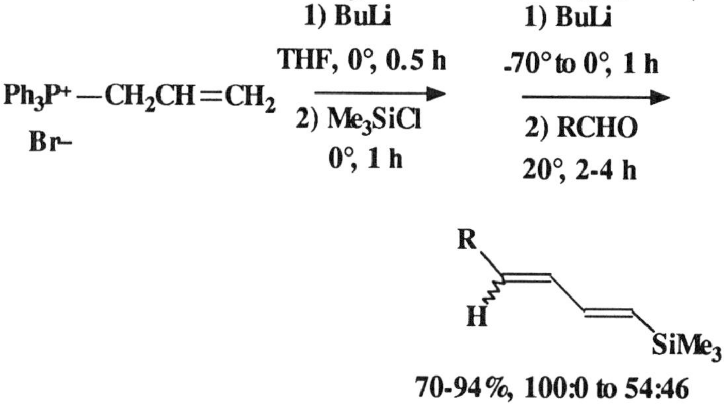

$Ph_3P^+-CH_2CH=CH_2 \quad Br^-$

1) BuLi
THF, 0°, 0.5 h
2) Me₃SiCl
0°, 1 h

→

1) BuLi
-70° to 0°, 1 h
2) RCHO
20°, 2-4 h

→

[diene product: R,H on one alkene; SiMe₃ on other]

70-94%, 100:0 to 54:46

I.B.1-15 I. Saito et al., *Tetrahedron Lett.*, **31**, 7469 (1990).

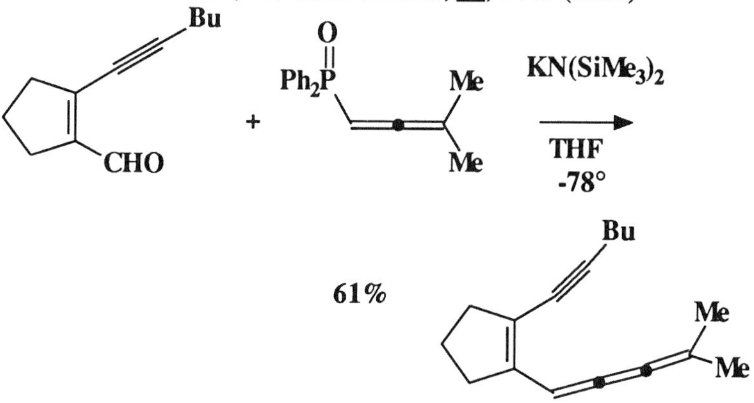

[cyclopentene with C≡C-Bu and CHO substituents]

+

$Ph_2\overset{O}{\underset{\|}{P}}$—CH=C(Me)—Me (phosphine oxide allylide)

KN(SiMe₃)₂
THF
-78°

→

61%

[cyclopentene with C≡C-Bu and -CH=C=C(Me)Me allene substituents]

I.B.1-16 M. Hatanaka, I. Ueda et al., *Chem. Commun.*, 526 (1990).

$$EtO_2C\text{-}CR^1=CH\text{-}CH_2\text{-}P^+Ph_3Br^- + R^2\text{-}C(=O)\text{-}CHX\text{-}R^3 \xrightarrow[\text{rt, 12 h, N}_2]{CH_2Cl_2/\text{sat. aq NaHCO}_3}$$

X = I, Br, Cl

48-96% cyclopentadiene with EtO_2C, R^1, R^2, R^3 substituents

---

I.B.1-17 G.A. Tolstikov et al., *J. Org. Chem. (USSR)*, 26, 100, 386 and 787 (1990); V.M. Rastegaeva et al., *ibid.*, 25, 1866 (1989); J. Das, S.E. Hall et al., *J. Med. Chem.*, 33, 1741 (1990); E.M.M. van den Berg et al., *Rec. Trav. Chim.*, 109, 160 (1990); R. Gebhard et al., *ibid.*, 109, 378 (1990).

Wittig and Horner-Emmons Routes to Prostaglandins, Pheromones, Retinals or Carotenes.

I.B.1-18 Y. Shen and T. Wang, *Tetrahedron Lett.*, 31, 3161 (1990).

$$Ph_3P=CH\text{-}CH=CH\text{-}C(=O)\text{-}CF_3 \xrightarrow[-78°, 1\text{ h}]{RLi, THF} \xrightarrow[\text{rt, 4 h}]{R'CHO} R'\text{-}CH=CH\text{-}CHR\text{-}CH_2\text{-}C(=O)\text{-}CF_3$$

63-92%

I.B.1-19 Y. Shen and T. Wang, *Tetrahedron Lett.*, 31, 5925 (1990).

$$\text{Ph}_3\text{P}=\underset{\underset{R_f}{O}}{\overset{COX}{\diagup}} \quad \xrightarrow[\text{2) AcOH}]{\text{1) RLi} \atop \text{THF, -60°, 1 h}} \quad \underset{R_f}{\overset{R}{\diagup}}\!\!=\!\!\underset{}{\overset{O}{\diagdown}\!\!X}$$

90-97%

X = OMe, SMe, Ph

I.B.1-20 J. Chenault, *Synthesis*, 631 (1990).

$$\underset{Br^-}{Ph_3P^+}\!\!\diagdown\!\!\overset{O}{\diagup}\!\!Ph \quad \xrightarrow[\text{rt, 4 h}]{\text{I}_2/\text{K}_2\text{CO}_3 \atop \text{MeOH} \atop 0-5°, 2\text{ h}} \quad \underset{I^-}{Ph_3P^+}\!\!\diagdown\!\!\underset{I}{\overset{O}{\diagup}}\!\!Ph \quad \xrightarrow[\substack{\text{MeOH} \\ -60°, 6\text{ h}}]{\substack{\text{RCHO} \\ \text{K}_2\text{CO}_3}}$$

58-66% $R\!\!-\!\!\equiv\!\!-\!\!\overset{O}{\overset{\|}{C}}\!-Ph$

I.B.1-21 J.H. van Boom et al., *Rec. Trav. Chim.*, 109, 273 (1990); K. Weinges and U. Lernhardt, *Liebigs Ann. Chem.*, 751 (1990).

$$\xrightarrow[\substack{\text{PhCO}_2\text{H (cat.)} \\ \text{toluene, 90°C}}]{\text{EtO}_2\text{CCHPPh}_3}$$

89%

no subsequent Michael cyclization (prevented by PhCO$_2$H) or epimerization at C-4

I.B.1-22 M.L. Edwards et al., *Tetrahedron Lett.*, **31**, 5571 (1990).

MeO–C₆H₃(OMe)–C(=O)CH₃ + Ph₂P(=O)CHF₂ $\xrightarrow[\text{reflux, 1 h}]{\text{LDA, } -50°, \text{ 15 min}}$ MeO–C₆H₃(OMe)–C(CH₃)=CF₂   47%

I.B.1-23 Y.-Z. Huang et al., *Chem. Ber.*, **123**, 1441 (1990).

$$PH_3\overset{+}{P}CH_2I \;\; I^- \xrightarrow{Bu_2Te,\; THF,\; 80°} \xrightarrow[20\text{-}30\text{ h}]{RCHO} RCH=CH_2 \quad 51\text{-}87\%$$

I.B.1-24 K. Okuma et al., *Bull. Chem. Soc. Jpn.*, **63**, 1653 (1990).

$$2\,Ph_3P=CHR + (Se)_n \xrightarrow[\text{toluene or THF}]{0°C \text{ to reflux}} RCH=CHR + 2\,Ph_3P=Se$$

41-91%   54-95%
trans/cis 4% - trans only

I.B.1-25 C. Palomo et al., *J. Org. Chem.*, **55**, 2498 (1990) and *Tetrahedron Lett.*, **31**, 2209 (1990); B. Halton et al., , *Aust. J. Chem.*, **43**, 1277 (1990); G.L. Larson, J.A. Soderquist et al., *Synth. Commun.*, **20**, 1095 (1990).

$$\underset{Me_3Si}{\overset{Me_3Si}{>}}\!\!\!<\!\!\underset{R}{\overset{H}{}} + \underset{R^2}{\overset{R^1}{>}}\!\!=\!O \xrightarrow[\text{CH}_2\text{Cl}_2 \text{ or THF, rt, 1-2 h}]{10 \text{ mol\% TASF, 4A MS}} \underset{R^2}{\overset{R^1}{>}}\!\!=\!CHR \quad 58\text{-}98\%$$

TASF = Tris(dimethylamino)sulfoniumdifluorotrimethylsilicate
similar reactions with silyl carbanions

I.B.1-26 J. Tanaka, S. Kanemasa and O. Tsuge, *Bull. Chem. Soc. Jpn.*, **63**, 51 (1990).

$$\underset{SiMe_3}{\overset{SPh}{\diagup}}\!\!=\!\!= \quad \xrightarrow[PhCHO]{DIBAH} \quad \xrightarrow{dil.\ HCl} \quad \underset{SPh}{\diagup}\!\!=\!\!\diagdown Ph$$

62%

I.B.1-27 C.J. Kowalski and S. Sakdarat, *J. Org. Chem.*, **55**, 1977 (1990).

$$RC\equiv C-OSi(^iPr)_3 \quad + \quad Ph\diagdown\!\!\diagup\!\!\diagdown CHO \quad \xrightarrow[\substack{-78°,\ 10\ min \\ 2)\ MeOH \\ -78°\ to\ rt}]{1)\ TiCl_4 \quad CH_2Cl_2} \quad \underset{Ph}{R\diagup\!\!=\!\!\diagdown CO_2Me} \quad 45\%$$

I.B.1-28 S. Kurozumi et al., *Tetrahedron*, **46**, 6689 (1990); A.G.M. Barrett et al., *J. Org. Chem.*, **55**, 5196 (1990); M. Hartmann and E. Zbiral, *Tetrahedron Lett.*, **31**, 2875 (1990).

[cyclopentanone with SiMe₃-alkyne substituent and OTBDMS groups] $\xrightarrow[\text{THF/CH}_2\text{Cl}_2]{\text{Zn/CH}_2\text{Br}_2/\text{TiCl}_4 \atop \text{rt}}$ [methylenecyclopentane with SiMe₃-alkyne substituent and OTBDMS groups]

Similarly with Cp₂ZrCl₂ instead of TiCl₄

I.B.1-29 S.H. Pine et al., *Org. Synth.*, 69, 72 (1990); N.A. Petasis and E.I. Bzowej, *J. Am. Chem. Soc.*, 112, 6392 (1990).

$$\text{chroman-2-one} \xrightarrow[\text{THF} \atop -78° \text{ to rt, 30 min}]{\text{TiCl}_2\text{Cp}_2 \atop \text{Me}_3\text{Al/ toluene}} \text{2-methylenechroman}$$

63-67%

I.B.1-30 Y. Liao and Y.-Z. Huang, *Tetrahedron Lett.*, 31, 5897 (1990).

$$\underset{R^2}{\overset{R^1}{>}}=O \ + \ N_2C\underset{CO_2Me}{\overset{CO_2Me}{<}} \xrightarrow[C_6H_6 \atop 70\text{-}80°, 4\text{-}6\text{ h}]{\text{Bu}_3\text{Sb} \atop 5 \text{ mol\% CuI}} \underset{R^2}{\overset{R^1}{>}}=\underset{CO_2Me}{\overset{CO_2Me}{<}}$$

62-98%

I.B.2. Eliminations

I.B.2.a. Elimination of Alcohols and Derivatives to Form Double Bonds

I.B.2.a-1 M.I. Vinnik and P.A. Obraztsov, *Russ. Chem. Rev.*, 59, 63 (1990).

Review: "The Mechanism of the Dehydration of Alcohols and the Hydration of Alkenes in Acid Solution.

I.B.2.a-2 F.H. Kohler et al., *Z. Naturforsch.*, **45b**, 329 (1990).

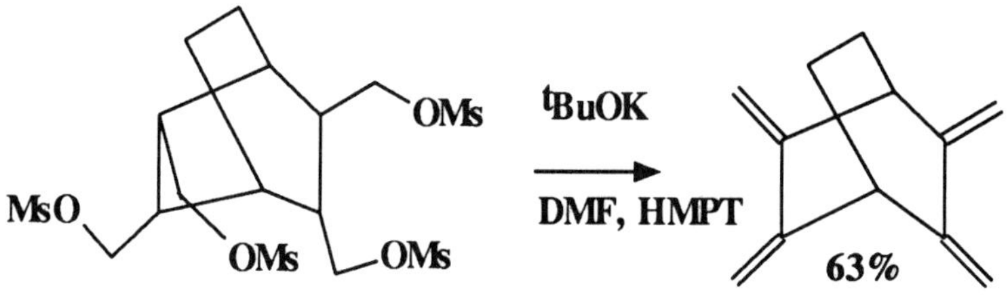

I.B.2.a-3 D. Qiv and R.R. Schmidt, *Synthesis*, 875 (1990).

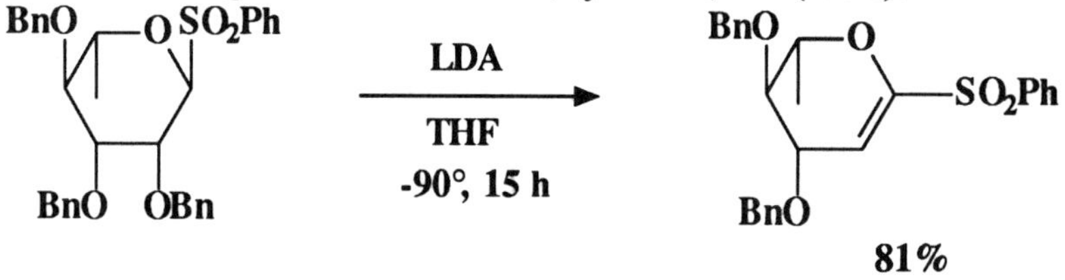

I.B.2.a-4 M. Asami, *Bull. Chem. Soc. Jpn.*, **63**, 721 and 1402 (1990); F.R. Fronczek et al., *Tetrahedron Lett.*, **31**, 5795 (1990).

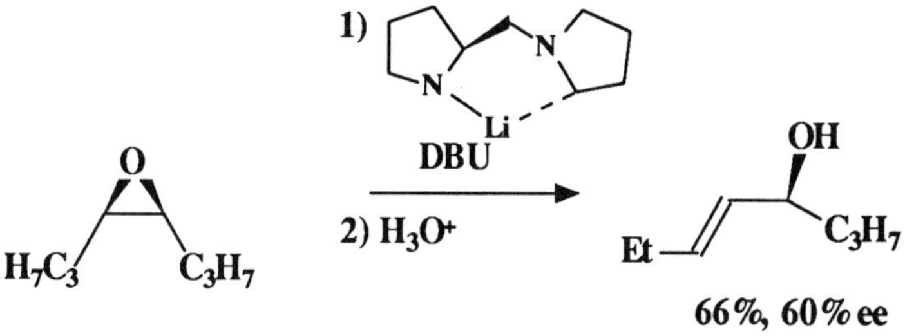

I.B.2.a-5 J. LeRoux and M. LeCorre, *Tetrahedron Lett.*, **31**, 2591 (1990).

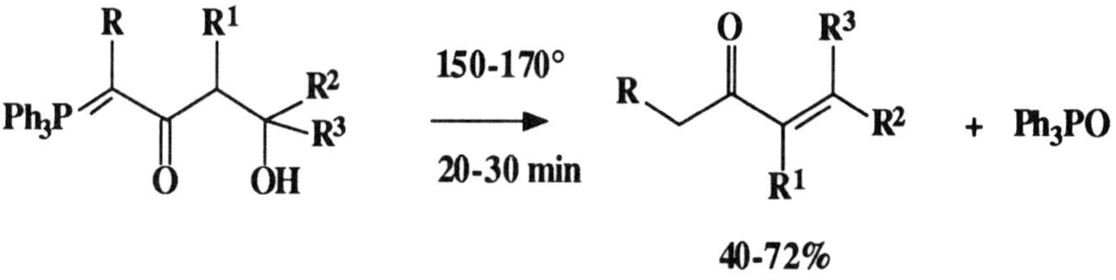

I.B.2.a-6 R.L.K. Carr et al., *Org. Prep. Proced. Int.*, 22, 245 (1990).

TBDMSO—⟨O⟩—Ad, with O-C(=S)-O fused → (MeO)$_3$P → TBDMSO—⟨O⟩—Ad (with double bond)

on 1-2 Kg scale   60-61%

I.B.2.a-7 T. Tanzawa and J. Schwartz, *Organometallics*, 9, 3026 (1990).

HO$_2$C-C(R^1)(R^2)-C(OH)(R^3)(R^4) → 1) WOCl$_4$ 2) base 130-140° → R^{1}R^{2}C=CR^{3}R^4

58-98%

I.B.2.b. Elimination of Halides to Form Double Bonds

I.B.2.b-1 G. Schroeder and A. Jarczewski, *J. Prakt. Chem.*, 331, 964 (1989) and 332, 269 (1990).

1. Kinetics and Isotope Effects of the Dehydrochlorination of 1,1-Dichloro-2,2-bis-(4-nitrophenyl)ethane with 1,5-Diazabicyclo[4.3.0]non-5-ene in Aprotic Solvents

2. Similar study with 1,1,1-trichloro analogue

I.B.2.b-2 M. Olwegard and P. Ahlberg, *Acta Chem. Scand.*, 44, 642 (1990).

Base-Promoted Syn and Anti 1,4-Elimination Reactions by Reverse Stepwise Preassociation Mechanisms

I.B.2.b-3 J. Zavada et al., *Coll. Czech. Chem. Commun.*, 55, 695 and 704 (1990).

On the Origin of Base Concentration Effect on Stereo and Regioselectivity in Alkoxide-Promoted E2 Reactions : A Consequence of Substrate Solvation by Metal Ions.

I.B.2.b-4 B.S. Bandodakar and G. Nagendrappa, *Synthesis*, 843 (1990); R.W.M. Aben and J.W. Scheeren, *Rec. Trav. Chim.*, 109, 399 (1990); P.A. Wender and C.J. Manly, *J. Am. Chem. Soc.*, 112, 8579 (1990); T. Yamamoto et al., *Org. Prep. Proced. Int.*, 22, 522 (1990).

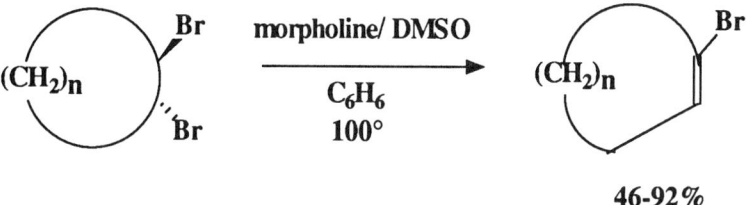

46-92%

different bases, substrates and halogens employed similarly

I.B.2.b-5 M. Kuroboshi and T. Hiyama, *Chem. Lett.*, 1607 (1990).

$$Ar\overset{F}{\underset{CCl_2CF_3}{\diagdown}} \xrightarrow[CH_2Cl_2]{DBU} \underset{F}{\overset{Ar}{\diagdown}}C=C\underset{CF_3}{\overset{Cl}{\diagup}}$$

75-96%
(E:Z = 20-40 : 1)

I.B.2.b-6 C. Stevens and N. DeKimpe, *Org. Prep. Proced. Int.*, 22, 589 (1990).

$$R^1\underset{Cl\ Cl}{\diagdown}\overset{N^{R^2}}{\diagup}H \xrightarrow[CS_2]{AlCl_3} R^1\diagdown\underset{Cl}{\diagup}\overset{N^{R^2}}{\diagup}H$$

41-50%

I.B.2.b-7 A.P. Molchanov and R.R. Kostikov, *J. Org. Chem. (USSR)*, **25**, 2272 (1989).

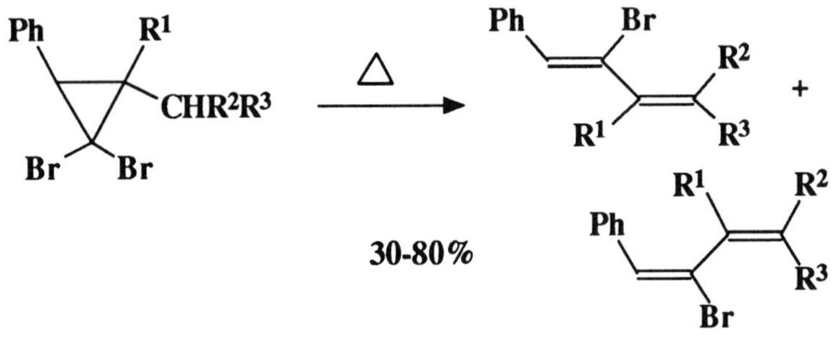

[Reaction: Ph, R¹-substituted dibromocyclopropane with CHR²R³ group, heated (Δ), gives Ph-CBr=CR¹-CR²=CR³ diene products, 30-80%]

I.B.2.b-8 K. Yanada et al., *Chem. Commun.*, 730 (1990); P. Fawell et al., *Aust. J. Chem.*, **43**, 1421 (1990).

[Reaction: R¹R²CBr-CHBr → R¹CH=CHR² using CysSH, Na$_2$SeO$_3$/H$_2$O in THF, 0°, 1-60 min, 91-98%]

similar results by electrolysis

I.B.2.b-9 R.D. Chambers et al., *Chem. Commun.*, 1127 and 1128 (1990).

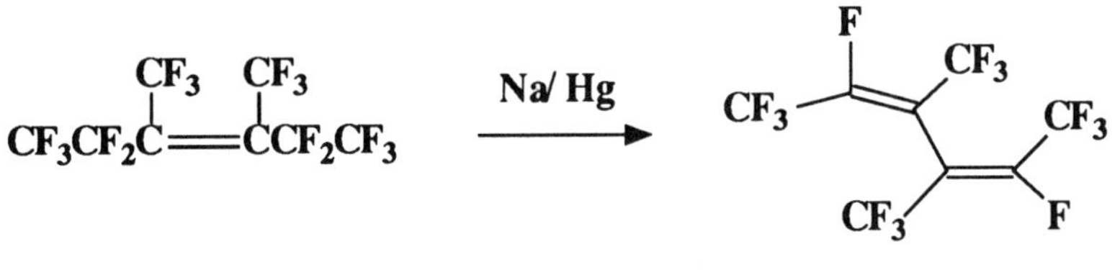

[Reaction: CF$_3$CF$_2$C(CF$_3$)=C(CF$_3$)CF$_2$CF$_3$ with Na/Hg gives perfluorinated diene product]

I.B.2.b-10 S. Katsumura et al., *Tetrahedron Lett.*, **31**, 691 (1990).

$$\underset{\underset{\text{MeO}}{\text{MeO}}}{\overset{\text{R Cl}}{\diagdown}}\text{R'} \quad \xrightarrow[{-78°, 20 \text{ min}}]{\text{Bu}_3\text{SnLi}}{\text{THF}} \quad \underset{\text{R}}{\overset{\text{MeO}}{\diagdown}}\text{R'}$$

64-99%

I.B.2.c. Other Eliminations to Form Double Bonds

I.B.2.c-1 A.S. Kende and J.S. Mendoza, *Tetrahedron Lett.*, **31**, 7105 (1990); D. Craig and A.M. Smith, *Tetrahedron Lett.*, **31**, 2631 (1990).

$$\text{Ph} \diagdown \underset{\text{R}}{\overset{\text{SO}_2}{\diagdown}} \underset{\text{OH}}{\overset{\text{Me}}{\diagdown}} \xrightarrow[{\text{THF}, \text{rt}, 15 \text{ min}}]{\text{SmI}_2} \text{Ph} \diagdown \diagup \diagdown \text{R}$$

Similarly with Na/Hg

55-84% (E:Z = 3-8:1)

I.B.2.c-2 K. Nozaki, K. Oshima and K. Utimoto, *Bull. Chem. Soc. Jpn.*, **63**, 2578 (1990).

$$\underset{\underset{\parallel}{\text{MeSCO SPh}}}{\overset{R^2 \; R^3}{R^1 {-}\!\!\!-\!\!\!-\!\!\!- R^4}} \xrightarrow[\text{Et}_3\text{B}]{\text{Bu}_3\text{SnH}} \underset{R^2}{\overset{R^1}{\diagdown}}=\underset{R^4}{\overset{R^3}{\diagup}}$$

41-100%, E:Z = 50:50 to 100:0

I.B.2.c-3 R.C. Cambie et al., *Aust. J. Chem.*, 43, 883 (1990).

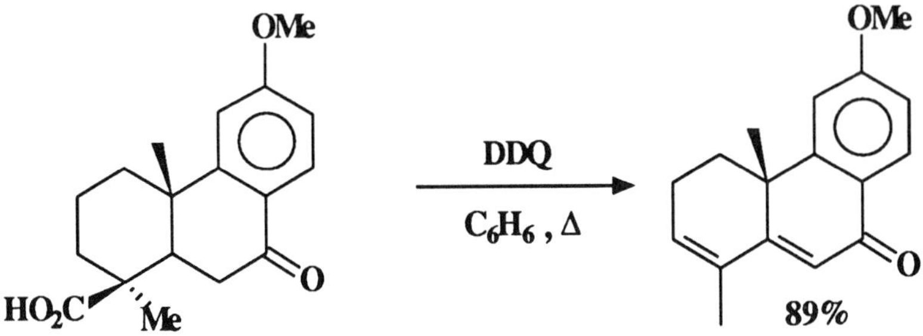

[Scheme: tricyclic substrate with OMe, HO$_2$C, Me groups and ketone → DDQ, C$_6$H$_6$, Δ → dienone product, 89%]

I.B.2.c-4 R.P. Sharma et al., *Ind. J. Chem.*, 28B, 853 (1989).

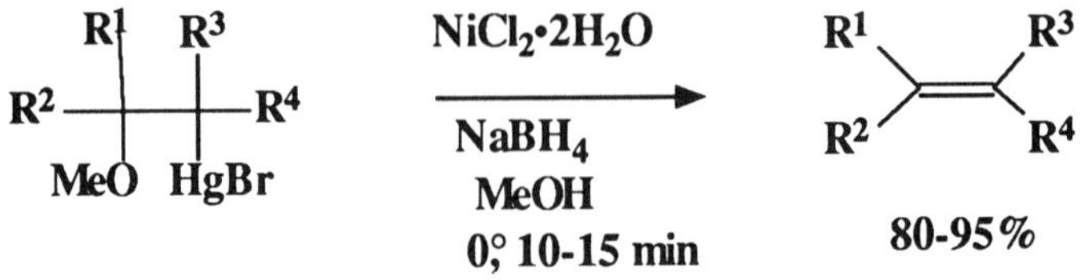

[Scheme: R^2-C(R^1)(OMe)-C(R^3)(HgBr)-R^4 → NiCl$_2$·2H$_2$O, NaBH$_4$, MeOH, 0°, 10-15 min → alkene R^{1}R^{2}C=CR^{3}R^4, 80-95%]

I.B.2.c-5 T.-Y. Luh et al., *J. Am. Chem. Soc.*, 112, 9356 (1990) and *Chem. Commun.*, 399 (1990).

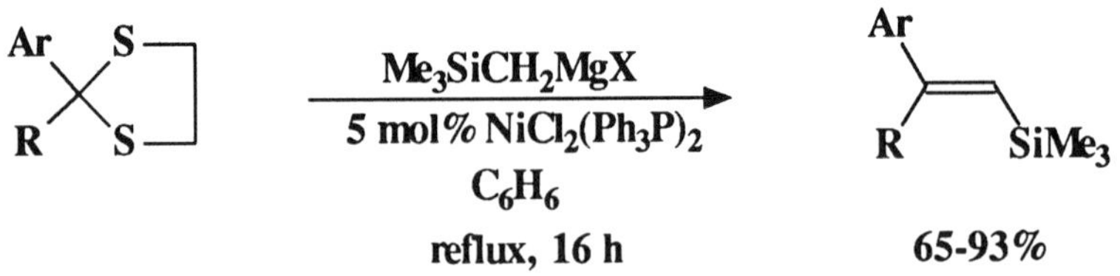

[Scheme: dithiolane Ar(R)C(S-S) → Me$_3$SiCH$_2$MgX, 5 mol% NiCl$_2$(Ph$_3$P)$_2$, C$_6$H$_6$, reflux, 16 h → ArC(R)=CHSiMe$_3$, 65-93%]

I.B.2.c-6 A.G. Godfrey and B. Ganem, *J. Am. Chem. Soc.*, 112, 3717 (1990).

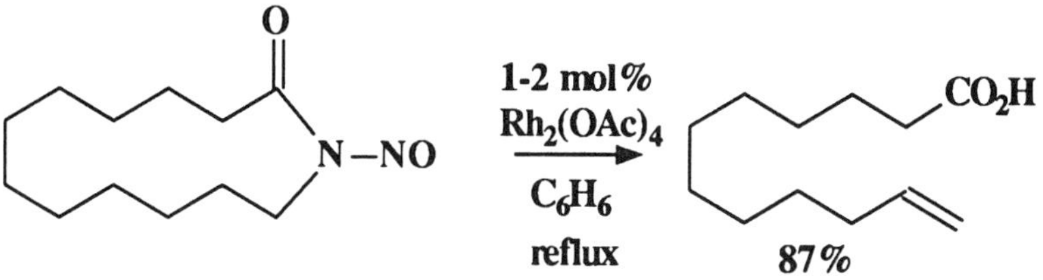

I.B.2.c-7 P. Knochel et al., *J. Org. Chem.*, 55, 5446 (1990).

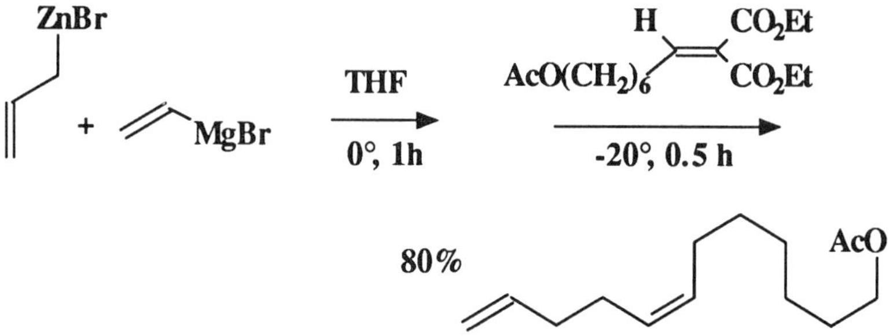

I.B.3. Other Carbon-Carbon Double Bond Forming Reactions

I.B.3-1 S. Ma and X. Lu, *Tetrahedron*, 46, 357 (1990); G.G. Melikyan et al., *J. Org. Chem. (USSR)*, 26, 971 (1990); J. Barluenga et al., *Tetrahedron Lett.*, 31, 4207 (1990).

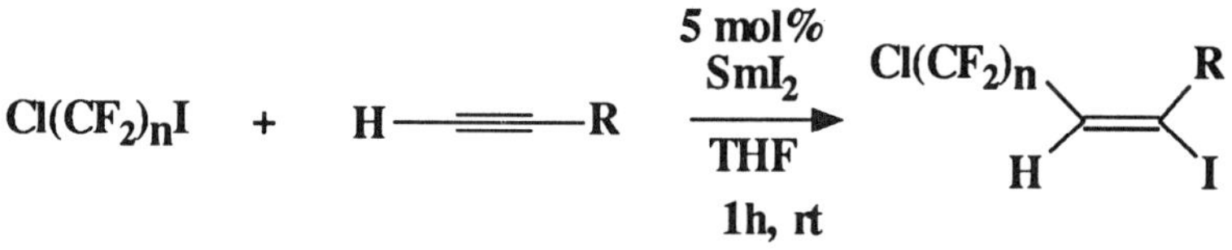

$Cl(CF_2)_nI$ + H≡≡R $\xrightarrow[\text{THF, 1h, rt}]{\text{5 mol\% SmI}_2}$ $Cl(CF_2)_n$-CR=CHI

40-100% (E:Z = 85-93:15-7)

similar addition with propanoyl chloride/AlCl$_3$ or ArH/(pyr$^+$)$_2$IBF$_4$

I.B.3-2 E. Negishi et al., *J. Am. Chem. Soc.*, 112, 8590 (1990).

[Scheme: diene-diyne substrate with EtO$_2$C groups and iodide, treated with Pd(Ph$_3$P)$_4$, Et$_3$N, MeCN, reflux, 12 h → tetracyclic product (76%)]

I.B.3-3 T. Hiyama et al., *Bull. Chem. Soc. Jpn.*, 63, 1947 (1990); K. Takai, K. Utimoto et al., *Organometallics*, 9, 3030 (1990); F. Sato and Y. Kobayashi, *Org. Synth.*, 69, 106 (1990).

TMS—≡—≡—TMS $\xrightarrow{\text{1) AlMe}_3/\text{Cp}_2\text{ZrCl}_2}$
$\xrightarrow{\text{2) E}^+}$

E$^+$ = H$_2$O, D$_2$O, NBS, NCS, AcCl

Product: TMS/Me substituted alkene with E and ≡—TMS (44-69%)

Zn/TaCl$_5$ and ^{i}BuMgCl/TiCl$_2$Cp$_2$ used similarly with aldehydes or ketones

---

I.B.3-4 G.C.M. Lee et al., *J. Am. Chem. Soc.*, 112, 9330 (1990).

R—CH=CH—I + R'C≡CH $\xrightarrow[\text{Et}_3\text{N, DMF}]{\text{Pd(MeCN)}_2\text{Cl}_2}$ cyclopentadiene product with R, R' substituents (18-46%)

25°, 14 h

I.B.3-5 H. Brunner et al., *Angew. Chem., Int. Ed. Engl.*, **29**, 653 (1990).

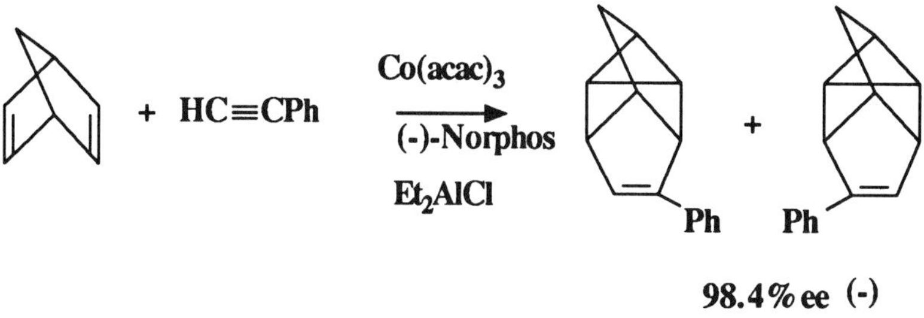

98.4% ee (-)

I.B.3-6 G. Salerno et al., *J. Organomet. Chem.*, **394**, 569 (1990).

"Multiple Pathways in Rhodium-Catalyzed Reactions of 1-Alkynes with 3-Butenoic Acid"

I.B.3-7 K. Overton et al., *Chem. Commun.*, 310 (1990).

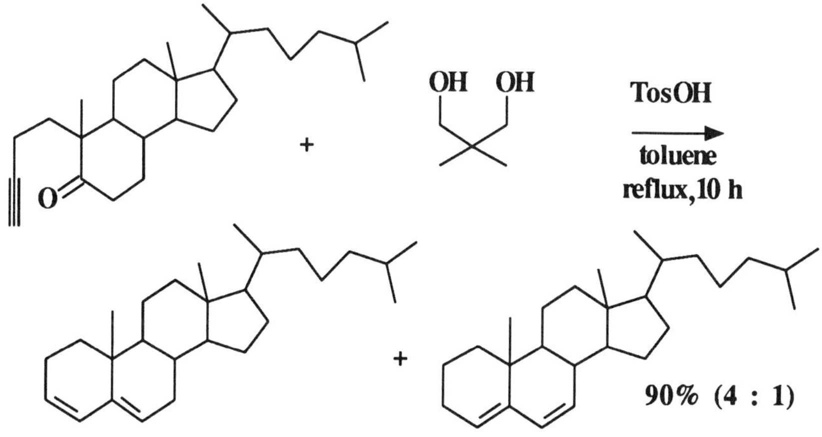

90% (4 : 1)

I.B.3-8 D. Ma and X. Lu, *Tetrahedron*, <u>46</u>, 3189 (1990).

$$R\text{—CH}_2\text{—C≡C—CO}_2R' \xrightarrow[\substack{C_6H_6 \text{ or toluene} \\ 80° \text{ or } 110° \\ 24 \text{ h}}]{\substack{1 \text{ mol}\% \text{ IrH}_5 \\ 4 \text{ mol}\% \text{ }^iPr_3P}} R\text{—CH=CH—CH=CH—CO}_2R'$$

85-90%

I.B.3-9 R. Aumann et al., *Chem. Ber.*, <u>123</u>, 1369 (1990); H. Fischer et al., *J. Organomet. Chem.*, <u>397</u>, 41 and 153 (1990).

$$(OC)_5M=C(SR)(Ph) + MeC≡CNEt_2 \longrightarrow (OC)_5M=C(NEt_2)\text{—}C(Ph)(SR)$$

69-82%

I.B.3-10 R. Aumann and P. Hinterding, *Chem. Ber.*, <u>123</u>, 2047 (1990).

$$(OC)_5Cr=C(OEt)(CH_3) + O=C(NHMe)(R) \xrightarrow[NEt_3]{POCl_3} (OC)_5Cr=C(OEt)\text{—}C=C(NHMe)(R)$$

53-69%

I.B.3-11 A. Wienand and H.-U. Reissig, *Angew. Chem., Int. Ed. Engl.*, <u>29</u>, 1129 (1990).

$$(OC)_5Cr=C(OMe)(Ph) + CH_2=CH\text{—}CN \xrightarrow[80°]{C_6H_{12}} Ph\text{—}CH(OMe)\text{—}C=CH\text{—}CN$$

64% (major)

cyclopropane major product in CH$_3$CN

I.B.3-12 M. Saunders and N. Krause, *J. Am. Chem. Soc.*, 112, 1791 (1990); A.P. Marchand, W.H. Watson, E. Osawa et al., *ibid.*, 112, 3521 (1990); W.G. Dauben and A.M. Warshawsky, *J. Org. Chem.*, 55, 3075 (1990); D.J. Burnell and Y.-J. Wu, *Can. J. Chem.*, 68, 804 (1990); D.L.J. Clive et al., *Chem. Commun.*, 509 (1990); A.R. Carroll and W.C. Taylor, *Aust. J. Chem.*, 43, 1439 (1990); F. Vogtle and C. Thilgen, *Angew. Chem., Int. Ed. Engl.*, 29, 1162 (1990).

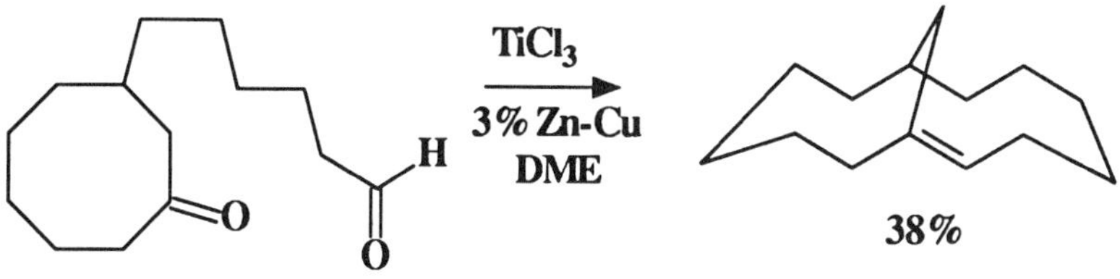

Similar intermolecular reactions reported.
$TiCl_3/C_8K$ or $TiCl_4/Mg$-Hg also employed.

I.B.3-13 T.-H. Chan and C.-J. Li, *Organometallics*, 9, 2649 (1990).

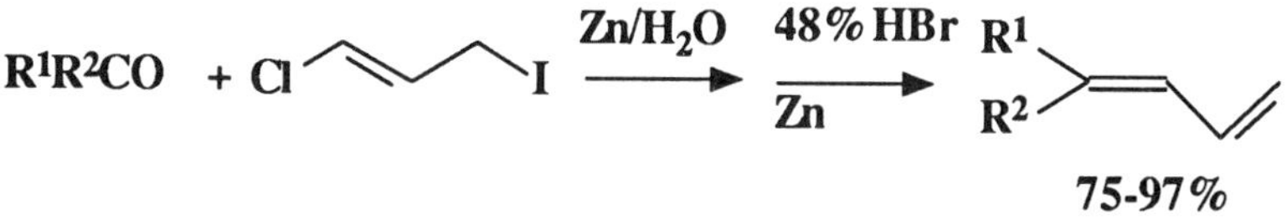

R^1R^2CO + Cl~~~I $\xrightarrow{Zn/H_2O}$ $\xrightarrow[Zn]{48\% HBr}$ R^1, R^2 diene

75-97%

I.B.3-14 T.-Y. Luh et al., *J. Org. Chem.*, 55, 1881 (1990).

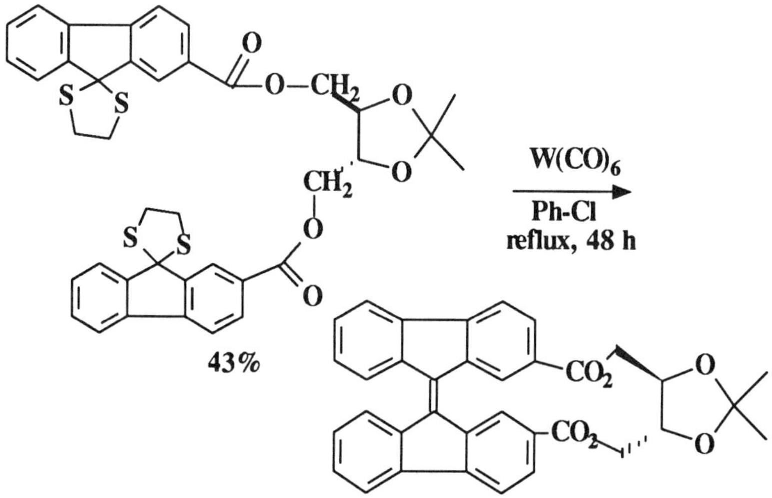

$\xrightarrow[\text{reflux, 48 h}]{W(CO)_6, Ph-Cl}$

43%

I.B.3-15 X. Shi and T.-Y. Luh, *Organometallics*, **9**, 3019 (1990).

$$\text{S} \underset{\text{Ar}}{\overset{\text{S}}{\bigvee}}{\overset{()_n}{}} \text{R} + \text{Me}_3\text{SnCH}_2\text{MgI} \xrightarrow{\text{NiCl}_2(\text{PPh}_3)_2} \underset{\text{R}}{\overset{\text{Ar}}{\bigvee}}=$$

62-84%

I.B.3-16 J.M. Khurana et al., *Synthesis*, 731 (1990).

$$R^1\underset{R^2}{\overset{Cl}{\bigvee}}{\overset{}{\bigvee}}_{Cl} \xrightarrow[\text{155-160°, 40-90 min}]{\text{2 Fe(oxalate)·2H}_2\text{O}, \text{ DMF}} \underset{R^2}{\overset{R^1}{\bigvee}}=\underset{R^1}{\overset{R^2}{\bigvee}}$$

84-92%

I.B.3-17 Y. Yamada and H. Yasuda, *Synthesis*, 768 (1990).

$$\text{RO}_2\text{C}\underset{\text{Br}}{\overset{\text{CN}}{\bigvee}}\text{H} \xrightarrow[\text{rt, 10 min}]{\text{KSCN, MeCN}} \underset{\text{NC}}{\overset{\text{CO}_2\text{R}}{\bigvee}}=\underset{\text{CO}_2\text{R}}{\overset{\text{CN}}{\bigvee}}$$

67-93%

I.B.3-18 M. Paventi and A.S. Hay, *Synthesis*, 878 (1990).

$$\text{Ar}\diagup\!\!\!\diagdown + \text{PhN}\!=\!\text{Ar'} \xrightarrow[\text{75-100°, 1-5 h}]{\text{Na, DMF}} \text{Ar}\diagup\!\!\!\diagdown\!\diagup\!\!\!\diagdown\text{Ar'}$$

50-56%

I.B.3-19 H. Werner et al., *Angew. Chem., Int. Ed. Engl.*, 29, 510 (1990).

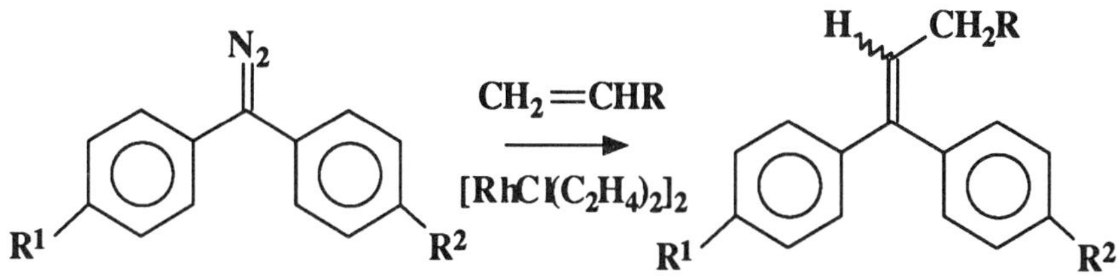

[Scheme: Ar(R¹)–C(=N₂)–Ar(R²) + CH₂=CHR →[RhCl(C₂H₄)₂]₂ → Ar(R¹)–C(=CH–CH₂R)–Ar(R²)]

I.B.3-20 T. Hudlicky et al., *J. Org. Chem.*, 55, 4767 (1990).

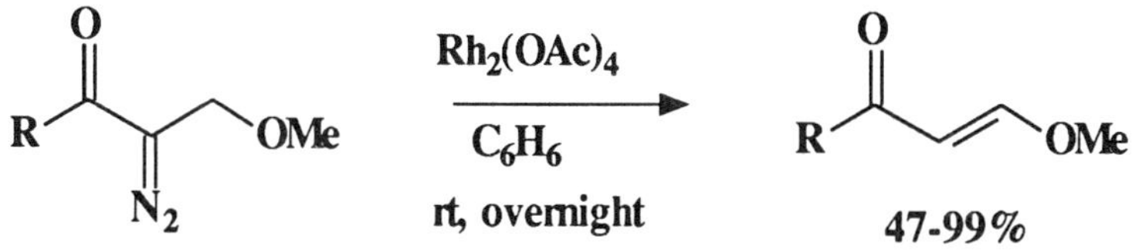

R–C(=O)–C(=N₂)–CH₂–OMe → Rh₂(OAc)₄ / C₆H₆, rt, overnight → R–C(=O)–CH=CH–OMe   47-99%

I.B.3-21 A.G. Myers and P.J. Kukkola, *J. Am. Chem. Soc.*, 112, 8208 (1990).

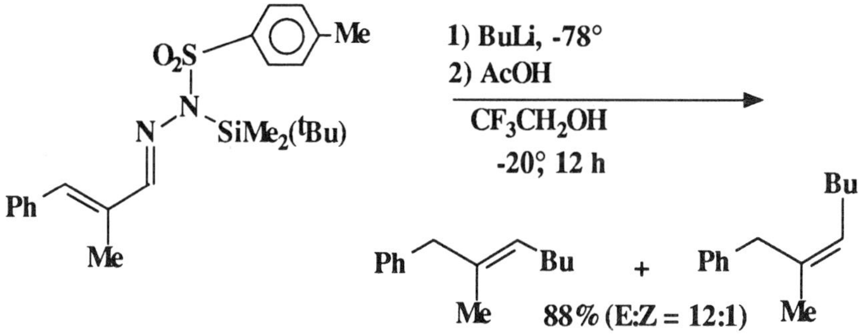

Ph–CH=C(Me)–CH=N–N(SiMe₂(tBu))–SO₂–C₆H₄–Me

1) BuLi, -78°
2) AcOH
CF₃CH₂OH
-20°, 12 h

→ Ph–CH₂–C(Me)=CH–Bu + Ph–CH₂–C(Me)=CH–Bu

88% (E:Z = 12:1)

I.B.3-22 N. Kunesch, G. Kunesch, E. Wenkert et al., *Tetrahedron Lett.*, **31**, 2595 (1990).

BuMgBr + [dihydropyran] $\xrightarrow[\text{rt, 96 h}]{(Ph_3P)_2NiCl_2, \text{ Tol·Et}_2O \text{ (4:1)}}$ Bu-CH=CH-CH$_2$CH$_2$CH$_2$-OH (68%) + CH$_2$=CH-CH$_2$CH$_2$-OH (15%)

I.B.3-23 M. Julia et al., *Bull. Soc. Chim. Fr.*, **127**, 275 (1990); J. Wicha et al., *Liebigs Ann. Chem.*, 345 (1990).

LiCHI$_2$ + PhSO$_2$-CH(Li)-$^nC_6H_{13}$ $\xrightarrow[\text{-90 to -100°}]{\text{Et}_2\text{O / THF}}$ $^nC_6H_{13}$-CH=CH-I

or NaOH

60-70% (E : Z = 73:27 to 84:16)

similarly with α-lithiosulfones and epoxides

I.B.3-24 G.K. Musorin et al., *J. Org. Chem. (USSR)*, **25**, 2207 (1989).

$(CH_2=CHCH_2)_2Se$ $\xrightarrow[\text{DMSO}]{\text{KOH}}$ CH$_2$=CH-CH=CH$_2$ + MeCH=CHSMe

80°   48.3%   6.7%

I.B.3-25 C.K. Lee and J.Y. Shim, *Org. Prep. Proced. Int.*, **22**, 94 (1990).

RCHO + XCH$_2$CO$_2$H $\xrightarrow{\text{1)}}$ RCH=CHX

X = CN, CO$_2$H   0-85%

1) bomb reactor, pyr + few drops piperidine, 190°C, 2 h

I.B.3-26 M. Kato et al., *Bull. Chem. Soc. Jpn.*, <u>63</u>, 64 (1990).

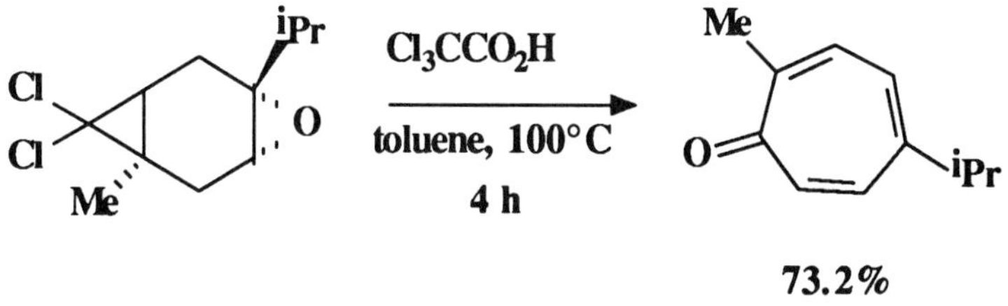

[Reaction: dichlorocyclopropane-fused cyclohexane with iPr and Me substituents + Cl_3CCO_2H, toluene, 100°C, 4 h → tropone derivative with Me and iPr substituents]

73.2%

I.B.3-27 K. Miura, K. Oshima and K. Utimoto, *Bull. Chem. Soc. Jpn.*, <u>63</u>, 1665 (1990).

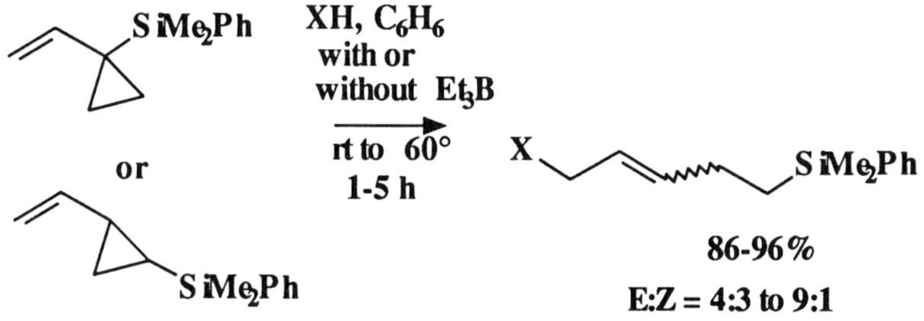

[Reaction: vinylcyclopropane with $SiMe_2Ph$ group (two isomers) + XH, C_6H_6 with or without Et_3B, rt to 60°, 1-5 h → X-CH$_2$-CH=CH-CH$_2$-$SiMe_2Ph$]

86-96%
E:Z = 4:3 to 9:1

I.B.3-28 H. Vorbruggen et al., *Tetrahedron*, <u>46</u>, 3489 (1990).

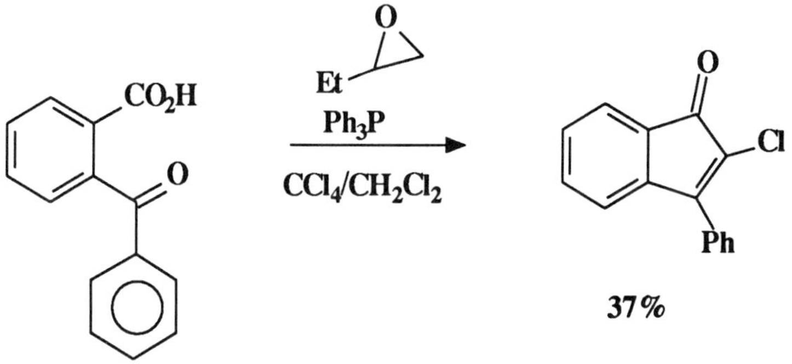

[Reaction: 2-benzoylbenzoic acid (CO_2H and benzoyl on benzene) + ethyl glycidate (Et-epoxide with O), Ph_3P, CCl_4/CH_2Cl_2 → 2-chloro-3-phenyl-indenone]

37%

I.B.3-29 O. Achmatowicz Jr., and E. Bialecka-Florjanczyk, *Tetrahedron*, **46**, 5317 (1990).

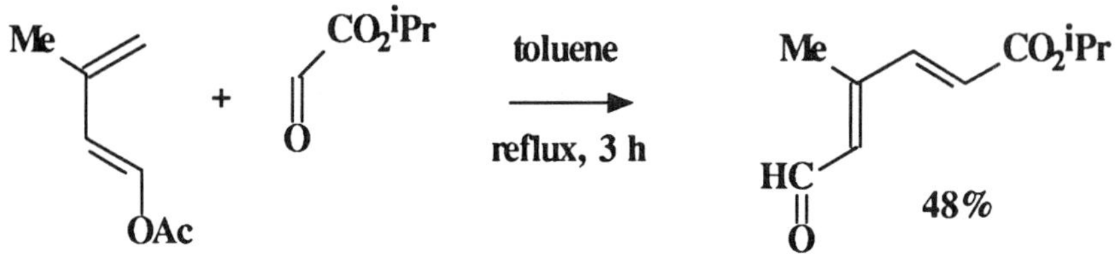

[Reaction: Me-substituted diene with OAc + CO_2^iPr-substituted aldehyde → Me, CO_2^iPr diene product with CHO group, toluene, reflux, 3 h, 48%]

I.B.3-30 K.S. Feldman and K.C. Grega, *J. Organomet. Chem.*, **381**, 251 (1990).

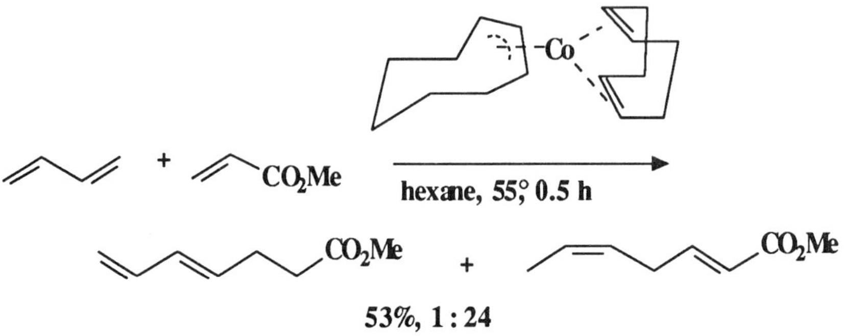

[Reaction: butadiene + $CH_2=CHCO_2Me$ with Co catalyst, hexane, 55°, 0.5 h → two CO_2Me diene products, 53%, 1:24]

I.B.3-31 B.H. Lipshutz and T.R. Elworthy, *J. Org. Chem.*, **55**, 1695 (1990); P. Kocienski et al., *Tetrahedron Lett.*, **31**, 1637 (1990).

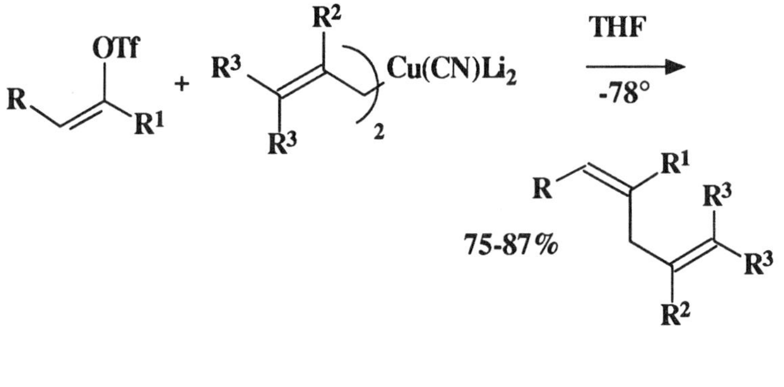

[Reaction: vinyl triflate (R, R^1, OTf) + (R^3, R^2, R^3)$_2$Cu(CN)Li$_2$, THF, −78° → diene product with R, R^1, R^3, R^2, R^3 substituents, 75-87%]

I.B.3-32 J.A. Soderquist et al., *Tetrahedron Lett.*, 31, 5541 and 4981 (1990); A. Suzuki et al., *Synlett.*, 221 (1990); K. Mori and P. Puapoomchareon, *Liebigs Ann. Chem.*, 159 (1990).

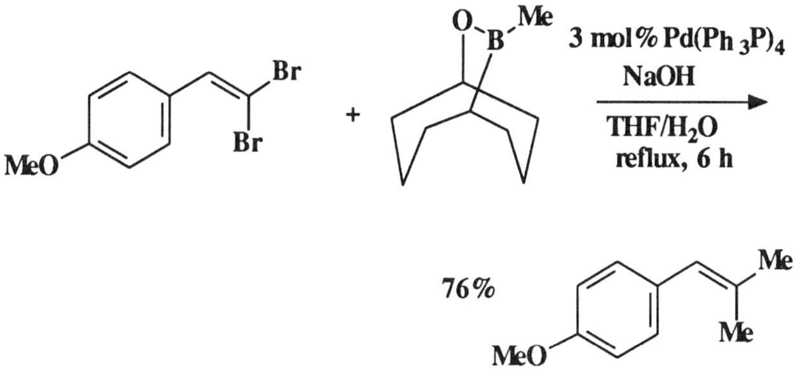

similarly with a 9-BBN derivative and PdCl$_2$(dppf) as catalyst

---

I.B.3-33 G. Buono et al., *Tetrahedron Lett.*, 31, 77 (1990).

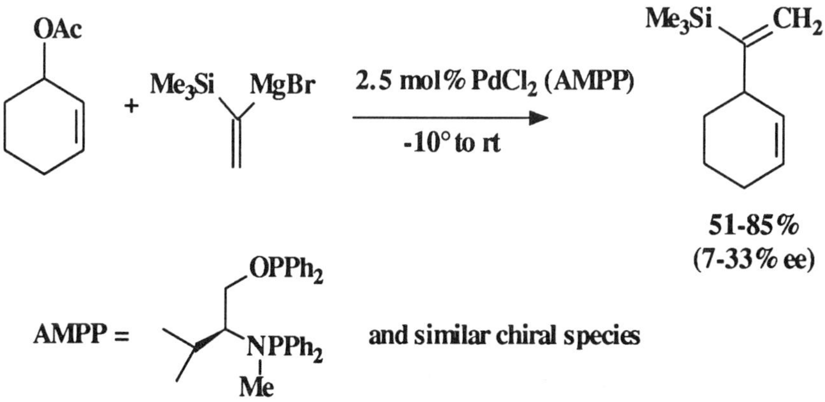

51-85%
(7-33% ee)

AMPP = and similar chiral species

I.B.3-34 G. Ortar et al., *Tetrahedron Lett.*, 31, 1889 (1990); A.M. Echavarren et al., *ibid.*, 31, 5189 (1990); E. Laborde et al., *ibid.*, 31, 1837 (1990); G.P. Roth et al., *Synth. Commun.*, 20, 2185 (1990); T.B. Lowinger and L.Weiler, *Can. J. Chem.*, 68, 1636 (1990).

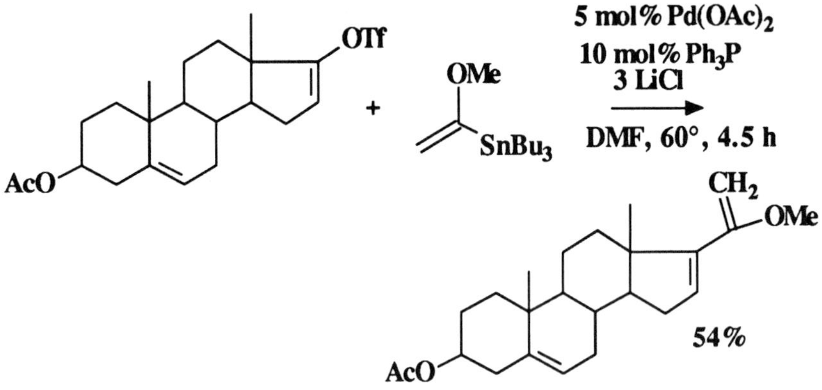

different Pd catalysts or (n[5]-Cp)Ti(III) used similarly

I.B.3-35 M. Shibaski et al., *Chem. Lett.*, 1953 (1990); K. Karabelas and A. Hallberg, *Acta Chem. Scand.*, 44, 257 (1990); T. Jeffery, *Tetrahedron Lett.*, 31, 6641 (1990).

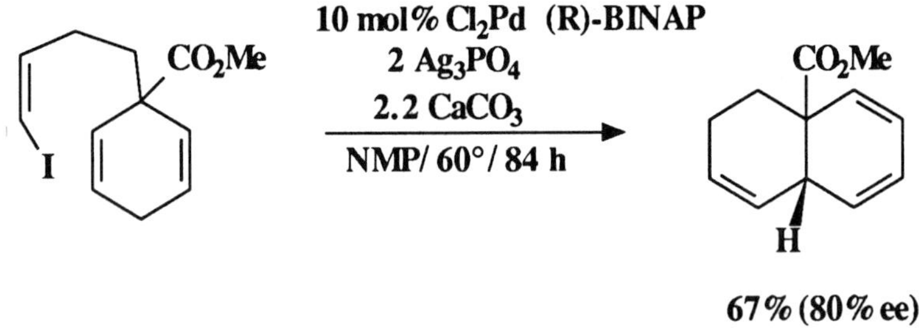

NMP = 1-methyl-2-pyrrolidinone

I.B.3-36 L.A. Paquette et al., *J. Org. Chem.*, 55, 2443 (1990); S. Cacchi et al., *Tetrahedron Lett.*, 31, 2463 and *Tetrahedron*, 46, 7151 (1990).

[Cyclohexene with OTf and isopropyl substituent] + [CH₂=CH-OEt] → Pd(OAc)$_2$, Et$_3$N / DMSO, 60-65°, 1.5 h → [Cyclohexene with C(=CH$_2$)OEt substituent]

92%

I.B.3-37 N. Kamigata et al., *Bull. Chem. Soc. Jpn.*, 63, 2118 (1990).

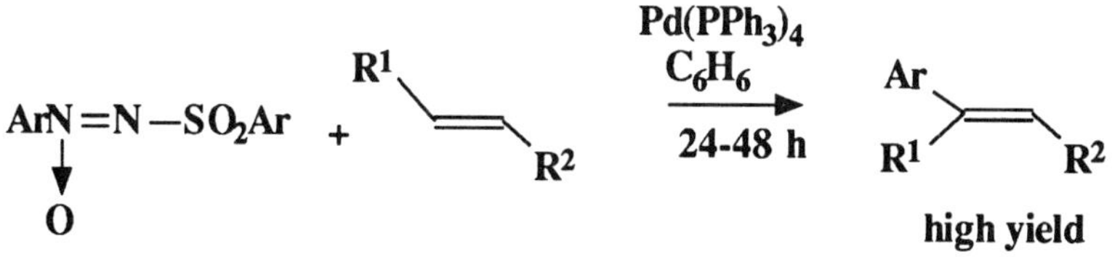

$$ArN=N-SO_2Ar \text{ (with =O on N)} + R^1CH=CHR^2 \xrightarrow[24-48 \text{ h}]{Pd(PPh_3)_4, C_6H_6} ArCH=CR^1R^2$$

high yield

R^1 = H, Me, Ph
R^2 = CO$_2$Et, CN

I.B.3-38 L. Duhamel et al., *Synth. Commun.*, 20, 2983 (1990).

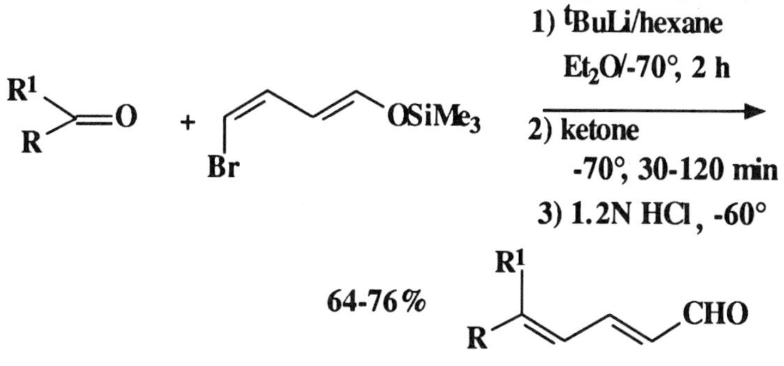

$$R^1R\text{C=O} + BrCH_2CH=CHCH=CHOSiMe_3 \xrightarrow[\substack{2) \text{ ketone} \\ -70°, 30\text{-}120 \text{ min} \\ 3) 1.2N \text{ HCl}, -60°}]{\substack{1) \text{ }^tBuLi/hexane \\ Et_2O/-70°, 2 \text{ h}}} R^1R\text{C=CH-CH=CH-CHO}$$

64-76%

I.B.3-39 K. Oshima, K. Utimoto et al., *Bull. Chem. Soc. Jpn.*, 63, 2268 (1990); R.G.F. Giles et al., *Aust. J. Chem.*, 43, 777 (1990).

$R^1\diagup\!\!=\!\!\diagdown R^2 \quad \xrightarrow[Et_3B]{Ph_3GeH} \quad R^1\diagdown\!\!=\!\!\diagup R^2$

81-95%

Z/E 7:1 to 100:0   Z/E 15:85 to 0:100

similarly with (MeCN)$_2$PdCl$_2$

I.B.3-40 R. Sauvetre et al., *J. Organomet. Chem.*, 393, 161 (1990); J.-F. Normant, *ibid.*, 400, 19 (1990); R.R. Schmidt et al., *Liebigs Ann. Chem.*, 483 (1990); H.-C. Cheng and T.-H. Yan, *Tetrahedron Lett.*, 31, 673 (1990); T. Gallagher et al., *J. Chem. Soc., Perkin Trans. 1*, 3151 (1990).

$\begin{matrix}R\\F\end{matrix}\!\!>\!\!=\!\!<\!\!\begin{matrix}F\\H\end{matrix} \quad \xrightarrow[2)\ R^1R^2CO]{1)\ BuLi} \quad \begin{matrix}R\\F\end{matrix}\!\!>\!\!=\!\!<\!\!\begin{matrix}F\\C(OH)R^1R^2\end{matrix}$

40-82%

Generation of the anion from a vinyl silane and F$^-$ also reported. PhCH(OMe)$_2$ / TMSOTf also employed

---

I.B.3-41 J.M. Percy, *Tetrahedron Lett.*, 31, 3931 (1990).

MeO$\diagdown\!\!\diagup\!\!\diagdown$O$\diagup$O$\diagdown$CF$_3$ $\xrightarrow{1),\ 2)}$ [product shown]

1) 2 LDA
THF -78°

2) MeO—C$_6$H$_4$—CHO

67%

I.B.3-42 S. Sengupta and V. Snieckus, *J. Org. Chem.*, 55, 5680 (1990).

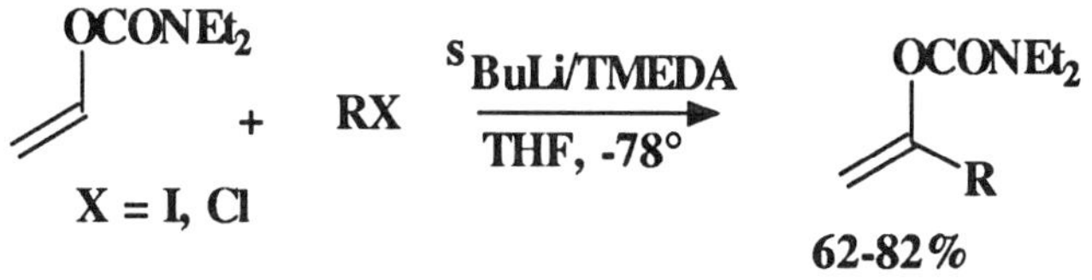

$$\underset{X = I, Cl}{\text{CH}_2=\text{CH}-\text{OCONEt}_2} + RX \xrightarrow[\text{THF, -78°}]{^s\text{BuLi/TMEDA}} \underset{62\text{-}82\%}{\text{CH}_2=\text{C(OCONEt}_2)\text{R}}$$

I.B.3-43 M. Oda et al., *Tetrahedron Lett.*, 31, 545 (1990).

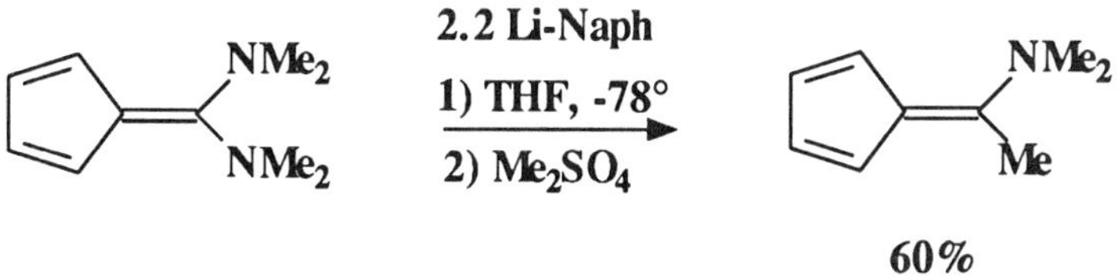

$$\text{Cp}=\text{C(NMe}_2)_2 \xrightarrow[\text{2) Me}_2\text{SO}_4]{\substack{2.2\ \text{Li-Naph} \\ 1)\ \text{THF, -78°}}} \underset{60\%}{\text{Cp}=\text{C(NMe}_2)\text{Me}}$$

I.B.3-44 G.A. Olah and A. Wu, *Synthesis*, 885 and 887 (1990).

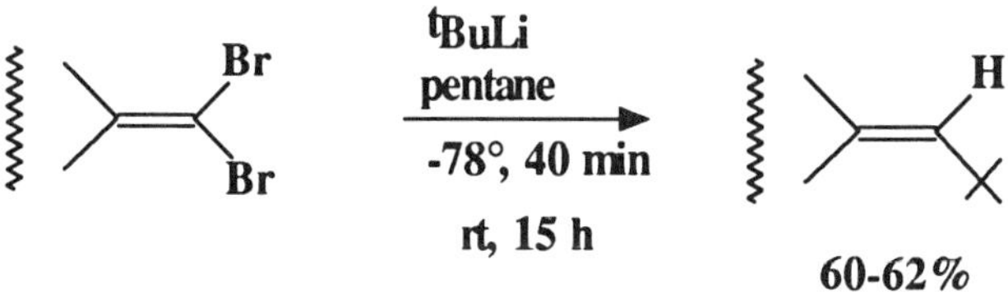

$$\text{R}_2\text{C}=\text{CBr}_2 \xrightarrow[\substack{-78°,\ 40\ \text{min} \\ \text{rt, 15 h}}]{\substack{^t\text{BuLi} \\ \text{pentane}}} \underset{60\text{-}62\%}{\text{R}_2\text{C}=\text{CHBr}}$$

I.B.4. Allene Forming Reactions

I.B.4-1 V.I. Mel'nikova and K.K. Pivnitskii, *J. Org. Chem.(USSR)*, 26, 64 (1990).

$$C_5H_{11}C{\equiv}CCH_2C{\equiv}CH \xrightarrow[24°,\ 18\ h]{DBU,\ CCl_4} C_5H_{11}C{\equiv}CCH{=}C{=}CH_2$$

60%

I.B.4-2 M. Iyoda, Y. Kai, N. Kasai et al., *Angew. Chem., Int. Ed. Engl.*, 29, 1062 (1990).

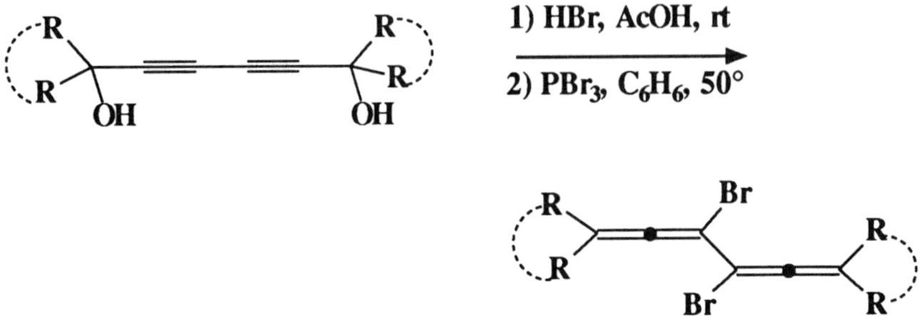
R
R
OH
R
R
OH
1) HBr, AcOH, rt
2) PBr₃, C₆H₆, 50°
R
R
Br
Br
R
R

84-90%

I.B.4-3 R.F. Cunico, *Tetrahedron Lett.*, 31, 5607 (1990).

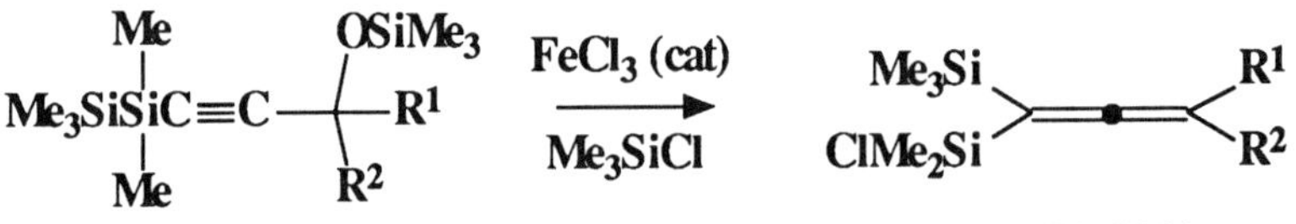
Me
Me₃SiSiC≡C
Me
OSiMe₃
R¹
R²
FeCl₃ (cat)
Me₃SiCl
Me₃Si
ClMe₂Si
R¹
R²

52-82%

I.B.4-4 Y. Aoki and I. Kuwajima, *Tetrahedron Lett.*, 31, 7457 (1990).

MeMgBr
Me3SiCl
CuL2
THF
-46°, 1 h
reflux 1 h
CO2H
53%
CuL2 =
N
O
Cu
O
N

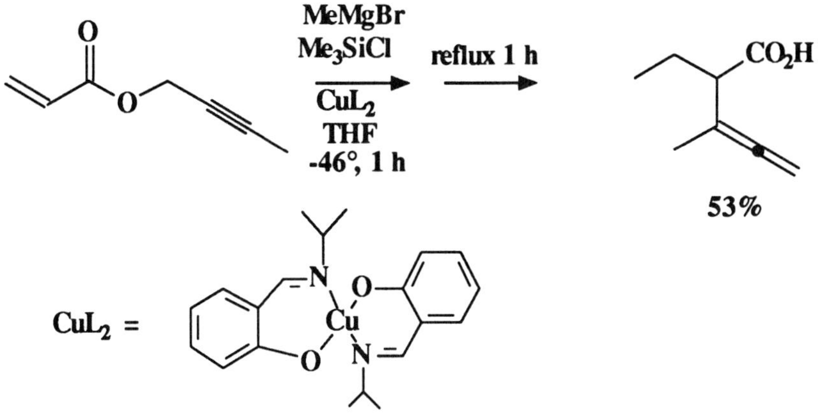

I.B.4-5 D.J. Burton et al., *Tetrahedron Lett.*, 31, 3699 (1990); M.-H. Hung, *ibid.*, 31, 3703 (1990); J. Tsuji et al., *ibid.*, 31, 7179 (1990); T. Mayer and G. Maas, *Synlett.*, 399 (1990); N. Krause, *Chem. Ber.*, 123, 2173 (1990).

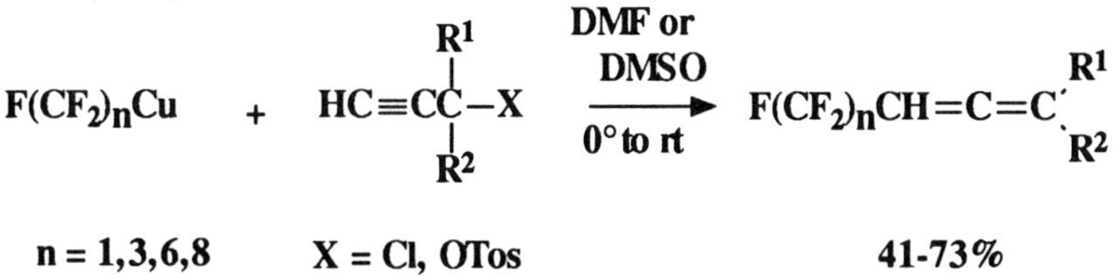

F(CF2)nCu
+
HC≡CC–X
R1
R2
DMF or
DMSO
0° to rt
F(CF2)nCH=C=C
R1
R2
n = 1,3,6,8
X = Cl, OTos
41-73%

Similar reactions with different nucleophiles and leaving groups

I.B.4-6 M.P. Doyle et al., *Chem. Commun.*, 46 (1990).

R1
OMe
+
O
R2
CHN2
Rh2(pfb)4
R1
MeO
O
R2
+
O
R2
OMe
R1
pfb = perfluorobutyrate
67-83%, 93:7 to 80:20

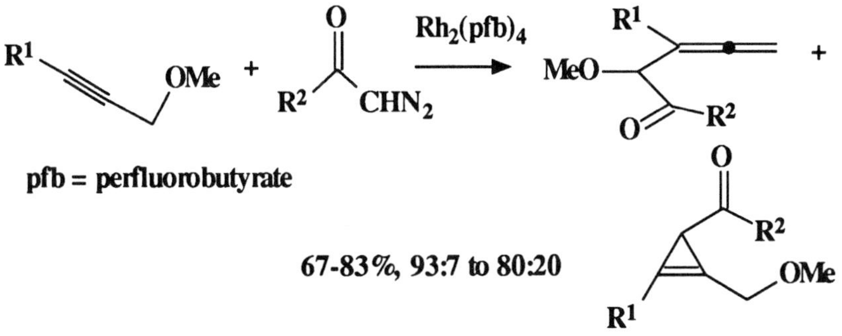

I.B.4-7 E.J. Corey et al., *J. Am. Chem. Soc.*, **112**, 878 (1990); L. Miginiac et al., *J. Organomet. Chem.*, **396**, 289 (1990).

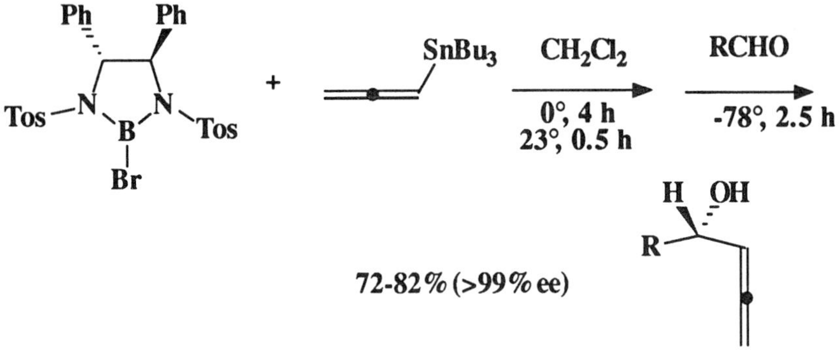

$$\underset{\underset{Br}{B}}{Tos-N} \overset{Ph \quad Ph}{\underset{}{\diagdown \diagup}} N-Tos \quad + \quad =\!\!=\!\!\diagup \quad \xrightarrow[23°, 0.5\ h]{SnBu_3 \quad CH_2Cl_2 \quad 0°, 4\ h} \quad \xrightarrow[-78°, 2.5\ h]{RCHO} \quad R\overset{H\ \ OH}{\diagdown}$$

72-82% (>99% ee)

similarly with TMSCH(R^2)C≡CR^1 under Mannich conditions

I.B.4-8 P. Barmettler and H.-J. Hansen, *Helv. Chim. Acta*, **73**, 1515 (1990).

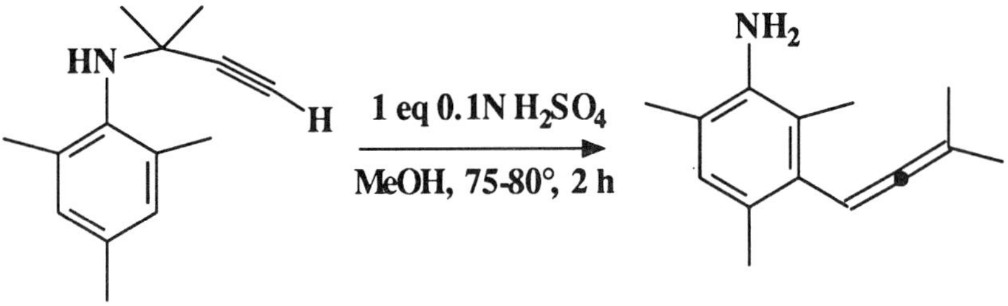

$$\text{HN-mesityl-C(CH_3)_2-C≡C-H} \quad \xrightarrow[MeOH,\ 75\text{-}80°,\ 2\ h]{1\ eq\ 0.1N\ H_2SO_4} \quad \text{2,4,6-trimethyl-3-(allenyl)aniline}$$

I.C. Carbon-Carbon Triple Bonds

I.C.1-1 S.-K. Kang, D.-H. Lee and J.-M. Lee, *Synlett.*, 591 (1990); S. Takano et al., *ibid.*, 451 and 453 (1990).

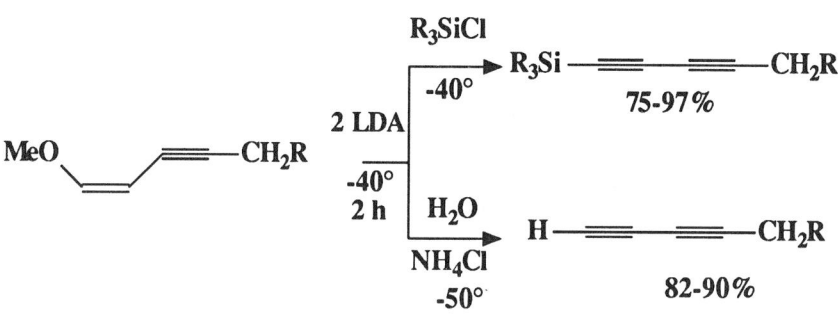

I.C.1-2 E.G. Stracker and G. Zweifel, *Tetrahedron Lett.*, 31, 6815 (1990).

I.C.1-3 R.D. Gandour et al., *Tetrahedron Lett.*, 31, 6753 (1990).

I.C.1-4 R.A. Aitken and S. Seth, *Synlett.*, 211 and 212 (1990).

$$ArC{\equiv}C-\underset{O}{\overset{\|}{C}}-\underset{PPh_3}{\overset{\|}{C}}-CO_2Et \xrightarrow[500°]{FVP} ArC{\equiv}C-C{\equiv}C-CO_2Et$$
$$6\text{-}68\%$$

I.C.1-5 E.C. Ashby and D.M. Al-Fekri, *J. Organomet. Chem.*, 390, 275 (1990).

$$PhCX_3 \xrightarrow[THF, rt]{Mg} PhC{\equiv}CPh$$

$X = Cl, Br \qquad 42\text{-}92\% \text{ (major)}$

I.C.1-6 M.A. Pericas et al., *J. Am. Chem. Soc.*, 112, 7405 (1990).

$$RO-C{\equiv}C-H \xrightarrow[\substack{Me_2CO,\ O_2 \\ 20\text{-}60\ min}]{CuI \cdot 2TMEDA(cat)} ROC{\equiv}C-C{\equiv}C-OR$$
$$65\text{-}95\%$$

I.C.1-7 M. Ochiai et al., *Chem. Commun.*, 118 (1990); S. Ikegami et al., *ibid.*, 1100 (1990).

$$\underset{R'}{\overset{R}{\underset{O}{\overset{O}{\bigcirc}}}}\!\!-R''\ +HC{\equiv}C-I^+PhBF_4^- \xrightarrow[rt,\ 1.5\text{-}5.5\ h]{\substack{^tBuOK\ or\ NaH \\ ^tBuOH\ or\ THF}} \underset{R'}{\overset{R}{\underset{}{\bigcirc}}}\!\!\overset{O}{-}R''$$

$$63\text{-}78\%$$

Similarly with R'——≡—Pb(OAc)$_3$

I.C.1-8 B.M. Trost and G. Kottirsch, *J. Am. Chem. Soc.*, 112, 2816 (1990).

$$R^1\text{-}CH=C=CH(CO_2Me)(H) + R^2\text{-}C\equiv CH \xrightarrow{cat. A}$$

$$R^1\text{-}C(=CH\text{-}CO_2Me)\text{-}C\equiv C\text{-}R^2 + R^1\text{-}CH=C(CO_2Me)\text{-}C\equiv C\text{-}R^2$$

37-81% (67-85:33-15)

cat A = $Pd(OAc)_2\cdot$tris(2,6-dimethoxyphenyl)phosphine

$$\xrightarrow{cat. B} \quad 33\text{-}57\% \ (6\text{-}10\text{:}94\text{-}90)$$

cat. B = Tetrakis(carbomethoxy)palladiacyclopentadiene•tris(2,4,6-tri-methoxyphenyl)phosphine

---

I.C.1-9 Z.-Y. Yang and D.J. Burton, *Tetrahedron Lett.*, 31, 1369 (1990); C. Francesch et al., *ibid.*, 31, 4449 (1990); S. Terashima et al., *ibid.*, 31, 2323 (1990); Y. Frangin et al., *Synthesis*, 935 (1990); E.K. Yau and J.K. Coward, *J. Org. Chem.*, 55, 3147 (1990); R.J.K. Taylor et al., *J. Chem. Soc., Perkin Trans. 1*, 194 (1990); L. Brandsma et al., *Synth. Commun.*, 20, 1889 (1990); A. Guzman et al., *ibid.*, 20, 2059 (1990).

$$RC\equiv CH + \underset{F}{\overset{R'}{>}}C=C\underset{I}{\overset{F}{<}} \xrightarrow[\substack{CuI \\ Et_3N \\ rt, 6\ h}]{Pd(Ph_3P)_2Cl_2} RC\equiv C\text{-}C(F)=C(F)(R')$$

50-87%

similarly with different leaving groups or aryl halides

I.C.1-10   G. Magnani et al., *Tetrahedron Lett.*, 31, 5161 (1990).

$$R-C{\equiv}CH + \underset{Cl}{\overset{R^1}{\diagdown}\!\!\diagup}\!\!\!-R^1 \xrightarrow[Et_3N]{CuI, 50\text{-}60°, 28\text{ h}} \underset{I}{R\diagup\!\!\!\equiv\!\!\!\diagdown\!\!\!\diagup\!\!\!\diagdown R^1} + \underset{\substack{\| \\ R}}{\overset{R^1}{\diagdown}\!\!\!\diagup\!\!\!-R^1}$$

60-98% (84-100% of I in mixture)

I.C.1-11   H. Kotsuki et al., *Tetrahedron Lett.*, 31, 4609 (1990); J. Hooz, J. Calzada et al., *Org. Synth.*, 69, 120 (1990); G.L. Kad et al., *Coll. Czech. Chem. Commun.*, 55, 2252 (1990); M. Hoskovec et al., *ibid.*, 55, 2270 (1990).

$$R\text{-OTf} + Li\text{-}C{\equiv}C-R' \xrightarrow[-20°, 10\text{-}30 \text{ min}]{THF/DMPU\ (6:1)} R\text{-}C{\equiv}C\text{-}R'$$

48-88%

DMPU = dimethylpropyleneurea

similarly with different leaving groups or acetylenic Grignard reagents

---

I.C.1-12   N. Yoneda et al., *Bull. Chem. Soc. Jpn.*, 63, 2124 (1990); F. Tellier et al., *Synth. Commun.*, 20, 371 and 333 (1990) and *Tetrahedron Lett.*, 31, 2295 (1990); M.I. Al-Hassan, *J. Organomet. Chem.*, 395, 227 (1990); C.L. Sterzo and J.K. Stille, *Organometallics*, 9, 687 (1990).

$$R_f{-}{\equiv}{-}ZnCl + RI \xrightarrow{Pd(PPh_3)_4} R_f{-}{\equiv}{-}R$$

R = Ar, alkenyl   67-98%

similar reactions with lithio or stannyl acetylenes

I.C.1-13 G.M.R. Tombo et al., *Synlett.*, 547 (1990); H. Schick et al., *J. Prakt. Chem.*, 322, 403 (1990); K.C. Nicolaou et al., *J. Am. Chem. Soc.*, 112, 7416 (1990); N. Sewald and K. Burger, *Z. Naturforsch.*, 45B, 871 (1990).

$$ArCHO + Ph-C\equiv C-ZnBr \xrightarrow[\text{toluene}]{\text{cat}} Ph-\!\!\!=\!\!\!-\underset{H}{\overset{OH}{C}}-Ar$$

70-80% (80-88% ee)

similar reactions with acetylenic lithium, titanium or magnesium species

I.D. Cyclopropanations

I.D.1. Carbene or Carbenoid Additions to a Mutiple Bond

I.D.1-1 A. Jonczyk et al., *Liebigs Ann. Chem.*, 297 (1990); E.V. Dehmlow and J. Wilkenloh, *Chem. Ber.*, 123, 583 (1990); L. Toke et al., *Tetrahedron Lett.*, 31, 7501 (1990).

$$YCCl_3 + R^1R^3C=CR^2R^4 \xrightarrow[Q^+X^- \text{cat.}]{\text{NaOH or KOH, } \Delta} \underset{Cl\ \ Cl}{\overset{R^1\ \ \ R^2}{\underset{R^3\ \diagup\!\!\!\!\bigtriangleup\!\!\!\!\diagdown R^4}{}}}$$

Y = Cl, Br

4-63%

I.D.1-2 A. Tai et al., *Tetrahedron*, 46, 5955 (1990); R. Ebens and R.M. Kellogg, *Rec. Trav. Chim.*, 109, 552 (1990); U.R. Desai and G.K. Trivedi, *Liebigs Ann. Chem.*, 711 (1990); E.C. Friedrich and E.J. Lewis, *J. Org. Chem.*, 55, 2491 (1990); W.R. Dolbier Jr. et al., *ibid.*, 55, 5420 (1990).

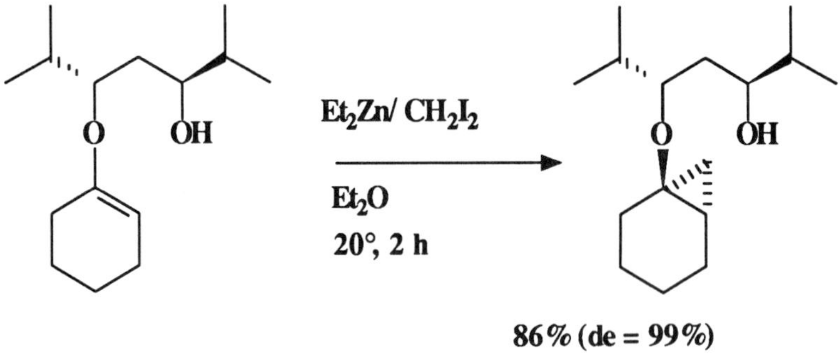

Et_2Zn / CH_2I_2

Et_2O
20°, 2 h

86% (de = 99%)

similar reactions with other substrates and acetyl chloride or I_2 as catalyst

---

I.D.1-3 M. Schlosser et al., *Tetrahedron*, 46, 5213 and 5222 (1990).

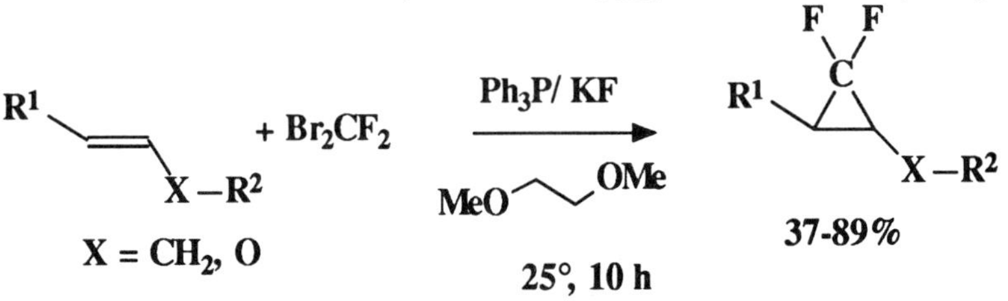

R^1 + Br_2CF_2

$X-R^2$

Ph_3P / KF

$MeO\frown OMe$

25°, 10 h

$X = CH_2, O$

37-89%

I.D.1-4 O.M. Nefedov et al., *Synthesis*, 246 (1990).

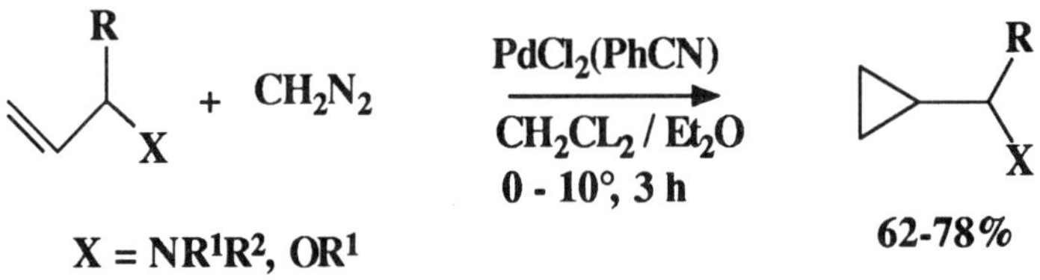

+ CH_2N_2

$PdCl_2(PhCN)$

CH_2Cl_2 / Et_2O
0 - 10°, 3 h

$X = NR^1R^2, OR^1$

62-78%

I.D.1-5 M.E. Wright et al., *Organometallics*, **9**, 136 (1990); S. Masamune et al., *Tetrahedron Lett.*, **31**, 6005 (1990); W.G. Dauben et al., *ibid*, **31**. 6969 (1990); M. Franck-Neumann et al., *ibid*, **31**, 4121 (1990); J.P. Praly et al., *ibid*, **31**, 4441 (1990); A.M.P. Koskinen and L. Munoz, *Chem. Commun.*, 1373 (1990).

$$\diagup\!\!\!\diagdown\!\!=\!\!\diagdown\!\!=\!\!\diagdown + N_2CHCO_2Et \quad \xrightarrow{\text{catalyst}}$$

catalyst:
pyridine-Cu(OTf) complex with OR* ligand

59%, cis / trans = 1 / 1.2
85% ee

product: cyclopropane with CO$_2$Et

Other chiral copper catalysts and CuI used similarly. Similar photoreactions with a diazole or gem diazide carbene precursor.

I.D.1-6 W.D. Wulff et al., *J. Am. Chem. Soc.*, **112**, 5660 (1990); B.C. Soderberg and L.S. Hegedus, *Organometallics*, **9**, 3113 (1990); A. Wienand and H.-U. Reissig, *ibid.*, **9**, 3133 (1990); H. Fischer et al., *Chem. Commun.*, 858 (1990); D.F. Harvey and M.F. Brown, *Tetrahedron Lett.*, **31**, 2529 (1990).

$(CO)_5Cr=\!\!\diagup\!\!\!\!\diagdown\text{(OMe, diene)} \quad + \quad =\!\!\!\diagdown\text{OTBS} \quad \xrightarrow[\text{neat} \atop 25°, 4 \text{ days}]{CO (100 \text{ atm})}$

49% (>95% cis)

product: cyclopropane with H, TBSO, OMe, and vinyl substituents

Similar reactions with W or Mo carbonyls

I.D.1-7 T.R. Hoye and G.M. Rehberg, *Organometallics*, 9, 3014 (1990) and *J. Am. Chem. Soc.*, 112, 2841 (1990); D.F. Harvey and M.F. Brown, *ibid.*, 112, 7806 (1990).

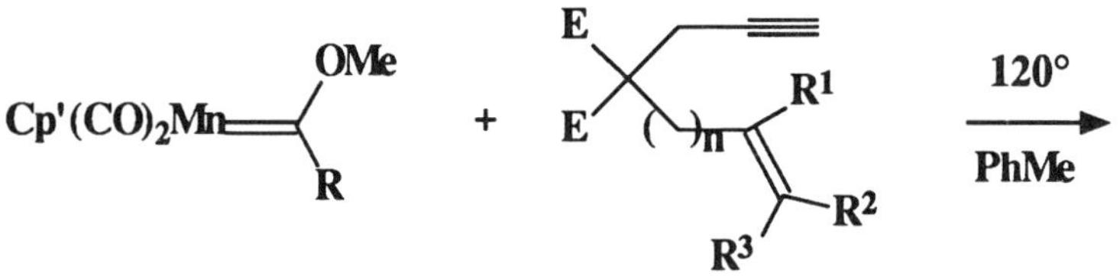

$$Cp'(CO)_2Mn=\!\!\!\!=\!\!\!\!<\!\!\!\!\begin{array}{c}OMe\\R\end{array} + \begin{array}{c}E\\E\end{array}\!\!\!>\!\!\!\!<\!\!\!\!\begin{array}{c}\\\\\end{array}\!\!\!\!\begin{array}{c}R^1\\R^2\\R^3\end{array} \xrightarrow[PhMe]{120°}$$

R = Me, Ph
n = 1, 2
E = CO$_2$Me

Similar reactions with Cr or Mo analogues reported

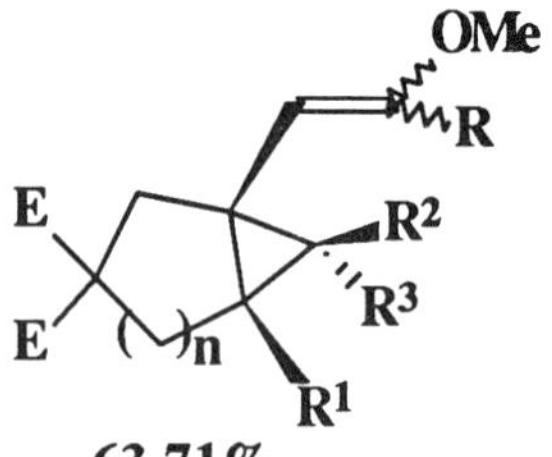

63-71%

I.D.2. Other Cyclopropanations

I.D.2-1 R.R. Kostikov, A.P. Molchanov and H. Hopf, *Top. Curr. Chem.*, 155, 41 (1990).

Review: "Gem-Dihalocyclopropanes in Organic Synthesis."

I.D.2-2 A. Saba, *J. Chem. Res. (S)*, 288 (1990).

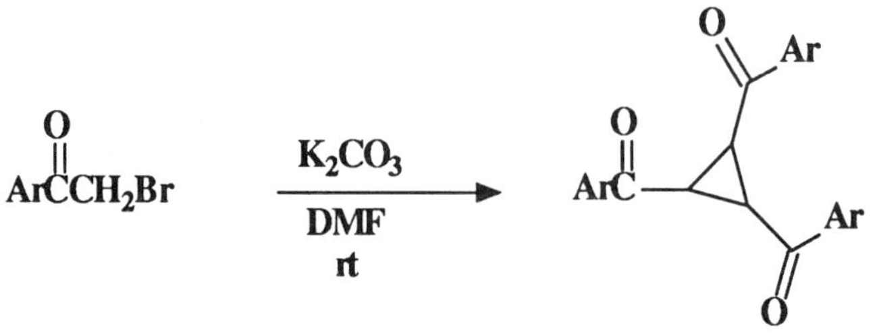

$$ArCCH_2Br \xrightarrow[\text{rt}]{K_2CO_3, DMF}$$

64-87%

CARBON-CARBON BOND FORMING REACTIONS

I.D.2-3 J.-Y. Lee and H.K. Hall, Jr., *J. Org. Chem.*, 55, 4963 (1990).

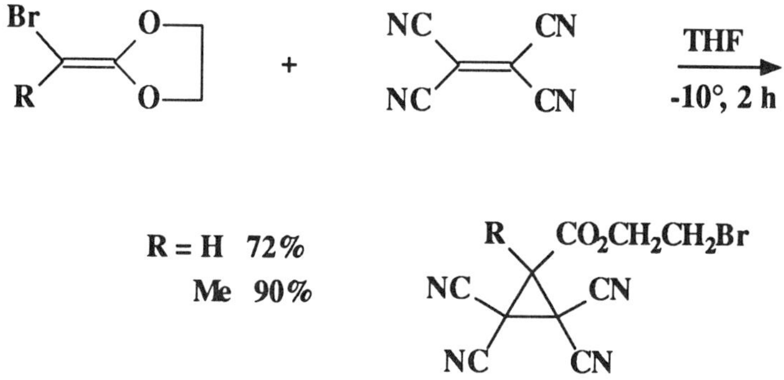

R = H 72%
Me 90%

I.D.2-4 G. Lhommet et al., *Synthesis*, 307 (1990).

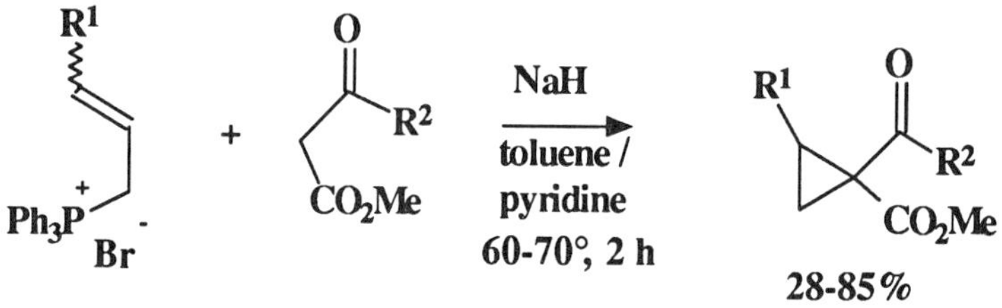

28-85%

I.D.2-5 K.M.L. Rai et al., *Synth. Commun.*, 20, 1273 (1990); N. DeKimpe et al., *J. Org. Chem.*, 55, 5777 (1990); A. Krief et al., *Synlett.*, 509 (1990).

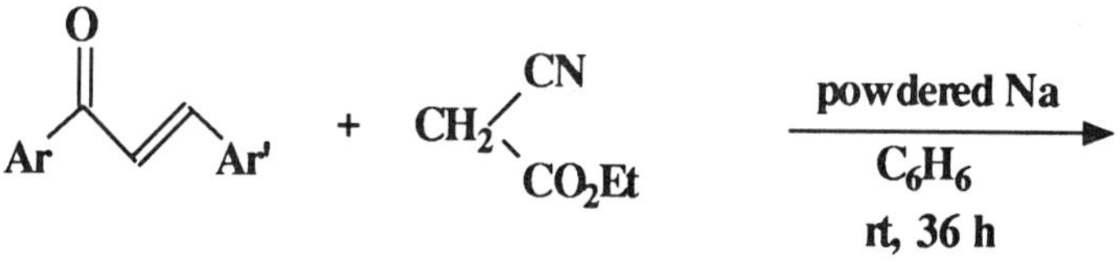

other leaving groups, bases and substrates employed similarly

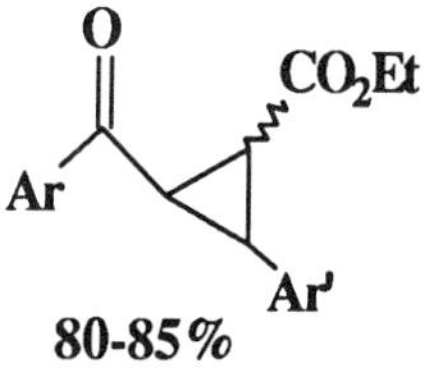

80-85%

I.D.2-6 O.G. Kulinkovich et al., *J. Org. Chem. (USSR)*, 25, 2027 (1989).

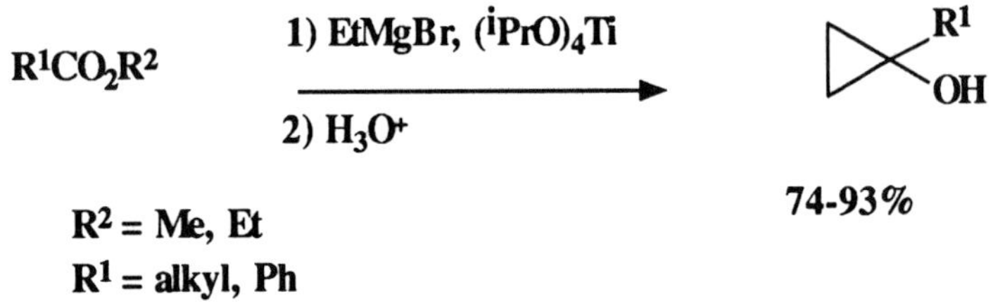

$R^1CO_2R^2$ → 1) EtMgBr, $(^iPrO)_4Ti$; 2) H_3O^+ → cyclopropane with R^1 and OH

R^2 = Me, Et
R^1 = alkyl, Ph

74-93%

I.D.2-7 Z. Cekovic and R. Saicic, *Tetrahedron Lett.*, 31, 6085 (1990).

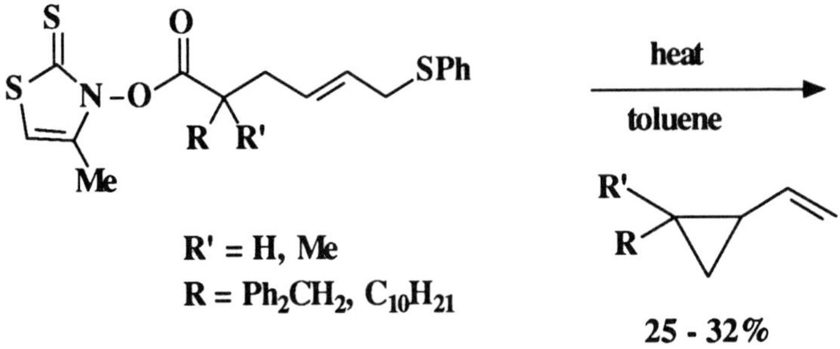

heat, toluene

R' = H, Me
R = Ph_2CH_2, $C_{10}H_{21}$

25 - 32%

I.D.2-8 S. Murai et al., *J. Am. Chem. Soc.*, 112, 9646 (1990).

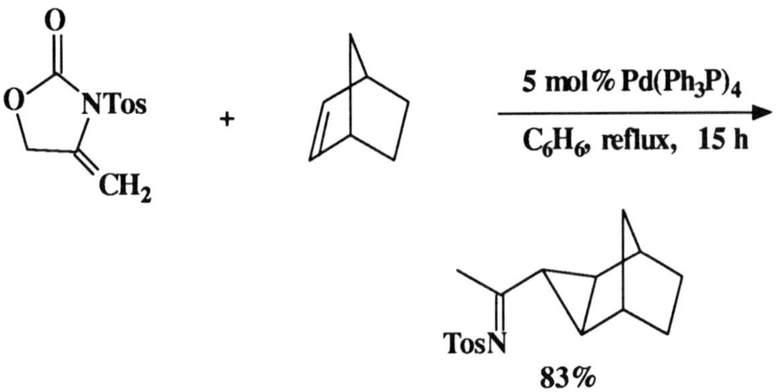

5 mol% $Pd(Ph_3P)_4$
C_6H_6, reflux, 15 h

83%

I.D.2-9 E.B. Tjaden and J.M. Stryker, *J. Am. Chem. Soc.*, 112, 6420 (1990).

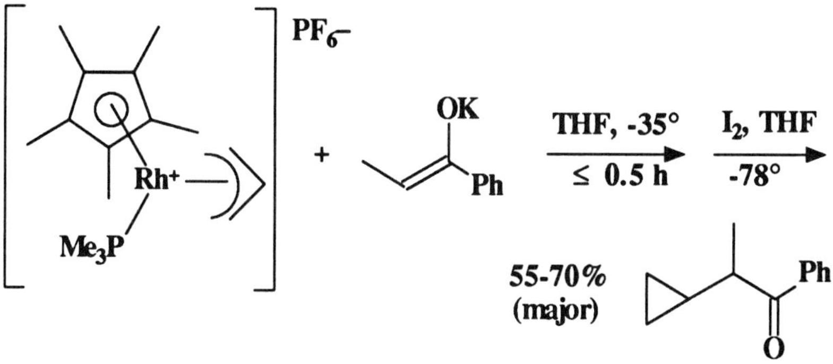

[Rh complex with Me$_3$P, Cp*, cyclopropyl ligand] PF$_6^-$ + CH$_2$=C(OK)Ph $\xrightarrow[\leq 0.5 \text{ h}]{\text{THF, -35°}}$ $\xrightarrow{\text{I}_2, \text{ THF} \atop -78°}$ cyclopropyl-CH(CH$_3$)-C(=O)-Ph

55-70%
(major)

I.D.2-10 K. Gollnick and U. Paulmann, *J. Org. Chem.*, 55, 5954 and 5945 (1990); D. Armesto et al., *Tetrahedron*, 46, 6185 (1990) and *Chem. Commun.*, 934 (1990).

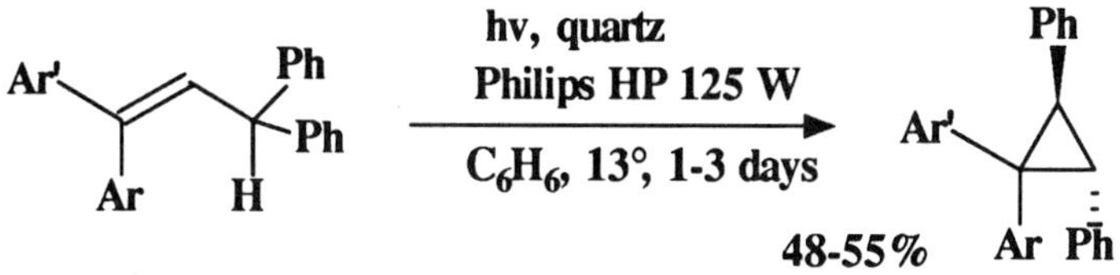

Ar'(Ar)C=CH-CHPh$_2$ $\xrightarrow[\text{C}_6\text{H}_6,\ 13°,\ 1\text{-}3\ \text{days}]{\text{hv, quartz} \atop \text{Philips HP 125 W}}$ cyclopropane(Ar', Ar, Ph, Ph)

48-55%

I.E. Thermal and Photochemical Reactions

I.E.1. Cycloadditions

I.E.1-1 F. Fringuelli, A. Taticchi and E. Wenkert, *Org. Prep. Proced. Int.*, 22, 131 (1990).

Review: "Diels-Alder Reactions of Cycloalkenones in Organic Synthesis. A Review"

I.E.1-2   M.B. Smith, *Org. Prep. Proced. Int.*, 22, 315 (1990).

Review: "N-Dienyl Amides and Lactams. Preparation and Diels-Alder Reactivity. A Review"

I.E.1-3   M.E. Jung, *Synlett.*, 186 (1990).

Review: Substituent and Solvent Effects in Intramolecular Diels-Alder Reactions.

I.E.1-4   W.H. Okamura and M.L. Curtin, *Synlett.*, 1 (1990).

Review: Pericyclization of Vinylallenes in Organic Synthesis: On the Intramolecular Diels-Alder Reaction.

I.E.1-5   G. Bir and D. Kaufmann, *J. Organomet. Chem.*, 390, 1 (1990).

Modified Isopinocampheyldibromoboranes; Selective Catalyst for Asymmetric Diels-Alder Reactions.

I.E.1-6   V.D. Kiselev et al., *J. Org. Chem. (USSR)*, 26, 191 and 200 (1990).

Kinetic and Thermochemical Studies of some Diels-Alder Reactions.

I.E.1-7 H. Fillion et al., *Chem. Pharm. Bull.*, 38, 688 (1990); L. Liu and T.J. Katz, *Tetrahedron Lett.*, 31, 3983 (1990); M. Nakagawa, T. Hino et al., *ibid.*, 31, 3195 (1990); A. Hosomi et al., *ibid.*, 31, 6201 (1990); G. Buono et al., *ibid.*, 31, 4859 and 4863 (1990); G.I. Dmitrienko et al., *ibid.*, 31, 5713 (1990); P. Deslongchamps et al., *Can. J. Chem.*, 68, 115 (1990).

R = H, OAc
R = OMe

60-64%   52%

other thermal, intermolecular Diels-Alder reactions with enones reported

---

I.E.1-8 D.L.J. Clive and R.J. Bergstra, *J. Org. Chem.* 55, 1786 (1990); M.A. Pericas et al., *Tetrahedron Lett.*, 31, 2173 (1990); J.R. Bull and R.I. Thompson, *J. Chem. Soc., Perkin Trans. 1*, 241 (1990); G.I. Fray and J.C. Potts, *J. Chem. Res.(S)*, 181 (1990).

C_6H_6, 140°, 20 h, sealed tube

83%

similar intermolecular, thermal Diels-Alder reactions with sulfones or sulfoxides reported

---

I.E.1-9 E. Block and D. Putman, *J. Am. Chem. Soc.*, 112, 4072 (1990).

neat, 60°, 3 h; ^{t}BuOK, THF, 0°

57%

I.E.1-10 A. Oliva, R.M. Ortuno et al., *Tetrahedron*, **46**, 4371 (1990).

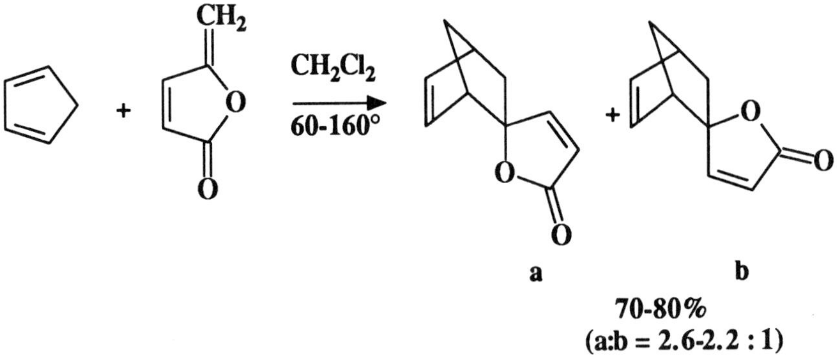

70-80%
(a:b = 2.6-2.2 : 1)

I.E.1-11 N.S. Narasimhan et al., *J. Chem. Soc., Perkin Trans. 1*, 1331 (1990).

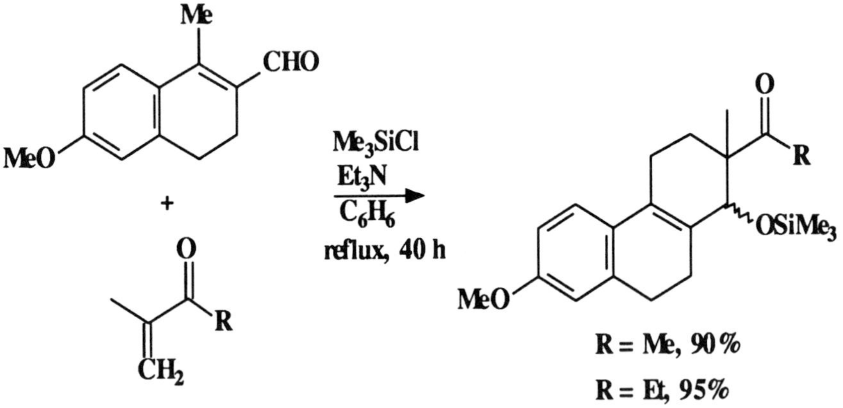

R = Me, 90%
R = Et, 95%

I.E.1-12 P. Yates et al., *Chem. Commun.*, 739 (1990); D. Dopp and H.R. Memarian, *Chem. Ber.*, 123, 315 (1990); P.A. Wender and S.K. Singh, *Tetrahedron Lett.*, 31, 2517 (1990).

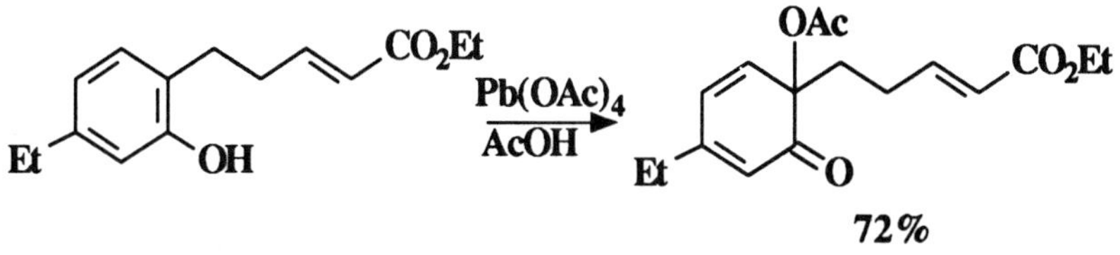

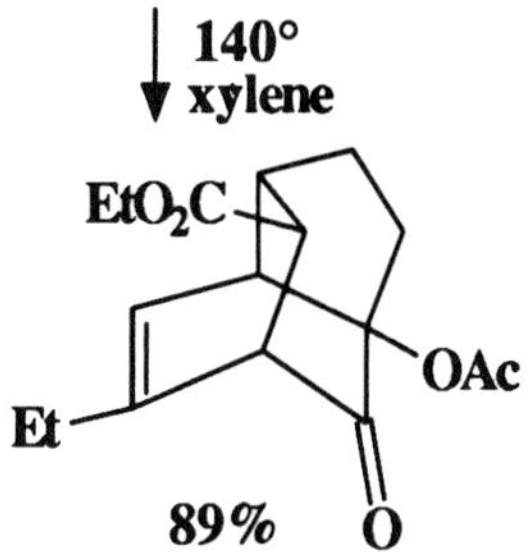

Diels-Alder additions to arenes also reported under photolytic conditions

I.E.1-13 T.K.M. Shing and Y. Tang, *Tetrahedron*, 46, 2187 (1990); H.-U. Reissig et al., *Chem. Ber.*, 123, 363 (1990); J. Meinwald et al., *J. Org. Chem.*, 55, 3913 (1990); S. Miki, A. Ichihara et al., *J. Chem. Soc., Perkin Trans.1*, 1228 (1990); A. Weichert and H.M. Hoffmann, *ibid.*, 2154 (1990); C. Fehr et al., *Tetrahedron Lett.*, 31, 4021 (1990).

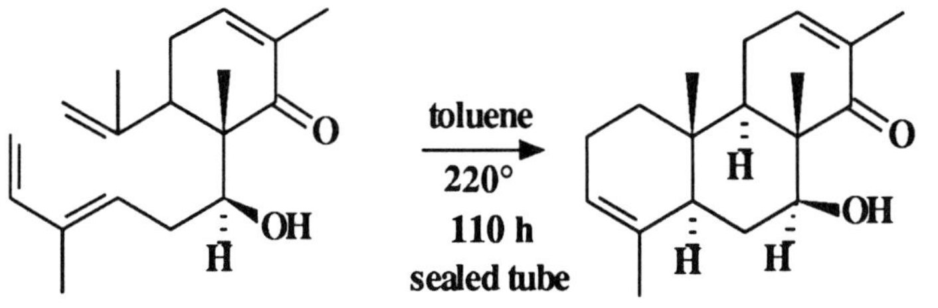

similar intramolecular, thermal Diels-Alder reactions reported

I.E.1-14 J.C. Lopez, G. Lukacs et al., *Tetrahedron Lett.*, 31, 2301 (1990); T. Ravindranathan et al., *Tetrahedron Lett.*, 31, 755 (1990).

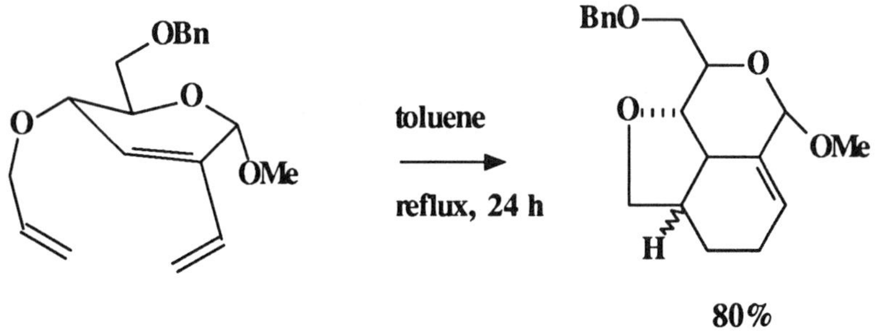
OBn
O
O
OMe
toluene
reflux, 24 h
BnO
O
O
OMe
H
80%

I.E.1-15 K.J. Shea et al., *Tetrahedron Lett.*, 31, 5885 (1990); D. Craig and J.C. Reader, *ibid.*, 31, 6585 (1990).

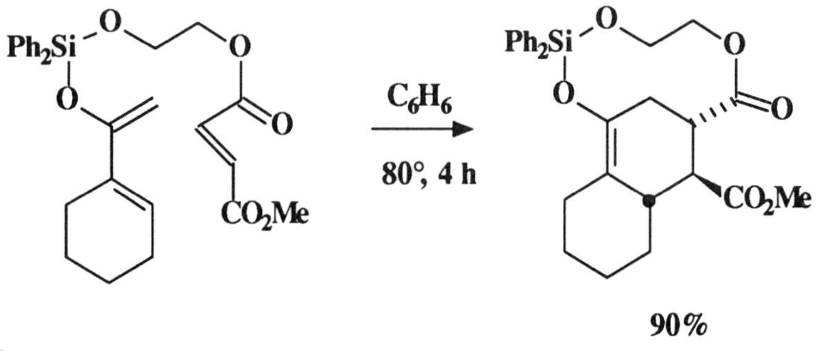
Ph2Si
O
O
O
O
CO2Me
C6H6
80°, 4 h
Ph2Si
O
O
O
O
CO2Me
90%

I.E.1-16 M.L. Curtin and W.H. Okamura, *J. Org. Chem.*, 55, 5278 (1990); G. Himbert et al., *Chem. Commun.*, 405 (1990).

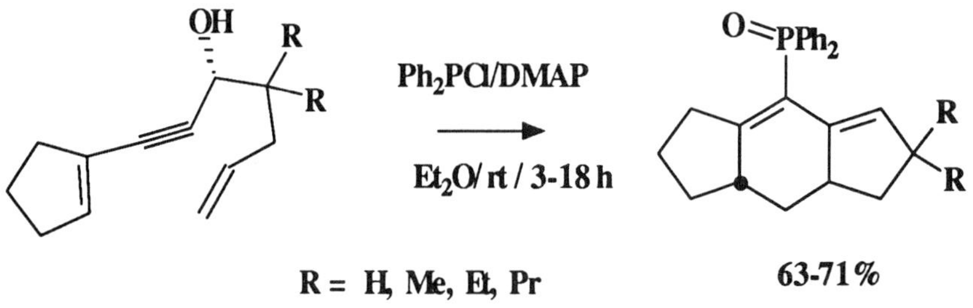
OH
R
R
Ph2PCl/DMAP
Et2O/ rt / 3-18 h
O=PPh2
R
R
R = H, Me, Et, Pr
63-71%

I.E.1-17 B. Wickberg et al., *Chem. Commun.*, 865 (1990); G. Berube and P. Deslongchamps, *Can. J. Chem.*, 68, 404 (1990).

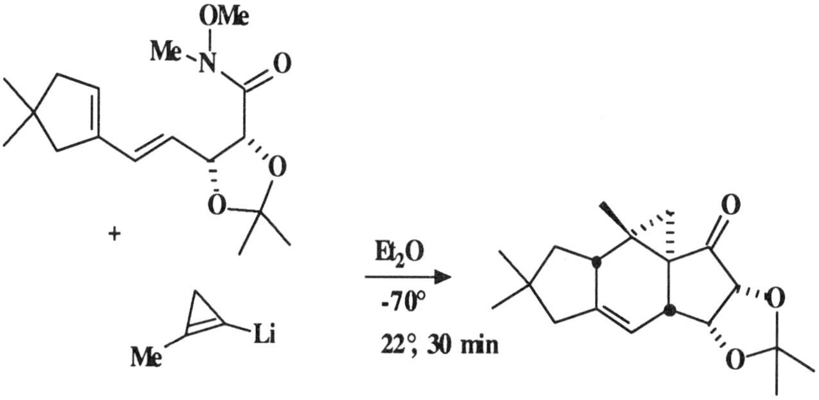

I.E.1-18 S.L. Schreiber et al., *J. Am. Chem. Soc.*, 112, 7410 (1990).

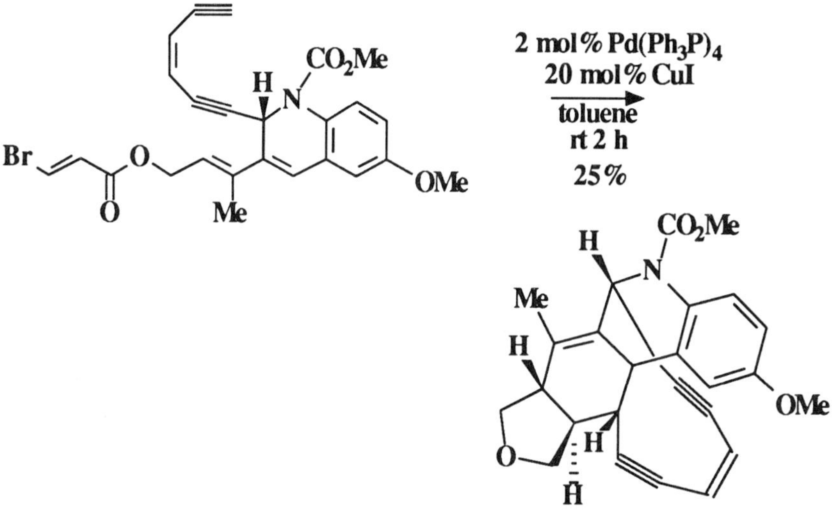

I.E.1-19 S. Eguchi et al., *Tetrahedron Lett.*, 31, 4613 (1990); E.J. Thomas et al., *Chem. Commun.*, 464 and 467 (1990); G.A. Kraus Jr. et al., *J. Org. Chem.*, 55, 1624 (1990); U. Pinder and R. Adam, *Heterocycles*, 31, 587 (1990); E. Steckhan et al., *Synlett.*, 275 (1990).

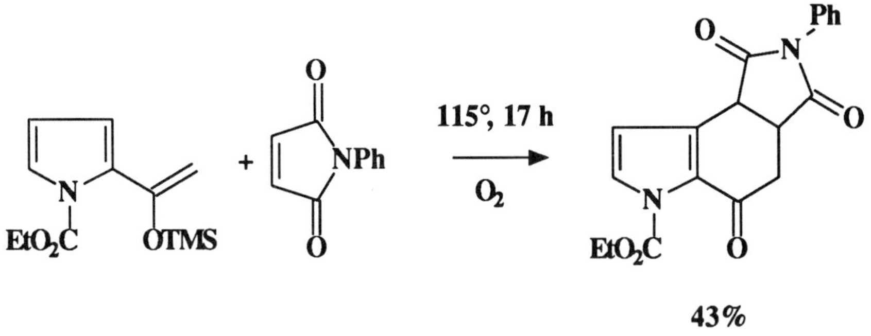

similar intramolecular reactions and indole addition to cyclohexadiene (with pyrylium/hv catalysis) reported

---

I.E.1-20 R.W. Franck et al., *J. Am. Chem. Soc.*, 112, 8472 (1990).

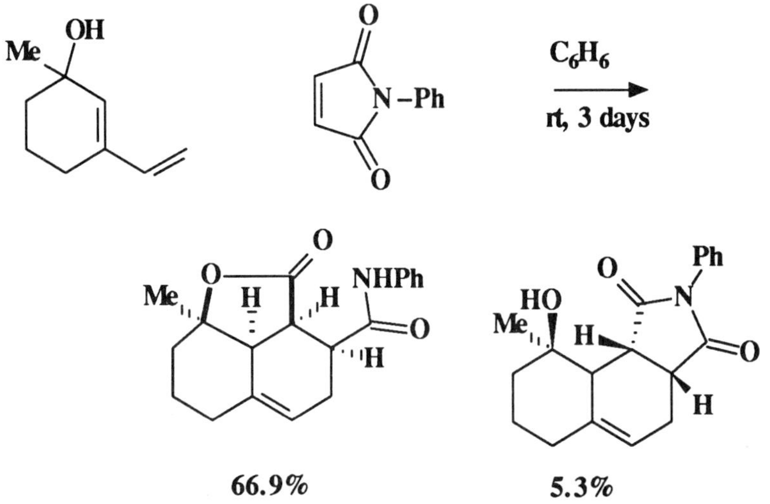

I.E.1-21 L. Ajos Radics, A. Taticchi, E. Wenkert et al., *J. Org. Chem.*, 55, 4261 (1990); S. Ghosh et al., *Tetrahedron*, 46, 8229 (1990); G. Erker et al., *J. Organomet. Chem.*, 382, 89 (1990); P.F. DeCusati and R.A. Olofson, *Tetrahedron Lett.*, 31, 1409 (1990).

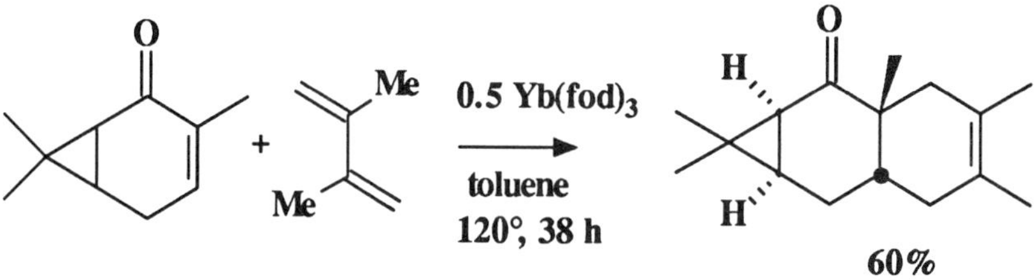

$BF_3 \cdot OEt_2$, cat. $CpZrCl_3(thf)_2$ or $TiCl_4$ used for similar reactions

---

I.E.1-22 K. Saigo et al., *Tetrahedron Lett.*, 31, 5625 (1990); T. Antonsson and P. Vogel, *ibid.*, 31, 89 (1990).

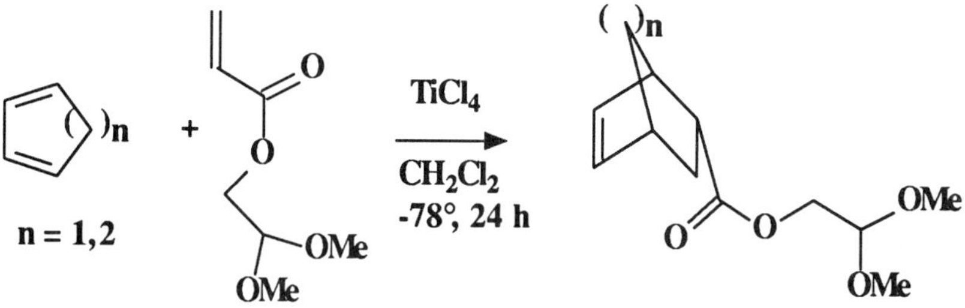

n = 1,2

85-89%
endo:exo = 96-99:1

I.E.1-23 D. Kaufmann and R. Boese, *Angew. Chem., Int. Ed. Engl.*, 29, 545 (1990); C. Cativiela et al., *Bull. Chem. Soc. Jpn.*, 63, 2456 (1990).

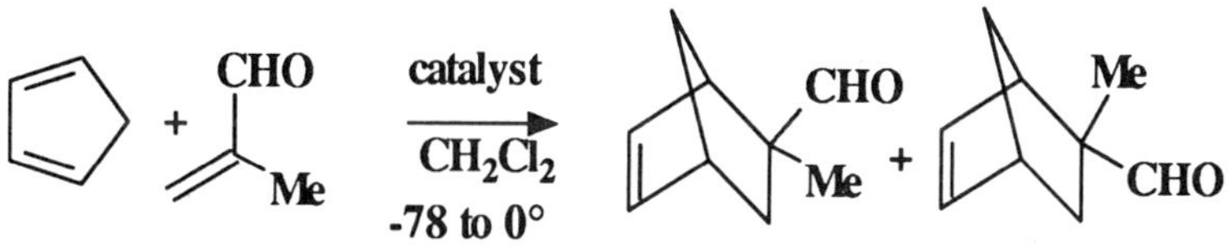

85%,   97.4%   2.6%
         90% ee

catalyst = a C_3-symmetric tetradecacyclic diborate
$AlCl_3$ used similarly

I.E.1-24 D.D. Sternbach and C.L. Ensinger, *J. Org. Chem.*, **55**, 2725 (1990).

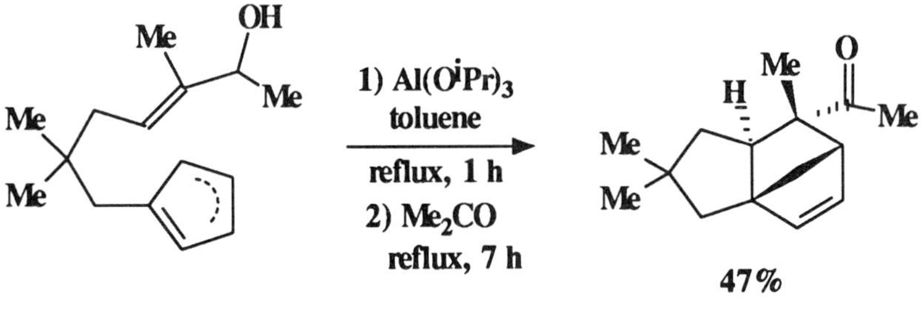

1) Al(O^{i}Pr)$_3$
toluene
reflux, 1 h
2) Me$_2$CO
reflux, 7 h

47%

I.E.1-25 T. Livinghouse et al., *J. Am. Chem. Soc.*, **112**, 4965 (1990).

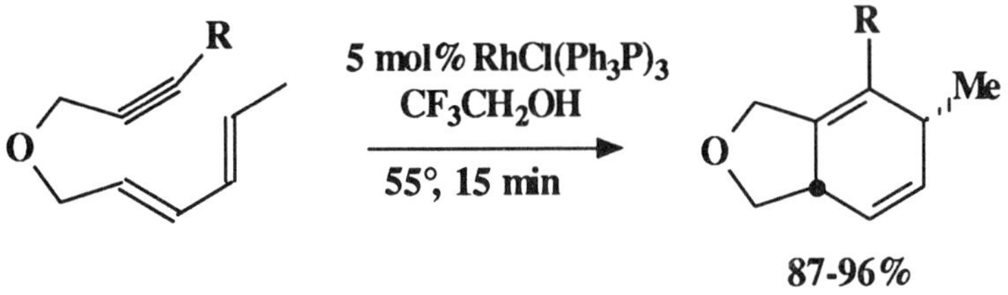

5 mol% RhCl(Ph$_3$P)$_3$
CF$_3$CH$_2$OH
55°, 15 min

87-96%

I.E.1-26 T. Takahashi et al., *Tetrahedron Lett.*, **31**, 3313 (1990); W. Choy, *Tetrahedron*, **46**, 2281 (1990); N. Harada et al., *J. Org. Chem.*, **55**, 3158 (1990); K. Fukumoto et al., *ibid.*, **55**, 5625 (1990); J.P. Gotteland and M. Malacria, *Synlett.*, 667 (1990); T. Honda et al., *J. Chem. Soc., Perkin Trans. 1*, 5 (1990).

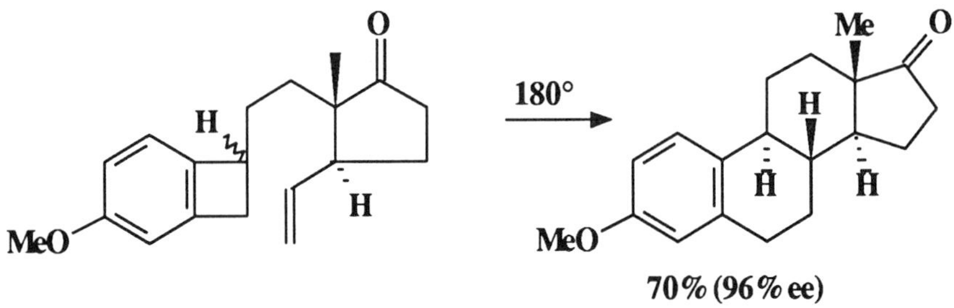

180°

70% (96% ee)

I.E.1-27 J.K. Snyder et al., *J. Org. Chem.*, 55, 5008, 4995 and 5013 (1990); B. Lei and A.G. Fallis, *J. Am. Chem. Soc.*, 112, 4609 (1990).

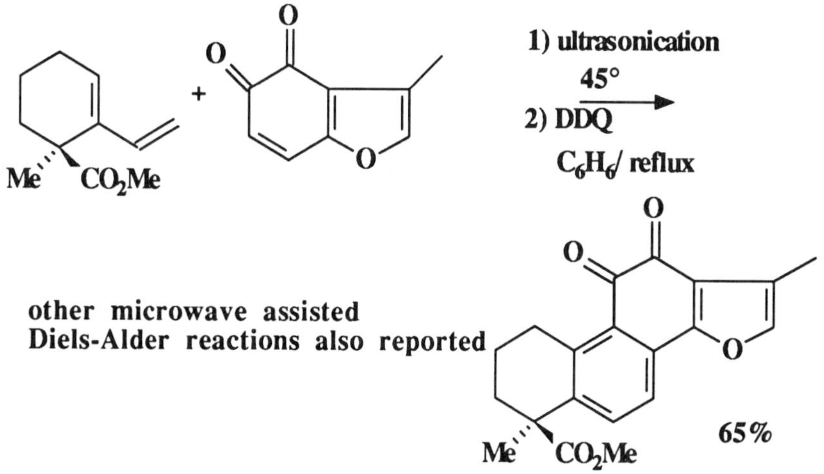

1) ultrasonication 45°
2) DDQ
C_6H_6/ reflux

other microwave assisted Diels-Alder reactions also reported

65%

I.E.1-28 N. Katagiri et al., *Chem. Pharm. Bull.*, 38, 69 (1990).

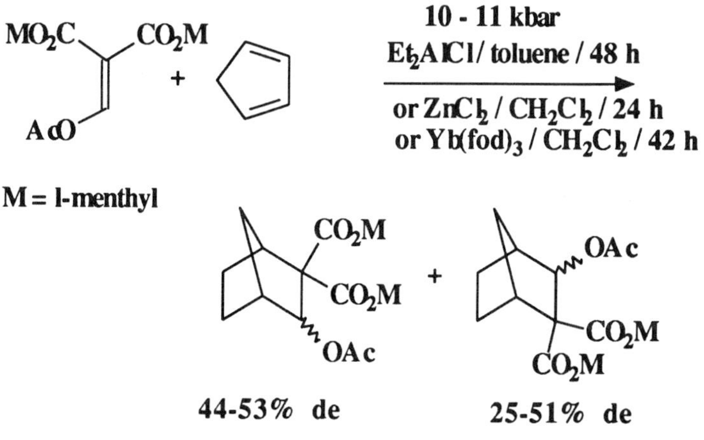

M = l-menthyl

10 - 11 kbar
Et_2AlCl/ toluene / 48 h
or $ZnCl_2$ / CH_2Cl_2 / 24 h
or $Yb(fod)_3$ / CH_2Cl_2 / 42 h

44-53% de   25-51% de

I.E.1-29 T. Koizumi et al., *J. Chem. Soc., Perkin Trans. 1*, 1233 (1990); B.L. Feringa et al., *Tetrahedron Lett.*, 31, 3047 (1990).

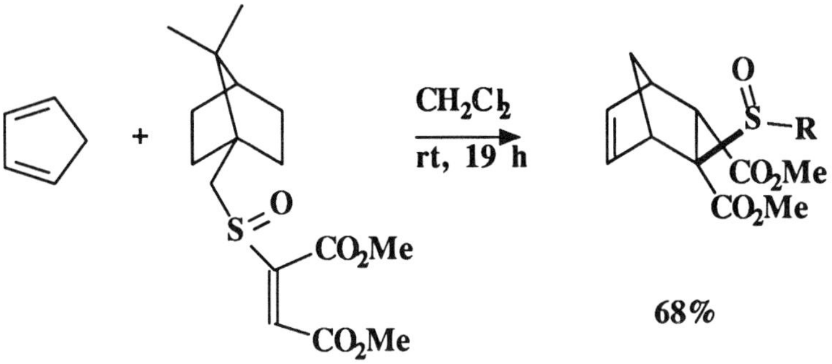

$$\text{diene} + \text{dienophile} \xrightarrow[\text{rt, 19 h}]{CH_2Cl_2} \text{adduct} \quad 68\%$$

I.E.1-30 H. Waldmann, *Liebigs Ann. Chem.*, 671 (1990); H. Waldmann and M. Drager, *ibid.*, 681 (1990); K. Tomioka, K. Koga et al., *J. Chem. Soc., Perkin Trans. 1*, 426 (1990); W. Oppolzer et al., *Tetrahedron Lett.*, 31, 5015 and 5019 (1990).

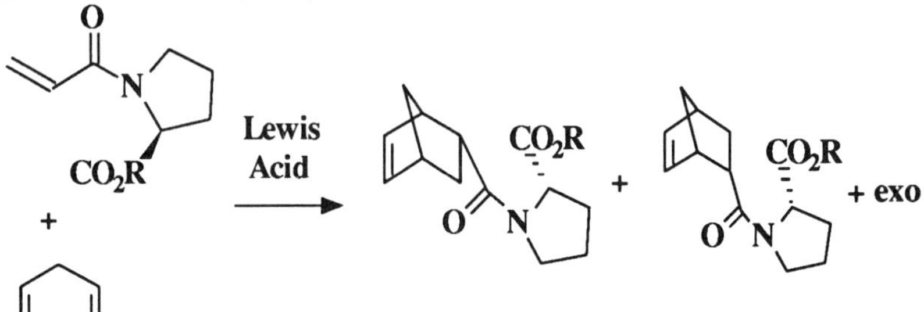

Lewis Acid = $TiCl_4$, 20°, 95%, 96:4, 90:10 endo:exo
= $EtAlCl_2$, 0°, 96%, 10:90, 92:8 endo:exo

different Chiral auxiliaries employed

I.E.1-31 S. Torii et al., *J. Org. Chem.*, 55, 3958 (1990).

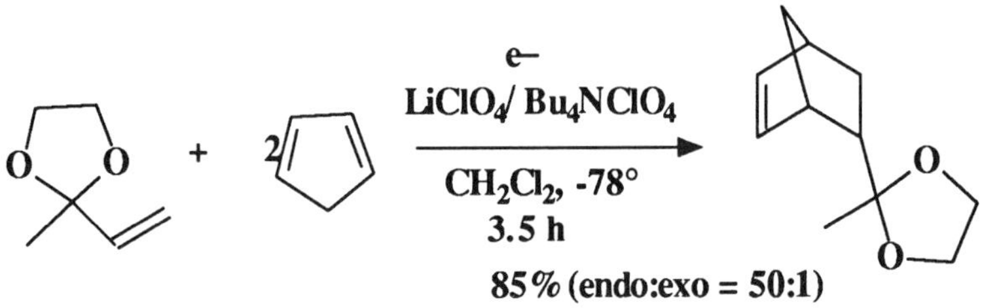

$$\xrightarrow[\substack{CH_2Cl_2,\ -78° \\ 3.5\ h}]{e^-\ \ LiClO_4/\ Bu_4NClO_4}$$

85% (endo:exo = 50:1)

I.E.1-32 D.A. Singleton and J.P. Martinez, *J. Am. Chem. Soc.*, **112**, 7423 (1990).

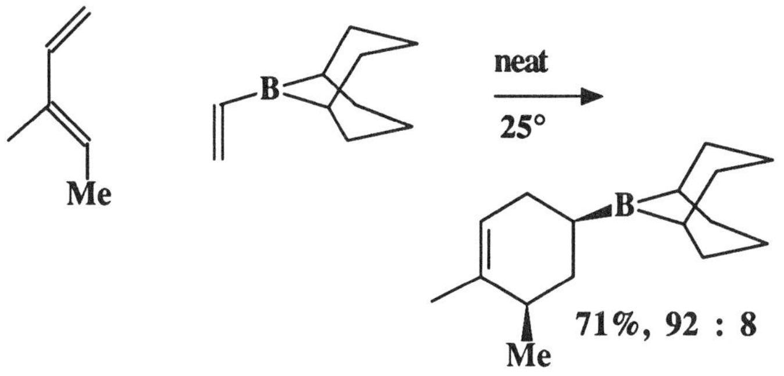

I.E.1-33 D.R. Little et al., *Tetrahedron Lett.*, **31**, 1377 (1990).

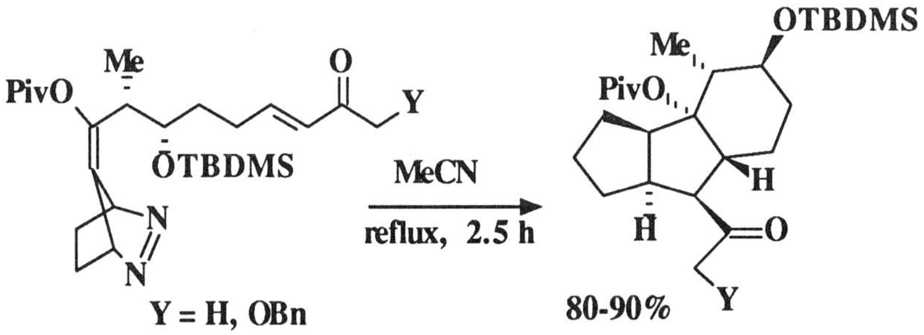

Y = H, OBn

80-90%

I.E.1-34 K.F. Burri, *Helv. Chim. Acta*, **73**, 69 (1990).

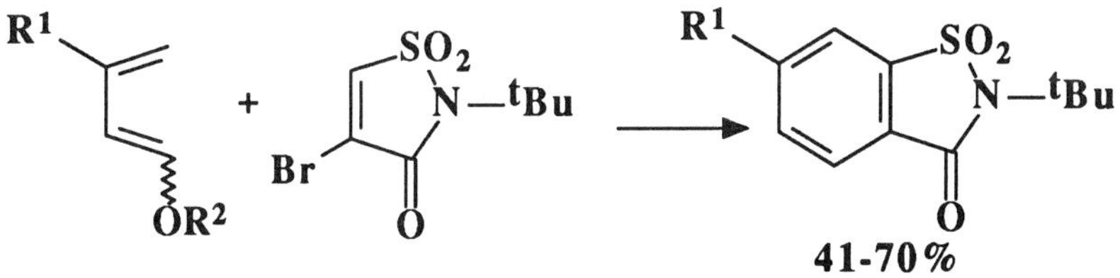

41-70%

R^1 = H, MeSiO; R^2 = Me, Ac

I.E.1-35 B. Sain and J.S. Sandhu, *J. Org. Chem.*, **55**, 2545 (1990).

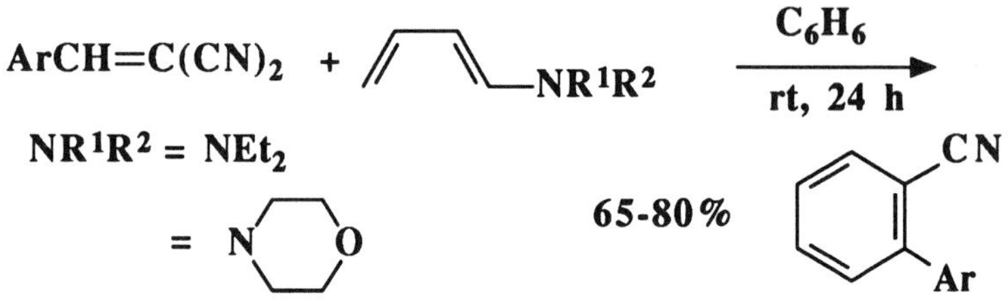

$ArCH=C(CN)_2$ + CH$_2$=CH-NR^{1}R^2 $\xrightarrow[\text{rt, 24 h}]{C_6H_6}$ (2-Ar-benzonitrile)

NR^{1}R^2 = NEt$_2$

= morpholino

65-80%

I.E.1-36 W.D. Wulff et al., *J. Am. Chem. Soc.*, **112**, 4550 and 3642 (1990).

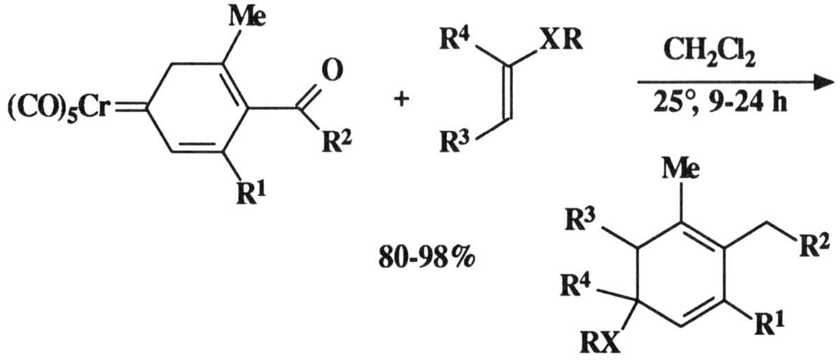

(CO)$_5$Cr=[cyclohexadiene with Me, R^1, C(O)R^2] + R^{4}R^{3}C=CH-XR $\xrightarrow[\text{25°, 9-24 h}]{CH_2Cl_2}$ cyclohexadiene product

80-98%

I.E.1-37 A. Ruttimann and P. Lorenz, *Helv. Chim. Acta*, **73**, 790 (1990).

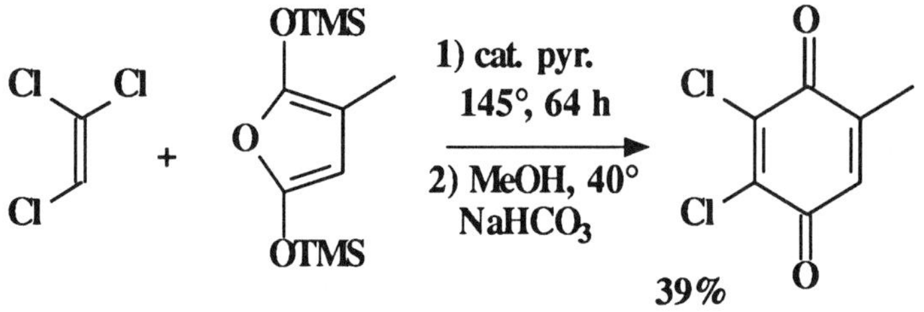

CCl$_2$=CHCl + 2,5-bis(OTMS)-3-methylfuran $\xrightarrow[\text{2) MeOH, 40° NaHCO}_3]{\text{1) cat. pyr. 145°, 64 h}}$ 2,3-dichloro-5-methyl-1,4-benzoquinone

39%

I.E.1-38 U. Burger et al., *Tetrahedron Lett.*, 31, 3155 (1990).

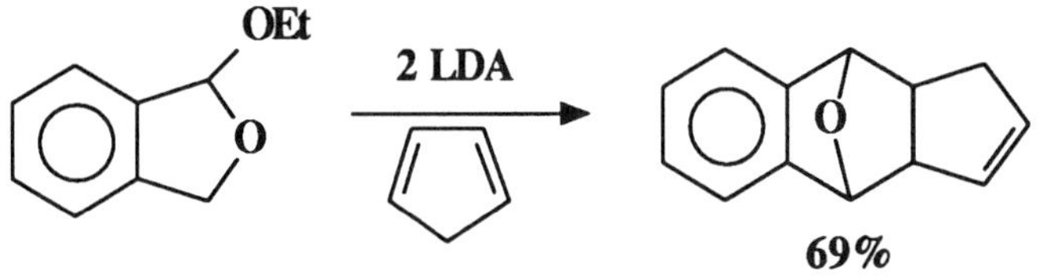

I.E.1-39 J.L. Charlton et al., *Can. J. Chem.*, 68, 2022 and 2028 (1990).

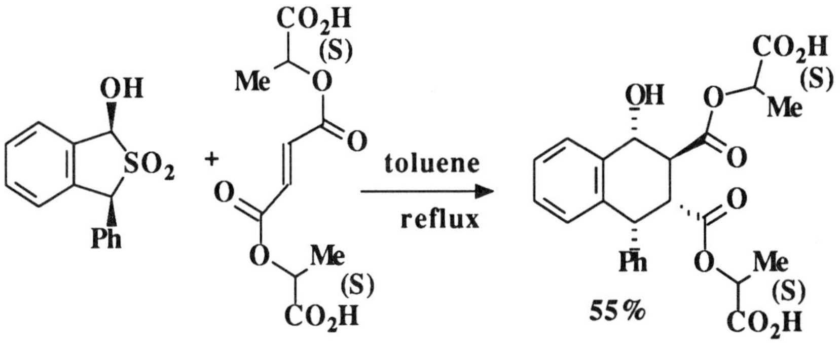

I.E.1-40 P.W. Sheldrake, A.S. Wells et al., *J. Chem. Soc., Perkin Trans. 1*, 1887 (1990); C.J. Moody and K.F. Rahimtoola, *Chem. Commun.*, 1667 (1990); G. Hoornaert et al., *Tetrahedron*, 46, 4023 (1990); U. Pindur and H. Erfanian-Abdoust, *Liebigs Ann. Chem.*, 771 (1990).

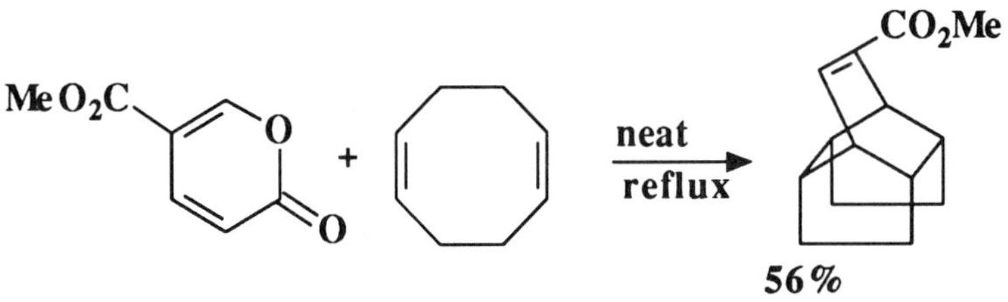

I.E.1-41 P.A. Wender and F.E. McDonald, *J. Am. Chem. Soc.*, 112, 4956 (1990).

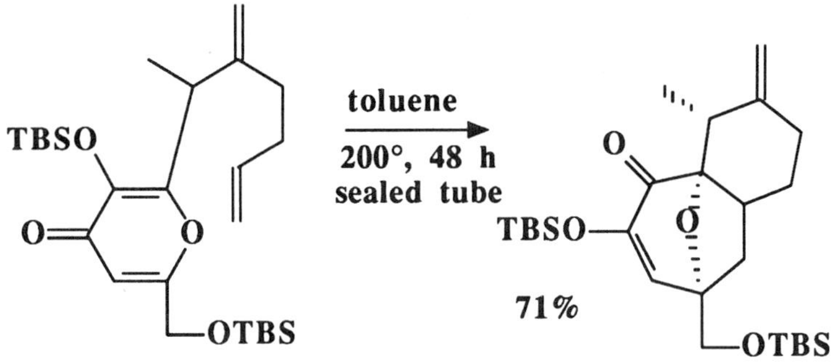

I.E.1-42 B.L. Feringa et al., *Tetrahedron Lett.*, 31, 7201 (1990); P. Missiaen and P.J. DeClercq, *Bull. Soc. Chim. Belg.*, 99, 271 (1990); K.H. Dotz et al., *Tetrahedron*, 46, 1235 (1990); L.M. Harwood et al., *Chem. Commun.*, 605 and 608 (1990); W.C. Shakespeare and R.P. Johnson, *J. Am. Chem. Soc.*, 112, 8578 (1990).

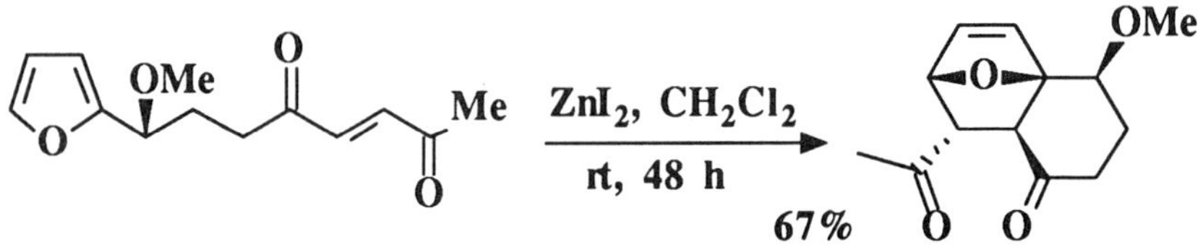

other Diels-Alder additions to furans reported

I.E.1-43 A. Srikrishna, *Synth. Commun.*, 20, 279 (1990).

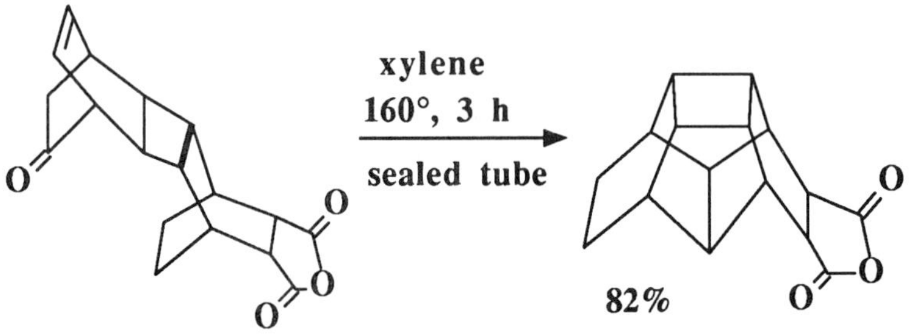

retro Diels-Alder followed by Diels Alder

I.E.1-44 G.H. Posner and T.D. Nelson, *Tetrahedron*, 46, 4573 (1990); H.C. van der Plas et al., *ibid.*, 46, 595 and 607 (1990).

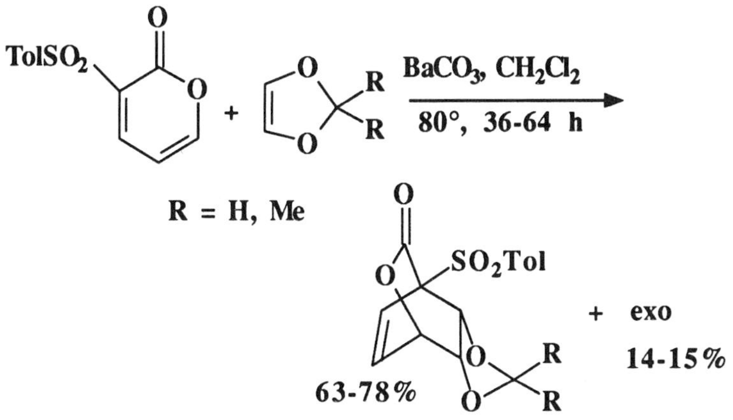

R = H, Me

63-78%   + exo   14-15%

inverse electron demand Diels-Alder reactions of pyrimidines and acetylenes also reported

---

I.E.1-45 K. Saito et al., *Bull. Chem. Soc. Jpn.*, 63, 2573 (1990); N. Katagiri et al., *Chem. Lett.*, 1855 (1990); H. Hopf and M. Kreutzer, *Angew. Chem., Int. Ed. Engl.*, 29, 393 (1990).

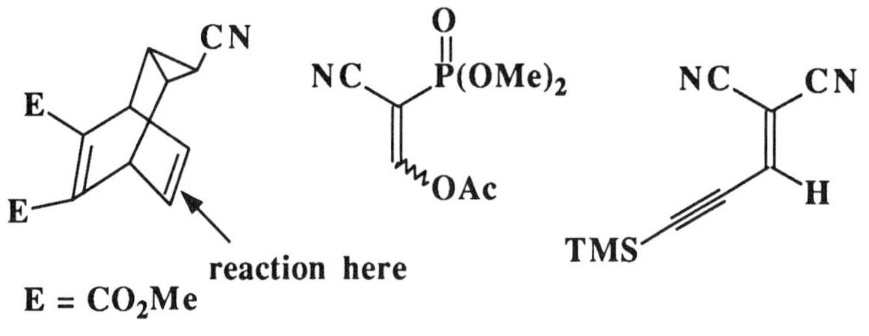

E = CO_2Me

reaction here

Diels-Alder dienophiles

I.E.1-46 A.G. Griesbeck, *Chem. Ber.*, 123, 549 (1990).

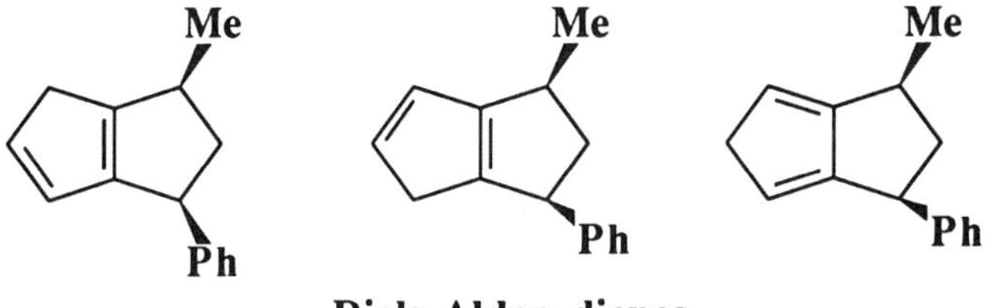

Diels-Alder dienes

I.E.1-47 E.R. Thornton et al., *J. Am. Chem. Soc.*, 112, 6743 (1990); R.J. Stoodley et al., *J. Chem. Soc., Perkin Trans. 1*, 1339 and 3113 (1990).

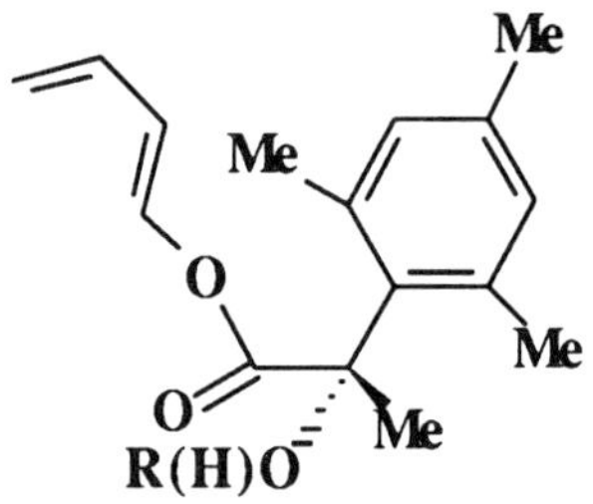

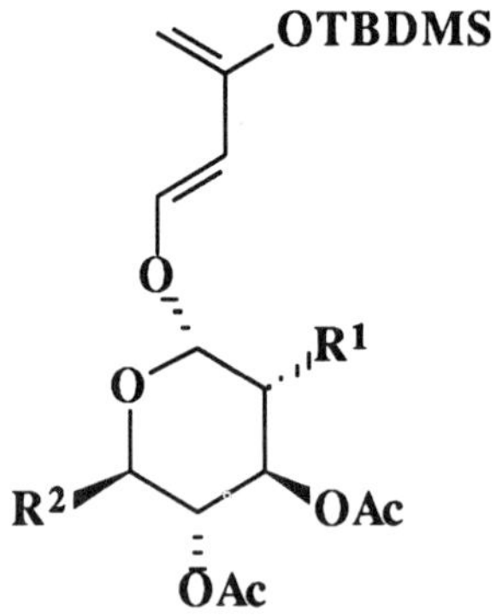

Chiral Diels-Alder dienes

I.E.1-48 A.M. Mustafaev et al., *J. Org. Chem. (USSR)*, 25, 1724 (1989); Ya.D. Samuilov et al., *ibid.*, 25, 2276 (1989) and 26, 208 (1990); R. Hirsenkorn and R.R. Schmidt, *Liebigs Ann. Chem.*, 883 (1990).

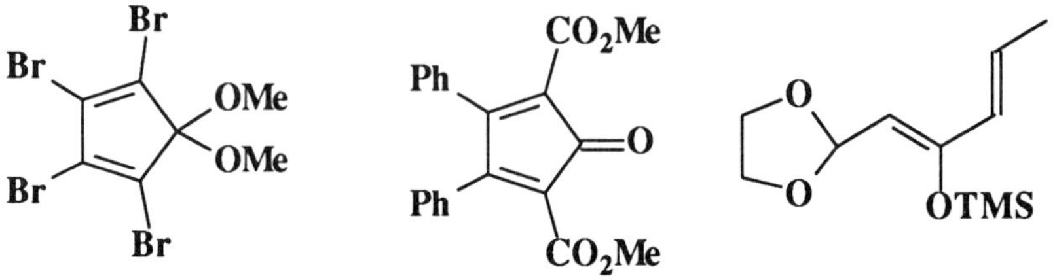

Diels-Alder dienes

I.E.1-49 J. Ipaktschi et al., *Chem. Ber.*, 123, 305 (1990); J. Martelli et al., *Tetrahedron Lett.*, 31, 3145 (1990).

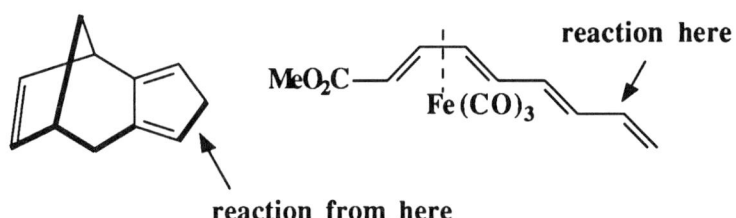

reaction here

reaction from here

Diels-Alder dienes

I.E.1-50 S. Motoki et al., *Bull. Chem. Soc. Jpn.*, 63, 284 (1990); L. Maat et al., *Rev. Trav. Chim.*, 109, 353 (1990).

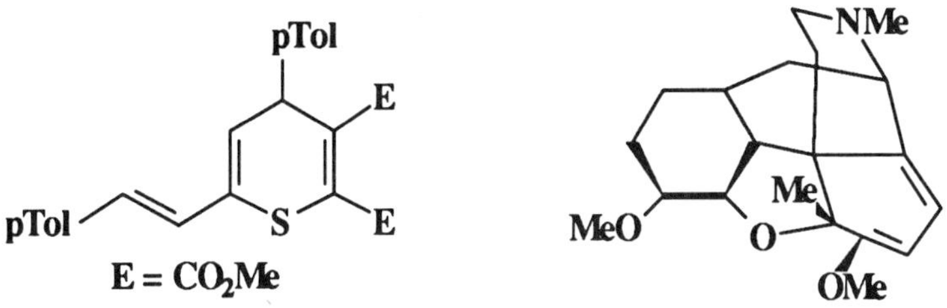
pTol
E
pTol
S
E
E = CO2Me
NMe
Me
MeO
O
OMe

Diels-Alder dienes

I.E.1-51 M. Lautens et al., *J. Am. Chem. Soc.*, 112, 5627 (1990); R.J. Giguere et al., *Synth. Commun.*, 20, 1453 (1990).

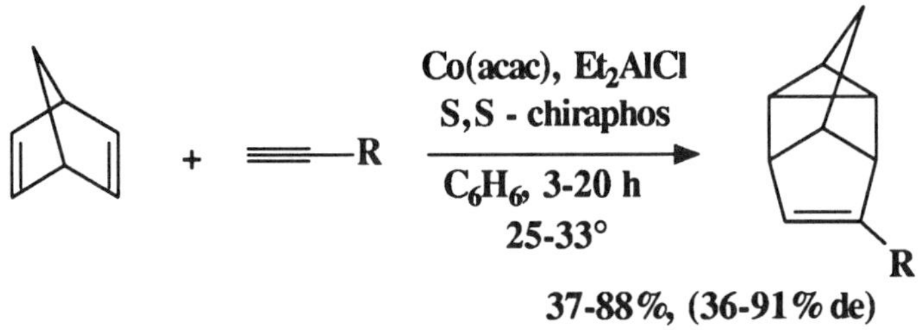
+
R
Co(acac), Et2AlCl
S,S - chiraphos
C6H6, 3-20 h
25-33°
R
37-88%, (36-91% de)

I.E.1-52 H. Takeshita et al., *Bull. Chem. Soc. Jpn.*, 63, 1636 (1990); A. Mori, Z.-H. Li and H. Takeshita, *ibid.*, 63, 2257 (1990).

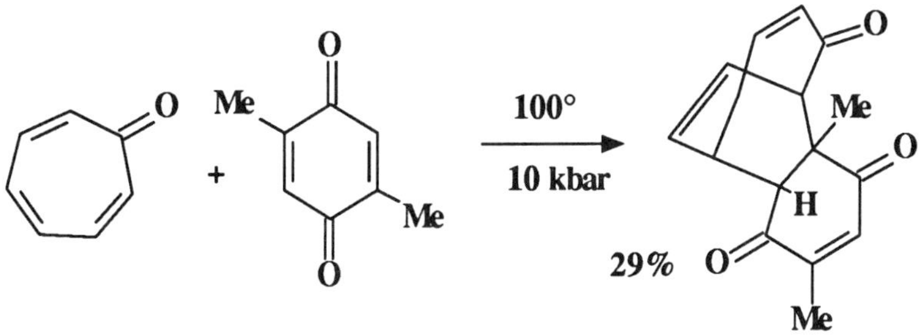
O
Me
O
+
Me
O
100°
10 kbar
O
Me
O
H
29%
O
Me

I.E.1-53 J.H. Rigby and H.S. Ateeq, *J. Am. Chem. Soc.*, **112**, 6443 (1990).

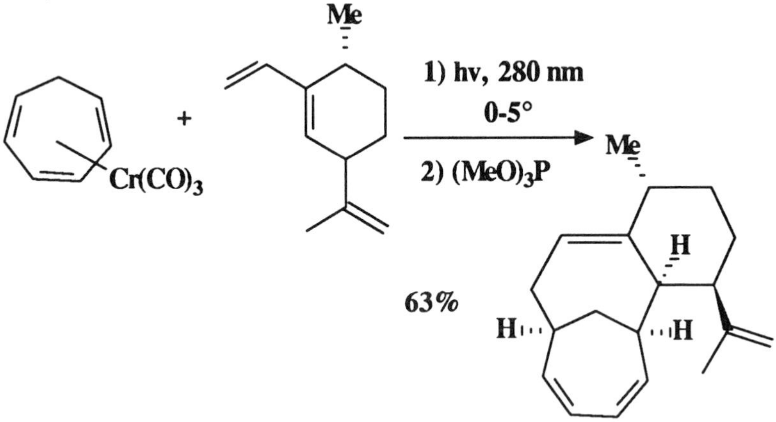

I.E.1-54 P.H. Ferber et al., *Aust. J. Chem.*, **43**, 463 (1990).

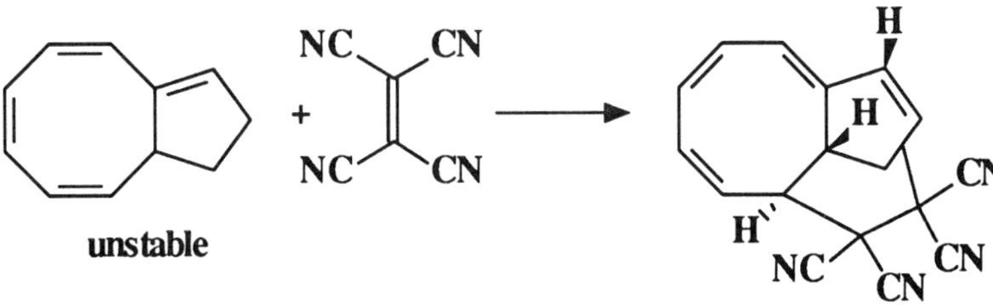

I.E.1-55 R. Huisgen et al., *Tetrahedron Lett.*, **31**, 2553, 2557, 2561, 7129 and 7133 (1990); J.M. Moreto et al., *ibid.*, **31**, 2479 (1990); P.G. Gassman et al., *ibid.*, **31**, 6489 (1990); Y. Hayashi et al., *Chem. Lett.*, 2091 (1990).

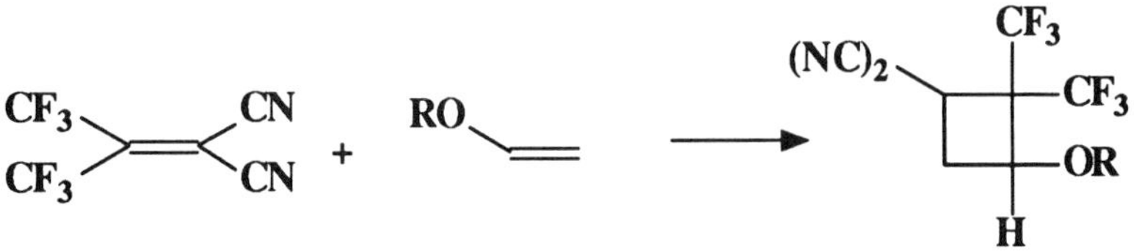

acid catalyzed 2+2 additions also reported

I.E.2. Other Thermal Reactions

I.E.2-1 G. Zimmermann, H. Hopf et al., *Chem. Ber.*, 123, 1375 (1990).

On the Gas-Phase Pyrolysis of 2-Ethynyl-1,3-Butadiene and its Thermal Cycloisomerization .

I.E.2-2 A.G. Griesbeck, *Synthesis*, 144 (1990).

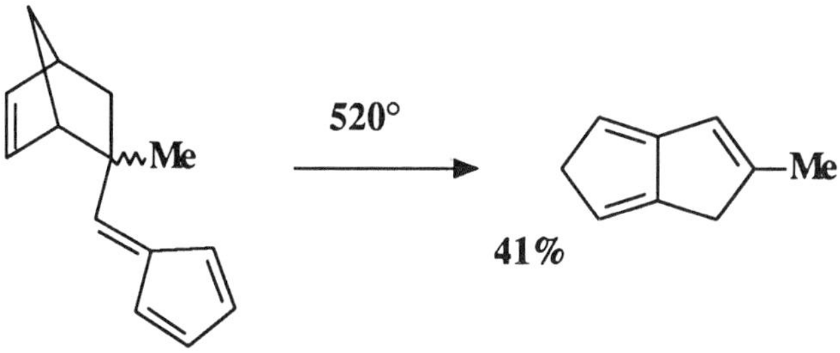

Me
520°
Me
41%

I.E.2-3 Y. Thebtaranonth et al., *Chem. Commun.*, 286 (1990).

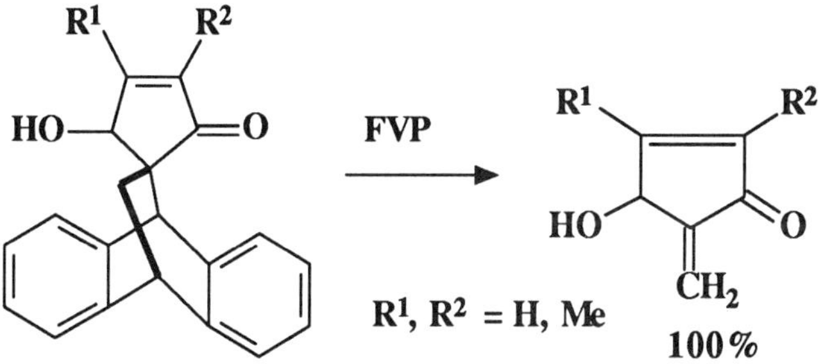

R1
R2
HO
O
FVP
R1
R2
HO
O
CH2
R1, R2 = H, Me
100%

I.E.2-4 P. Muller et al., *Helv. Chim. Acta*, **73**, 1233 (1990); A. Padwa et al., *J. Org. Chem.*, **55**, 2478 (1990).

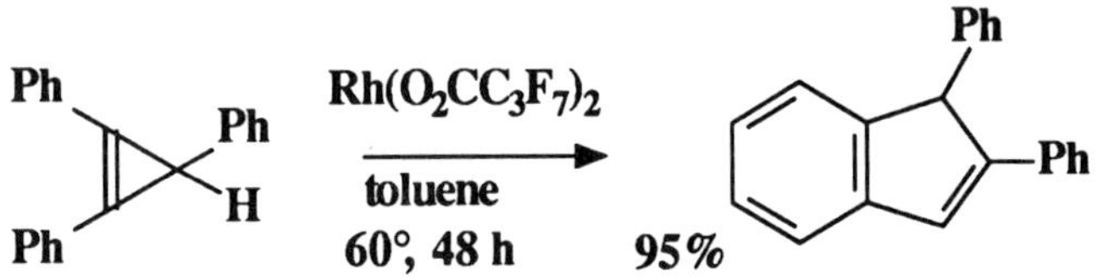

Ph–C(Ph)=C(H)–Ph (cyclopropene, Ph, Ph, H, Ph substituents) $\xrightarrow[\text{60°, 48 h}]{\text{Rh(O}_2\text{CC}_3\text{F}_7)_2 \text{ / toluene}}$ 1,2-diphenyl-1H-indene (95%)

I.E.2-5 J.R. Zoeller and C.E. Sumner, Jr, *J. Org. Chem.*, **55**, 319 (1990).

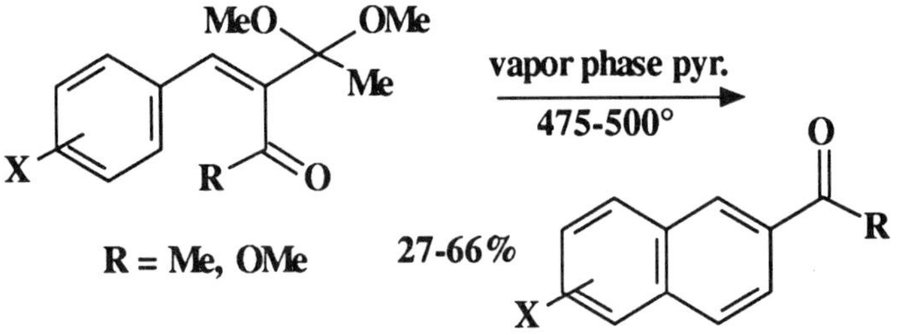

X–C$_6$H$_4$–CH=C(COR)–C(OMe)$_2$Me $\xrightarrow[\text{475-500°}]{\text{vapor phase pyr.}}$ X-substituted 6-acyl naphthalene (R = Me, OMe; 27-66%)

I.E.2-6 S.K. Thompson and C.H. Heathcock, *J. Org. Chem.*, **55**, 3004 (1990).

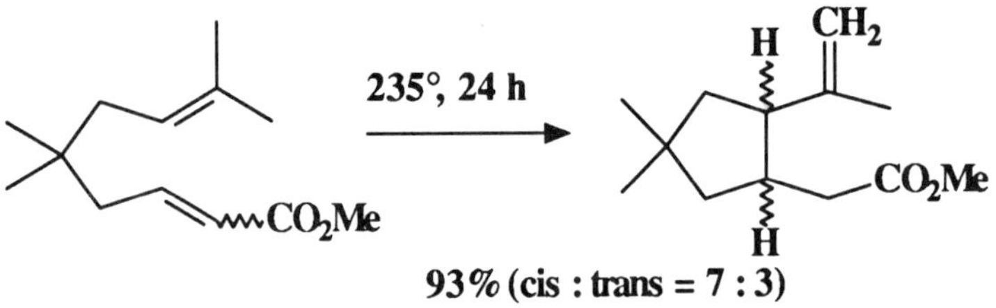

(geranyl-type substrate with CO$_2$Me) $\xrightarrow{\text{235°, 24 h}}$ cyclopentane product with CH$_2$= and CH$_2$CO$_2$Me substituents, 93% (cis : trans = 7 : 3)

I.E.2-7 H.W. Moore et al., *Org. Synth.*, 69, 220 (1990); L.S. Liebeskind and B.S. Foster, *J. Am. Chem. Soc.*, 112, 8612 (1990).

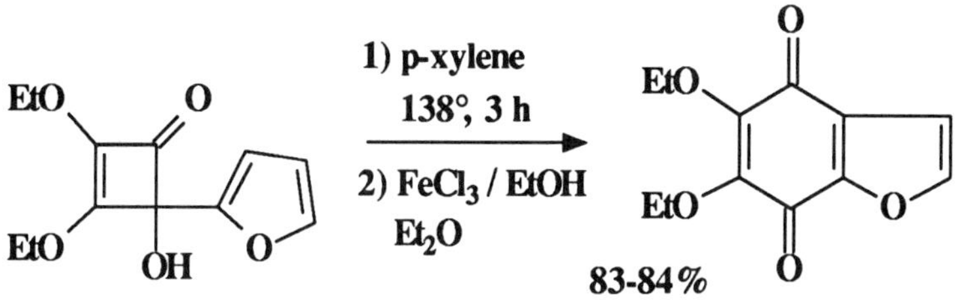

1) p-xylene 138°, 3 h
2) FeCl$_3$ / EtOH Et$_2$O

83-84%

I.E.2-8 S. Kuwahara and K. Mori, *Tetrahedron*, 46, 8083 (1990).

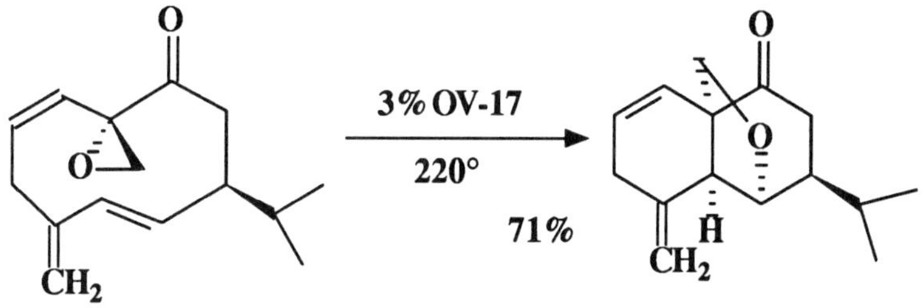

3% OV-17
220°
71%

I.E.2-9 M. Oda et al., *Tetrahedron Lett.*, 31, 7341 (1990).

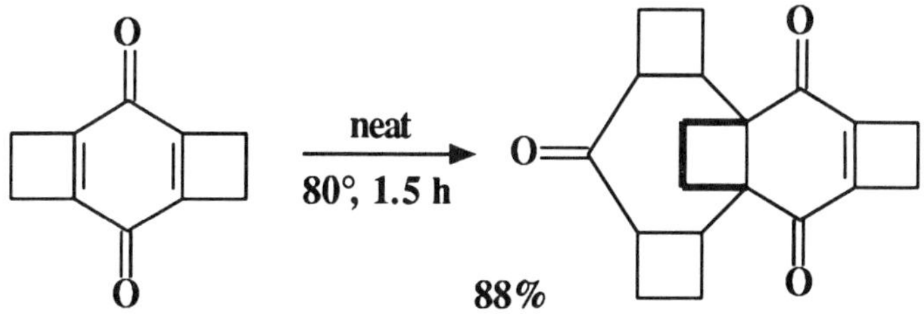

neat
80°, 1.5 h
88%

I.E.2-10 H. Tomioka et al., *Tetrahedron Lett.*, 31, 5061 (1990).

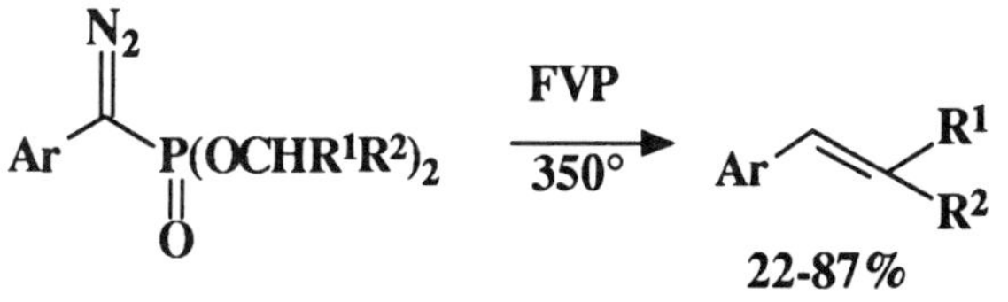

Ar–C(N$_2$)–P(OCHR^{1}R^2)$_2$=O

FVP
350°

Ar–CH=CR^{1}R^2

22-87%

I.E.2-11 K. Haaf and C. Ruchardt, *Chem. Ber.*, 123, 635 (1990).

Ph—CH(—N⁺≡C⁻)—CH₂—OCHO $\xrightarrow[10^{-4} \text{ Torr}]{\text{heat} \atop 585°}$ Ph—CH(—C≡N)—CH₂—OCHO   71%

I.E.2-12 J.I.G. Cadogan, H. McNab et al., *Chem. Commun.*, 395 (1990).

$$\text{ArO}_2\text{C-C}_6\text{H}_4\text{-X-CH}_2\text{CH=CH}_2 \xrightarrow[650°, (10^{-3} \text{ Torr})]{\text{FVP}} \text{dibenzofuran/thiophene derivative}$$

X = O, S   31-94%

I.E.3. Photochemical Reactions

I.E.3-1 H. Sakuragi, H. Itoh, R.A. Caldwell et al., *Bull. Chem. Soc. Jpn.*, 63, 1049 and 1058 (1990); T. Hatsui, C. Nojima and H. Takeshita, *ibid.*, 63, 1611 (1990); L.A. Paquette et al., *J. Am. Chem. Soc.*, 112, 239 (1990); R.D. Rieke et al., *Chem. Commun.*, 38 (1990); M. D'Auria et al., *J. Chem. Soc., Perkin Trans. 1*, 2999 (1990); M. Sato, C. Kaneko et al., *Chem. Pharm. Bull.*, 38, 336 (1990); T. Sano, Y. Tsuda et al., *ibid.*, 38, 366, 370 and 1171 (1990); M.M. Abou-Elzahab et al., *J. Prakt. Chem.*, 331, 999 (1989).

phenanthrene-CO₂Me + 4-MeO-C₆H₄-CH=CH-Me $\xrightarrow{h\nu}$ [2+2] cycloadduct   77%

many similar intermolecular 2+2 photocycloadditions reported

I.E.3-2 G. Cruciani and P. Margaretha, *Helv. Chim. Acta*, 73, 288 (1990); R.S. Givens et al., *Tetrahedron Lett.*, 31, 6793 (1990); J. Nishimura et al., *ibid.*, 31, 97, 107 and 2911 (1990); R.V. Venkateswaran, *Chem. Commun.*, 708 (1990); K. Mizuno, Y. Otsuji et al., *J. Chem. Soc., Perkin Trans. 1*, 3362 (1990); B.S. Hahn et al., *Heterocycles*, 31, 1737 (1990); J.D. Winkler et al., *J. Am. Chem. Soc.*, 112, 8971 (1990); T. Otsuki et al., *Chem. Lett.*, 409 (1990).

R = Me, F

hv
λ = 350 nm
MeCN
72-96 h

84-85%

other intramolecular 2+2 photocycloadditions reported

I.E.3-3 H. Aoyama et al., *Chem. Commun.*, 736 (1990); N. Al-Jalal and A. Gilbert, *Rec. Trav. Chim.*, 109, 21 (1990); S.C. Shim et al., *J. Org. Chem.*, 55, 4544 (1990).

R = PhCH$_2$, ^{i}Pr

hv
low pressure Hg
MeOH

95% (at 75% conversion)

I.E.3-4 A.P. Marchand, W.H. Watson et al., *Tetrahedron*, 46, 3409 (1990).

hv
MeCN
30°, 2 h

21%

I.E.3-5 P.A. Wender and M.A. deLong, *Tetrahedron Lett.*, **31**, 5429 (1990); A. Gilbert and P.W. Rodwell, *J. Chem. Soc., Perkin Trans. 1*, 932 (1990).

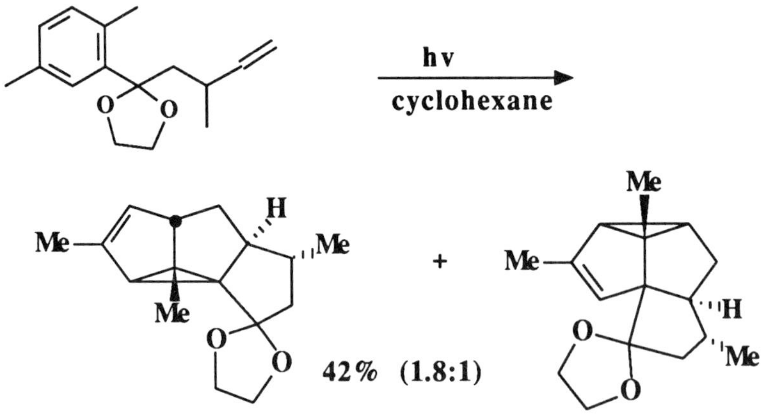

42% (1.8:1)

I.E.3-6 A. Mori, H. Takeshita et al., *Bull. Chem. Soc. Jpn.*, **63**, 2264 (1990); F.G. West et al., *J. Org. Chem.*, **55**, 5936 (1990).

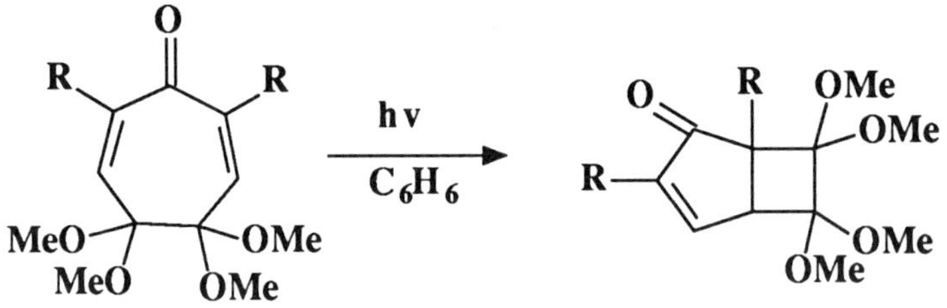

47-50% (major)

I.E.3-7 K.S. Feldman et al., *J. Am. Chem. Soc.*, **112**, 8490 (1990).

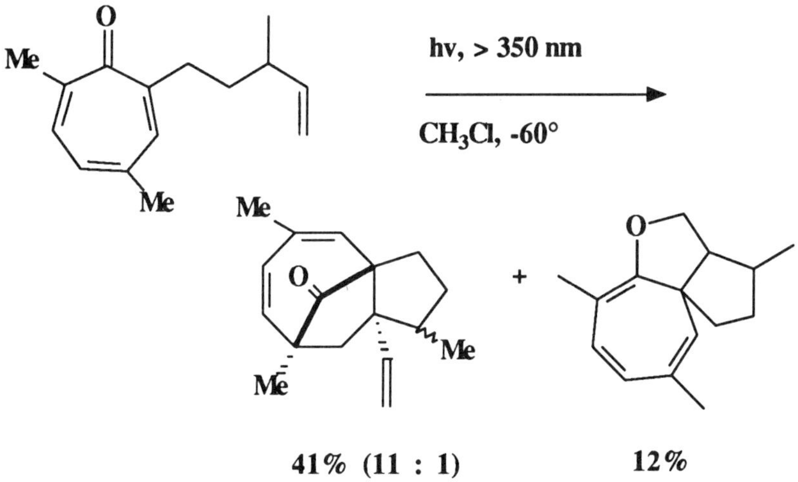

41% (11 : 1)   12%

I.E.3-8 T. Tsuji et al., *J. Org. Chem.*, **55**, 1506 (1990).

Synthesis and Photochemical Reaction of [4.3.2] propella-2,4,8,10-tetraen-7-one

---

I.E.3-9 B. Pandey et al., *Chem. Commun.*, 1505 (1990).

Photoinduced Dual Epimerization of Diels-Alder endo Adducts to exo Isomers.

I.E.3-10 Th.J.H.M. Cuppen et al., *Rec. Trav. Chim.*, **109**, 168 (1990); P. Markov et al., *Monatsh. Chem.*, **121**, 85 (1990).

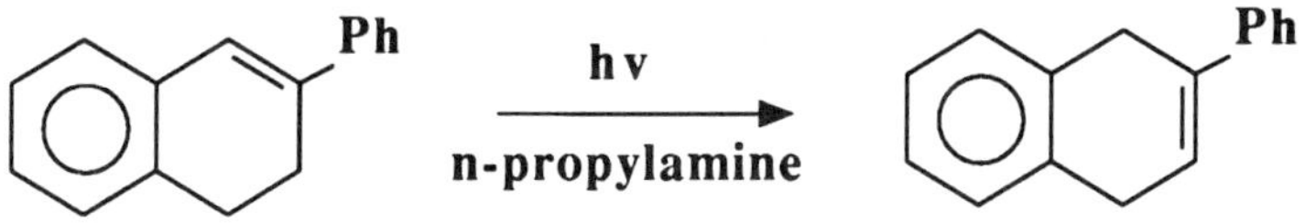

12 others studied   93%

photodehydrogenation also reported

I.E.3-11 D. Gravel et al., *Tetrahedron Lett.*, <u>31</u>, 63 (1990).

First viable (indirect) redox cleavage of olefins (under photolytic conditions)

I.E.3-12 B. Pandey et al., *Chem. Commun.*, 1791 (1990); M. Sakamoto et al., *ibid.*, 1214 (1990); J.C. Gramain et al., *J. Chem. Soc. Perkin Trans. 2*, 605 (1990).

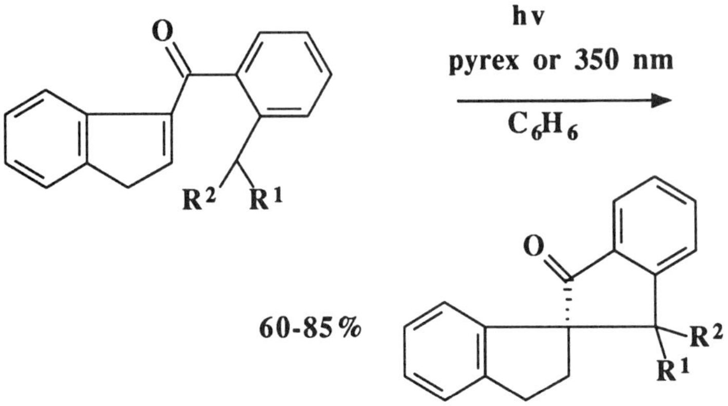

$$\xrightarrow[C_6H_6]{h\nu \quad \text{pyrex or 350 nm}}$$

60-85 %

I.E.3-13 A. Nishida et al., *Tetrahedron Lett.*, <u>31</u>, 7035 (1990); F.A. Macias et al., *ibid.*, <u>31</u>, 3063 (1990); J.P. Dittami, et al., *ibid.*, <u>31</u>, 3821 (1990); J. Mann et al., *J. Chem. Soc., Perkin Trans. 1*, 3081 (1990).

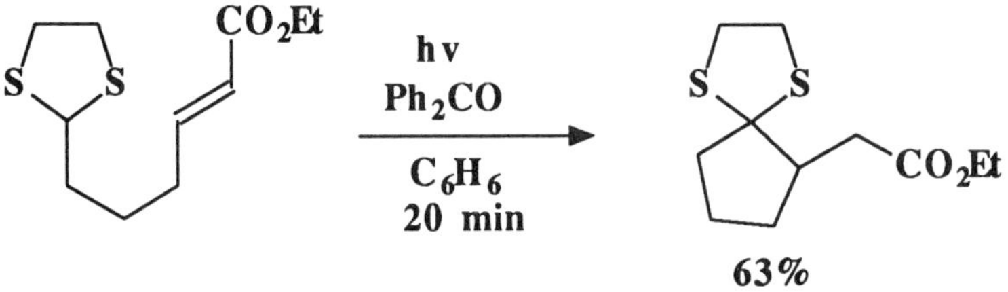

$$\xrightarrow[\substack{C_6H_6 \\ 20 \text{ min}}]{h\nu \quad Ph_2CO}$$

63 %

Other photochemically induced Michael additions also reported.

I.E.3-14 J.H. Byers and G. Clane, *Tetrahedron Lett.*, 31, 5697 (1990); S. Kiyooka et al., *J. Org. Chem.*, 55, 5562 (1990); D.H.R. Barton and M. Ramesh, *J. Am. Chem. Soc.*, 112, 891 (1990).

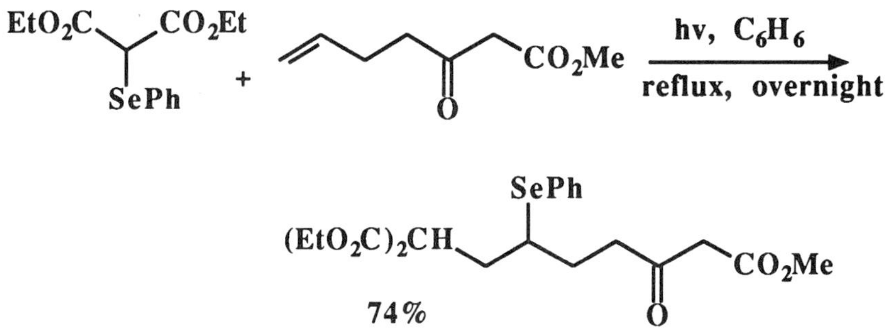

EtO_2C CO_2Et + [alkene-ketone-CO_2Me] $\xrightarrow{h\nu, C_6H_6, \text{reflux, overnight}}$ $(EtO_2C)_2CH$—[chain with SePh]—CO_2Me
SePh

74%

similarly with Ge and Te species

I.E.3-15 H. Suginome et al., *J. Chem. Soc., Perkin Trans. 1*, 1247 and 1033 (1990).

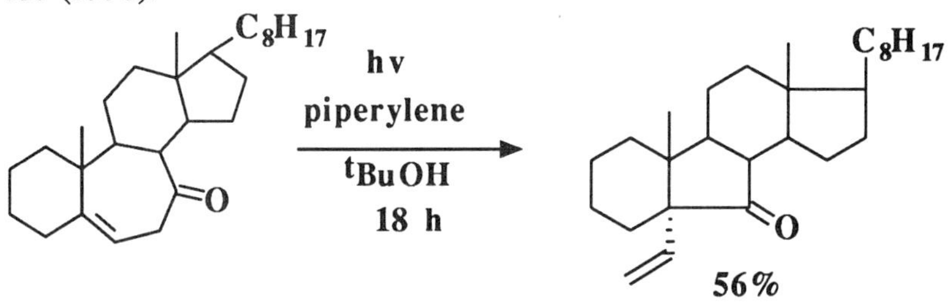

[steroid with C_8H_{17} side chain] $\xrightarrow[\text{18 h}]{h\nu, \text{piperylene}, ^tBuOH}$ [rearranged product with C_8H_{17}]

56%

I.E.3-16 W.J. Leigh et al., *Can. J. Chem.*, 68, 1961 (1990).

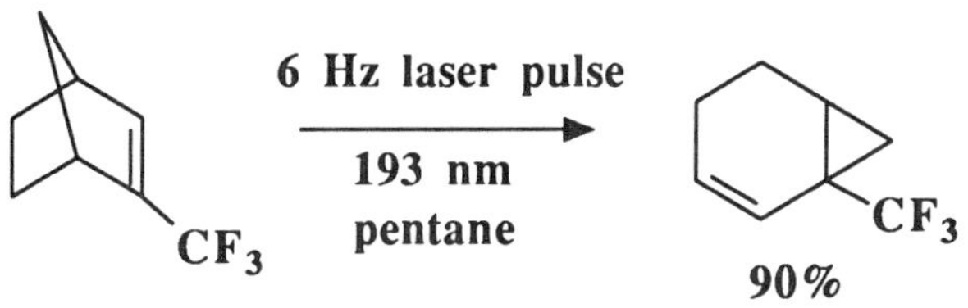

[norbornene-CF_3] $\xrightarrow[\text{193 nm, pentane}]{\text{6 Hz laser pulse}}$ [bicyclic product-CF_3]

90%

I.E.3-17 H. Hopf and C. Mlynek, *J. Org. Chem.*, 55, 1361 (1990); P. Ruedi et al., *Helv. Chim. Acta*, 73, 48 (1990); L. Castedo et al., *Can. J. Chem.*, 68, 964 (1990).

$$\xrightarrow[\text{toluene}]{h\nu, I_2, \text{biacetyl}}$$

64%

I.E.3-18 P. Maslak and J. Kula, *Tetrahedron Lett.*, 31, 4969 (1990); T. Matsuura et al., *Synthesis*, 719 (1990); J. Cornelisse et al., *J. Org. Chem.*, 55, 756 (1990).

$$\xrightarrow[\text{MeOH or } H_2O,\ 10\text{-}360\ \text{min}]{h\nu,\ \text{pyrex filter}}$$

other leaving groups used for similar transformations

27-97% (major)

I.E.3-19 M. Ohashi et al., *Tetrahedron Lett.*, 31, 6395 (1990); A.B. Pierini, R.A. Rossi et al., *J. Org. Chem.*, 55, 3705 (1990).

$$^nBu_4M\ +\ \text{(1,4-dicyanobenzene)} \xrightarrow[\text{MeCN}]{h\nu,\ > 300\ \text{nm}} \text{(4-butylbenzonitrile)}$$

M = Si, Ge, Sn

48-54%

similarly with an enolate and iodoadamantane

I.E.3-20 L.M. Tolbert, R.P. Johnson et al., *J. Am. Chem. Soc.*, 112, 6416 (1990).

Carbanion Photochemistry: A New Photochemical Route to Strained Cyclic Allenes.

I.E.3-21 J. Santamaria et al., *Tetrahedron Lett.*, 31, 4734 (1990).

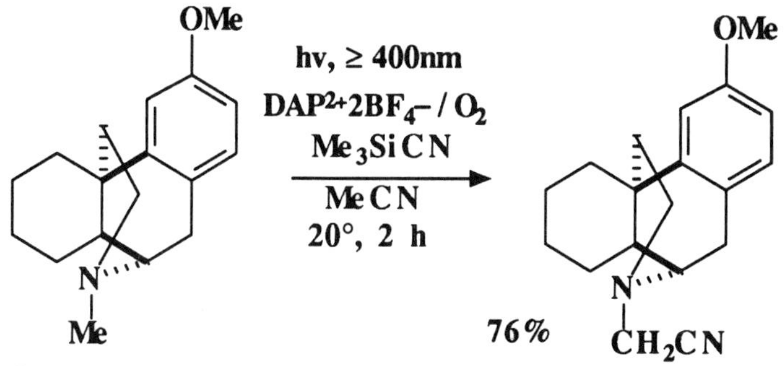

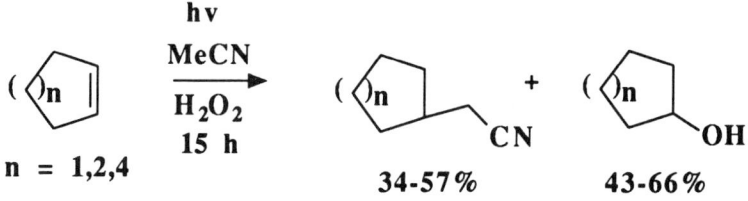

$DAP^{2+}2BF_4^-$ = N,N'- dimethyl-2,7-diazapyrenium-bis-(tetrafluoroborate)

I.E.3-22 H.R. Sonawane et al., *Chem. Commun.*, 1603 (1990).

n = 1,2,4

hv, MeCN, H_2O_2, 15 h

34-57% 43-66%

I.E.3-23 M.A. Miranda et al., *Monatsh. Chem.*, 121, 267 and 371 (1990).

a) Photolysis of α, 2-Diacetoxystyrenes

b) Electron transfer photofragmentations of 3-Phenylpropiophenones

I.E.3-24 J.S. Swenton et al., *J. Org. Chem.*, **55**, 2272 (1990).

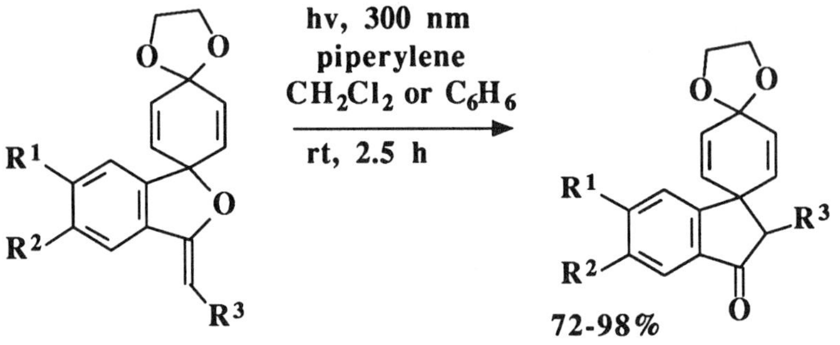

hv, 300 nm
piperylene
CH_2Cl_2 or C_6H_6
rt, 2.5 h

72-98%

intramolecular photoalkylation of an enol in a
tetracycline system also reported

I.E.3-25 M. D'Auria et al., *Tetrahedron*, **46**, 7831 (1990).

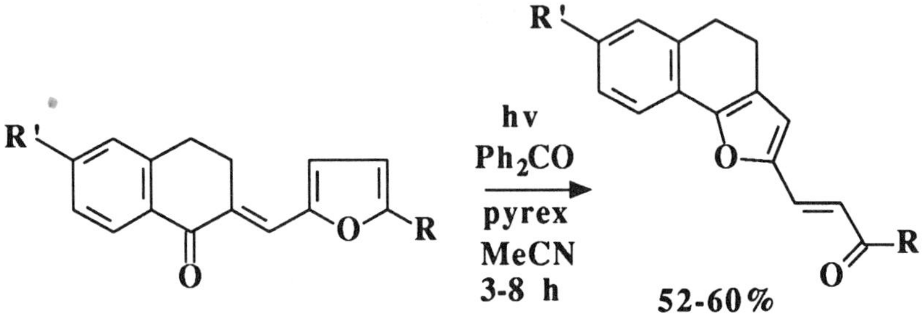

hv
Ph_2CO
pyrex
MeCN
3-8 h

52-60%

I.E.3-26 P. Margaretha et al., *Chem. Ber.*, **123**, 101 and 855 (1990).

Photochemistry of Tetrahydrobenzopyrandiones
and Trifluoromethylfuranones

I.E.3-27 C.L. Hill et al., *J. Am. Chem. Soc.*, **112**, 3671 (1990).

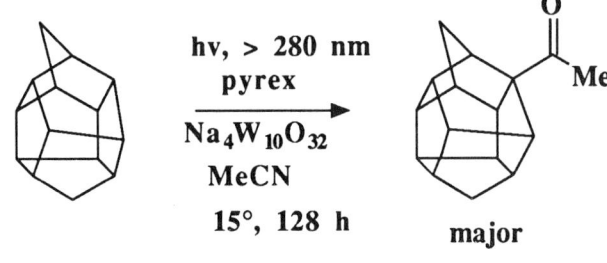

hv, > 280 nm
pyrex
$Na_4W_{10}O_{32}$
MeCN
15°, 128 h

major

I.E.3-28 S. Ghosh et al., *Tetrahedron*, **46**, 6821 (1990).

Studies on Enamides. Part 4 : Photochemical Investigations of N-Aroyldiphenylamines

---

I.E.3-29 A. Takuwa and R. Kai, *Bull. Chem. Soc. Jpn.*, **63**, 623 (1990).

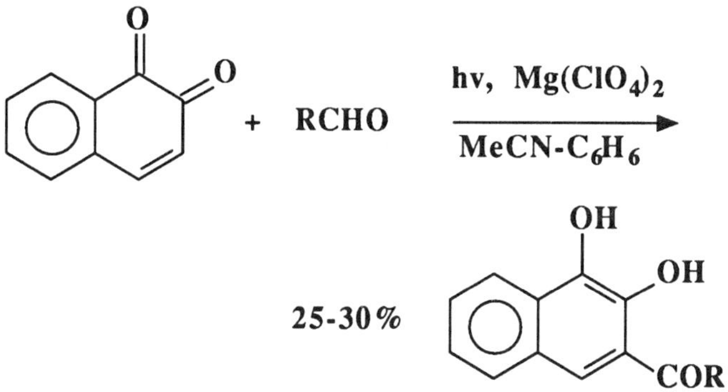

$$\text{naphthoquinone} + \text{RCHO} \xrightarrow[\text{MeCN-C}_6\text{H}_6]{h\nu,\ \text{Mg(ClO}_4)_2} \text{25-30\% product (COR, OH, OH)}$$

I.E.3-30 J. Cossy et al., *Tetrahedron*, **46**, 1859 (1990).

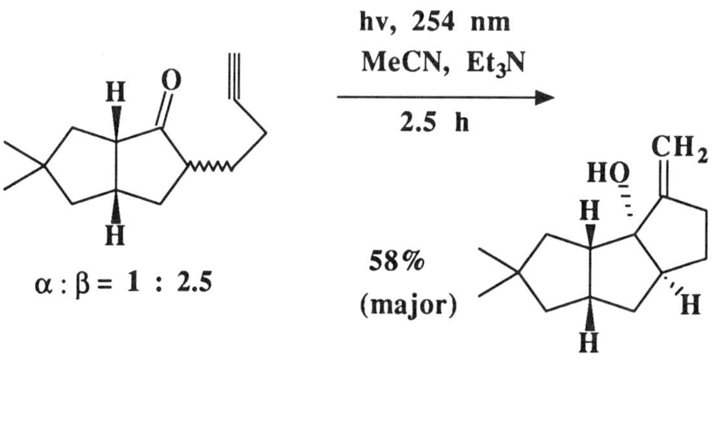

$$\xrightarrow[\text{2.5 h}]{h\nu,\ 254\ \text{nm},\ \text{MeCN, Et}_3\text{N}}$$

α : β = 1 : 2.5

58% (major)

I.E.3-31 G.A. Kraus et al., *Tetrahedron Lett.*, 31, 1819 (1990) and *Synth. Commun.*, 20, 1837 (1990); G. Descotes et al., *Can. J. Chem.*, 68, 1251 (1990); M. Yoshioka et al., *Chem. Commun.*, 374 (1990); T. Hasegawa, M. Yoshioka et al., *Bull. Chem. Soc. Jpn.*, 63, 935 (1990); J.-C. Gramain et al., *Rec. Trav. Chim.*, 109, 325 (1990).

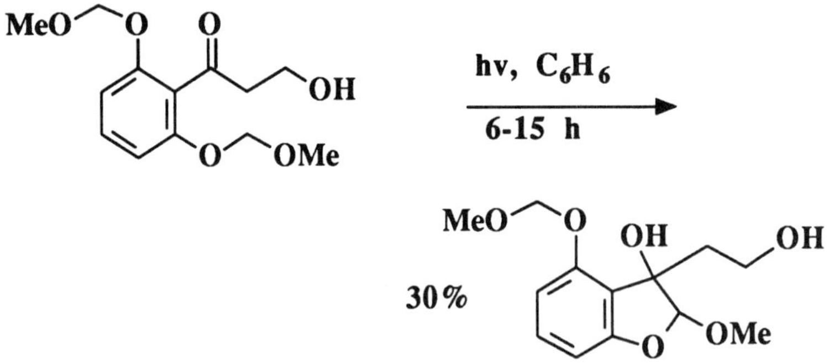

various other Norrish type II photocyclizations reported

I.E.3-32 L.F. Tietze and J.R. Wunsch, *Synthesis*, 985 (1990).

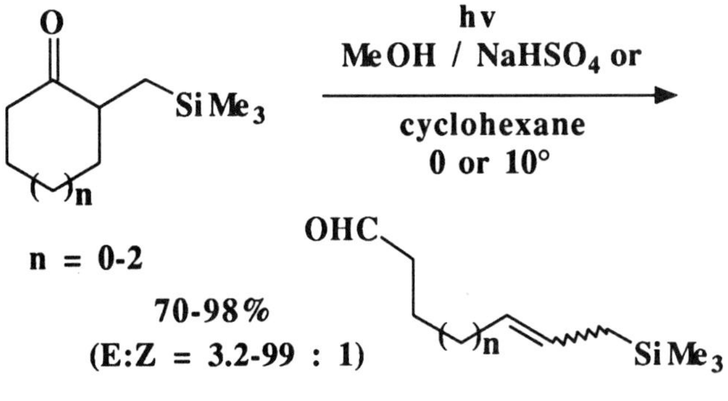

n = 0-2

70-98%
(E:Z = 3.2-99 : 1)

I.E.3-33 H.R. Sonawane et al., *Tetrahedron Lett.*, 31, 7495 (1990).

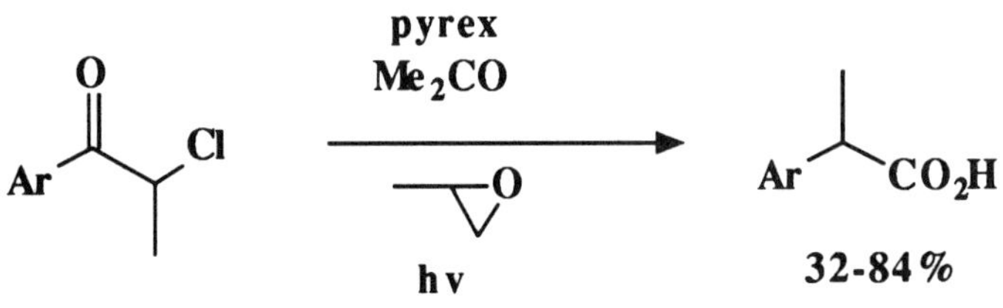

32-84%

I.E.3-34 K.C. Nicolaou, J.P. Snyder et al., *J. Am. Chem. Soc.*, 112, 3029 and 3040 (1990).

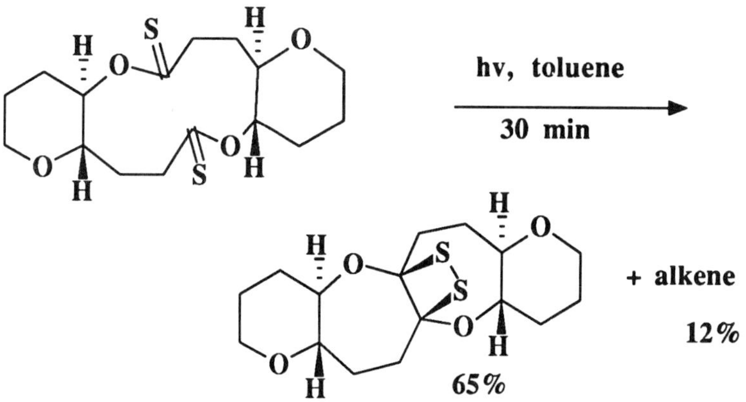

I.F. Aromatic Substitutions Forming a New Carbon-Carbon Bond

I.F.1. Friedel-Crafts Type Aromatic Substitution Reactions

I.F.1-1 S.A. Gamage and R.A.J. Smith, *Aust. J. Chem.*, 43, 815 (1990).

Intramolecular Aromatic Substitution with Bisthiocarbocations. Variations of Lewis Acid, Solvent and Orthothio Substituents.

I.F.1-2 H. Ishibashi et al., *Chem. Commun.*, 1436 (1990).

[Scheme: sulfoxide-substituted cyclopentane starting material + (CF$_3$CO)$_2$O, CH$_2$Cl$_2$, 0° to rt → tricyclic SMe/OAc product, 85%]

I.F.1-3 G.A. Kraus and J. Hansen, *Synlett.*, 483 (1990).

[Scheme: bicyclic acetal with OMs + (OMe)$_x$-C$_6$H$_{4-x}$-OMe, TiCl$_4$, 0° or −78°, x = 1,2 → ketone aryl product, 25-73%]

I.F.1-4 K. Uneyama et al., *J. Org. Chem.*, **55**, 5364 (1990); P.D. Johnson and P.A. Aristoff, *ibid.*, **55**, 1374 (1990); S. Shatzmiller and S. Bercovia, *Chem. Commun.*, 327 (1990); V.I. Uvarov et al., *Tetrahedron Lett.*, **31**, 4799 (1990); D.R. Kronenthal et al., *ibid.*, **31**, 1241 (1990); K. Suzuki et al., *ibid.*, **31**, 4629 (1990).

$$\text{Ar-H} \ + \ \text{CF}_3\text{CHSPh} \ \underset{\text{Cl}}{\ } \xrightarrow[\text{reflux, 30 min}]{\text{ZnCl}_2,\ \text{MeNO}_2} \ \text{Ar-CH(CF}_3\text{)SPh}$$

37-80%

other Lewis Acids and leaving groups employed for similar reactions

I.F.1-5 D.D. Grove et al., *Tetrahedron Lett.*, 31, 6277 (1990); Y. Shen et al., *J. Org. Chem.*, 55, 3961 (1990); H. Ohta et al., *Tetrahedron*, 46, 3463 (1990).

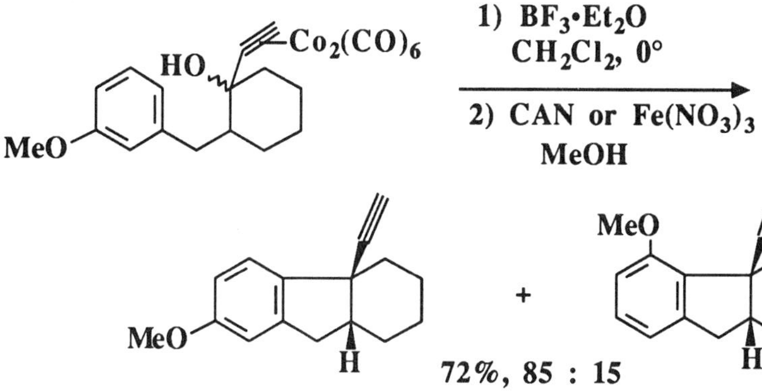

$Co_2(CO)_6$
HO
MeO
1) $BF_3 \cdot Et_2O$
CH_2Cl_2, 0°
2) CAN or $Fe(NO_3)_3$
MeOH
MeO
H
+
MeO
H
72%, 85 : 15

Friedel-Crafts alkylation of nitrobenzene (with EtOH / H_2SO_4) and of a lactol also reported

---

I.F.1-6 C.M. Marson et al., *Chem. Commun.*, 1516 (1990).

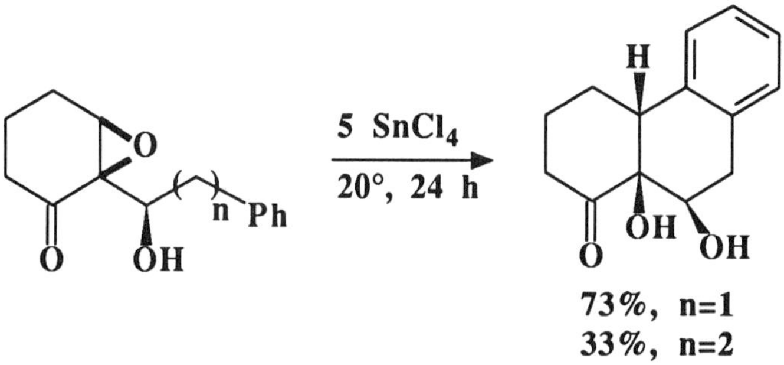

O
n
Ph
O
OH
5 $SnCl_4$
20°, 24 h
H
O
OH
OH
73%, n=1
33%, n=2

I.F.1-7 A.G. Martinez, M. Hanack et al., *Chem. Commun.*, 1571 (1990); M.L. Scarpati et al., *Synth. Commun.*, 2565 (1990).

$$\text{ArH} \xrightarrow[\text{sealed tube}]{(CF_3SO_2)_2O,\ \text{DMF}} \text{ArCHO} \quad 25\text{-}90\%$$

similar reaction with an activated arene, Cl_2CHOMe and $TiCl_4$

I.F.1-8 C. Giordano et al., *Synth. Commun.*, 20, 383 (1990); G. Sartori et al., *Gazz. Chim. Ital.*, 120, 13 (1990); V.I. Mil'to et al., *J. Org. Chem. (USSR)*, 25, 2139 (1989); D.L. Varie, *Tetrahedron Lett.*, 31, 7583 (1990).

MeO-naphthalene + RCOCl $\xrightarrow[CH_2Cl_2 / PhNO_2]{AlCl_3}$ $\xrightarrow{0°, 5 \text{ min}}$

60-71% of 6-acyl product after 20 h at 15°

1-acyl-6-methoxynaphthalene product 70-90%

I.F.1-9 T. Keumi et al., *Chem. Lett.*, 783 (1990); R. Martin and P. Demerseman, *Monatsh. Chem.*, 121, 227 (1990); S.P. Tanis, M.C. McMills et al., *Tetrahedron Lett.*, 31, 1977 (1990).

ArH + 2-(trifluoroacetoxy)pyridine $\xrightarrow[\substack{CH_2Cl_2 \\ 0°, 4 \text{ h}}]{AlCl_3}$ ArCOCF$_3$ 53-93%

Similar reactions with an ester and TiCl$_4$ or AlCl$_3$ or a thioester and Hg(OCOCF$_3$)$_2$

I.F.1-10 G.J. Quallich, M.T. Williams et al., *J. Org. Chem.*, 55, 4971 (1990).

γ-(3,4-dichlorophenyl)-γ-butyrolactone + benzene $\xrightarrow{CF_3SO_3H}_{75°, 1.5 \text{ h}}$ 4-(3,4-dichlorophenyl)-1-tetralone

91%

I.F.1-11 G. Erker and A.A.H. van der Zeijden, *Angew. Chem., Int. Ed. Engl.*, 29, 512 (1990).

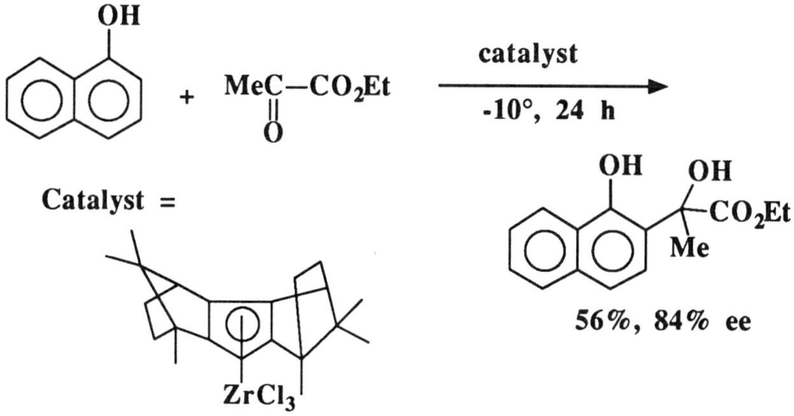

Catalyst = ZrCl$_3$ (chiral structure shown)

Naphthol + MeC(O)-CO$_2$Et →(catalyst, -10°, 24 h)→ product (naphthol with C(OH)(Me)CO$_2$Et)

56%, 84% ee

I.F.1-12 J. Bergman et al., *Tetrahedron*, 46, 6067, 6061 and 6085 (1990).

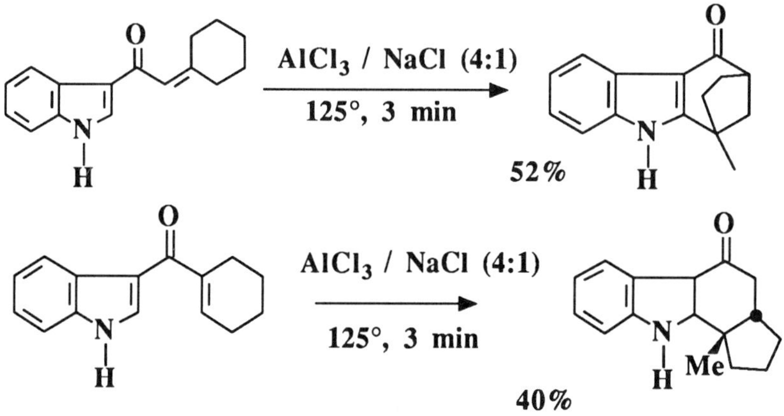

3-(2-cyclohexylideneacetyl)indole →(AlCl$_3$ / NaCl (4:1), 125°, 3 min)→ tetracyclic ketone, 52%

3-(cyclohex-1-enylcarbonyl)indole →(AlCl$_3$ / NaCl (4:1), 125°, 3 min)→ tetracyclic Me-substituted ketone, 40%

I.F.1-13 H.-J. Knolker and M. Bauermeister, *Chem. Commun.*, 664 (1990).

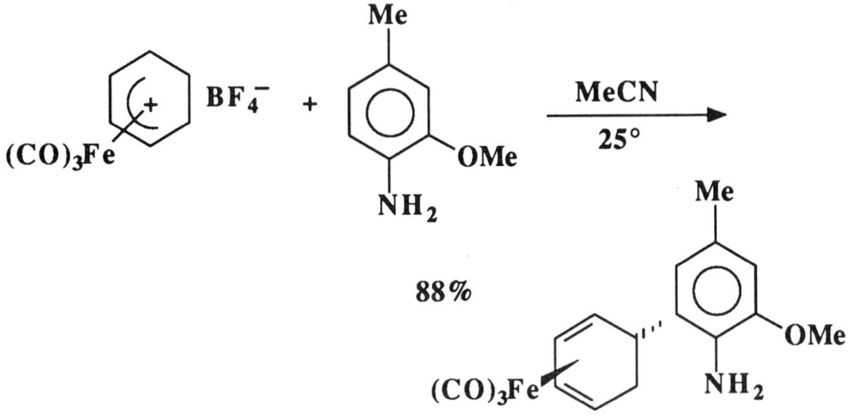

I.F.1-14 T. Kitamura, H. Taniguchi et al., et al., *J. Am. Chem. Soc.*, **112**, 6149 (1990).

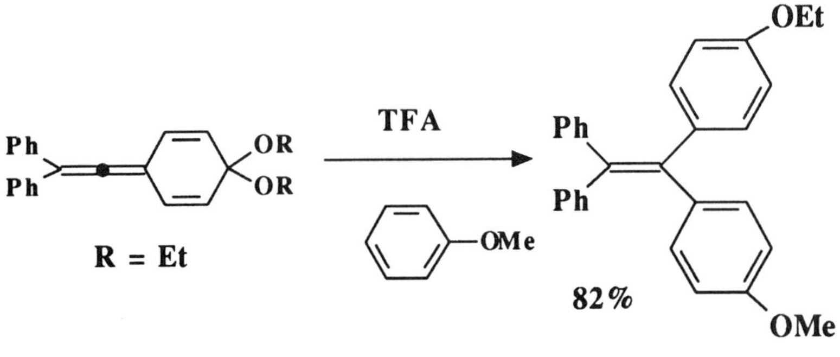

R = Et

I.F.1-15 M.F. El-Zohry and A.M. El-Khawaga, *J. Org. Chem.*, **55**, 4036 (1990).

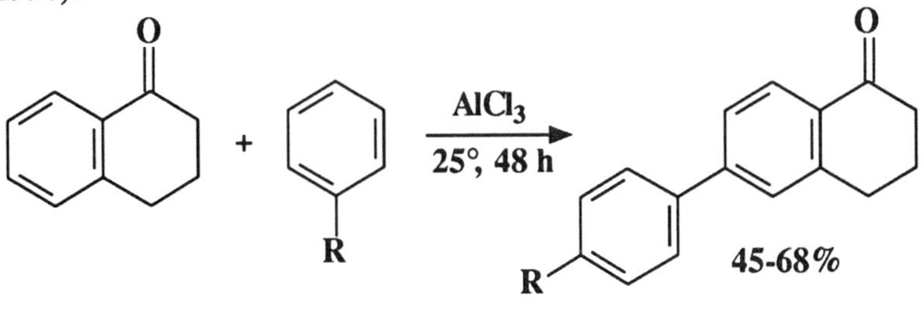

I.F.2. Coupling Reactions to Form an Aromatic Carbon-Carbon Bond

I.F.2-1 D. Astruc et al., *Bull. Soc. Chim. Fr.*, 127, 401 (1990).

Review: Nucleophilic Aromatic Substitution: Activation by Transition Metals.

I.F.2-2 G.A. Potter and R. McCague, *J. Org. Chem.*, 55, 6184 (1990); F.-T. Luo et al., *ibid.*, 55, 4846 (1990); S. Cacchi et al., *Synlett.*, 47 (1990); A. Jutand et al., *J. Organomet. Chem.*, 390, 389 (1990); Y. Ikoma et al., *Synthesis*, 147 (1990); H. Jendralla and L.-J. Chen, *ibid.*, 827 (1990); S.A. Lebedev et al., *J. Org. Chem. (USSR)*, 25, 1832 (1989); H. Yamanaka et al., *Chem. Pharm. Bull.*, 38, 1513 (1990); M.I. Al-Hassan, *J. Organomet. Chem.*, 386, 395 (1990).

$$\text{Ph} \diagdown \text{C=C} \diagup \text{Et} \diagup \text{Br} \diagup \text{C}_6\text{H}_4\text{-O-CH}_2\text{CH}_2\text{Cl} \quad + \quad \text{PhZnCl} \quad \xrightarrow[\text{toluene} \\ 110°, 1 \text{ h}]{\text{Pd(Ph}_3\text{P)}_4} $$

$$\text{Ph} \diagdown \text{C=C} \diagup \text{Et} \diagup \text{Ph} \diagup \text{C}_6\text{H}_4\text{-O-CH}_2\text{CH}_2\text{Cl} \quad 99\%, (90\% \text{ de})$$

Similar reactions with I or OTf leaving groups, Grignard reagents and Pd or Ni catalysts with a phosphonate anion or a vinyl Al species and Pd(0)

I.F.2-3 J. Perichon et al., *J. Organomet. Chem.*, 393, 137 (1990).

Synthesis of Unsymmetrical Biaryls by Electroreduction of Aryl Halides Catalyzed by Nickel-2,2'-bipyridine Complexes.

I.F.2-4 M. Iyoda et al., *Bull. Chem. Soc. Jpn.*, 63, 80 (1990); F.J. Heldrich et al., *Synlett*, 525 (1990); C. Naumann and H. Langhals, *Synthesis*, 279 (1990).

R–C$_6$H$_4$–X $\xrightarrow{\text{NiBr}_2(\text{PPh}_3)_2, \text{Zn, Et}_4\text{NI}}_{\text{THF, 3-46 h}}$ R–C$_6$H$_4$–C$_6$H$_4$–R

X = Br, I   56-90%

I.F.2-5 H. Yamanaka et al., *Heterocycles*, 31, 219 (1990); J.M. Saa et al., *Tetrahedron Lett.*, 31, 2357 (1990); P. Quayle et al., *ibid.*, 31, 6077 (1990); T.A. Rano et al., *ibid.*, 31, 2853 (1990); T.R. Kelly et al., *ibid.*, 31, 161 (1990); R.W. Friesen and C.F. Sturino, *J. Org. Chem.*, 55, 2572 (1990); E. Dubois and J.-M. Beau, *Chem. Commun.*, 1191 (1990); T. Benneche, *Acta Chem. Scand.*, 44, 927 (1990).

ArBr + CH(OEt)=CH–SnBu$_3$ $\xrightarrow{\text{Pd(Ph}_3\text{P)}_2\text{Cl}_2}_{\text{Et}_4\text{NCl, DMF, 80°, 1-18 h}}$ Ar–CH=CH–OEt   56-86%

Similar reactions with allyl or aryl silanes, different leaving groups and catalysts.

I.F.2-6 G. Stork and R.C.A. Isaacs, *J. Am. Chem. Soc.*, 112, 7399 (1990).

[Bicyclic substrate with OTf and CO$_2$Me groups] $\xrightarrow[\text{2) 1-BrNp, Pd(Ph}_3\text{P)}_4 \text{ cat., toluene, reflux}]{\text{1) Sn}_2\text{Me}_6, \text{LiCl, Pd(Ph}_3\text{P)}_4, \text{reflux, THF}}$ [Product with naphthyl group and CO$_2$Me]   83%

cat. = 2,6-di-*tert*-butyl-4-methylphenol (OH / Me substituted phenol)

I.F.2-7 C.A. Merlic and M.F. Semmelhack, *J. Organomet. Chem.*, 391, C23 (1990); B.M. Choudary and M.R. Sarma, *Tetrahedron Lett.*, 31, 1495 (1990); P.P. Deshpande and O.R. Martin, *ibid.*, 31, 6313 (1990); A. Ohta et al., *Heterocycles*, 31, 1951 (1990); K. Nilsson and A. Hallberg, *Acta Chem. Scand.*, 44, 288 (1990); C.-M. Andersson, A. Hallberg et al., *J. Org. Chem.*, 55, 5757 (1990); W. Cabri et al., *ibid.*, 55, 3654 (1990); A. deMeijere et al., *Synlett*, 405 (1990); J. Reisch et al., *Liebigs Ann. Chem.*, 209 (1990); J.M. Brown and N.A. Cooley, *Organometallics*, 9, 353 (1990); C.-S. Li et al., *Chem. Commun.*, 1774 (1990).

$$\text{Ph-I} \ + \ \underset{\text{NHAc}}{\overset{CO_2Me}{=\!\!\!<}} \quad \xrightarrow[\text{DMF, 100°}]{\text{Pd / C} \atop K_2CO_3} \quad \underset{\text{Ph}}{\overset{CO_2Me}{\diagup\!\!\!\diagdown}}\text{NHAc}$$

                              55%
with KCl (1 eq) 75%

Similar reactions with arenes, different leaving groups or catalysts.

I.F.2-8 K. Nilsson and A. Hallberg, *J. Org. Chem.*, 55, 2464 (1990); R.C. Larock and W.H. Gong, *J. Org. Chem.*, 55, 407 (1990); L.E. Overman et al., *J. Am. Chem. Soc.*, 112, 6959 (1990).

$$\underset{\underset{CO_2Me}{|}}{\overset{}{\bigcirc\!\!\!\!\!N}} \ + \ \text{ArBr} \quad \xrightarrow[\text{neat, 80°, 1-2 days}]{Pd(OAc)_2, \ Et_3N} \quad \underset{\underset{CO_2Me}{|}}{\overset{}{\bigcirc\!\!\!\!\!N}}\!\!\text{Ar}$$

                              5-70%

I.F.2-9 J. Fu and V. Snieckus, *Tetrahedron Lett.*, **31**, 1665 (1990); S.C. Suri and V. Nair, *Synthesis*, 695 (1990); A.L. Casalnuovo and J.C. Calabrese, *J. Am. Chem. Soc.*, **112**, 4324 (1990).

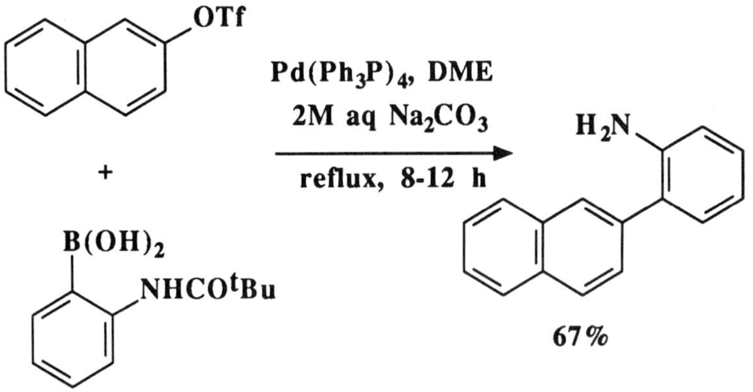

naphthalene-OTf + B(OH)$_2$-C$_6$H$_4$-NHCO^{t}Bu $\xrightarrow[\text{reflux, 8-12 h}]{\text{Pd(Ph}_3\text{P)}_4, \text{ DME} \\ \text{2M aq Na}_2\text{CO}_3}$ 2-(2-aminophenyl)naphthalene

67%

I.F.2-10 M. Miura et al., *Chem. Lett.*, 459 (1990); N. Kamigata et al., *ibid.*, 649 (1990); T.E. Krafft, J.D. Rich et al., *J. Org. Chem.*, **55**, 5430 (1990).

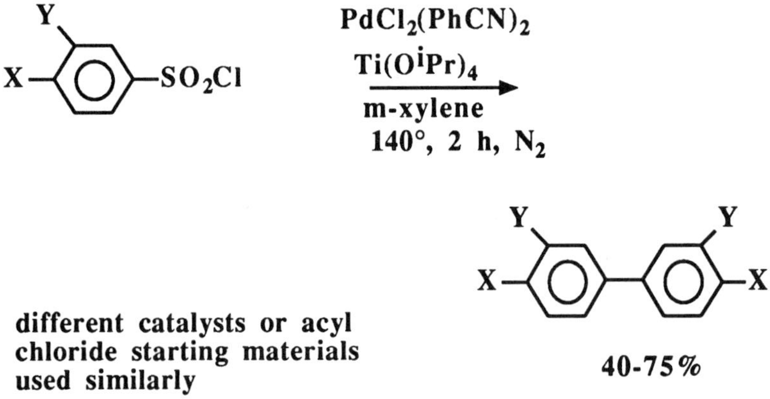

Y-C$_6$H$_3$(X)-SO$_2$Cl $\xrightarrow[\substack{\text{m-xylene} \\ 140°, \text{ 2 h, N}_2}]{\substack{\text{PdCl}_2(\text{PhCN})_2 \\ \text{Ti(O}^i\text{Pr)}_4}}$ X-C$_6$H$_3$(Y)-C$_6$H$_3$(Y)-X

different catalysts or acyl chloride starting materials used similarly

40-75%

I.F.2-11 N. Kamigata et al., *Bull. Chem. Soc. Jpn.*, <u>63</u>, 2118 (1990).

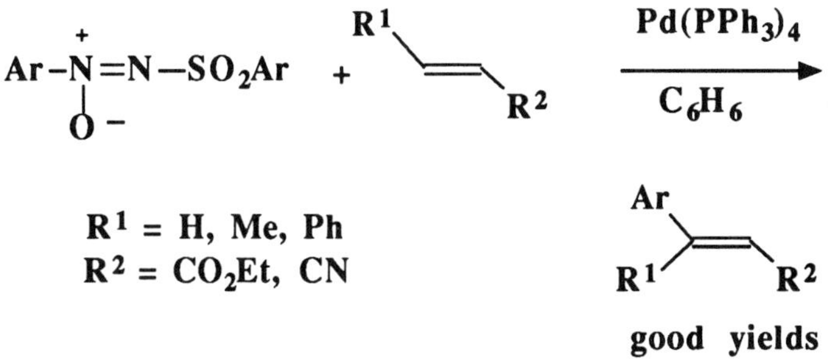

$$Ar-\overset{+}{\underset{O^-}{N}}=N-SO_2Ar \; + \; \overset{R^1}{\diagdown}\!\!=\!\!\overset{}{\diagup_{R^2}} \; \xrightarrow[C_6H_6]{Pd(PPh_3)_4} \; \overset{Ar}{\diagdown}\!\!=\!\!\overset{}{\diagup_{R^2}}\overset{}{_{R^1}}$$

R^1 = H, Me, Ph
R^2 = CO_2Et, CN

good yields

I.F.2-12 J.-Y. Legros and J.-C. Fiaud, *Tetrahedron Lett.*, <u>31</u>, 7453 (1990); B. Crociani et al., *J. Organomet. Chem.*, <u>381</u>, C17 (1990).

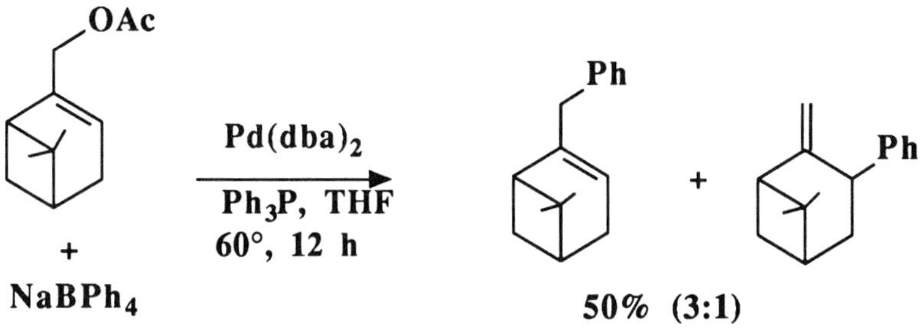

[Pinene-CH$_2$OAc] + NaBPh$_4$ $\xrightarrow[60°, 12 h]{Pd(dba)_2, Ph_3P, THF}$ [Pinene-CH$_2$Ph] + [Pinene with =CH$_2$ and Ph]

50% (3:1)

I.F.2-13 R.D. Pike and D.A. Sweigart, *Synlett.*, 565 (1990).

Review: Single and Double Nucleophilic Addition to Coordinated π - Hydrocarbons: Manganese-Mediated Functionalization of Arenes.

I.F.2-14 K. Yoshida et al., *Chem. Lett.*, 2049 (1990); G. van Koten et al., *Rec. Trav. Chim.*, 109, 46 (1990); K.V.R. Krishna, R.S. Kapil et al., *Tetrahedron Lett.*, 31, 1351 (1990); A.G. Brown and P.D. Edwards, *ibid.*, 31, 6581 (1990).

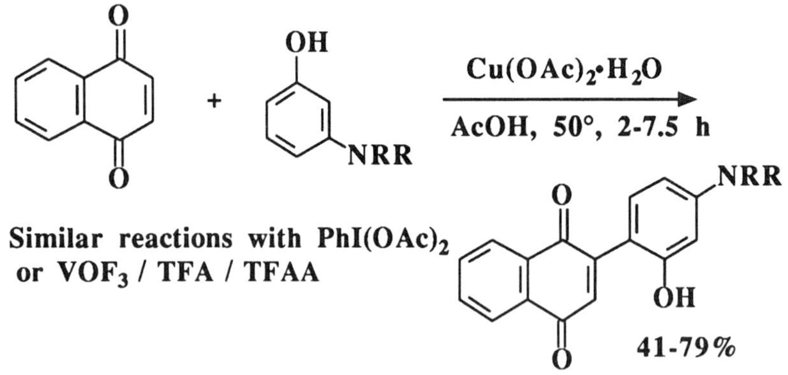

Similar reactions with PhI(OAc)$_2$ or VOF$_3$ / TFA / TFAA

41-79%

I.F.2-15 T.N. Majid and P. Knochel, *Tetrahedron Lett.*, 31, 4413 (1990); C. Tamm et al., *Helv. Chim. Acta*, 73, 122 (1990); D.A. Widdowson et al., *Synlett*, 467 and 469 (1990).

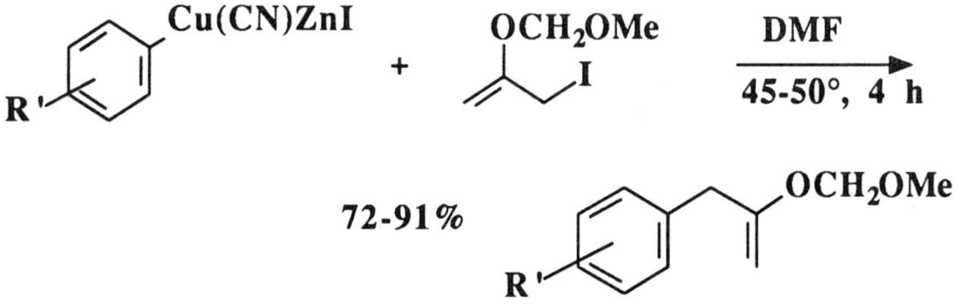

72-91%

I.F.2-16 M. Nilsson et al., *Synthesis*, 942 (1990).

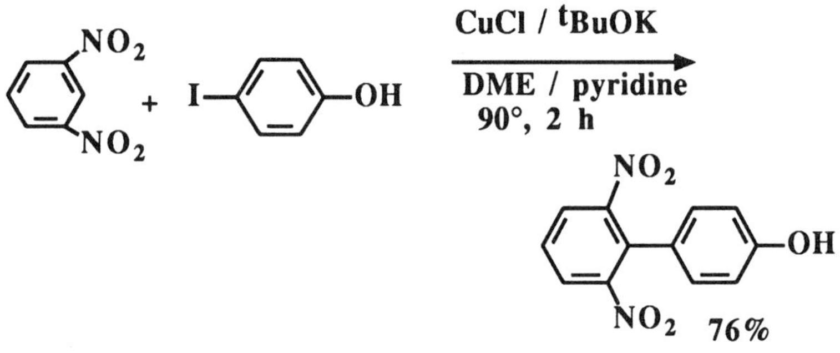

76%

I.F.2-17 A.H. Schmidt et al., *Synthesis*, 579 (1990).

$$\underset{O}{\overset{X}{\underset{}{\bigsqcup}}}\overset{H}{\underset{O}{}} + ArN_2^+Cl^- \xrightarrow[-5° \text{ to rt, 6 h}]{CuCl_2 \ / \ AcONa \atop Me_2CO \ / \ H_2O} \underset{O}{\overset{X}{\underset{}{\bigsqcup}}}\overset{Ar}{\underset{O}{}}$$

X = OH, 31-66%
X = NR$_2$, 24-67%

I.F.2-18 S. Miyano et al., *Chem. Lett.*, 807 and 143 (1990); M.V. Sargent et al., *J. Chem. Soc., Perkin Trans. 1*, 129 and 133 (1990); A.M. Warshawski and A.I. Meyers, *J. Am. Chem. Soc.*, 112, 8090 (1990).

Ment = (-)-Menthyl

74-95% (76-98% de)

Similar displacement of Br and MeO groups also reported

I.F.2-19 D.M.X. Donnelly et al., *Tetrahedron Lett.*, 31, 6637 and 7449 (1990) and *J. Chem. Soc., Perkin Trans. 1*, 2851 (1990); D.H.R. Barton et al., *Chem. Commun.*, 1110 (1990).

+ ArPb(OAc)$_3$ $\xrightarrow[\text{THF}]{Pd(OAc)_2, \ Ph_3P}$

67-88%

I.F.2-20 K.P.C. Volhardt et al., *J. Organomet. Chem.*, 382, 191 (1990).

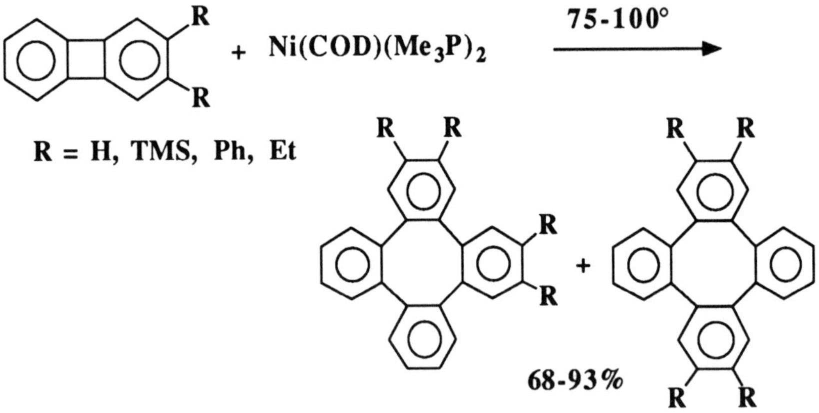

R = H, TMS, Ph, Et

68-93%

I.F.2-21 W.J. Brouillette et al., *J. Org. Chem.*, 55, 5222 (1990).

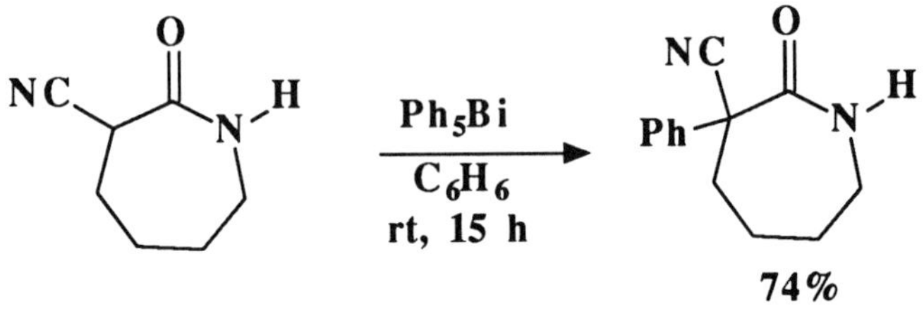

Ph$_5$Bi / C$_6$H$_6$, rt, 15 h

74%

I.F.2-22 A.S. Guram and R.F. Jordan, *Organometallics*, 9, 2190 and 2116 (1990).

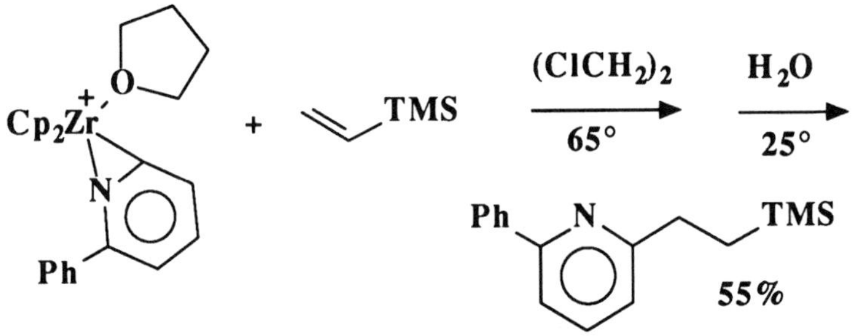

(ClCH$_2$)$_2$, 65° ; H$_2$O, 25°

55%

I.F.3. Other Aromatic Substitutions and Preparations

I.F.3-1 H.G. Richey, Jr. and J. Farkas, Jr., *Organometallics*, 9, 1778 (1990).

pyridine $\xrightarrow[\text{additive}]{\text{Et}_2\text{Mg/EtLi}}$ 2-Et-pyridine (0.3-79%) + 4-Et-pyridine (0-54%)

2-Et pyridine alone with either organometallic alone

I.F.3-2 P.H.M. Budzelaar and J.A. van Doorn, *Rec. Trav. Chim.*, 109, 443 (1990); R.F. Evans et al., *Aust. J. Chem.*, 43, 733 (1990); S. Sternhell et al., *ibid.*, 43, 807 (1990).

1,2,3-tri(OMe)benzene $\xrightarrow[\text{60°}]{\text{3 BuLi, hexane}}$ 2-Bu-1,3-di(OMe)-... (60%)

I.F.3-3 U. Azzena et al., *Synthesis*, 313 (1990) and *J. Org. Chem.*, 55, 5386 (1990).

3,4,5-tri(OMe)-benzaldehyde dimethyl acetal $\xrightarrow{\begin{array}{l}\text{1) Na/THF, rt, 24 h}\\\text{2) RX, rt, 24 h}\\\text{3) 1M HCl/THF (1:1)}\\\text{rt, 5 h}\end{array}}$ 4-R-3,5-di(OMe)-benzaldehyde (71-94%)

I.F.3-4 M.-J. Shiao et al., *Heterocycles*, 31, 523 (1990).

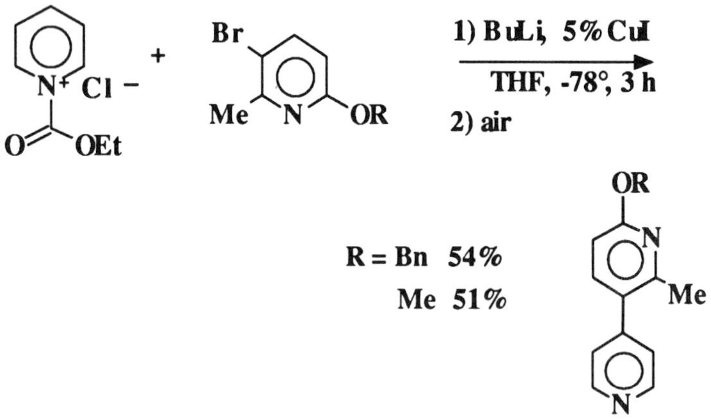
Br
+
N+ Cl −
O
OEt
Me
N
OR
1) BuLi, 5% CuI
THF, -78°, 3 h
2) air
OR
N
Me
N
R = Bn 54%
Me 51%

I.F.3-5 R.D. Rieke et al., *J. Am. Chem. Soc.*, 112, 8388 (1990); E.P. Kundig et al., *Helv. Chim. Acta*, 73, 1970 (1990); R.G. Sutherland et al., *Tetrahedron Lett.*, 31, 6831 (1990).

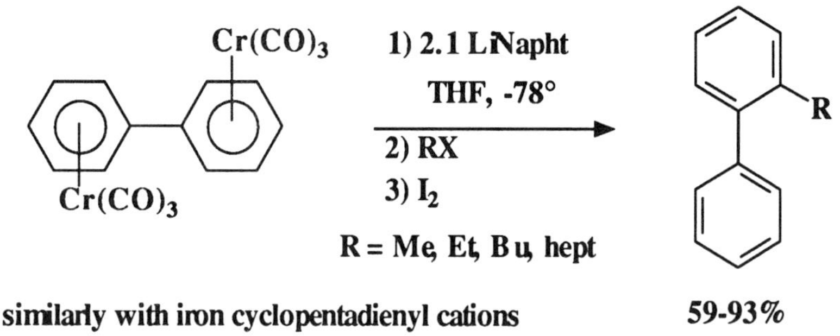
Cr(CO)3
Cr(CO)3
1) 2.1 LiNapht
THF, -78°
2) RX
3) I2
R = Me, Et, Bu, hept
R
similarly with iron cyclopentadienyl cations
59-93%

I.F.3-6 J.C. Cochran and M.G. Melville, *Synth. Commun.*, **20**, 609 (1990); R.P. Ryall and R.B. Silverman, *ibid.*, **20**, 431 (1990).

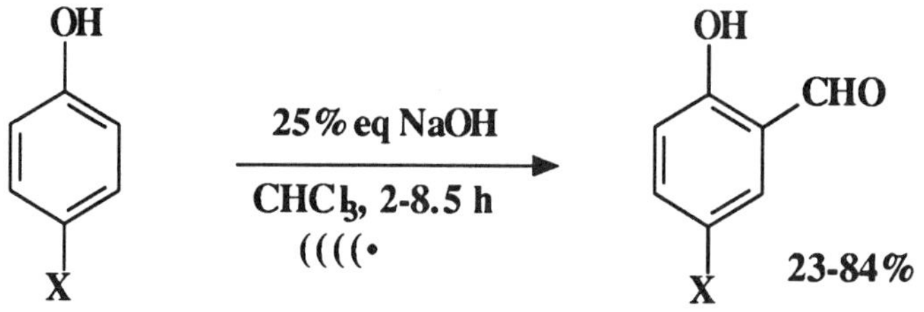

![Reaction scheme: 4-substituted phenol + 25% eq NaOH, CHCl$_3$, 2-8.5 h, ((((• → 2-hydroxy-5-X-benzaldehyde, 23-84%]

more rapid and in better yield with ultrasound

Hydroxymethylation of hydroquinone derivatives with $(CH_2O)_3$ / PhOB(OH)$_2$ also reported

---

I.F.3-7 F. Rose-Munch et al., *J. Organomet. Chem.*, **385**, C1 (1990); G.R. Stephenson et al., *Tetrahedron Lett.*, **31**, 3401 (1990).

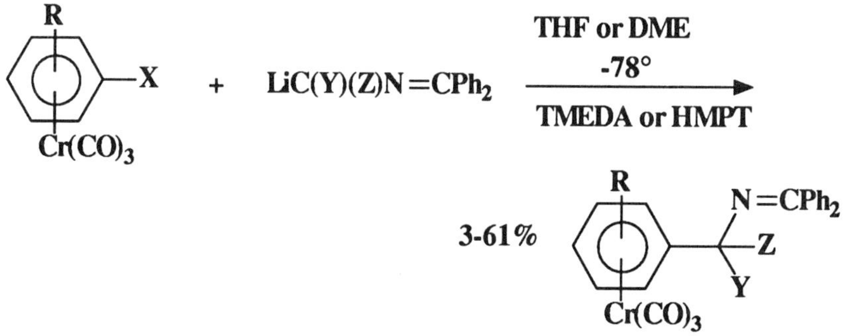

![Reaction scheme: (η^6-R-C$_6$H$_4$-X)Cr(CO)$_3$ + LiC(Y)(Z)N=CPh$_2$ → THF or DME, -78°, TMEDA or HMPT → (η^6-R-C$_6$H$_4$-C(Y)(Z)N=CPh$_2$)Cr(CO)$_3$, 3-61%]

I.F.3-8 K. Tamao et al., *Tetrahedron Lett.*, **31**, 2925 (1990); S. Sengupta and V. Snieckus, *ibid.*, **31**, 4267 (1990).

$$\left[\text{PhSi}-\underset{\text{Me}}{\text{N}}-\text{CH}_2\text{CH}_2-\text{NMe}_2 \right]_2 \xrightarrow[\text{2) E+}]{\text{1) 2.8 }^t\text{BuLi, hexane, rt, 2 h}} \left[\text{PhSi(o-E-C}_6\text{H}_4)-\underset{\text{Me}}{\text{N}}-\text{CH}_2\text{CH}_2-\text{NMe}_2 \right]_2$$

30-97%

I.F.3-9 M. Adachi and T. Sugasawa, *Synth. Commun.*, **20**, 71 (1990).

$$\text{R-C}_6\text{H}_4\text{-NH}_2 + \text{Cl}_3\text{CCN} \xrightarrow[\text{CH}_2\text{Cl}_2, \text{ reflux, 6-24 h}]{\text{BCl}_3 / \text{CH}_2\text{Cl}_2, \text{ SnCl}_4} \text{R-C}_6\text{H}_3(\text{NH}_2)(\text{CN})$$

40-55%

I.F.3-10 E. Fanghanel and V. Engels, *Z. Chem.*, 364 (1990); Z. Wrobel and M. Makosza, *Org. Prep. Proced. Int.*, **22**, 575 (1990).

$$\text{R-C}_6\text{H}_4\text{-NO}_2 \xrightarrow[\text{PhSCH}_2\text{CN}]{\text{NaOH, DMSO}} \xrightarrow{\text{H}^+ / \text{H}_2\text{O}} \text{R-C}_6\text{H}_3(\text{NO}_2)(\text{CH}_2\text{CN})$$

42-89%

I.F.3-11 J.A. Murphy and M.S. Sherburn, *Tetrahedron Lett.*, 31, 3495 (1990).

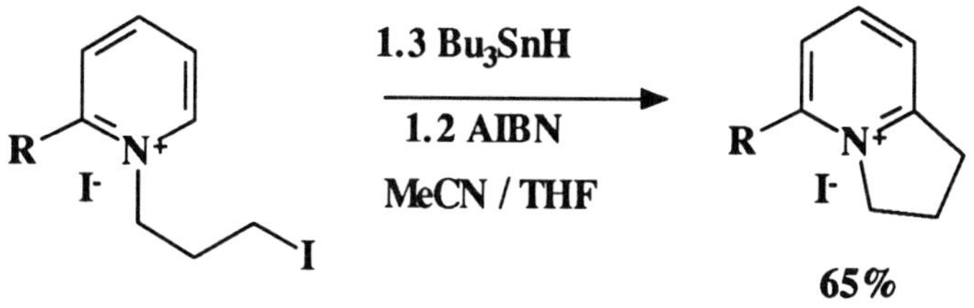

$$\text{R}\overset{\oplus}{\underset{\underset{\text{I}^-}{|}}{\text{N}}}\!\!-\!\!\text{CH}_2\text{CH}_2\text{CH}_2\text{I} \quad \xrightarrow[\text{MeCN / THF}]{\begin{array}{c}\text{1.3 Bu}_3\text{SnH}\\ \text{1.2 AIBN}\end{array}} \quad \text{R-pyridinium bicyclic product, I}^-$$

65%

I.F.3-12 H.N. Abramson et al., *Synth. Commun.*, 20, 2691 (1990).

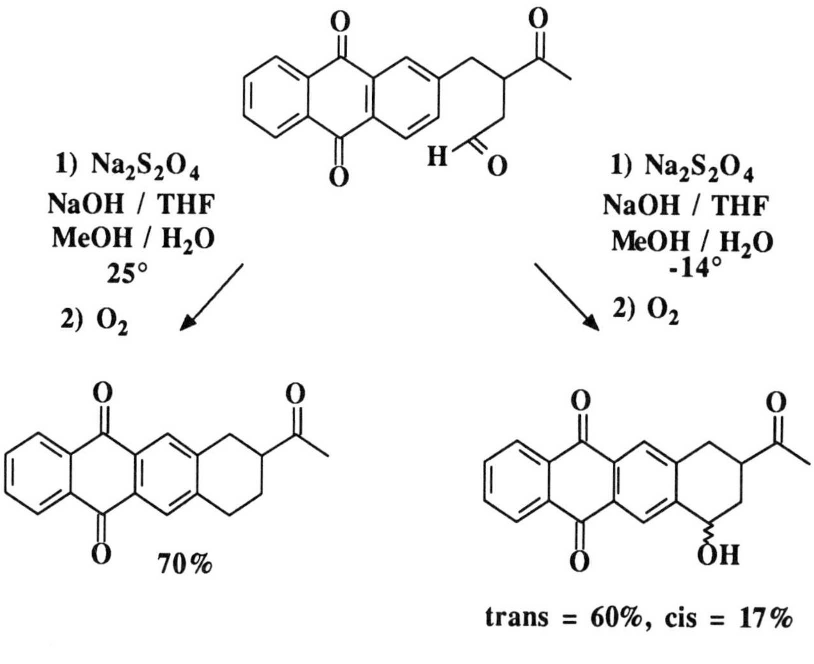

1) $Na_2S_2O_4$
NaOH / THF
MeOH / H_2O
25°
2) O_2

1) $Na_2S_2O_4$
NaOH / THF
MeOH / H_2O
-14°
2) O_2

70%

trans = 60%, cis = 17%

I.F.3-13 S. Furukawa et al., *Chem. Pharm. Bull.*, **38**, 5 (1990); T. Hiyama and K. Sato, *Synlett*, 53 (1990); D. Mondeshka et al., *Chem. Ber.*, **123**, 1381 (1990).

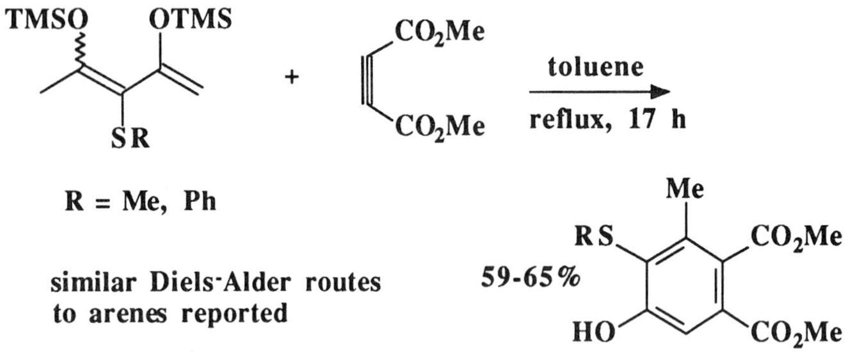

R = Me, Ph

similar Diels-Alder routes to arenes reported

59-65%

I.F.3-14 J. Nakayama and R. Hasemi, *J. Am. Chem. Soc.*, **112**, 5654 (1990).

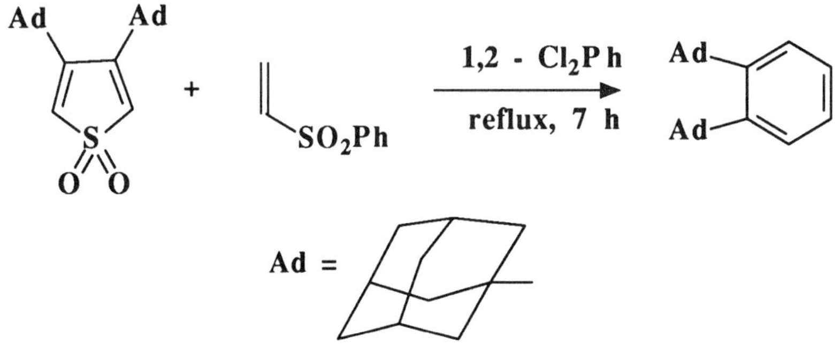

I.F.3-15 M.A. Huffman and L.S. Liebeskind, *J. Am. Chem. Soc.*, **112**, 8617 (1990).

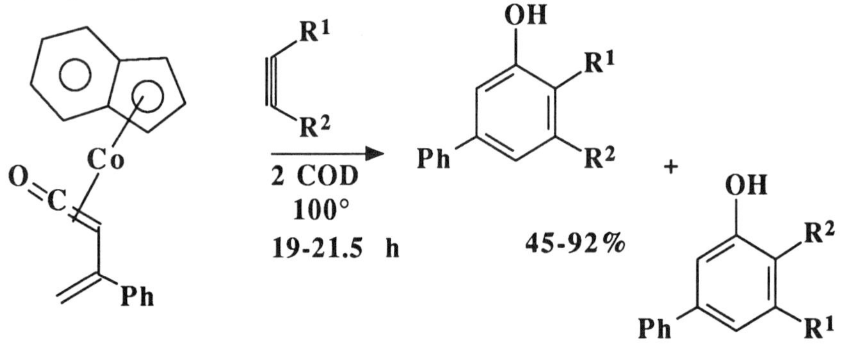

2 COD
100°
19-21.5 h

45-92%

I.F.3-16 P. Miginiac, *Synth. Commun.*, 20, 1853 (1990).

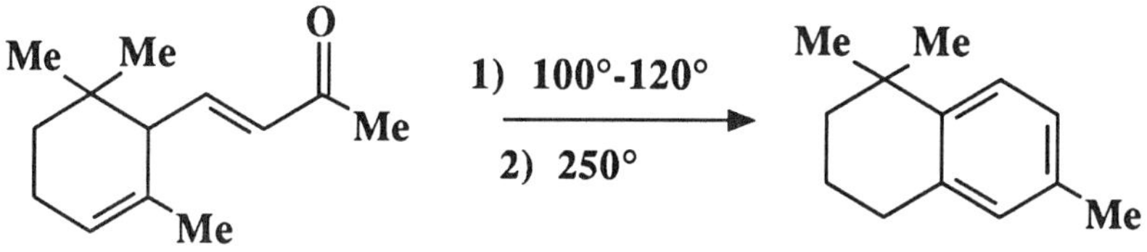

I.F.3-17 T. Miyakoshi and H. Togashi, *Synthesis*, 407 (1990); T. Nozoe, H. Wakabayashi, P.-W. Yang et al., *Heterocycles*, 31, 17 (1990).

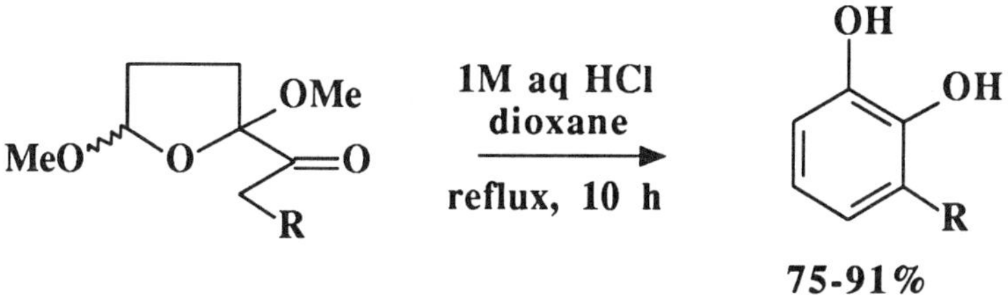

I.F.3-18 M.V. Sargent and A.B. Zwicky, *J. Chem. Soc., Perkin Trans. 1*, 1713 (1990).

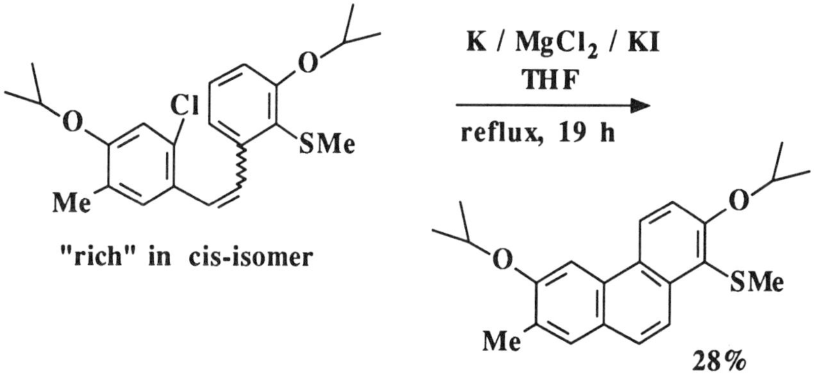

"rich" in cis-isomer

28%

I.F.3-19 A. Citterio et al., *Synthesis*, 142 (1990); B.B. Snider and T. Kwon, *J. Org. Chem.*, <u>55</u>, 4786 (1990).

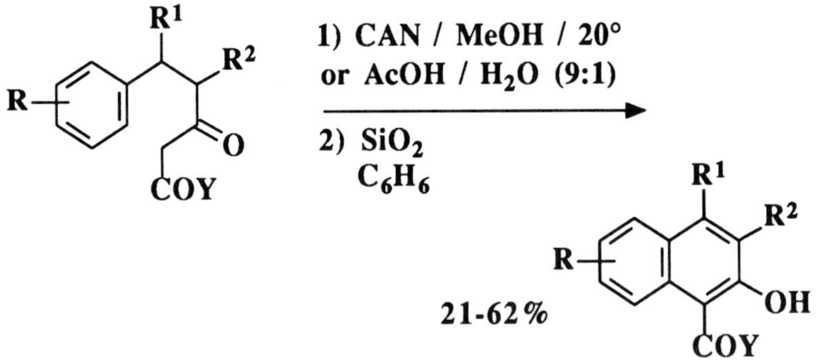

Reagents: 1) CAN / MeOH / 20° or AcOH / H_2O (9:1); 2) SiO_2, C_6H_6

Yield: 21-62%

I.F.3-20 H. Ila, H. Junjappa et al., *J. Org. Chem.*, <u>55</u>, 5589 (1990).

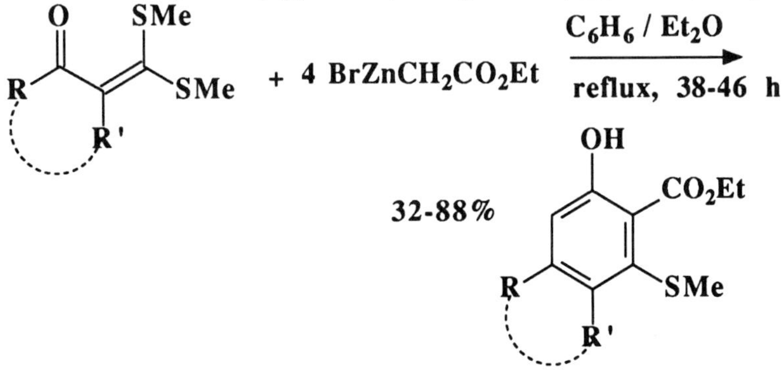

Reagents: + 4 $BrZnCH_2CO_2Et$, C_6H_6 / Et_2O, reflux, 38-46 h

Yield: 32-88%

I.F.3-21 S.L. Evans et al., *Org. Prep. Proced. Int.*, <u>22</u>, 764 (1990).

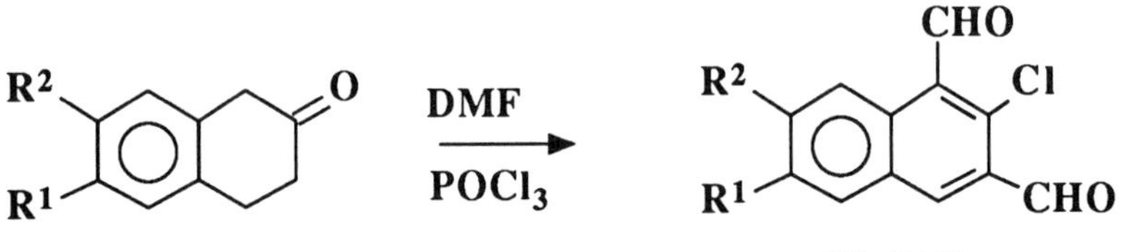

R^1, R^2 = H, OMe

Reagents: DMF, $POCl_3$

Yield: 30-54%

I.F.3-22 H. Hofmann et al., *Z. Naturforsch.*, **45B**, 1059 and 1573 (1990).

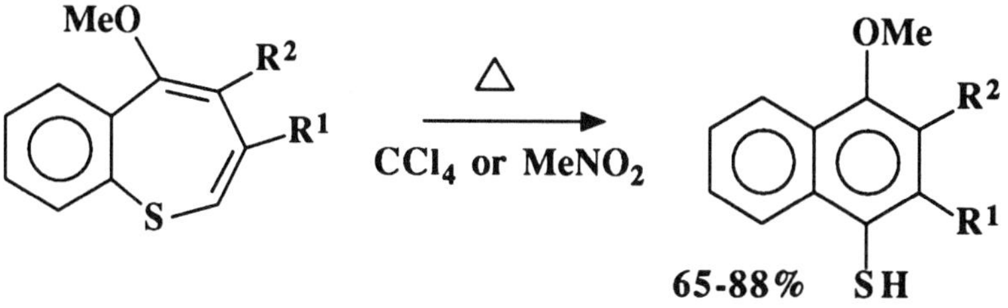

[Reaction: MeO/R²/R¹-substituted benzothiepine → Δ, CCl₄ or MeNO₂ → naphthalene with OMe, R², R¹, SH substituents, 65-88%]

I.F.3-23 K.H. Dotz et al., *J. Organomet. Chem.*, **383**, 93 (1990); A. Yamashita et al., *J. Med. Chem.*, **33**, 775 (1990); G.L. Geoffroy et al., *J. Organomet. Chem.*, **394**, 251 (1990).

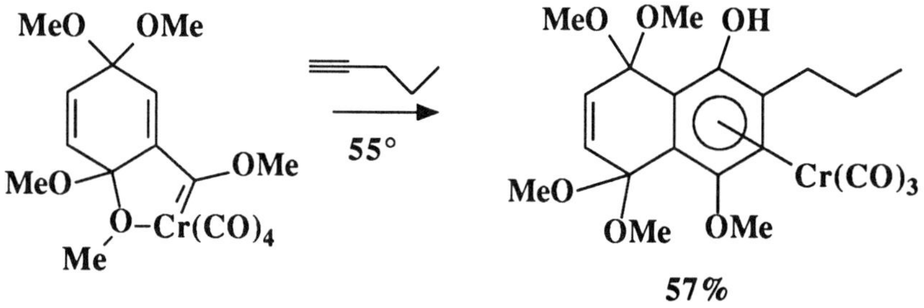

[Reaction: MeO, OMe-substituted cyclohexadiene with O-Cr(CO)₄ and OMe, Me groups + alkyne at 55° → naphthalene product with MeO, OMe, OH, Cr(CO)₃, 57%]

I.G. Synthesis via Organometallics

I.G.1. Synthesis via Organoboranes

I.G.1-1 H.C. Brown and M.V. Rangaishenvi, *J. Heterocycl. Chem.*, **27**, 13 (1990).

Review: Some Recent Applications of Hydroboration Organoborane Chemistry to Heterocycles.

I.G.1-2 A. Suzuki et al., *J. Org. Chem.*, 55, 6356 (1990).

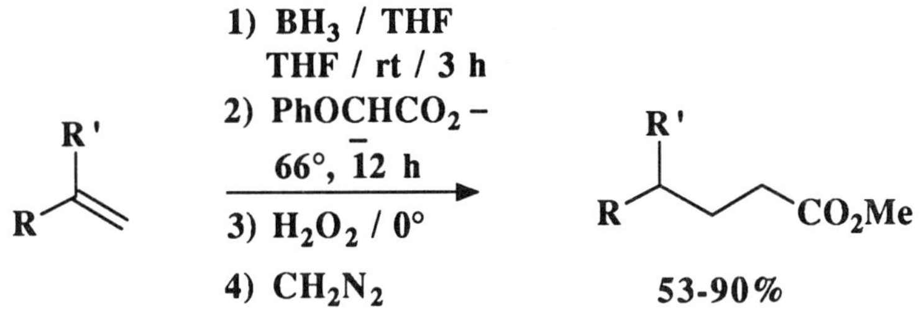

R'
R
1) BH_3 / THF
THF / rt / 3 h
2) $PhOCHCO_2$ -
66°, 12 h
3) H_2O_2 / 0°
4) CH_2N_2
R'
R
CO_2Me
53-90%

I.G.1-3 Y. Kobayashi, F. Sato et al., *J. Org. Chem.*, 55, 5324 (1990).

OTBDMS
CO_2Me
H
SiaBH
THF, 0°, 1 h
I
R
OTBDMS
2N aq LiOH
$Pd(Ph_3P)_4$, 40°, 18 h
68-76%
OTBDMS
CO_2H
R
OTBDMS

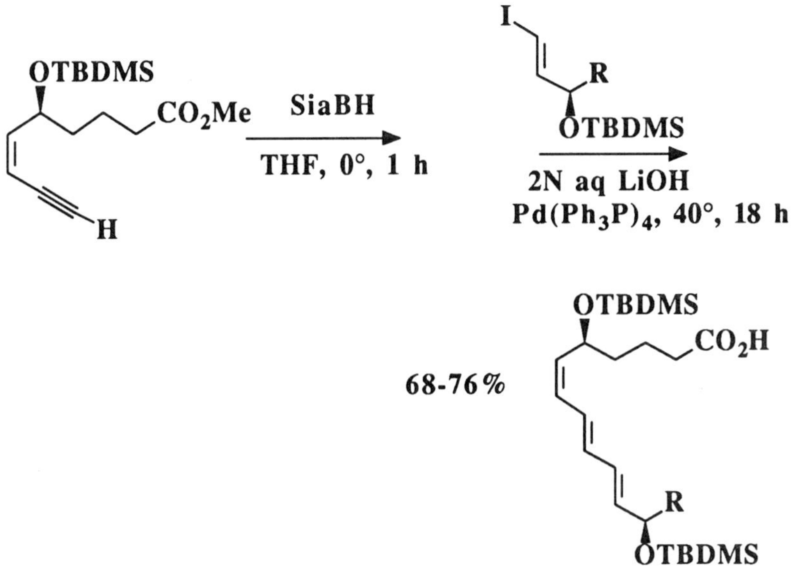

CARBON-CARBON BOND FORMING REACTIONS

I.G.1-4 W.R. Roush et al., *Tetrahedron Lett.*, **31**, 6509 (1990).

[Reaction scheme: HO-CH=C(Me)-CH=CH-B(OH)$_2$ + Br-CH=CH-CH(OBn)-CH(Me)-CH(OAc)-CH(Me)-CH=C(Me)-CO$_2$Me]

$\xrightarrow[\text{THF, 23°, 5 min}]{\text{10 mol\% Pd(Ph}_3\text{P)}_4 \\ \text{TlOH / H}_2\text{O}}$

[Product diene with OH, Me, AcO, Br, OBn, Me, Me, CO$_2$Me groups] 85%

I.G.1-5 A. Suzuki et al., *Tetrahedron Lett.*, **31**, 247 (1990).

$\underset{R^1}{\overset{R^2}{\diagdown}}C=C\underset{R^3}{\overset{B(O^iPr)_2}{\diagup}}$ + R^4-CH=CH-C(O)-R^5 $\xrightarrow[\text{reflux, 4 h}]{\text{BF}_3\cdot\text{Et}_2\text{O} \\ \text{CH}_2\text{Cl}_2}$

60-84% [Product: R^{1}R^{3}C=C(R^2)-CH(R^4)-CH$_2$-C(O)R^5]

I.G.1-6 M.-Z. Deng et al., *Tetrahedron Lett.*, **31**, 2405 (1990).

[R$^1_3$BC≡CR^2]$^-$ Li$^+$ + CH$_2$=CH-CH$_2$-OC(O)OEt $\xrightarrow[\text{THF, 40°, 24 h}]{(\text{Ph}_3\text{P})_4\text{Pd}}$

[R^1-CH=C(R^2)-CH$_2$-CH=CH$_2$]   +   [R^1-CH=C(R^2)-CH$_2$-CH=CH$_2$ Z isomer]

E major   Z minor

60-70% (E : Z = 87-95 : 13-5)
if R^2 ≠ CH$_2$OMe

I.G.1-7 H.C. Brown and M.V. Rangaishenvi, *Tetrahedron Lett.*, 31, 7115 and 7113 (1990).

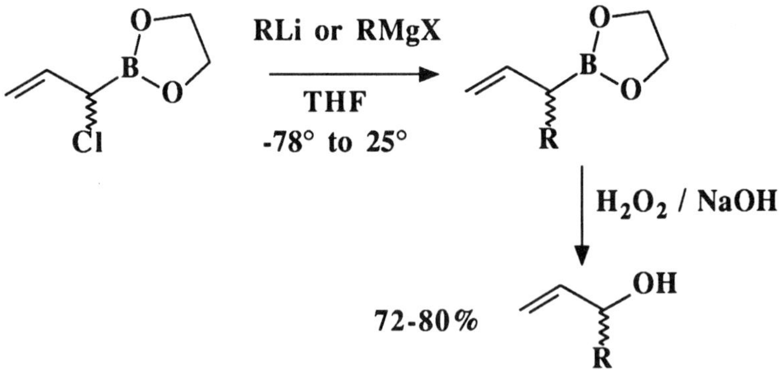

I.G.2. Carbonylation Reactions

I.G.2-1 X. Huang and J.-L. Wu, *Chem. Ind.*, 548 (1990); J.-L. Lee and H. Alper, *Organometallics*, 9, 3064 (1990); S.C. Shim et al., *J. Organomet. Chem.*, 382, 419 (1990).

$$ArX + CO + NaOH \xrightarrow[\text{PEG, H}_2\text{O, anisole}]{\text{Pd(PPh}_3)_2\text{Cl}_2} ArCO_2Na \quad 46\text{-}98\%$$

I can be carbonylated in presence of Br or Cl

Similarly with different catalysts and conditions

I.G.2-2 H. Alper et al., *Organometallics*, 9, 284 (1990) and *J. Organomet. Chem.*, 383, 573 (1990); J.-J. Brunet and E. Passelaigue, *Organometallics*, 9, 1711 (1990).

$$\underset{R^1}{\overset{R}{>}}=\!\!=\!\!\!=\xrightarrow[90°,\ 1\ \text{atm, CO}]{5\ \text{N NaOH - toluene} \atop \text{CTAB, Ni(CN)}_2}\ \underset{R^1}{\overset{R}{>}}\!\!=\!\text{CHCH}_2\text{CO}_2\text{H}$$
48-66%

similar reaction with Ca(OH)$_2$, Fe(CO)$_5$, CO

I.G.2-3 T. Jintoku, Y. Fujiwasa et al., *J. Organomet. Chem.*, 385, 297 (1990).

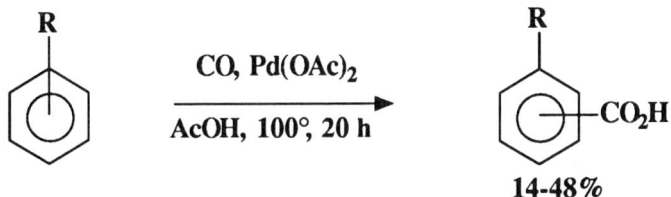

14-48%

I.G.2-4 G.A. Olah et al., *Synlett*, 596 (1990).

$$\text{ArN}_2\text{BF}_4 \xrightarrow[\substack{C_6H_6\ /\ \text{dioxane}\ /\ H_2O \\ (1:1:1) \\ 70\text{-}80°}]{\substack{\text{CO (140 atm)} \\ \text{CuCl}_2}} \text{ArCO}_2\text{H}$$
36-54%

I.G.2-5 J.-J. Brunet and M. Taillefer, *J. Organomet. Chem.*, 384, 193 (1990).

$$\text{ArI} \xrightarrow[\substack{\text{NaOH (aq.), } C_6H_6, Bu_4NBr \\ \text{CO, 65°}}]{\text{Fe(CO)}_5\ (\text{cat.}),\ \text{Co}_2(\text{CO})_8\ (\text{cat.})} \text{ArCOPh} + \text{ArCO}_2\text{Na}$$
20-57%   15-60%

I.G.2-6 T. Hiyama et al., *Bull. Chem. Soc. Jpn.*, 63, 640 (1990); V. DuFaud et al., *Chem. Commun.*, 426 (1990); S.G. Davies et al., *J. Organomet. Chem.*, 386, 195 (1990); M.L. Kantam, B.M. Choudary et al., *Synth. Commun.*, 20, 2631 (1990); G. Palyi et al., *Organometallics*, 9, 2773 (1990); L. Huang, F. Ozawa and A. Yamamoto, *ibid.*, 9, 2603 and 2612 (1990).

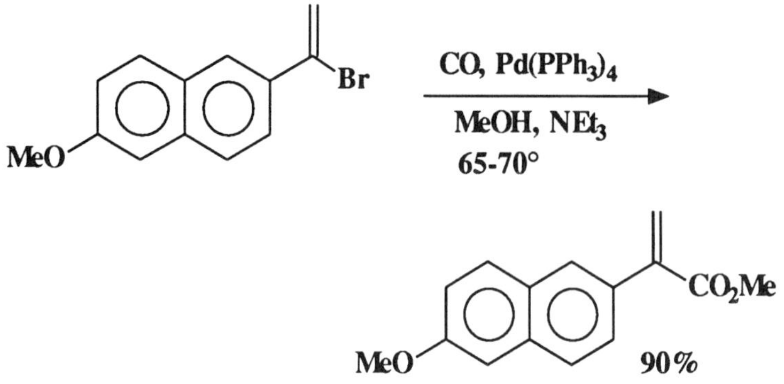

various other catalysts used for the preparation of aryl or alkyl esters or aryl amides

---

I.G.2-7 T. Kitamura et al., *Chem. Commun.*, 614 (1990).

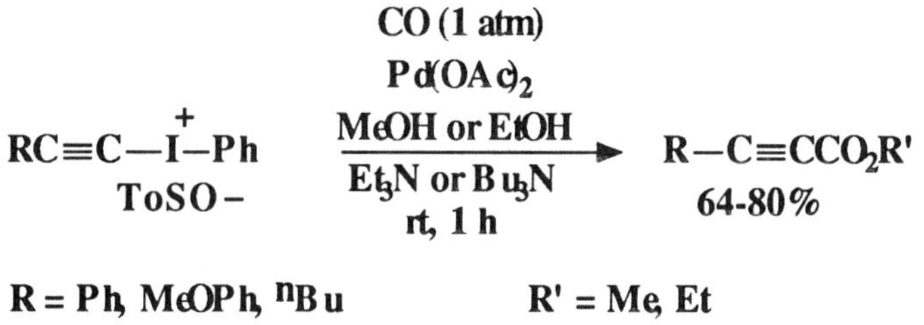

$$RC{\equiv}C-\overset{+}{I}-Ph \quad ToSO^- \quad \xrightarrow[\text{Et}_3\text{N or Bu}_3\text{N}]{\text{MeOH or EtOH}} \quad R-C{\equiv}CCO_2R'$$

CO (1 atm), Pd(OAc)$_2$, rt, 1 h, 64-80%

R = Ph, MeOPh, ^{n}Bu   R' = Me, Et

I.G.2-8 W. Oppolzer et al., *Tetrahedron Lett.*, 31, 1265 (1990).

[Structure: starting material with O-CH(C$_6$H$_{13}$) group, allyl, vinyl, and I substituents]

CO (1 atm), Ni(COD)$_2$, dppb
———————————————→
THF / MeOH (4 : 1), rt, 17 h

68% (89 : 11)

[Two bicyclic products with O, C$_6$H$_{13}$, H, and MeO$_2$C-CH$_2$ substituents, with ketone]

I.G.2-9 K. Inomata et al., *Chem. Lett.*, 1567 (1990).

Me(CH$_2$)$_n$–CH=CH$_2$

CO (1 atm), Pd / C
CuCl, ROH
———————————→
25°, 8-9 days
in the dark

n = 8, 9, 11, 15
R = Me, Et

56-99%

$$\text{Me(CH}_2)_n-\underset{|}{\overset{\text{CH}_2\text{CO}_2\text{R}}{\text{CH}}}\text{CO}_2\text{R}$$

I.G.2-10 J.S. Yadav, B.M. Choudary et al., *Tetrahedron Lett.*, 31, 2491 (1990).

[Divinyl ketone substrate: CH$_2$=CH-CH$_2$CH$_2$CH$_2$-C(=O)-CH$_2$CH$_2$CH$_2$-CH=CH$_2$]

CO, PdCl$_2$, CuCl$_2$
————————————→
MeOH / HC(OMe)$_3$
rt, 20 h

85%

[Spiroketal product with MeO$_2$C and CO$_2$Me substituents]

I.G.2-11 J. Nokami, J. Tsuji et al., *Tetrahedron Lett.*, 31, 5629 (1990).

$$\underset{\underset{OCO_2Me}{|}}{\overset{R^2}{\underset{R^1}{{=}{=}{\bullet}{=}}}} \xrightarrow[Pd(Ph_3P)_4]{CO\ (1\ atm)} \underset{91\text{-}99\%}{\overset{R^2\diagdown\ \ R^1}{\underset{CO_2Me}{=}}}$$

I.G.2-12 Y. Chauvin et al., *Organometallics*, 9, 26 (1990); P. Hong et al., *Bull. Chem. Soc. Jpn.*, 63, 247 (1990); G. Cavinato and L. Toniolo, *J. Organomet. Chem.*, 398, 187 (1990).

Other Carbonylations of Alkenes or Alkynes

I.G.2-13 R.D. Dennehy and R.J. Whitby, *Chem. Commun.*, 1060 (1990).

<chemical scheme>

~ 100% 57%

1) BuLi, PhMe, 0°
2) AlMe$_2$Cl, 20°, 30 min
3) Cp$_2$Ti(Me)Cl, 20°, 30 min

4) CO (1 atm), 20°, 16 h, THF
5) HCl / Et$_2$O

I.G.2-14 P. Eilbracht et al., *Chem. Ber.*, 123, 1053, 1063, 1071, 1079 and 1089 (1990).

<chemical scheme>

$\xrightarrow[\underset{165°,\ 22\ h}{MeCN,\ H_2O}]{CO,\ [RhCl(COD)]_2}$

81%

similar reaction with Fe(CO)$_3$ complexes

I.G.2-15 A. Moyano, M.A. Pericas, A.E. Greene et al., *Tetrahedron Lett.*, 31, 7505 (1990) and *J. Am. Chem. Soc.*, 112, 9388 (1990); W.G. Dauben and B.A. Kowalczyk, *Tetrahedron Lett.*, 31, 635 (1990); W.E. Crowe et al., *ibid.*, 31, 5289 (1990); P.A. Wender and F.E. McDonald, *ibid.*, 31, 3691 (1990).

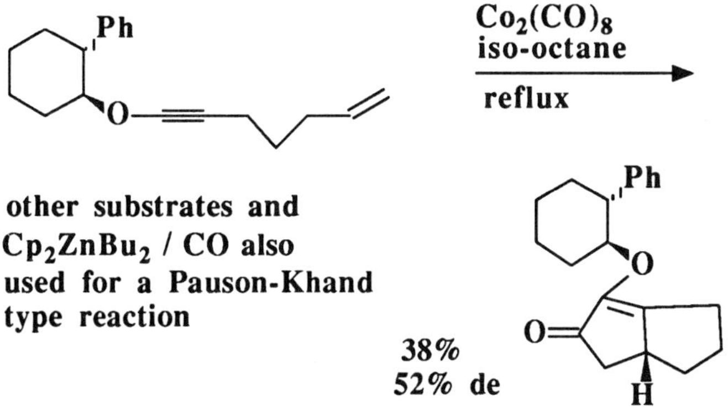

Ph
O
$Co_2(CO)_8$
iso-octane
reflux
other substrates and
Cp_2ZnBu_2 / CO also
used for a Pauson-Khand
type reaction
Ph
O
O
H
38%
52% de

I.G.2-16 H. Rudler et al., *Chem. Commun.*, 23 (1990).

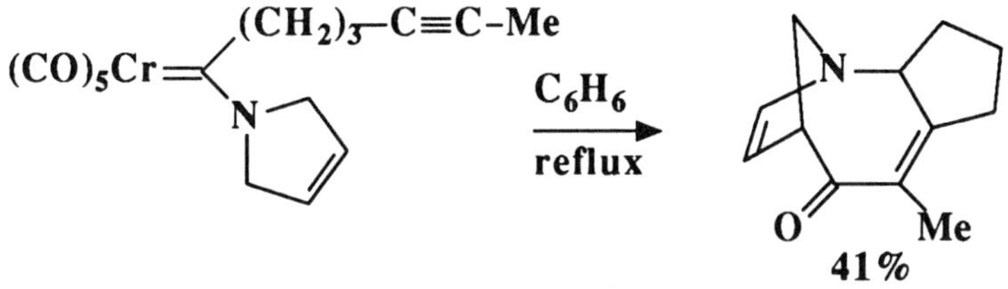

$(CH_2)_3$–C≡C–Me
$(CO)_5Cr$
N
C_6H_6
reflux
N
O
Me
41%

I.G.2-17 I. Ryu, N. Sonoda et al., *Tetrahedron Lett.*, 31, 6887 (1990) and *J. Am. Chem. Soc.*, 112, 1295 (1990).

ArI —[CO, Bu_3SnH, AIBN, C_6H_6; 110°, 2 h, autoclave]→ ArCHO 19-68%

I.G.2-18 S. Murai et al., *J. Org. Chem.*, 55, 5923 (1990); I. Matsuda et al., *J. Am. Chem. Soc.*, 112, 6120 (1990).

$$ArCH_2OAc \xrightarrow[\substack{Co_2(CO)_8,\ C_6H_6 \\ 25°,\ 7\text{-}72\ h}]{CO,\ Me_3SiH} ArCH_2CH_2OSiMe_3 \quad 59\text{-}81\%$$

I.G.2-19 L. Kollar et al., *J. Organomet. Chem.*, 385, 147 (1990); 393, 153 (1990) and 396, 375 (1990); A. Scrivanti et al., *ibid.*, 397, 119 (1990) and 385, 439 (1990); A.Z. Voskoboinikov et al., *ibid.*, 385, 289 (1990); A.M. Trzeciak, *ibid.*, 390, 105 (1990); R. Takeuchi and N. Sato, *ibid.*, 393, 1 (1990); G. Consiglio et al., *ibid.*, 386, 389 (1990); I. Amer and H. Alper, *J. Am. Chem. Soc.*, 112, 3674 (1990); J.K. MacDougall and D.J. Cole-Hamilton, *Chem. Commun.*, 165 (1990); W.R. Jackson et al., *Tetrahedron Lett.*, 31, 2461 (1990); S.D. Burke et al., *J. Org. Chem.*, 55, 2138 (1990); P.W.N.M. van Leeuwen et al., *Organometallics*, 9, 1211 (1990).

$$\text{[alkene]} \xrightarrow[\substack{\text{catalyst, 40-120°} \\ X = H_2,\ O}]{CO,\ H_2} \text{[aldehyde]}$$

20-60% conversion   38 : 62 to 70 : 30

catalyst = $PtCl_2[(+)\text{-BDPP}] + SnCl_2$
or DPPP

various other catalysts used for hydroformylations

I.G.2-20 H. Alper et al., *J. Am. Chem. Soc.*, 112, 7060 (1990); S.V. Ley et al., *Synlett.*, 326 (1990).

$$\text{Ph-epoxide-OH} + CO + MeI \xrightarrow[\text{rt, 1 atm, 8-12 h}]{Co_2(CO)_8,\ TDA\text{-}1\\ PhMe,\ 1\ N\ NaOH}$$

TDA-1 = tris(polyoxaheptyl)amine

Products: Ph-butenolide-CH(OH)(Me)(CO$_2$H) 42% + Ph-butenolide 10%

I.G.2-21 E.-I. Negishi et al., *Tetrahedron Lett.*, 31, 2841 (1990); C.J. Elsevier et al., *Organometallics*, 9, 2203 (1990); K. Osakada, A. Yamamoto et al., *ibid.*, 9, 2197 (1990); M.E. Krafft and J. Pankowski, *Tetrahedron Lett.*, 31, 5139 (1990).

$$\text{cyclohexene-CO}_2\text{Me-CH}_2\text{-CH=CI-}^n\text{Bu} \xrightarrow[\text{THF / MeCN}\\ 100°\\ \text{overnight}]{CO,\ Pd(Ph_3P)_4\\ Et_3N} \text{bicyclic lactone, CO}_2\text{Me, }^n\text{Bu} \quad 67\%$$

other lactone forming reactions reported using different substrates and catalysts

---

I.G.2-22 S. Murai et al., *J. Am. Chem. Soc.*, 112, 7061 (1990).

$$\text{CH}_2=\text{C}(SiMe_3)(Li) \xrightarrow[15°,\ 2\ h]{CO,\ THF} \xrightarrow[-78°]{^t BuMe_2SiCl}$$

Me$_3$Si-cyclopropene-OSiMe$_2^t$Bu 59% + allene SiMe$_3$/OTBS 15%

I.G.2-23 J.K. Stille et al., *J. Org. Chem.*, 55, 3114 (1990); L.S. Hegedus et al., *J. Am. Chem. Soc.*, 112, 8465 (1990).

$$\text{EtO-C(=CH}_2\text{)-SnMe}_3 + \text{cyclohexenyl-OTf} \xrightarrow[55°, 18\text{ h}]{\text{CO, Pd(Ph}_3\text{P})_4, \text{LiCl, THF}} \text{cyclohexenyl-C(=O)-C(=CH}_2\text{)-OEt}$$

89%

I.G.2-24 E.P. Kundig et al., *Helv. Chim. Acta*, 73, 386 (1990); J.B. Sheridan et al., *J. Am. Chem. Soc.*, 112, 3236 (1990).

$$\text{(benzene)Cr(CO)}_3 + \text{2-methyl-1,3-dithiane anion} \xrightarrow[4\text{ h}]{\text{THF}, -78\text{ to }0°} \xrightarrow[5\text{ h}]{\text{MeI}, -78\text{ to }0°} \xrightarrow[4\text{ h}]{\text{I}_2, -78\text{ to }0°}$$

a related reaction reported with a Mn(CO)₃ species

63%

I.G.2-25 L.S. Hegedus et al., *J. Am. Chem. Soc.*, 112, 2264 (1990).

$$\text{(CO)}_5\text{Cr=C(NR'R')(R)} \xrightarrow[\text{MeOH, rt}]{\text{h}\nu, \text{CO}} \text{MeO}_2\text{C-CH(NR'R')(R)}$$

45-98%

I.G.2-26 P. Quayle et al., *Tetrahedron Lett.*, 31, 5221 (1990); W.D. Wulff et al., *J. Am. Chem. Soc.*, 112, 1645 (1990).

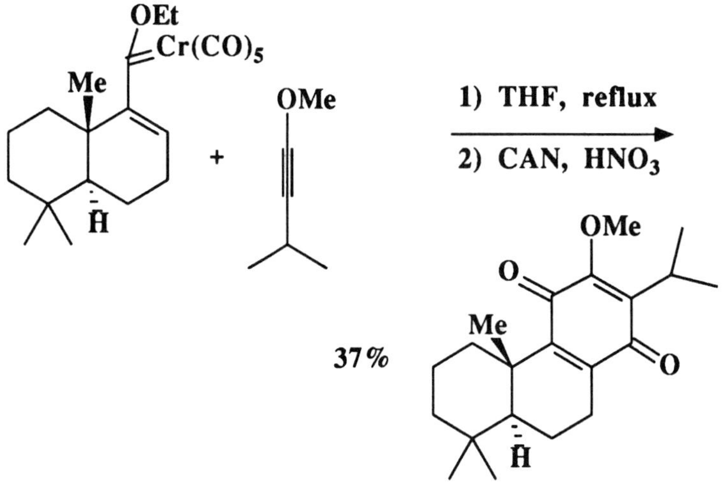

I.G.2-27 P.M. Maitlis et al., *J. Organomet. Chem.*, 398, 311 (1990); E. Lindner et al., *ibid.*, 398, 325 (1990).

Methyl Acetate Carbonylation

I.G.2-28 E. Dunach and J. Perichon, *Synlett*, 143 (1990); J. Perichon et al., *J. Organomet. Chem.*, 385, C43 (1990).

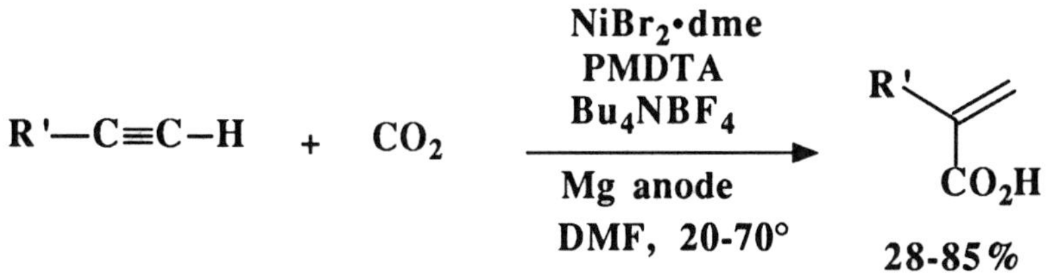

$$R'-C\equiv C-H + CO_2 \xrightarrow[\text{DMF, 20-70°}]{\substack{\text{NiBr}_2\cdot\text{dme} \\ \text{PMDTA} \\ \text{Bu}_4\text{NBF}_4 \\ \text{Mg anode}}}$$

28-85%

PMDTA =

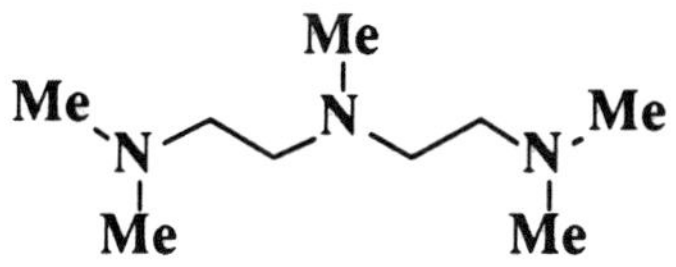

I.G.3. Other Synthesis via Organometallics

I.G.3-1 M.B. Power and A.R. Barron, *Tetrahedron Lett.*, 31, 323 (1990).

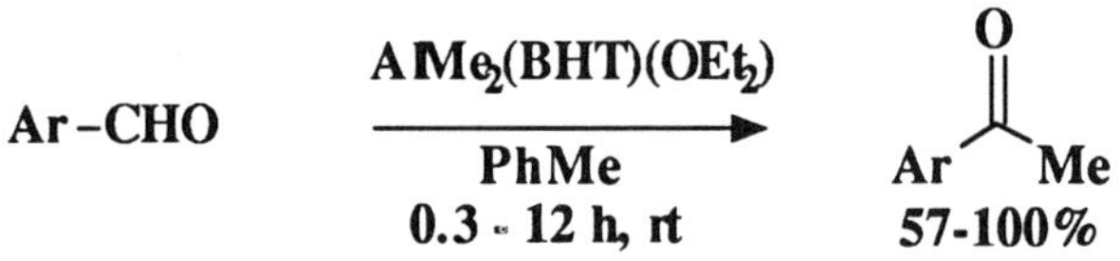

$$\text{Ar-CHO} \xrightarrow[\text{PhMe} \atop 0.3 - 12 \text{ h, rt}]{\text{AlMe}_2(\text{BHT})(\text{OEt}_2)} \underset{57-100\%}{\text{Ar}\overset{\text{O}}{\underset{}{\text{C}}}\text{Me}}$$

I.G.3-2 T. Tsuda, T. Saegusa et al., *J. Org. Chem.*, 55, 2554 (1990).

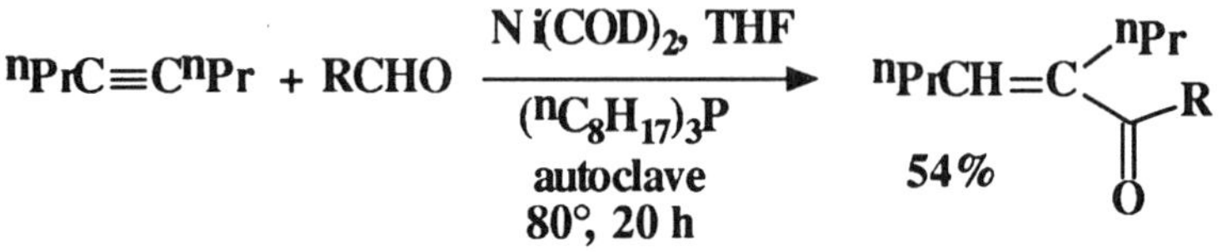

$$^{n}\text{PrC} \equiv \text{C}^{n}\text{Pr} + \text{RCHO} \xrightarrow[\substack{(^{n}\text{C}_8\text{H}_{17})_3\text{P} \\ \text{autoclave} \\ 80°, 20 \text{ h}}]{\text{Ni(COD)}_2, \text{THF}} \underset{54\%}{^{n}\text{PrCH}=\text{C}\underset{}{\overset{^{n}\text{Pr}}{\diagdown}}\underset{\text{O}}{\overset{}{\diagup}}\text{R}}$$

I.G.3-3 B.M. Trost et al., *J. Am. Chem. Soc.*, 112, 7809 (1990).

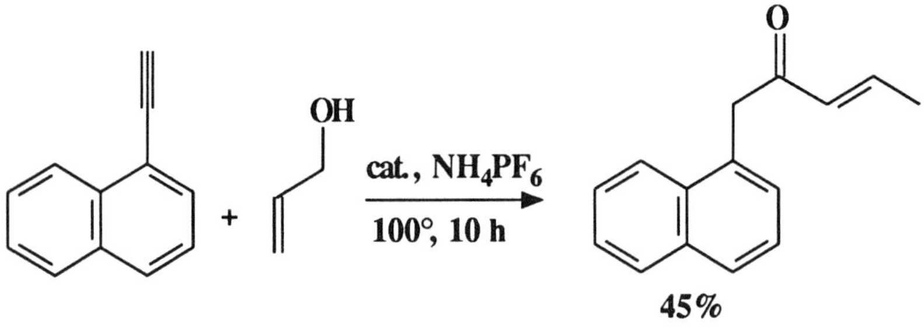

cat. = CpRu(Ph$_3$P)$_2$Cl

cat., NH$_4$PF$_6$, 100°, 10 h

45%

I.G.3-4 J.H. Teuben et al., *Organometallics*, 9, 1508 (1990).

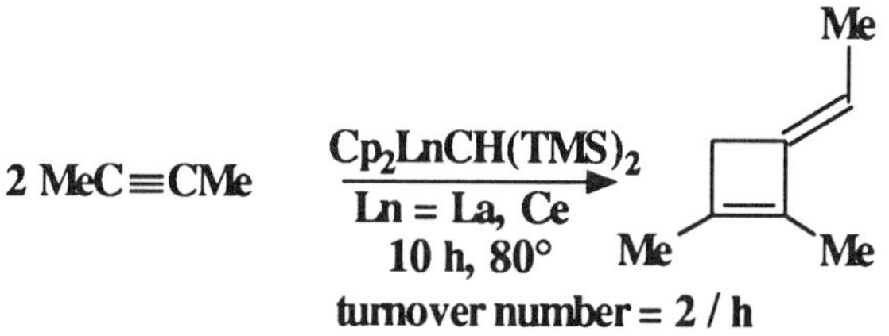

2 MeC≡CMe $\xrightarrow[\substack{\text{Ln = La, Ce} \\ 10\text{ h, }80° \\ \text{turnover number = 2 / h}}]{\text{Cp}_2\text{LnCH(TMS)}_2}$ [cyclobutene product with =CHMe exocyclic and Me, Me substituents]

I.G.3-5 L.S. Liebeskind et al., *Tetrahedron Lett.*, 31, 3723 (1990) and *Organometallics*, 9, 3067 (1990).

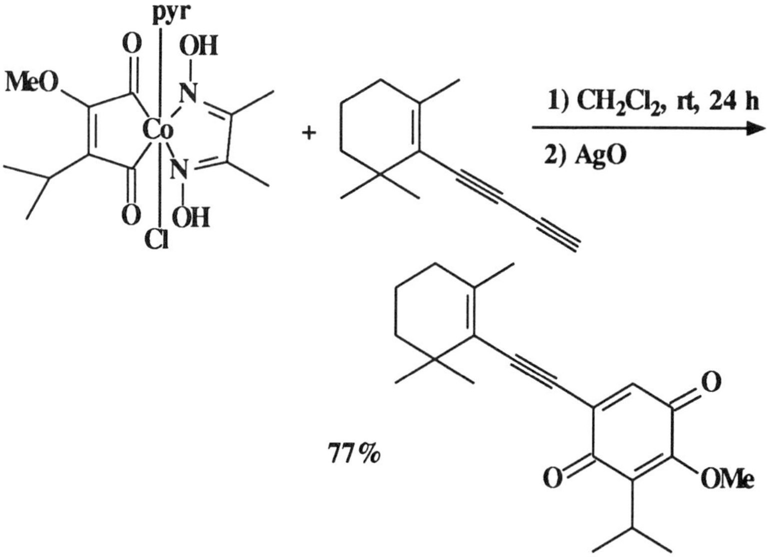

[Co complex with MeO, iPr, pyr, OH, Cl ligands] + [2,6,6-trimethylcyclohexenyl-diyne] $\xrightarrow[\text{2) AgO}]{\text{1) CH}_2\text{Cl}_2\text{, rt, 24 h}}$ [quinone product with cyclohexenyl-alkynyl, iPr, OMe substituents]

77%

I.G.3-6 H. tom Dieck et al., *J. Organomet. Chem.*, **395**, C42 (1990).

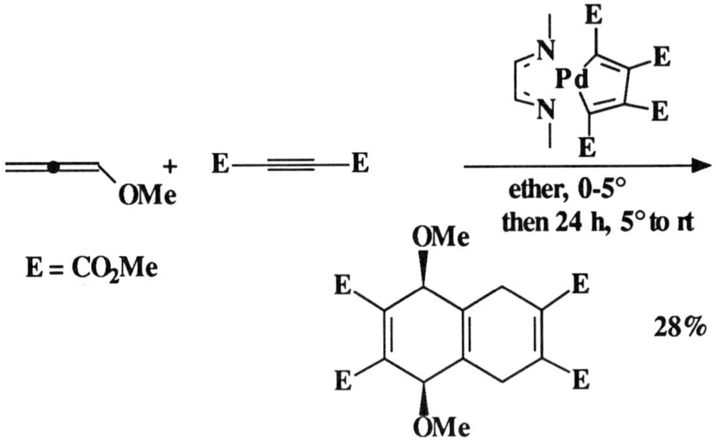

E = CO$_2$Me

I.G.3-7 M. Rosenblum and J.C. Watkins, *J. Am. Chem. Soc.*, **112**, 6316 (1990).

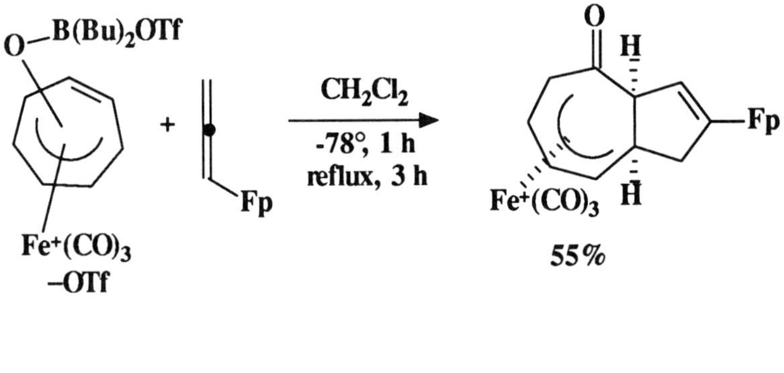

I.G.3-8 K. Takaki, Y. Fujiwara et al., *Chem. Commun.*, 516 (1990).

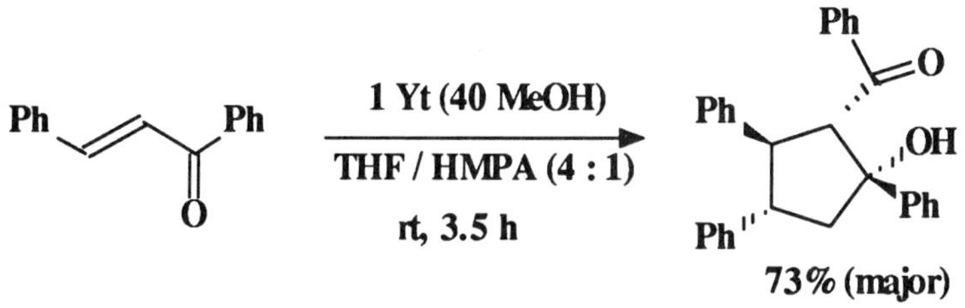

Ph—CH=CH—C(O)—Ph → [1 Yt (40 MeOH), THF / HMPA (4 : 1), rt, 3.5 h] → cyclopentane product with Ph, OH, Ph substituents and Ph-C(=O) group

73% (major)

I.G.3-9 M. Mori et al., *Chem. Commun.*, 1222 (1990).

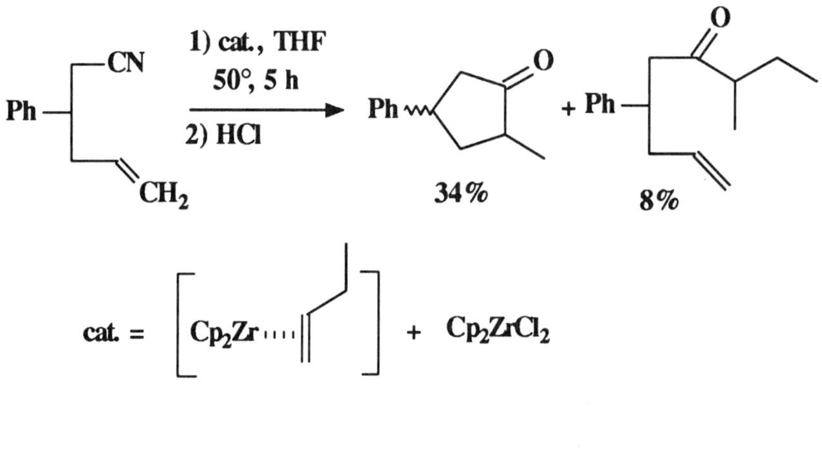

Ph-substituted enyne (CN, CH$_2$) → [1) cat., THF, 50°, 5 h; 2) HCl] → Ph-cyclopentanone (34%) + Ph-substituted ketone (8%)

cat. = [Cp$_2$Zr(η-alkene)] + Cp$_2$ZrCl$_2$

I.H. Rearrangements

I.H.1. Claisen, Cope and Similar Processes

I.H.1-1 J. Auge et al., *Tetrahedron Lett.*, 31, 4147 (1990); T. Nakai et al., *J. Am. Chem. Soc.*, 112, 4085 (1990); G.H. Kulkarni et al., *Synth. Commun.*, 20, 495, 839 (1990); K. Tadano et al., *J. Org. Chem.*, 55, 2108 (1990); A. Srikrishna and G. Sundarababu, *Tetrahedron*, 46, 3601 (1990); T. Mandai et al., *Tetrahedron Lett.*, 31, 4041 (1990) and *J. Org Chem.*, 55, 5671 (1990); A.S.R. Anjaneyulu and B.M. Isaa, *J. Chem. Soc. Perkin 1*, 993 (1990); H. Yamamoto et al., *Tetrahedron Lett.*, 31, 377 (1990).

I.H.1-2 H.-J. Kang and L.A. Paquette, *J. Am. Chem. Soc.*, 112, 3252 (1990); P. Staretty et al., *Monatsh. Chem.*, 121, 883 (1990); W.G. Dauben et al., *Tetrahedron Lett.*, 31, 3241 (1990); H. Ishii et al., *Chem. Pharm. Bull.*, 38, 1775 (1990); P.C.H. Eichinger and J.H. Bowie, *Aust. J. Chem.*, 43, 1479 (1990); H. Yamamoto et al., *J. Am. Chem. Soc.*, 112, 316 (1990).

30-60% α-Methyl
2-4% β-Methyl

I.H.1-3 L.A. Paquette et al., *Tetrahedron Lett.*, 31, 6979 (1990); N.A. Petasis and M.A. Patane, *ibid.*, 31, 6799 (1990).

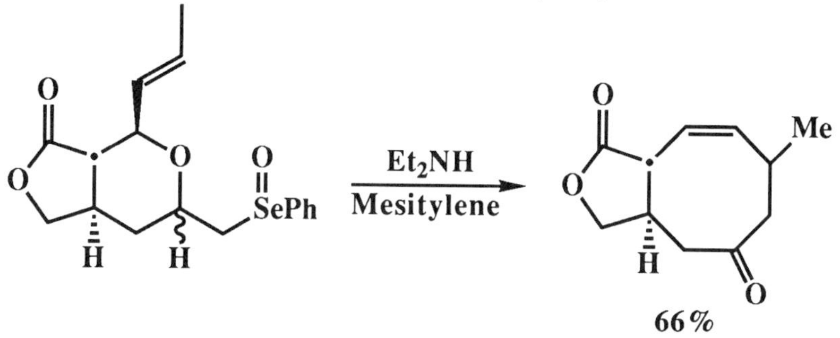

I.H.1-4 R.R. Schmidt et al., *Tetrahedron Lett.*, 31, 4433 (1990); K. Ritter, *ibid.*, 31, 869 (1990); G. Pattenden and G.F. Smith, *ibid.*, 31, 6557 (1990); I. Paterson and A.N. Hulme, *ibid.*, 31, 7513 (1990); D.B. Damon and D.J. Hoover, *J. Am. Chem. Soc.*, 112, 6439 (1990).

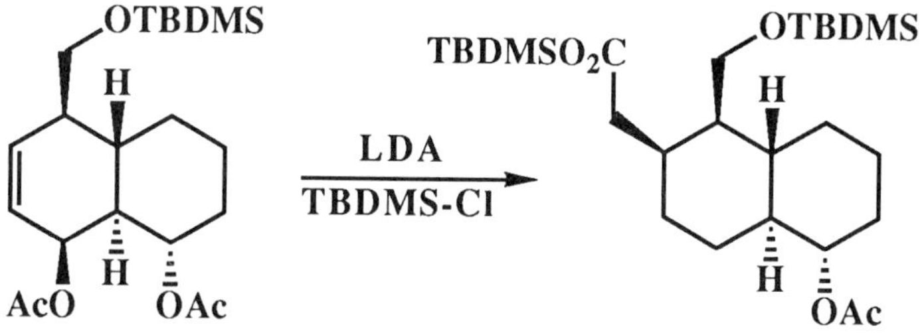

I.H.1-5 C. Chen and D.J. Hart, *J. Org. Chem.*, 55, 6236 (1990); M. Lautens et al., *Tetrahedron Lett.*, 31, 5829 (1990); M. Sakamoto et al., *Chem. Commun.*, 781 (1990).

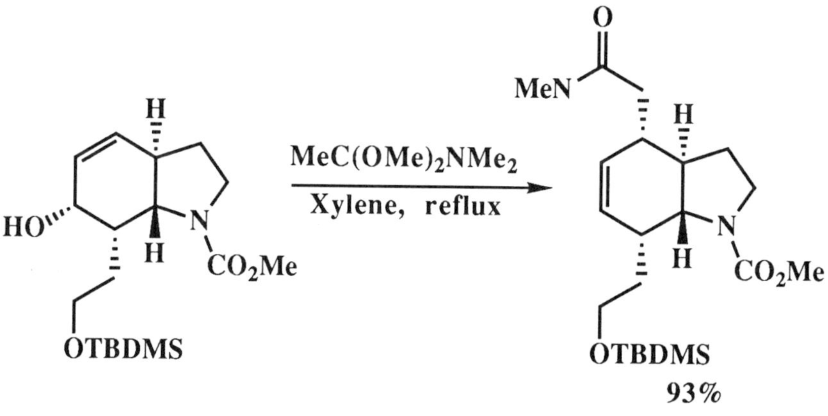

I.H.1-6 P. Metz and C. Mues, *Synlett*, 97 (1990); T. Tsunoda et al., *Tetrahedron Lett.*, 31, 727 (1990).

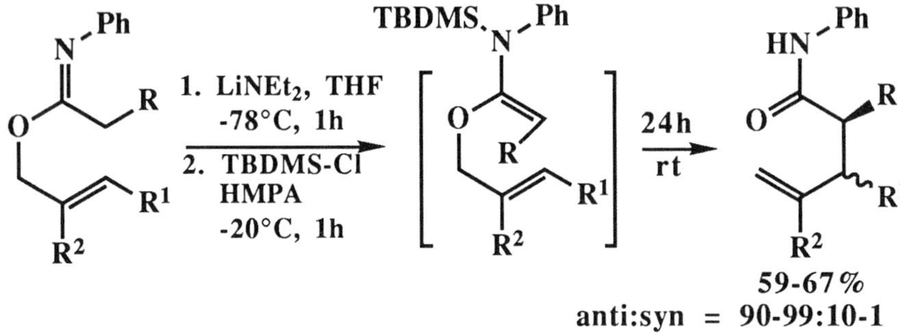

59-67%
anti:syn = 90-99:10-1

I.H.1-7 L.A. Paquette et al., *J. Am. Chem. Soc.*, 112, 9284, 265, 277, 5563, 8478 (1990) and *Synlett.*, 663 (1990); P.A. Jacobi and H.G. Selnick, J. Org. Chem., 55, 202 (1990); J.B. White et al., *ibid.*, 55, 5427 (1990); E. Lee et al., *J. Am. Chem. Soc.*, 112, 260 (1990); V.T. Ramakrishnan and K. Rajagopalan et al., *Synth. Commun.*, 20, 2019 (1990); S. Swaminnathan et al., *Tetrahedron*, 46, 3559 (1990).

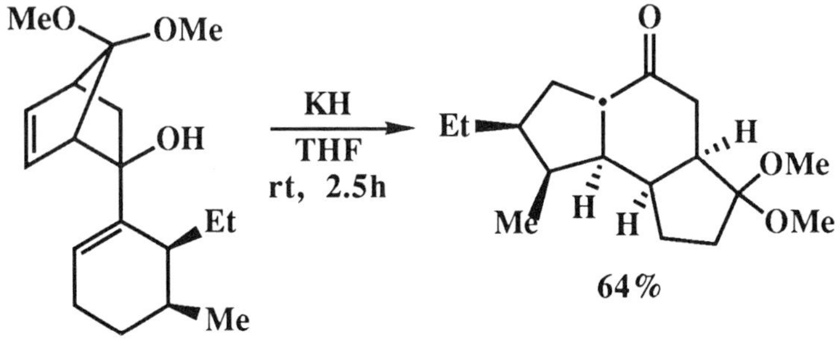

64%

I.H.1-8 R.W. Alder et al., *Tetrahedron*, 46, 7933 (1990).

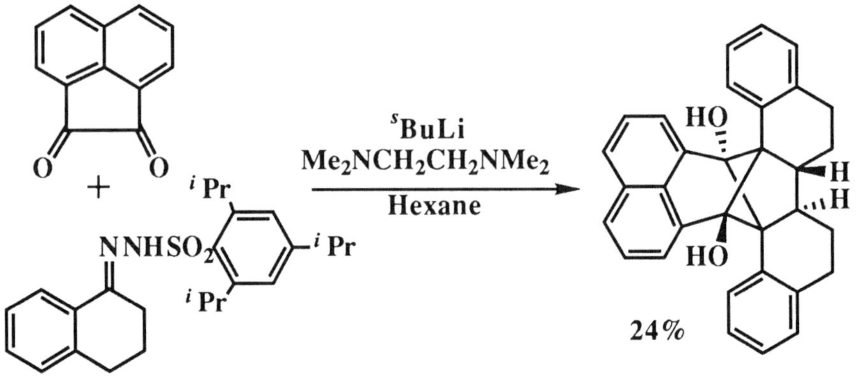

24%

I.H.1-9 L.A. Paquette, *Angew. Chem., Int. Ed. Engl.*, **29**, 609 (1990).

Review: "Stereocontrolled Construction of Complex Cyclic Ketones via Oxy-Cope Rearrangement".

I.H.1-10 J.T. Welch et al., *J. Org. Chem.*, **55**, 4981 (1990); J.M. Vatele et al., *Tetrahedron Lett.*, **31**, 2277 (1990); B. Ganem et al., *Tetrahedron*, **46**, 731 (1990); T. Mitsuhashi and G. Yamamoto, *Bull. Chem. Soc. Jpn.*, **63**, 643 (1990).

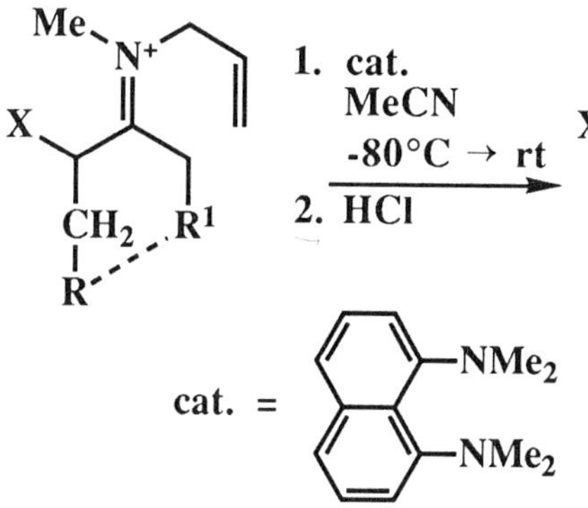

I.H.1-11 J.A. Marshall et al., *J. Org. Chem.*, **55**, 227 (1990); T. Nakai et al., *Tetrahedron Lett.*, **31**, 7353 (1990); J.C. Barrish et al., *ibid.*, **31**, 2235 (1990); T. Katsuki et al., *ibid.*, **31**, 2415 (1990); R. Bruckner et al., *Chem. Ber.*, **123**, 153, 555 917 (1990).

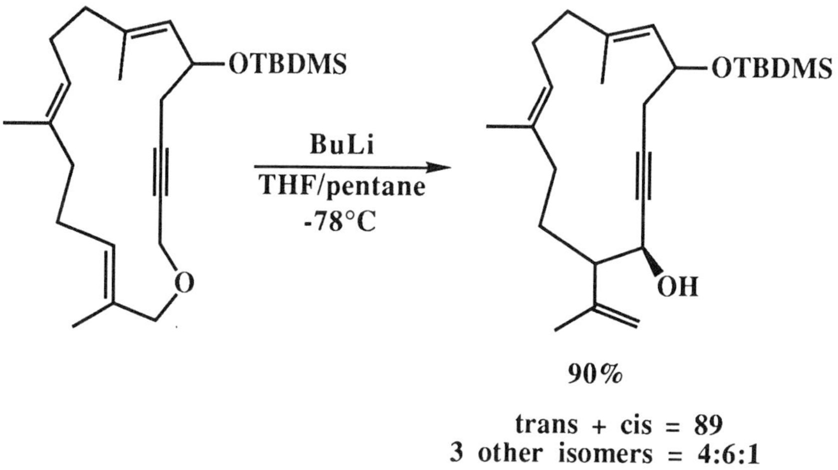

90%

trans + cis = 89
3 other isomers = 4:6:1

I.H.2. Other Rearrangements

I.H.2-1 A.K. Banerjef et al., *Tetrahedron,* 46, 4133 (1990); A.M. Mac Leod et al., *Chem. Commun.*, 100 (1990); P.A. Krasutsky et al., *Tetrahedron Lett.*, 31, 3973 (1990); H. Duddeck et al., *ibid.*, 31, 4061 (1990); M. Franck-Neumann et al., *ibid.*, 31, 5027 (1990).

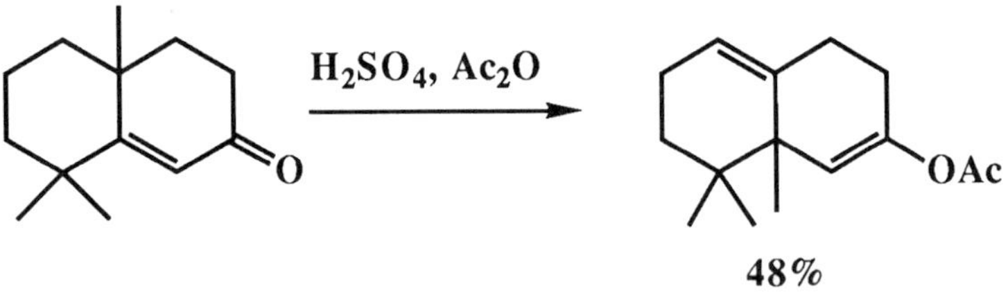

H_2SO_4, Ac_2O
O
OAc
48%

I.H.2-2 G.A. Kraus and J. Shi, *J. Org. Chem.*, 55, 5423 (1990); Y. Yamamoto and T. Furuta, *ibid.*, 55, 3971 (1990); E.G. Gros et al., *J. Chem. Soc. Perkin 1,* 163 (1990).

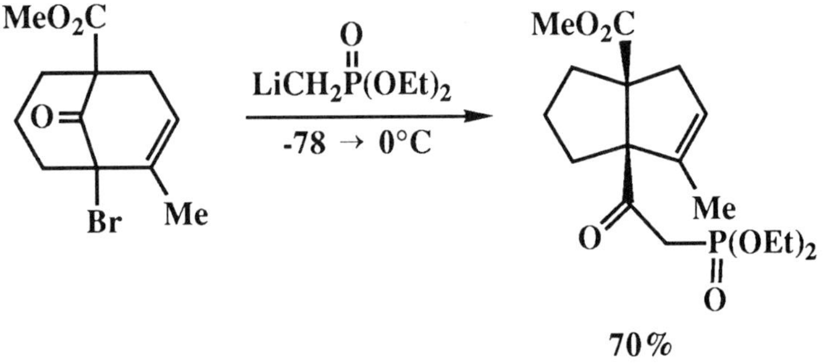

MeO_2C
O
Br
Me
O
$LiCH_2P(OEt)_2$
-78 → 0°C
MeO_2C
Me
O
$P(OEt)_2$
O
70%

I.H.2-3 K. Sakai et al., *Chem. Commun.*, 1778 (1990).

H
O
Me
Me
O
$BF_3{\cdot}Et_2O$
$HOCH_2CH_2OH$
CH_2Cl_2, 20°C
Me
$CO_2(CH_2)_2OH$
Me
80%

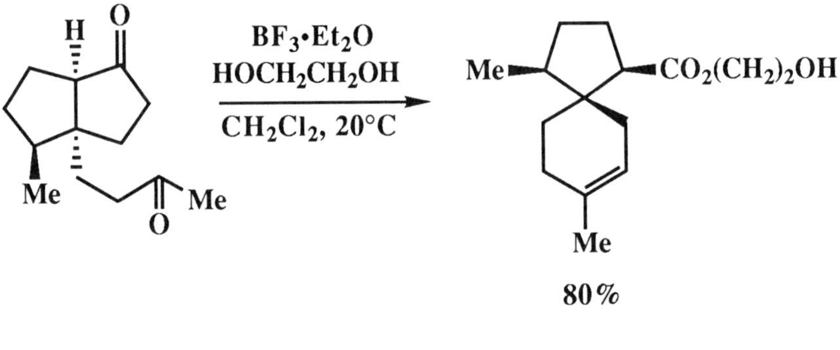

I.H.2-4 R.P. Kapoor et al., *Synthesis*, 1025 (1990); O. Prakash, R.M. Moriarty et al., *Ind. J. Chem.*, 29B, 304 (1990); T. Yamauchi et al., *J. Chem. Soc. Perkin 1*, 907, 1683 (1990).

$$Ar-CO-CH=CH-Ar^1 \xrightarrow[HC(OMe)_3, H_2SO_4]{PhI(OAc)_2} Ar-CH(CO_2Me)-CH(OMe)-Ar^1$$

rt, 24h

80-94%

I.H.2-5 L.A. Paquette et al., *Synlett*, 263 (1990) and *Heterocycles*, 30, 765 (1990); A. de Meijere, J. Salaun et al., *Tetrahedron Lett.*, 31, 4135 (1990); P. Kocovsky et al., *J. Am. Chem. Soc.*, 112, 6735 (1990); D. Mitchell and L.S. Liebeskind, *ibid.*, 112, 291 (1990); C.S. Pak and S.K. Kim, *J. Org. Chem.*, 55, 1954 (1990); Z. Paryzek and J. Martynow, *J. Chem. Soc. Perkin 1*, 599 (1990); A. Guerrero et al., *Tetrahedron Lett.*, 31, 1873 (1990); H. Junjappa et al., *J. Chem. Res (S)*, 356 (1990).

$$\xrightarrow[\text{Ph-H}]{I_2}$$

rt, 16h

91%

I.H.2-6 F.J. Schmitz, D. van der Helm et al., *J. Org. Chem.*, 55, 4709 (1990).

$$\xrightarrow[\text{Ph-H, rt}]{TosOH}$$

60%

I.H.2-7 Y. Tobe et al., *J. Am. Chem. Soc.*, 112, 775 (1990);
M. Sakamoto et al., *Chem. Lett.*, 501 (1990); M. Asaoka et al., *Tetrahedron Lett.*, 31, 4761 (1990); K. Suzuki et al., *ibid.*, 31, 3335 (1990); R. Sato et al., *ibid.*, 31, 4165 (1990); T.H. Black et al., *ibid.*, 31, 6617 (1990).

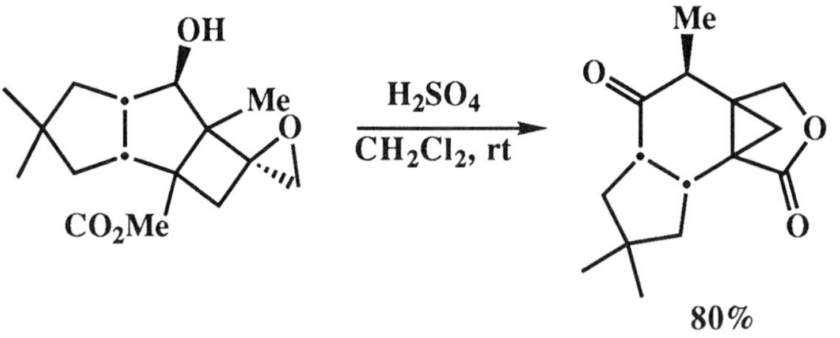

I.H.2-8 A. Degl'Innocenti et al., *Synlett,* 471 (1990); K. Goto et al., *Tetrahedron Lett.*, 31, 4181 (1990).

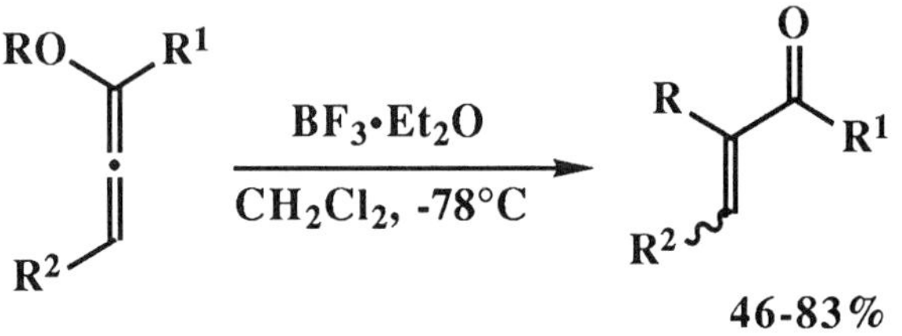

I.H.2-9 R. Pellegata et al., *J. Chem. Soc. Perkin 1,* 1875 (1990); M. Majewski and G.W. Bantle, *Synth. Commun.*, 20, 2549 (1990); Y. Hayashi et al., *Chem. Lett.*, 1693 (1990); N. Shimizu et al., *ibid.*, 1845 (1990); K. Mikami, T. Nakai et al., *Tetrahedron Lett.*, 31, 3909 (1990) and *J. Am. Chem. Soc.*, 112, 3949, 6737 (1990); K.L. Faron and W.D. Wulff, *ibid.*, 112, 6419 (1990).

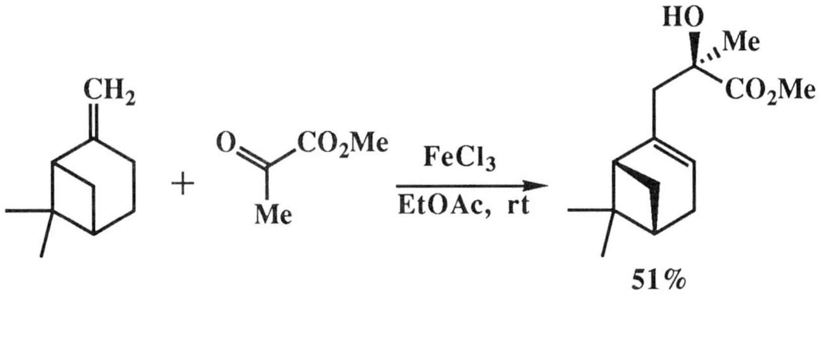

I.H.2-10 G. Mehta et al., *Synth. Commun.*, 20, 515 (1990); N. Kato, H. Takeshita et al., *Bull. Chem. Soc. Jpn.*, 63, 1729 (1990); H. Yamamoto et al., *J. Am. Chem. Soc.*, 112, 7422, 9011 (1990); F.E. Ziegler and S.B. Sobolov, *ibid.*, 112, 2749 (1990); S.M. Weinreb et al., *ibid.*, 112, 3475 (1990); J. Ipaktschi and M. Bruck, *Chem. Ber.*, 123, 1591 (1990); K. Hiroi et al., *Tetrahedron Lett.*, 31, 2619 (1990); T.K. Sarkar et al., *ibid.*, 31, 3461 (1990); J.M. Takacs et al., *ibid.*, 31, 1117 (1990) and *Tetrahedron*, 46, 5507 (1990); V. Rautenstrauch and R.L. Snowden et al., *Helv. Chim. Acta*, 73, 896 (1990).

I.H.2-11 U. Gruseck and M. Heuschmann, *Chem. Ber.*, 123, 1911 (1990); H.W. Moore et al., *J. Am. Chem. Soc.*, 112, 1897, 5372 (1990) and *J. Org. Chem.*, 55, 1177 (1990).

I.H.2-12 K. Fukumoto et al., *J. Chem. Soc. Perkin 1*, 469 (1990); S.K.T. Cheng and H.N.C. Wong, *Synth. Commun.*, 20, 3053 (1990).

I.H.2-13 A. Kotali et al., *Tetrahedron Lett.*, 31, 6781 (1990) and *Synthesis*, 1172 (1990).

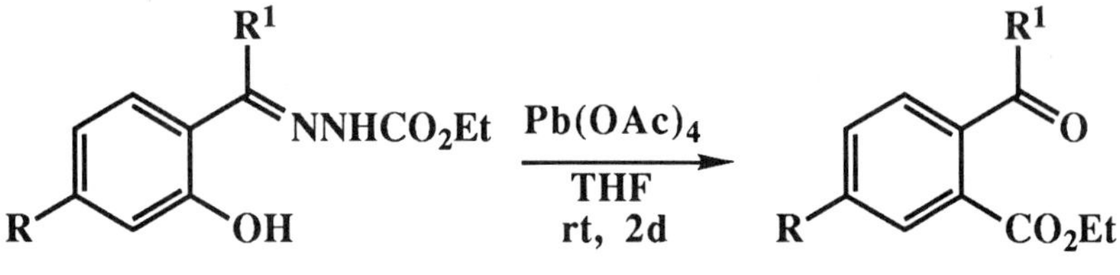

I.H.2-14 K. Miura, K. Oshima and K. Utimoto, *Bull. Chem. Soc. Jpn.*, 63, 2584 (1990).

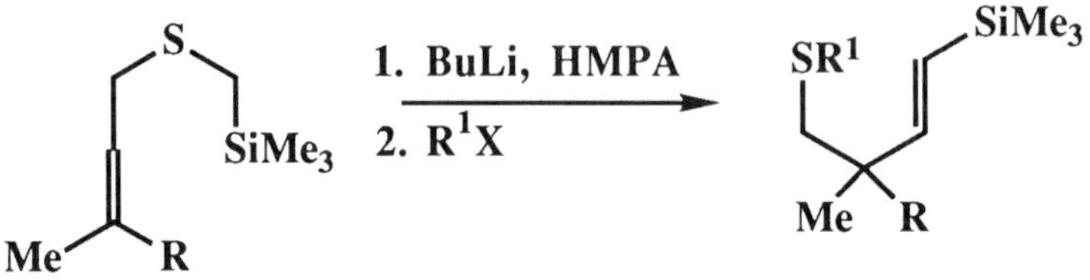

I.H.2-15 S.C. Suri, *Tetrahedron Lett.*, 31, 3695 (1990).

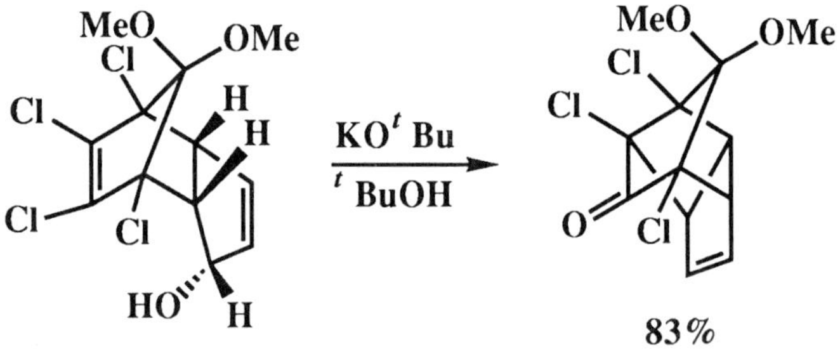

I.H.2-16 J.B.P.A. Wijnberg, A. de Groot et al., *J. Org. Chem.*, 55, 941 (1990);

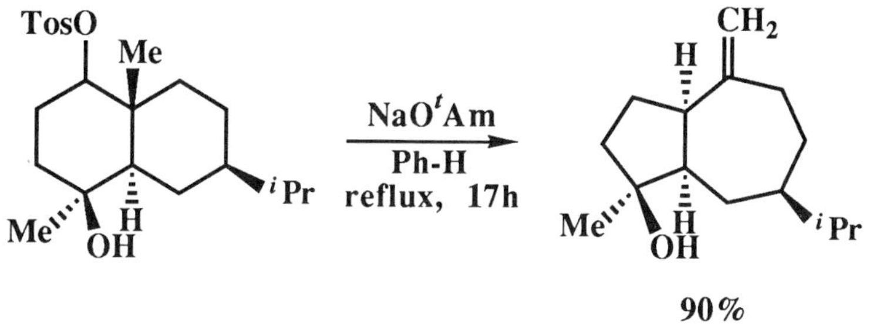
TosO
Me
Me
H
OH
iPr
NaO^tAm
Ph-H
reflux, 17h
CH2
H
Me
H
OH
iPr
90%

I.H.2-17 K. Kakiuchi et al., *Bull. Chem. Soc. Jpn.*, 63, 3039 (1990); T. Fujiwara and T. Takeda, *Tetrahedron Lett.*, 31, 6027 (1990).

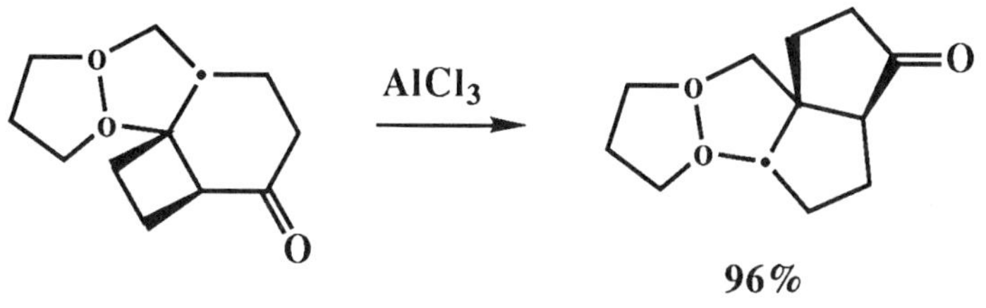
O
O
O
AlCl3
O
O
O
96%

I.H.2-18 A. Tenaglia et al., *Tetrahedron Lett.*, 31, 4457 (1990).

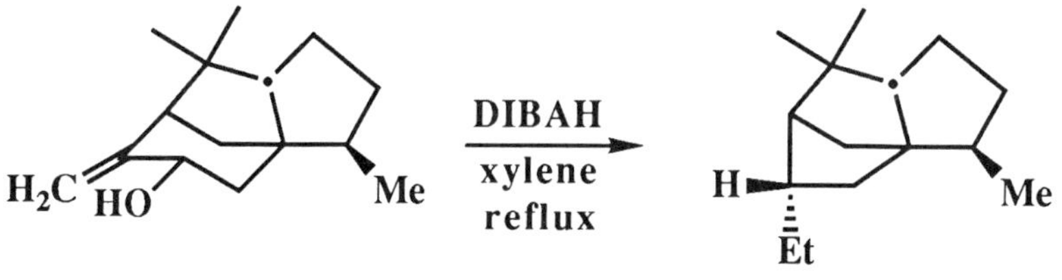
H2C
HO
Me
DIBAH
xylene
reflux
H
Et
Me

II
OXIDATIONS

II.A. C-O Oxidations

II.A.1. Alcohol → Ketone, Aldehyde

II.A.1-1 M.G. Kulkarni and M.T. Sebastian, *Tetrahedron Lett.*, 31, 4497 (1990).

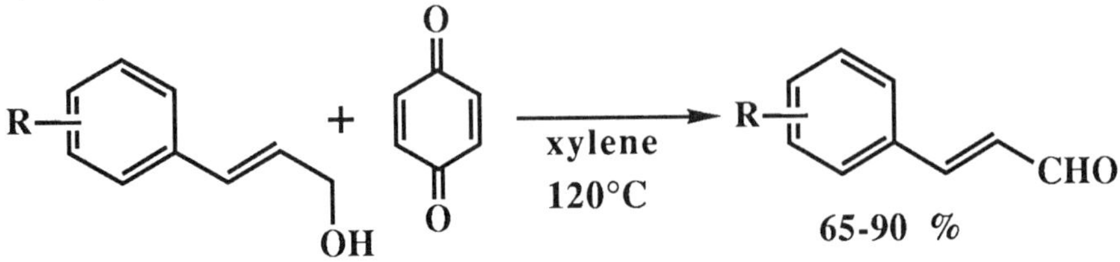

R—⟨Ar⟩—CH=CH—CH$_2$OH + benzoquinone →(xylene, 120°C) R—⟨Ar⟩—CH=CH—CHO   65-90 %

II.A.1-2 V. Samano and M.J. Robins, *J. Org. Chem.*, 55, 5186 (1990).

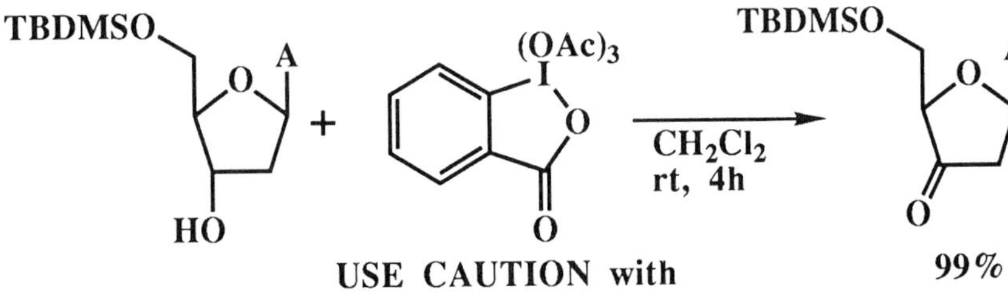

TBDMSO-furanose(OH, A) + IBX(OAc)$_3$ →(CH$_2$Cl$_2$, rt, 4h) TBDMSO-furanose(=O, A)   99%

USE CAUTION with this reagent

II.A.1-3 J. Skarzewski et al., *Tetrahedron Lett.*, 31, 2177 (1990); F. Montanari et al., *Org. Syn.*, 69, 212 (1990); T. Endo et al., *Bull. Chem. Soc. Jpn.*, 63, 947 (1990).

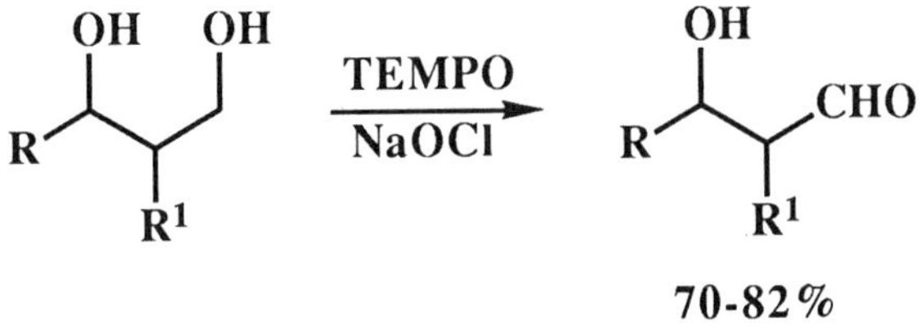

R-CH(OH)-CH(R^1)-CH$_2$OH →(TEMPO / NaOCl) R-CH(OH)-CH(R^1)-CHO

70-82%

Selective oxidation of 1° OH in presence of 2° OH

TEMPO = 2,2,6,6-Tetramethylpiperidin-1-oxyl

II.A.1-4 B.M. Choudary et al., *Tetrahedron Lett.*, 31, 5785 (1990).

$$\underset{Me}{\overset{OH}{\diagup}}(CH_2)_6OH \xrightarrow[\substack{CH_2Cl_2 \\ rt,\ 24\ h}]{\substack{^tBuOOH \\ Cr\text{-}PILC}} \underset{Me}{\overset{O}{\diagup}}(CH_2)_6OH$$

94%

Cr-PILC = Chromia-pillared montmorillonite catalyst
Selective oxidation of 2° OH in presence of 1° OH

II.A.1-5 Y.H. Kim et al., *Chem. Lett.*, 1125 (1990).

$$X\text{-}C_6H_4\text{-}CH(OH)\text{-}CH_2R + p\text{-}MeC_6H_4SO_2NCl_2 \xrightarrow[1\text{-}4h]{MeCN,\ 35\text{-}55°C} X\text{-}C_6H_4\text{-}CO\text{-}CHCl\text{-}R$$

79-94%

II.A.1-6 E.K. Ryu et al., *Synth. Commun.*, 20, 1625, 637 (1990).

$$R\text{-}C_6H_4\text{-}CH(OH)\text{-}CHR^1 + m\text{-}ClC_6H_4CO_3H \xrightarrow[25°C,\ 6h]{1.5\ M\ HCl,\ DMF} R\text{-}C_6H_4\text{-}CO\text{-}CHCl\text{-}R^1$$

80-84%

II.A.1-7 G.A. Tolstikov et al., *J. Org. Chem. (USSR)*, 25, 1908 (1989); S.P. Acharya and R.A. Rane, *Synthesis*, 127 (1990).

Bicyclic lactone with TMSO and CH₂OTMS groups → (CrO₃·2pyr / SiO₂) → Bicyclic lactone with TMSO and CHO groups

>45%

II.A.1-8 S. Tsuboi, I. Tari et al., *Bull. Chem. Soc. Jpn.*, 63, 1888 (1990).

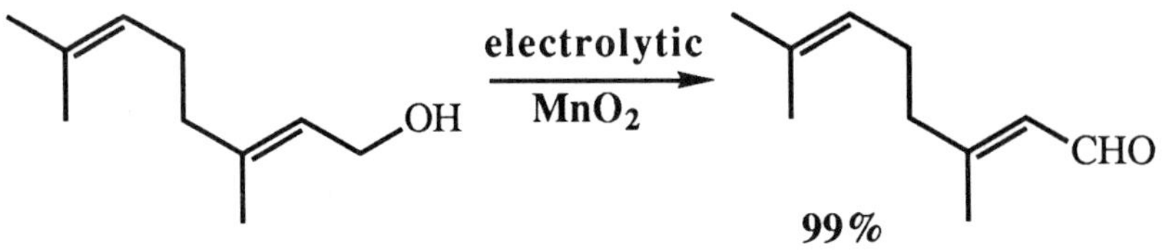

II.A.1-9 H. Firouzabadi et al., *Tetrahedron*, 46, 6869 (1990); T. Morimoto et al., *Bull. Chem. Soc. (Jpn)*, 63, 2433 (1990); X. Xiao and G.D. Prestwich, *Synth. Commun.*, 20, 3125 (1990); A. Banerjee et al., *Ind. J. Chem.*, 29B, 257 (1990); H. Kuno et al., *Bull. Chem. Soc. (Jpn)*, 63, 1943 (1990); K. Krohn et al., *Chem. Ber.*, 123, 1357 (1990).

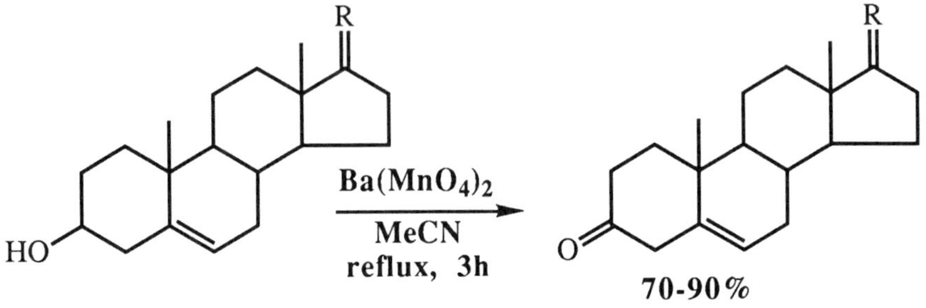

II.A.1-10 W.P. Griffith and S.V. Ley, *Aldrichimica Acta*, 23, 13 (1990).

Review: "TPAP: Tetra-n-propylammonium Perruthenate. A Mild and Convenient Oxidant for Alcohols".

II.A.1-11 T.T. Tidwell, *Synthesis*, 857 (1990).

Review: "Oxidation of Alcohols by Activated Dimethyl Sulfoxide and Related Reactions: An Update".

II.B. C-H Oxidations

II.B.1. C-H → C-O

II.B.1-1 P.E. Eaton et al., *J. Org. Chem.*, 55, 6105 (1990); R. Curci et al., *Tetrahedron Lett.*, 31, 3067 (1990); S.-I. Murahashi et al., *J. Am. Chem. Soc.*, 112, 7820 (1990)..

$$\text{substrate} \xrightarrow[\text{rt, 12h}]{\text{Oxone} \atop CH_2Cl_2/Me_2CO/H_2O} \text{product-OH}$$

Oxone = $2KHSO_5 \cdot KHSO_4 \cdot K_2SO_4$ 98%

II.B.1-2 D.H.R. Barton et al., *Tetrahedron Lett.*, 31, 659 1990)

$$\underset{R^1}{\overset{R}{\diagdown}}CH_2 \xrightarrow[\text{pyr, 20°C}]{H_2O_2, \text{ cat.}} \underset{R^1}{\overset{R}{\diagdown}}{=}O \;+\; \underset{R^1\;\;OH}{\overset{R\;\;H}{\diagup\diagdown}}$$

≈20%   <10%

cat. = [Fe complex with two pyridine-2-carboxylate ligands]

II.B.1-3 E. Suarez, *J. Chem. Res (S)*, 240 (1990); O. Prakash et al., *Synth. Commun.*, 20, 1409 (1990).

$$\text{(cyclohexanol with Me}_2\text{)} \xrightarrow[\substack{\text{cyclohexane} \\ 30°C, 1h}]{\substack{\text{visible } h\nu \\ PhI(OAc)_2/I_2}} \text{(cyclic ether product)}$$

R = -H   72%
-CH$_2$CO$_2$Et 96%

II.B.1-4 H. Suginome et al., *Chem. Commun.*, 1074 (1990)

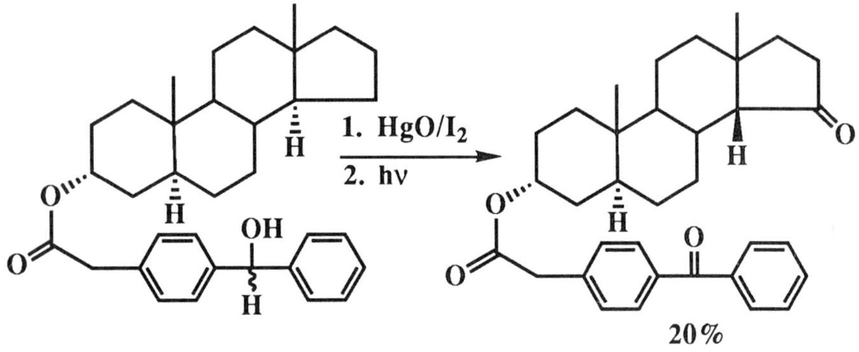

1. HgO/I$_2$
2. hv

20%

II.B.1-5 K. Takehira et al., *Tetrahedron Lett.*, 31, 2607 (1990);
T. Imamoto, S. Hiyama et al., *Chem. Lett.*, 1445 (1990); R.C. Malhotra et al., *Chem. Ind.*, 260 (1990); J.K. Okunowski et al., *Rec. Trav. Chim.*, 109, 103 (1990).

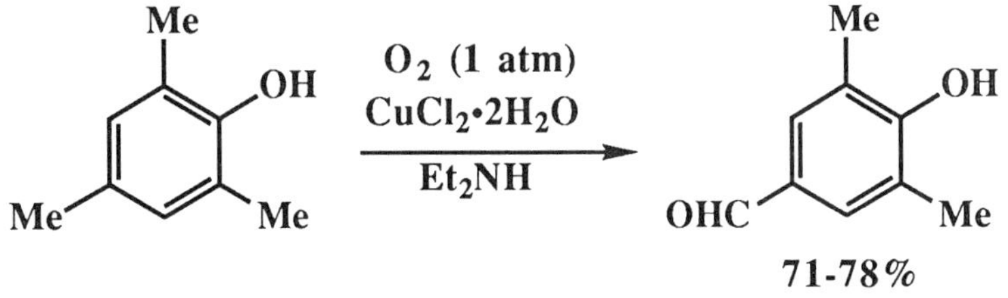

$$\xrightarrow[\text{Et}_2\text{NH}]{\substack{\text{O}_2 \text{ (1 atm)} \\ \text{CuCl}_2 \cdot 2\text{H}_2\text{O}}}$$

71-78%

II.B.1-6 F. DiFuria, G. Modena et al., *J. Org. Chem.*, 55, 3658 (1990).

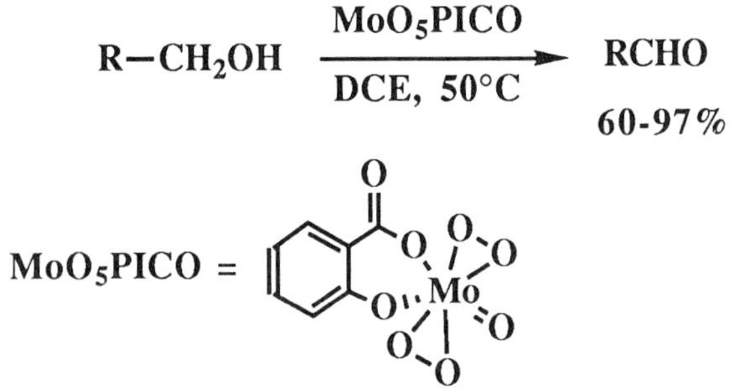

$$\text{R}-\text{CH}_2\text{OH} \xrightarrow[\text{DCE, 50°C}]{\text{MoO}_5\text{PICO}} \text{RCHO}$$

60-97%

MoO$_5$PICO =

II.B.1-7 A. Classen and H.-D. Scharf, *Liebigs Ann. Chem.*, 123 (1990); H. Suga and M. Schlosser, *Tetrahedron*, 46, 4261 (1990).

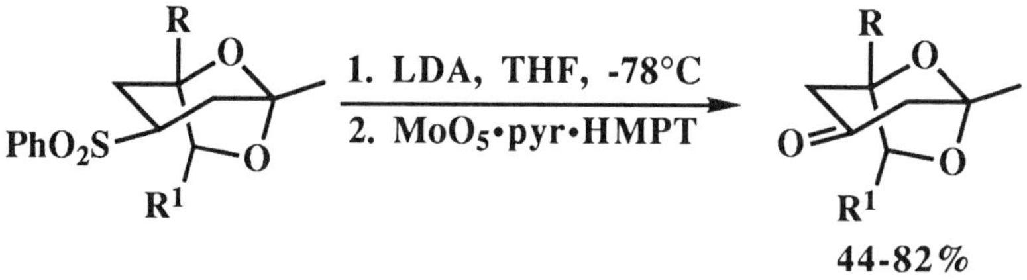

R
PhO2S
O
O
R1
1. LDA, THF, -78°C
2. MoO5•pyr•HMPT
44-82%

II.B.1-8 P. Helquist et al., *J. Org. Chem.*, 55, 3679 (1990)

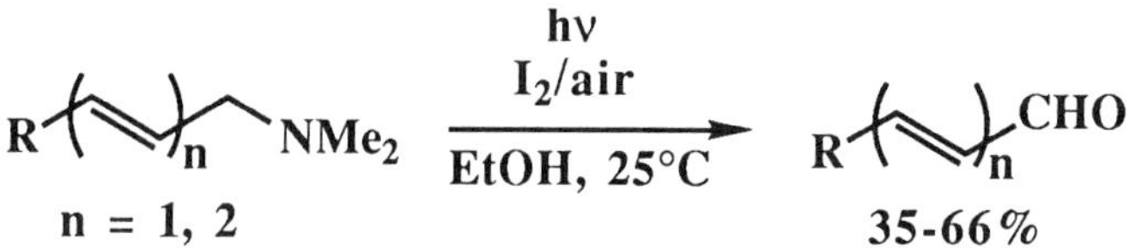

hν
I2/air
EtOH, 25°C
R
NMe2
n = 1, 2
CHO
35-66%

II.B.1-9 P.D. Woodgate et al., *J. Organomet. Chem.*, 384, C6 (1990).

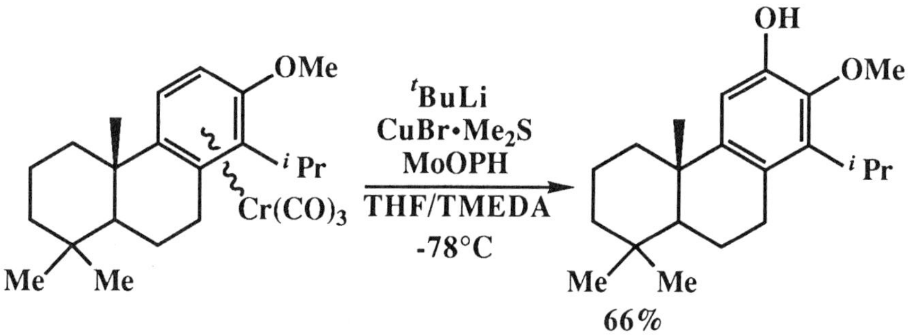

OMe
i Pr
Cr(CO)3
Me
Me
tBuLi
CuBr•Me2S
MoOPH
THF/TMEDA
-78°C
OH
66%

II.B.1-10 S.E. Bystrom et al., *J. Org. Chem.*, 55, 5674 (1990); A. Heuman, B. Akerman et al., *ibid.*, 55, (1990).

Pd(OAc)2, Cu(OAc)2
hydroquinone
AcOH, O2
50°C, 22h
OAc
85%

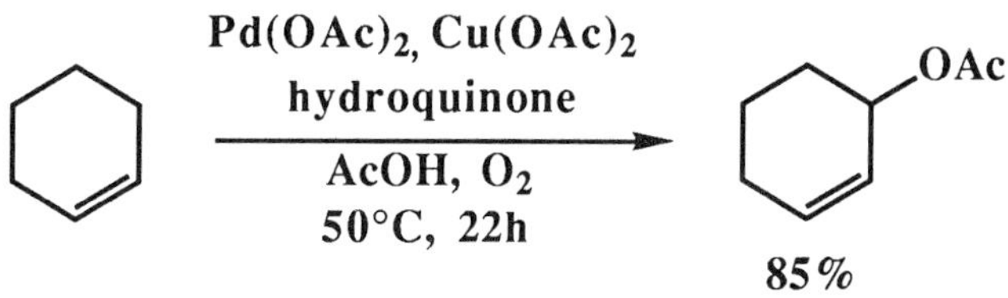

II.B.1-11 R.V. Hoffman et al., *J. Org. Chem.*, 55, 1267 (1990); S. Nakajima et al., *Liebigs Ann. Chem.*, 181 (1990).

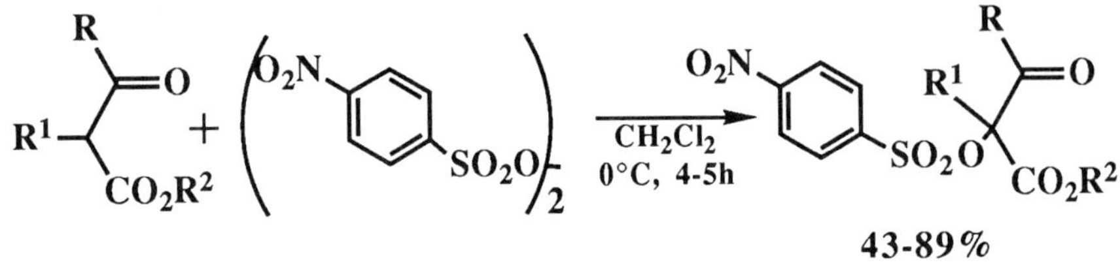
R
O
R1
+
CO2R2
O2N
SO2O
2
CH2Cl2
0°C, 4-5h
O2N
R
R1
O
SO2O
CO2R2
43-89%

II.B.1-12 L. Castedo et al., *Synth. Commun.*, 20, 503 (1990).

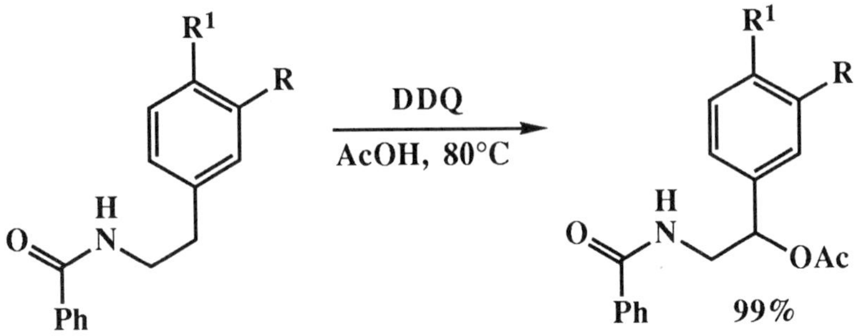
R1
R
H
O
N
Ph
DDQ
AcOH, 80°C
R1
R
H
O
N
OAc
Ph
99%

II.B.1-13 J.A. Steenkamp, D. Ferreira et al., *Tetrahedron*, 46, 6885 (1990); A. Kubo et al., *Chem. Pharm. Bull.*, 38, 821 (1990).

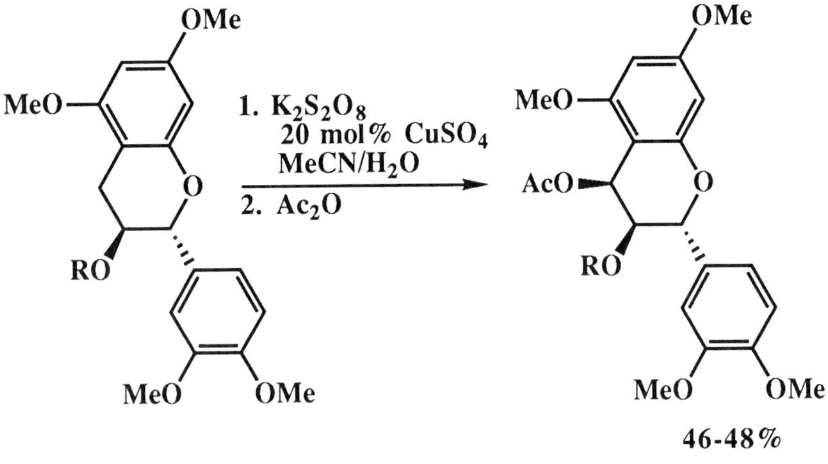
OMe
MeO
O
RO
MeO
OMe
1. K2S2O8
20 mol% CuSO4
MeCN/H2O
2. Ac2O
OMe
MeO
AcO
O
RO
MeO
OMe
46-48%

II.B.1-14 A.S. Demir et al., *Synth. Commun.*, 20, 2279 (1990) and *Synthesis*, 1119 (1990); D.S. Watt et al., *J. Org. Chem.*, 55, 504 (1990); P.T. Kaye and R.A. Learmonth, *Synth. Commun.*, 20, 1333 (1990).

$$R \overset{O}{-\!\!\!\!-\!\!\!\!-}\!\!\!\text{C}_6\text{H}_4\!\!\text{-C(O)Me} \quad \xrightarrow[\text{Ph-H, reflux, 36-48h}]{\text{Mn(OAc)}_3, \text{R}^1\text{CO}_2\text{H}} \quad R\!\!-\!\!\text{C}_6\text{H}_4\!\!\text{-C(O)CH}_2\text{OC(O)R}^1$$

67-81%

II.B.1-15 J.C. Anderson and S.C. Smith, *Synlett.*, 107 (1990); P. Jacob III et al., *J. Med. Chem.*, 33, 1888 (1990).

$$RCH_2CO_2R^1 \quad \xrightarrow{\text{MoO}_5\cdot\text{pyr}\cdot\text{DMPU}} \quad R\overset{OH}{\underset{CO_2R^1}{-\!\!\!\!\text{CH}-}}$$

43-86%

DMPU = 1,3-dimethyl-3,4,5,6-tetrahydro-2-(1H)-pyimidinone
A safer alternative to MoOPH for α-hydroxylations of carbonyl compounds -- does not use HMPA

II.B.1-16 F.A. Davis et al., *J. Org. Chem.*, 55, 3715 (1990) and *Tetrahedron Lett.*, 31, 6823 (1990); Y. Kita et al., *Chem. Pharm. Bull.*, 38, 1836 (1990); M. Schultz et al., *Tetrahedron*, 46, 2370 (1990).

2-methyl-1-tetralone $\xrightarrow[\text{2. oxidant 0.5-3h}]{\text{1. NaN(SiMe}_3)_2, -78°C, 30min}$ 2-methyl-2-hydroxy-1-tetralone

66%, (95% e.e.)

oxidant = [dichloro camphorsulfonyloxaziridine structure]

II.B.1-17 B. Ye and Y.L. Wu, *Chem. Commun.*, 726 (1990).

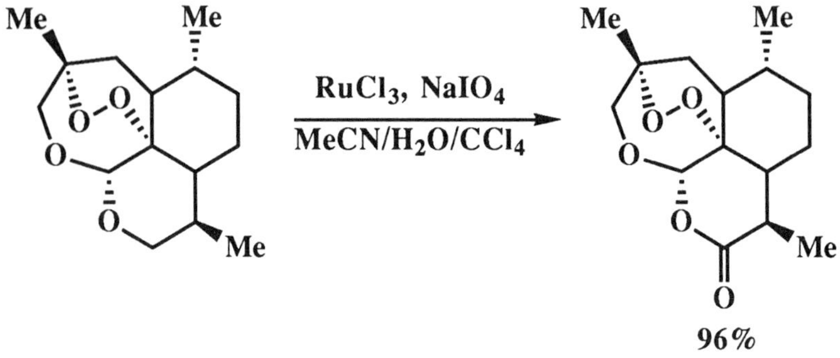

$$\text{RuCl}_3, \text{NaIO}_4 \over \text{MeCN/H}_2\text{O/CCl}_4$$

96%

II.B.2. C-H → C-Hal

II.B.2-1 J. Mathew and B. Alink, *J. Org. Chem.*, <u>55</u>, 3880 (1990); P. Ceccherelli et al., *Tetrahedron Lett.*, <u>31</u>, 3071 (1990).

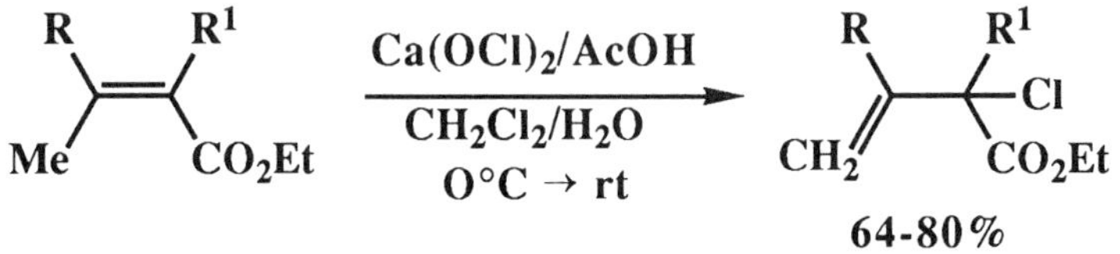

$$\text{Ca(OCl)}_2/\text{AcOH} \over \text{CH}_2\text{Cl}_2/\text{H}_2\text{O}, \ 0°\text{C} \to \text{rt}$$

64-80%

II.B.2-2 L. Brandsma and H.D. Verkruijsse, *Synthesis*, 984 (1990); C. Mioskowski et al., *Tetrahedron Lett.*, <u>31</u>, 3141 (1990).

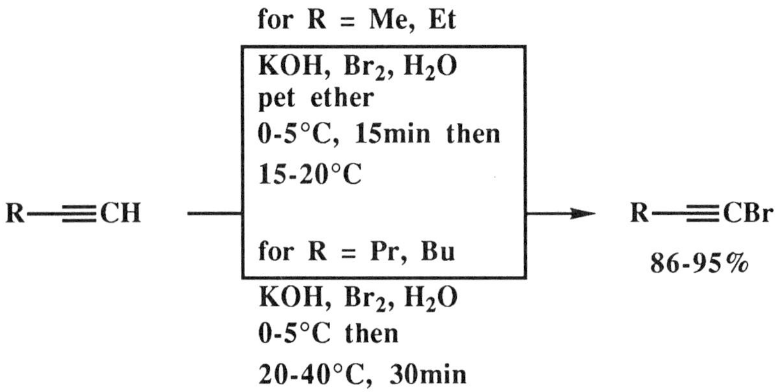

R—≡CH → R—≡CBr   86-95%

for R = Me, Et
| KOH, Br$_2$, H$_2$O, pet ether, 0-5°C, 15min then 15-20°C |

for R = Pr, Bu
KOH, Br$_2$, H$_2$O
0-5°C then
20-40°C, 30min

A practical and safe procedure for preparartion of lower homologs of bromoacetylene.

II.B.2-3 M.A. Brimble et al., *Tetrahedron Lett.*, 31, 7509 (1990); C.J. Easton and M.J. Pitt, *ibid.*, 31, 3471 (1990); Y.L. Chow et al., *J. Chem. Soc. Perkin 2,* 361 (1990).

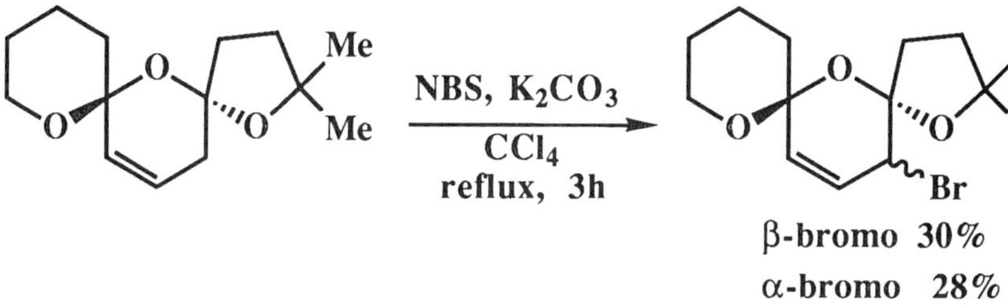

β-bromo 30%
α-bromo 28%

II.B.2-4 T. Umemoto et al., *Org. Syn.*, 69, 129 (1990) and *J. Am. Chem. Soc.*, 112, 8563, (1990).

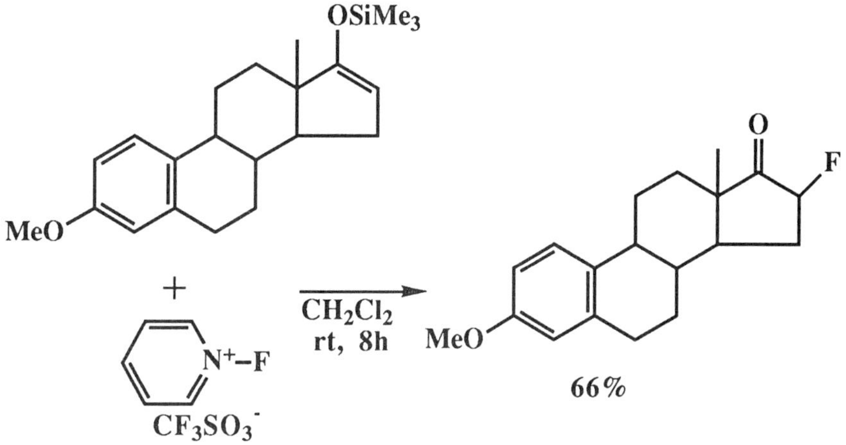

66%

II.B.2-5 A.T. Hewson et al., *J. Chem. Soc. Perkin 1*, 2967 (1990); Y.H. Kim et al., *Chem. Lett.*, 79 (1990).

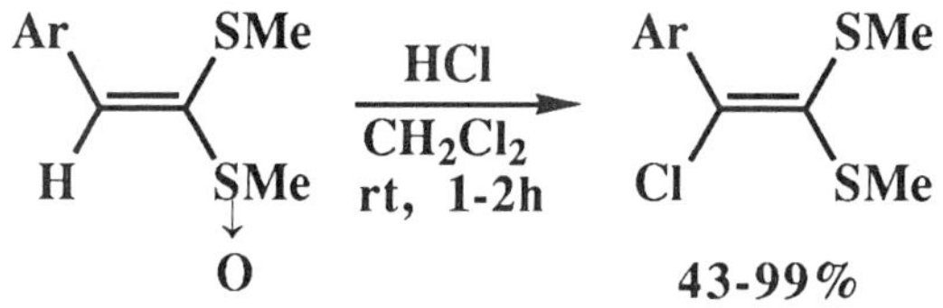

43-99%

II.B.2-6 K.K. Catlin and F.J. Hendrich, *Synth. Commun.*, 20, 439 (1990); W.-W. Sy et al., *ibid.*, 20, 877 (1990); S. Rozen and D. Zamir, *J. Org. Chem.*, 55, 3552 (1990).

$$\text{MeO-C}_6\text{H}_4\text{-(CH}_2)_n\text{-C}_6\text{H}_4\text{-OMe} \xrightarrow[\text{MeCN, reflux, 3d}]{\text{CAN, Bu}_4\text{NI}} \text{(diiodo product)}$$

25-49%

II.B.2-7 G.V. DeMeio and J.T. Pinhey, *Chem. Commun.*, 1065 (1990).

$$\text{ArSiMe}_3 \text{ or } (\text{ArBO})_3 \xrightarrow[\text{BF}_3\cdot\text{Et}_2\text{O, rt}]{\text{Pb(OAc)}_4} \text{Ar-F}$$

II.B.2-8 T. Brigaud and E. Laurent, *Tetrahedron Lett.*, 31, 2287 (1990).

$$\text{Ph-CO-CH}_2\text{-SPh} \xrightarrow[\text{MeCN, rt}]{\text{Pt electrode, TEA}\cdot\text{3HF}} \text{Ph-CO-CHF-SPh}$$

II.C. C-N Oxidations

II.C-1 I. Pri-Bar et al., *Bull. Soc. Chim. Belg.*, 99, 345 (1990); M. Kawai et al., *Chem Lett.*, 577 (1990).

$$\text{ArCH(R}^1)\text{NR}_2\cdot\text{HX} \xrightarrow{\text{DMSO}} \text{ArCOR}^1$$

1-95%

II.C-2 R.C. Cambie et al., *Aust. J. Chem.*, **43**, 485 (1990).

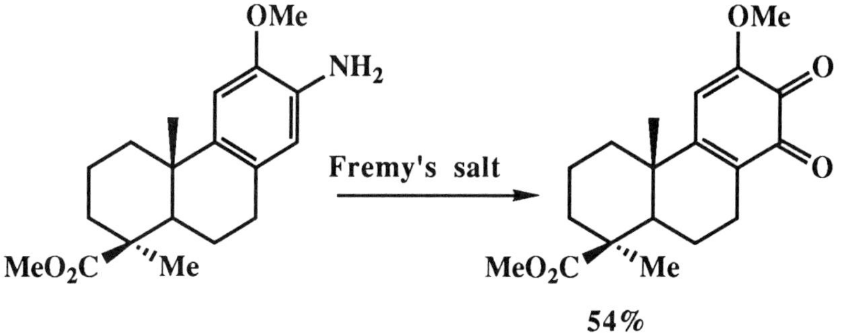

[Reaction: aromatic amine with OMe and NH₂ substituents on a decalin-type system with MeO₂C and Me groups → ortho-quinone product using Fremy's salt, 54%]

II.C-3 A.J. Bloodworth, J.L. Courtneidge et al., *J. Chem. Soc. Perkin 1*, 2951 (1990).

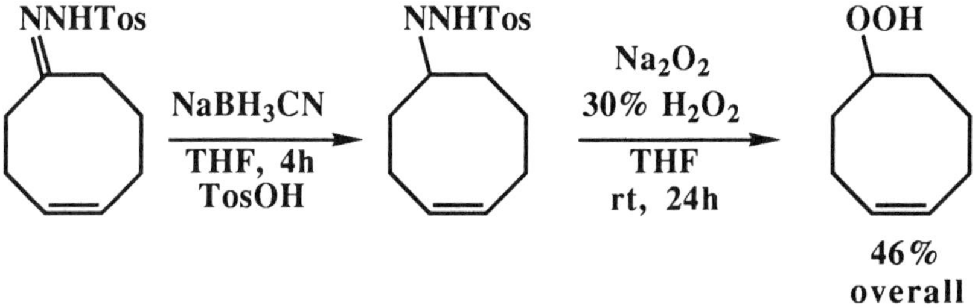

[Reaction: cyclooctenone tosylhydrazone → cyclooctene tosylhydrazide (NaBH₃CN, THF, 4h, TosOH) → cyclooctenyl hydroperoxide (Na₂O₂, 30% H₂O₂, THF, rt, 24h), 46% overall]

II.D. Amine Oxidations

II.D-1 N. Oguni et al., *Chem. Lett.*, 547 (1990); F. Potmischil and M. Naiman, *Liebigs Ann. Chem.*, 99 (1990);

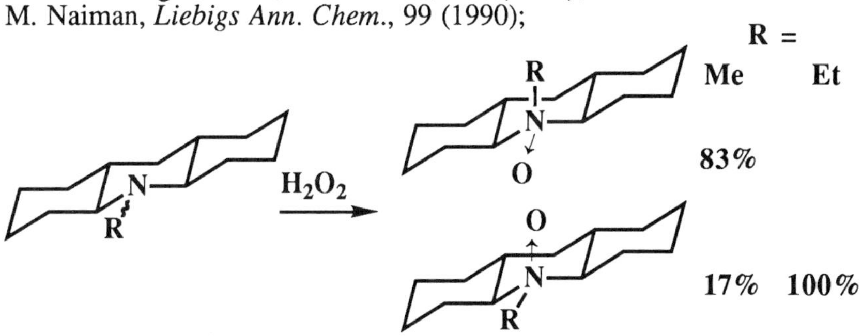

[Reaction: trans-decahydroquinoline-type amine with H₂O₂ → N-oxide products]

R = Me, Et

83% / 17% 100%

II.D-2 J. Mlochowski et al., *Liebigs Ann. Chem.*, 461 (1990); H.C.J. Ottenheijm et al., *Tetrahedron*, 46, 1745 (1990).

$$\underset{R}{\overset{N^tBu}{\diagup\!\!\!\diagdown}}\!\!-R^1 \quad \xrightarrow[CHCl_3,\ -15°C]{MCPBA,\ Na_2CO_3} \quad \underset{R}{\overset{O-N^tBu}{\diagup\!\!\!\diagdown}}\!\!-R^1 \ + \ \text{Nitrone}$$

45-61%   4-14%

II.D-3 S.-I. Murahashi et al., *J. Org. Chem.*, 55, 1736, 1744 (1990); W. Carruthers et al., *Chem. Commun.*, 91 (1990).

$$RCH_2NHR^1 \quad \xrightarrow[\substack{MeOH\ or\ H_2O \\ rt,\ 3h}]{30\%\ H_2O_2,\ Na_2WO_4 \cdot 2H_2O} \quad \underset{O}{\overset{\downarrow}{RC=NR^1}}$$

40-89%

II.E. Sulfur Oxidations

II.E-1 A. McKillop and D. Koyunco, *Tetrahedron Lett.*, 31, 5007 (1990).

$$RSH \quad \xrightarrow[\substack{MeOH/H_2O \\ rt,\ 2h}]{NaBO_3 \cdot 4H_2O} \quad RSSR$$

75-96%

II.E-2 F. Difuria et al., *Gazz. Chim. Ital.*, 120, 165 (1990); P.C.B. Page et al., *Synlett*, 457 (1990); K. Nakajima et al., *Bull. Chem. Soc. Jpn.*, 63, 2620 (1990).

Reagents: 1. $Ti(O^i Pr)_4$, (+)-DET, DCE, 10min; 2. ^tBuOOH, -20°C, 14-16h

66%, (97:3)

II.E-3 T. Nakao et al., *Chem. Pharm. Bull.*, 38, 3182 (1990); T. Rabai et al., *Synthesis*, 847 (1990); I. Jalsovszky et al., *ibid.*, 1037 (1990); M. Mikolajczyk et al., *ibid.*, 937 (1990); K. Rama Rao et al., *Org. Prep. Proced. Int.*, 22, 632 (1990); G.J. Quallich and J.W. Lackey, *Tetraherdon Lett.*, 31, 3685 (1990); K.S. Kim et al., *ibid.*, 31, 2893 (1990); B. Pandey et al., *J. Chem. Soc. Perkin 1*, 3217 (1990).

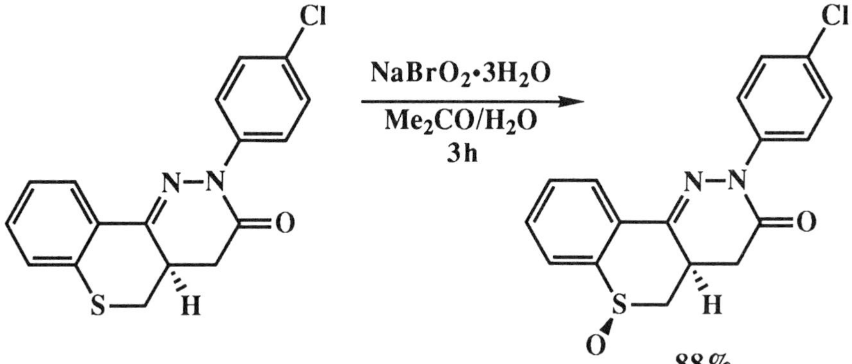

88%, (trans:cis = 88:12)

Other oxidants used: PhN$^+$Me$_3$Br$^-$/ ^{t}BuOOH/ H$_2$O$_2$/NaOCl/K$_2$O$_2$-Rose Bengal

II.E-4 N. Furukawa et al., *Tetrahedron Lett.*, 31, 1019 (1990).

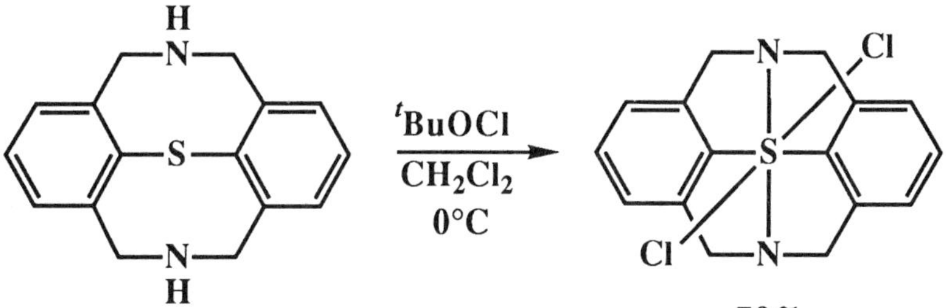

70%

II.F. Oxidative Additions to C-C Multiple Bonds

II.F.1 Epoxidations

II.F.1-1 A. Foucaud and E. de Rouille, *Synthesis*, 787 (1990).

60-98%

II.F.1-2 W.-S. Zhou et al., *Tetrahedron*, 46, 1191 (1990); Y.E. Raifel'd et al., *J. Org. Chem. (USSR)*, 26, 451 (1990); B.M. Choudary et al., *Chem. Commun.*, 1186 (1990); R.F.W. Jackson et al., *J. Chem. Soc. Perkin 1*, 200 (1990).

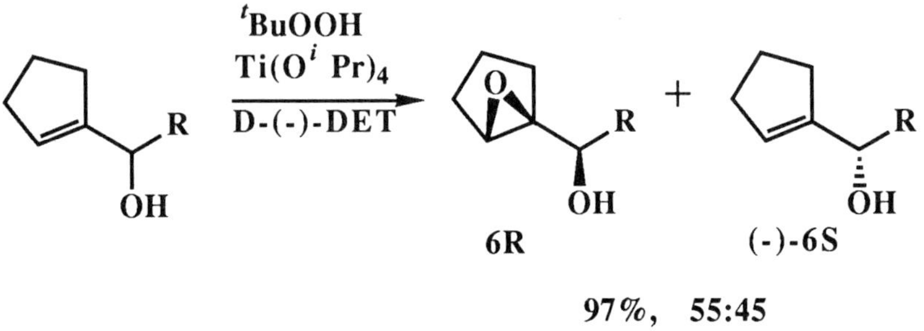

97%, 55:45

II.F.1-3 R. Curci et al., *Tetrahedron Lett.*, 31, 6097 (1990); W. Adam et al., *ibid.*, 31, 331, 6517 (1990) and *Chem. Ber.*, 123, 2077 (1990).;

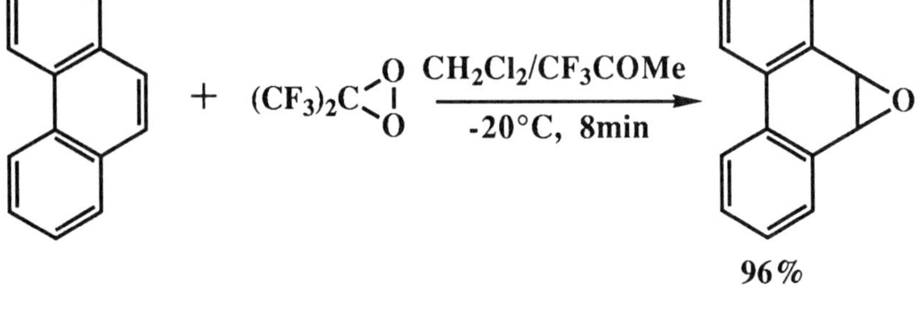

96%

II.F.1-4 H. Heaney et al., *Synlett*, 533 (1990); S. Itsuno et al., *J. Org. Chem.*, 55, 6047 (1990); T. Tsuno and K. Sugiyama, *Heterocycles*, 31, 1581 (1990); J.R. Flisak et al., *Tetrahedron Lett.*, 31, 6501 (1990); T. Hirao et al., *ibid.*, 31, 6039 (1990).

$$RCH=CHR^1 + (NH_2)_2CO \cdot H_2O_2 \xrightarrow[0°C \to rt]{CH_2Cl_2} RHC\overset{O}{\underset{}{-}}CHR^1$$

51-88%

Urea-hydrogen peroxide - a safe alternative to anhydrous hydrogen peroxide

II.F.1-5 H. Kogen et al., *Chem. Commun.*, 1240 (1990); D.H. Rich et al., *J. Med. Chem.*, 33, 1443 (1990); A.V. Rukavishnikov and A.V. Tkachev, *J. Org. Chem. (USSR)*, 25, 1706 (1990); S. Uemura et al., *J. Chem. Soc. Perkin 1*, 1697 (1990).

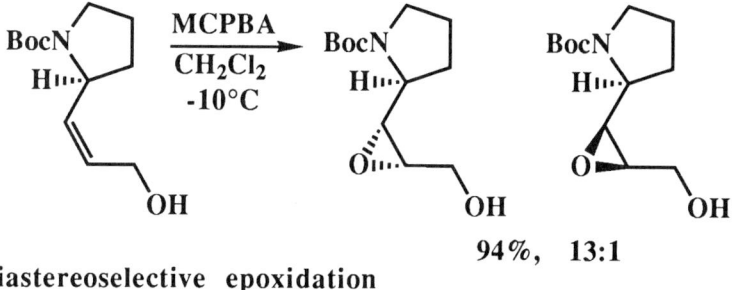

94%, 13:1

Diastereoselective epoxidation

II.F.1-6 T. Osa et al., *Bull. Chem. Soc. Jpn.*, 63, 1374 (1990); S. Banfi et al., *Rec. Trav. Chim.*, 109, 117 (1990); G. Strukul et al., *ibid.*, 109, 107 (1990); A.W. van der Made et al., *ibid.*, 109, 537 (1990); D.H.W. den Boer et al., *ibid.*, 109, 123 (1990).

$$\text{cyclooctene} \xrightarrow[\text{DMF/Ac}_2\text{O}]{O_2, \text{ electrochemically reduced metalloporphyrins}} \text{cyclooctene oxide}$$

up to 5-7 turnovers

II.F.1-7 E.N Jacobsen et al., *J. Am. Chem. Soc.*, 112, 2801 (1990); T. Hirao, Y. Ohshiro et al., *Synlett*, 541 (1990)

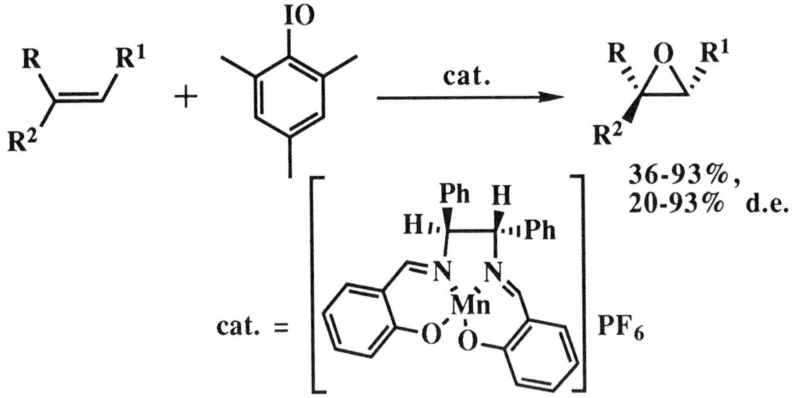

IO
R
R1
R2
+
cat.
R
O
R1
R2
36-93%,
20-93% d.e.
cat. =
Ph H
H
Ph
N N
Mn
O O
PF6

II.F.1-8 T. Mukaiyama et al., Chem. Lett., 1657 , 1661 (1990); R. Sauvetre et al., *J. Organomet. Chem.*, 393, 173 (1990).

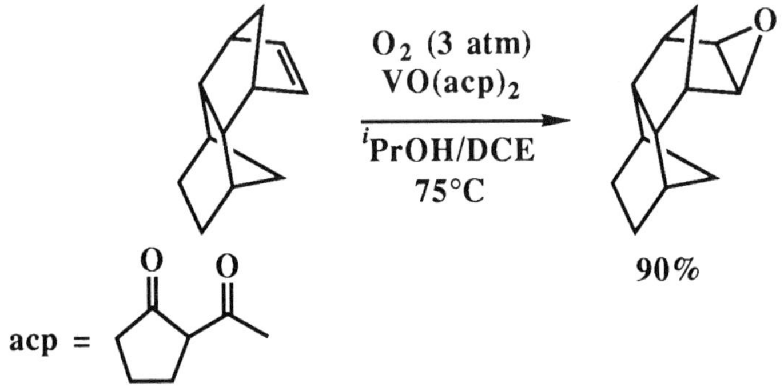

O2 (3 atm)
VO(acp)2
iPrOH/DCE
75°C
O
90%
acp =
O O

II.F.2. Hydroxylation

II.F.2-1 Z. Chen and R.L. Halterman, Synlett, 103 (1990).

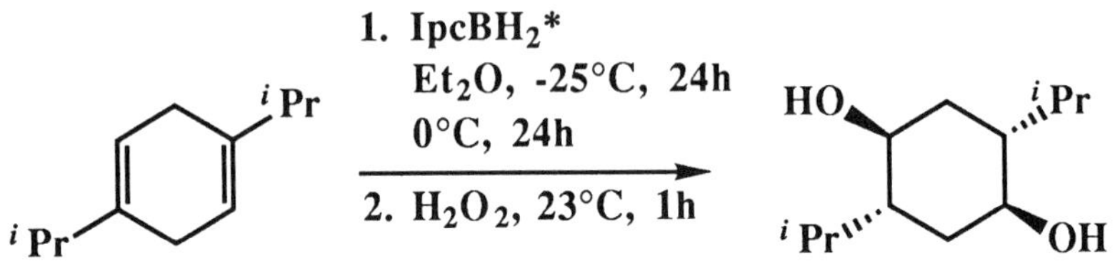

1. IpcBH2*
Et2O, -25°C, 24h
0°C, 24h
2. H2O2, 23°C, 1h
iPr
iPr
HO
iPr
iPr
OH

* From (+)-pinene

44%, >96% d.e.

II.F.2-2 C. Scolastico et al., *Tetrahedron*, 46, 7283 (1990).

[Reaction: BnO$_2$C-substituted oxazolidine with vinyl group, H, Tos-N, Ph, Me substituents + PhCH$_2$OH, NaH, THF, -30°C, 60h → BnO-substituted product, 96%, 93:7]

II.F.2-3 J.S. Panek and P.F. Cirillo, *J. Am. Chem. Soc.*, 112, 4873 (1990); K. Yamamoto et al., *J. Org. Chem.*, 55, 766 (1990); K.B. Sharpless et al., *Angew. Chem., Int. Ed. Engl.*, 29, 639 (1990) and *Tetrahedron Lett.*, 31, 2999, 3003 (1990); K. Tomioka et al., *ibid.*, 31, 1741 (1990).

[Reaction: PhMe$_2$Si-CH(OH)-CH=CH-CH$_2$-OBn + OsO$_4$, Me$_3$N→O, Me$_2$CO/H$_2$O → PhMe$_2$Si-CH(OH)-CH(OH)-CH(OH)-CH$_2$-OBn, 72%, anti:syn = 4:1]

II.F.2-4 T. Yamada et al., *Bull. Chem. Soc. Jpn.*, 63, 179 (1990); T. Mukaiyama et al., *Chem. Lett.*, 1869 (1990)

[Reaction: 1-methylcyclohexene + O$_2$, Co(ecbo)$_2$, ^{i}PrOH, reflux, 24h → 1-methylcyclohexanol, 10,370% based on Co(ecbo)$_2$]

Co(ecbo)$_2$ = [bis(2-ethoxycarbonyl)-3-oxobutanalato]cobalt

II.F.2-5 D. Craig and K. Daniels, *Tetrahedron Lett.*, 31, 6441 (1990).

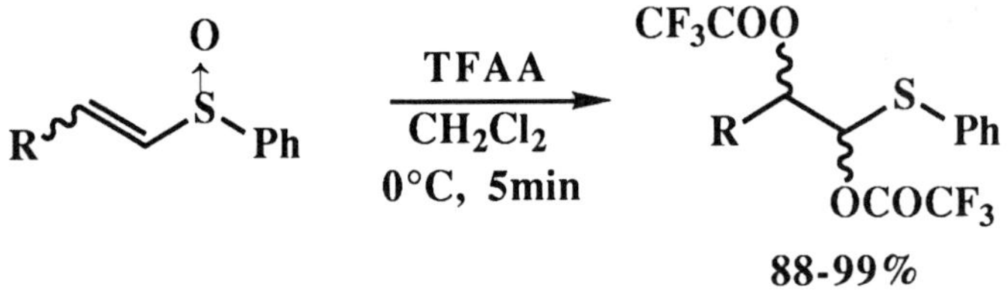

$$R-CH=CH-S(O)-Ph \xrightarrow[CH_2Cl_2, \ 0°C, \ 5min]{TFAA} R-CH(OCOCF_3)-CH(OCOCF_3)-S-Ph$$

88-99%

II.F.2-6 Y. Ishii et al., *Chem. Lett.*, 733 (1990).

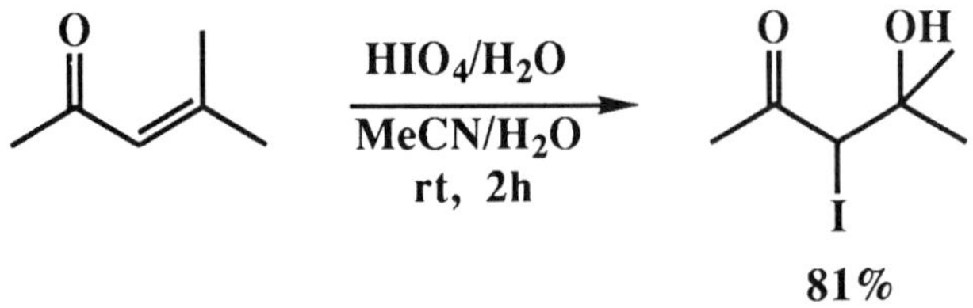

$$\text{mesityl oxide} \xrightarrow[MeCN/H_2O, \ rt, \ 2h]{HIO_4/H_2O} \text{3-iodo-4-hydroxy-4-methylpentan-2-one}$$

81%

II.F.3. Other Oxidative Additions to C-C Multiple Bonds

II.F.3-1 P.H. Dixneuf et al., *Chem. Commun.*, 1199 (1990).

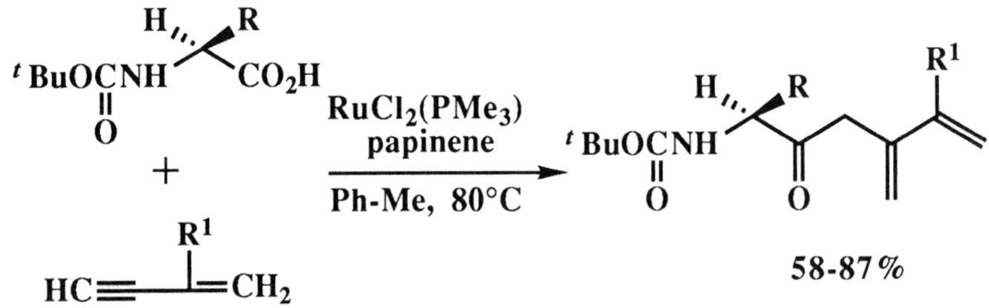

$$^tBuOCNH-CHR-CO_2H + HC\equiv C(R^1)=CH_2 \xrightarrow[Ph-Me, \ 80°C]{RuCl_2(PMe_3) \\ papinene} ^tBuOCNH-CHR-CO-CH_2-C(R^1)=CH_2$$

58-87%

II.F.3-2 D.G. Miller and D.D.M. Wayner, *J. Org. Chem.*, 55, 2924 (1990); E. van der Heide et al., *Rec. Trav. Chim.*, 109, 93 (1990).

$$\text{cyclohexene} \xrightarrow[MeCN/H_2O, \ 60°C, \ 60min]{Pd(OAc)_2 \\ benzoquinone \\ HClO_4} \text{cyclohexanone}$$

99%

OXIDATIONS

II.F.3-3 M. Periasamy et al,. *Chem. Commun.*, 446 (1990); A. Arase et al., *Bull. Chem. Soc. Jpn.*, 63, 447 (1990); B.S. Kirkiacharian and P.G. Koutsourakis, *Synthesis*, 815 (1990).

[benzodioxaborole-BH] + RC≡CH →(BH$_3$·NEt$_2$Ph, Ph-H)→ [benzodioxaborole-BCH=CHR] →(NaOAc, H$_2$O$_2$)→ RCH$_2$CHO   65-81%

II.F.3-4 M.R. Karim and P. Sampson, *Org. Prep. Proced. Int.*, 22, 648 (1990); P.T. Perumal, *Synth. Commun.*, 20, 1353 (1990); Z.-x. Si et al., *Synthesis*, 509 (1990); M. Mittelbach et al., *Liebigs Ann.Chem.*, 185 (1990) and *Monatsh. Chem.*, 121, 203 (1990); S. Isayama, *Bull. Chem. Soc. Jpn.*, 63, 1305 (1990); K. Goto et al., *Chem. Lett.*, 1705 (1990); K. Kaneda et al., *Chem. Commun.*, 1467 (1990).

1. O$_3$, CH$_2$Cl$_2$, -78°C
2. (P)-4-(C$_6$H$_4$)PPh$_2$

83%

II.F.3-5 S. Chandrasekaran et al., *J. Org. Chem.*, 55, 891 (1990).

PCC, CH$_2$Cl$_2$, 28°C, 2h

52-90%

II.F.3-6 A. Mori and H. Takeshita, *Synlett*, 301 (1990).

Review: "Anodic Oxidation for the Syntheses of *o*- and *p*-Tropoquinone Mono- and Bisacetals".

II.G. Phenol-Quinone Oxidation

II.G-1 T.W. Wallace et al., *Tetrahedron*, 46, 6851 (1990).

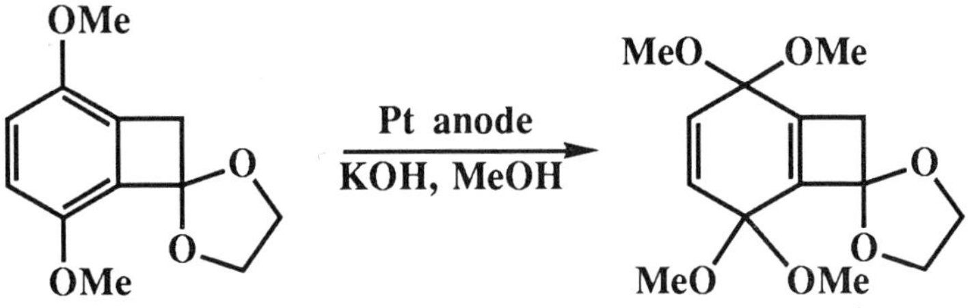

II.G-2 R. Barret and M. Daudon, *Synth. Commun.*, 20, 2907, 1543 (1990) and *Tetrahedron Lett.*, 31, 4871 (1990); M. Anastasia et al., *Synthesis*, 1083 (1990); B. Sket and M. Zupan, *Synth. Commun.*, 20, 933 (1990); R.B. Gupta and R.W. Franck, *Synlett*, 355 (1990); J.P. Michael et al., *Tetrahedron*, 46, 7923 (1990).

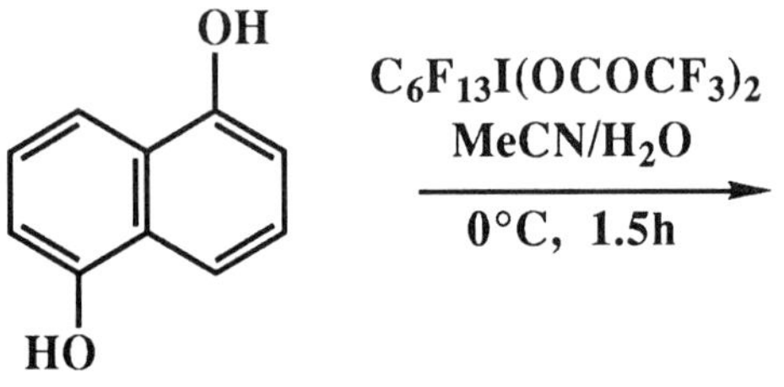

II.G-3 P. Cai and J.K. Snyder, *Tetrahedron Lett.*, 31, 969 (1990); D.W. Jones and F.M. Nongrum, *J. Chem. Soc. Perkin 1*, 3357 (1990); K. Krohn et al., *Synthesis*, 1141 (1990); R.C. Cambie et al., *Aust. J. Chem.*, 43, 681 (1990).

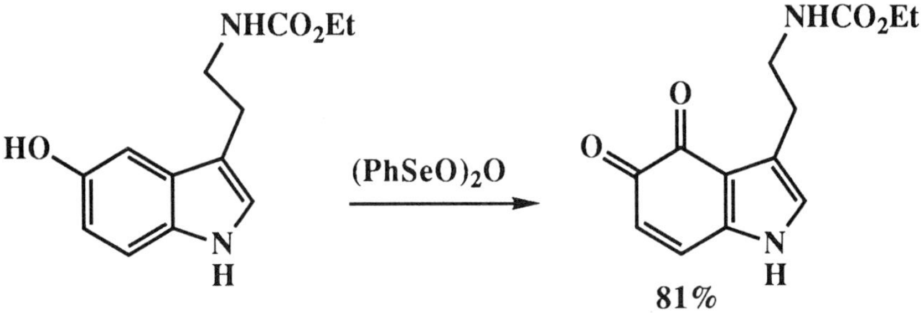

II.G.4 J.D. White et al., *J. Am. Chem. Soc.*, 112, 8595 (1990); S. Yamamura et al., *Chem. Lett.*, 1591 (1990); G.G. Kubiak and P.N. Confalone, *Tetrahedron Lett.*, 31, 3845 (1990).

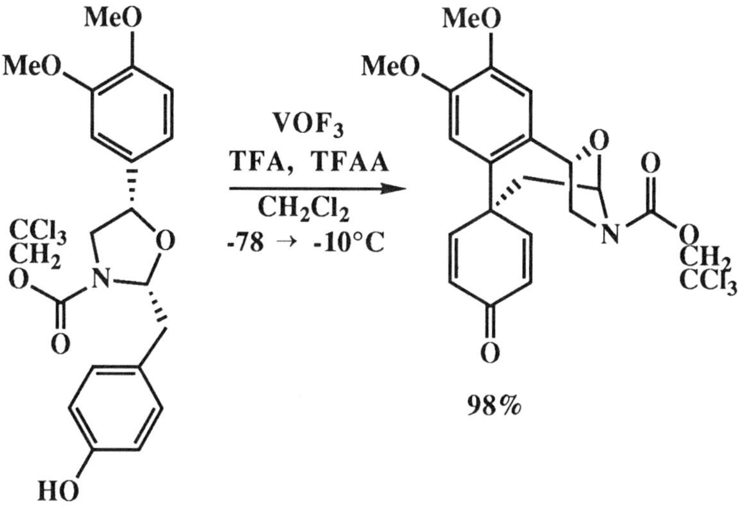

VOF$_3$, TFA, TFAA / CH$_2$Cl$_2$, -78 → -10°C

98%

II.G-5 H. Laatsch, *Liebigs Ann. Chem.*, 1151 (1990).

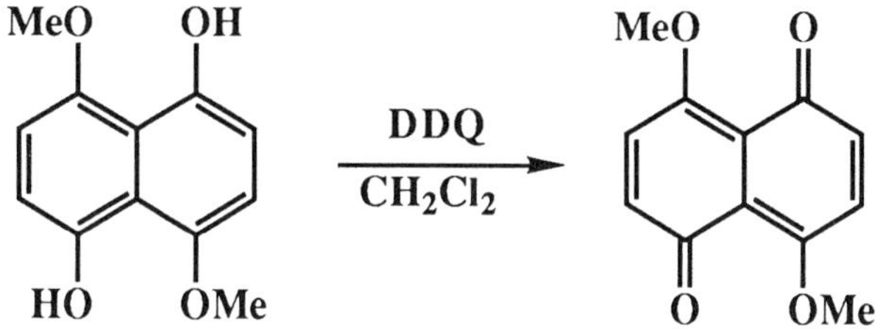

DDQ / CH$_2$Cl$_2$

II.H. Dehydrogenation

II.H-1 P.K. Kadaba and S.B. Edelstein, Synthesis, 191 (1990).

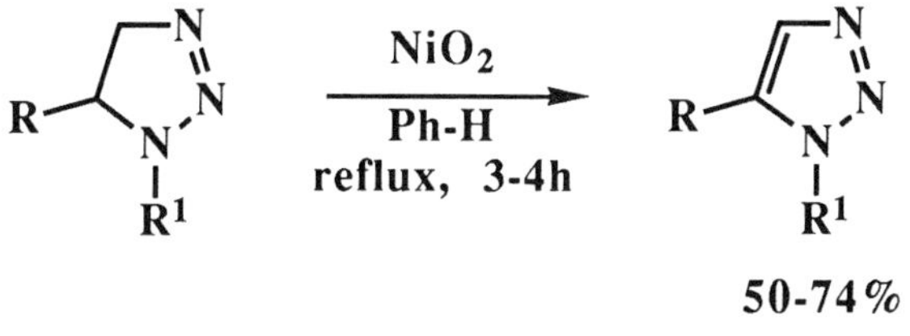

NiO$_2$ / Ph-H, reflux, 3-4h

50-74%

II.H-2 O. Prakash et al., *Synth. Commun.*, 20, 1417 (1990) and *Synlett*, 337 (1990); O.V. Singh and R.P. Kapoor, *Tetrahedron Lett.*, 31, 1459 (1990); J.E. Oliver et al., *Synthesis*, 1117 (1990); T. Hirao, Y. Ohshiro et al., *J. Org. Chem.*, 55, 358 (1990).

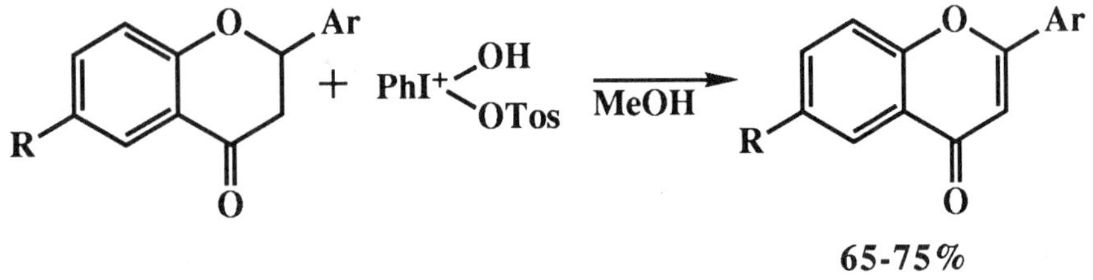

65-75%

Other oxidants used: $Th(OAc)_3$, $Hg(OAc)_2$, $VO(OEt)Cl_2$.

II.H-3 D.D. Miller et al., *Synth. Commun.*, 20, 2483 (1990); D.S. Watt et al., *ibid.*, 20, 989 (1990); L.B. Fertel, H.C. Lin et al., *Synlett*, 539 (1990).

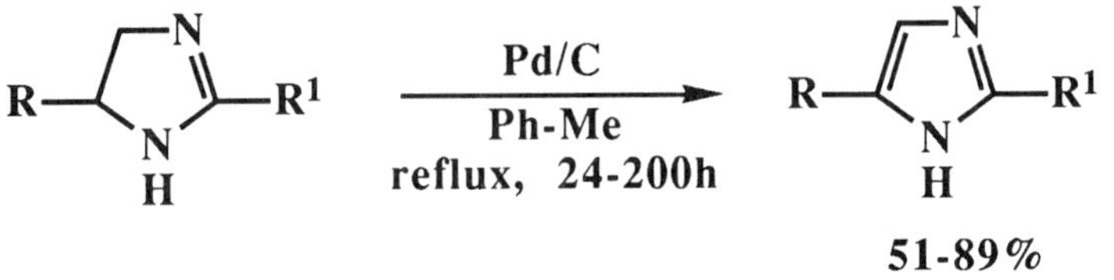

51-89%

II.H-4 R.H. Dodd et al., *Tetrahedron*, 46, 3245 (1990).

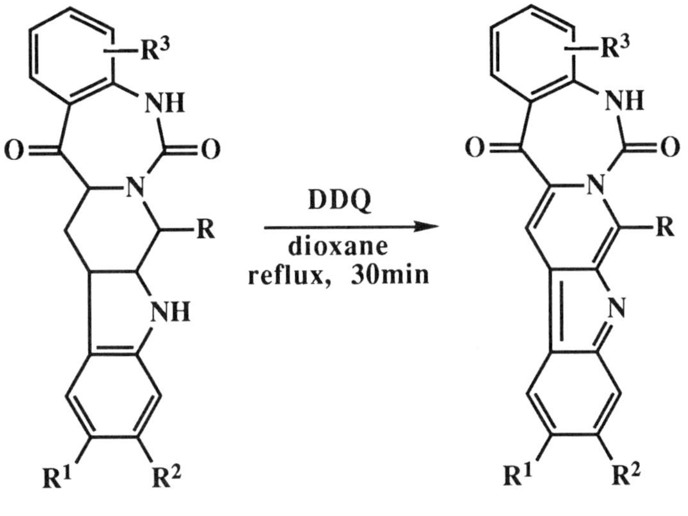

III
REDUCTIONS

III.A. C=O Reductions

III.A-1 D.A. Evans et al., *J. Org. Chem.*, **55**, 5190, 5192 (1990); R.D. Walkup et al., *Tetrahedron Lett.*, **31**, 7587 (1990); T. Harada, A. Oku et al., *Chem. Commun.*, 1641 (1990).

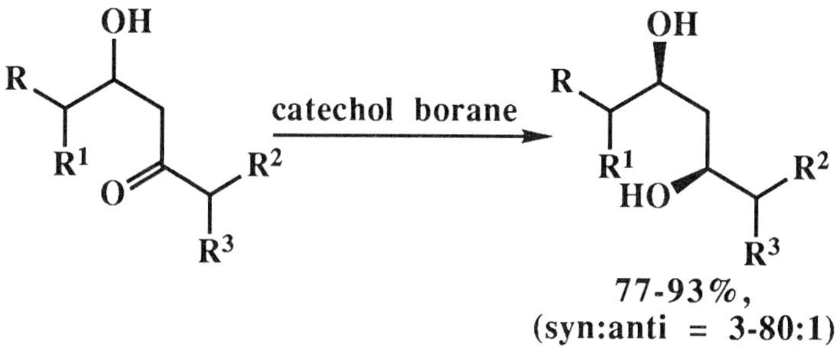

[reaction scheme: β-hydroxy ketone → 1,3-diol via catechol borane]
77-93%, (syn:anti = 3-80:1)

III.A-2 J.V.B Kanth and M. Periasamy, *Chem. Commun.*, 1145 (1990).

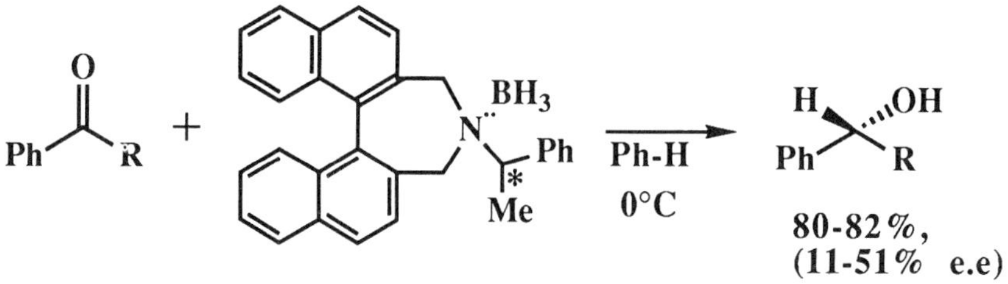

[reaction scheme: PhCOR + chiral binaphthyl-BH₃ amine reagent, Ph-H, 0°C → Ph-CH(OH)-R]
80-82%, (11-51% e.e)

III.A-3 B.C. Ranu et al, *Tetrahedron Lett.*, **31**, 7663 (1990) and *J. Org. Chem.*, **55**, 5799 (1990).

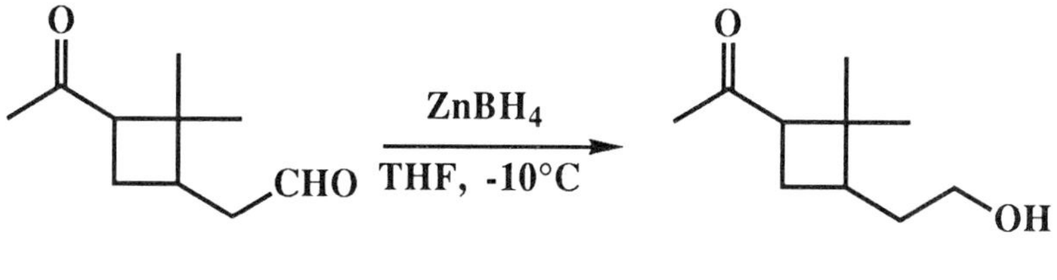

[reaction scheme: keto-aldehyde → keto-alcohol, ZnBH₄, THF, -10°C]

III.A-4 E.J.Corey et al., *Tetrahedron Lett.*, 31, 601, 611 (1990).

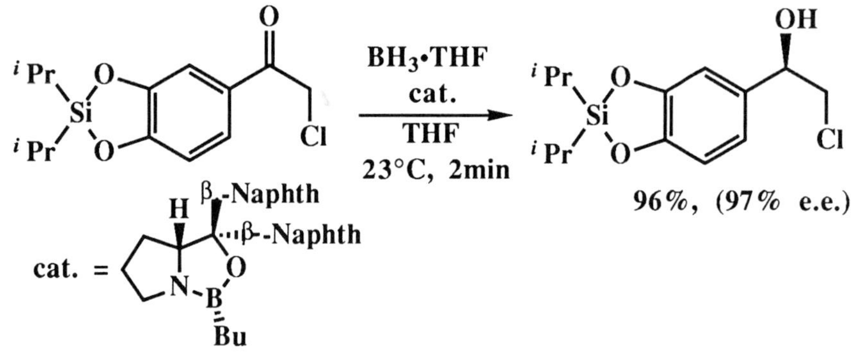

[Reaction: aryl chloromethyl ketone (with iPr$_2$Si(O)(O)- catechol group) + BH$_3$·THF, cat., THF, 23°C, 2min → corresponding chiral alcohol, 96%, (97% e.e.)]

cat. = pyrrolidine-fused oxazaborolidine with H β-Naphth, β-Naphth substituents, N-B-Bu

III.A-5 M.P. DeNinno et al., *J. Med. Chem.*, 33, 2948 (1990).

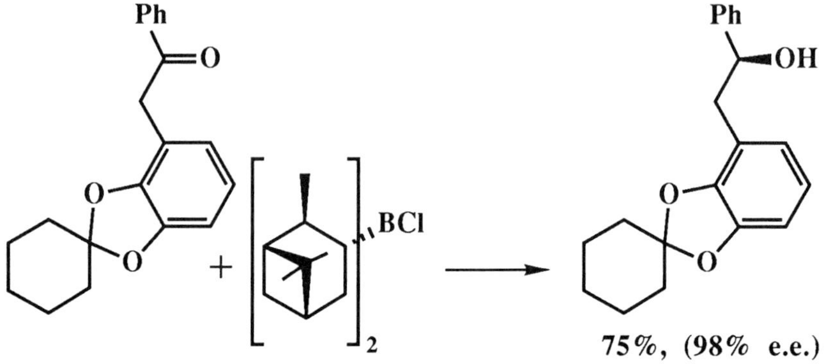

[Reaction: aryl ketone with cyclohexylidene dioxole + (Ipc)$_2$BCl → chiral alcohol, 75%, (98% e.e.)]

III.A-6 G. Kokotos, *Synthesis*, 299 (1990); J. Das and S. Chandrasekaran, *Synth. Commun.*, 20, 907 (1990); T.D. Penning et al., *ibid.*, 20, 307 (1990).

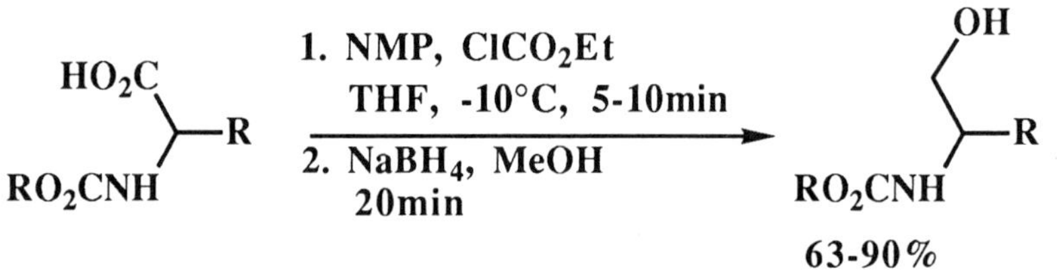

[Reaction: HO$_2$C-CH(NHCO$_2$R)-R → 1. NMP, ClCO$_2$Et, THF, -10°C, 5-10min; 2. NaBH$_4$, MeOH, 20min → HOCH$_2$-CH(NHCO$_2$R)-R, 63-90%]

III.A-7 C. Iwata et al., *Chem. Pharm. Bull.*, 38, 361 (1990);
A.P. Marchand and G.M. Reddy, *Org. Prep. Proced. Int.*, 22, 528 (1990).

$$\text{MOMO-ketone} \xrightarrow[\text{MeOH, 0°C, 10min}]{\text{NaBH}_4 / \text{CeCl}_3 \cdot 7\text{H}_2\text{O}} \text{MOMO-alcohol}$$

α-OH = 78%
β-OH = 12%

III.A-8 L. Weigel et al., *Tetrahedron Lett.*, 31, 7101 (1990).

$$\text{Ar-CO-CH}_2\text{CH}_2\text{-NMe(R)} \xrightarrow[\text{Ph-Me}]{\text{LiAl(Lig.)}_2\text{H}_2} \text{Ar-CH(OH)-CH}_2\text{CH}_2\text{-NMe(R)}$$

80-90%,
(80-88% e.e.)

Lig. = Me$_2$N-CH$_2$-CH(Me)-C(Ph)(OH)-Ph
2R, 3S
or 2S, 3R

III.A-9 G. Solladie, *Bull. Soc. Chim. Belg.*, 99, 837 (1990);
M. Kuroboshi and T. Ishihara, *Bull. Chem. Soc. Jpn.*, 63, 1185 (1990).

$$\text{MeO}_2\text{C(CH}_2)_3\text{-CO-CH}_2\text{-S(O)Ar} \xrightarrow[\text{THF, -78°C}]{\text{ZnCl}_2, \text{DIBAL}} \text{MeO}_2\text{C(CH}_2)_3\text{-CH(OH)-CH}_2\text{-S(O)Ar}$$

80%, (>98% d.e.)

III.A-10 C. Le Drian et al., *Helv. Chim. Acta,* <u>73</u>, 161 (1990).

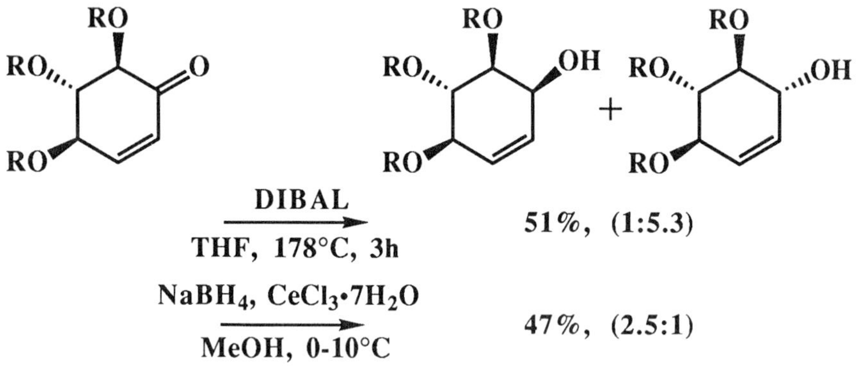

[cyclohexenone with RO substituents] →
- DIBAL, THF, 178°C, 3h → [two diastereomeric alcohols] 51%, (1:5.3)
- NaBH$_4$, CeCl$_3$·7H$_2$O, MeOH, 0-10°C → 47%, (2.5:1)

III.A-11 H. Brunner et al., *Angew. Chem., Int. Ed. Engl.,* <u>29</u>, 1131 (1990) and *J. Organomet. Chem.,* <u>390</u>, C81 (1990); S. Tanimoto et al., *Bull. Chem. Soc. Jpn.,* <u>63</u>, 2588 (1990); Y. Goldberg et al., *Synth. Commun.,* <u>20</u>, 2439 (1990).

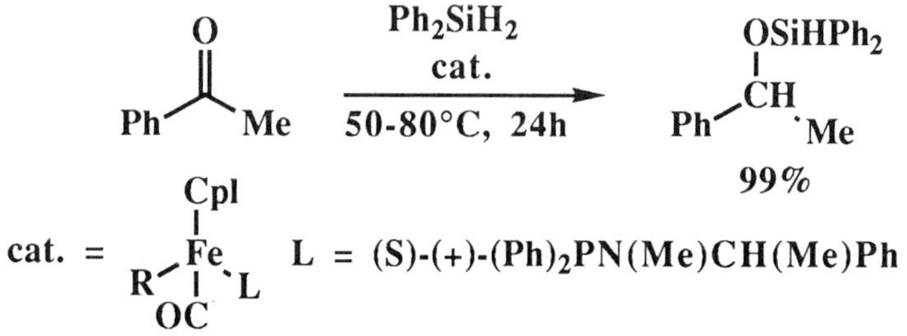

Ph-CO-Me $\xrightarrow{\text{Ph}_2\text{SiH}_2,\ \text{cat.},\ 50\text{-}80°C,\ 24h}$ Ph-CH(OSiHPh$_2$)-Me   99%

cat. = Cp(OC)Fe(R)(L)   L = (S)-(+)-(Ph)$_2$PN(Me)CH(Me)Ph

III.A-12 D.A. Evans and A.H. Hoveyda, *J. Am. Chem. Soc.,* <u>112</u>, 6447 (1990).

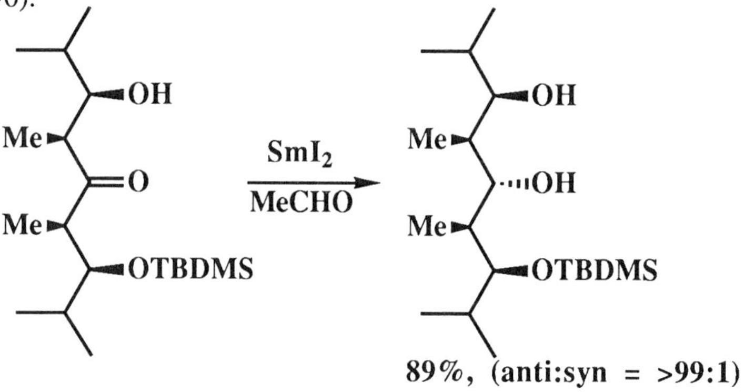

[β-hydroxy ketone with OTBDMS] $\xrightarrow{\text{SmI}_2,\ \text{MeCHO}}$ [1,3-diol with OTBDMS]   89%, (anti:syn = >99:1)

III.A-13 N.A. Beijer et al., *Rec. Trav. Chim.*, 109, 434 (1990).

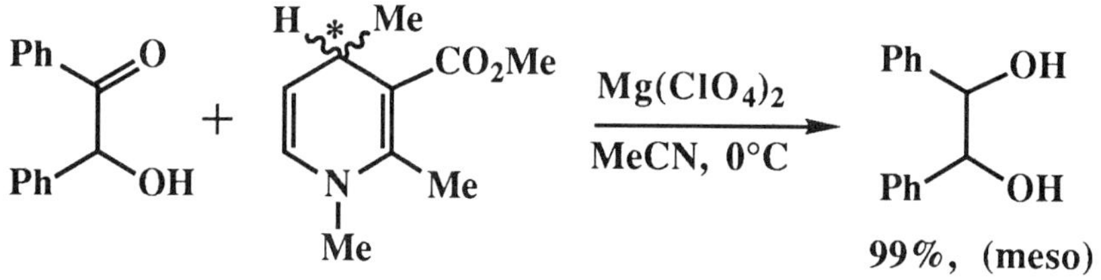

99%, (meso)

III.A-14 M. Tanaka et al., *Chem. Lett.*, 583 (1990).

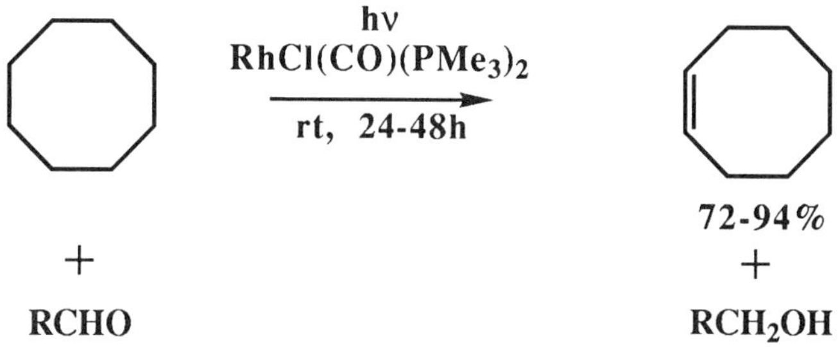

72-94%

III.A-15 K. Harada et al., *Bull. Chem. Soc. Jpn.*, 63, 1832 (1990); T. Yamagishi et al., *ibid.*, 63, 281 (1990).

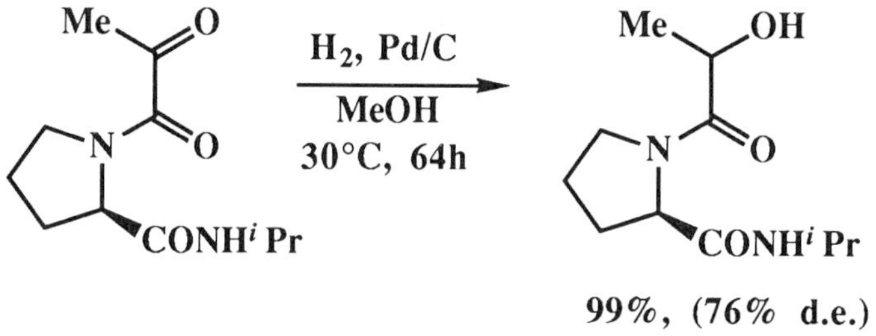

99%, (76% d.e.)

III.A-16 E. Korblova et al., *Coll. Czech. Chem. Commun.*, 55, 1234 (1990); K. Nakamura et al., *Bull. Chem. Soc. Jpn.*, 63, 1713 (1990); T. Izumi et al., *Chem. Ind.*, 79 (1990).

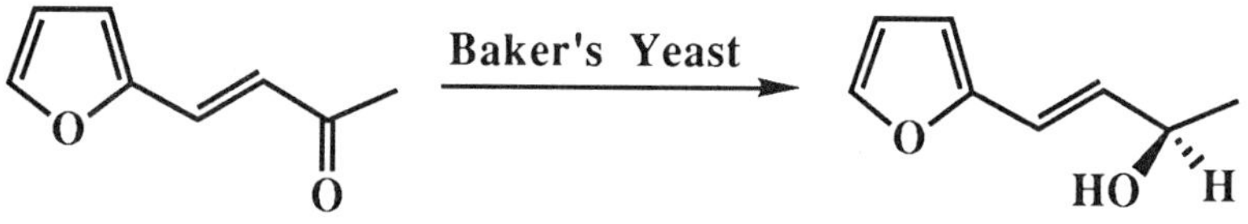

III.A-17 K. Achiwa et al., *J. Am. Chem. Soc.*, 112, 5876 (1990).

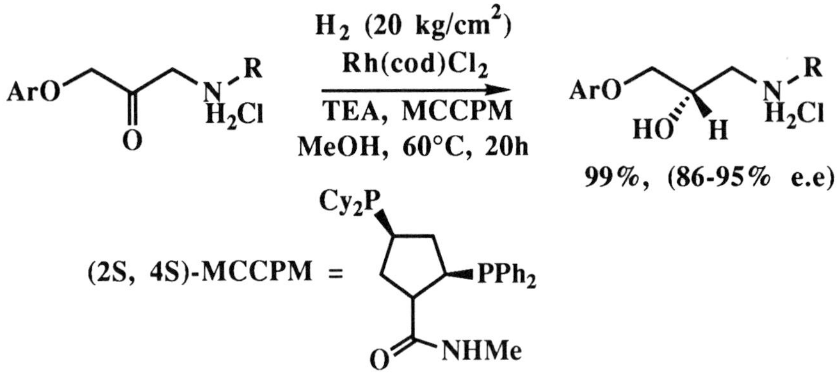

ArO-CH2-C(=O)-CH2-N(R)(H2Cl) $\xrightarrow[\text{MeOH, 60°C, 20h}]{\text{H}_2 \text{ (20 kg/cm}^2\text{)} \quad \text{Rh(cod)Cl}_2 \quad \text{TEA, MCCPM}}$ ArO-CH2-C*(OH)(H)-CH2-N(R)(H2Cl)

99%, (86-95% e.e)

(2S, 4S)-MCCPM = [cyclopentane with Cy2P, PPh2, C(=O)NHMe substituents]

Unprecedented, highly efficient, asymmetric hydrogenation

III.A-18 S.K. Talapatra, B. Talapatra et al., *Tetrahedron*, 46, 6047 (1990).

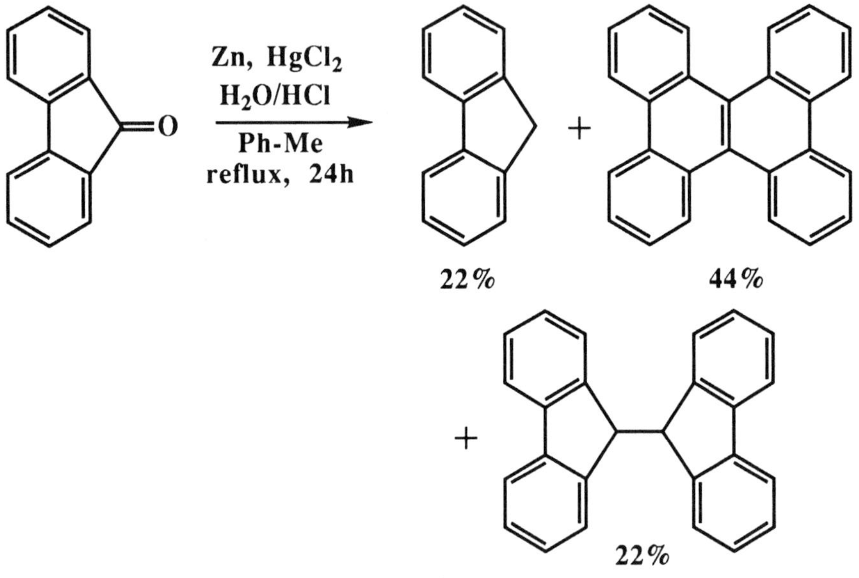

fluorenone $\xrightarrow[\text{Ph-Me, reflux, 24h}]{\text{Zn, HgCl}_2 \quad \text{H}_2\text{O/HCl}}$ fluorene (22%) + tetraphenylene-type product (44%) + 9,9'-bifluorenyl (22%)

III.A.19 R. Sato et al., *Bull. Chem. Soc. Jpn.*, 63, 290 (1990).

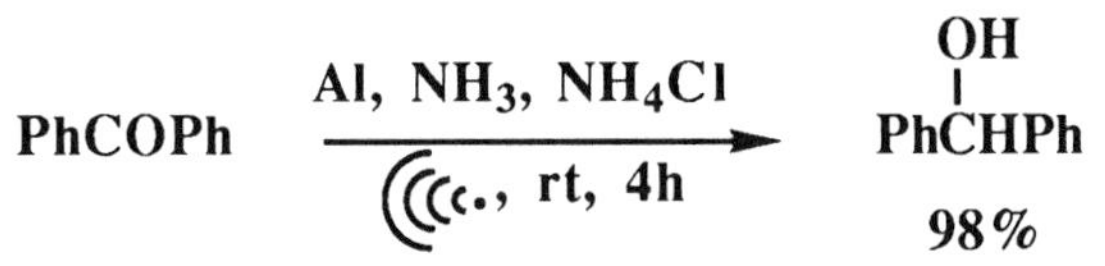

PhCOPh $\xrightarrow[\text{))), rt, 4h}]{\text{Al, NH}_3, \text{NH}_4\text{Cl}}$ PhCH(OH)Ph

98%

III.A-20 Y. Lin and Y. Zhou, *J. Organomet. Chem.*, 381, 135 (1990); G. Suss-Fink et al., *ibid.*, 389, 351 (1990); M.P. Garcia et al., *ibid.*, 388, 365 (1990).

$$\text{4-MeC}_6\text{H}_{10}\text{=O} \xrightarrow[\text{rt, 0.5h}]{\text{RuH}_4(\text{PPh}_3)_3 \atop ^i\text{PrOH}} \text{4-MeC}_6\text{H}_{10}\text{-OH}$$

78%, (cis:trans = 33:67)

III.B. C-N Multiple Bond Reductions

III.B.1 Imine Reductions

III.B.1-1 B.T. Cho and Y.S. Chun, *J. Chem. Soc. Perkin 1*, 3200 (1990); H. Kotsuki et al., *Synthesis*, 401 (1990); C.A. Maryanoff et al., *Synlett*, 537 (1990) and *Tetrahedron Lett.*, 31, 5595 (1990); J. Brussee et al., *Tetrahedron*, 46, 1653 (1990); J.A. Osborn et al., *Chem. Commun.*, 869 (1990); F. Spindler et al., *Angew. Chem., Int. Ed. Engl.*, 29, 558 (1990); D.M. Ketcha et al., *Synth. Commun.*, 20, 1647 (1990).

$$\text{PhC}(R)=\text{NPh} + \text{chiral oxazaborolidine} \xrightarrow{\text{THF, 30°C}} \text{PhC}(R)-\text{NHPh}$$

87-90%, (71-97% e.e.)

III.B.1-2 S. Itsuno et al., *J. Chem. Soc. Perkin 1*, 1859 (1990); D.W. Norbeck et al., *J. Med. Chem.*, 23, 1283 (1990); P. Kocovsky, *Synlett*, 677 (1990).

$$\underset{R\ \ R^1}{\text{C}=\text{NOMe}} \xrightarrow[^i\text{Pr-CH(NH}_2)\text{CH}_2\text{OH}]{\text{NaBH}_4,\ \text{ZrCl}_4,\ \text{THF, rt, 2d}} \underset{R\ \ R^1}{\text{CH-NH}_2}$$

78-95%, (55-72% e.e.)

III.B.2 Reductions of Heterocycles

III.B.2-1 P. Balczewski and J.A. Joule, *Synth. Commun.*, 20, 2815 (1990); H. Okazaki et al., *Bull. Chem. Soc. Jpn.*, 63, 3167 (1990).

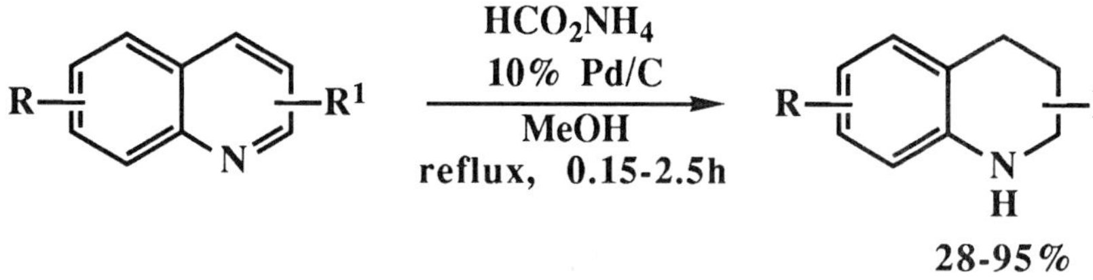

28-95%

III.B.2-2 R.P. Discordia and D.C. Dittmer, *J. Org. Chem.*, 55, 1414 (1990). J.L. van der Baan et al., *Synthesis*, 897 (1990)

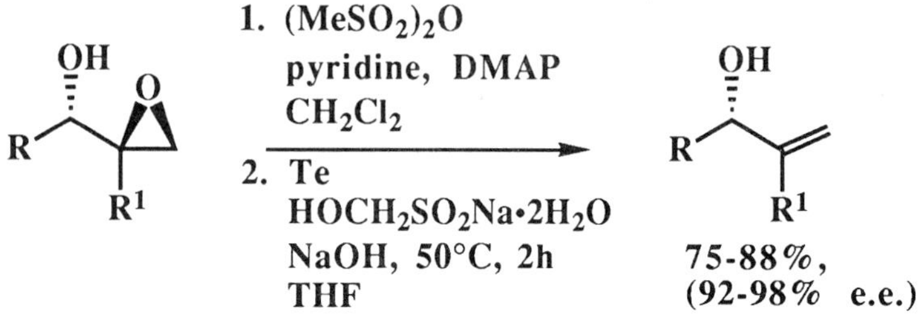

75-88%, (92-98% e.e.)

III.B.2-3 E. Malamidou-Xenikaki and E. Coutouli-Argyropoulou, *Tetrahedron*, 46, 7865 (1990); B. Yadagiri and J.W. Lown, *Synth. Commun.*, 20, 175 (1990); A. Goti et al., *Tetrahedron Lett.*, 31, 3351 (1990).

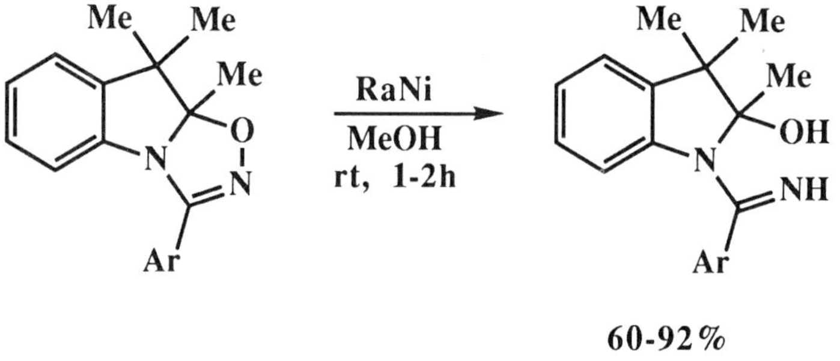

60-92%

III.B.2-4 H. Yamamoto et al., *Tetrahedron*, **46**, 4595 (1990).

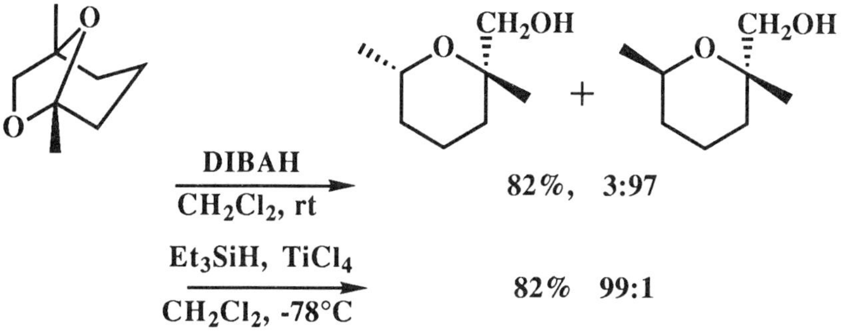

DIBAH, CH_2Cl_2, rt → 82%, 3:97

Et_3SiH, $TiCl_4$, CH_2Cl_2, -78°C → 82%, 99:1

III.C. Reduction of Sulfur Compounds

III.C-1 T. Fukuyama et al., *J. Am. Chem. Soc.*, **112**, 7050 (1990).

$$RCSEt \xrightarrow[23°C, 40min]{Pd/C, Et_3SiH, CH_2Cl_2} RCHO \quad 75\text{-}97\%$$
(with C=O on RCSEt)

III.C-2 T.G. Back and K. Yang, *Chem. Commun.*, 819 (1990).

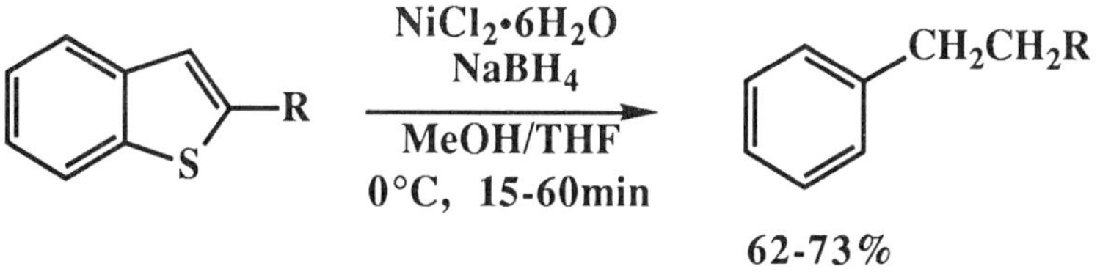

benzothiophene-R $\xrightarrow[MeOH/THF, 0°C, 15\text{-}60min]{NiCl_2 \cdot 6H_2O, NaBH_4}$ PhCH$_2$CH$_2$R   62-73%

III.C-3 S. Chandrasekaran et al., *J. Org. Chem.*, **55**, 3728 (1990).

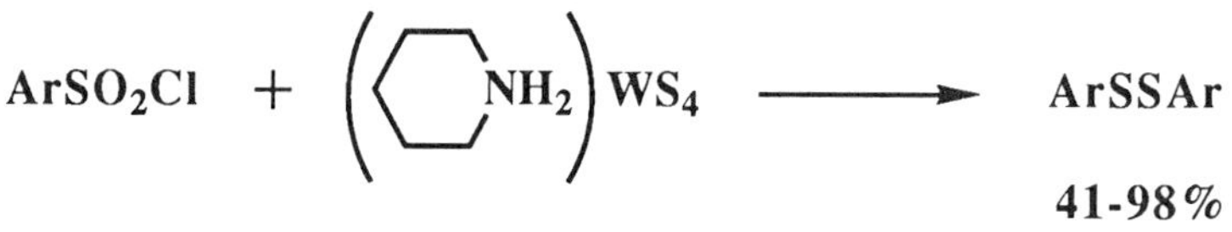

$ArSO_2Cl$ + $(C_5H_{10}NH_2)WS_4$ ⟶ ArSSAr   41-98%

III.C-4 P.P. Piras et al., *Synthesis*, 329 (1990).

$$\text{RSR}^1\text{=O} \xrightarrow[130\text{-}200°C]{\text{NaBr, TosOH}} \text{RSR}^1 \quad 35\text{-}72\%$$

$$\xrightarrow[\substack{\text{DMF} \\ 130\text{-}150°C,\ 5\text{-}60\text{min}}]{\text{cat. PhCH}_2\text{Br}} \quad 20\text{-}78\%$$

III.D. N-O Reductions

III.D-1 S. Yoo and S. Lee, *Synlett*, 419 (1990); G. Theodoridis et al., *Tetrahedron Lett.*, 31, 6141 (1990); P. Sarmah and N.C. Barua, *ibid.*, 31, 4065 (1990); B.H. Han and D.G. Jang, *ibid.*, 31, 1181 (1990).

$$\text{ArNO}_2 \xrightarrow[\substack{\text{EtOH} \\ 0°C \to \text{rt, 10min}}]{\text{NaBH}_4,\ \text{CuSO}_4} \text{ArNH}_2 \quad 90\text{-}94\%$$

Other reductants used: $PdCl_2/H_2$, $Al/NiCl_2$, N_2H_4

III.D-2 G.W. Kabalka et al., *Synth. Commun.*, 20, 2453 (1990); A. Sera et al., *Synlett*, 476 (1990); M. Penso et al., *Synthesis*, 333 (1990).

$$\text{Ar-C(Me)=NO}_2 \xrightarrow[\substack{\text{MeOH/THF} \\ \text{rt, 0.5-18h}}]{\substack{\text{HCO}_2\text{NH}_4 \\ \text{Pd/C}}} \text{Ar-C(Me)=NOH}$$

34-94%

III.D-3 C. Qian and D. Zhu, *Synlett*, 417 (1990).

$$Ph-\overset{\overset{O}{\uparrow}}{N}=N-Ph \xrightarrow[\text{THF} \atop 70°C, 8h]{Cp_3Sm, NaH} Ph-N=N-Ph \quad 87\%$$

III.D-4 R. Balicki, *Gazz, Chim. Ital.*, 120, 67, 647 (1990); J.S. Sandhu et al., *Synthesis*, 337 (1990); J. Zakrzewski, *Monatsh. Chem.*, 121, 803 (1990).

3-methylpyridine N-oxide $\xrightarrow[\text{MeCN, rt, <2min}]{\text{TFAA, NaI}}$ 3-methylpyridine 95%

III.D-5 L. Kaczmarek et al., *J. Prakt. Chem.*, 322, 423 (1990).

4-nitropyridine N-oxide:

$\xrightarrow[(1:1)]{3\ TiCl_4:SnCl_2}$ 4,4'-azopyridine 94%

$\xrightarrow[(1:1)]{2\ TiCl_4:SnCl_2}$ 4,4'-azopyridine N,N'-dioxide 98%

$\xrightarrow[(1:2)]{3\ TiCl_4:SnCl_2}$ 4-aminopyridine 95%

III.D-6 Y. Watanabe et al., *Chem. Lett.*, 635 (1990).

$$\underset{R^1}{\overset{R}{>}}=NOH \xrightarrow[\text{Ph-H} \atop 100°C, 4h]{CO\ (20\ kg/cm^2) \atop Ru_3(CO)_{12}} \underset{R^1}{\overset{R}{>}}=NH \quad 70\text{-}91\%$$

III.E. C-C Multiple Bond Reductions

III.E.1. C=C Reductions

III.E.1-1 P. Baeckstrom and L. Li, *Synth. Commun.*, 20, 1481 (1990).

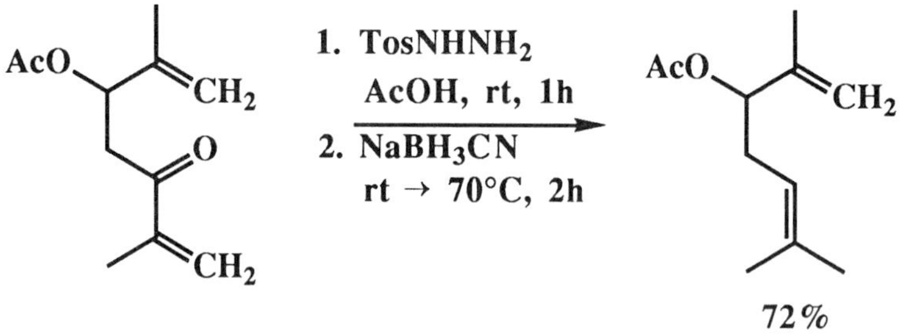

AcO
CH2
O
CH2
1. TosNHNH2
AcOH, rt, 1h
2. NaBH3CN
rt → 70°C, 2h
AcO
CH2
72%

III.E.1-2 P.W. Rabideau et al., *J. Org. Chem.*, 55, 5301 (1990); L. Brandsma et al., *Synth. Commun.*, 20, 2165 (1990); J.R. Flisak and S.S. Hall, *J. Am. Chem. Soc.*, 112, 7299 (1990).

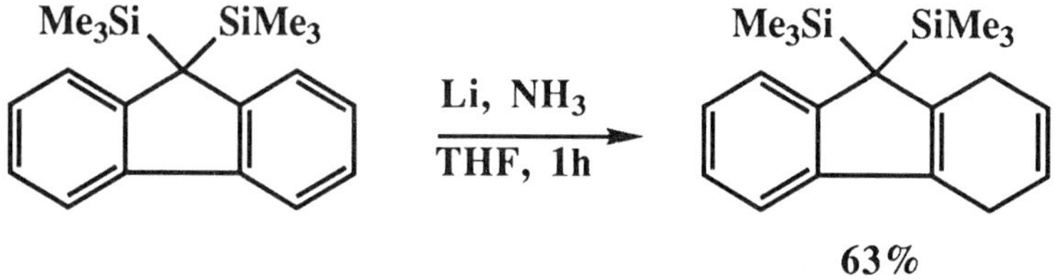

Me3Si
SiMe3
Li, NH3
THF, 1h
Me3Si
SiMe3
63%

III.E.1-3 K.P.C. Vollhardt et al., *Angew. Chem., Int. Ed. Engl.*, 29, 1151 (1990); S.K. Klimenko et al., *J. Org. Chem. (USSR)*, 26, 342 (1990).

H2, Pd/C
THF, 18h
H
H
H
H
H
H
87%

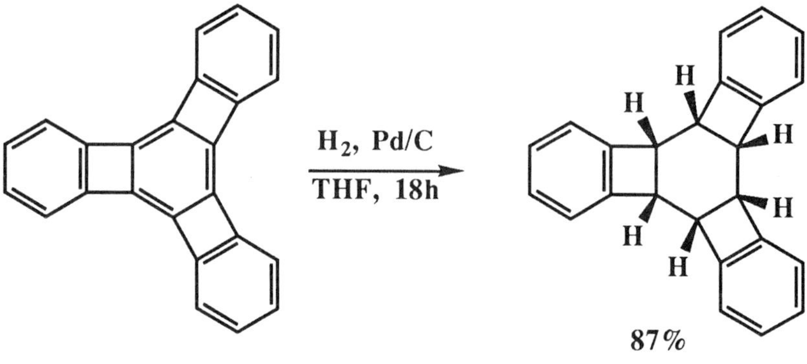

III.E.1-4 T.A. Lyle et al., *J. Med. Chem.*, 33, 1047 (1990); K. Timmer et al., *Rec. Trav. Chim.*, 109, 87 (1990).

$$\xrightarrow[\text{EtOH, 30°C}]{\text{RhCl}_3 \cdot 3\text{H}_2\text{O} \\ \text{NaBH}_4}$$

62%

III.E.1-5 H. Kunzer et al., *Tetrahedron Lett.*, 31, 3859 (1990); J.-T. Lee and H. Alper, *ibid.*, 31, 1941 (1990); J.M. Stryker et al., *ibid.*, 31, 3237 (1990); M. Saburi et al., *J. Chem. Soc. Perkin 1*, 1441 (1990); M. Cushman and J. Jurayj, *Synth. Commun.*, 20, 1463 (1990); D.A. Evans and G.C. Fu, *J. Org. Chem.*, 55, 5678 (1990); P. Kripylo et al., *J. Prakt. Chem.*, 332, 509 (1990).

$$\xrightarrow[\substack{\text{MeOH/H}_2\text{O} \\ \text{22-60°C} \\ \text{16h-22d}}]{\text{Fe(CO)}_5, \text{ NaOH}}$$

25-95%

III.E.1-6 F. Camps et al., *J. Chem. Res (S)*, 38 (1990); A. Nose and T. Kudo, *Chem. Pharm. Bull.*, 38, 1720 (1990), H. Kuno et al., *Bull. Chem. Soc. Jpn.*, 63, 3320 (1990).

$$\xrightarrow[\substack{\text{HCO}_2^-, \text{H}_2\text{O} \\ \text{1-20h}}]{\text{Na dithioite}}$$

33-77%,
(E:Z = 54-92:46-8)

III.E.1-7 H. Brunner et al., *J. Organomet. Chem.*, 387, 209 (1990) and *ibid.*, 384, 223 (1990) and *ibid.*, 393, 401 (1990) and *ibid.*, 394, 555 (1990) and *Chem. Ber.*, 123, 847 (1990); B. E. Hanson, *J. Organomet. Chem.*, 397, 109 (1990).

$$\underset{R^3}{\overset{R^2}{>}}=\underset{CO_2R}{\overset{R^1}{<}} \xrightarrow[\text{lig., HCO}_2\text{H, Et}_3\text{N}]{[\text{Rh(cod)Cl}]_2} \underset{R^3}{\overset{R^2}{>}}\underset{CO_2R}{\overset{R^1}{<}}$$

lig. = chiral phosphines

(11-88% e.e.)

III.E.1-8 C. Paloma et al., *J. Org. Chem.*, 55, 2070 (1990); S.-i. Murahashi et al., *Bull. Chem. Soc. Jpn.*, 63, 1252 (1990).

$$\underset{O}{\beta\text{-lactam}}\text{-CH=CH-NO}_2 \xrightarrow[\text{CH}_2\text{Cl}_2,\ \text{rt, 20-24h}]{\text{Bu}_3\text{SnH}} \underset{O}{\beta\text{-lactam}}\text{-CH}_2\text{-CH}_2\text{-NO}_2$$

70-88%

III.E.1-9 U. Matteoli et al., *J. Organomet. Chem.*, 397, 375 (1990); M.J. Biok et al., *Organometallics,* 9, 2653 (1990).

$$\text{PhCH=CH}_2 \xrightarrow[\text{MSA, 22h}]{\overset{\text{H}_2}{\text{Pt}(\text{C}_2\text{H}_4)\text{lig.}}} \text{PhEt}$$

95-98%

lig. = Ph$_2$P(CH$_2$)$_4$PPh$_2$

III.E.2. C≡C Reductions

III.E.2-1 F. Scott et al., *J. Organomet. Chem.*, 384, C17 (1990); J.M. Tour et al., *Tetrahedron Lett.*, 31, 4719 (1990) and *J. Org. Chem.*, 55, 3452 (1990).

$$PhC\equiv CPh \xrightarrow[\text{THF, 2-5h}]{Mg,\ Cp_2TiCl_2} PhCH_2CH_2Ph$$
$$>98\%$$

III.E.2-2 J.M. Stryker et al., *Tetrahedron Lett.*, 31, 2397 (1990); K. Takai, K. Oshima et al., *ibid.*, 31, 365 (1990); J.A. Soderquist and B. Santiago, *ibid.*, 31, 5113 (1990); C. Bianchini et al., *Organometallics*, 9, 226, (1990); N.J. Coville et al., *J. Organomet. Chem.*, 386, 111 (1990).

$$RC\equiv CR^1 \xrightarrow[\text{Ph-H, 80°C}]{[(Ph_3P)CuH]_6} (Z)\ RCH=CHR^1$$
$$42-96\%$$

III.E.2-3 T. Norin and C.-R. Unelius, *Acta Chem. Scand.*, 44, 106 (1990); A.P. Khrimyan et al., *Coll. Czech. Chem. Commun.*, 54, 3284 (1990).

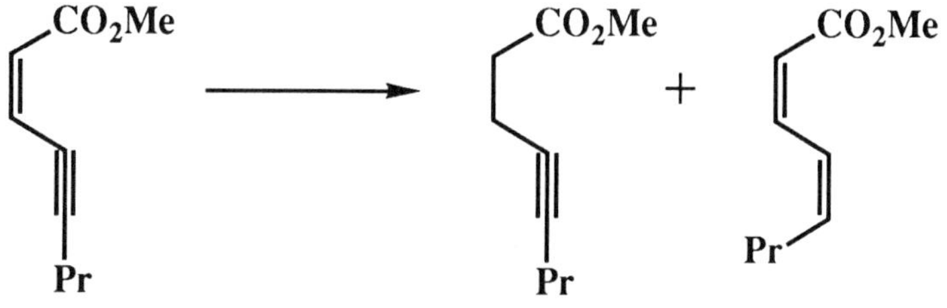

Lindlar cat.	0%	70%
HN=NH	54%	5%

III.F. Hetero Bond Reductions

III.F.1. C-O → C-H

III.F.1-1 B. Giese and K.S. Groninger, *Org. Syn.*, 69, 66 (1990).

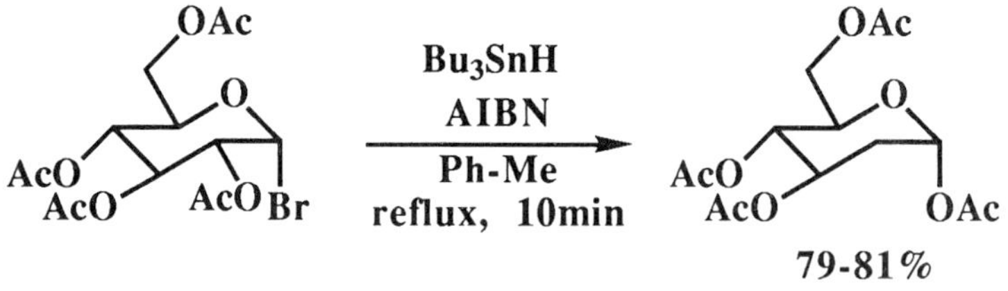

OAc
O
AcO
AcO
AcO
Br
Bu_3SnH
AIBN
Ph-Me
reflux, 10min
OAc
O
AcO
AcO
OAc
79-81%

III.F.1-2 M.S. Motawia and E.B. Pedersen, *Liebigs Ann. Chem.*, 599 (1990); F. Seela and H.-P. Muth, *ibid.*, 227 (1990); A.S. Kende et al., *J. Am. Chem. Soc.*, 112, 9645 (1990); D. Schummer and G. Hofle, *Synlett,* 705 (1990).

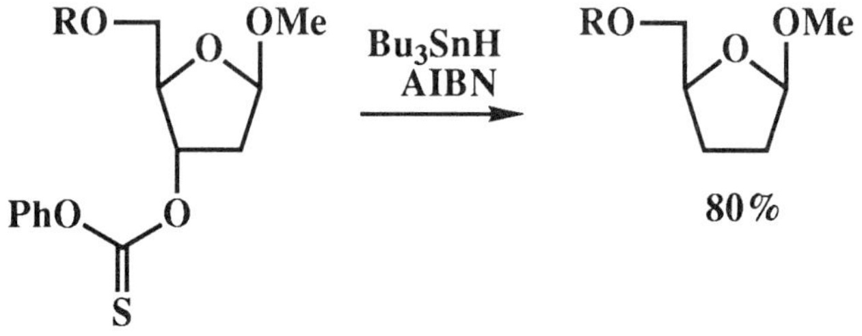

RO
O
OMe
PhO
O
S
Bu_3SnH
AIBN
RO
O
OMe
80%

III.F.1-3 H.-J. Liu and B.-Y. Zhu, *Synth. Commun.*, 20, 557 (1990).

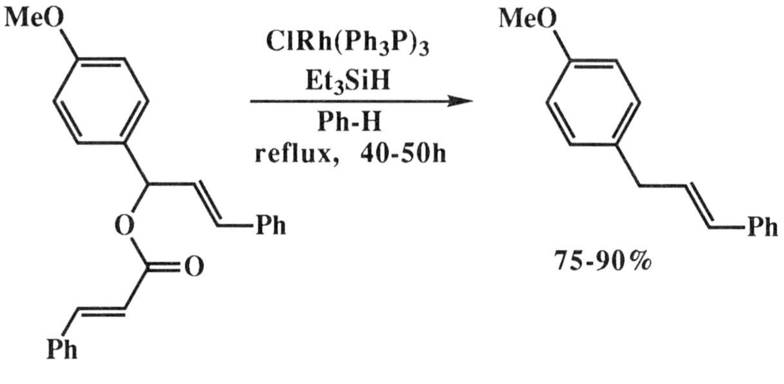

MeO
O
O
Ph
Ph
$ClRh(Ph_3P)_3$
Et_3SiH
Ph-H
reflux, 40-50h
MeO
Ph
75-90%

III.F.1-4 C. Avendano et al., *Monatsh. Chem.*, 121, 649 (1990).

$$\underset{\underset{\text{Het}}{|}}{\text{Ar}}{-}\underset{}{\overset{\text{OH}}{\text{C}}}{-}\text{Ar}^1 \quad \xrightarrow[\text{reflux, 16h}]{\text{LAH/AlCl}_3 \atop \text{Et}_2\text{O}} \quad \underset{\underset{\text{Het}}{|}}{\text{Ar}}{-}\underset{}{\overset{\text{H}}{\text{C}}}{-}\text{Ar}^1$$

77-98%

III.F.1-5 W. Cabri et al., *J. Org. Chem.*, 55, 350 (1990); J.M. Saa et al., *ibid.*, 55, 991 (1990); G. Ortar et al., *Synth. Commun.*, 20, 1293 (1990).

$$\text{Ar-OSO}_2\text{R} \quad \xrightarrow[\underset{90°\text{C, 0.8-48h}}{\text{DMF}}]{\text{DPPP, Pd(OAc)}_2 \atop \text{HCO}_2\text{HNEt}_3} \quad \text{Ar-H} \quad 85\text{-}95\%$$

III.F.1-6 F. Rose-Munch et al., *Tetrahedron Lett.*, 31, 2589 (1990).

MeO—[aromatic ring with OMe, OMe substituents]—Cr(CO)₃ $\xrightarrow[\text{60°C, 2h}]{\text{LiEt}_3\text{BH} \atop \text{THF}}$ [benzene]—Cr(CO)₃   99%

↓ LiEt₃BH / THF / 40°C, 20min

MeO—[ring with OMe]—Cr(CO)₃   +   MeO—[ring with OMe]—Cr(CO)₃

73%   13%

III.F.1-7 C.F. Nutaitis and J.E. Bernardo, *Synth. Commun.*, 20, 487 (1990); J.-T. Lee and H. Alper, *Tetrahedron Lett.*, 31, 4101 (1990); S. Nozoe et al., *ibid.*, 31, 7329 (1990).

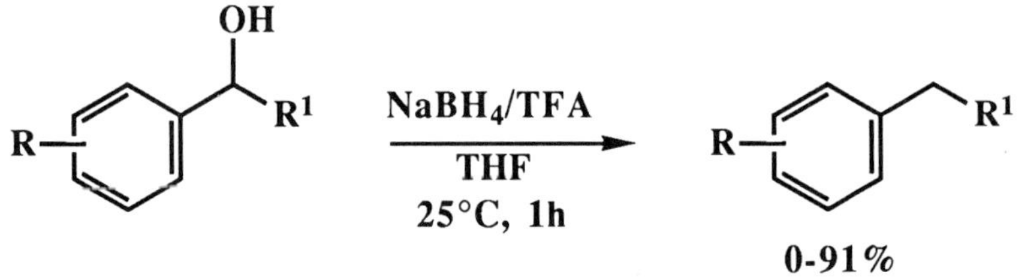

ArCH(OH)R^1 →(NaBH$_4$/TFA, THF, 25°C, 1h)→ ArCH$_2$R^1 0-91%

III.F.1-8 Y. Yamada et al., *Chem. Pharm. Bull.*, 38, 276 (1990).

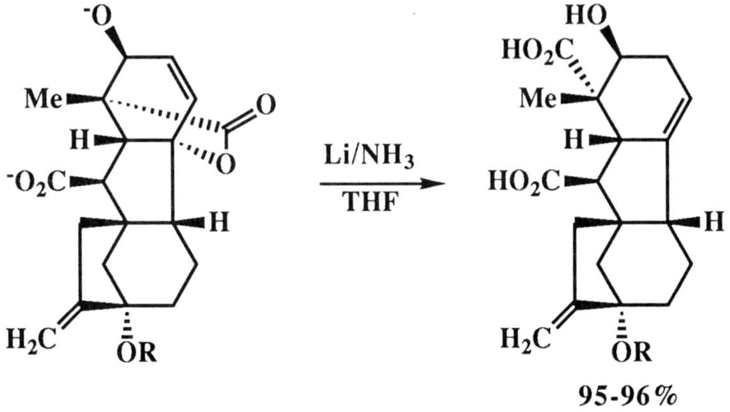

Li/NH$_3$, THF   95-96%

III.F.1-9 F.A. Lakhvich et al., *J. Org. Chem. (USSR)*, 25, 1493 (1989); G.A. Olah and A. Wu, *Synlett*, 54 (1990).

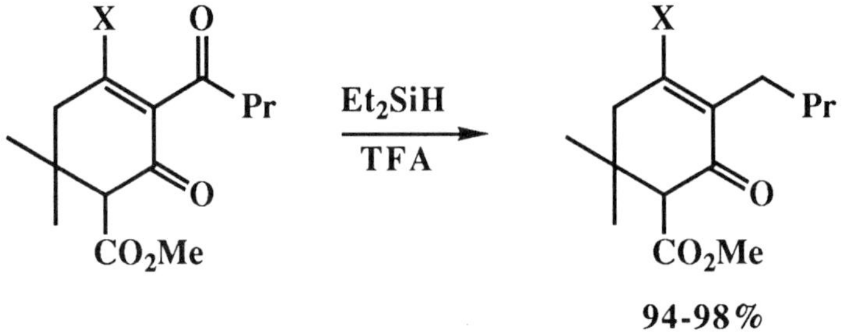

Et$_2$SiH, TFA   94-98%

III.F.1-10 R. Pedrosa et al., *Synthesis,* 153 (1990); Y. Guindon, C. Yoakim et al., *Can. J. Chem.*, 68, 897 (1990).

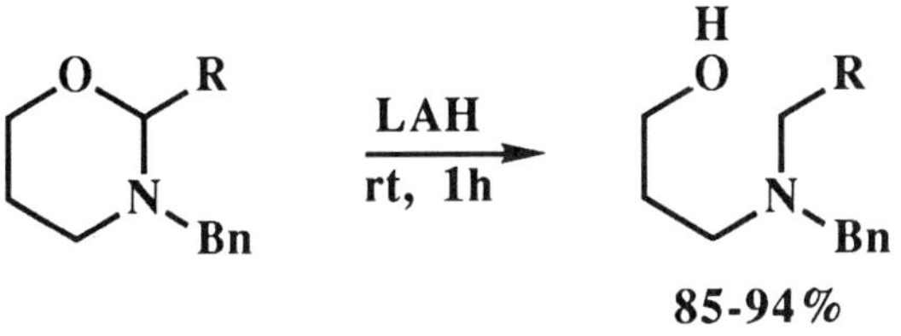

$$\underset{Bn}{\underset{|}{\overset{O}{\diagup}\diagdown}}R \quad \xrightarrow[\text{rt, 1h}]{\text{LAH}} \quad \underset{Bn}{\underset{|}{\overset{H}{\overset{|}{O}}}}R$$

85-94%

III.F.1-11 M. Jung et al., *J. Med. Chem.*, 33, 1516 (1990).

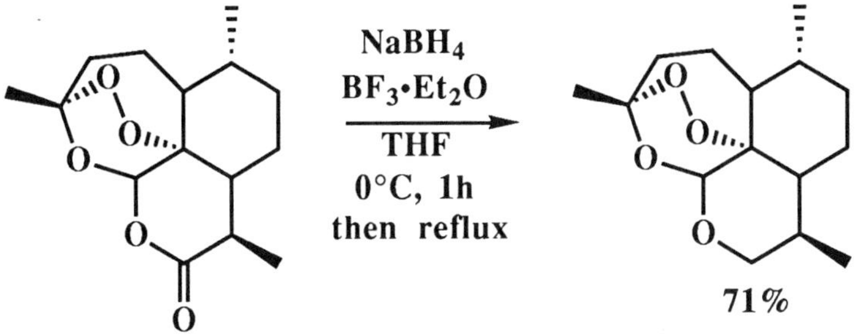

$$\xrightarrow[\substack{\text{THF} \\ 0°C, 1h \\ \text{then reflux}}]{\substack{\text{NaBH}_4 \\ \text{BF}_3\cdot\text{Et}_2\text{O}}}$$

71%

III.F.1-12 F.S. Gonzalez et al., *Tetrahedron,* 46, 5673 (1990).

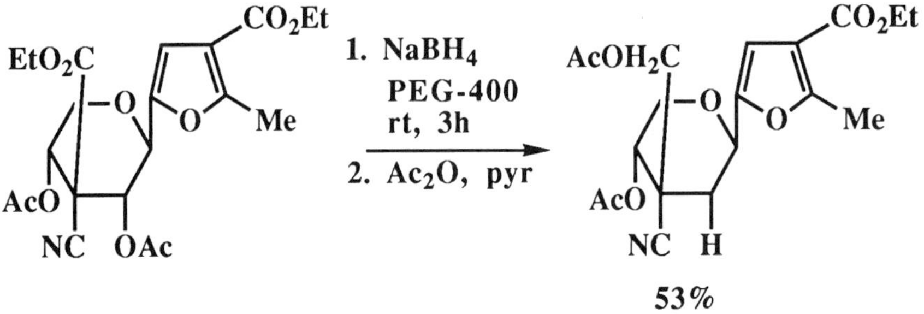

$$\xrightarrow[\substack{2.\ \text{Ac}_2\text{O, pyr}}]{\substack{1.\ \text{NaBH}_4 \\ \text{PEG-400} \\ \text{rt, 3h}}}$$

53%

III.F.1-13 P. Baeckstrom et al., *Synth. Commun.*, 20, 423 (1990).

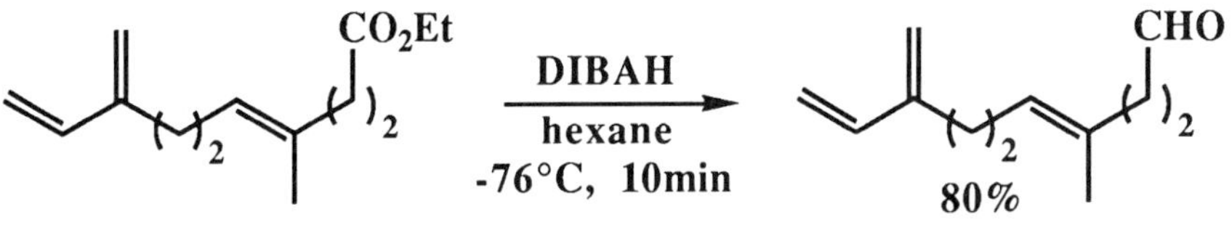

$$\xrightarrow[\substack{\text{hexane} \\ -76°C, 10\min}]{\text{DIBAH}}$$

80%

III.F.2. C-Hal → C-H

III.F.2-1 H. Huang and C.K. Chu, *Synth Commun.*, 20, 1039 (1990).

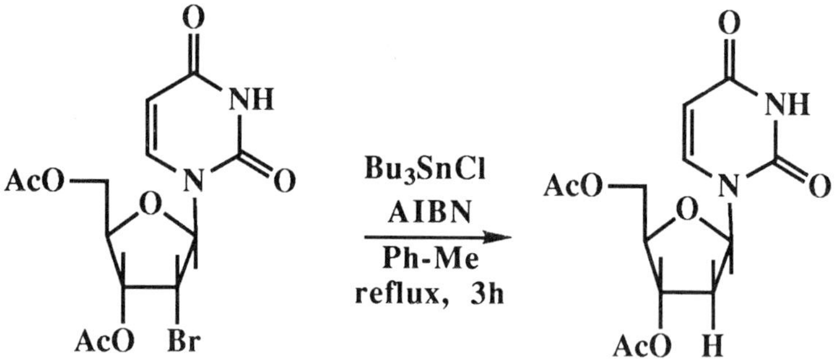

III.F.2-2 Y. Guindon, J.F. Lavallee et al., *Tetrahedron Lett.*, 31, 2845 (1990); I. Shibata et al., *ibid.*, 31, 6381 (1990); L.K. Sydnes et al., *Acta Chem. Scand.*, 44, 603 (1990).

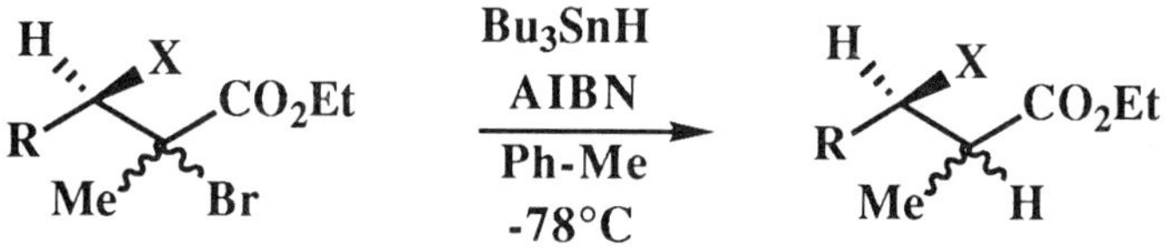

70-92%, ($\alpha:\beta$ = 1:1 to 32:1)

III.F.2-3 N.J. O'Reilly, H.C. Lin et al., *Synlett*, 339 (1990).

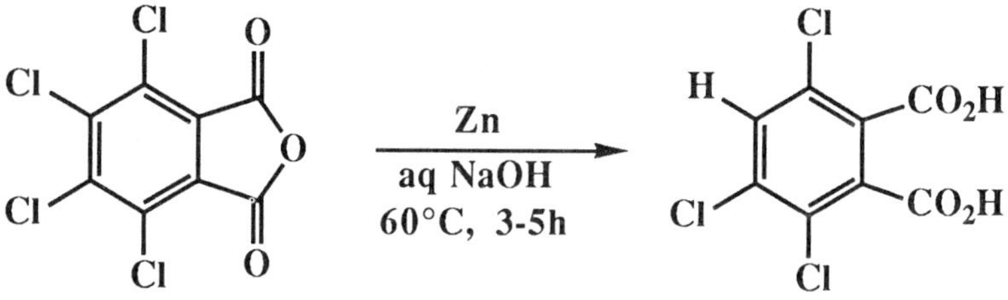

85-95%

III.F.2-4 G. Bold et. al., *Helv. Chim. Acta*, 73, 405 (1990).

$$\text{BnO}_2\text{C-oxazolidinone-C(=O)-(CH}_2)_n\text{-C(=O)Cl} \xrightarrow[\text{Ph-Me reflux}]{\text{H}_2 \text{ Pd/BaSO}_4} \text{BnO}_2\text{C-oxazolidinone-(CH}_2)_n\text{-CHO}$$

82-87%

III.F.2-5 C.A. Obafemi and C.C. Lee, *Can. J. Chem.*, 68, 1998 (1990).

$$\text{Ar}_2\text{C=CBrAr} \xrightarrow[\text{5-15min}]{\text{LAH, FeCl}_3 \\ \text{THF/N}_2 \text{ (liq)}} \text{Ar}_2\text{C=CHAr}$$

90-96%

III.F.2-6 S. Shimizu et al., *Bull. Chem. Soc. Jpn.*, 63, 176 (1990).

$$\text{MeO-C}_6\text{H}_4\text{-Br} + \text{HCO}_2\text{Na} \xrightarrow[\text{H}_2\text{O, 60°C}]{\text{Pd/C}} \text{MeO-C}_6\text{H}_4\text{-H}$$

31-68%

Dimethoxybiphenyls (9-37%) obtained as by-product

III.F.3. C-S → C-H

III.F.3-1 M. Hori et al., *Tetrahedron Lett.*, 31, 3027 (1990).

$$\text{bicyclic S}^+\text{-CO}_2\text{Me} \cdot \text{ClO}_4^- \xrightarrow[\text{EtOH}]{\text{NaBH}_4} \text{bicyclic S-CO}_2\text{Me}$$

48%

III.F.3-2 P. Arya et al., *J. Org. Chem.*, **55**, 6248 (1990); K.C. Nicolaou et al., *J. Am. Chem. Soc.*, **112**, 6263 (1990); M. Hojo and S. Tanimoto, *Chem. Commun.*, 1284 (1990).

$$\text{spiro[1,3-dithiolane-cyclopentane]} \xrightarrow[\text{Ph-Me, 80-85°C, 2h}]{(Me_3Si)_3SiH, \text{AIBN}} \text{bis(tris(trimethylsilyl))cyclopentane}$$

90-91%

III.F.3-3 A.R. Harris et al., *J. Chem. Res. (S)*, 218 (1990); X. Huang and J.-H. Pi, *Synth. Commun.*, **20**, 2274 (1990).

$$R-CO-CH_2SO_2Ar \xrightarrow[\text{DMF/H}_2\text{O, 100°C, 24h}]{Na_2S_2O_4} R-CO-CH_3$$

34-65%

III.F.3-4 F.S. Guziec, Jr. and L.M. Wasmund, *Tetrahedron Lett.*, **31**, 23 (1990); M. Saquet et al., *J. Chem. Res. (S)*, 106 (1990).

$$\underset{RNHCHCNHCHCO_2R^3}{\overset{R^1\;S\;\;R^2}{|\;\;\|\;\;|}} \xrightarrow[\text{THF/MeOH}]{NiCl_2, NaBH_4} \underset{RNHCHCH_2NHCHCO_2R^3}{\overset{R^1\;\;\;\;\;R^2}{|\;\;\;\;\;\;\;|}}$$

18-66%

III.F.4. C-N → C-H

III.F.4-1 R. Karaman and J.L. Fry, *Tetrahedron Lett.*, **31**, 941 (1990); G. Pandey et al., *ibid.*, **31**, 1199 (1990).

$$X\text{-}C_6H_4\text{-CO-NRR} \xrightarrow[\text{rt, 5h}]{\text{Na or Li, }h\nu\text{, THF}} X\text{-}C_6H_4\text{-CO-NHR}$$

42-95%

III.F.4-2 J. Hiebl and E. Zbiral, *Monatsh. Chem.*, 121, 683 (1990).

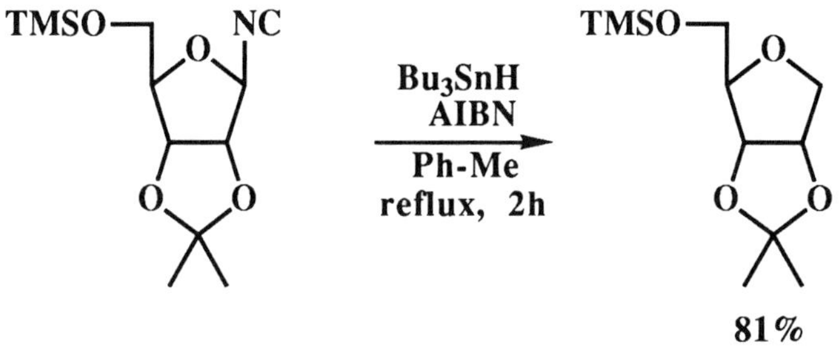

III.F.4-3 U.K. Pandit et al., *Rec. Trav. Chim.*, 109, 131 (1990).

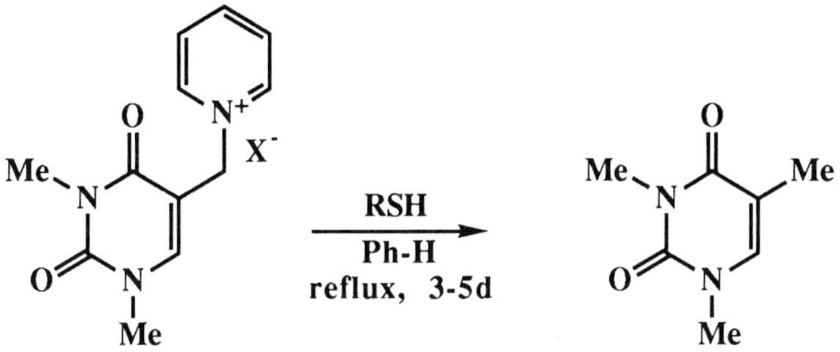

III.G. Reductive Cleavages

III.G.1. Oxiranes

III.G.1-1 J.A. Murphy et al., *J. Chem. Soc. Perkin 1*, 1179 (1990).

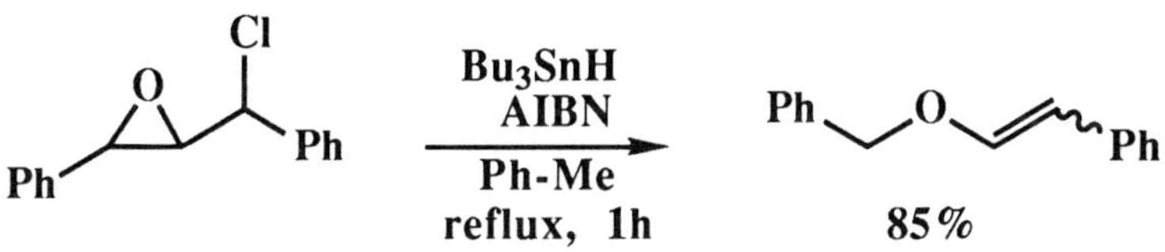

III.G.1-2 P.W.D. Mitchell, *Org. Prep. Proced. Int.*, 22, 534 (1990); P.K. Chowdhury, *J. Chem. Res. (S)*, 192 (1990); R. Schobert and U. Hohlein, *Synlett*, 465 (1990); T.V. Rajan Babu et al., *J. Am. Chem. Soc.*, 112, 648 (1990).

$$\text{epoxide} \xrightarrow[\text{reflux, 3h}]{\text{Al/Hg}, \ ^i\text{PrOH}} \text{alkene} \quad 80\%$$

III.G.1-3 A. Yoshikoshi et al., *Chem. Lett.*, 791 (1990); I. Shimizu and H. Yamazaki, *ibid.*, 777 (1990); M. Mitani et al., *J. Am. Chem. Soc.*, 112, 1286 (1990); E. Hasegawa et al., *Chem. Commun.* 550 (1990); T. Komori et al., *Liebigs Ann. Chem.*, 1069 (1990).

$$\text{Ph-CH=CH-CO-epoxide-CH}_2\text{Ph} \xrightarrow[\text{EtOH, rt, 15min}]{\text{Na}^+[\text{PhSeB(OEt)}_3]^-} \text{Ph-CH=CH-CO-CH}_2\text{-CH(OH)-CH}_2\text{Ph} \quad 81\%$$

III.G.2. Others

III.G.2-1 Q. Meng and M. Hesse, *Synlett*, 148 (1990); H. Matsuyama et al., *Chem. Lett.*, 1547 (1990); S.E. Denmark et al., *J. Org. Chem.*, 55, 6219 (1990).

$$\text{bicyclic N-N diketone} \xrightarrow[\text{Et}_2\text{O, 30min}]{\text{Na/NH}_3} \text{ring-opened diketone} \quad 83\text{-}88\%$$

III.G.2-2 R. Jeyaraman and T. Ravindran, *Tetrahedron Lett.*, 31, 2787 (1990).

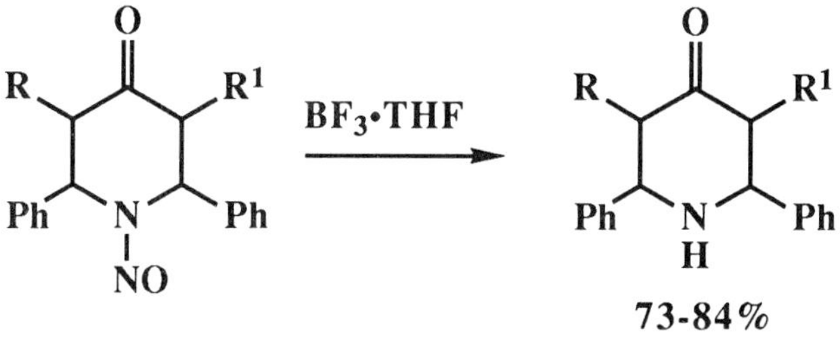

III.G.2-3 W. Boland et al., *Tetrahedron Lett.*, 31, 497 (1990); U. Bunz and G. Szeimies, *ibid.*, 31, 651 (1990).

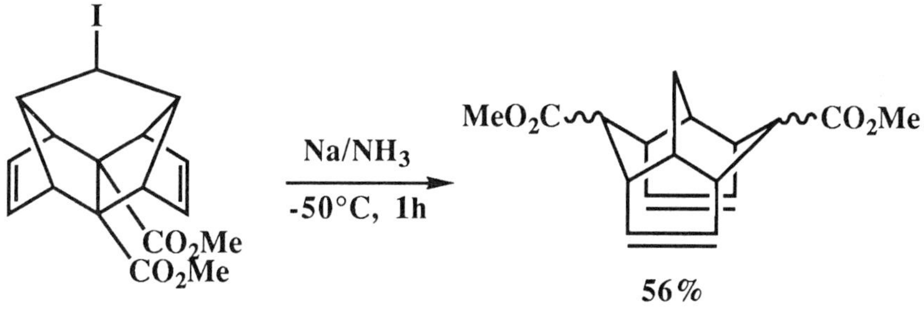

III.H. Reduction of Azides

III.H-1 P. Salvadori et al., *Synthesis*, 1023 (1990); G.W. Kalbalka et al., *Synth. Commun.*, 20, 293 (1990).

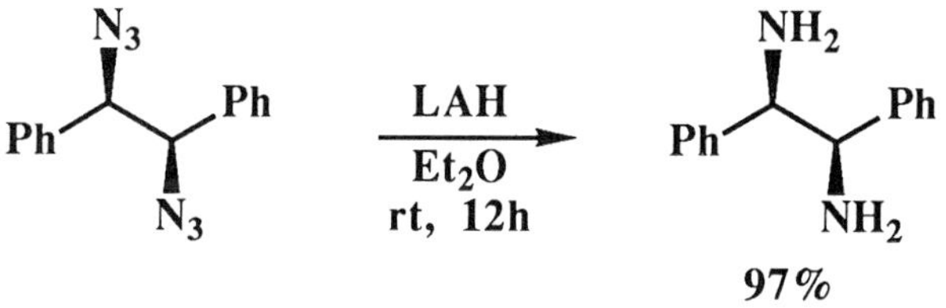

III.H-2 M. Bartra et al., *Tetrahedron,* 46, 587 (1990).

$$RN_3 \xrightarrow[\substack{Ph\text{-}H \\ rt,\ 20h}]{\substack{(PhS)_2Sn \\ PhSH,\ Et_3N}} RNH_2 \quad 95\text{-}98\%$$

III.I. Reductive Cyclizations

III.I-1 H. Finch et al., *Synlett,* 384 (1990).

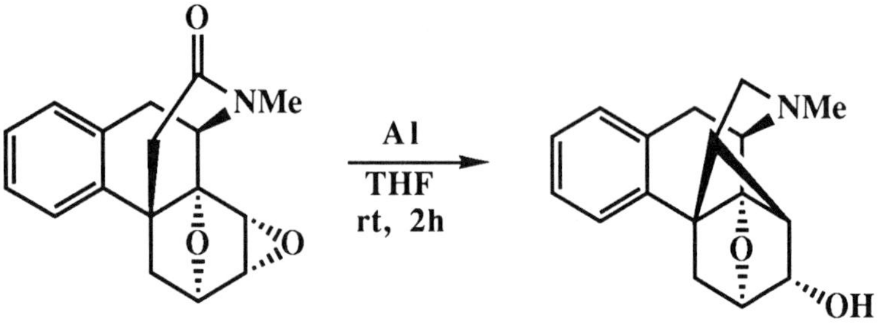

$$\xrightarrow[\substack{THF \\ rt,\ 2h}]{Al}$$

98%

III.I-2 J. Salaun et al., *Synlett,* 89 (1990).

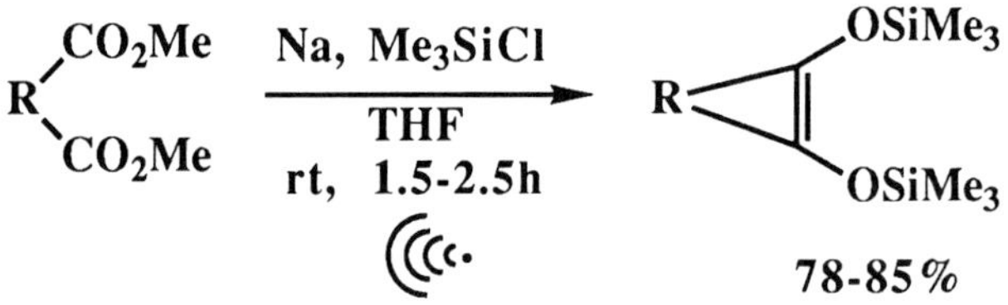

$$R\begin{matrix}CO_2Me \\ CO_2Me\end{matrix} \xrightarrow[\substack{THF \\ rt,\ 1.5\text{-}2.5h \\ )))}]{Na,\ Me_3SiCl} R\begin{matrix}OSiMe_3 \\ OSiMe_3\end{matrix} \quad 78\text{-}85\%$$

IV
SYNTHESIS OF HETEROCYCLES

IV.A. Oxiranes, Aziridines and Thiiranes

IV.A-1 Y.-Z. Huang et al., *Tetrahedron Lett.*, 31, 7657, 4173 (1990); T. Durst et al., *ibid.*, 31, 35 (1990); A. Abad, M. Arno et al., *J. Org. Chem.*, 55, 2369 (1990); M.V. Fernandez et al., *Tetrahedron*, 46, 7911 (1990); C. Baldoli, S. Maiorana et al., *ibid.*, 46, 7823 (1990); I. Shibata et al., *Synlett*, 490 (1990).

$$ArCHO + BrCH_2CH=CH_2 \xrightarrow[\text{THF/Et}_2\text{O/H}_2\text{O}]{Cs_2CO_3, {}^iBu_2Te} \underset{R}{\text{epoxide}}$$

50°C, 19-26h

54-87%,
(cis:trans = 53-71:47-27)

IV.A-2 J.S. Ng, *Synth. Commun.*, 20, 1193 (1990); L.M. Harwood et al., *ibid.*, 20, 1287 (1990).

$$R \overset{R^1}{\underset{O}{\diagdown}} + Me_3S^+ \to O\ I^- \xrightarrow[\text{rt, 16h}]{{}^tBuOK, DMSO} R \overset{R^1}{\underset{O}{\triangle}}$$

67-98%

IV.A-3 M. Bols and I. Lundt, *Acta Chem. Scand.*, 44, 252 (1990); S. Takano et al., *Heterocycles*, 31, 1555 (1990).

$$\underset{Br}{\text{bromohydrin}} \xrightarrow[\text{Me}_2\text{CO or MeCN}]{KF} \underset{}{\text{epoxide}}$$

60-90%

IV.A-4 M.-H. Hung and P.R. Resnick, *J. Am. Chem. Soc.*, **112**, 9671 (1990).

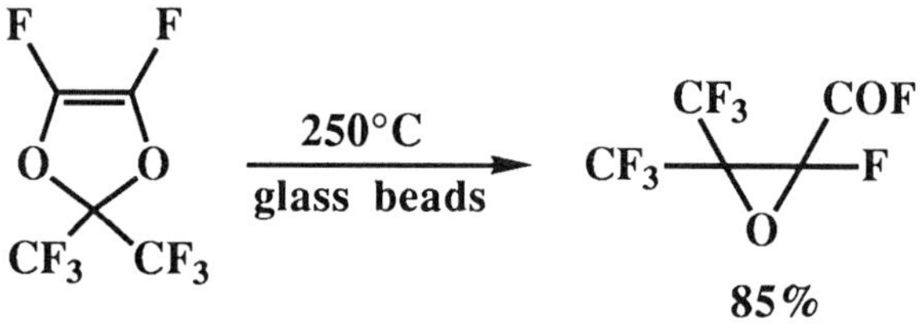

[Reaction: difluoro dioxole with CF$_3$, CF$_3$ substituents → 250°C, glass beads → CF$_3$-epoxide with CF$_3$, COF, F substituents, 85%]

IV.A-5 M. Komatsu, Y. Ohiro et al., *Chem. Lett.*, 575 (1990).

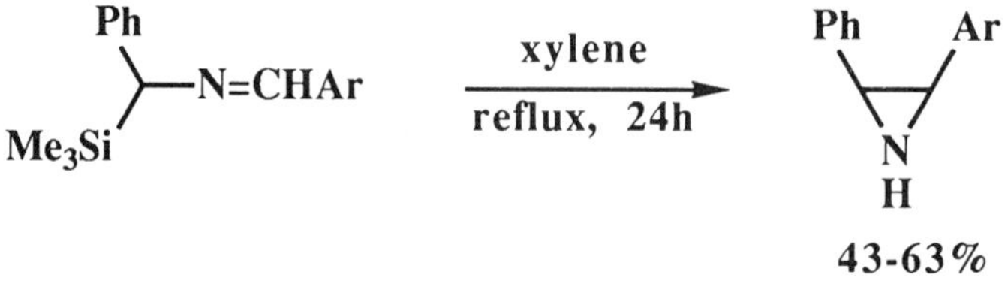

[Reaction: Me$_3$Si-CH(Ph)-N=CHAr → xylene, reflux, 24h → aziridine with Ph, Ar, NH, 43-63%]

IV.A-6 B. Zwanenburg et al., *Tetrahedron*, **46**, 2611 (1990); A.R. Katritzky et al., *Synthesis*, 565 (1990).

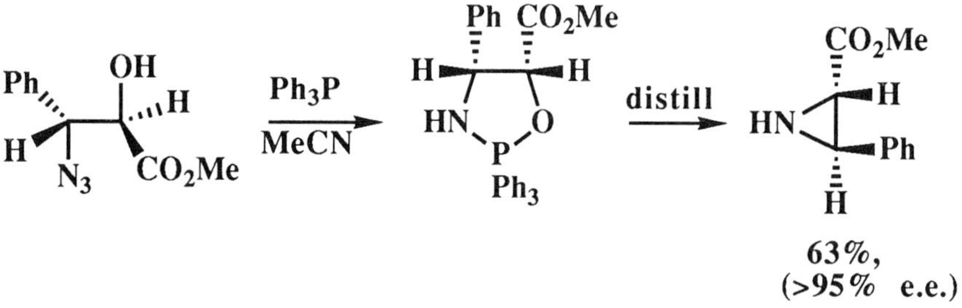

[Reaction: Ph-CH(N$_3$)-CH(OH)-CO$_2$Me → Ph$_3$P / MeCN → oxazaphospholidine intermediate → distill → aziridine-CO$_2$Me, 63%, (>95% e.e.)]

IV.A-7 V.F. Rudchenko et al., *Chem. Commun.*, 261 (1990).

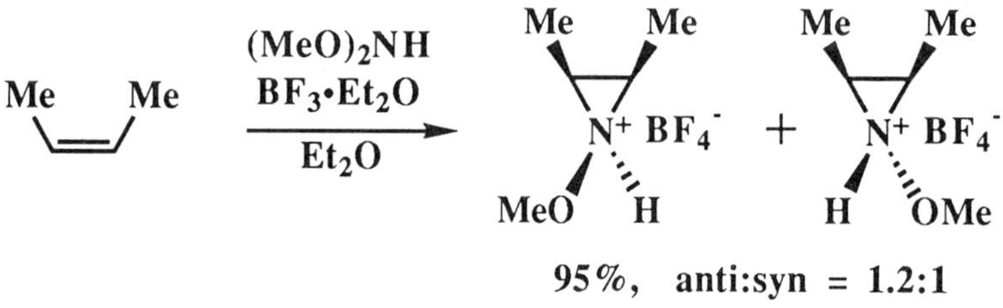

[Reaction: cis-2-butene + (MeO)$_2$NH / BF$_3$·Et$_2$O / Et$_2$O → two aziridinium BF$_4^-$ salts (anti and syn), 95%, anti:syn = 1.2:1]

SYNTHESIS OF HETEROCYCLES

IV.B. Oxitanes, Azetidines and Thietanes

IV.B-1 G.W.J. Fleet et al., *Tetrahedron Lett.*, 31, 6927, 4787 (1990).

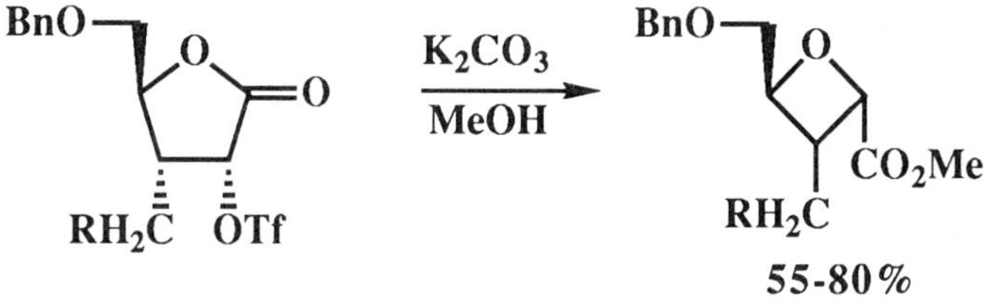

55-80%

IV.B-2 K.Kato et al., *Tetrahedron*, 46, 7703 (1990) and *Tetrahedron Lett.*, 31, 119 (1990); A. Baba et al., *Synthesis*, 106 (1990).

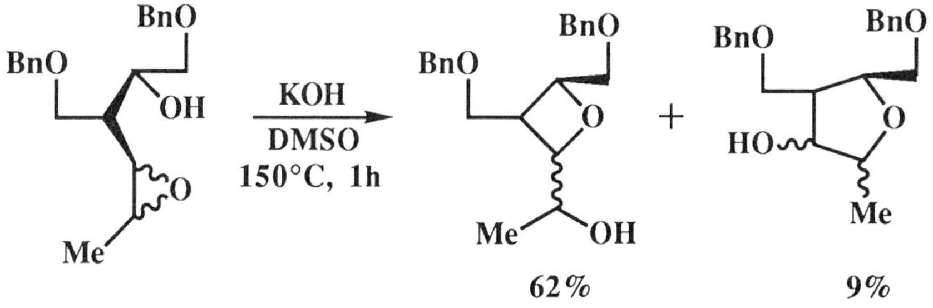

62%   9%

IV.B-3 J.B. Press, Z.G. Hajos et al., *Tetrahedron Lett.*, 31, 1373 (1990).

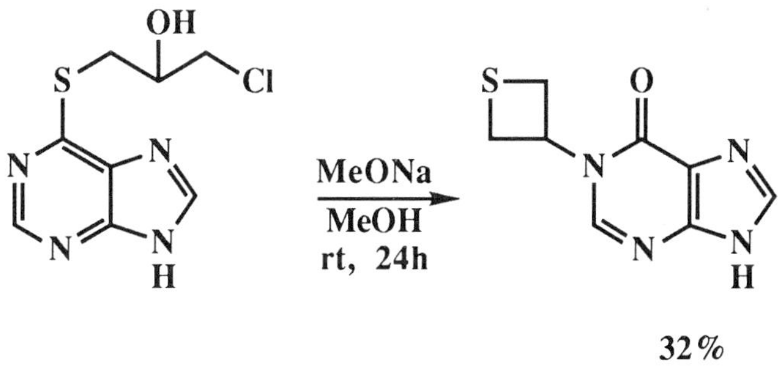

32%

IV.C. Lactams

IV.C-1 C. Palomo et al., *Chem. Commun.*, 248 (1990); G.I. Georg, *Tetrahedron Lett.*, 31, 451 (1990); S.D. Sharma and S.B. Pandhi, *J. Org. Chem.*, 55, 2196 (1990).

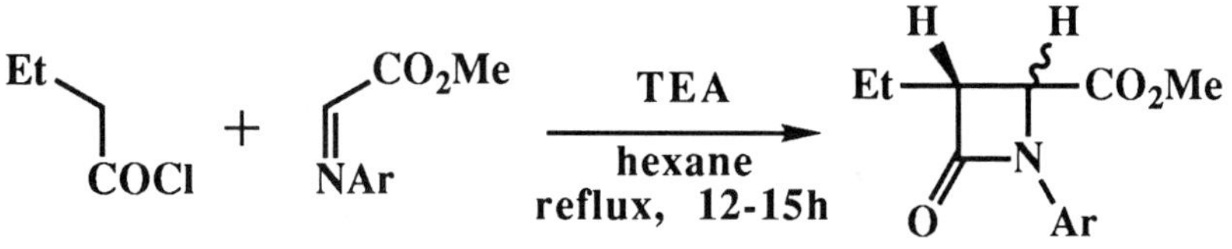

Et-CH(COCl) + CH₂=C(CO₂Me)(NAr) →(TEA, hexane, reflux, 12-15h)→ β-lactam (Et, CO₂Me, N-Ar)

90%, (cis:trans = 4.9:1)

IV.C-2 G. Guanti et al., *Gazz. Chim. Ital.*, 119, 527 (1989); C. Palomo et al., *Chem. Commun.*, 1390 (1990).

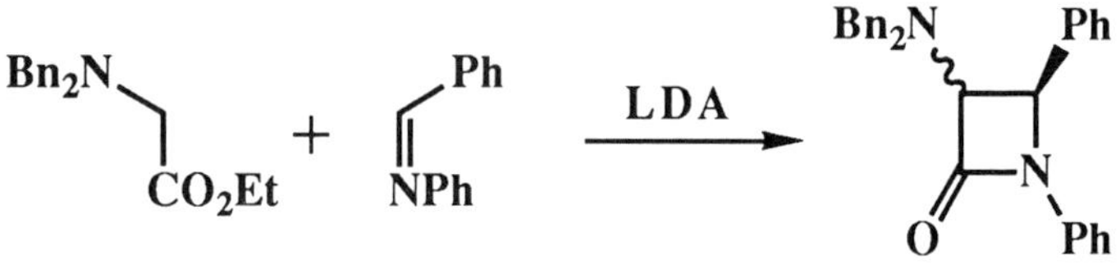

Bn₂N-CH(CO₂Et) + CH=CH(Ph)(NPh) →LDA→ β-lactam (Bn₂N, Ph, N-Ph)

81% cis:trans = 15.7:1

IV.C-3 E.W. Colvin and M. Monteith, *Chem. Commun.*, 1230 (1990).

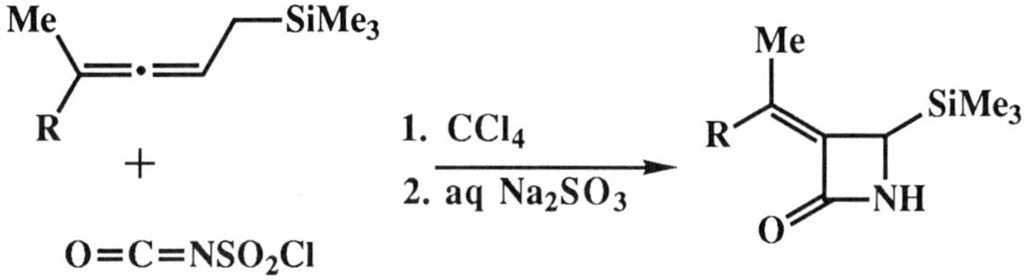

Me(R)C=C=CH-SiMe₃ + O=C=NSO₂Cl →(1. CCl₄; 2. aq Na₂SO₃)→ β-lactam with =C(Me)R and SiMe₃, NH

10-22%

SYNTHESIS OF HETEROCYCLES 271

IV.C-4 S. Kato et al., *Angew. Chem., Int. Ed. Engl.*, 29, 530 (1990).

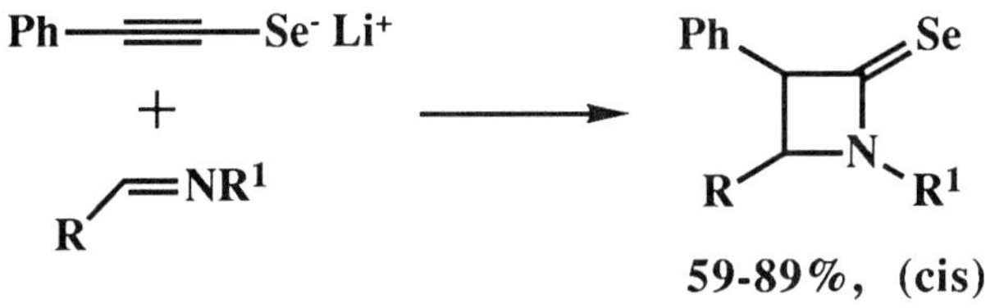

Ph≡≡—Se⁻ Li⁺
+
R–CH=NR¹
⟶
[Ph, Se, R, N, R¹ β-lactam ring structure]

59-89%, (cis)

IV.C-5 J.D. White et al., *J. Org. Chem.*, 55, 6037 (1990).

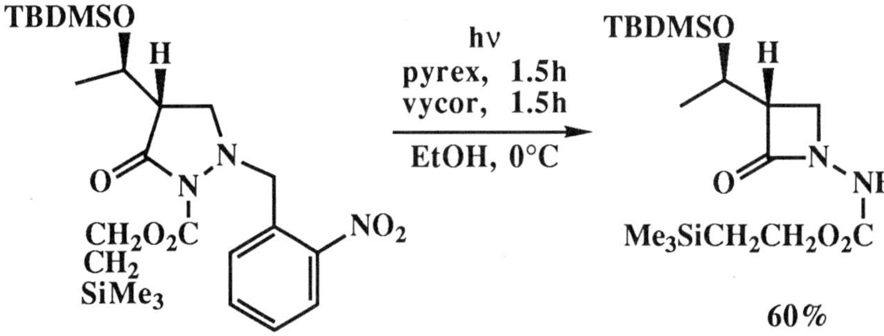

TBDMSO, H, iPr, O, N, N, CH₂O₂C, CH₂, SiMe₃, (with o-NO₂-benzyl group)

hv
pyrex, 1.5h
vycor, 1.5h
⟶
EtOH, 0°C

TBDMSO, H, iPr, O, N, NH, Me₃SiCH₂CH₂O₂C (β-lactam)

60%

IV.C-6 L.S. Hegedus et al., *J. Am. Chem. Soc.*, 112, 1109, 4364 (1990).

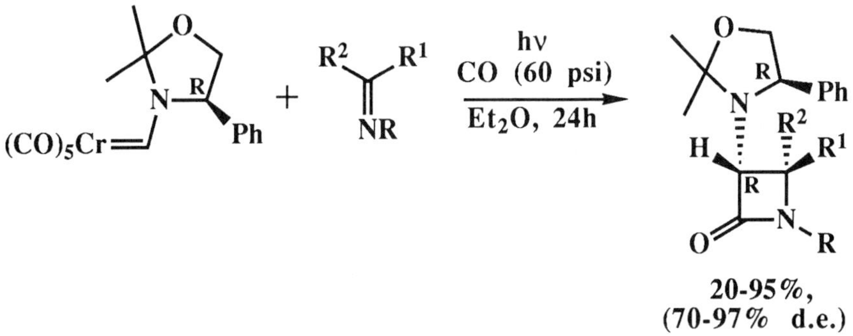

(CO)₅Cr=[oxazolidine with N–R, Ph]
+
R²–CH=NR with R¹
hv
CO (60 psi)
⟶
Et₂O, 24h

[bicyclic β-lactam product with R, Ph, R², R¹, H, N, O, R]

20-95%,
(70-97% d.e.)

IV.C-7 W. Chamchaang and A.R. Pinhas, *J. Org. Chem.*, <u>55</u>, 2943 (1990); H. Alper et al., *Organometallics*, <u>9</u>, 762 (1990).

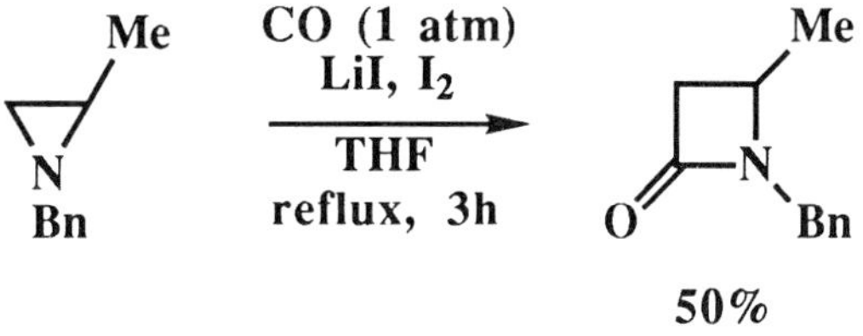

IV.C-8 H. Iwagami and N. Yasuda, *Heterocycles*, <u>31</u>, 529 (1990); A. Sheppard and M.J. Miller, *J. Chem. Soc. Perkin 1*, 2519 (1990).

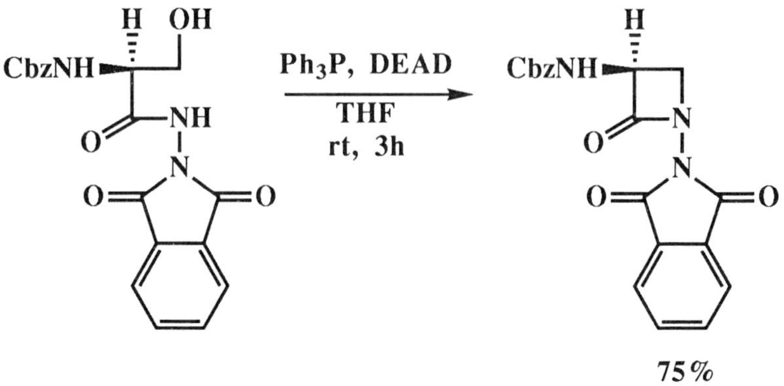

IV.C-9 M. Shirai and T. Nishiwaki, *J. Chem. Res (S)*, 270 (1990); V.P. Irwin and R.F. Timoney, *ibid.*, 197 (1990); M.M. Campbell et al., *Tetrahedron Lett.*, <u>31</u>, 1759 (1990).

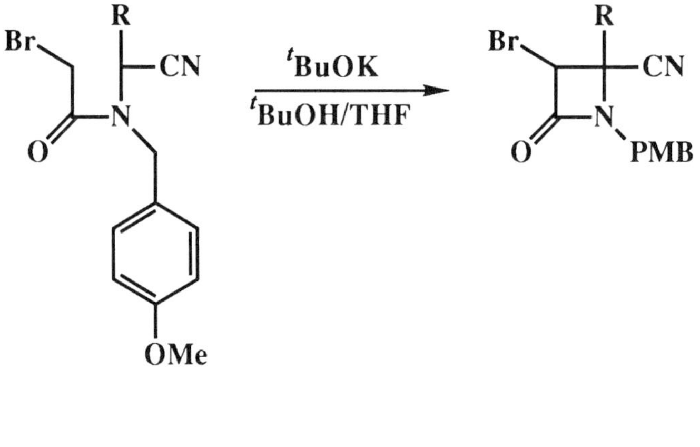

IV.C-10 C.W. Kim and B.Y. Chung, *Tetrahedron Lett.*, 31, 2905 (1990).

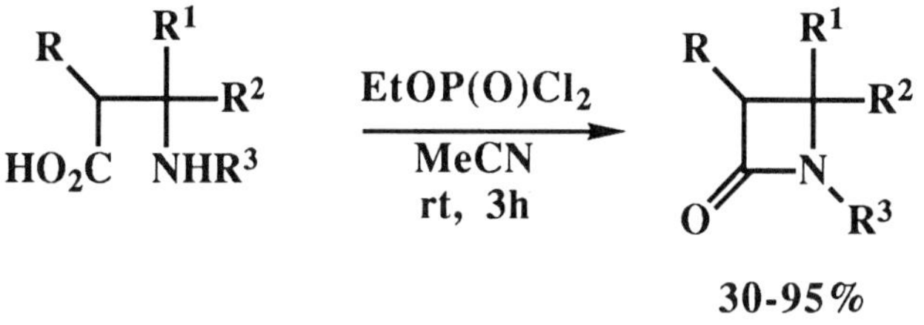

IV.C-11 L.S. Liebeskind et al., *Tetrahedron Lett.*, 31, 4397 (1990); M. Mori, M. Shibasaki et al, *J. Organomet. Chem.*, 395, 255 (1990) and *ibid.*, 399, 93 (1990); H. Hoberg and D. Barhausen, *ibid.*, 397, C20 (1990).

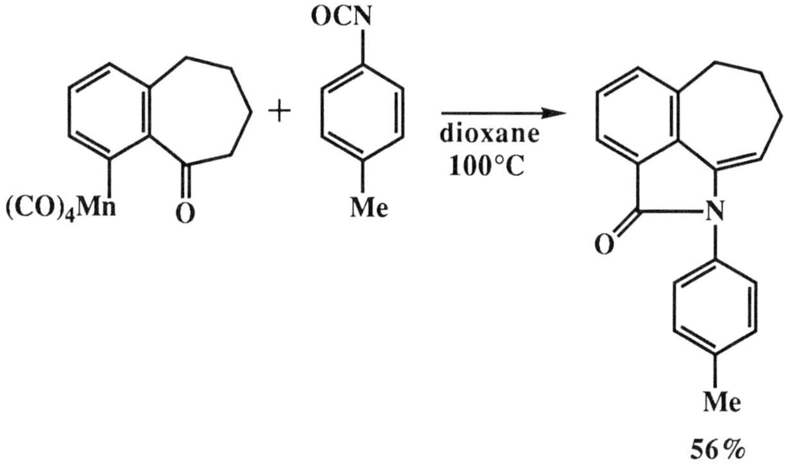

IV.C-12 J. Epsztajn, A. Jozwiak et al., *Monatsh. Chem.*, 121, 909 (1990); R. Sato et al., *Bull. Chem. Soc. Jpn.*, 63, 1160 (1990).

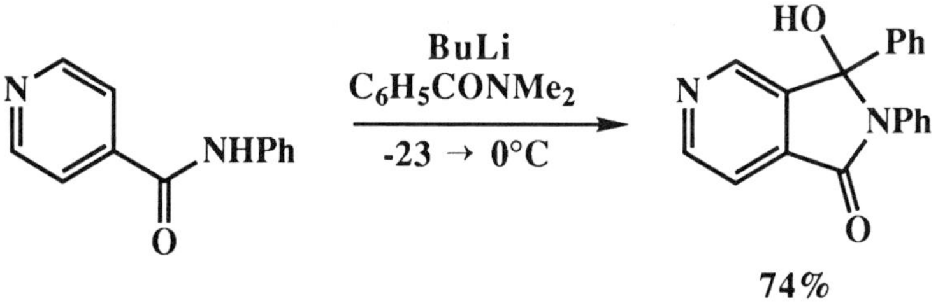

IV.C-13 J. Cossy and A. Thellend, *Tetrahedron Lett.*, **31**, 1427 (1990).

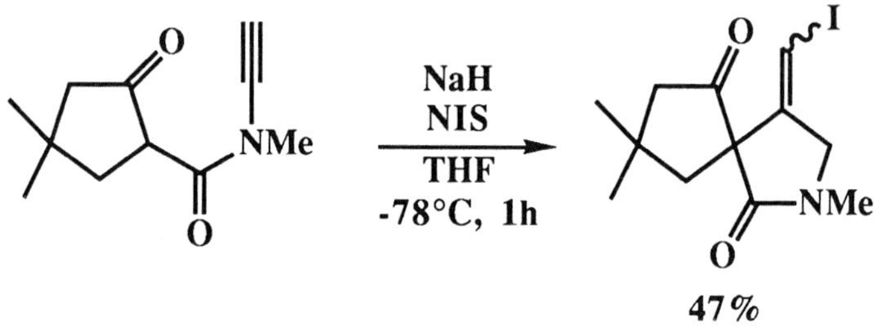

IV.C-14 H. Ishibashi et al., *Chem. Pharm. Bull.*, **38**, 907 (1990); Y. Kita et al., *ibid.*, **38**, 1473 (1990); K. Bogdanowicz-Szwed et al., *Liebigs Ann. Chem.*, 1147 (1990).

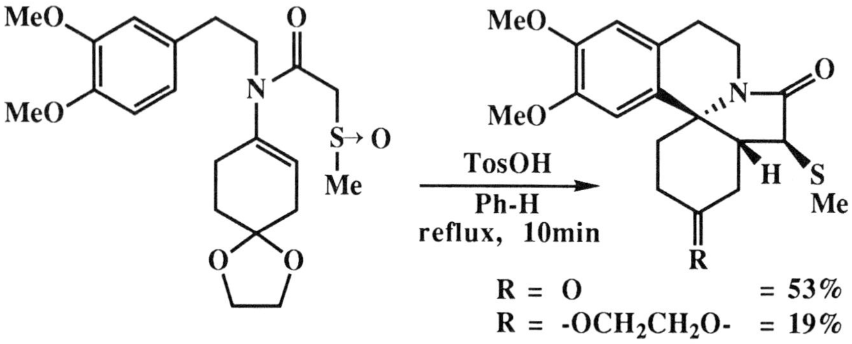

R = O   = 53%
R = -OCH$_2$CH$_2$O- = 19%

IV.C-15 S.M.Roberts et al., *J. Chem. Soc. Perkin 1*, 1493 (1990).

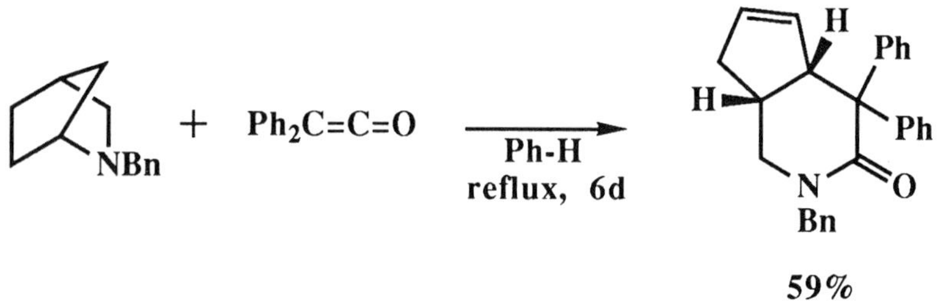

IV.C-16 A.P. Kozikowski et al., *J. Chem. Soc. Perkin 1*, 195 (1990); P. Tronche et al., *J. Heterocyclic Chem.*, 27, 2181 (1990).

$$\underset{}{\text{[ketal-cyclohexanone]}} + \underset{CO_2Me}{|||} \xrightarrow[\text{100°C, 10h (to 200 psi)}]{NH_3, MeOH} \underset{70\%}{\text{[bicyclic dihydroquinolinone]}}$$

IV.C-17 M.D. Bachi and D. Denenmark, *J. Org. Chem.*, 55, 3442 (1990).

$$\underset{R\ \ S=C=N}{\text{[alkenyl isothiocyanate-}R^1\text{]}} \xrightarrow[\text{75°C, 1-7h}]{Bu_3SnH,\ AIBN,\ Ph\text{-}Me} \underset{75\text{-}93\%}{\text{[thiopiperidinone-}R^1\text{]}}$$

IV.C-18 G. Chelucci and G. Giacomelli, *J. Heterocyclic Chem.*, 27, 307, 311 (1990).

$$\underset{}{\text{[R-amide dioxolane]}} \xrightarrow[\text{reflux, 2h}]{AcOH} \underset{40\text{-}75\%}{\text{[3-R-dihydropyridinone]}}$$

IV.C-19 D. Anastasiou and W.R. Jackson, *Tetrahedron Lett.*, 31, 4795 (1990).

$$\underset{NH_2}{\text{[pentenylamine]}} \xrightarrow[\text{EtOAc, 50°C, 20h}]{H_2,\ CO\ (400\ psi),\ Rh[(OAc)_2]_2,\ Ph_3P} \underset{80\%,\ (2.3:1)}{\text{[piperidinone]} + \text{[Me-pyrrolidinone]}}$$

IV.C-20 D. Bai et al., *Tetrahedron Lett.*, 31, 2161 (1990).

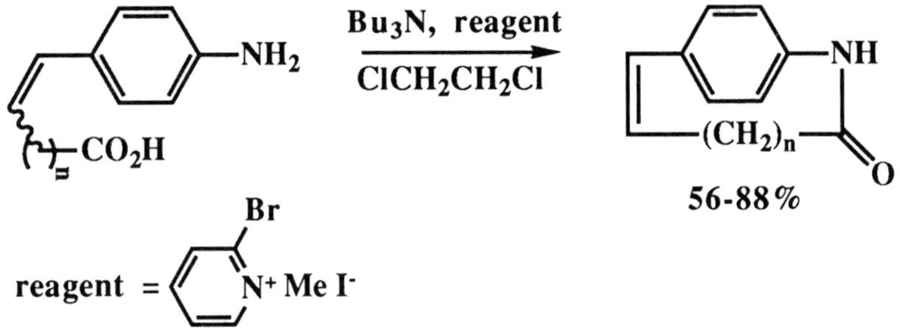

$$\text{alkene-C}_6\text{H}_4\text{-NH}_2 + \text{CO}_2\text{H} \xrightarrow[\text{ClCH}_2\text{CH}_2\text{Cl}]{\text{Bu}_3\text{N, reagent}} \text{lactam} \quad 56\text{-}88\%$$

reagent = 2-bromo-1-methylpyridinium iodide

IV.C-21 R. Guilard et al., *Synthesis*, 149 (1990).

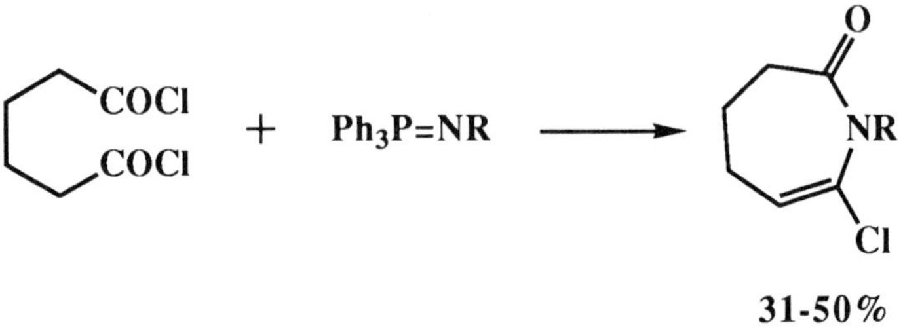

$$\text{(CH}_2)_n(\text{COCl})_2 + \text{Ph}_3\text{P=NR} \longrightarrow \text{7-chloro-azepin-2-one} \quad 31\text{-}50\%$$

IV.C-22 E. Erba and D. Pocar, *Liebigs Ann. Chem.*, 853 (1990).

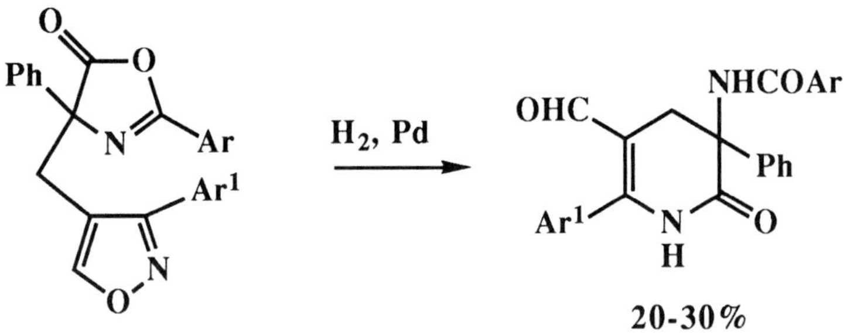

$$\text{oxazolone-isoxazole} \xrightarrow{\text{H}_2,\ \text{Pd}} \text{dihydropyridinone} \quad 20\text{-}30\%$$

IV.D. Lactones

IV.D-1 J.-C. Pommelat et al., *Chem. Commun.*, 615 (1990).

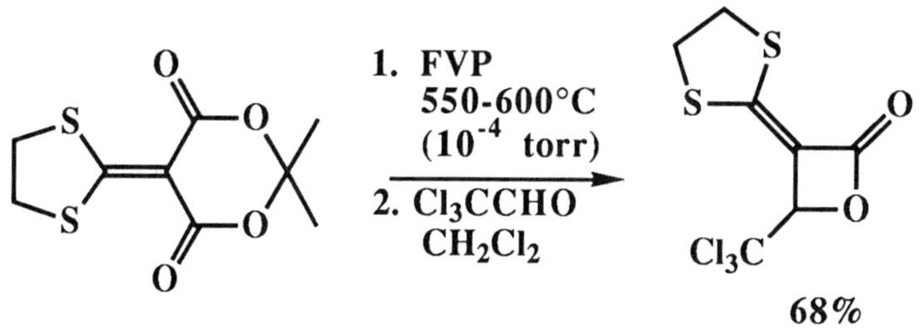

IV.D-2 W.R. Jackson et al., *Synthesis*, 855 (1990).

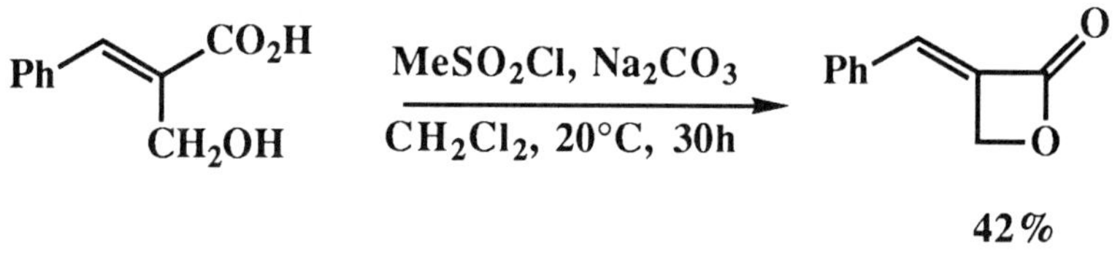

IV.D-3 E. Lee et al., *Tetrahedron Lett.*, 31, 1023 (1990).

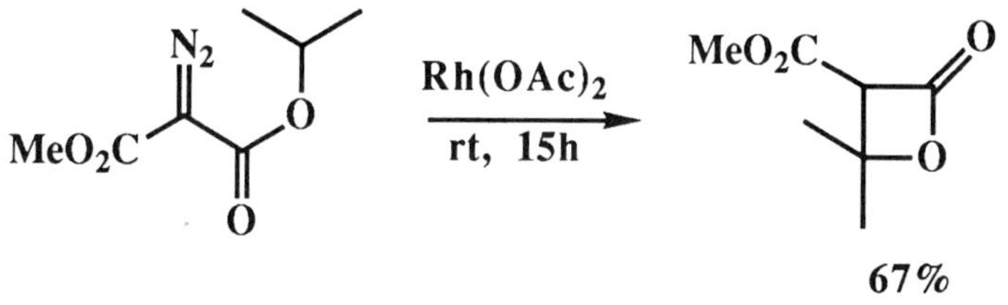

IV.D-3 M. Tiecco, M. Tingoli et al., *Tetrahedron*, 46, 7139 (1990); M.E. Maier et al., *Liebigs Ann. Chem.*, 323 (1990); C. Iwata et al., *Heterocycles*, 31, 987 (1990).

$$\underset{NC}{\overset{R^1}{R}}\diagup\!\!\diagdown\!\!= \quad \xrightarrow[\text{AcOH}]{\text{PhI(OAc)}_2 \; \text{HBF}_4} \quad \underset{70°C,\ 4\text{-}15h}{} \quad R\underset{O}{\overset{R^1}{\diagup\!\!\diagdown}}OAc$$

IV.D-4 S. Chandrasekaren et al., *Chem. Commun.*, 1670 (1990); F. Sato, *Tetrahedron Lett.*, 31, 6399 (1990).

$$\underset{R\ \ OH}{\overset{R^1}{\diagup\!\!\diagdown}}\!\!\diagdown \quad \xrightarrow[\text{H}_2\text{O, CH}_2\text{Cl}_2]{\text{KMnO}_4 \; \text{CuSO}_4\text{·5H}_2\text{O}} \quad \underset{R}{\overset{R^1}{\diagup\!\!\diagdown}}\!\!=\!\text{O}$$

52-78%

IV.D-7 R.C. Larock et al., *Tetrahedron Lett.*, 31, 17 (1990); D.D.M. Wayner et al., *ibid.*, 31, 7539 (1990); H. Nagashima et al., *J. Org. Chem.*, 55, 985 (1990); S. Ma and X. Lu, *Chem. Commun.*, 733 (1990).

$$\underset{R\ \ O}{\overset{R^1}{\diagup\!\!\diagdown}}\!\!\diagdown^{R^2}\!\!-\text{HgCl} \quad \xrightarrow[\text{rt 6h-4d}]{\text{PdCl}_2,\ \text{LiCl, TEA} \atop \text{THF/DMF}} \quad \underset{R}{\overset{R^2\!\diagdown\ R^1}{\diagup\!\!\diagdown}}\!\!=\text{O}$$

56-71%

IV.D-7 F.R. Kinder and A. Padwa, *Tetrahedron Lett.*, 31, 6835 (1990); K. Jankowski et al., *Can. J. Chem.*, 68, 701 (1990); J. Sakaki et al., *Chem. Pharm. Bull.*, 38, 94 (1990); N.A. Petasis and M.A. Patane, *Chem. Commun.*, 836 (1990).

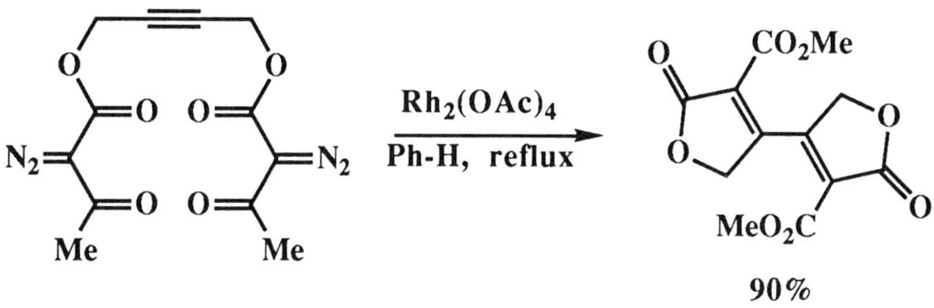

$$\xrightarrow{Rh_2(OAc)_4}_{Ph-H,\ reflux}$$

90%

IV.D-8 T. Machiguchi, *Tetrahedron Lett.*, 31, 4169 (1990).

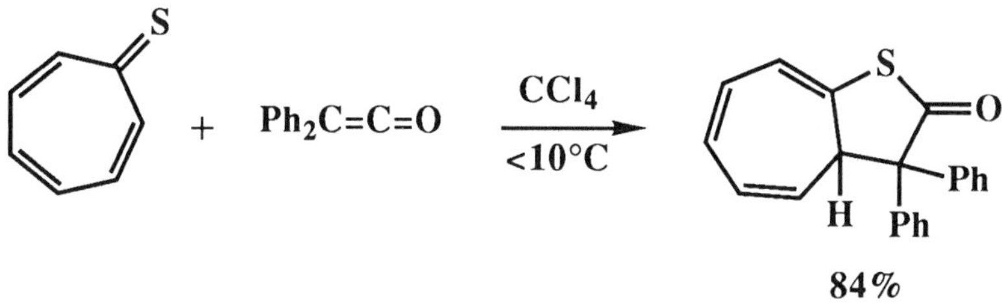

$$+\ Ph_2C=C=O \xrightarrow[<10°C]{CCl_4}$$

84%

IV.D-9 R.M. Moriarty et al., *Tetrahedron Lett.*, 31, 201 (1990).

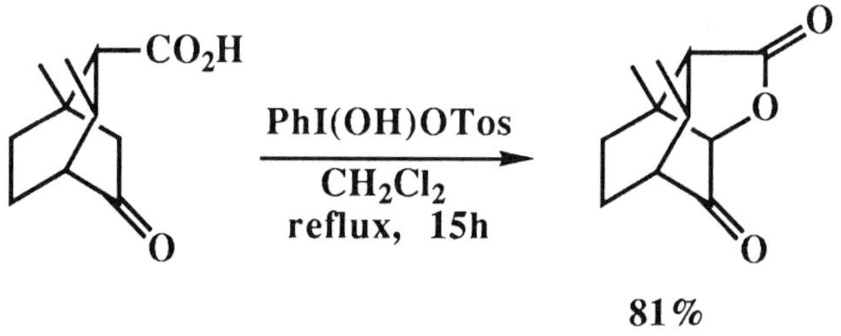

$$\xrightarrow[reflux,\ 15h]{PhI(OH)OTos\ \ \ }_{CH_2Cl_2}$$

81%

IV.D-10 B.Bosnich et al., *Organometallics*, 9, 566 (1990); W. Guo and Y.F. Duann, *Org. Prep. Proced. Int.*, 22, 85 (1990).

$$\text{benzene-1,2-dicarbaldehyde} \xrightarrow[\text{Me}_2\text{CO, 34°C}]{[\text{Rh(diphos)}_2(\text{ClO}_4)_2]} \text{isobenzofuran-1(3H)-one}$$

1×10^{-1} turnover frequency

IV.D-11 E. Hasegawa et al., *Chem. Ind.*, 802 (1990); M.A. Mc Kervey et al., *J. Chem. Soc. Perkin 1*, 1041 (1990).

$$R\text{-}C_6H_4\text{-O-CH(Ar)CO}_2\text{H} \xrightarrow[\text{110°C, 2h}]{\text{PPA}} \text{benzofuranone with R and Ar substituents}$$

80-90%

IV.D-12 T.H. Black and T.S. Mc Dermott, *Synth. Commun.*, 20, 2959 (1990).

$$\text{R}^1\text{R-Cl β-lactone with Cl} \xrightarrow[\substack{\text{CH}_2\text{Cl}_2 \\ \text{rt, 12h}}]{\text{MgBr}_2\cdot\text{Et}_2\text{O}} \text{butenolide with R}^1, \text{R, Cl}$$

57-76%

IV.D-13 R.M. Moriarty et al., *Tetrahedron Lett.*, 31, 197 (1990); K. Sugahara et al., *Synthesis*, 783 (1990).

$$\text{Me}_3\text{SiO-cyclopropane-fused oxacycle}_n \xrightarrow[\substack{\text{CH}_2\text{Cl}_2 \\ 62\text{-}78\%}]{\substack{\text{(PhIO)}_n \\ \text{Bu}_4\text{NF/THF}}} \text{lactone}_n$$

62-78%

IV.D-14 R.M. Corey et al., *Tetrahedron Lett.*, 31, 6788 (1990); P.R. Jenkins et al., *J. Chem. Soc. Perkin 1*, 627 (1990).

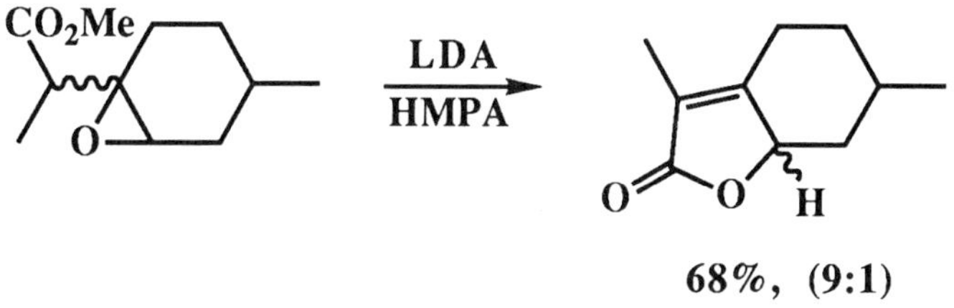

$$\underset{}{\text{[epoxide with CO}_2\text{Me]}} \xrightarrow{\text{LDA}}_{\text{HMPA}} \text{[bicyclic lactone]}$$

68%, (9:1)

IV.D-15 H. Yamanaka et al., *Heterocycles*, 30, 1009 (1990).

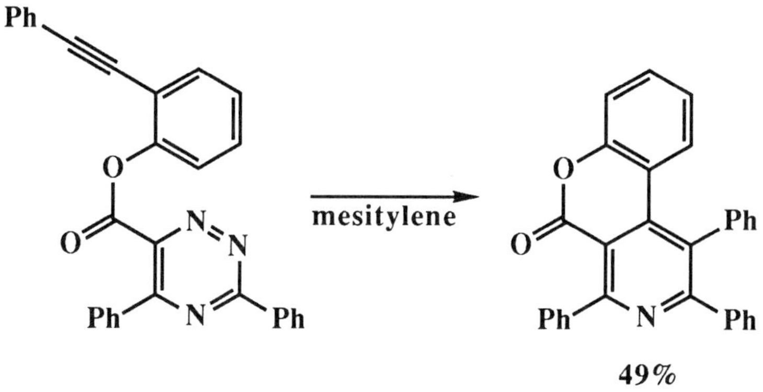

$$\text{[aryl triazine ester]} \xrightarrow{\text{mesitylene}} \text{[fused pyridine product]}$$

49%

IV.D-16 T. Tsuda, T. Saegusa et al., *J. Org. Chem.*, 55, 2978 (1990) and *Chem. Commun.*, 945 (1990).

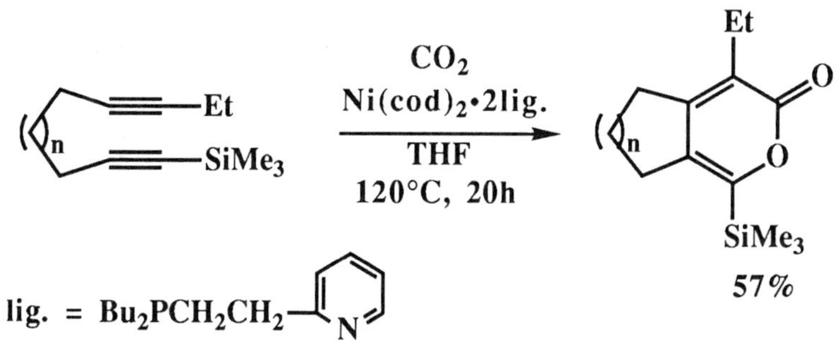

$$\text{[diyne with Et and SiMe}_3\text{]} \xrightarrow[\text{THF, 120°C, 20h}]{\text{CO}_2,\ \text{Ni(cod)}_2 \cdot 2\text{lig.}} \text{[bicyclic pyranone]}$$

lig. = $Bu_2PCH_2CH_2$-(2-pyridyl)

57%

IV.D-17 R.C. Thompson and J. Kallmeerten, *J. Org. Chem.*, 55, 6076 (1990); R. Knorr et al., *Chem. Ber.*, 123, 2161, 2167 (1990); N. Krause, *Liebigs Ann. Chem.*, 603 (1990); A.G. Mal'kina et al., *J. Org. Chem. (USSR)*, 25, 1677 (1989); S. Yamamura et al., *Bull. Chem. Soc. Jpn.*, 63, 1322 (1990).

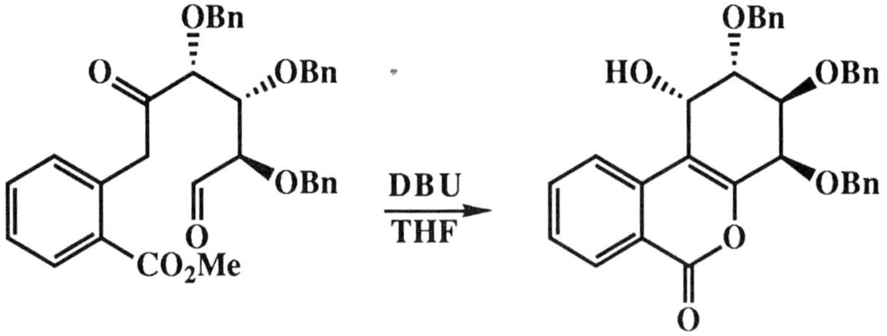

IV.D-18 S. Hanessian et al., *J. Org. Chem.*, 55, 5766 (1990); H. Suginome et al., *Bull. Chem. Soc. Jpn.*, 63, 2435 (1990).

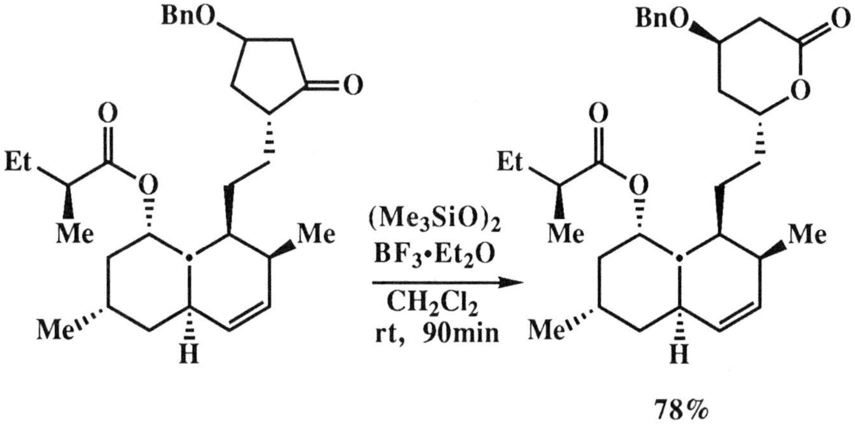

78%

IV.D-19 A. Yoshikoshi et al., *Tetrahedron,* 46, 4887 (1990) and *Chem. Commun.,* 418 (1990) and *Chem. Lett.,* 613 (1990).

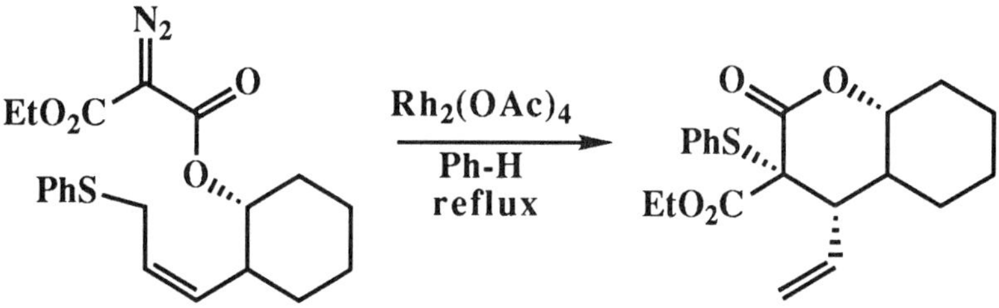

$$\text{Rh}_2(\text{OAc})_4, \text{Ph-H, reflux}$$

92%

IV.D-20 M.R. Karim and P. Sampson, *J. Org. Chem.,* 55, 598 (1990).

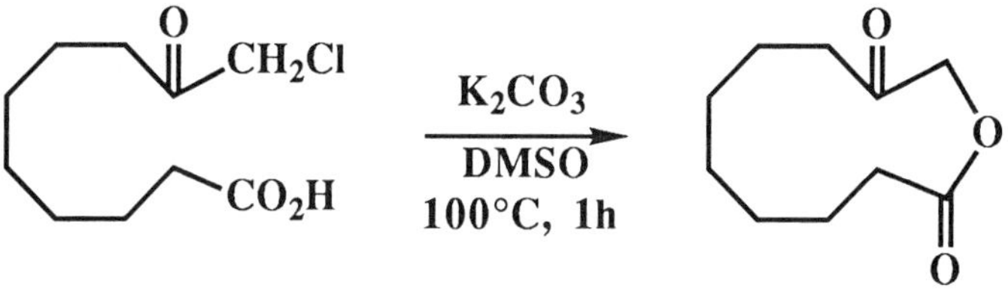

$$\text{K}_2\text{CO}_3, \text{DMSO}, 100°\text{C}, 1\text{h}$$

60%

IV.D-21 G.H. Posner et al., *Org. Syn.,* 69, 188 (1990).

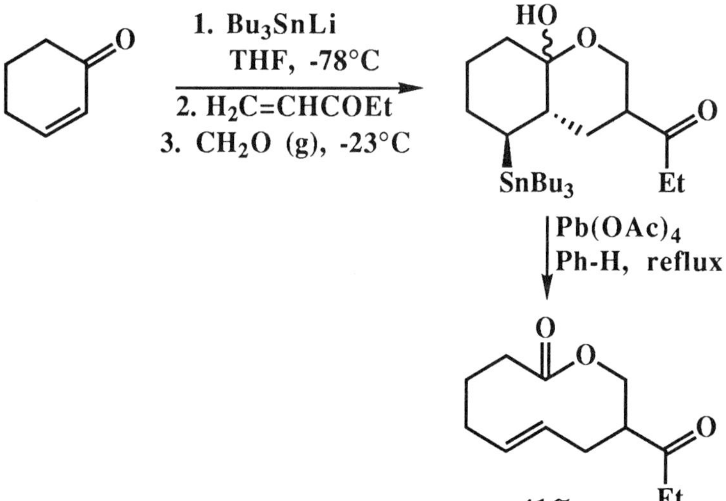

1. Bu$_3$SnLi, THF, -78°C
2. H$_2$C=CHCOEt
3. CH$_2$O (g), -23°C

Pb(OAc)$_4$, Ph-H, reflux

41%

IV.D-22 H. Togo and M. Yokoyama, *Heterocycles*, **31**, 437 (1990).

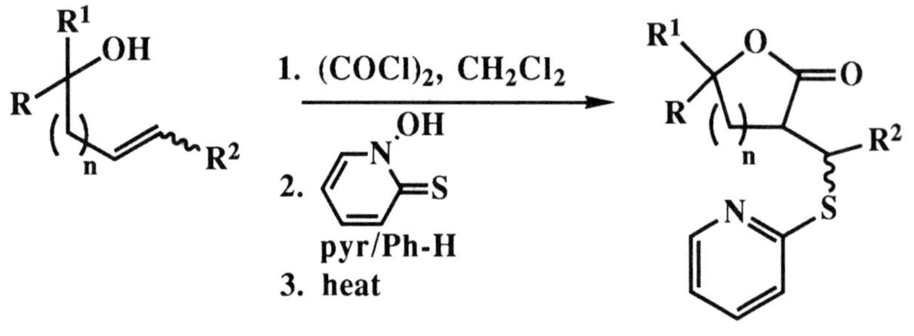

1. $(COCl)_2$, CH_2Cl_2
2. [N-hydroxypyridine-2-thione] pyr/Ph-H
3. heat

18-74%

IV.D-23 H. Ishibashi et al., *Hetreocycles*, **31**, 215 (1990).

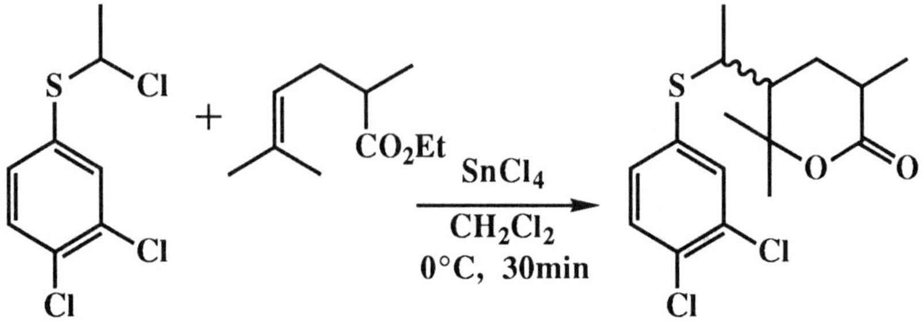

$SnCl_4$
CH_2Cl_2
0°C, 30min

76%, (3.3:1)

IV.D-24 A. Citterio et al., *Synlett*, 42 (1990).

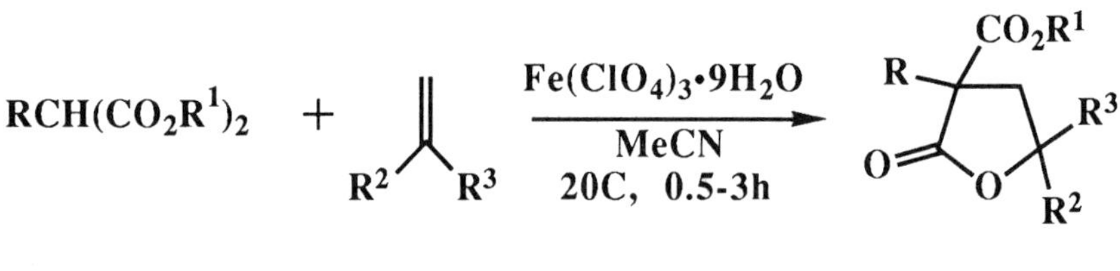

$RCH(CO_2R^1)_2$ + [alkene with R^2, R^3]

$Fe(ClO_4)_3 \cdot 9H_2O$
MeCN
20C, 0.5-3h

38-90%

IV.E. Furans and Thiophenes

IV.E-1 T. Kappe et al., *Liebigs Ann. Chem.*, 531 (1990) and *Synthesis,* 387 (1990); T. Mandai et al., *Synlett,* 85 (1990).

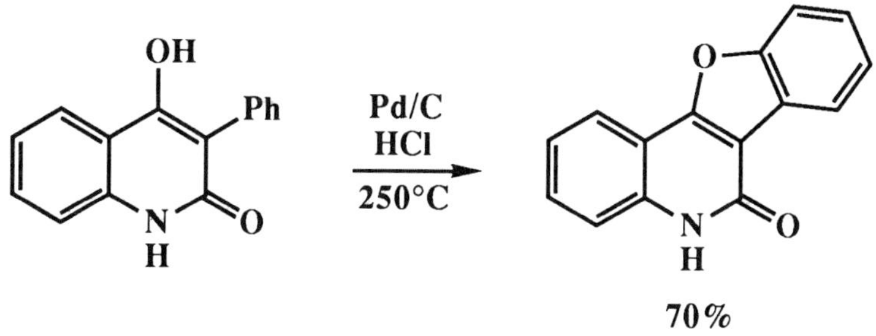

IV.E-2 B.M. Trost et al., *J. Am. Chem. Soc.*, 112, 9022 (1990); G. Pandey et al., *ibid.*, 112, 5650 (1990); S. Inoki and T. Mukaiyama, *Chem. Lett.*, 67 (1990); S.E. Drewes et al., *Chem. Ber.*, 123, 2455 (1990); D.P. Rotella and X. Li, *Heterocycles,* 31, 1205 (1990); T.-T. Jong and S.-J. Leu, *J. Chem. Soc. Perkin 1,* 423 (1990); U. Fechtel et al., *J. Prakt. Chem.*, 332, 394 (1990).

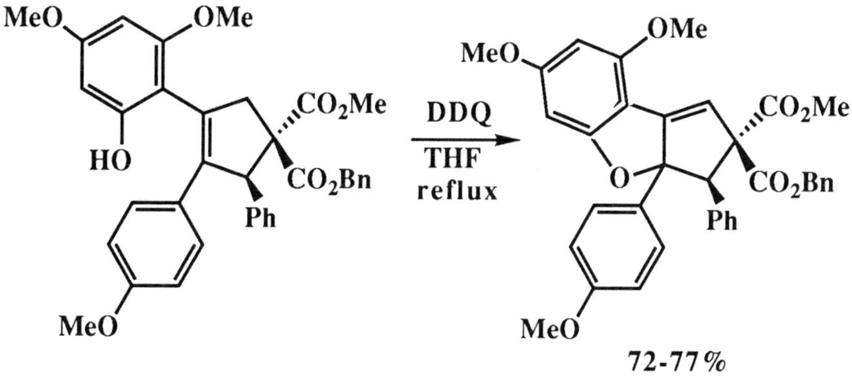

IV.E-3 G.A. Molander and L.S. Harring, *J. Org. Chem.*, 55, 6171 (1990); T. Lubbers and H.J. Schafer, *Synlett,* 44 (1990); A. Srikrishna and G. Sundarababu, *Tetrahedron,* 46, 7901 (1990); G.V.M. Sharma and S.R. Vepachedu, *Tetrahedron Lett.*, 31, 4931 (1990).

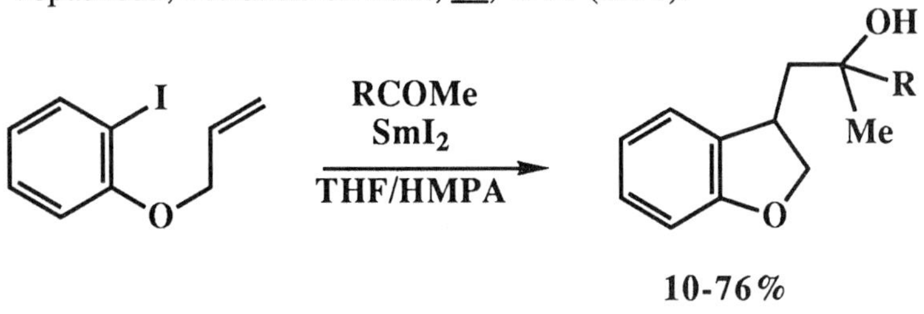

10-76%

IV.E-4 R.D. Walkup and G. Park, *J. Am. Chem. Soc.*, 112, 1597 (1990); C.J. Forsyth and J. Clardy, *ibid.*, 112, 3497 (1990).

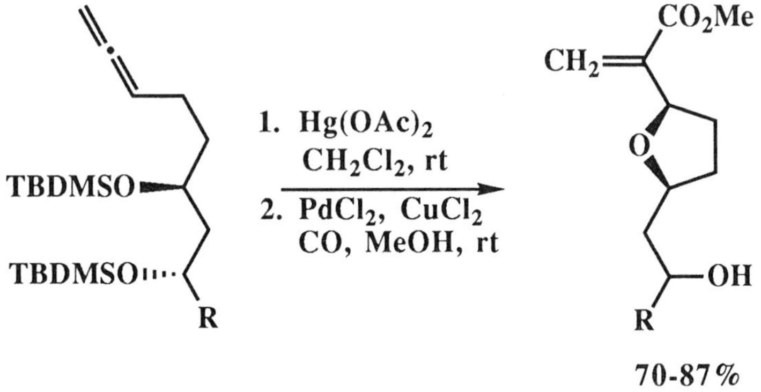

70-87%

IV.E-5 J.A. Marshall and E.D. Robinson, *J. Org. Chem.*, 55, 3450 (1990).

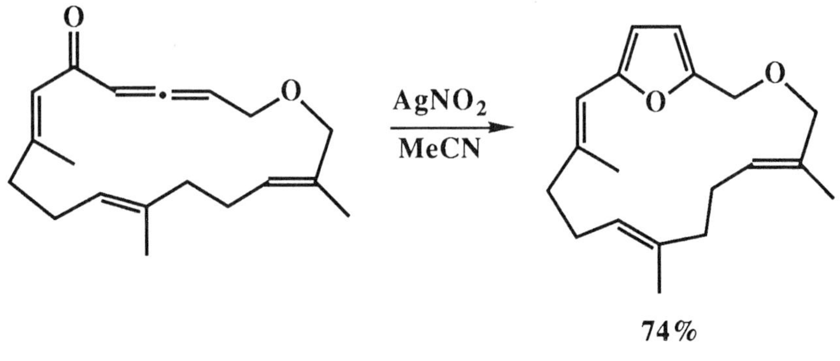

74%

IV.E-6 D.R. Williams et al., *Tetrahedron Lett.*, 31, 6769 (1990).

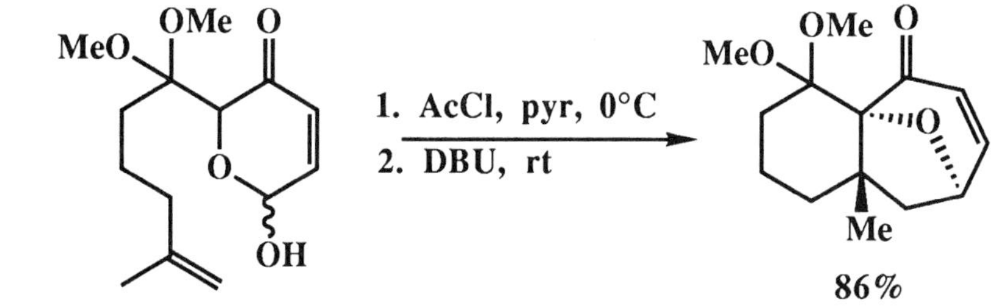
OMe
O
MeO
O
OH
1. AcCl, pyr, 0°C
2. DBU, rt
OMe
O
MeO
O
Me
86%

IV.E-7 T.A. Engler et al., *J. Org. Chem.*, 55, 1248 (1990).

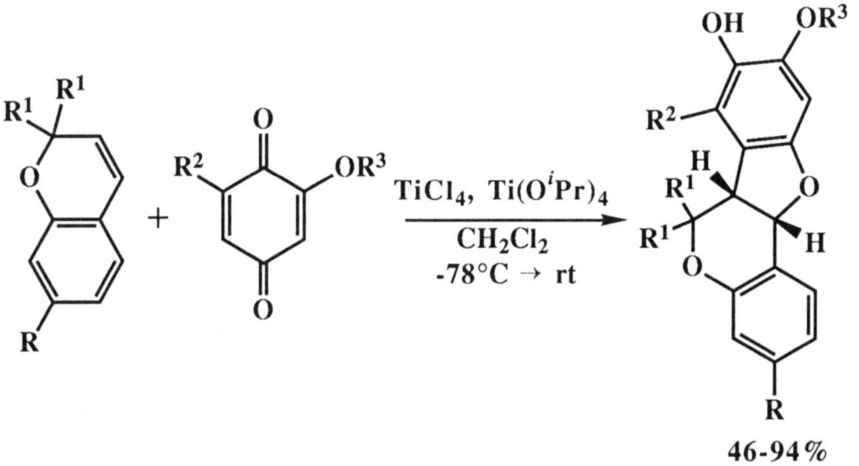
R1
R1
O
R
+
O
R2
OR3
O
TiCl4, Ti(OiPr)4
CH2Cl2
-78°C → rt
OH
OR3
R2
H
R1
O
R1
H
O
R
46-94%

IV.E-8 J.R. Al-Dulayymi and M.S. Baird, *Tetrahedron, 46*, 5703 (1990).

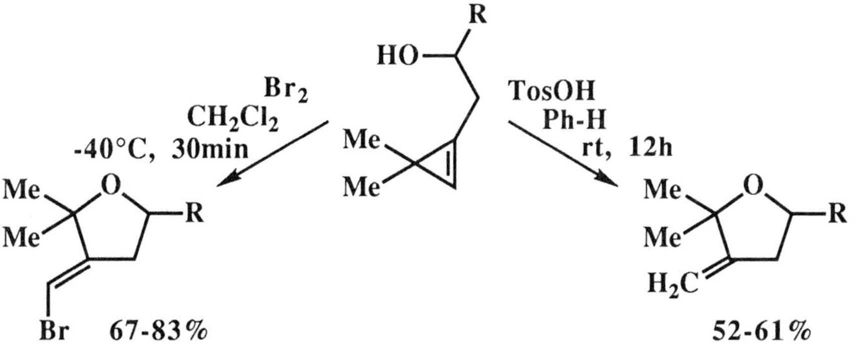
R
HO
Br2
CH2Cl2
-40°C, 30min
Me
Me
TosOH
Ph-H
rt, 12h
Me
O
Me
R
Br
67-83%
Me
O
Me
R
H2C
52-61%

IV.E-9 D.A. Whiting et al., *J. Chem. Soc. Perkin 1,* 1193, 153, 159 (1990).

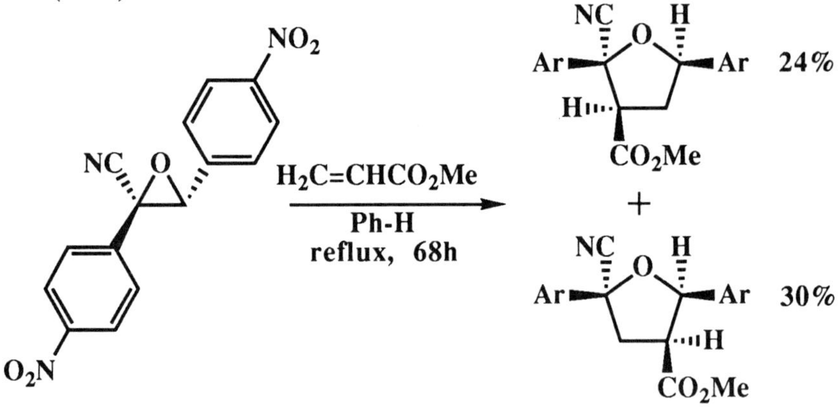

IV.E-10 K. Saki et al., *Chem. Pharm. Bull.*, 38, 2581 (1990).

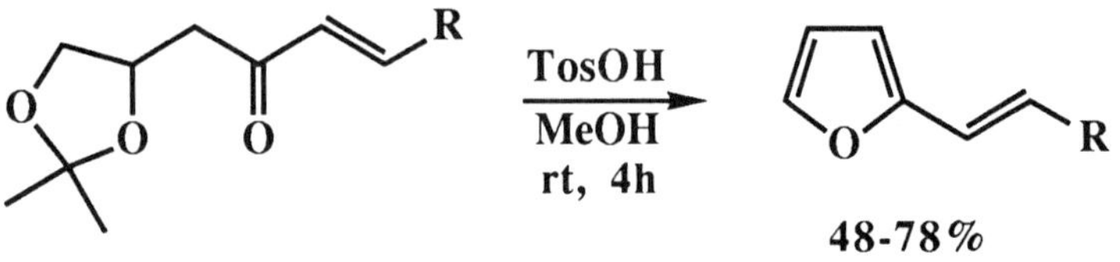

IV.E-11 J.-P. Dulcere and J.K. Crandall, *Chem. Commun.*, 561 (1990); Y. Inoue et al., *Synth. Commun.*, 20, 3063 (1990).

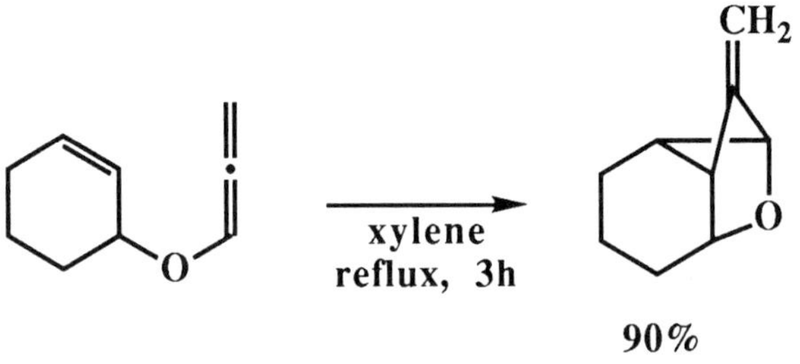

IV.E-12 A. Banerji and S.K. Nayak, Chem. Commun., 150 (1990).

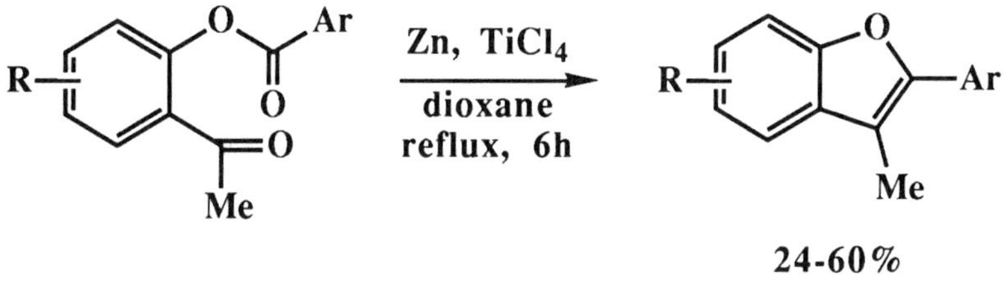

IV.E-13 A. Padwa et al., *J. Org. Chem.*, 55, 4241 (1990); K. Kanematsu et al., *Heterocycles*, 31, 1003 (1990).

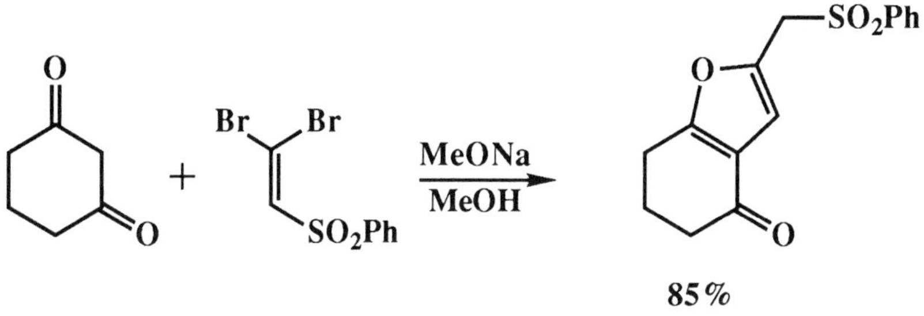

IV.E-14 T. Fujisawa et al., *Chem. Lett.*, 593 (1990).

DMPU = N,N'-dimethylpropyleneurea

IV.E-15 M. Laabassi and R. Gree, *Synlett,* 265 (1990).

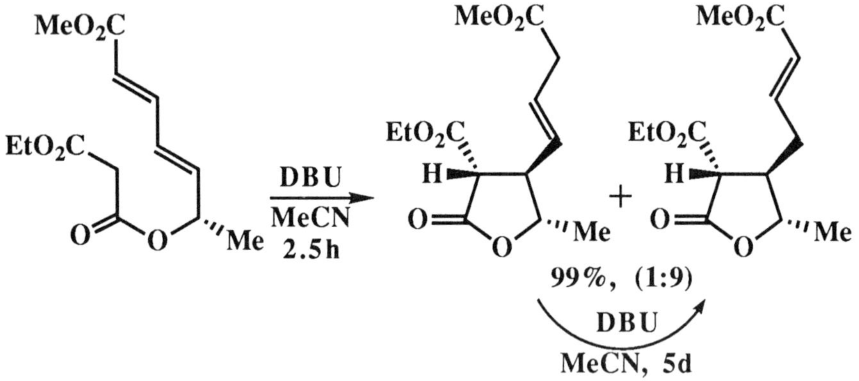

IV.E-16 J. Barluenga et al., *Synlett,* 673 (1990).

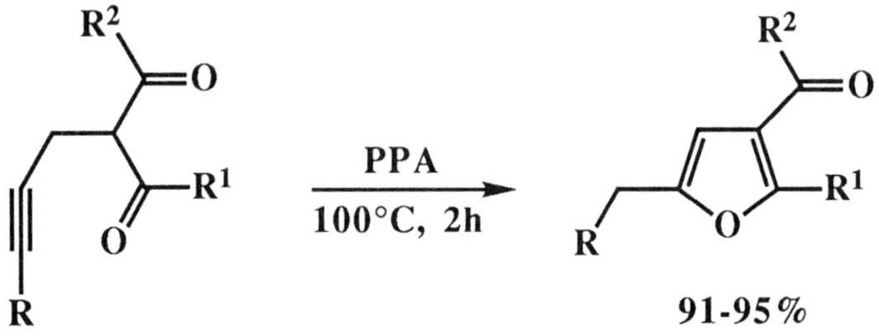

IV.E-17 J.R. Moran et al., *Tetrahedron,* 46, 1783 (1990).

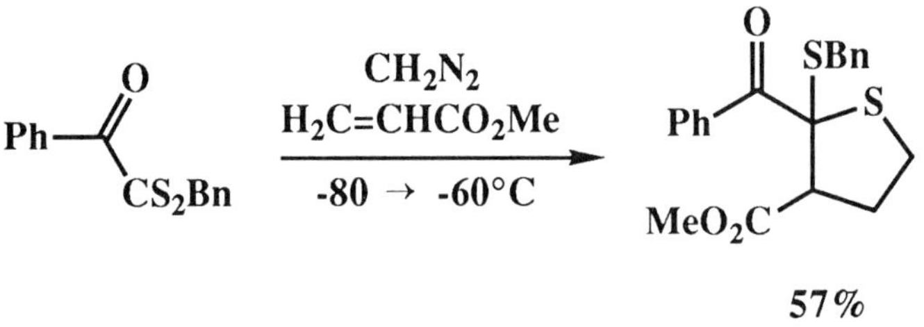

IV.E-18 G.M. Brooke and S.D. Mawson, *J. Chem. Soc. Perkin 1*, 1919 (1990).

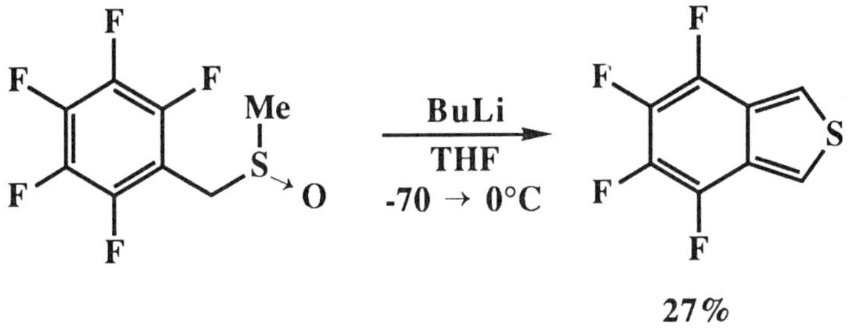

IV.E-19 H. Nakazumi et al., *Chem. Lett.*, 679 (1990).

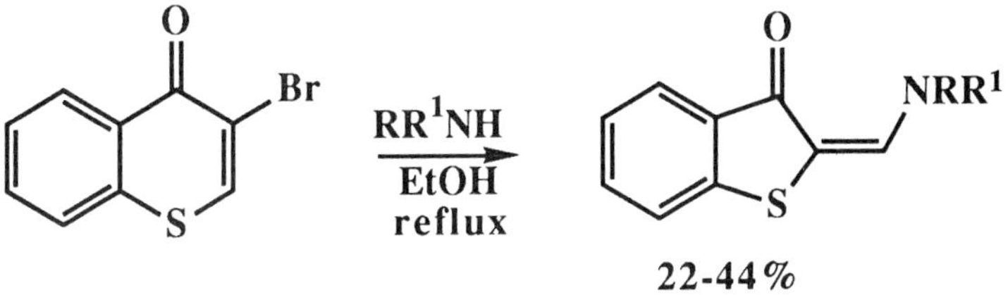

IV.E-20 J.M. Tour et al., *J. Am. Chem. Soc.*, 112, 5662 (1990); M. Komatsu, Y. Ohshiro et al., *Tetrahedron Lett.*, 31, 3627 (1990).

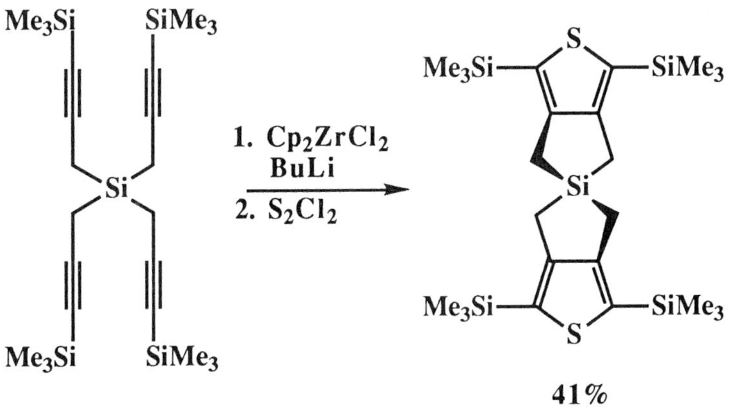

IV.E-21 G.A. Hunter and H. Mc Nab, *Chem. Commun.*, 375 (1990).

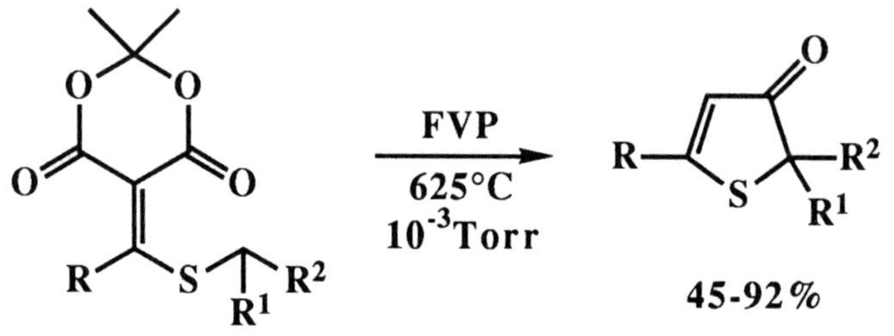

IV.E-22 L. Brandsma and H.D. Verkruijsse, *Synth. Commun*, 20, 2275 (1990); S.R. Ramadas et al., *ibid.*, 20, 2749 (1990); D. Wobig, *Liebigs Ann. Chem.*, 115 (1990); K. Gewald and R. Schindler, *J. Prakt. Chem.*, 332, 223 (1990).

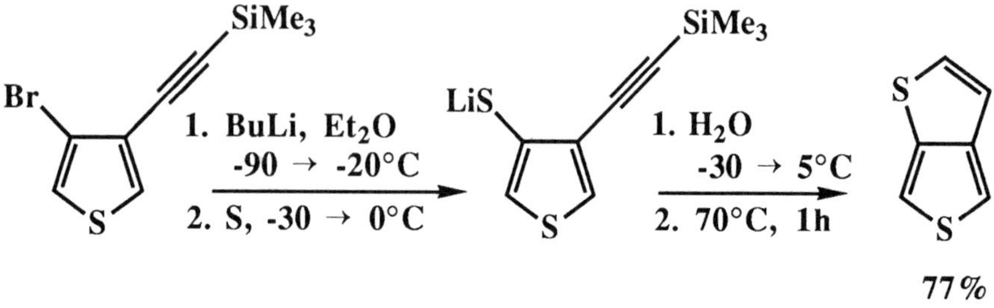

IV.E-23 N.V. Russavskaya et al., *J. Org. Chem. (USSR)*, 26, 587 (1990).

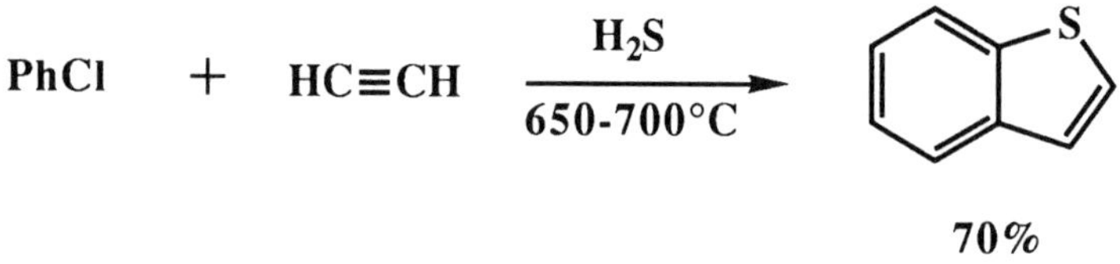

$$PhCl + HC\equiv CH \xrightarrow[650-700°C]{H_2S}$$

70%

IV.F. Pyrroles, Indoles, Etc.

IV.F-1 S. Kanemasa et al, *Tetrahedron Lett.*, <u>31</u>, 3633 (1990) and *Bull. Chem. Soc. Jpn.*, <u>63</u>, 2857, 2866 (1990); R.C.F. Jones et al., *Tetrahedron Lett.*, <u>31</u>, 2333 (1990); G. Toth et al., *Monatsh. Chem.*, <u>121</u>, 529 (1990); W.K. Anderson and F.R. Kinder, Jr., *J. Heterocyclic Chem.*, <u>27</u>, 975 (1990); L.A. Sivova et al., *J. Org. Chem. (USSR)*, <u>25</u>, 1694 (1989).

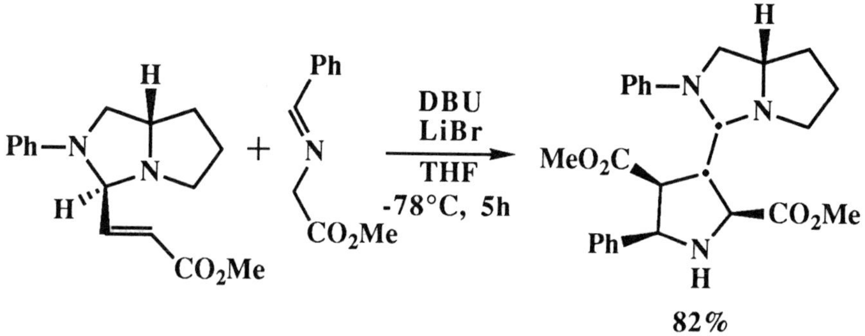

IV.F-2 Y. Matsuda et al., *Heterocycles,* <u>31</u>, 983 (1990).

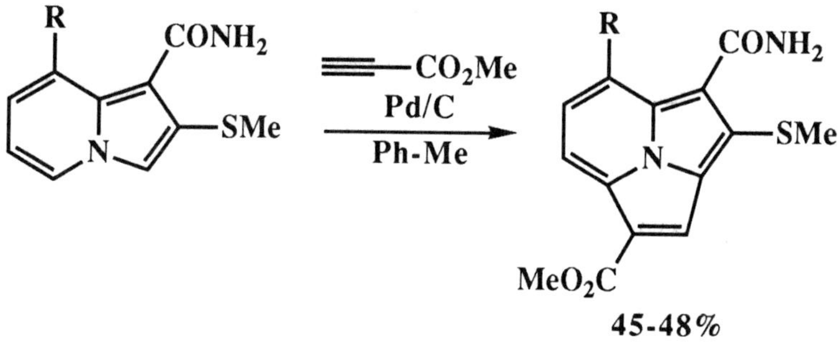

IV.F-3 Y. Ohshiroet al., *Chem. Commun.*, 1151 (1990).

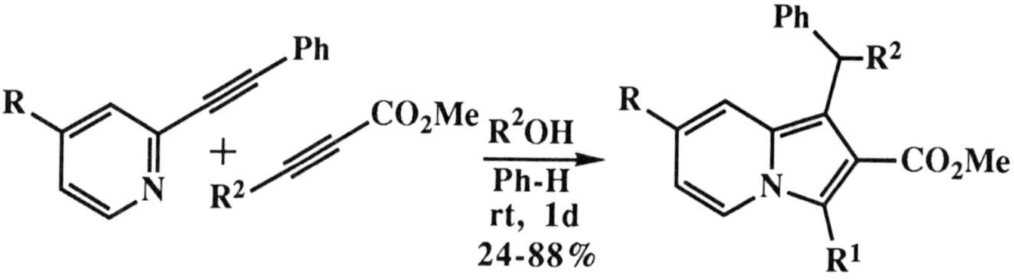

IV.F-4 S. Takano et al., *Chem. Lett.*, 1239 (1990); K. Saigo et al., *ibid.*, 905, 1101 (1990); R. Gree et al., *Bull. Soc. Chim. Fr.*, 127, 453 (1990).

IV.F-5 J.A. Joule et al., *Tetrahedron Lett.*, 31, 4781 (1990); Y. Kurasawa et al., *J. Heterocyclic Chem.*, 27, 1111, 1115, 1119 (1990).

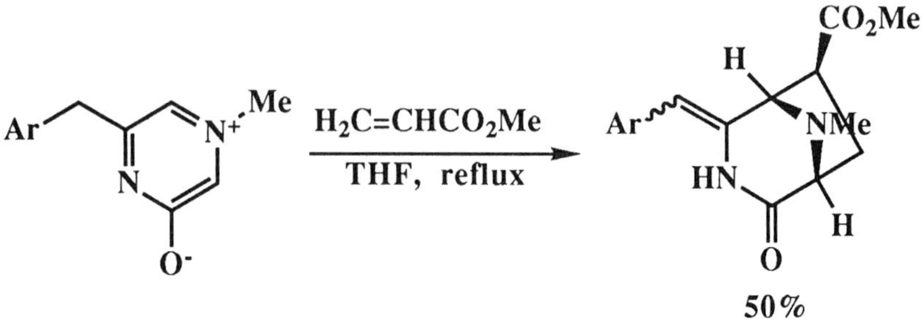

IV.F-6 B. Laude et al., *Can. J. Chem.*, 68, 863 (1990).

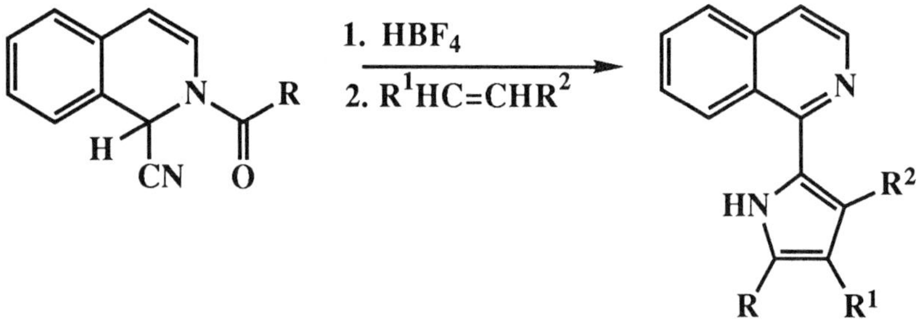

IV.F-7 H.J. Knolker and R. Boese, *J. Chem. Soc. Perkin 1,* 1821 (1990); P. Garner et al., *J. Org. Chem.*, **55**, 412 (1990); A. Baro et al., *Tetrahedron Lett.*, **31**, 4917 (1990).

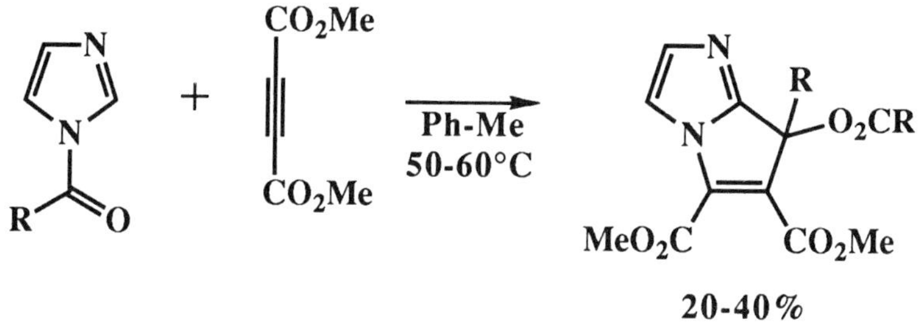

IV.F-8 D.B. Grotjahn and K.P.C. Vollhardt, *J. Am. Chem. Soc.*, **112**, 5653 (1990).

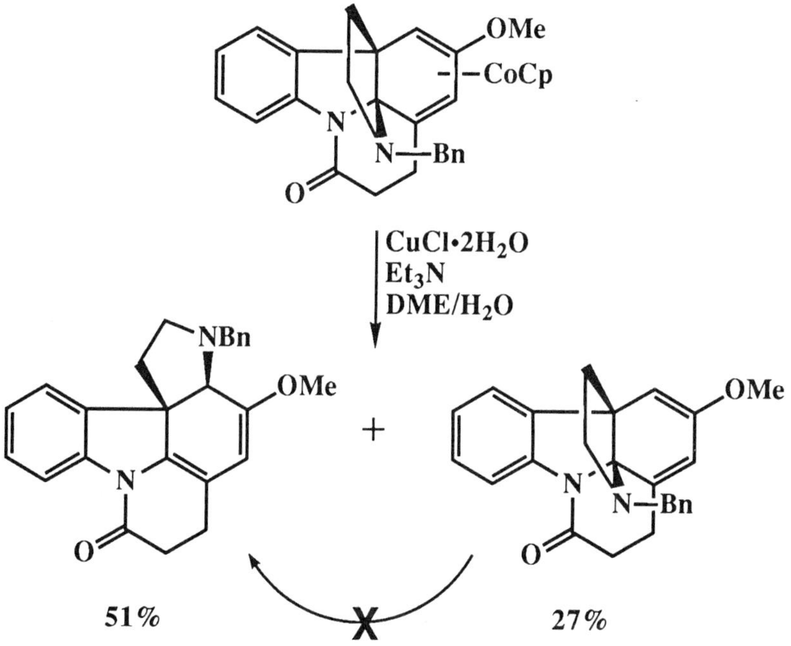

IV.F-9 S.F. Martin and M. Mortimore, *Tetrahedron Lett.*, 31, 4557 (1990).

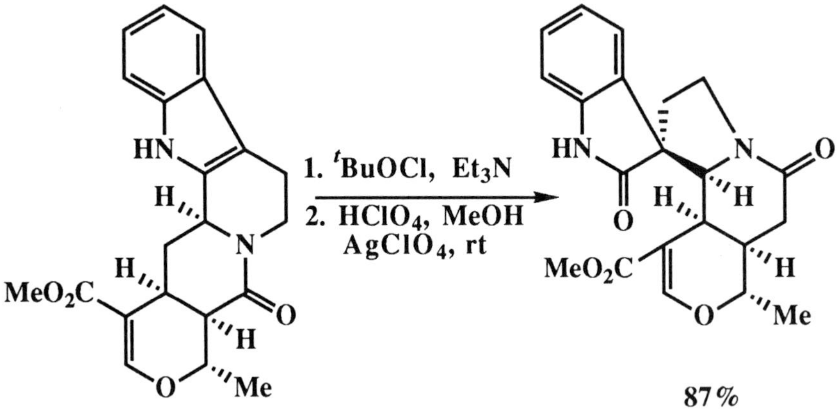
HN
H
N
H
MeO2C
O
H
O
Me
1. tBuOCl, Et3N
2. HClO4, MeOH
AgClO4, rt
HN
N
O
O
H
H
MeO2C
H
O
Me
87%

IV.F-10 J. Bosch et al., *J. Org. Chem.*, 55, 6299 (1990).

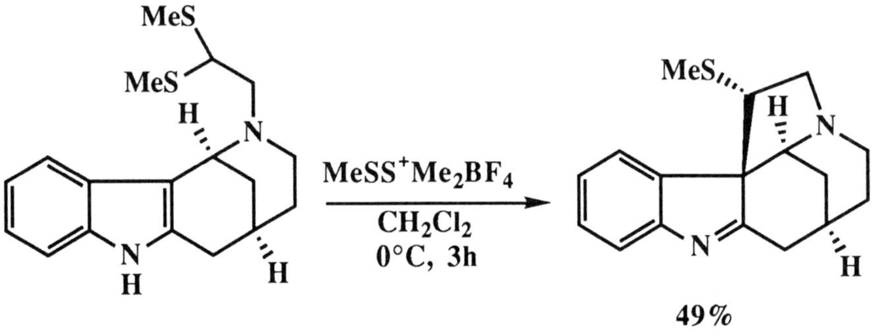
MeS
MeS
H
N
N
H
H
MeSS+Me2BF4
CH2Cl2
0°C, 3h
MeS
H
N
N
H
49%

IV.F-11 W. Oppolzer et al., *Tetrahedron Lett.*, 31, 6995 (1990).

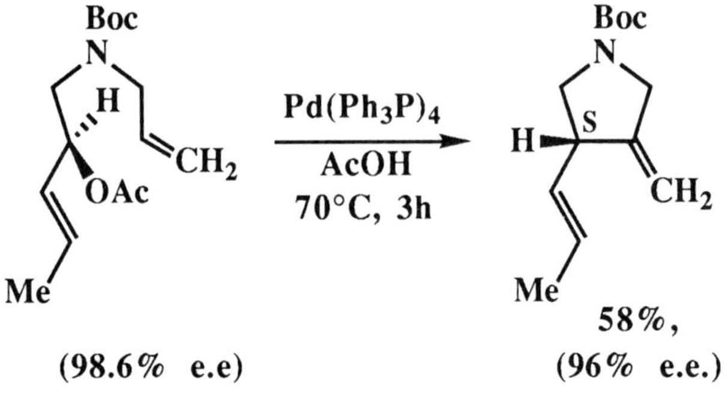
Boc
N
H
CH2
OAc
Me
(98.6% e.e)
Pd(Ph3P)4
AcOH
70°C, 3h
Boc
N
H
S
CH2
Me
58%,
(96% e.e.)

IV.F-11 C. Szantay et al., *Heterocycles*, 31, 1183 (1990).

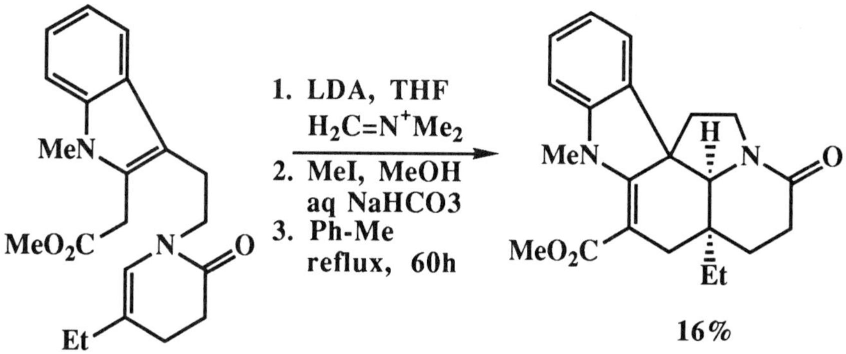
MeN
MeO2C
N
O
Et
1. LDA, THF
H2C=N+Me2
2. MeI, MeOH
aq NaHCO3
3. Ph-Me
reflux, 60h
MeN
H
N
O
MeO2C
Et
16%

IV.F-13 C.-K. Sha et al., *J. Org. Chem.*, 55, 2446 (1990) and *Heterocycles*, 31, 603 (1990); F.-P. Montforts, U.M. Schwarts et al., *Liebigs Ann. Chem.*, 1037 (1990); M. Nitta et al., *Bull. Chem. Soc. Jpn.*, 63, 932 (1990); R. Guillard et al., *Can. J. Chem.*, 68, 842 (1990).

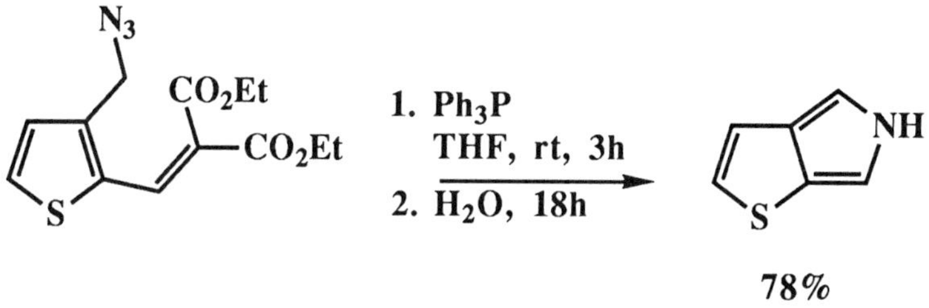
N3
CO2Et
CO2Et
S
1. Ph3P
THF, rt, 3h
2. H2O, 18h
NH
S
78%

IV.F-14 R.B. Bennett, III and J.K. Cha, *Tetrahedron Lett.*, 31, 5437 (1990); W.O. Moss et al., *Chem. Commun.*, 51 (1990); R.A. Jones et al., *Synth. Commun.*, 20, 2011 (1990).

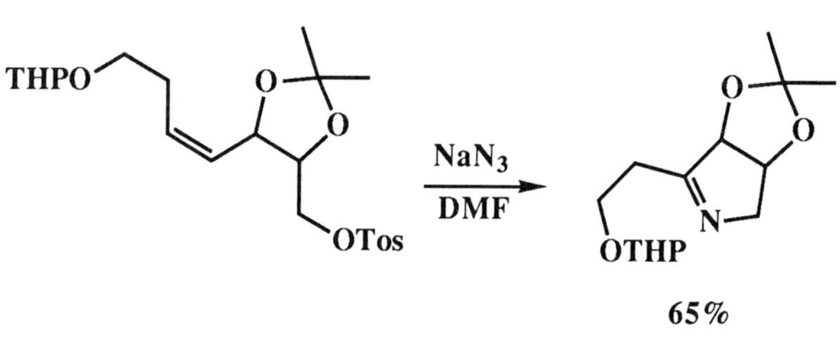
THPO
O
O
OTos
NaN3
DMF
O
O
N
OTHP
65%

IV.F-15 W.D. Wulff et al., *Organometallics,* 9, 2867 (1990);
H.-W. Fruhauf et al., *ibid.*, 9, 1691 (1990); R. Aumann et al., *Chem. Ber.*,
123, 599, 605 (1990) and *J. Organomet. Chem.*, 391, C7 (1990);
H.-U. Reissig et al., *Liebigs Ann. Chem.*, 469, 475 (1990); T.N. Danks
and S.E. Thomas, *J. Chem. Soc. Perkin 1,* 761 (1990).

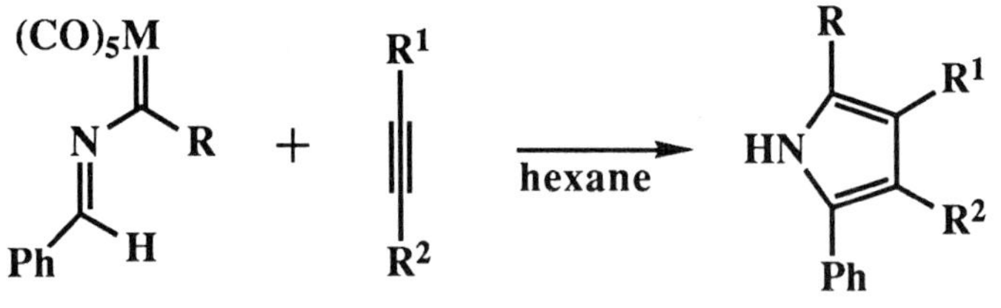

20-95%

IV.F-16 G. Paglietti et al., *J. Chem. Res (S),* 360 (1990).

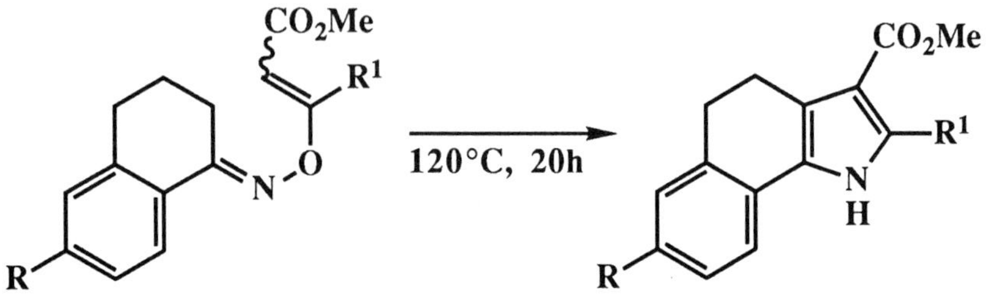

37-77%

IV.F-17 P.J. Stevens et al., *Tetrahedron Lett.*, 31, 4351 (1990).

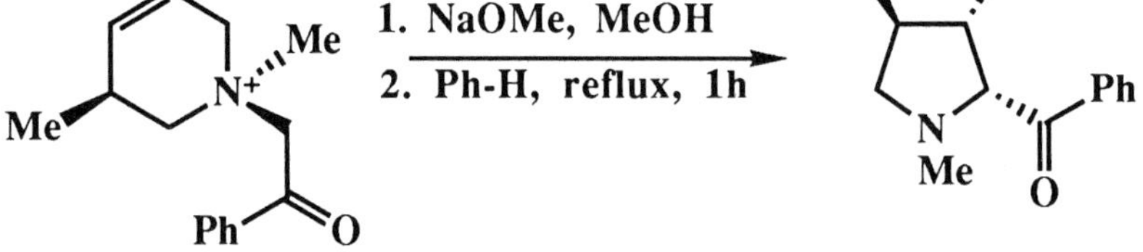

78%

IV.F-18 P. Molina et al., *Chem. Commun.*, 1277 (1990); A. Guy and Y. Graillot, *Tetrahedron Lett.*, 31, 7315 (1990).

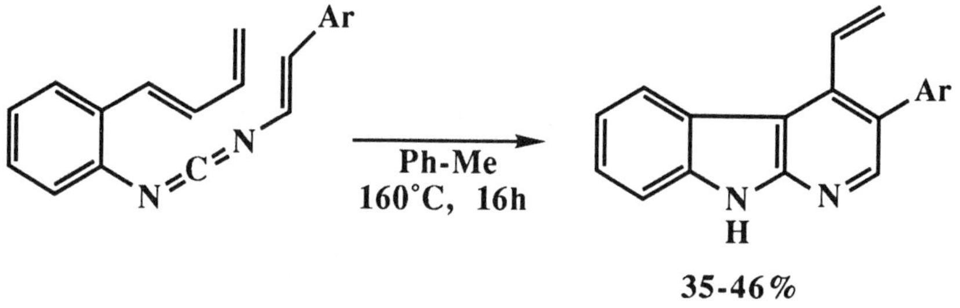

Ph-Me, 160°C, 16h

35-46%

IV.F-19 H. Spreitzer and S. Mustafa, *Chem. Ber.*, 123, 413 (1990).

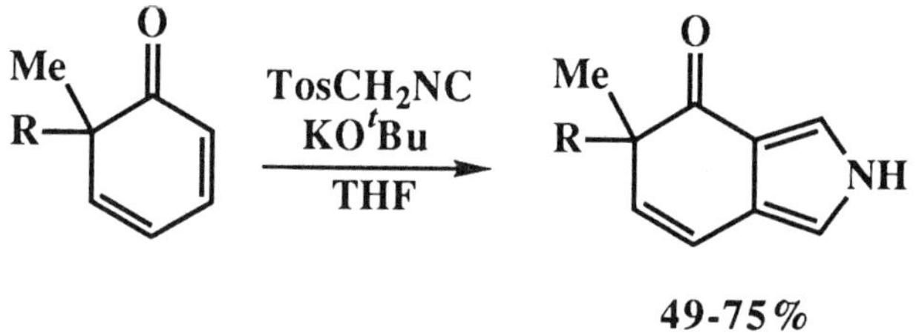

TosCH$_2$NC, KO^{t}Bu, THF

49-75%

IV.F-20 C.H. Heathcock et al., *J. Org. Chem.*, 55, 798 (1990); A.M. Echavarren, *ibid.*, 55, 4255 (1990).

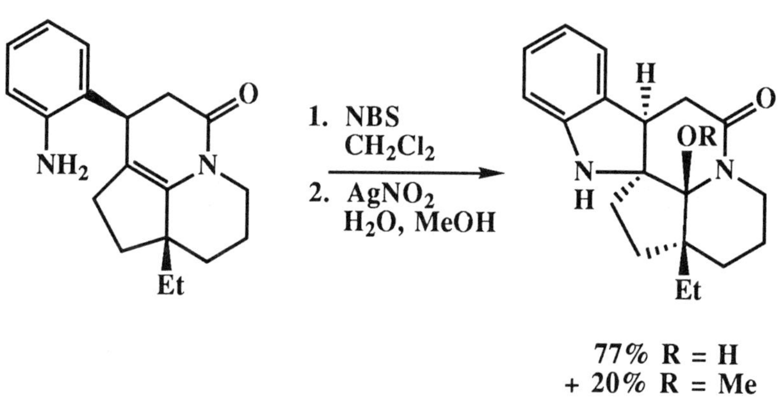

1. NBS, CH$_2$Cl$_2$
2. AgNO$_2$, H$_2$O, MeOH

77% R = H
+ 20% R = Me

IV.F-21 J.E. Backvall and P.G. Andersson, *J. Am. Chem. Soc.*, 112, 3683 (1990).

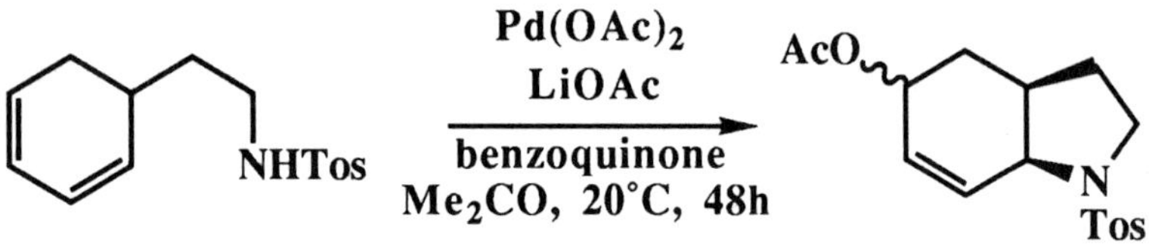
NHTos
Pd(OAc)2
LiOAc
benzoquinone
Me2CO, 20°C, 48h
AcO
N
Tos

with LiCl 65%, (96% cis)
without LiCl 82%, (>93% trans)

IV.F-22 S.J. Barker and R.C. Storr, *J. Chem. Soc. Perkin 1,* 485 (1990).

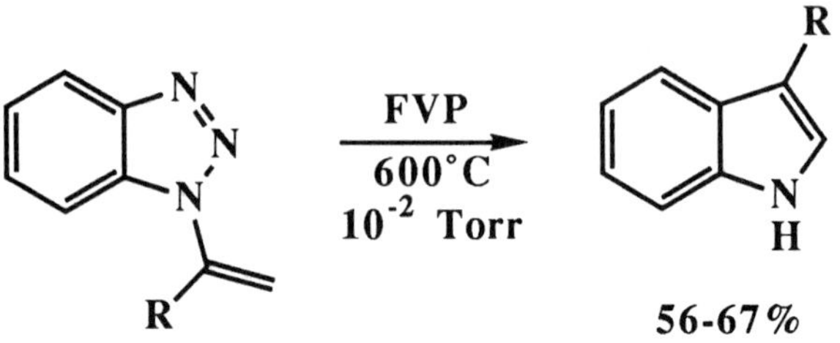
N
N
N
R
FVP
600°C
10-2 Torr
R
N
H
56-67%

IV.F-23 R. Grigg et al., *Tetrahedron Lett.*, 31, 3075 (1990); L.-C. Chen S.-C. Yang, *Heterocycles,* 31, 911 (1990).

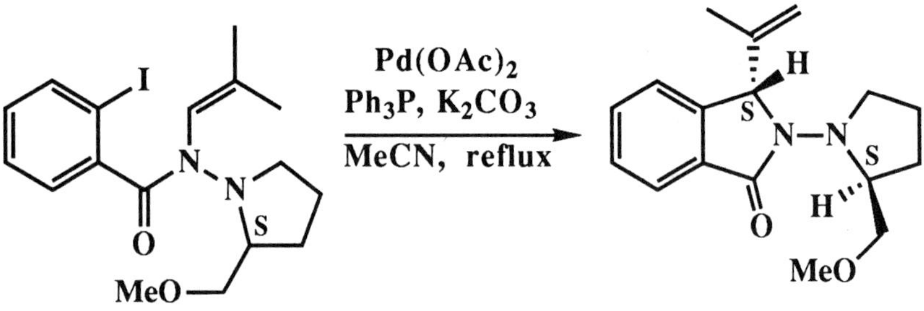
I
O
N
N
S
MeO
Pd(OAc)2
Ph3P, K2CO3
MeCN, reflux
H
S
N—N
S
O
H
MeO

(99% e.e.)

IV.F-24 D.E. Cladingboel and P.J. Parsons, *Chem. Commun.*, 1543 (1990).

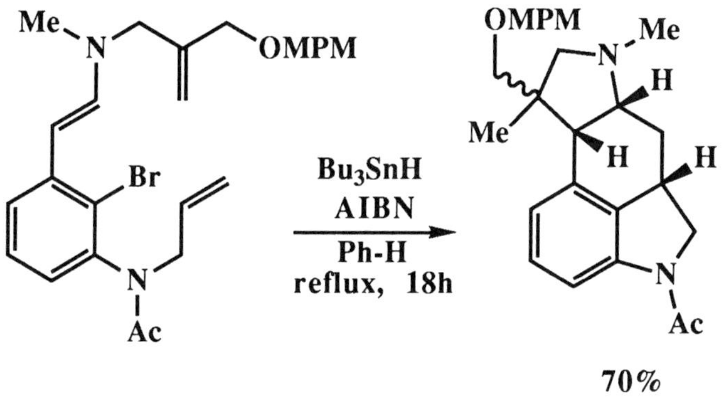

IV.F-25 B. Kasum et al., *Aust. J. Chem.*, 43, 355 (1990); R.D. Clark et al., *Synlett*, 207 (1990).

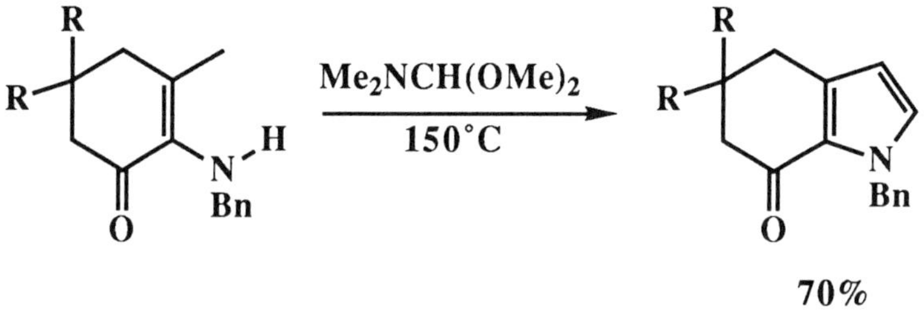

IV.G. Pyridines, Quinolines, Etc.

IV.G-1 J. Bosch et al., *J. Org. Chem.*, 55, 1156 (1990) and *Tetrahedron Lett.*, 31, 747, 1893, 5089 (1990).

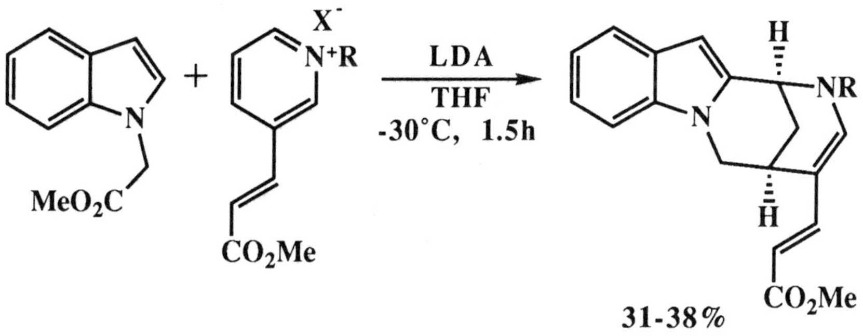

IV.G-2 L. Stella et al., *Tetrahedron Lett.*, 31, 2603 (1990).

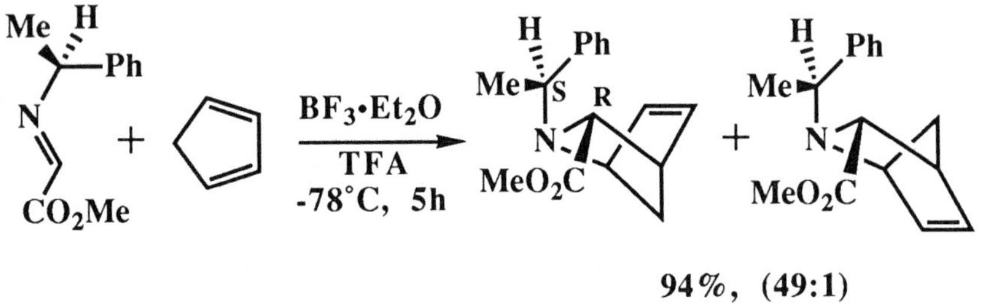

94%, (49:1)

IV.G-3 T.W. Bell et al., *Org. Syn.*, 69, 226 (1990).

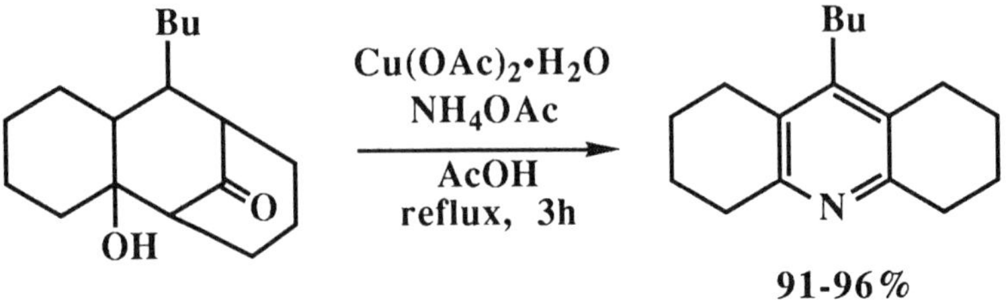

91-96%

IV.G-4 A.W. Chucholowski and S. Uhlendorf, *Tetrahedron Lett.*, 31, 1949 (1990).

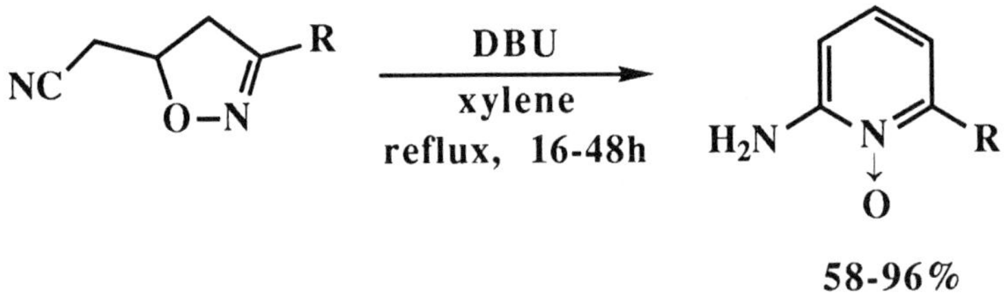

58-96%

IV.G-5 T.-K. Yang et al., *Heterocycles*, 31, 1201 (1990).

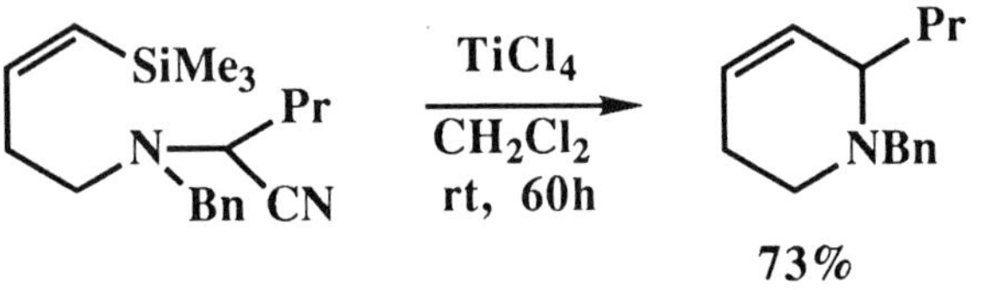

73%

SYNTHESIS OF HETEROCYCLES

IV.G-6 H.H. Wasserman et al., *J. Org. Chem.*, **55**, 1701 (1990).

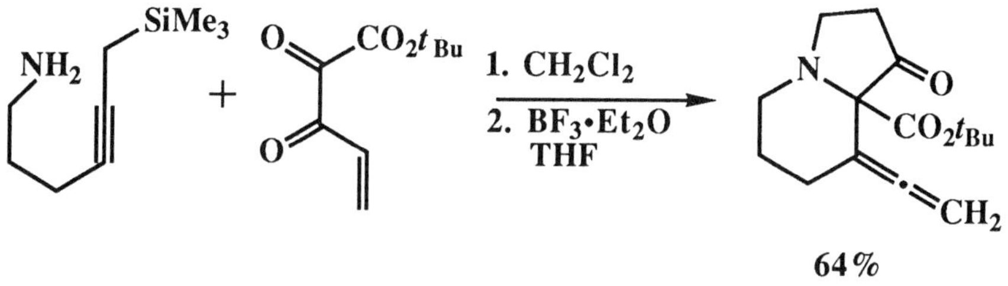

64%

IV.G-7 J. Svetlik et al., *J. Chem. Soc. Perkin 1*, 1315 (1990).

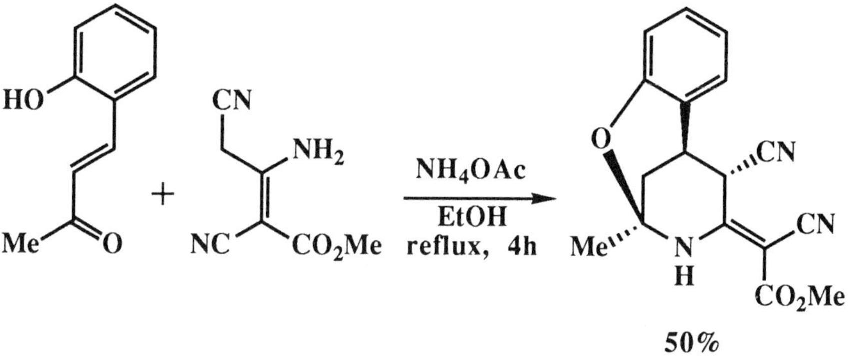

50%

IV.G-8 M. Nitta and Y. Iino, *J. Chem. Soc. Perkin 1*, 435 (1990); T. Kobayashi, H. Kato et al., *Bull. Chem. Soc. Jpn.*, **63**, 1937 (1990); P. Molina et al., *J. Org. Chem.*, **55**, 6140 (1990).

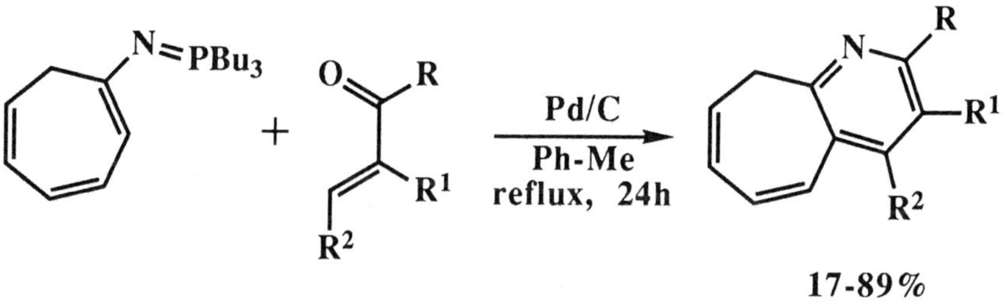

17-89%

IV.G-9 F. Bruni et al., *Heterocycles,* 31, 1141, 1635 (1990); S. Hibino et al., *ibid.,* 30, 270 (1990).

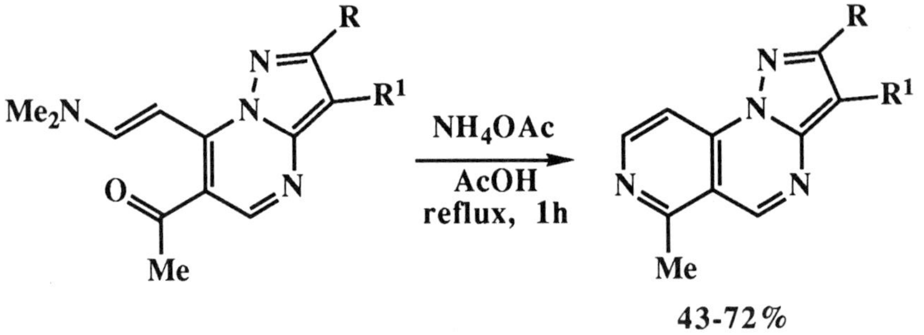

43-72%

IV.G-10 M. Nakagawa, T. Hino et al., *Heterocycles,* 31, 229 (1990).

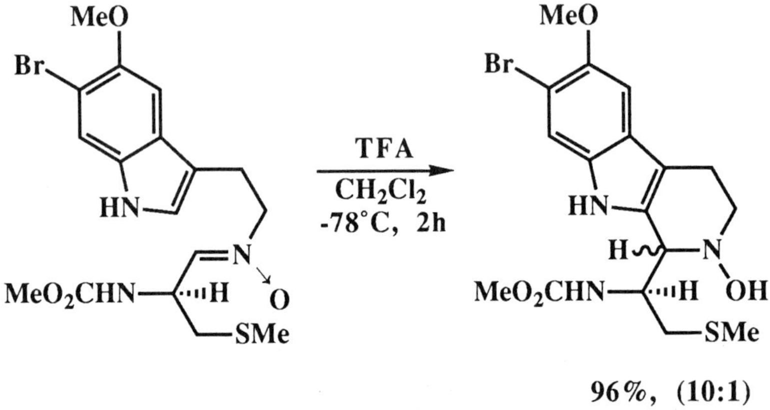

96%, (10:1)

IV.G-11 S.C. Pakrashi et al., *Heterocycles,* 31, 847 (1990).

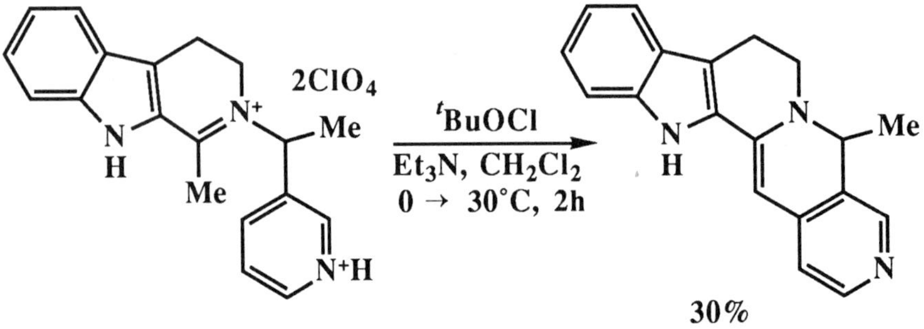

30%

IV.G-12 L. Strekowski et al., *Heterocycles*, 31, 1565 (1990).

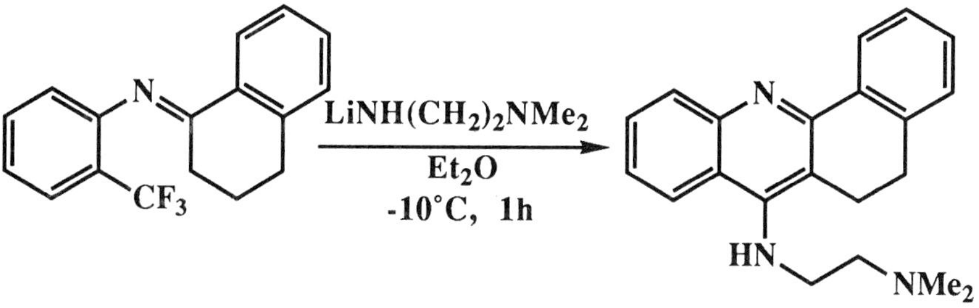

[Reaction: ortho-CF$_3$ aryl imine of tetralone + LiNH(CH$_2$)$_2$NMe$_2$, Et$_2$O, -10°C, 1h → benzo-fused acridine with HN(CH$_2$)$_2$NMe$_2$ substituent, 70-88%]

IV.G-13 R.C. Larock et al., *J. Org. Chem.*, 55, 3447 (1990).

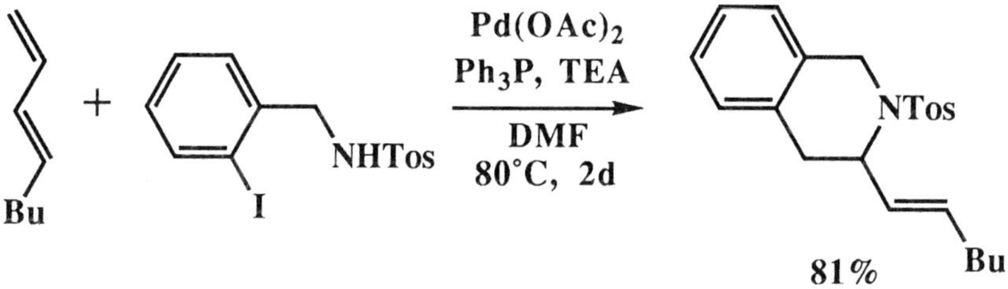

[Reaction: Bu-substituted butadiene + 2-iodobenzyl-NHTos, Pd(OAc)$_2$, Ph$_3$P, TEA, DMF, 80°C, 2d → tetrahydroisoquinoline-NTos with vinyl-Bu substituent, 81%]

IV.G-14 R. Gleiter and D. Kratz, *Angew. Chem., Int. Ed. Engl.*, 29, 276 (1990); K.M. Doxsee and J.K.M. Mouser, *Organometallics*, 9, 3012 (1990).

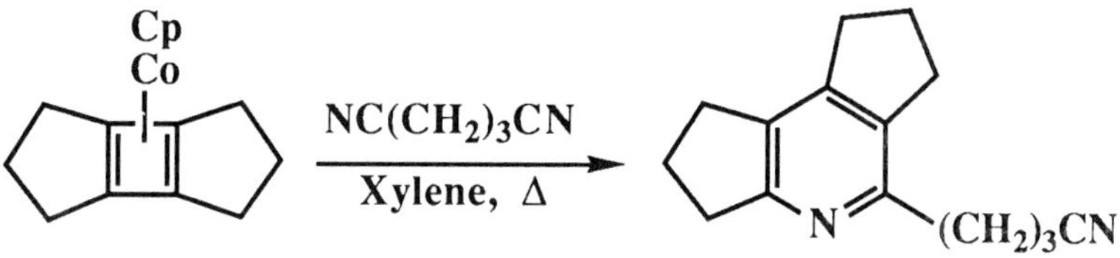

[Reaction: CpCo complex of bis-cyclopentadiene + NC(CH$_2$)$_3$CN, Xylene, Δ → tricyclic pyridine with (CH$_2$)$_3$CN substituent, 50%]

IV.G-15 J.R. Falck et al., *J. Chem. Soc. Perkin 1*, 413 (1990);
Y. Yamamoto and Y. Morita, *Heterocycles*, 30, 771 (1990); R. John and
G. Seitz, *Chem. Ber.*, 123, 133 (1990).

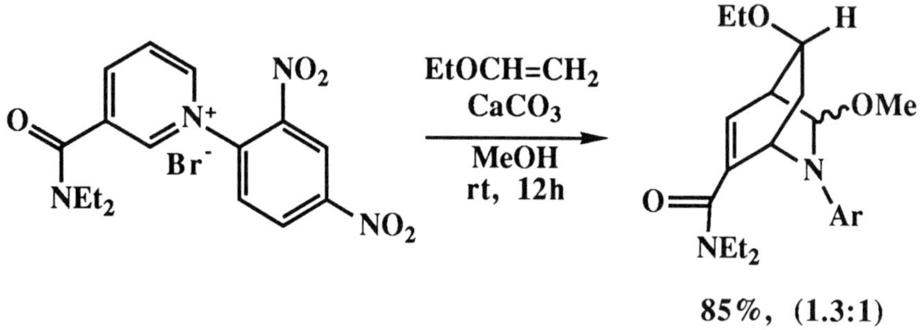

85%, (1.3:1)

IV.G-16 J. Barluenga et al., *J. Chem. Soc. Perkin 1*, 633 (1990);
H. Fillion et al., *Tetrahedron Lett.*, 31, 2569 (1990).

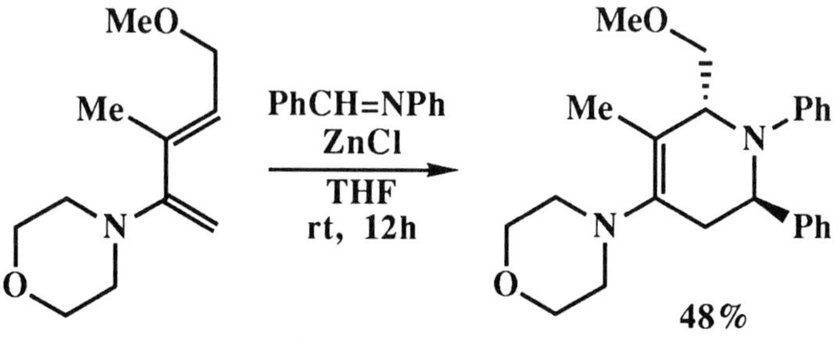

48%

IV.G-17 W.H. Pearson et al., *Tetrahedron Lett.*, 31, 5441 (1990).

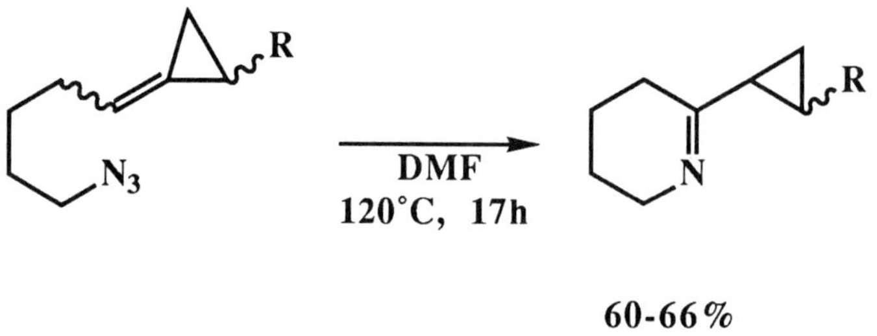

60-66%

IV.H. Pyrans, Pyrones and Sulfur Analogues

IV.H-1 R.S. Subramanian and K.K. Balasubranian, *Chem. Commun.*, 1469 (1990); D.S. Middleton and N.S. Simpkins, *Tetrahedron,* 46, 545 (1990).

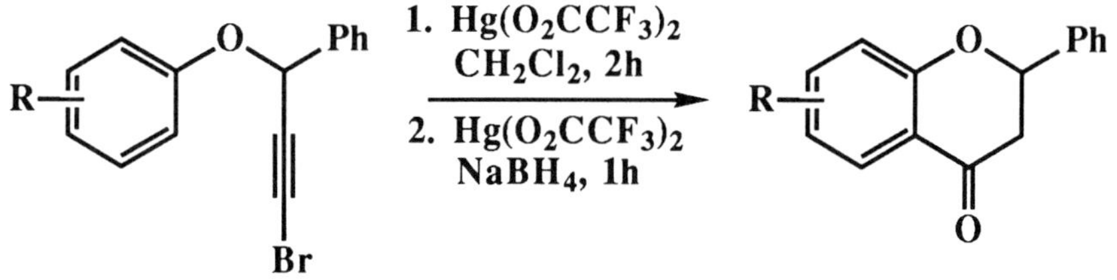

R
O
Ph
Br
1. $Hg(O_2CCF_3)_2$
CH_2Cl_2, 2h
2. $Hg(O_2CCF_3)_2$
$NaBH_4$, 1h
R
O
Ph
O

IV.H-2 M.A. Tius and G.S.K. Kannangara, *J. Org. Chem.*, 55, 5711 (1990).

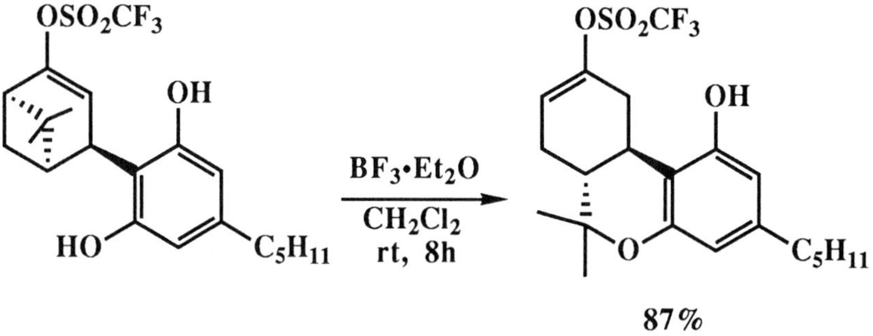

OSO_2CF_3
OH
HO
C_5H_{11}
$BF_3 \cdot Et_2O$
CH_2Cl_2
rt, 8h
OSO_2CF_3
OH
O
C_5H_{11}
87%

IV.H-3 A.J. Cooper and R.G. Salomon, *Tetrahedron Lett.*, 31, 3813 (1990).

O
OBn
O
O
OMe
O
O
O
1. TFA, H_2O
2. Dowex 50W
3. Ac_2O, pyr
DMAP
OAc
OAc
OAc
O
O
OAc
O
OBn
26%

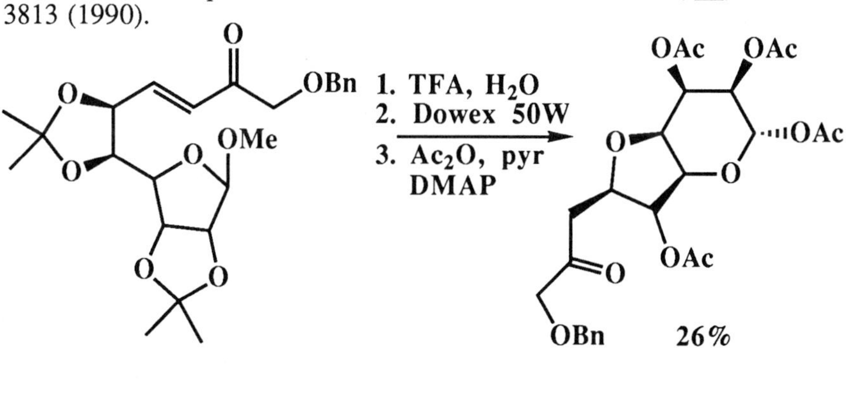

IV.H-4 H.W. Moore et al., *J. Org. Chem.*, **55**, 3876 (1990).

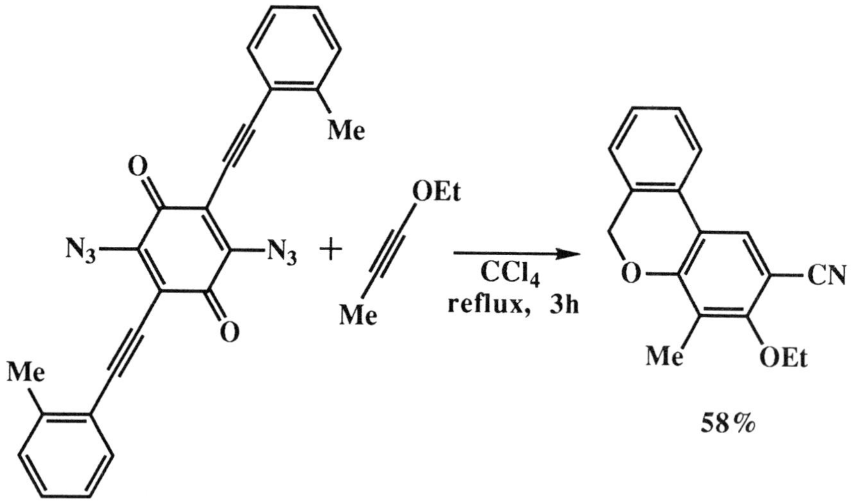

IV.H-5 H. Frauenrath and M. Sawicki, *Tetrahedron Lett.*, **31**, 649 (1990).

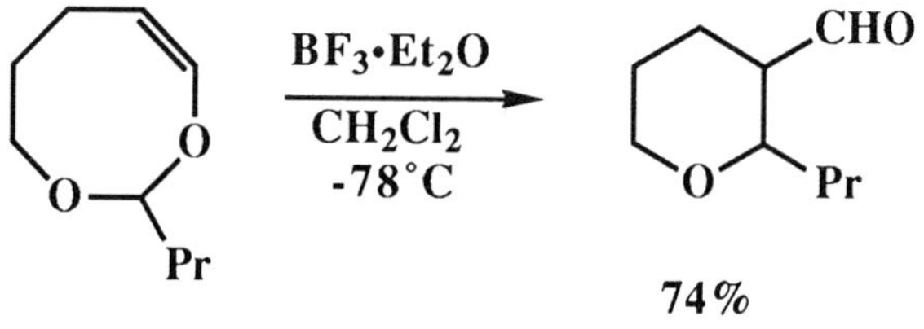

IV.H-6 J.W. Faller and D.L. Linebarrier, *Organometallics*, **9**, 3182 (1990)

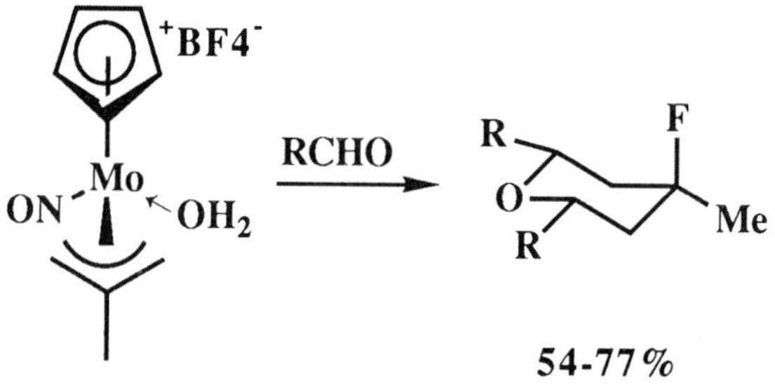

SYNTHESIS OF HETEROCYCLES

IV.H-7 S.E. Denmark et al., *Organometallics*, 9, 3015 (1990).

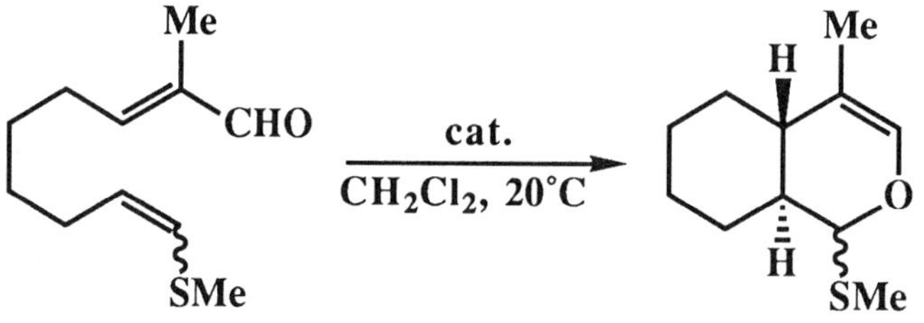

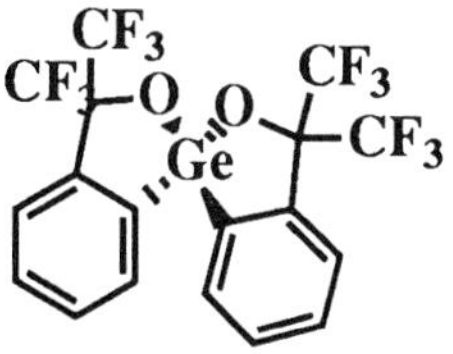

IV.H-8 A. Togni, *Organometallics*, 9, 3106 (1990); O. Cervinka et al., *Coll. Czech. Chem. Commun.*, 55, 230 (1990); S.J. Danishefsky et al., *J. Org. Chem.*, 55, 1636 (1990); J.R. Peterson and E.W. Kirchhoff, *Synlett*, 394 (1990); L.F. Tietze et al., *Liebigs Ann. Chem.*, 253, (1990) and *Ang. Chem., Int. Ed. Engl.*, 29, 527 (1990).

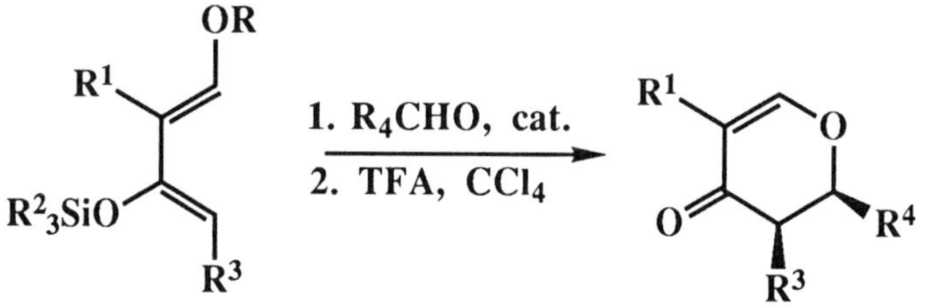

27-95%, (39-85% e.e.)

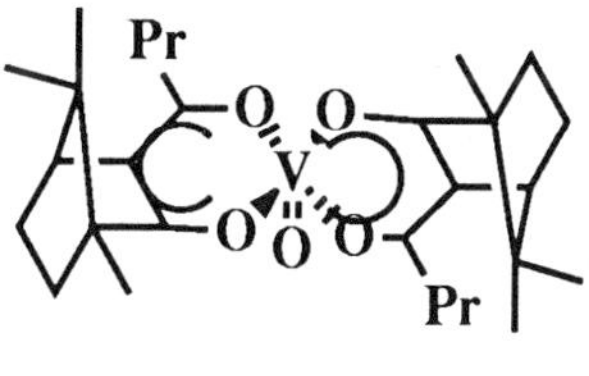

IV.H-9 A. Sera et al., *Chem. Lett.*, 2043 (1990); K. Sato et al., *ibid.*, 55 (1990); and *Bull. Soc. Chem. Jpn.*, 63, 1062, 1647 (1990).

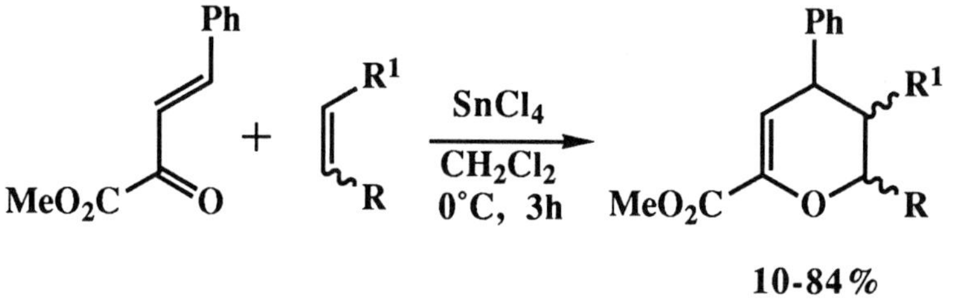

10-84%

IV.H-10 H. Vorbruggen et al., *Tetrahedron*, 46, 3489 (1990).

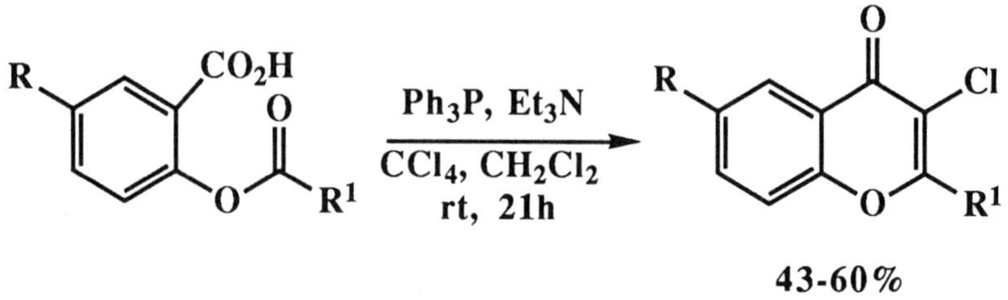

43-60%

IV.H-11 J.B.M. Rewinkel and B. Zwanenburg, *Rec. Trav. Chim.*, 109, 190 (1990); B. Schuler and W. Sundermeyer, *Chem. Ber.*, 123, 177 (1990).

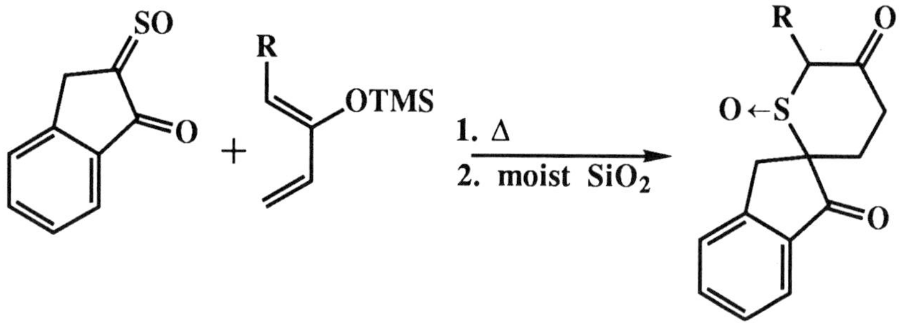

IV.H-12 H. Ishibashi et al., *Chem. Pharm. Bull.*, 38, 1233 (1990).

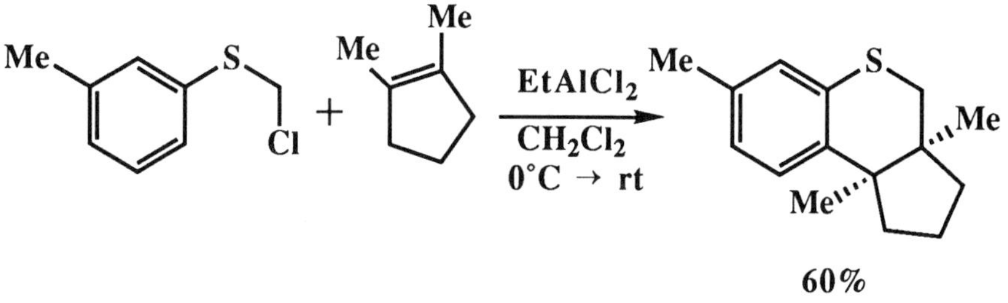

IV.H-13 S. Motoki et al., *Chem. Commun.*, 1665 (1990) and *Bull. Chem. Soc. Jpn.*, 63, 2540 (1990); M.P. Mahajan et al., *Tetrahedron*, 46, 1951 (1990); E. Block and S.H. Zhao, *Tetrahedron Lett.*, 31, 5003 (1990).

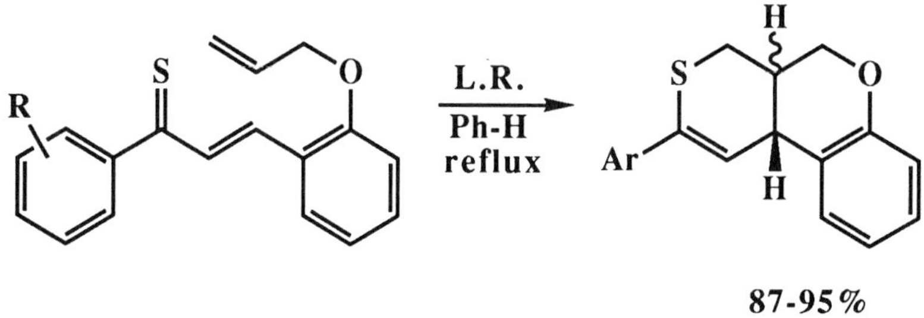

IV.H-14 A. Couture et al., *Synthesis*, 1133 (1990).

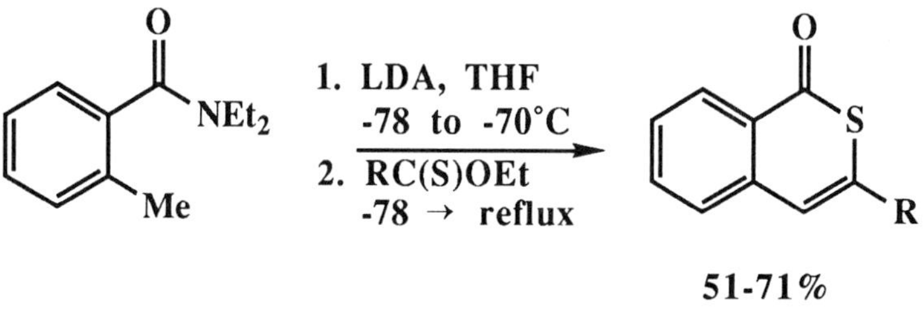

IV.H-15 C.J. Moody and R.J. Taylor, *Tetrahedron,* 46, 6501, 6525 (1990) and Synlett, 93, 95 (1990).

$$\text{HS}\underset{N_2}{\overset{(\text{)}_n}{\diagup}}\overset{O}{\underset{}{\diagdown}}\text{CO}_2\text{Et} \xrightarrow[\text{Ph-H}]{\text{Rh}_2(\text{OAc})_4} \underset{S}{\overset{(\text{)}_n \; O}{\diagdown}}\text{CO}_2\text{Et}$$

34-57%

IV.I Other Heterocycles with One Heteroatom

IV.I-1 L.A. Paquette and T.J. Sweeney, *J. Org. Chem.*, 55, 1703 (1990) and *Tetrahedron,* 46, 4487 (1990).

$$\xrightarrow{185°\text{C, 36h}}$$

86%, (cis:trans = 1:1.4)

IV.I-2 Y. Yamamoto et al., *J. Org. Chem.*, 55, 6066 (1990).

$$\xrightarrow[\text{CH}_2\text{Cl}_2]{\text{TiCl}_3(\text{O}^i\text{Pr})}$$

30%, (α:β = 11:1)

IV.I-3 P. Arya and T.-H. Chan, *Chem. Commun.*, 967 (1990); L.E. Overman et al., J. Am. Chem. Soc., 112, 4386, 4399 (1990).

$$\xrightarrow[\substack{\text{CH}_2\text{Cl}_2 \\ 45\text{-}71\%}]{\substack{R^2R^3\text{CHO} \\ \text{TiCl}_4}}$$

IV.I-4 V.I. Ognyanov and M. Hesse, *Helv. Chim. Acta*, 73, 272 (1990).

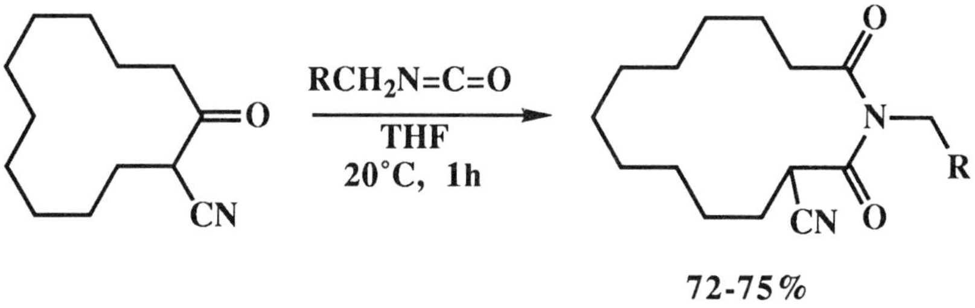

$$RCH_2N=C=O \xrightarrow{THF, 20°C, 1h}$$

72-75%

IV.I-5 H. Inoue et al., *J. Heterocyclic Chem.*, 27, 1845 (1990).

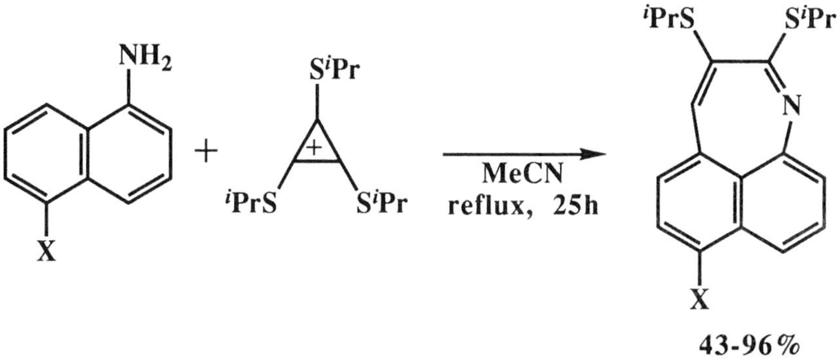

MeCN reflux, 25h

43-96%

IV.I-6 W.A. Schenk and E. Voss, *J. Organometallic Chem.*, 396, C8 (1990); S.L. Buchwald et al., *Angew. Chem., Int. Ed. Engl.*, 29, 771 (1990).

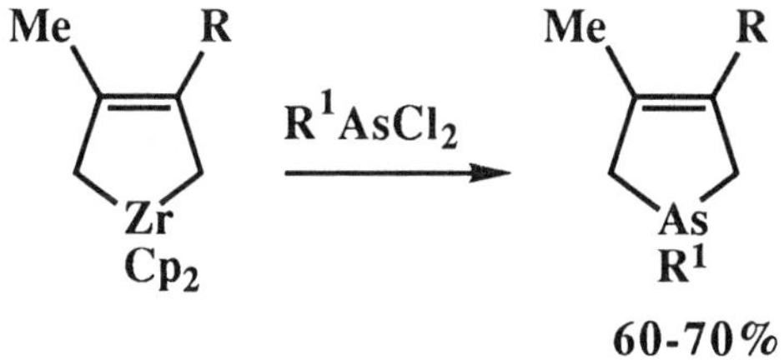

$$R^1AsCl_2$$

60-70%

Also with $RSbCl_2$

IV.I-7 M. Regitz et al., *Chem. Ber.*, <u>123</u>, 935 (1990).

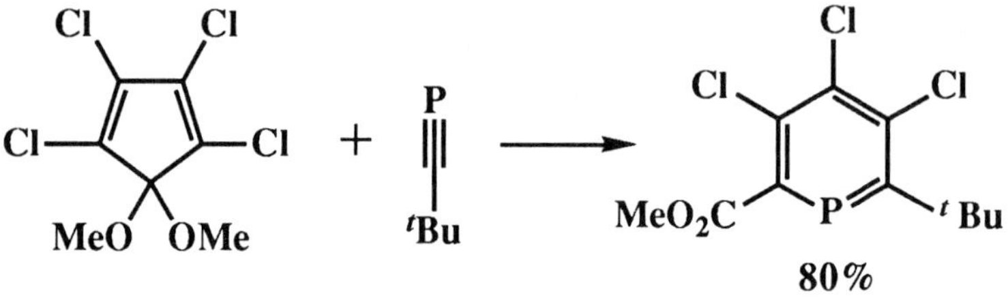

IV.I-8 H. Yamamoto et al., *Bull. Chem. Soc. Jpn*, <u>63</u>, 421 (1990).

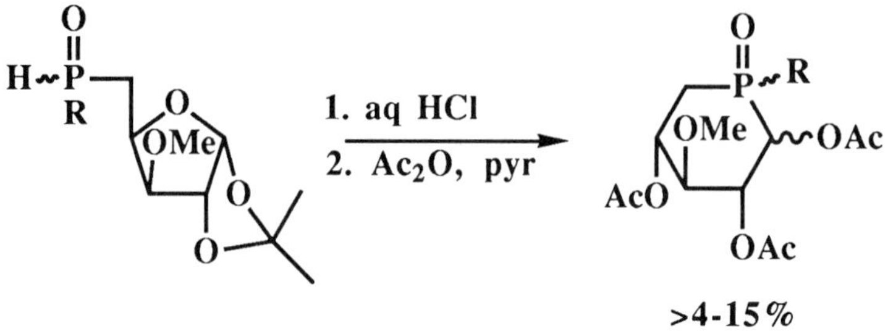

IV.I-9 S. Braverman and M. Freund, *Tetrahedron,* <u>46</u>, 5759 (1990).

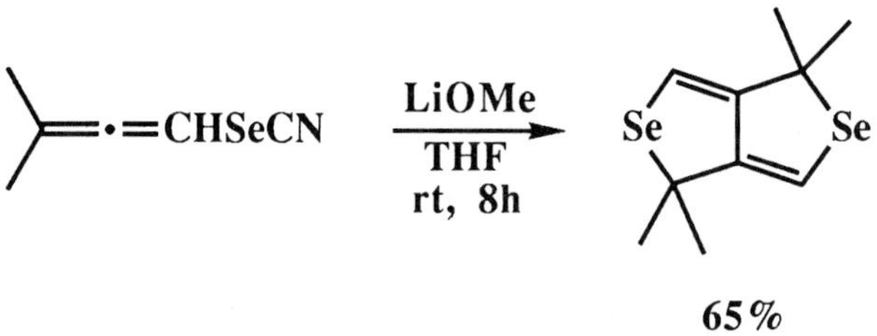

IV.I-10 J. Grobe et al., *J. Organomet. Chem.*, <u>386</u>, 321 (1990).

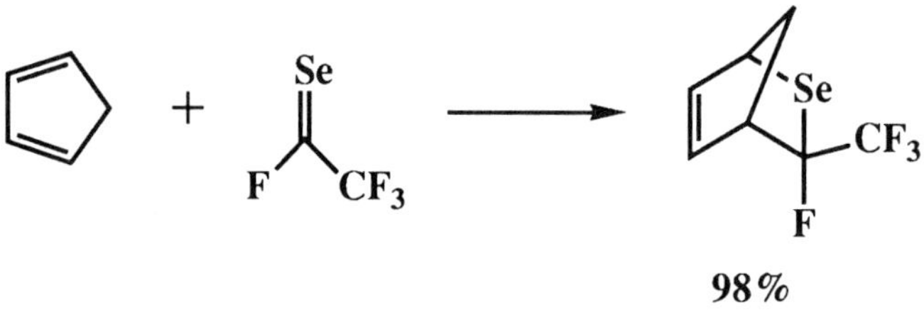

IV.I-11 K. Oshima, K. Utimoto et al., *Tetrahedron Lett.*, 31, 6055 (1990).

$$\text{Me}\underset{\text{SiR}_2}{\square} \xrightarrow[\text{THF, -78°C, 30min}]{\text{H}_2\text{CX}_2,\ \text{LDA}} \text{Me}\underset{\text{R}_2}{\overset{\text{Si}}{\bigcirc}}\text{X}$$

X = I, Br

58-97%,
(cis:trans = 91-93:9-7)

IV.J Heterocycles with Bridgehead Heteroatom

IV.J-1 K.B. Mertes et al., *Tetrahedron Lett.*, 31, 5543 (1990); R. Grigg et al., *Tetrahedron*, 46, 2213, 6433, 6449, 6467 (1990); H. Hiemstra, W.N. Speckamp et al., *ibid.*, 46, 4049 (1990); C.W.G. Fishwick et al., *Synlett*, 359 (1990); Y. Tominaga, A. Hosomi et al., *J. Heterocyclic Chem.*, 27, 263 (1990).

55%, (3.6:1)

ipR = isopropylidene-β-D-ribofuranosyl

IV.J-2 H.-J. Federsel et al, *J. Org. Chem.*, 55, 2254 (1990).

$$\underset{\text{H}}{\overset{}{\text{N}}}\text{—CO}_2\text{Et} \xrightarrow[\text{50°C, 2d, 3.5 bar}]{\text{NH}_3 \ / \ \text{MeOH/CH}_2\text{Cl}_2}$$

18%

IV.J-3 A. Padwa and D.C. Dean, *J. Org. Chem.*, 55, 406 (1990).

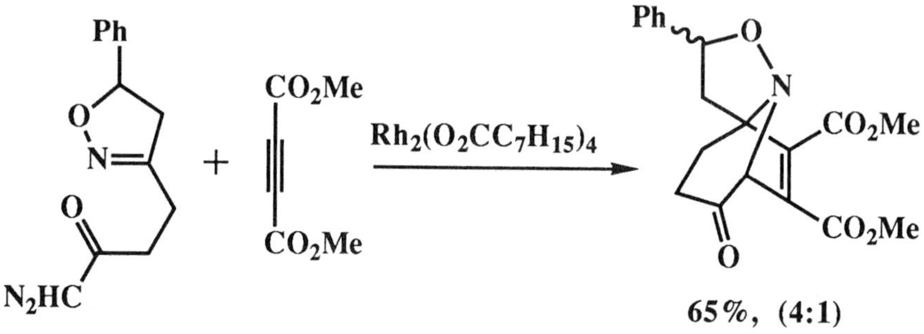

65%, (4:1)

IV.J-4 S.E. Denmark et al., *J. Am. Chem. Soc.*, 112, 311 (1990) and *Tetrahedron*, 46, 4857 (1990).

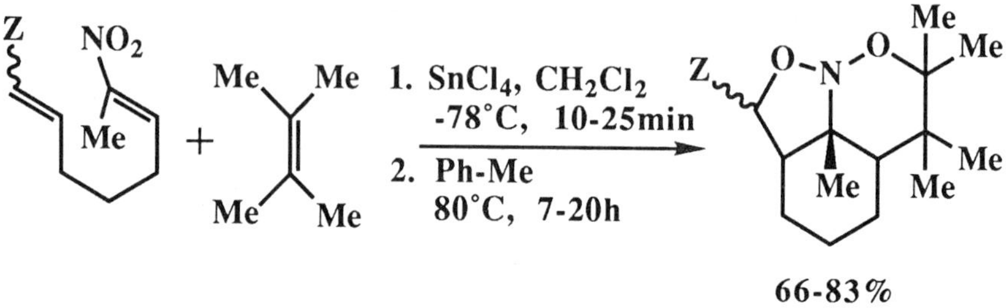

1. $SnCl_4$, CH_2Cl_2
   $-78°C$, 10-25 min
2. Ph-Me
   $80°C$, 7-20h

66-83%

IV.J-5 L. Castedo et al., *Tetrahedron Lett.*, 31, 2331 (1990).

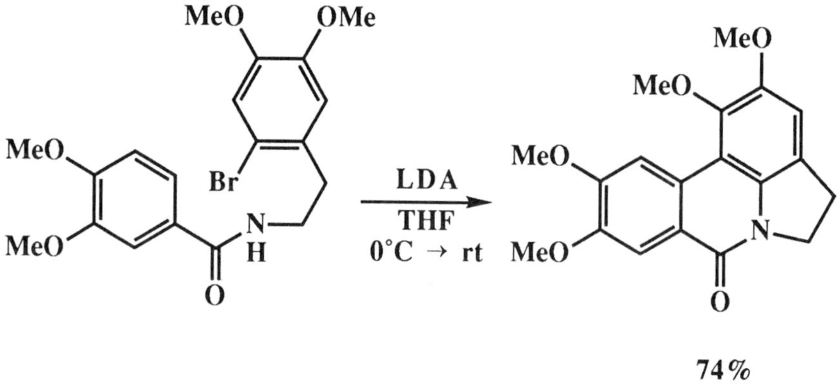

LDA
THF
$0°C \rightarrow rt$

74%

IV.J-6 K.J. Shea et al., *J. Am. Chem. Soc.*, **112**, 8627 (1990).

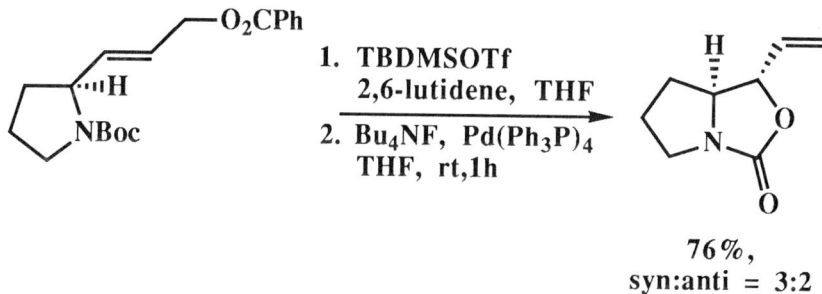

IV.J-7 M.A. Williams and M.J. Miller, *Tetrahedron Lett.*, **31**, 1807 (1990).

IV.J-8 Y. Ohfune et al., *Tetrahedron Lett.*, **31**, 5339 (1990).

IV.J-8 T. Okawara et al., *J. Chem. Soc. Perkin 1*, 2615 (1990).

IV.K. Heterocycles with Two or More Heteroatoms

IV.K.1.a. 5-Membered Heterocycles with 2 N's

IV.K.1.a.-1 T. Okawara et al., *J. Chem. Soc. Perkin 1*, 2160 (1990).

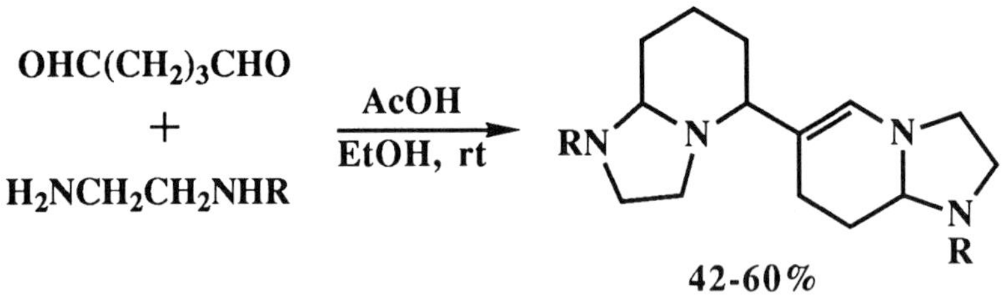

OHC(CH$_2$)$_3$CHO
+
H$_2$NCH$_2$CH$_2$NHR

$\xrightarrow{\text{AcOH}}{\text{EtOH, rt}}$

42-60%

IV.K.1.a-2 C. Carite et al., *Tetrahedron Lett.*, 31, 7011 (1990).

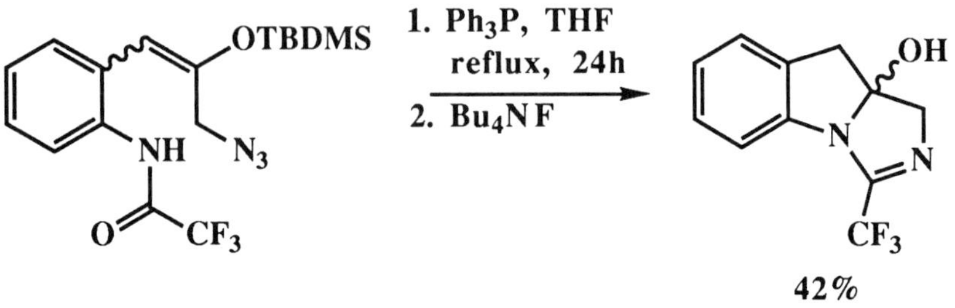

1. Ph$_3$P, THF reflux, 24h
2. Bu$_4$NF

42%

IV.K.1.a-3 P. Molina et al., *J. Org. Chem.*, 55, 4724 (1990); J.M. Rao et al., *Synth. Commun.*, 20, 2301 (1990).

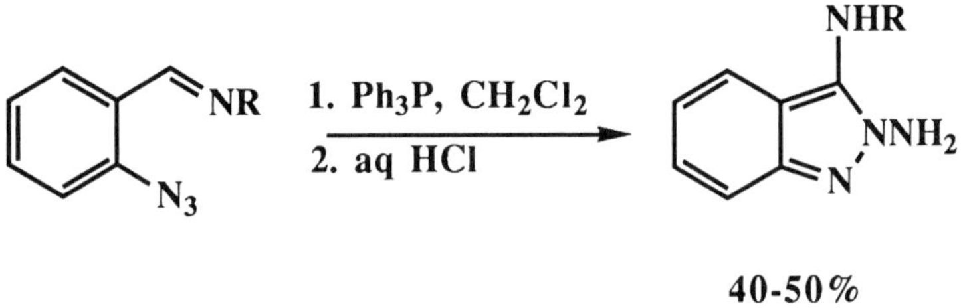

1. Ph$_3$P, CH$_2$Cl$_2$
2. aq HCl

40-50%

IV.K.1.a-4 T. Shimizu et al., *J. Heterocyclic Chem.*, 27, 1669 (1990); H.M. Hassaneen et al., *Heterocycles*, 31, 247 (1990); H. Katayama et al., *Chem. Pharm. Bull.*, 38, 1129 (1990).

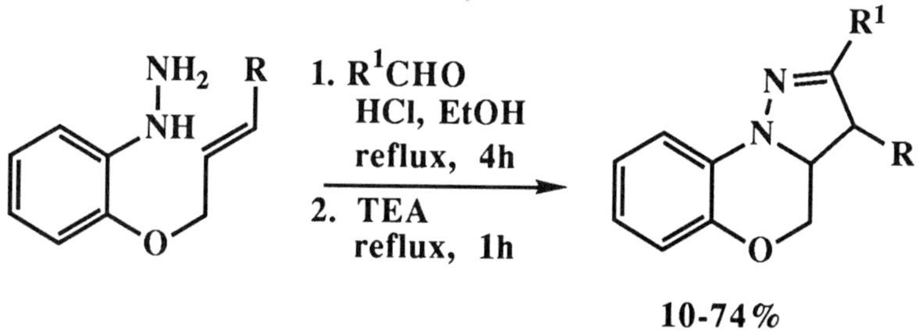
NH2
NH
R
O
1. R1CHO
HCl, EtOH
reflux, 4h
2. TEA
reflux, 1h
R1
N
N
R
O
10-74%

IV.K.1.a-5 J. Warkentin et al., *Can. J. Chem.*, 68, 575 (1990).

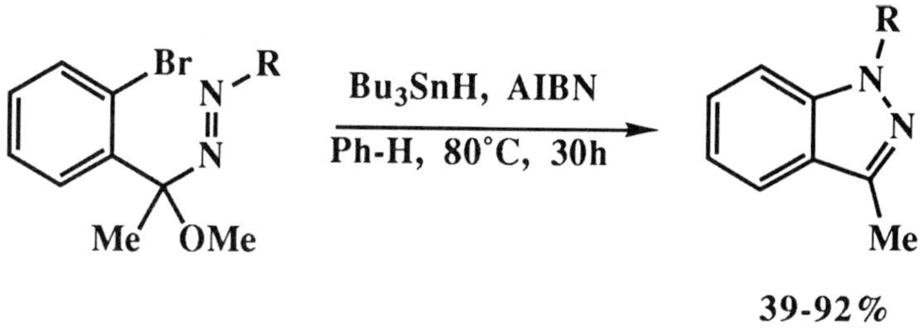
Br
N
R
N
Me
OMe
Bu3SnH, AIBN
Ph-H, 80°C, 30h
R
N
N
Me
39-92%

IV.K.1.a-5 W.J. Brouillette et al., *J. Org. Chem.*, 55, 5222 (1990).

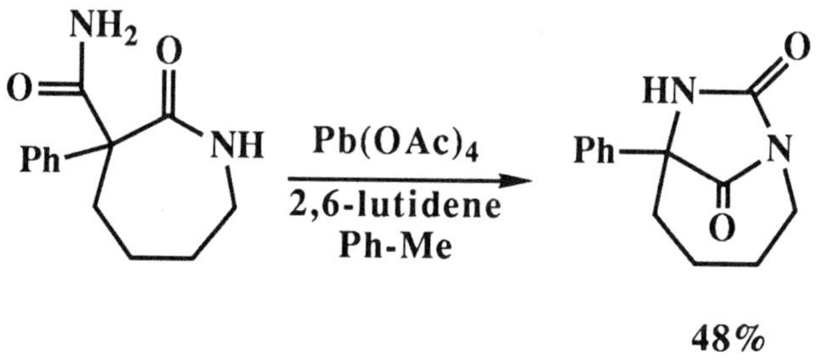
NH2
O
O
Ph
NH
Pb(OAc)4
2,6-lutidene
Ph-Me
HN
O
N
Ph
O
48%

IV.K.1.a-7 E.M. Kowoser et al., *J. Am. Chem. Soc.,* 112, 7305, 7315, 7320 (1990).

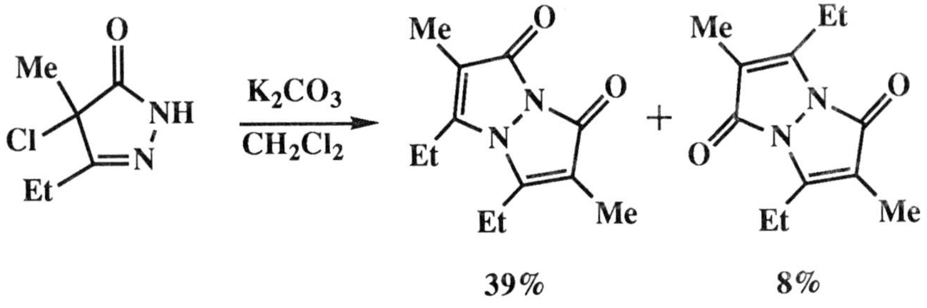

39% 8%

IV.K.1.a-8 C. Lozanova et al., *J. Prakt. Chem.,* 331, 1007 (1989); S. Marcaccini et al., *Heterocycles,* 31, 1287 (1990); R. Neidlein and Z. Sui, *Chem. Ber.,* 123, 2203 (1990).

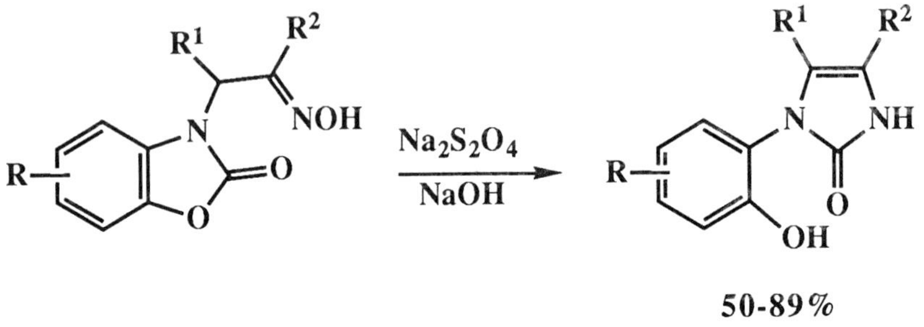

50-89%

IV.K.1.b. 6-Membered Heterocycles with 2 N's

IV.K.1.b-1 T. Tsuda et al., *J. Org. Chem.,* 55, 3388 (1990).

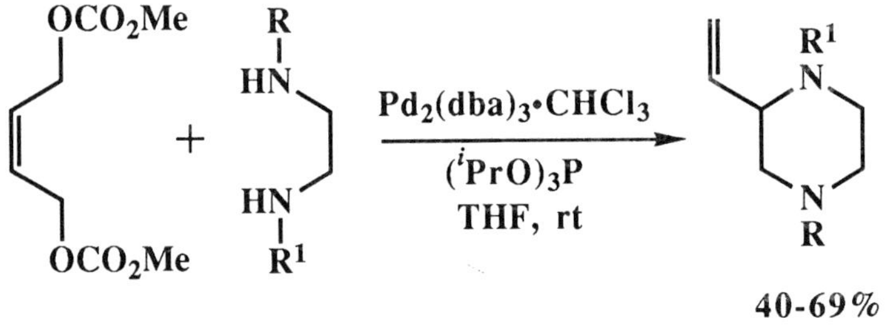

40-69%

IV.K.1.b-2 S.M. Weinreb et al., *Tetahedron Lett.*, 31, 2105 (1990).

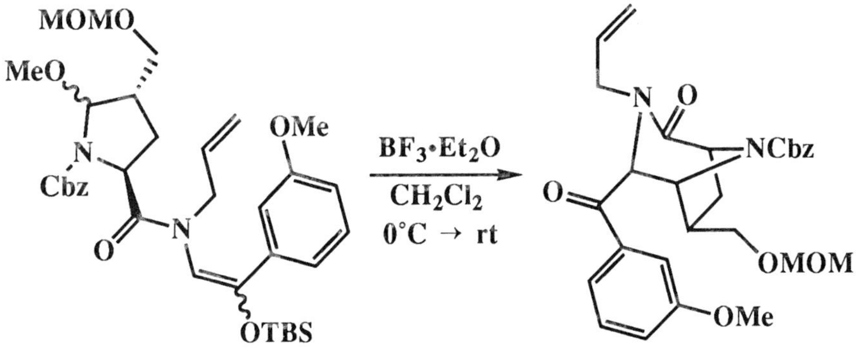

48%

IV.K.1.b-3 A.L.J. Beckwith and L.K. Dyall, *Aust. J. Chem.*, 43, 451 (1990).

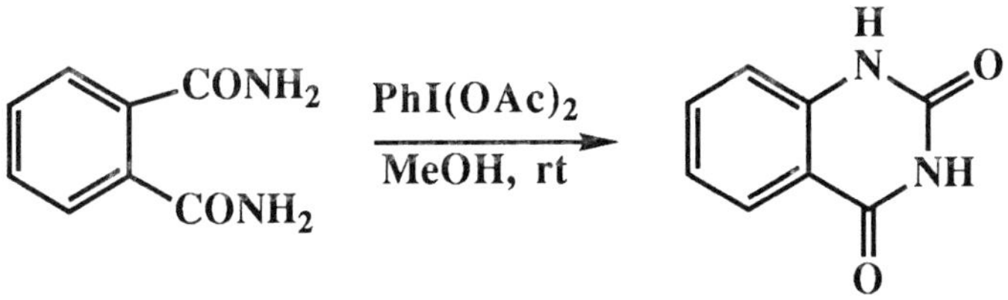

95%

IV.K.1.b-4 H. Wamhoff et al., *Liebigs Ann. Chem.*, 901 (1990); S.N. Mazumdar and M.P. Mahajan, *Tetrahedron Lett.*, 31, 4215 (1990); E. Rossi et al., *ibid.*, 31, 903 (1990) and *Tetrahedron,* 46, 3581 (1990).

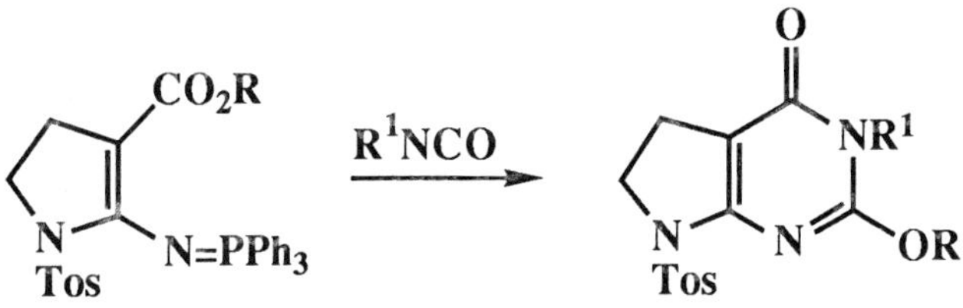

26-80%

IV.K.1.b-5 G. Bernath et al., *Tetrahedron*, 46, 1943 (1990).

40-57%

IV.K.1.b-6 B. Laude et al., *Tetrahedron Lett.*, 31, 4145 (1990).

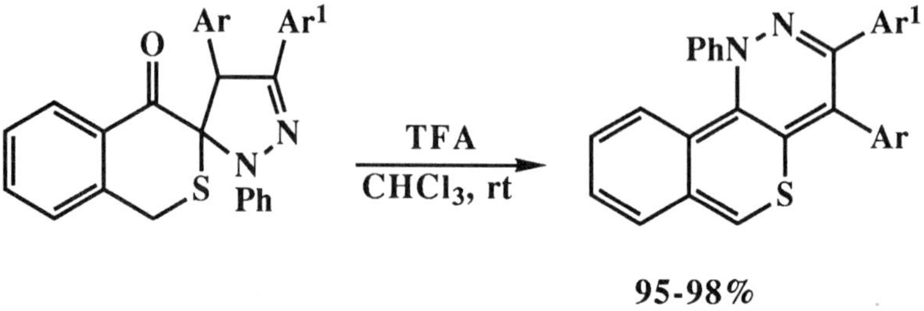

95-98%

IV.K.1.b-7 W.-x. Chen et al., *Synthesis*, 701 (1990).

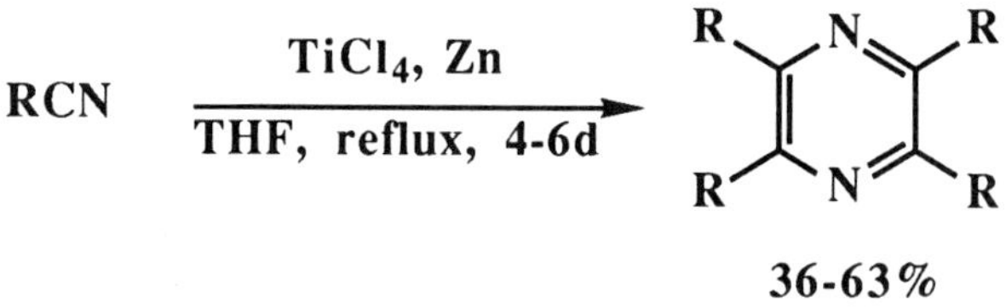

$$RCN \xrightarrow[\text{THF, reflux, 4-6d}]{TiCl_4, Zn}$$

36-63%

IV.K.1.b-8 M. Furukawa et al., *Chem. Commun.*, 645, (1990).

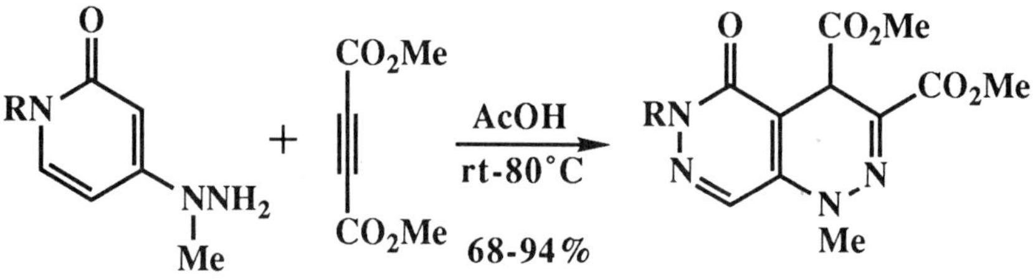

68-94%

IV.K.1.b-9 J.-P. Vors, *J. Heterocyclic Chem.*, 27, 579 (1990); N.E. Aleandrou et al., *ibid.*, 27, 1741 (1990); N. Sundaram et al., *Tetrahedron Lett.*, 31, 7357 (1990).

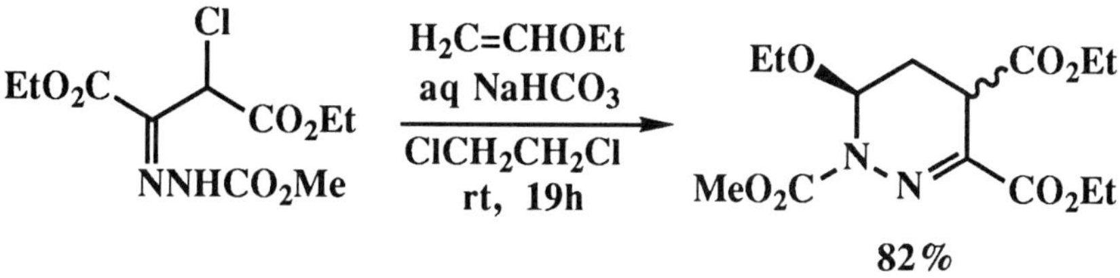
Cl
EtO2C
CO2Et
NNHCO2Me
H2C=CHOEt
aq NaHCO3
ClCH2CH2Cl
rt, 19h
EtO
CO2Et
MeO2C
N
N
CO2Et
82%

IV.K.1.c. 7-Membered Heterocyclics with 2 N's

IV.K.1.c-1 C. Yamazaki et al., *J. Chem. Soc. Perkin 1,* 3085 (1990).

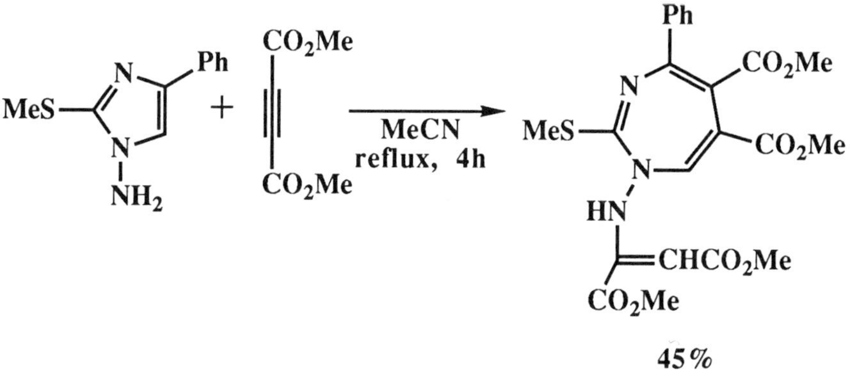
MeS
N
Ph
N
NH2
+
CO2Me
CO2Me
MeCN
reflux, 4h
Ph
CO2Me
CO2Me
N
N
HN
=CHCO2Me
CO2Me
45%

IV.K.1.c-2 P.K. Bridson and S.J. Lambert, *J. Chem. Soc. Perkin 1,* 173 (1990).

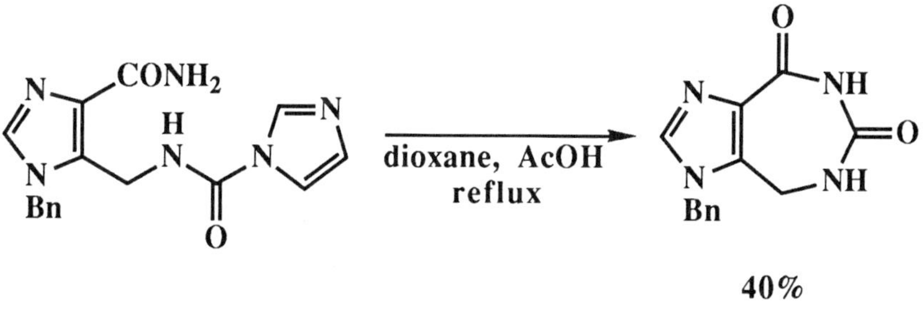
N
CONH2
H
N
N
Bn
O
N
N
dioxane, AcOH
reflux
O
NH
O
NH
N
N
Bn
40%

IV.K.1.c-3 B. Stanovnik et al., *Synlett*, 707 (1990).

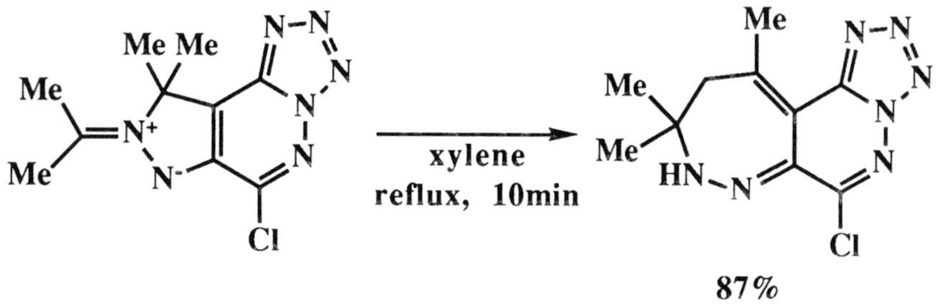

87%

IV.K.2. Heterocycles with 2 O's or 2 S's

IV.K.2-1 T. Endo et al., *Chem. Lett.*, 2019 (1990).

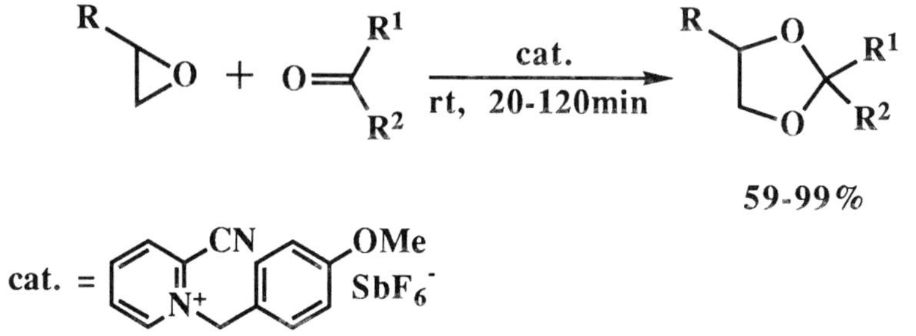

59-99%

IV.K.2-2 T. Honda et al., *J. Chem. Soc. Perkin 1*, 571 (1990).

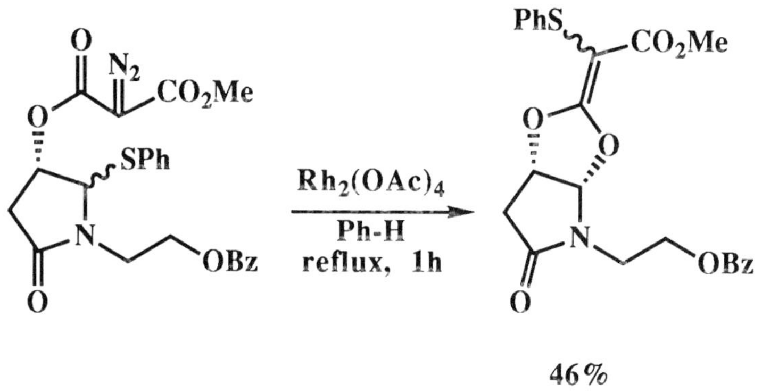

46%

IV.K.2-3 T. Hosokawa, Y. Ataka and S. Murahashi, *Bull. Chem. Soc. Jpn.*, 63, 166 (1990).

$$\text{Ph-CO-CH=CH}_2 + \text{HOCH}_2\text{CH}_2\text{CH(OH)-} \xrightarrow[\text{DME, 65°C, 48h}]{\text{PdCl}_2(\text{MeCN})_2,\ \text{O}_2,\ \text{Na}_2\text{HPO}_4,\ \text{BiCl}_3,\ \text{LiCl}} \text{Ph-CO-CH}_2\text{-[1,4-dioxan-2-yl]}$$

IV.K.2-4 L.J. Lamont and D.R. Arnold, *Can. J. Chem.*, 68, 390 (1990).

2,2-diphenyl-5-methoxy-tetrahydrofuran $\xrightarrow[\text{MeCN}]{\substack{\text{h}\nu \\ \text{MgClO}_4 \\ 1,4\text{-(CN)}_2\text{C}_6\text{H}_4}}$ 4,4-diphenyl-1,3-dioxane

45%

IV.K.2-5 H. Tani, H. Suzuki et al., *Chem. Lett.*, 1323 (1990).

1,3-dithiolane (2,2-disubstituted R, R¹) $\xrightarrow[\text{CH}_2\text{Cl}_2,\ \text{rt}]{\text{TeCl}_4}$ 2,3-disubstituted-1,4-dithiine (R, R¹)

44-99%

IV.K.2-6 K. Hartke and T. Lindenblatt, *Synthesis*, 281 (1990).

2,3-dihydro-[1,4]dioxino[2,3-d][1,3]dithiol-2-one $\xrightarrow[\text{CHCl}_3,\ \text{rt}]{\substack{\text{h}\nu \\ \text{RCH=CHR}^1}}$ dioxino-dithiine adduct (R, R¹)

52-78%

IV.K.3. Heterocycles with 1 N and 1 O

II.K.3-1 A.I. Bulachkova et al., *J. Org. Chem. (USSR),* 26, 185 (1990).

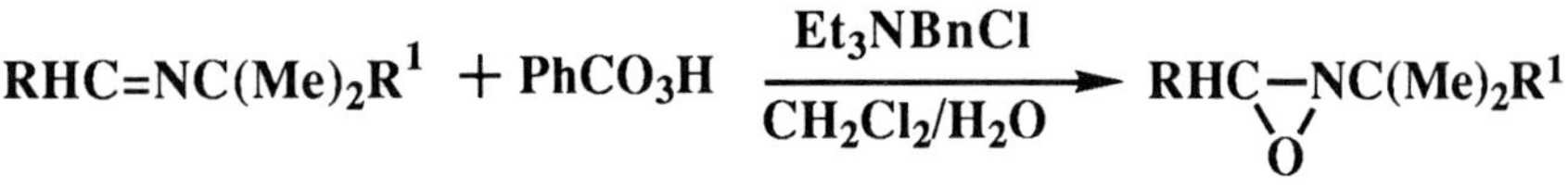

RHC=NC(Me)2R1 + PhCO3H
Et3NBnCl
CH2Cl2/H2O
RHC—NC(Me)2R1
O

85-95%

IV.K.3-2 G. Himbert et al., *Liebigs Ann. Chem.*, 403 (1990); T. Olsson et al., *Tetrahedron,* 46 , 2473 (1990); I.G. Bolesov et al., *J. Org. Chem. (USSR),* 26, 87 (1990); A.A. Akhrem et al., *ibid.*, 25, 1718, 1914 (1989); J.N. Kim and E.K. Ryu, *Heterocycles,* 31, 663 (1990); J. Plumet et al., *Tetrahedron Lett.*, 31, 2635 (1990); K.R. Rao et al., *ibid.*, 31, 3201 (1990).

R2
NRR1
R3
N
O
R2
R3
RR1N
N
O

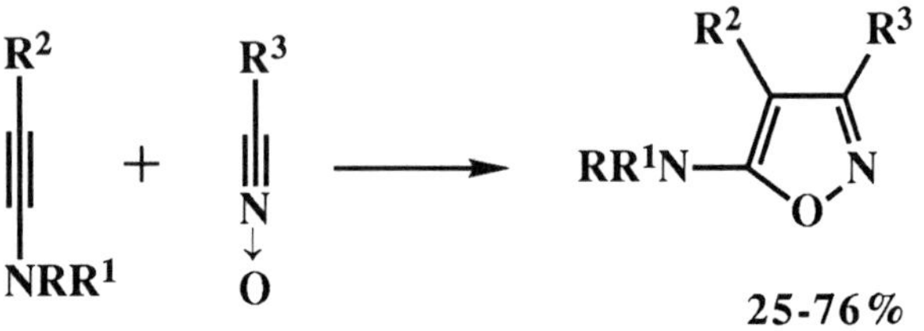

25-76%

IV.K.3-3 K. Shishido et al., *Heterocycles,* 31, 597 (1990); K. Fukumoto et al., *J. Chem. Soc. Perkin 1,* 2481 (1990) and *J. Org. Chem.*, 55, 4497 (1990); K. Tatsuta et al., *Tetrahedron Lett.*, 31, 1171 (1990); K.B.G. Torssell et al., *Acta Chem. Scand.*, 44, 806 (1990).

OAc
NOH
H
NaOCl
CH2Cl2, rt
N—O
H
OAc
H
H

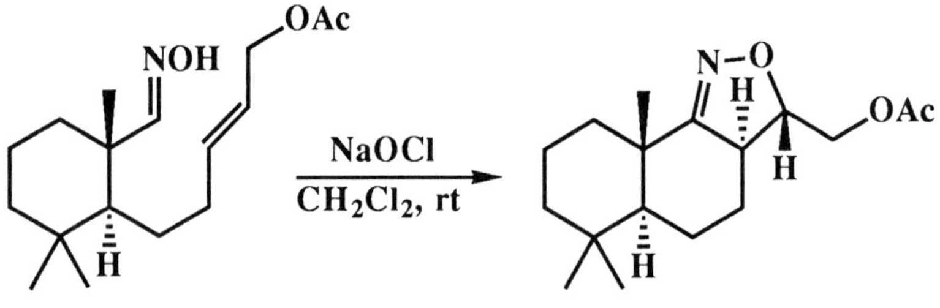

91%

SYNTHESIS OF HETEROCYCLES 327

IV.K.3-4 M. Yokoyama et al., *Chem. Lett.*, 753 (1990); R. Grigg et al., *Tetrahedron Lett.*, 31, 559 (1990); M. Hanaoka et al., *ibid.*, 31, 6893 (1990); P.M. Collins et al., *ibid.*, 31, 2055 (1990); M. Ito and C. Kibayashi, *ibid.*, 31, 5065 (1990); S.A. Ali et al., *Tetrahedron*, 46, 7207 (1990) and *J. Chem. Soc. Perkin 2*, 1035 (1990); A. Brandi and K.M. Pietrusiewicz et al., *Tetrahedron*, 46, 7093 (1990); H. Kakisawa et al., *J. Chem. Soc. Perkin 1*, 2593 (1990) and *Bull. Chem. Soc. Jpn.*, 63, 3300 (1990); C. La Rosa, R. Destro et al., *J. Chem. Soc. Perkin 2*, 679 (1990); H.G. Aurich et al., *Chem. Ber.*, 123, 1999 (1990); V. St. Georgiev et al., *Liebigs Ann. Chem.*, 105 (1990); M. Ciquini, F. Cozz et al., *J. Org. Chem.*, 55, 1901 (1990).

85%

IV.K.3-5 A. Hassner and W. Dehaen, *J. Org. Chem.*, 55, 5505 (1990) and *Tetrahedron Lett.*, 31, 743 (1990); P.G. Baraldi et al., *J. Heterocyclic Chem.*, 27, 557 (1990); H. Suzuki, R. Tamura et al., *Chem. Lett.*, 559 (1990); R. Zhang and J. Chen, *Synthesis*, 817 (1990).

90%, (1:1)

IV.K.3-6 J.-C. Cherton et al., *Can. J. Chem.*, <u>68</u>, 1271 (1990).

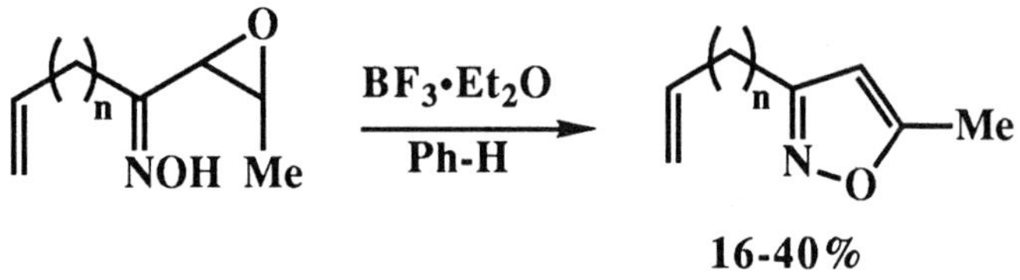

16-40%

IV.K.3-7 J. P. Genet, A.R. Schoofs et al., *Tetrahedron Lett.*, <u>31</u>, 515 (1990).

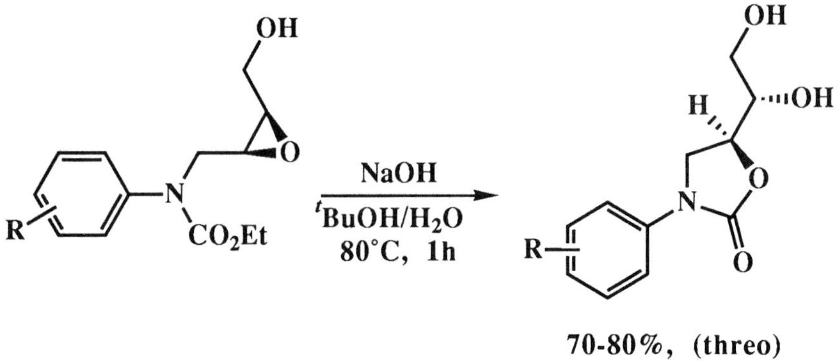

70-80%, (threo)

IV.K.3-7 H.-U. Reissig et al., *Chem. Ber.*, <u>123</u>, 2403 (1990) and *Liebigs Ann. Chem.*, 217 (1990); O. Werbitzky et al., *ibid.*, 267 (1990); S. Streith et al., *Synlett*, 111 (1990).

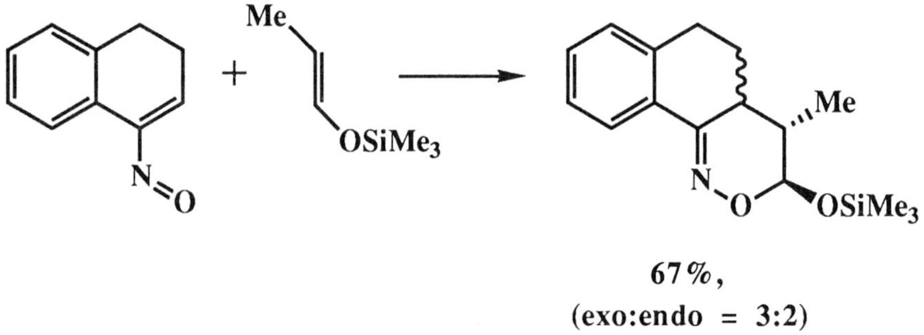

67%, (exo:endo = 3:2)

IV.K.3-9 J.C. Jochims et al., *Synthesis*, 763 (1990).

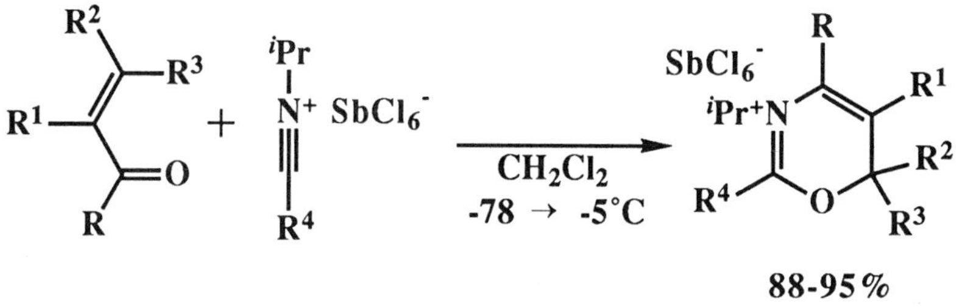

88-95%

IV.K.3-10 W. Nagata et al., *Synlett*, 681, 684 (1990).

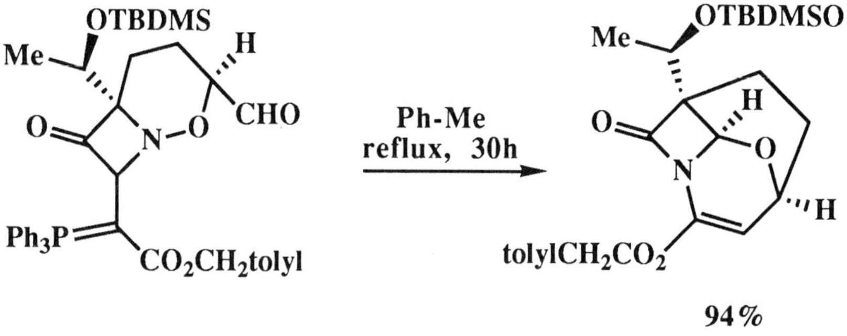

94%

IV.K.3-11 M.J. Fisher and L.E. Overman, *J. Org. Chem.*, 55, 1447 (1990).

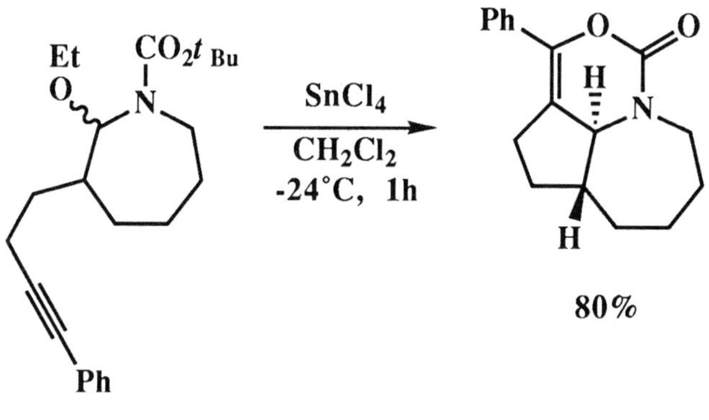

80%

IV.K.3-12 G.R. Lentz et al., *J. Chem. Soc. Perkin 1*, 33 (1990) and *J. Org. Chem.*, <u>55</u>, 1753 (1990).

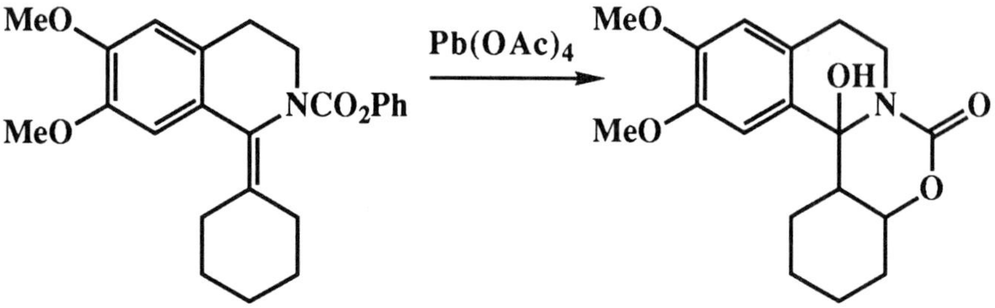

80%

IV.K.3-13 L. Meerpoel and G. Hoornaert, *Synthesis*, 905 (1990).

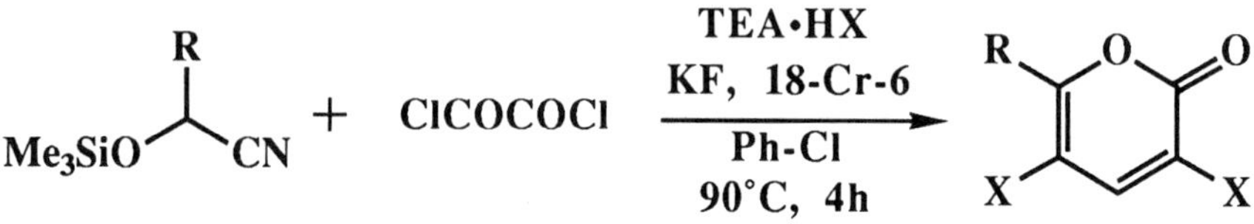

10-85%

IV.K.3-14 J. Freedman and E. Huber, *J. Heterocyclic Chem.*, <u>27</u>, 343 (1990).

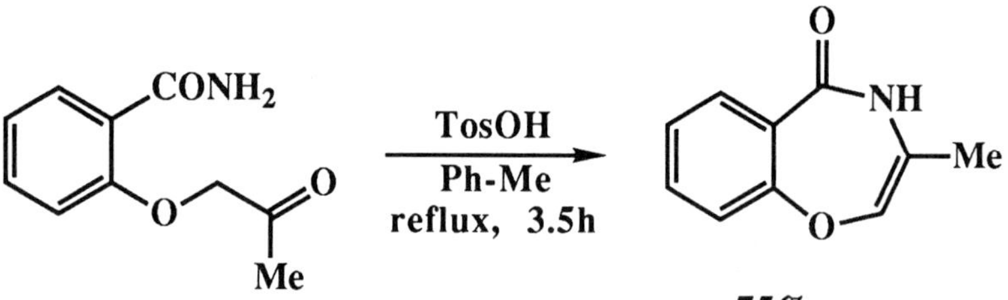

75%

IV.K.4. Heterocycles with 1 N and 1 S

IV.K.4-1 M. Hori et al., *Chem. Pharm. Bull.*, 38, 8 (1990).

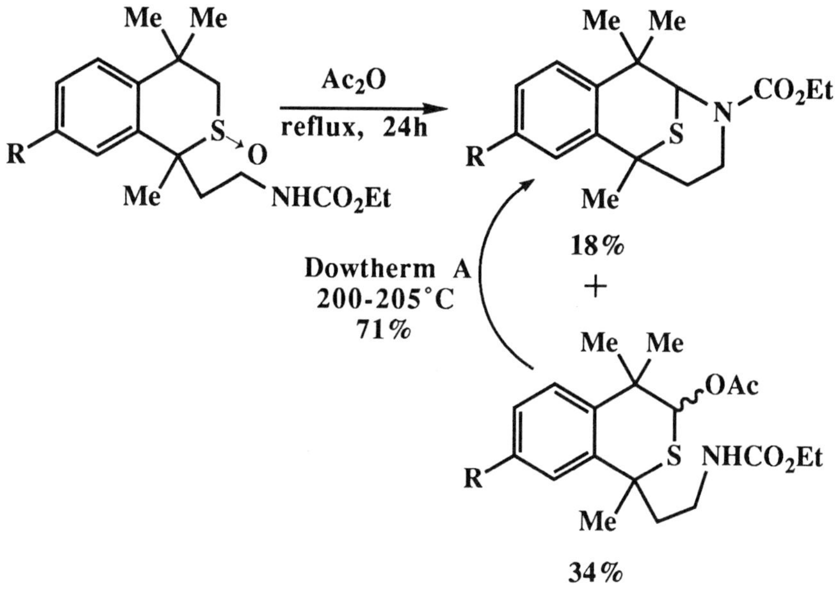

IV.K.4-2 J.K. Doi, W.K. Musker et al., *J. Org. Chem.*, 55, 4156 (1990).

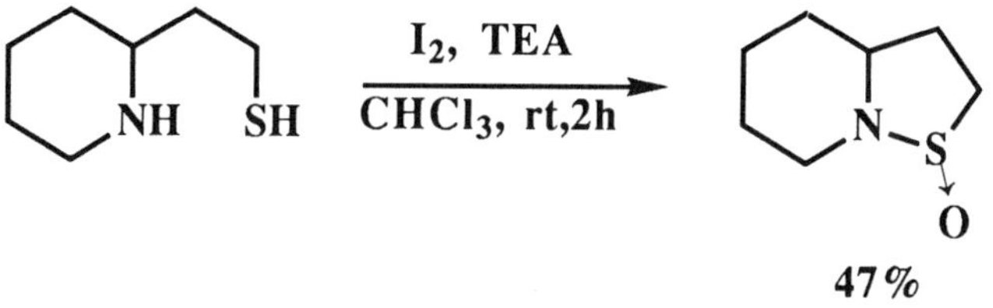

IV.K.4-3 M. Devys and M. Barbier, *J. Chem. Soc. Perkin 1*, 2856 (1990).

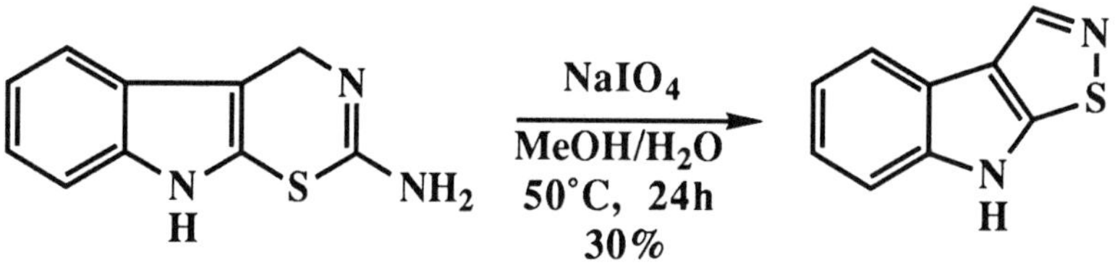

IV.K.4-4 C. Maliverney et al., *Bull. Soc. Chim. Belg.*, 99, 941 (1990).

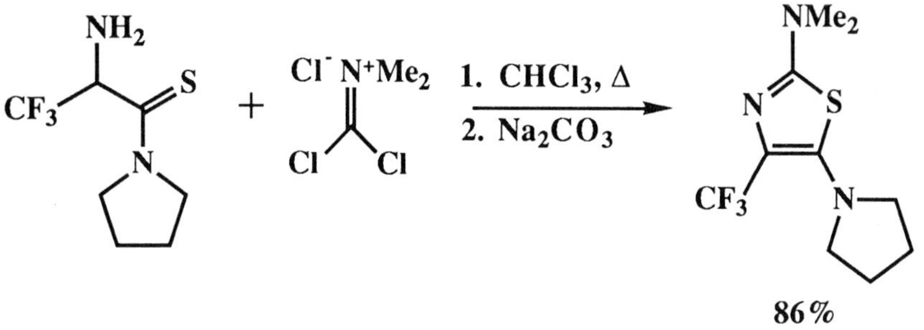

IV.K.4-5 G. Mloston and Z. Skrzypek, *Bull. Soc. Chim. Belg.*, 99, 167 (1990).

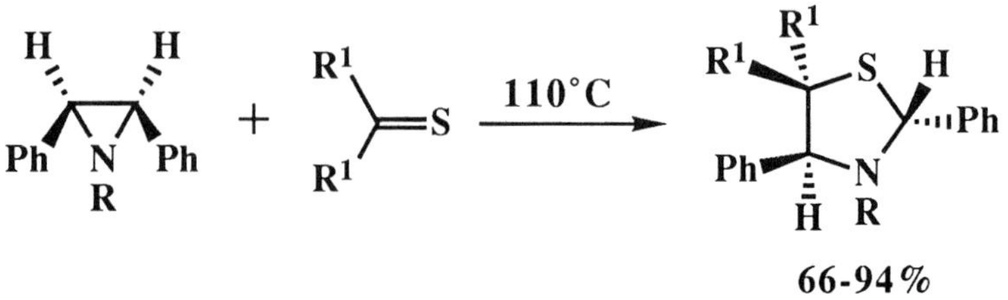

IV.K.4-6 G.W. Fisher et al., *J. Prakt. Chem.*, 322, 453, 540 (1990).

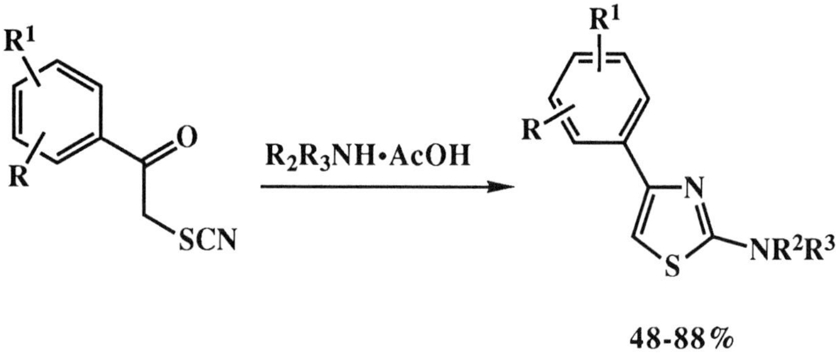

IV.K.4-7 P.D. Kennewell et al., Chem. Commun., 497 (1990).

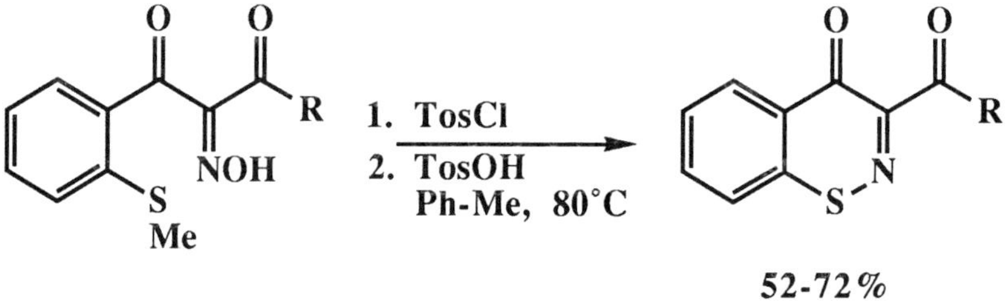
O
O
R
NOH
S
Me
1. TosCl
2. TosOH
Ph-Me, 80°C
O
O
R
N
S
52-72%

IV.K.4-8 B. Delmond et al., *Tetrahedron Lett.*, 31, 7007 (1990).

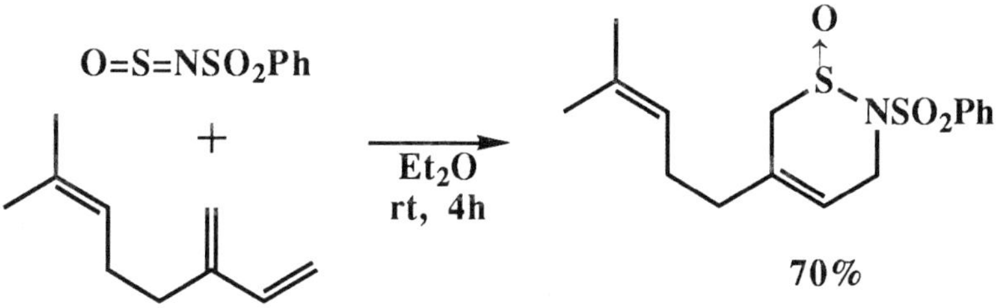
O=S=NSO2Ph
+
Et2O
rt, 4h
O
S
NSO2Ph
70%

IV.K.4-9 M. Darbarwar et al., *Synth. Commun.*, 20, 919 (1990).

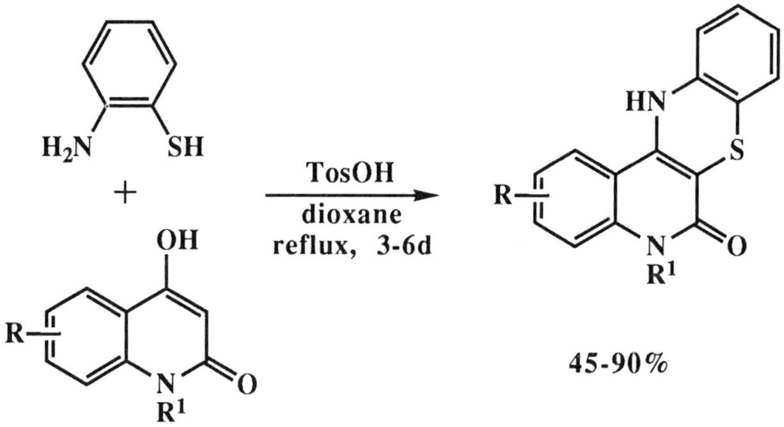
H2N
SH
+
OH
R
N
R1
O
TosOH
dioxane
reflux, 3-6d
HN
S
R
N
R1
O
45-90%

IV.K.4-10 M. Muhlstadt et al., *Z. Chem.*, 30, 282 (1990).

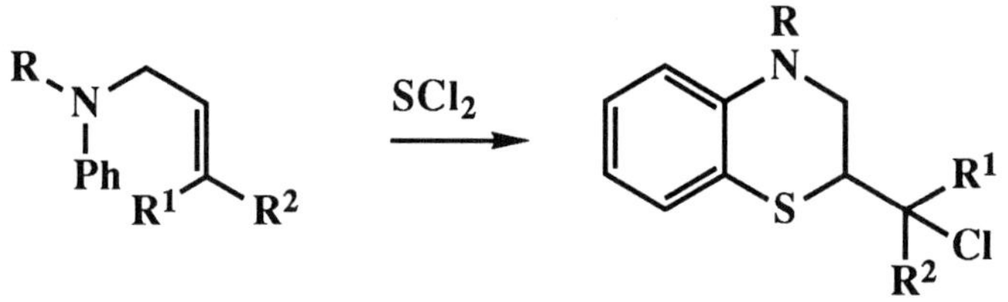

IV.K.4-11 Z. Szabo and F. Korodi, *Synth. Commun.*, 20, 2473 (1990); V. Nacci et al., *ibid.*, 20, 3019 (1990).

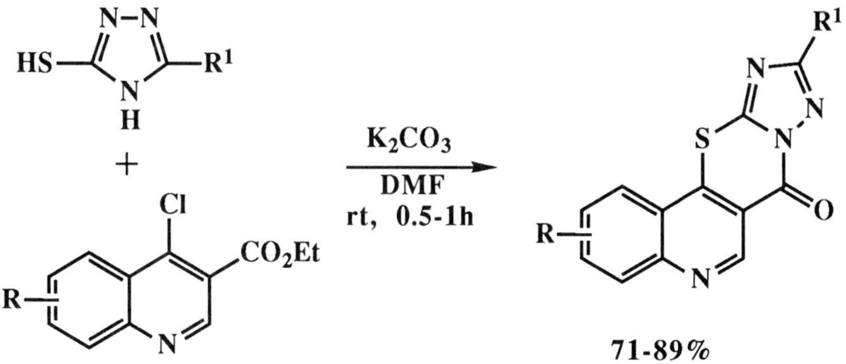

71-89%

IV.K.4-12 J.M. Morin, Jr. et al., *Heterocycles*, 31, 1423 (1990).

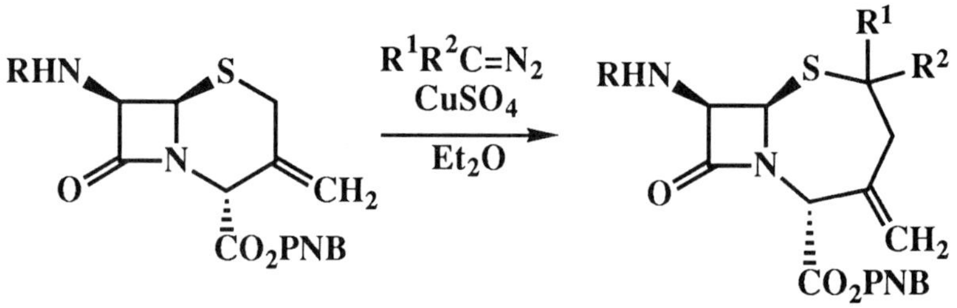

45-74%

IV.K.4-13 V. Nacci et al., *Heterocycles*, 31, 1290 (1990).

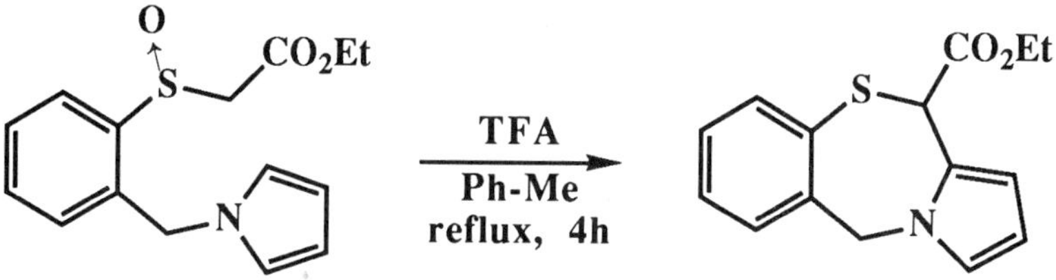

IV.K.5 Heterocycles with 1 O and 1 S

IV.K.5-1 G.W. Kirby et al., *Chem. Commun.*, 138 (1990).

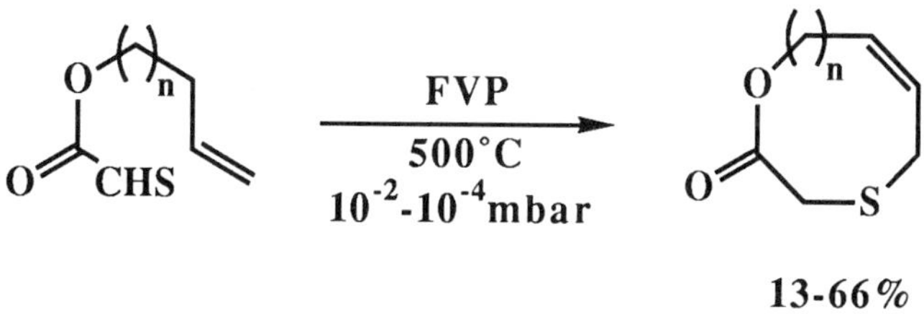

13-66%

IV.K.5-2 M.J. Kurth et al., *J. Org. Chem.*, 55, 2286 (1990).

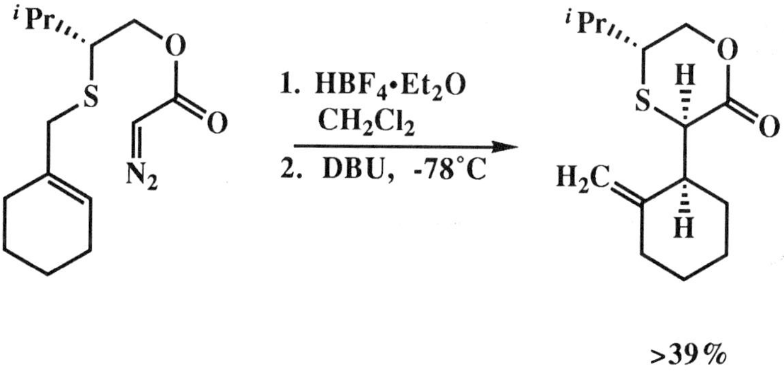

>39%

IV.K.5-3 T. Kurihara et al., *Tetrahedron Lett.*, 31, 5471 (1990).

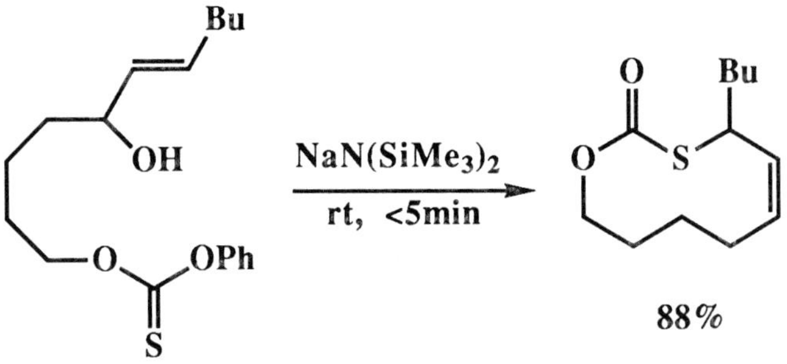

88%

IV.K.5-4 H. Meier et al., *Chem. Ber.*, 123, 1143 (1990).

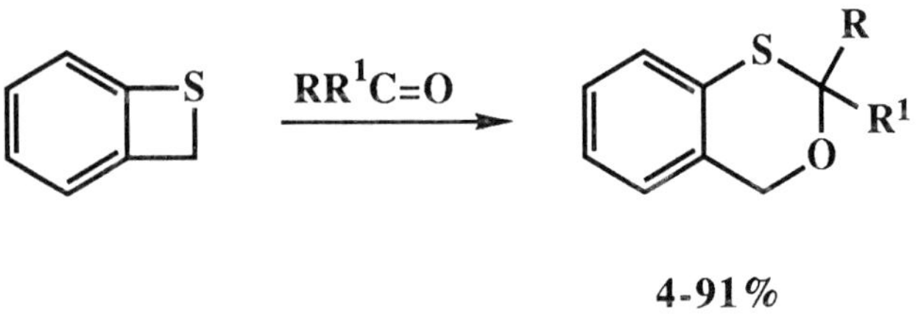

4-91%

IV.K.6. Heterocycles with 3 or more N's

IV.K.6-1 K.K. Reddy et al., *Synthesis*, 422 (1990) and *Synth. Commun.*, 20, 1983, 2617 (1990).

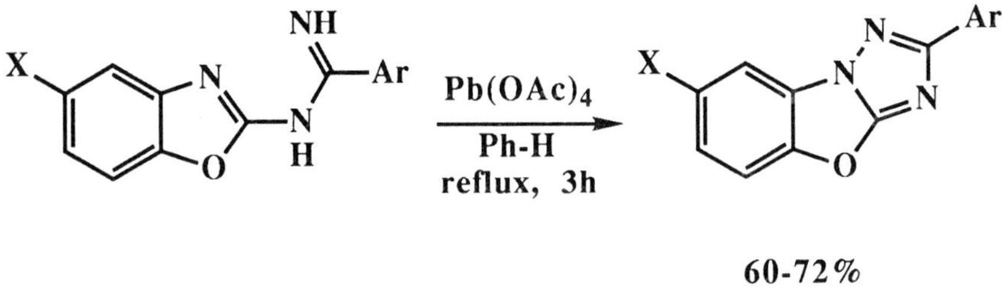

60-72%

IV.K.6-2 L.I. Vereshchagin et al., *J. Org. Chem. (USSR)*, 25, 1574 (1989).

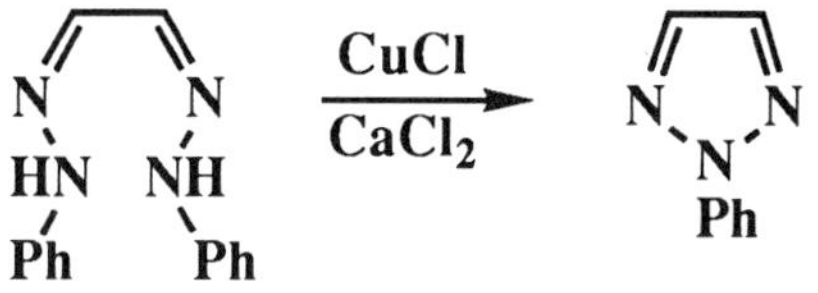

[Structure: 1,2-dihydro-1,2-diphenyl-1,2,3-triazine → 1-phenyl-1,2,3-triazole, CuCl/CaCl$_2$, 75%]

lower yields without CaCl$_2$

IV.K.6-3 S. Ito et al., *Chem. Lett.*, 453 (1990).

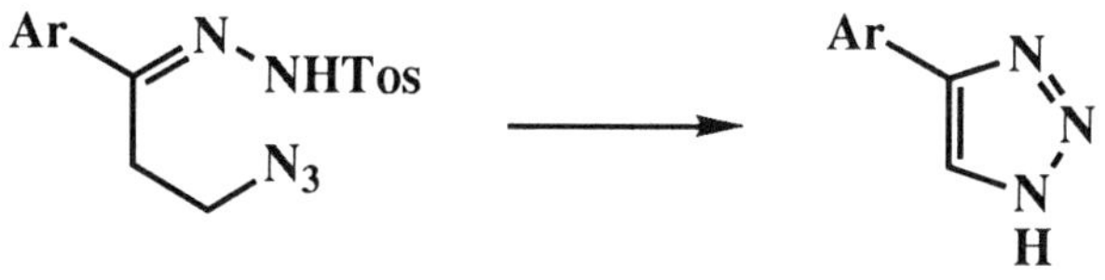

[Ar-C(=N-NHTos)-CH$_2$-N$_3$ → 4-Ar-1H-1,2,3-triazole, 71-96%]

IV.K.6-4 H. Sliwa et al., *Heterocycles*, 31, 277 (1990).

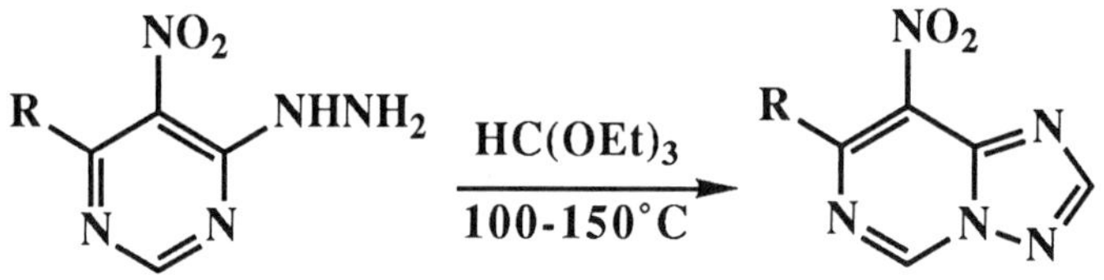

[5-nitro-4-hydrazino-6-R-pyrimidine + HC(OEt)$_3$, 100-150°C → 8-nitro-7-R-[1,2,4]triazolo[1,5-c]pyrimidine, 30-50%]

IV.K.6-5 R. Heckendorn, *Helv. Chim. Acta*, 73, 1700 (1990).

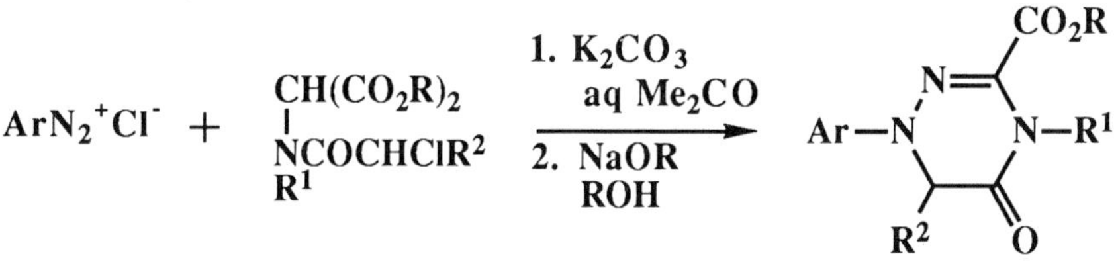

$ArN_2^+Cl^-$ + $\underset{R^1}{\underset{|}{CH(CO_2R)_2}}$
$NCOCHClR^2$
$\xrightarrow[\text{ROH}]{\substack{1.\ K_2CO_3 \\ aq\ Me_2CO \\ 2.\ NaOR}}$
[1,2,4-triazin-5(6H)-one: Ar-N, N=, CO$_2$R, N-R^1, R^2, O]

IV.K.6-6 R.N. Butler et al., *J. Chem. Soc. Perkin 1*, 3321 (1990) and *Chem. Commun.*, 883 (1990).

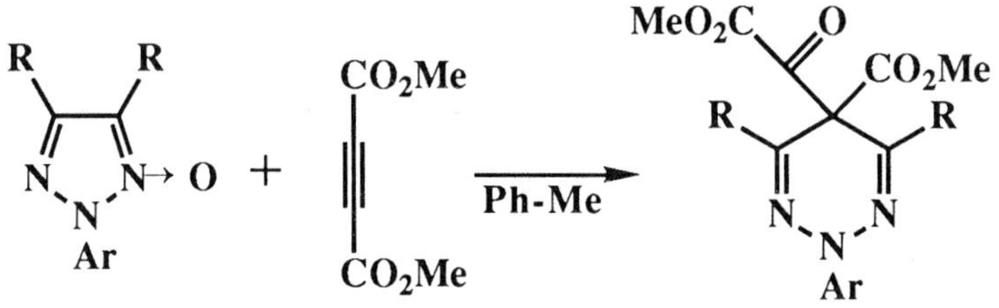

46-79%

IV.K.6-7 T. Tsuchiya et al., *Chem. Commun.*, 723 (1990) and *Chem. Pharm. Bull.*, 38, 2992 (1990).

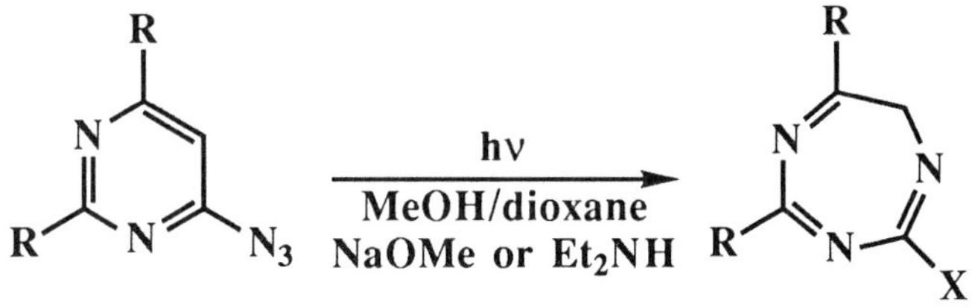

50-70%

IV.K.6-8 R.K. Smalley et al., *Tetrahedron Lett.*, 31, 6561 (1990).

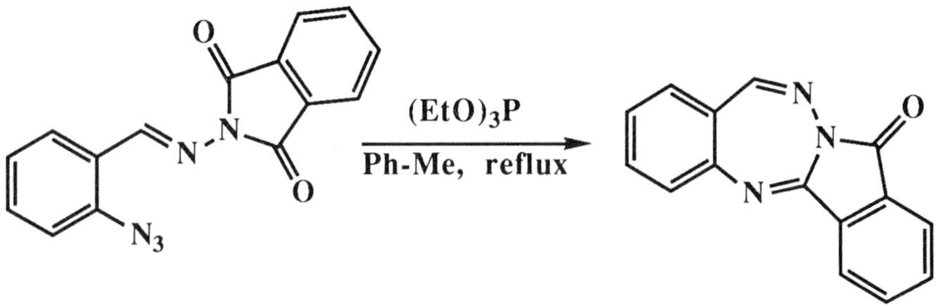

57%

IV.K.7 Heterocycles with 2 N's and 1 O

IV.K.7-1 M. Hojo et al., *Tetrahedron Lett.*, 31, 1183 (1990).

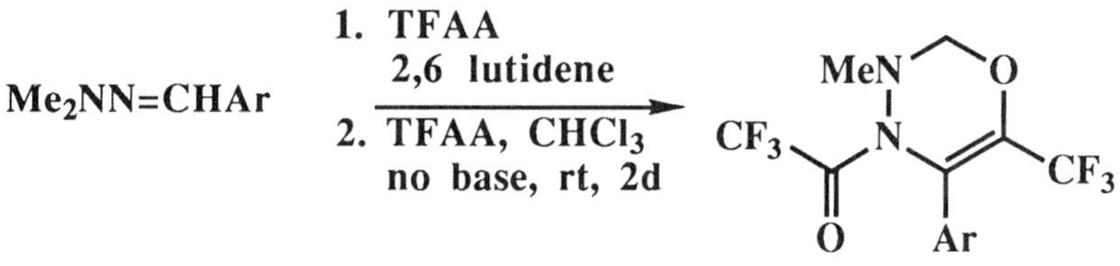

Me$_2$NN=CHAr $\xrightarrow{\begin{array}{c}\text{1. TFAA}\\\text{2,6 lutidene}\\\text{2. TFAA, CHCl}_3\\\text{no base, rt, 2d}\end{array}}$ [product: 6-membered ring with MeN-O-C=C(CF$_3$)-C(Ar)=N-C(=O)CF$_3$]

39-76%

IV.K.7-2 G. Descotes et al., *Heterocycles*, 31, 233 (1990).

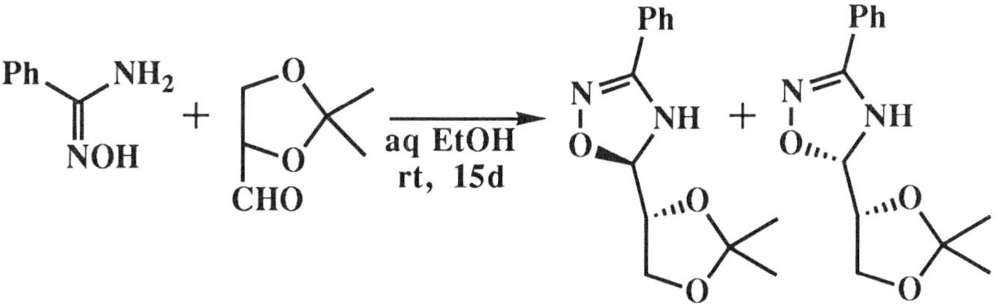

$$\text{Ph-C(=NOH)-NH}_2 + \text{dioxolane-CHO} \xrightarrow[\text{rt, 15d}]{\text{aq EtOH}} \text{two diastereomeric oxadiazoline products}$$

39%, (2:1)

IV.K.7-3 S.A. Hussain et al., *Heterocycles*, 31, 1245 (1990).

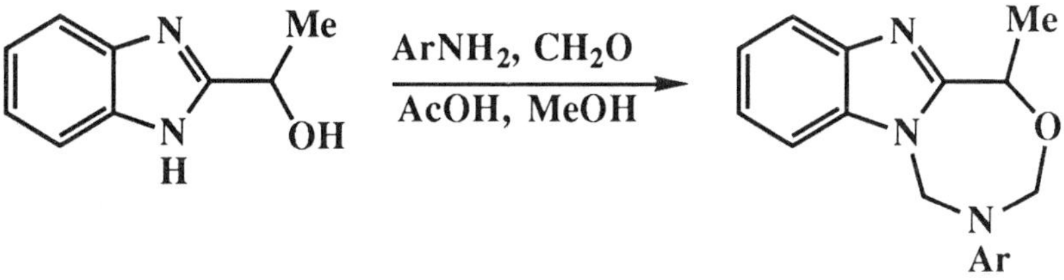

[benzimidazole-CH(Me)OH] $\xrightarrow[\text{AcOH, MeOH}]{\text{ArNH}_2, \text{CH}_2\text{O}}$ [fused benzimidazole-oxazepine with Me and N-Ar]

32-69%

IV.K.8 Heterocycles with 2 N's and 1 S

IV.K.8-1 M. Furukawa et al., *Synthesis*, 1020 (1990).

34-99%

IV.K.6-2 J. Liebscher et al., *Synthesis*, 1071 (1990).

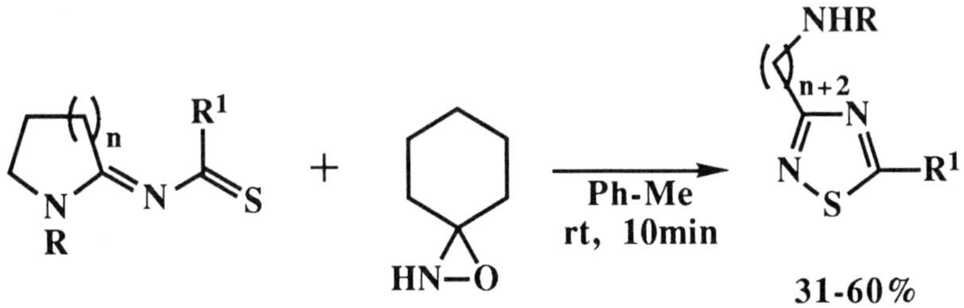

31-60%

IV.K.6-3 G. Johnson et al., *Tetrahedron*, 46, 3972 (1990).

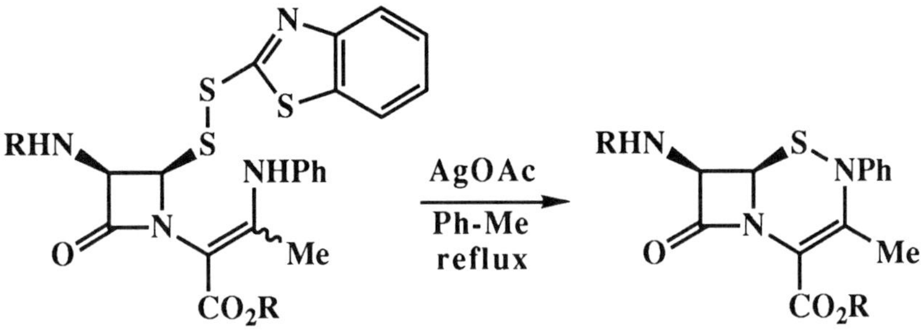

13-21%

IV.K.8-4 C.-H. Lee and H. Kohn, *J. Heterocyclic Chem.*, 27, 2107 (1990).

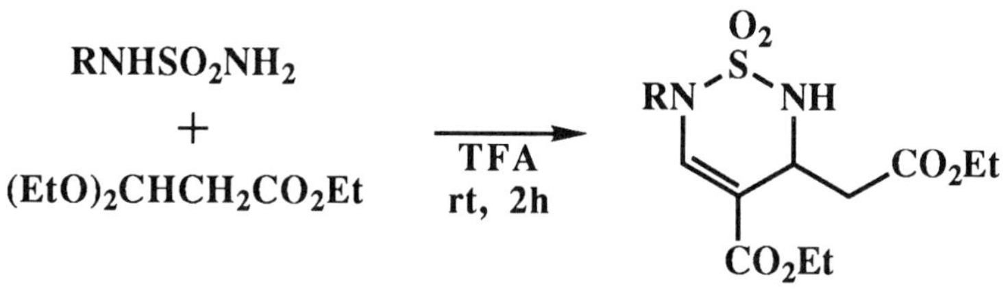

$RNHSO_2NH_2$ + $(EtO)_2CHCH_2CO_2Et$ → (TFA, rt, 2h) [cyclic sulfamide product with CO_2Et groups]

37-79%

IV.L. Other Heterocycles

II.L-1 G. Mloston et al., *Bull. Soc. Chim. Belg.*, 99, 265 (1990).

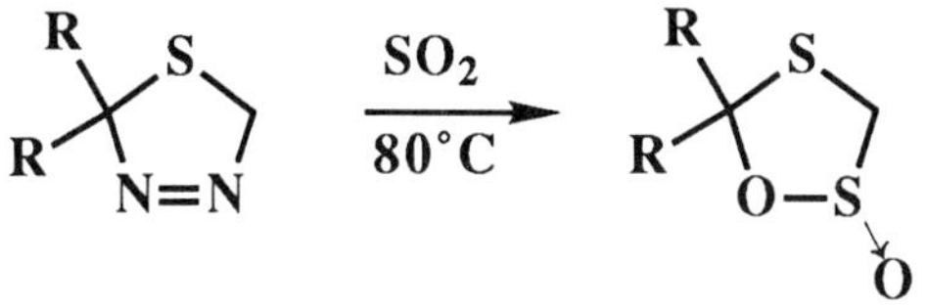

[thiadiazoline + SO_2, 80°C → thiazolidine-S-oxide]

81-95%

IV.L-2 R.N. Butler et al., *J. Chem. Soc. Perkin 1*, 2527 (1990).

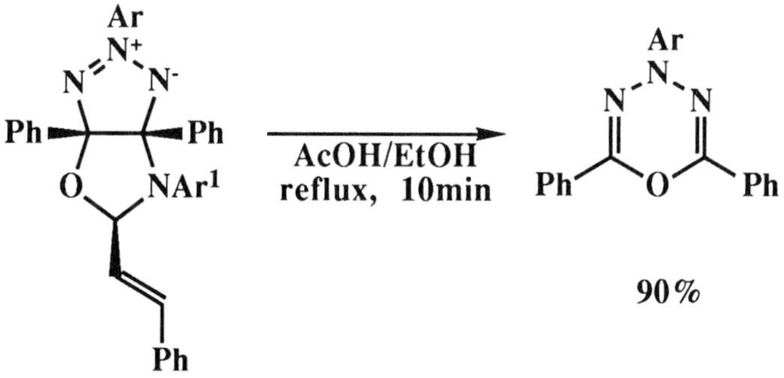

[bicyclic triazoline intermediate] AcOH/EtOH, reflux, 10min → [1,3,4-oxadiazine product]

90%

IV.L-3 S. Saba et al., *Synthesis*, 921 (1990).

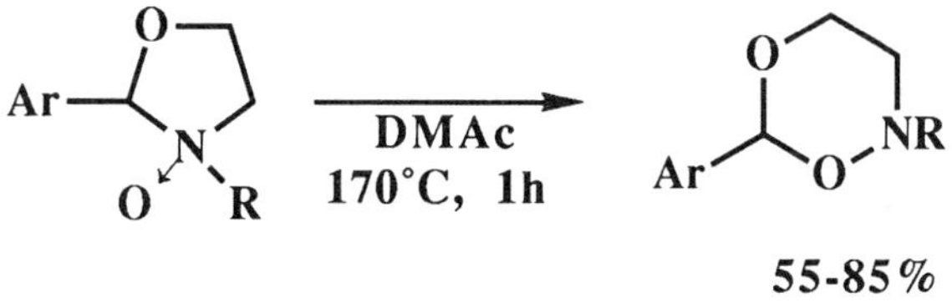

55-85%

IV.L-4 S. Kato et al., *Synthesis*, 415 (1990).

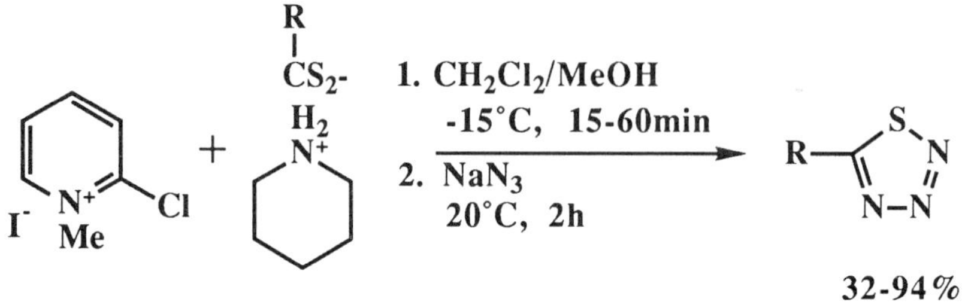

32-94%

IV.L-5 I.W.J. Still and J.R. Strautmanis, *Can. J. Chem.*, 68, 1408 (1990).

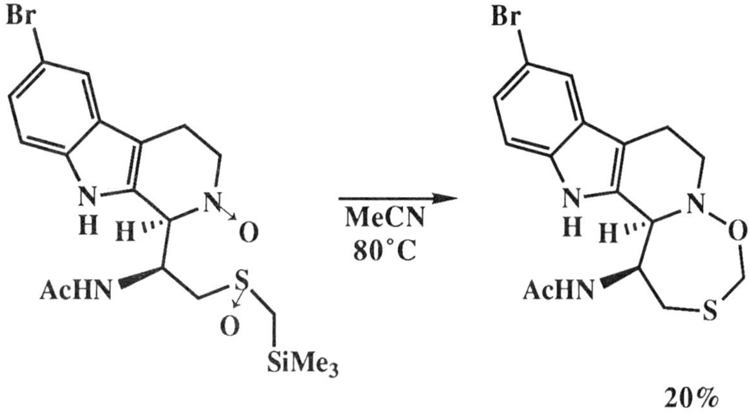

20%

IV.L-6 K.-F. Wai and M.P. Sammes, *J. Chem. Soc. Perkin 1,* 808 (1990).

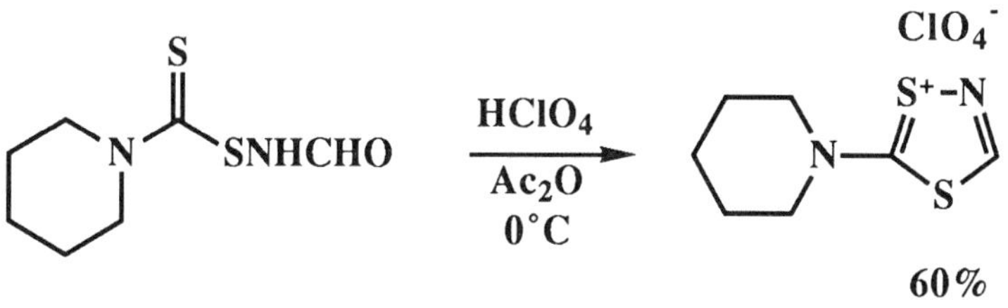

60%

IV.L-7 J. Kang et al., *Synlett,* 153 (1990).

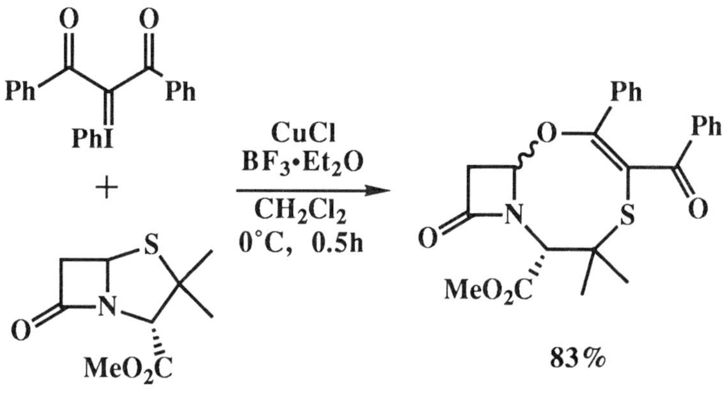

83%

IV.L-8 S. Fujiwara et al., *Chem. Lett.,* 913 (1990).

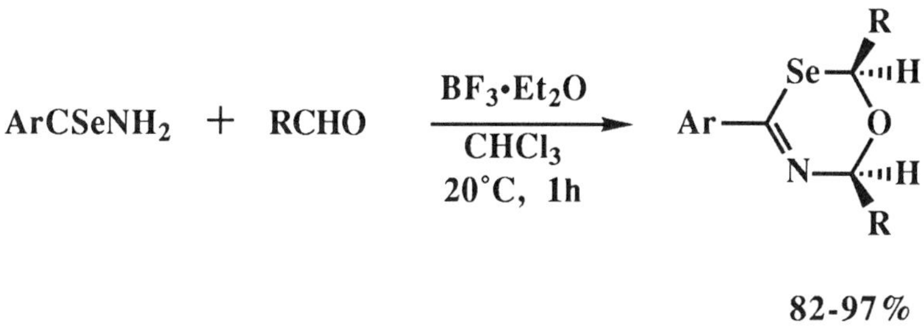

$$ArCSeNH_2 \ + \ RCHO \xrightarrow[20°C, \ 1h]{BF_3 \cdot Et_2O \atop CHCl_3}$$

82-97%

IV.L-9 H. Schmidt, *Z. Chem.*, 410 (1989).

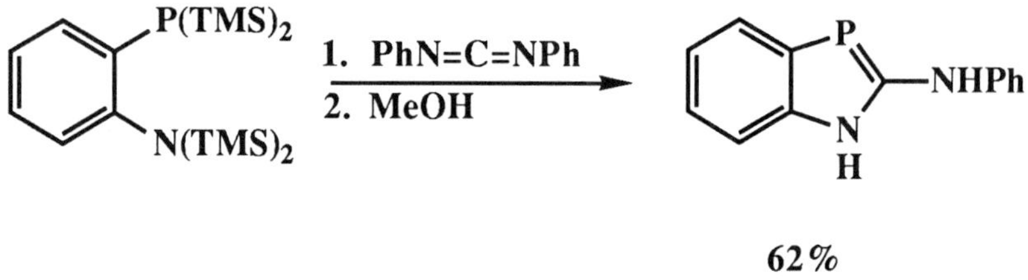

IV.L-10 A. Foucaud et al., *Tetrahedron*, 46, 6715 (1990).

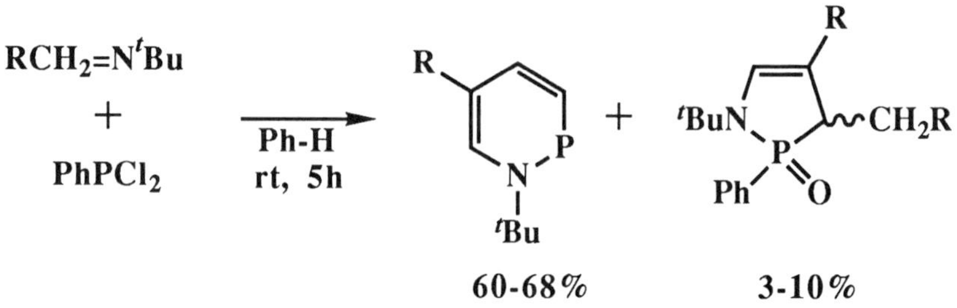

IV.L-11 G. Markl et al., *Tetrahedron Lett.*, 31, 6999 (1990).

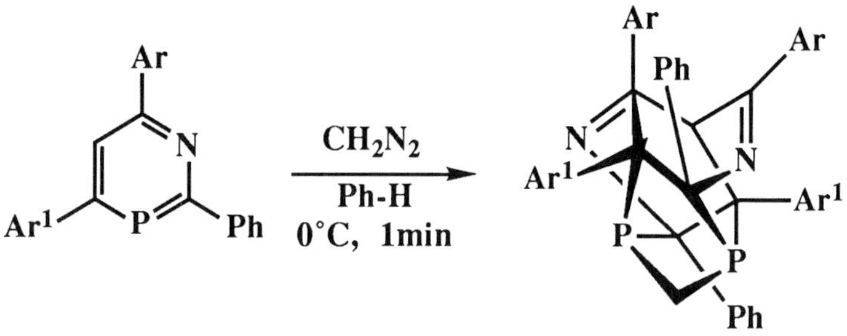

IV.L-12 M. Regitz et al., *Angew. Chem., Int. Ed. Engl.*, 29, 314 (1990).

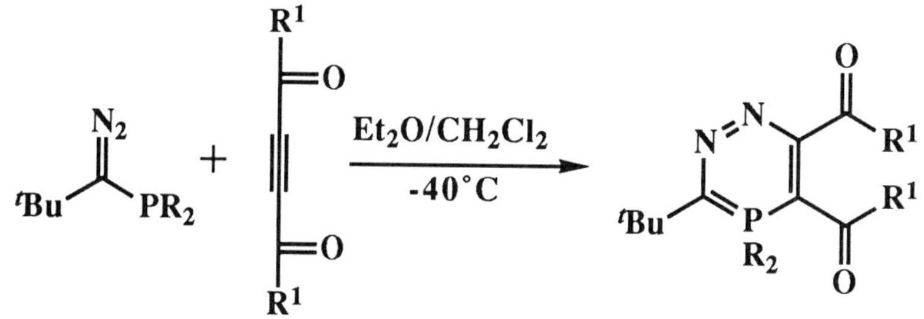

$$\text{'Bu-C(N}_2\text{)-PR}_2 + \text{R}^1\text{-C(=O)-C}\equiv\text{C-C(=O)-R}^1 \xrightarrow[-40°C]{\text{Et}_2\text{O/CH}_2\text{Cl}_2}$$

50-67%

IV.L-13 M. Nojima et al., *J. Org. Chem.*, 55, 4221 (1990).

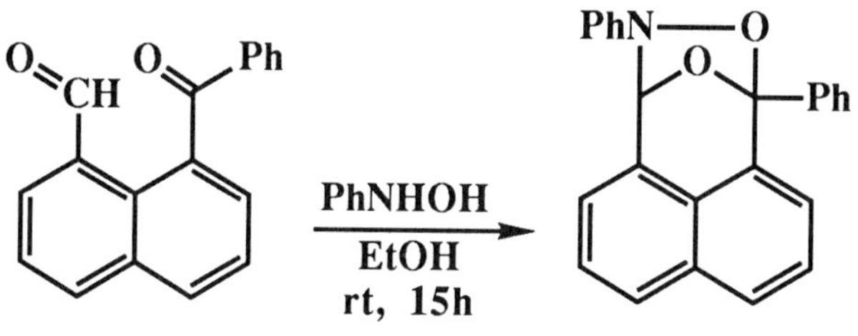

$$\xrightarrow[\text{rt, 15h}]{\text{PhNHOH, EtOH}}$$

57%

IV.L-14 H.B. Singh and S.K. Kumar, *J. Chem. Research (S)*, 332 (1990).

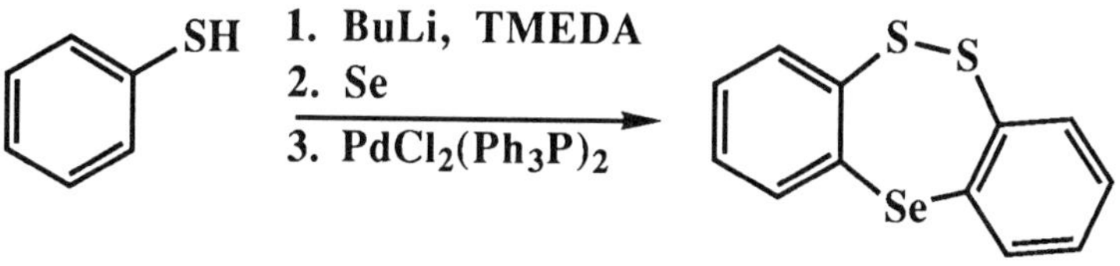

$$\text{PhSH} \xrightarrow{\text{1. BuLi, TMEDA; 2. Se; 3. PdCl}_2(\text{Ph}_3\text{P})_2}$$

53%

IV.L-15 W. Siebert et al., *Z. Naturforsch.*, 45B, 1019, 984 (1990).

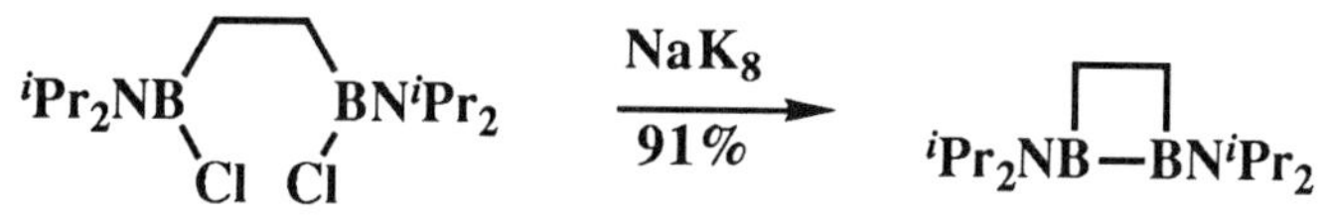

$$^i\text{Pr}_2\text{NB(Cl)-CH}_2\text{CH}_2\text{-B(Cl)N}^i\text{Pr}_2 \xrightarrow[91\%]{\text{NaK}_8} {^i\text{Pr}_2\text{NB}-\text{BN}^i\text{Pr}_2}$$

IV.M. Reviews

IV.M-1 D.L. Boger, *Bull. Soc. Chim. Belg.*, 99, 599 (1990).

Lecture: "Diels-Alder Reactions of Azadienes: Scope and Applications".

IV.M-2 J. Barluenga et al., *Synlett*, 129 (1990).

Review: "Electrically Neutral 2-Aza-1,3-dienes: Are They Useful Intermediates in Organic Synthesis?".

IV.M-3 W. Verboom and D.N. Reinhoudt, *Rec. Trav. Chim.*, 109, 311 (1990).

Review: "'Tert-amino Effect' in Heterocyclic Synthesis. Ring Closure Reactions of N,N-Dialkyl-1,3-dien-1-amines".

IV.M-4 G. Cardillo and M. Orena, *Tetrahedron*, 46, 3321 (1990).

Review: "Stereocontrolled Cyclofunctionalizations of Double Bonds through Heterocyclic Intermediates".

IV.M-5 T. Nozoe, *Heterocycles*, 30, 1263 (1990).

Review: "Cyclohepta[b][1,4]benzoxazine and its Related Compounds. Some Novel Aspects in Heterocyclic Chemistry".

IV.M-6 K. Undheim and T. Benneche, *Heterocycles*, 30, 1155 (1990).

Review: "Metallation and Metal-Assisted Bond Formation in P-Electron Deficient Heterocycles".

IV.M-7 A.I. Kuznetsov and N.S. Zefirov, *Russ. Chem. Rev.*, 58, 1033 (1989).

Review: "Azaadamantanes with Nitrogen Atoms in the Bridgehead Positions".

IV.M-8 E.A. Chernyshev and N.G. Komalenkova, *Russ. Chem. Rev.*, 58, 559 (1989).

Review: "The Thermal Gas-Phase Synthesis of Heterocyclic Compounds with One or Several Silicon Atoms in the Ring".

IV.M-9 B.A. Trofimov, *Russ. Chem. Rev.*, 58, 967 (1989).

Review: "Prospects for the Chemistry of Pyrrole".

IV.M-10 N. Kuhn, *Bull. Soc. Chim. Belg.*, 99, 707 (1990).

Lecture: "Pyrroles and Related Systems as P-Ligands in Coordination Chemistry".

IV.M-11 J. Zakrzewski, *Heterocycles*, 31, 383 (1990).

Review: "Reactions of the h[5]-Pyrrolyl Ligand: A New Challenge in the Chemistry of Pyrroles".

IV.M-12 H. Greuter et al., *Bull. Soc. Chim. Belg.*, 99, 647 (1990).

Lecture: "Fluorinated Heterocycles: Targets in the Search for Bioactive Compounds and Tools for their Preparation".

IV.M-13 B. Iddon, *Bull. Soc. Chim. Belg.*, 99, 673 (1990).

Lecture: "Synthesis and Reactions of 2H-Benzimidazole-2-Spirocyclohexanes: An Application of 'Umpolung'".

IV.M-14 G. L'abbe, *Bull. Soc. Chim. Belg.*, 99, 281, 391 (1990).

Review: "Molecular Rearrangements of 1H-1,2,3 Triazoles and 1,2,3-Thiadizoles".

IV.M-15 G. Fischer, *Z. Chem.*, 30, 305 (1990).

Review: "Synthesis and Properties of *s*-Triaolo[1,5-a] pyrimidines".

IV.M-16 K.T. Potts, *Bull. Soc. Chim. Belg.*, 99, 741 (1990).

Lecture: "α,α'-Oligopyridines: A Source of New Materials".

IV.M-17 R.M. Kellogg et al., *Bull. Soc. Chim. Belg.*, 99, 703 (1990).

Lecture: "Macroheterocycles: Synthesis and Applications as Complexing Agents, Enzyme Mimics and Catalysts".

IV.M-18 F. Mathey, *J. Organomet. Chem.*, 400, 149 (1990).

Review: "From Phosphorus Heterocycles to Phosphorus Analogues of Unsaturated Hydrocarbon-Transition Metal P-Complexes".

IV.M-19 F. Mathey, *Chem. Rev*, 90, 997 (1990).

Review: "Chemistry of 3-Membered Carbon-Phosphorus Heterocycles".

IV.M-20 A. Krutosikova, *Coll. Czech. Chem. Commun.*, 55, 597 (1990).

Review: "Synthesis and Reactions of Condensed Furan Derivatives".

IV.M-21 J. Rebek, Jr., *Heterocycles*, 30, 707 (1990).

Review: "Heterocycles and Molecular Recognition".

IV.M-22 T.P. Wijesekera and D. Dolphin, *Synlett*, 235 (1990).

Review: "1-Bromo-19-methylbiladiene-a1; Useful Precursors to Porphyrins".

IV.M-23 S. Kanemasa and O. Tsuge, *Heterocycles*, 30, 719 (1990).

Review: "Recent Advances in Synthetic Applications of Nitrile Oxide Cycloaddition (1981-1989)".

IV.M-24 M.A. Miranda et al., *Heterocycles*, 31, 751 (1990).

Review: "Photochemistry of 2(3$\underline{H}$)- and 2(5$\underline{H}$)-Furanones".

IV.M-25 W.M. Dai and Y. Nagao, *Heterocycles*, 30, 1231 (1990).

Review: "Recent Progress in Asymmetric Synthesis of Pyrrolizidines".

IV.M-26 H. Yamanaka et al., *Heterocycles*, 31, 923 (1990).

Review: "Pyrimide N-Oxides: Synthesis, Structures, and Chemical Properties".

IV.M-27 E.C. Taylor, *J. Heterocyclic Chem.*, 27, 1 (1990).

Lecture: "New Pathways for Pteridines. Design and Synthesis of a New Class of Potent and Selective Antitumor Agents".

IV.M-28 F. Freeman, *Heterocycles*, 31, 701 (1990).

Review: "The Chemistry of 4H-1,3-Dithiins".

IV.M-29 C. Kaneko et al., *J. Heterocyclic Chem.*, 27, 25 (1990).

Lecture: "1,3-Dioxin-4-ones as Versatile Intermediates for Organic Synthesis".

V
PROTECTING GROUPS

V.A. Hydroxyl Protecting Groups

V.A-1 K.C. Agrawal et al., *J. Med. Chem.*, 33, 1505 (1990); A.P.G. Kieboom et al., *Rec. Trav. Chim.*, 109, 429 (1990); C. Meier and G. Boche, *Chem. Ber.*, 123, 1691, 1699 (1990).

$$\text{HO-[thymidine-N}_3\text{]} \xrightarrow[\text{DMAP}]{RCO_2H, DCC} RCO_2\text{-[thymidine-N}_3\text{]}$$

50-70%

V.A-2 J. Ehrler and D. Seebach, *Liebigs Ann. Chem.*, 379 (1990); H.A. Al-Lohedan and M.I. Al-Hassan, *Bull. Chem. Soc. Jpn.*, 63, 2997 (1990); K. Naemura et al., *ibid.*, 63, 1010 (1990); D.R. Leslie and S. Pandelidis, *Aust. J. Chem.*, 43, 937 (1990).

$$(RCO_2)_2CH\text{-}CO_2Et \xrightarrow[\text{Phosphate buffer}]{\text{Lipase}} \begin{array}{c}RCO_2\\HO\end{array}\!\!\!\!CH\text{-}CO_2Et$$

<17-36%, (65-70% e.e.)

V.A-3 A.D. Cort, *Synth. Commun.*, 20, 757 (1990); C. Montginoul et al., *Bull. Soc. Chim. Belg.*, 99, 147 (1990).

$$ROSi(Me)_2R^1 \xrightarrow[\substack{\text{MeCN}\\\text{rt, 1min}}]{FeCl_3 \text{ or } SnCl_2} ROH$$

85-99%

V.A-4 V. Nair and G.S. Buenger, *Org. Prep. Proced. Int.*, 22, 57 (1990); J.R. Hwu et al., *Chem. Ber.*, 123, 1667 (1990).

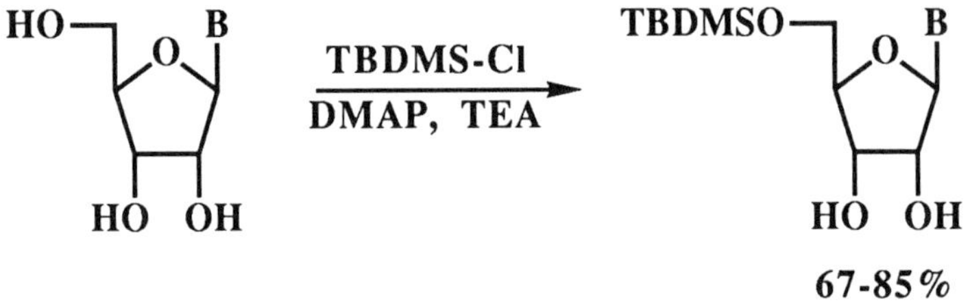

HO—⟨O⟩—B →[TBDMS-Cl / DMAP, TEA] TBDMSO—⟨O⟩—B
    HO OH   HO OH
                                           67-85%

V.A-5 J. Mulzer and B. Schollhorn, *Angew. Chem., Int. Ed. Engl.*, 29, 431 (1990).

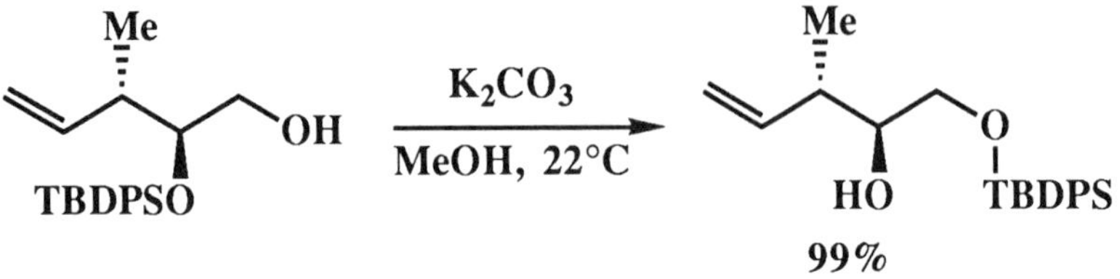

→[K$_2$CO$_3$ / MeOH, 22°C] 99%

V.A-6 J.C. Craig and E.T. Everhart, *Synth. Commun.*, 20, 2147 (1990).

A convenient procedure for isolation of alcohols after cleavage of SEM group with Bu$_4$NF

V.A-7 C. Bleasdale, B.T. Golding et al., *J. Chem. Soc. Perkin 1*, 803 (1990); B.D. Gildea et al., *Tetrahedron Lett.*, 31, 7095 (1990).

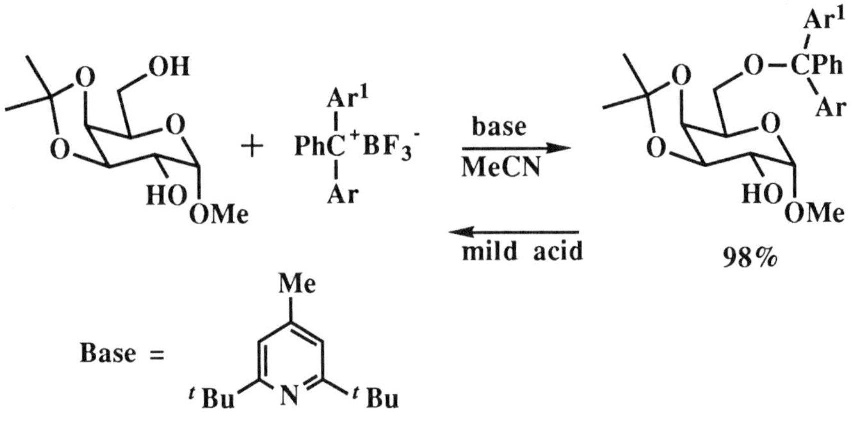

+ PhC$^+$BF$_3^-$ →[base / MeCN] ←[mild acid] 98%
        |
        Ar

Base = 2,6-di-tBu-4-Me-pyridine

PROTECTING GROUPS 353

V.A-8 A. Loupy and M. Majdoub, *Org. Prep. Proced. Int.*, 22, 99 (1990).

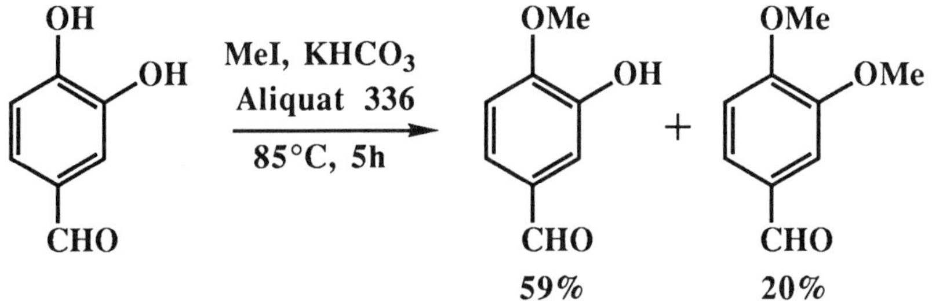

[Reaction: 2,3-dihydroxybenzaldehyde (OH, OH, CHO) with MeI, KHCO$_3$, Aliquat 336, 85°C, 5h → 2-hydroxy-3-methoxybenzaldehyde (OMe, OH, CHO) 59% + 2,3-dimethoxybenzaldehyde (OMe, OMe, CHO) 20%]

V.A-9 J.R. Hwu and S.-C. Tsay, *J. Org. Chem.*, 55, 5987 (1990); R.W. Binkley and D.G. Hehemann, *ibid.*, 55, 378 (1990); S. Ozaki et al., *Chem. Lett.*, 1881 (1990).

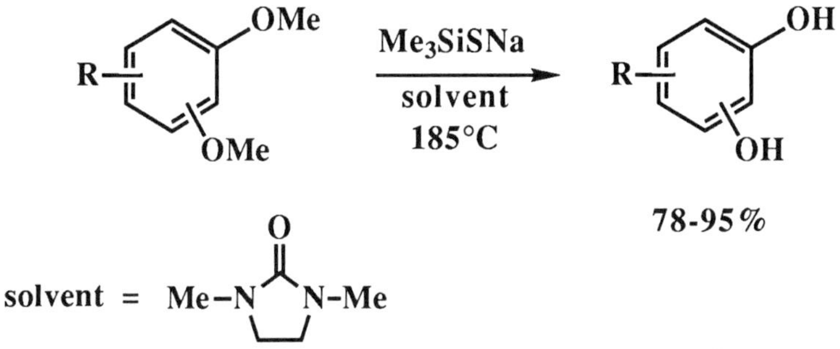

[Reaction: R-aryl-1,4-bis(OMe) with Me$_3$SiSNa, solvent, 185°C → R-aryl-1,4-bis(OH), 78-95%]

solvent = Me–N(C(=O))N–Me (1,3-dimethyl-2-imidazolidinone)

V.A-10 F.E. Ziegler et al., *J. Og. Chem.*, 55, 369 (1990); G. Berti et al., *Tetrahedron*, 46, 5365 (1990).

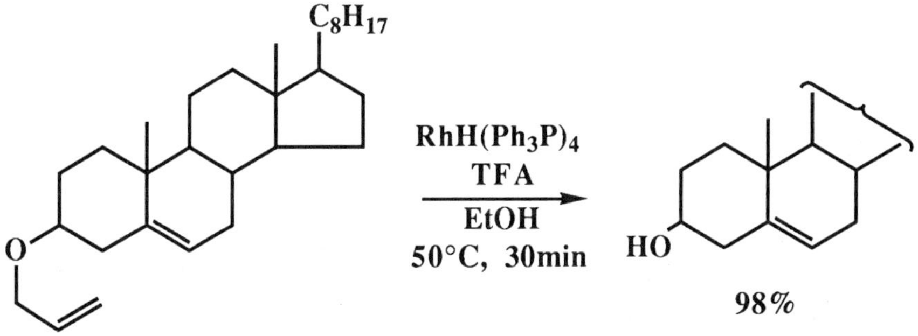

[Reaction: cholesteryl allyl ether (C$_8$H$_{17}$ side chain) with RhH(Ph$_3$P)$_4$, TFA, EtOH, 50°C, 30min → cholesterol (HO), 98%]

V.A.1-11 G.J.P.H. Boons et al., *Tetrahedron Lett.*, 31, 2197 (1990).

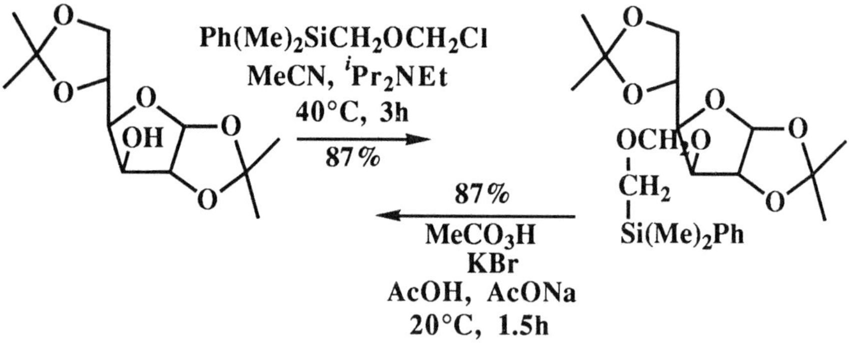
Ph(Me)2SiCH2OCH2Cl
MeCN, iPr2NEt
40°C, 3h
87%
87%
MeCO3H
KBr
AcOH, AcONa
20°C, 1.5h
OH
OCH2O
CH2
Si(Me)2Ph

V.A.1-12 H. Schick et al., *J. Prakt. Chem.*, 332, 191 (1990); N. Latruffe et al., *Org. Prep. Proced. Int.*, 22, 540 (1990); S. Jain et al., *Chem. Ind.*, 576 (1990); N.S. Mani, *Ind. J. Chem.*, 28B, 602 (1989).

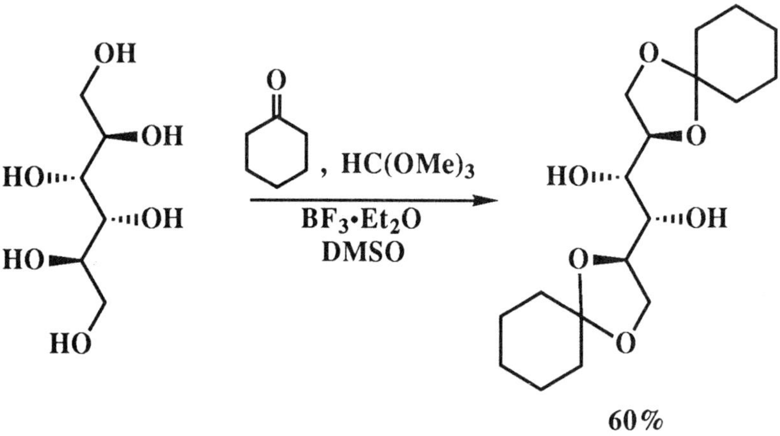
, HC(OMe)3
BF3•Et2O
DMSO
60%

V.A.1-13 R.K. Dieter and R. Datar, *Org. Prep. Proced. Int.*, 22, 63 (1990).

$$\text{ROH} \xrightarrow[\text{TosOH, CH}_2\text{Cl}_2]{\text{CH}_2(\text{OMe})_2} \text{ROCH}_2\text{OMe} \xrightarrow[\text{TosOH, CH}_2\text{Cl}_2]{\text{PhSH}} \text{ROCH}_2\text{SPh}$$

62-94% <5-81%

PROTECTING GROUPS

V.A-14 R. Cruz-Almanza et al., *Synth. Connun.*, 20, 1125 (1990).

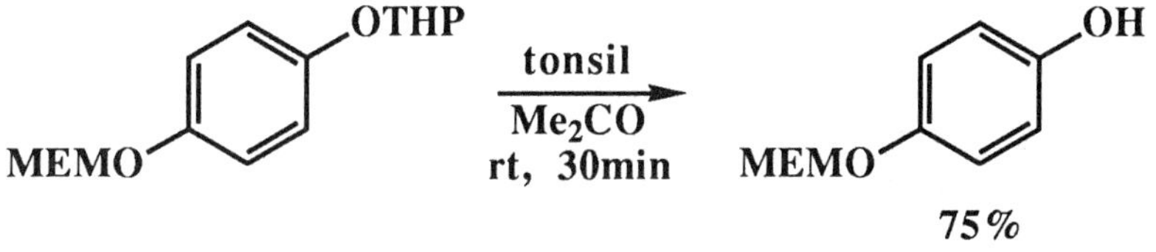

MEMO-C6H4-OTHP $\xrightarrow[\text{rt, 30min}]{\text{tonsil} \atop \text{Me}_2\text{CO}}$ MEMO-C6H4-OH

75%

tonsil = commercially available Mexican Bentonite earth

V.A-15 A.B. Holmes et al., *Tetrahedron Lett.*, 31, 2633 (1990).

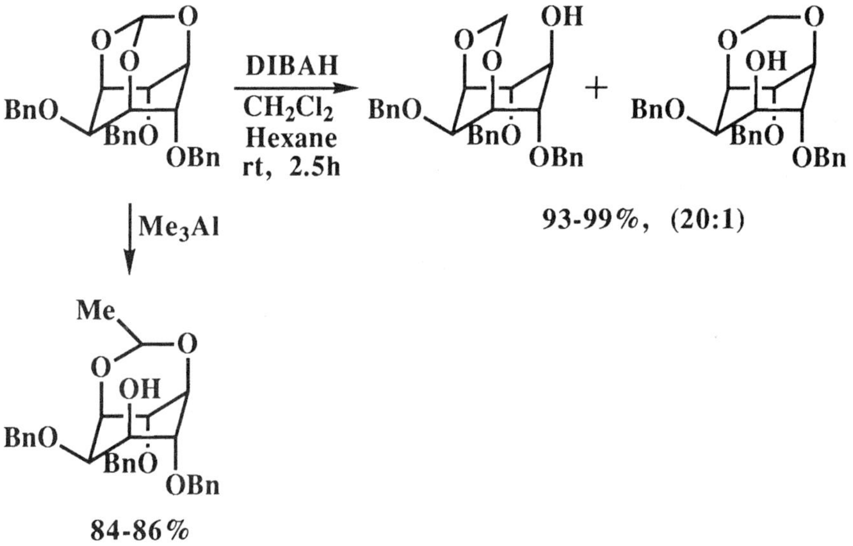

$\xrightarrow[\text{rt, 2.5h}]{\text{DIBAH} \atop \text{CH}_2\text{Cl}_2 \atop \text{Hexane}}$

93-99%, (20:1)

↓ Me₃Al

84-86%

V.A-16 Y. Chapleur et al., *Synth. Commun.*, 20, 1589 (1990).

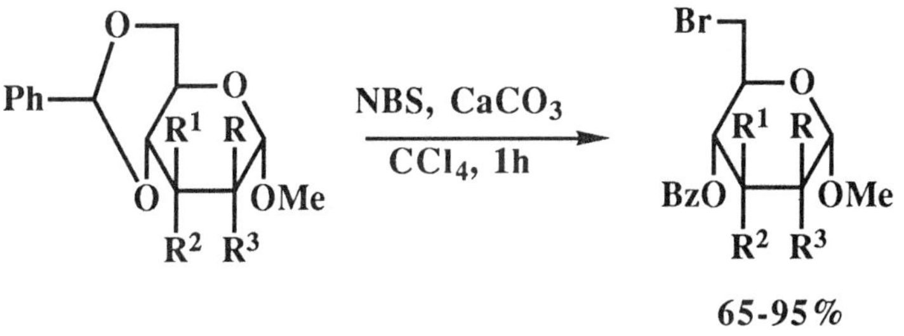

$\xrightarrow[\text{CCl}_4, 1\text{h}]{\text{NBS, CaCO}_3}$

65-95%

V.A-17 M. Blac-Muesser et al., *Tetrahedron Lett.*, 31, 3869 (1990).

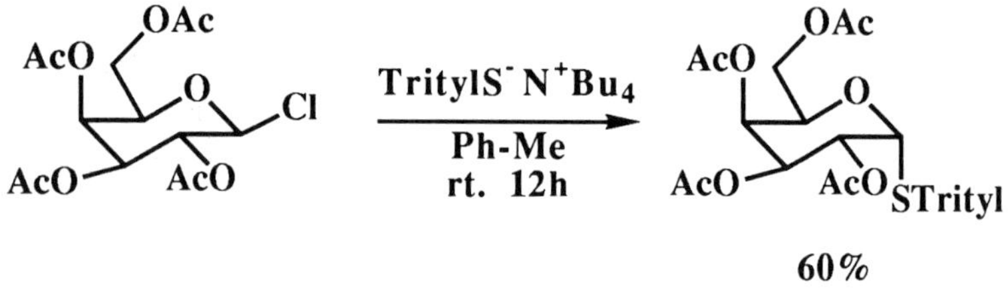

[Reaction: tetraacetyl glycosyl chloride + TrityIS⁻ N⁺Bu₄, Ph-Me, rt, 12h → tetraacetyl glycosyl STrityl, 60%]

V.B. Amine Protecting Groups

V.B-1 A.P. Davis et al., *Tetrahedron Lett.*, *31*, 6721, 6725 (1990).

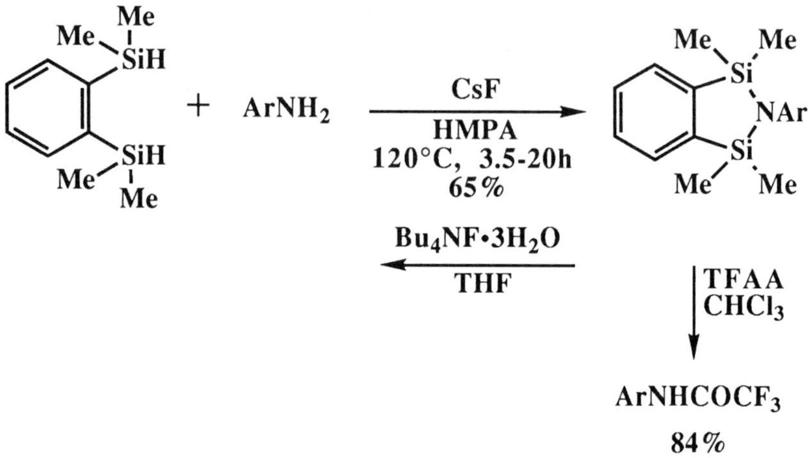

[Reaction: 1,2-bis(dimethylsilyl)benzene + ArNH₂, CsF, HMPA, 120°C, 3.5-20h, 65% → benzodisilazole; Bu₄NF·3H₂O / THF (reverse); TFAA / CHCl₃ → ArNHCOCF₃, 84%]

V.B-2 S. Knapp et al., *Tetrahedron Lett.*, 31, 2109 (1990).

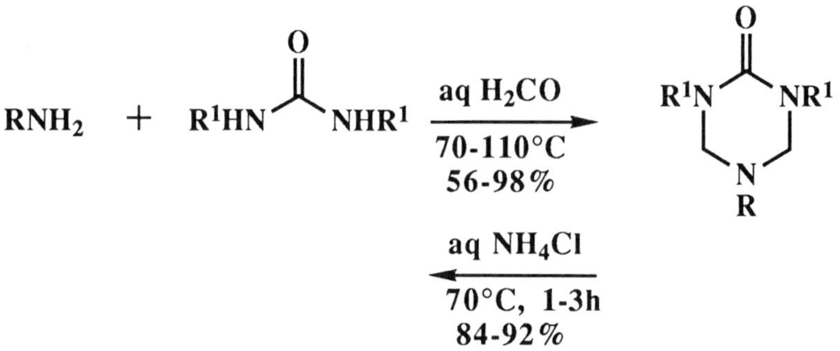

[Reaction: RNH₂ + R¹HN-C(=O)-NHR¹, aq H₂CO, 70-110°C, 56-98% → triazinone; aq NH₄Cl, 70°C, 1-3h, 84-92% (reverse)]

V.B-3 S. Ozaki et al., *Chem. Lett.*, 339 (1990) and *Bull. Chem. Soc. Jpn.*, 63, 3356 (1990).

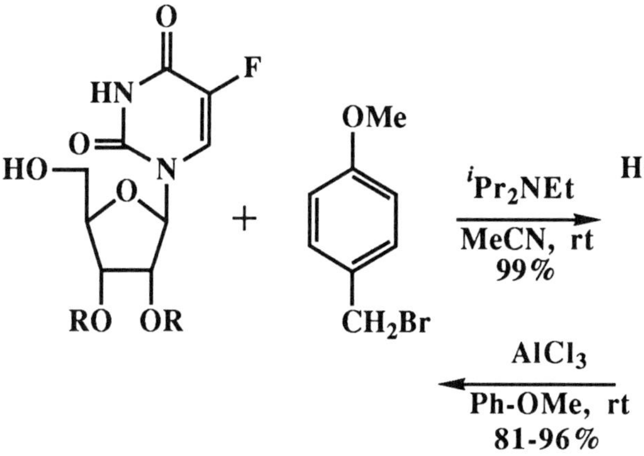

V.B-4 L.A. Carpino et al., *J. Org. Chem.*, 55, 251 (1990).

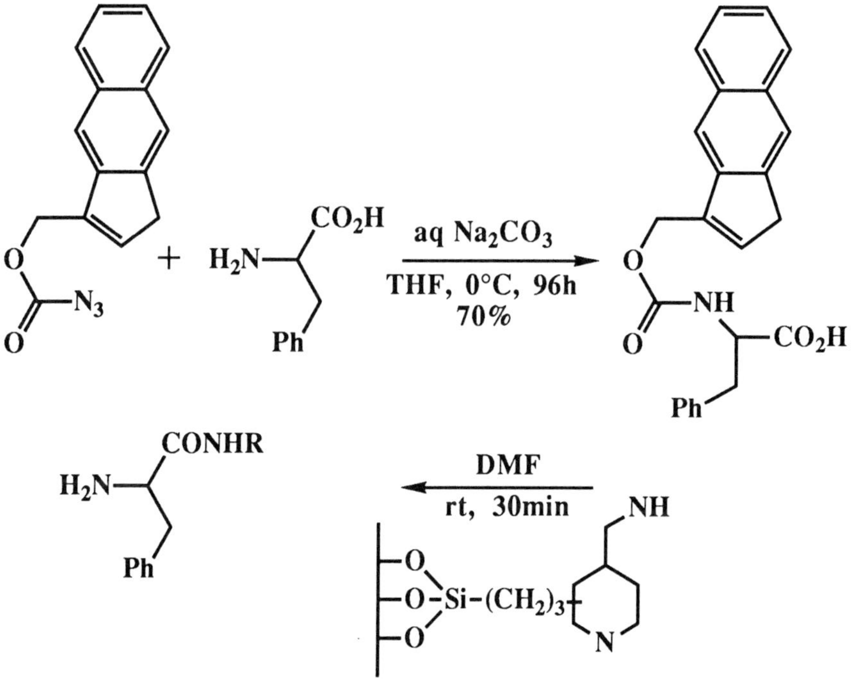

V.B-5 A. Andrus et al., *Tetrahedron Lett.*, 31, 7269 (1990).

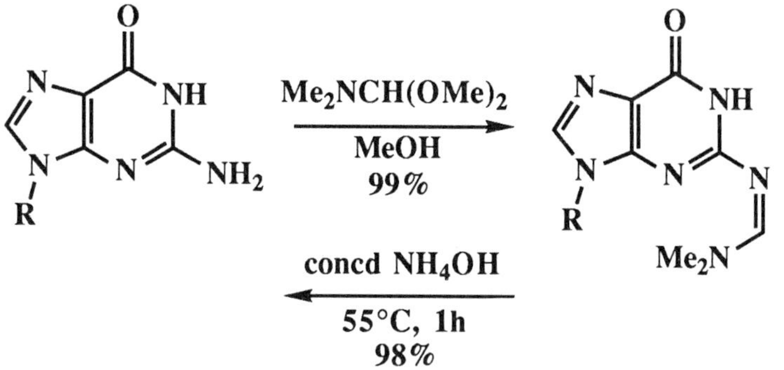

$$\text{guanine derivative} \xrightarrow[\text{MeOH}]{\text{Me}_2\text{NCH(OMe)}_2, 99\%} \text{N-(dimethylamino)methylene guanine} \xrightarrow[\text{55°C, 1h, 98\%}]{\text{concd NH}_4\text{OH}} \text{guanine derivative}$$

V.B-6 R. Mornet et al., *Tetrahedron Lett.*, 31, 5757 (1990); R. Bernotas and R. Cube, *Synth. Commun.*, 20, 1209 (1990).

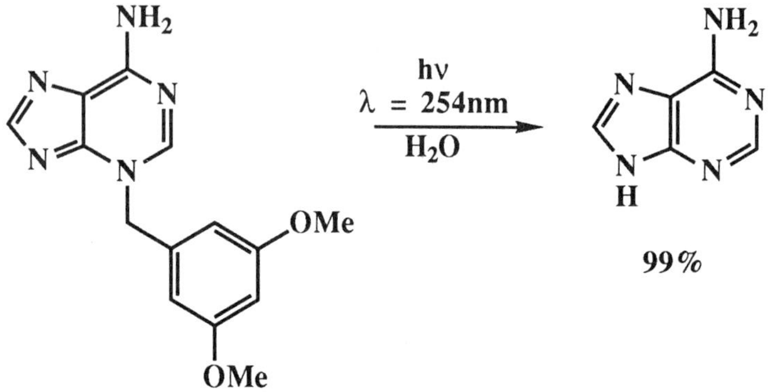

$$\text{9-(3,5-dimethoxybenzyl)adenine} \xrightarrow[\text{H}_2\text{O}]{h\nu, \lambda = 254\text{nm}} \text{adenine}, 99\%$$

V.B-7 D.S. Bose and D.E. Thurston, *Tetrahedron Lett.*, 31, 6903 (1990).

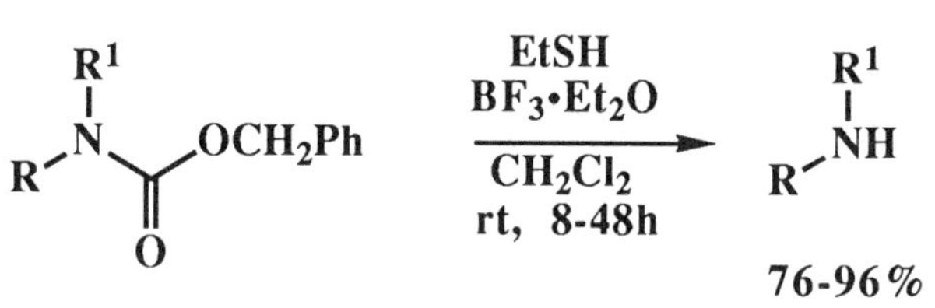

$$R\text{-N}(R^1)\text{-C(O)-OCH}_2\text{Ph} \xrightarrow[\text{CH}_2\text{Cl}_2, \text{rt, 8-48h}]{\text{EtSH, BF}_3\cdot\text{Et}_2\text{O}} R\text{-NH-}R^1, \quad 76\text{-}96\%$$

V.B-8 Y. Kiso et al., *Chem. Pharm. Bull.*, <u>38</u>, 270 (1990).

Methanesulfonic acid system [0.5M MSA in CH_2Cl_2/dioxane (9:1)] is superior to TFA systems for Boc-N cleavage in solid phase synthesis.

V.B.-9 M. Goeldner, C. Hirth et al., *Synthesis*, 1065 (1990).

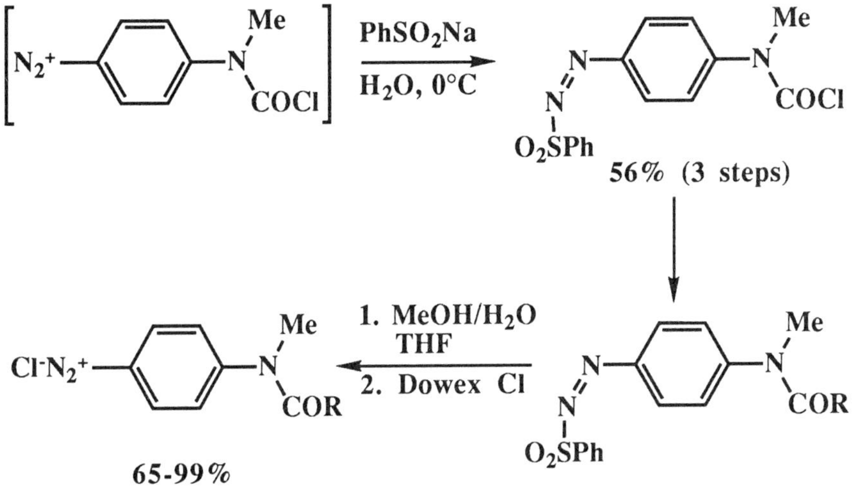

$$\left[N_2^+ -\!\!\!\bigcirc\!\!\!- N\!\!\begin{array}{c}Me\\COCl\end{array} \right] \xrightarrow[H_2O,\ 0°C]{PhSO_2Na}$$

PhO₂S–N=N–⟨⟩–N(Me)(COCl)

56% (3 steps)

1. MeOH/H₂O, THF
2. Dowex Cl

Cl⁻N₂⁺–⟨⟩–N(Me)(COR)   ←   PhO₂S–N=N–⟨⟩–N(Me)(COR)

65-99%

V.C. Carboxyl Protecting Groups

V.C-1 S.-E. Yoo et al., *Tetrahedron Lett.*, <u>31</u>, 5913 (1990).

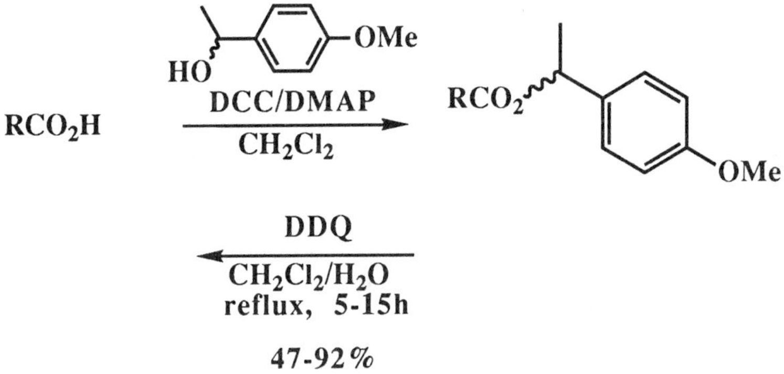

RCO_2H + HO-CH(Me)-C₆H₄-OMe →[DCC/DMAP, CH_2Cl_2]→ RCO_2-CH(Me)-C₆H₄-OMe

←[DDQ, CH_2Cl_2/H_2O, reflux, 5-15h]

47-92%

V.C-2 M. Green and J. Berman, *Tetrahedron Lett.*, 31, 5851 (1990).

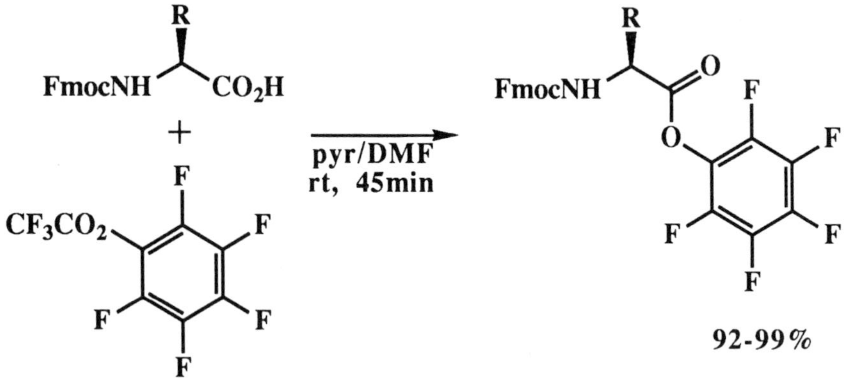

FmocNH–CHR–CO$_2$H + CF$_3$CO$_2$–C$_6$F$_5$ $\xrightarrow[\text{rt, 45min}]{\text{pyr/DMF}}$ FmocNH–CHR–CO–O–C$_6$F$_5$

92-99%

V.C-3 J.L. Torres et al., *Chem. Commun.*, 965 (1990).

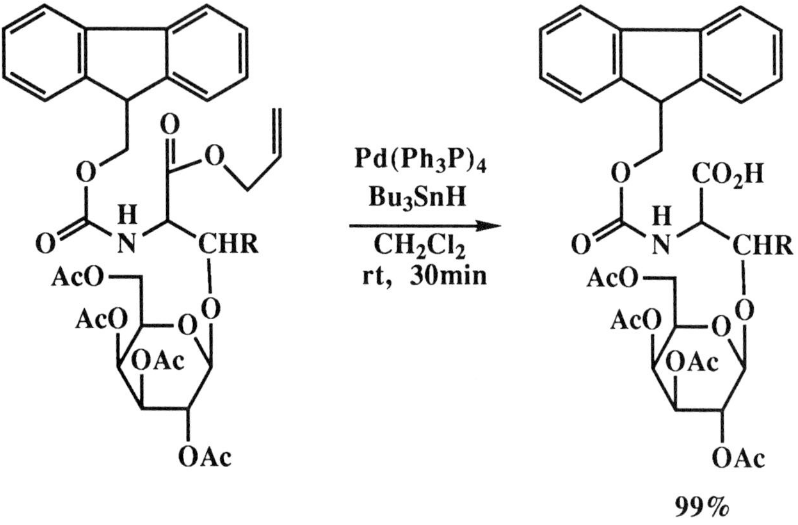

$\xrightarrow[\text{CH}_2\text{Cl}_2 \text{ rt, 30min}]{\text{Pd(Ph}_3\text{P)}_4 \text{ Bu}_3\text{SnH}}$

99%

V.C-4 D. Hagiwara et al., *Tetrahedron Lett.*, 31, 6539 (1990).

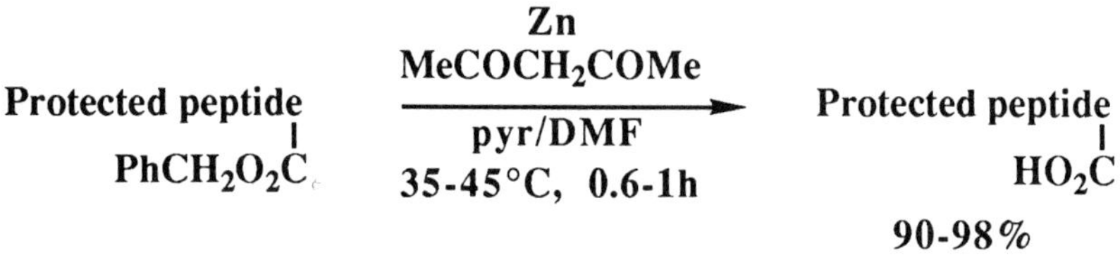

Protected peptide–CO$_2$CH$_2$Ph $\xrightarrow[\text{pyr/DMF, 35-45°C, 0.6-1h}]{\text{Zn, MeCOCH}_2\text{COMe}}$ Protected peptide–CO$_2$H

90-98%

V.D. Protecting Groups for Aldehydes and Ketones

V.D-1 Y.-Z. Huang et al., *Chem. Commun.*, 493 (1990).

$$RCHO + (R^1O)_3Sb \xrightarrow[80°C, \ 2\text{-}6h]{H_2C=CHCH_2Br} RCH(OR^1)_2$$

85-98%

Chemoselective in presence of ketones

V.D-2 M. Shibagaki et al., *Bull. Chem. Soc. Jpn.*, 63, 1258 (1990).

$$RCHO + HOCH_2CH_2OH \xrightarrow[Ph\text{-}H]{hydrous \ ZnO} R\overset{O}{\underset{O}{\diagdown}}$$

65-98%

V.D-3 G.A. Olah et al., *Synthesis*, 104 (1990).

$$RSH + Me_3SiN\diagup\diagdown N \xrightarrow[2. \ R^1\underset{O}{\diagup}R^2, \ 90min]{1. \ Me_3SiOTf \ rt, \ 3\text{-}5min} \underset{RS}{\overset{R^1}{\diagdown}}\underset{OTMS}{\overset{R^2}{\diagup}}$$

81-94%

V.D-4 L. Garlaschelli and G. Vidari, *Tetrahedron Lett.*, 31, 5815 (1990).

$$\underset{R}{\overset{R^1}{\diagdown}}=O + \underset{HS}{\overset{HS}{\diagdown}} \xrightarrow[\substack{CH_2Cl_2 \\ 1\text{-}96h}]{LaCl_3} \underset{R}{\overset{R^1}{\diagdown}}\underset{S}{\overset{S}{\diagup}}$$

25-93%

V.D-5 K. Saigo et al., *Chem. Lett.*, 831 (1990); R. Ballini and M. Petrini, *Synthesis*, 336 (1990); G. Mousset et al., *Tetrahedron Lett.*, 31, 2599(1990).

$$\underset{R}{\overset{R^2S}{\diagdown}}\underset{R^1}{\overset{SR^2}{\diagup}} \xrightarrow[\text{CH}_2\text{Cl}_2/\text{H}_2\text{O}]{\text{GaCl}_3} \underset{R}{\overset{O}{\diagdown}}\underset{R^1}{\overset{\|}{\diagup}}$$

rt, 10min-24h

71-99%

V.D-6 J.G. Lee et al., *Tetrahedron Lett.*, 31, 6677 (1990).

$$\underset{R}{\overset{R^1}{\diagdown}}=\text{NOH} \xrightarrow[\text{CCl}_4]{\text{NaNO}_2,\ \text{Me}_3\text{SiCl}\ \text{Aliquat 336}} \underset{R}{\overset{R^1}{\diagdown}}=\text{O}$$

rt, 3-5h

64-98%

V.E. Amino Acid Protection

V.E-1 H. Paulsen et al., *Liebigs Ann. Chem.*, 719 (1990).

$$\underset{H_2N}{\overset{R}{\diagdown}}\underset{CO_2H}{\overset{OH}{\diagup}} \xrightarrow{\text{AlocCl}} \underset{AlocHN}{\overset{R}{\diagdown}}\underset{CO_2H}{\overset{OH}{\diagup}}$$

AlocCl = allyloxycarbonyl chloride

71-72%

V.E-2 C.N.C. Drey et al., *J. Chem. Soc. Perkin 1*, 1753 (1990).

$$\underset{NH_2}{\overset{HS\diagdown\diagup CO_2H}{}} \xrightleftharpoons[\underset{\text{THF}}{\text{Hg}^+,\ 5\text{min}}]{\underset{\text{rt, overnight}}{\overset{F_cCH_2OH,\ TFA}{\text{Me}_2\text{CO/H}_2\text{O}}}} \underset{NH_2}{\overset{F_cCH_2S\diagdown\diagup CO_2H}{}}$$

96%

V.E-3 M.J.O. Anteunis et al., *Bull. Soc. Chim. Belg.*, 99, 779 (1990); K. Gunnarsson and U. Ragnarsson, *Acta Chem. Scand.*, 44, 944 (1990).

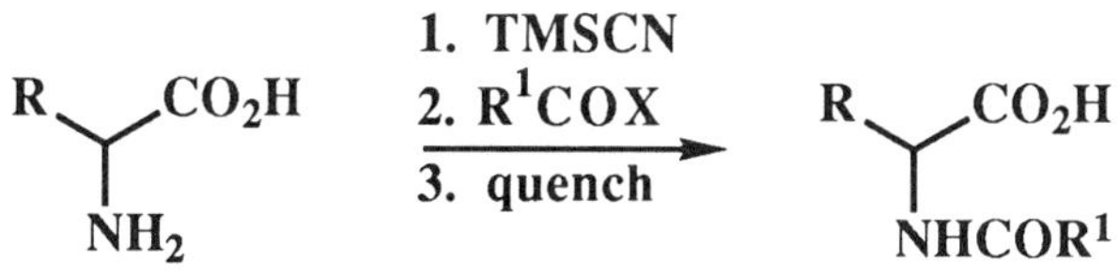

R-CH(NH$_2$)-CO$_2$H $\xrightarrow{\text{1. TMSCN} \atop \text{2. R}^1\text{COX} \atop \text{3. quench}}$ R-CH(NHCOR^1)-CO$_2$H

V.E-4 M. Patek and M. Lebl, *Tetrahedron Lett.*, 31, 5209 (1990).

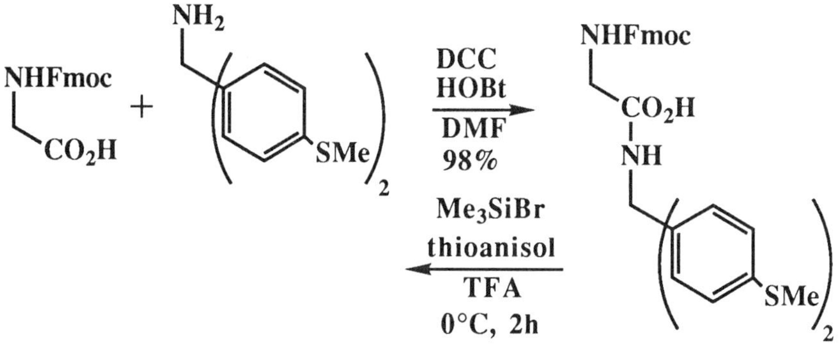

V.E-5 Y. Kiso et al., *Chem. Pharm. Bull*, 38, 673, 1551 (1990).

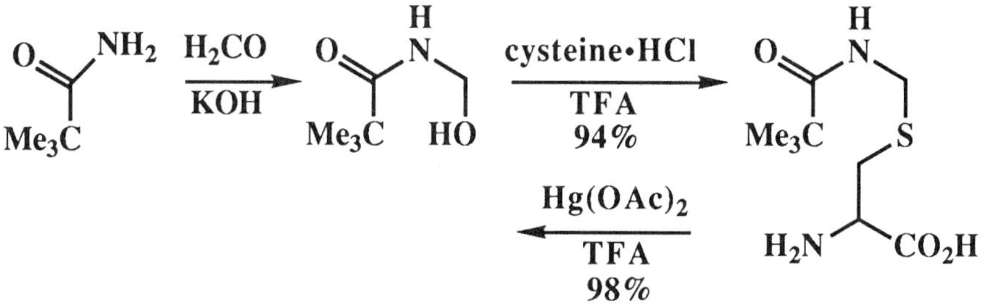

V.E-6 R. Dolling et al., *Coll. Czech. Chem. Commun.*, 55, 1792 (1990).

An efficient, mild acidolytic deprotection procedure for Boc/Bzl-based solid phase peptide synthesis.

V.F. Other Protecting Groups

V.F-1 R.I. Ngochindo, *J. Chem. Soc. Perkin 1*, 1645 (1990).

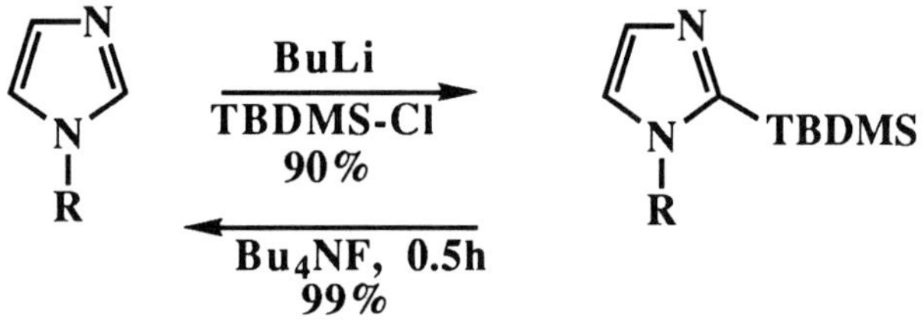

V.F-2 C.J. Palmer and J.E. Casida, *Tetrahedron Lett.*, 31, 2857 (1990).

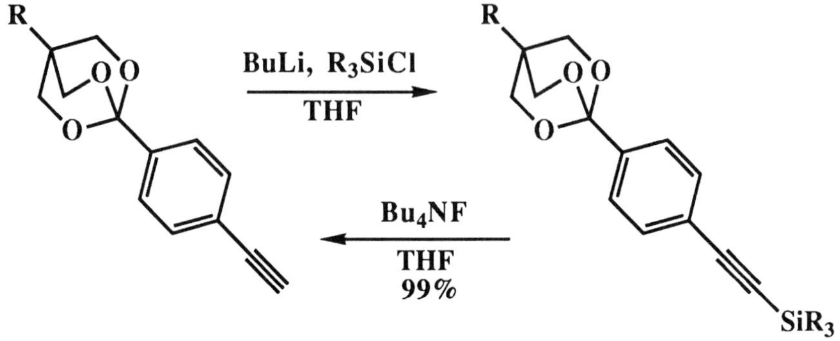

V.F-3 G.M. Porritt and C.B. Reese, *Tetrahedron Lett.*, 31, 1319 (1990).

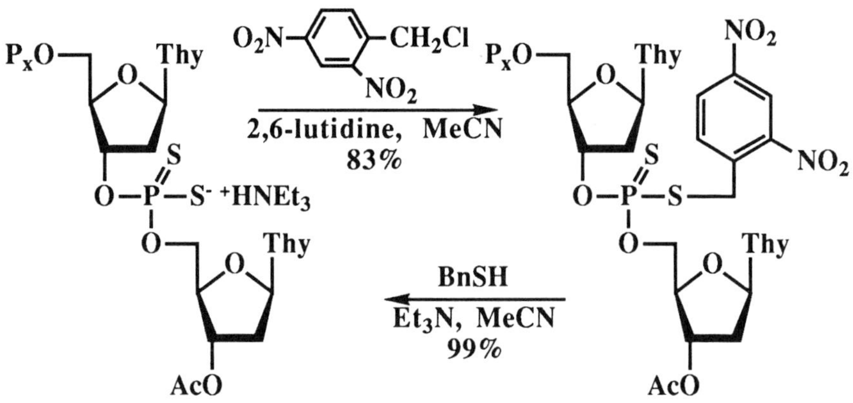

VI
USEFUL SYNTHETIC PREPARATIONS

VI.A. Functional Group Preparations

VI.A.1. Acids and Anhydrides

(see also I.G.2)

VI.A.1-1 N. Gatti et al., *Synthesis,* 207 (1990).

$$ArCH_2Cl \xrightarrow[^tBuOH]{Ni\text{-anode}/OH^-} ArCO_2H$$
$$70\text{-}96\%$$

VI.A.1-2 J.P. Genet et al., *Tetrahedron Lett.*, 31, 5023 (1990).

$$\underset{R}{\overset{O}{\triangle}}CH_2OH \xrightarrow[\text{MeCN}]{\underset{RuCl_3\cdot 3H_2O}{NaIO_4}} \underset{R}{\overset{O}{\triangle}}CO_2H$$
$$65\text{-}86\%$$

VI.A.1-3 G.W. Kabalka et al., *Synth. Commun.*, 20, 1617 (1990).

$$RCH_2OH \xrightarrow[CCl_4/^tBuOH]{\underset{\text{concd HCl}}{Ca(OCl)_2/H_2O}} RCO_2H$$
$$62\text{-}82\%$$

VI.A.1-4 Y. Watanabe et al., *Chem. Commun.*, 927 (1990).

$$RCHO \xrightarrow[CH_2Cl_2,\ -78°C]{\underset{m\text{-CPBA}}{Fe^{III}(pfpp)Cl}} RCO_2H$$
$$36\text{-}99\%$$

pfpp = 5,10,15,20-tetrakis(pentafluorophenyl)porphyrin

VI.A.1-5 Y. LeFloc'h et al., *Synth. Commun.*, 20, 937 (1990); J.P. Bayle et al., *Bull. Soc. Chim. Fr.*, 127, 565 (1990).

$(MeO)_2HC$—CH=CH—CHO $\xrightarrow{\text{NaClO}_2, \text{NaH}_2\text{PO}_4, \text{DMSO/H}_2\text{O}}$ $(MeO)_2HC$—CH=CH—CO_2H

50%

VI.A.1-6 A.R. Katritzky et al., *Synthesis*, 667 (1990).

benzotriazole-NH $\xrightarrow{\begin{array}{c}1.\ CHCl_3,\ NaOH,\ Bu_4NBr\\ 2.\ BuLi,\ THF,\ -78°C,\ 5h\\ 3.\ E^+\end{array}}$ (benzotriazole-N)$_3$CE $\xrightarrow[50°C,\ 48h]{H_2SO_4,\ THF}$ ECO_2H

VI.A.1-7 T. Tsunoda et al., *Tetrahedron Lett.*, 31, 731 (1990).

R—C(=O)—NHR^1 + AcO—CMe$_2$—C(=O)—Cl $\xrightarrow[\text{rt, 1-19h}]{\text{DMAP, TEA, CH}_2\text{Cl}_2}$ R—C(=O)—NR^1—C(=O)—CMe$_2$—OAc $\xrightarrow{\text{LiOH, THF/H}_2\text{O}}$ RCO_2H

71-89%

VI.A.1-8 H. Spreitzer, *Monatsh. Chem.*, 121, 847 (1990).

camphor-2,3-dione $\xrightarrow[\text{rt, 1.5h}]{6N\ NaOH}$ cyclohexanone-CH_2CO_2H derivative

96%

VI.A.2. Alcohols

(see also II.B.1, III.A)

VI.A.2-1 M.S. Motawia and E.B. Pedersen, *Liebigs Ann. Chem.*, 1137 (1990).

RO―⟨O⟩―OMe (OH) $\xrightarrow[\text{CH}_2\text{Cl}_2, \text{rt}]{\text{CrO}_3 \text{ pyr}, \text{Ac}_2\text{O}}$ RO―⟨O⟩―OMe (=O) $\xrightarrow[\text{EtOH, 0°C}]{\text{NaBH}_4}$ RO―⟨O⟩―OMe (OH) 90%

VI.A.1-2 J. Park and S.F. Pedersen, *J. Org. Chem.*, 55, 5924 (1990).

$\text{Ph}_2\text{P}(=O)\text{-CHR}^{''}\text{R}^1\text{-CHO}$ + R^2CHO $\xrightarrow[\text{1-2d}]{\text{cat.}}$ $\text{Ph}_2\text{P}(=O)\text{-CHR}^{''}\text{R}^1(\text{OH})\text{-CHR}^2(\text{OH})$ $\xrightarrow[\substack{\text{THF} \\ \text{reflux} \\ \text{20-60min}}]{\text{NaH}}$ R,R¹C=C(R²)OH

32-94%   77-98%

cat. = $[\text{V}_2\text{Cl}_3(\text{THF})_6]_2[\text{Zn}_2\text{Cl}_6]$

VI. A.2-3 M.A. Schwegler and H. van Bekkum, *Bull. Soc. Chim. Belg.*, 99, 113 (1990).

$\xrightarrow[\substack{\text{Me}_2\text{CO}/\text{H}_2\text{O} \\ 50°\text{C, 6h}}]{\text{H}_2\text{O, HPA}}$ ≲35%

HPA = heteropoly acid

VI.A.2-4 G.W. Kabalka et al., *Organometallics*, 9, 1316 (1990); T. Harada, A. Oku et al., *Chem. Commun.*, 21 (1990).

$$C_4H_9CH=CH_2 \xrightarrow{BH_3 \cdot THF} (C_6H_{13})_3B \xrightarrow[Na_2CO_3]{H_2O_2} C_6H_{13}OH \quad 94\%$$

VI.A.2-5 S. Isayama, *Bull. Chem. Soc. Jpn.*, 63, 1305 (1990).

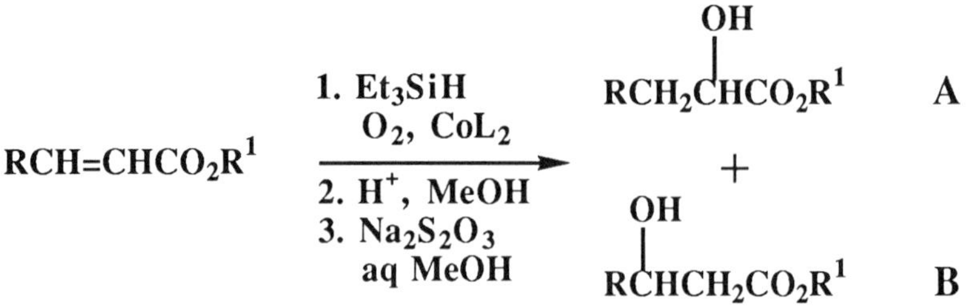

$$RCH=CHCO_2R^1 \xrightarrow[\substack{2.\ H^+,\ MeOH \\ 3.\ Na_2S_2O_3 \\ aq\ MeOH}]{\substack{1.\ Et_3SiH \\ O_2,\ CoL_2}} \begin{array}{l} RCH_2\overset{OH}{\underset{|}{C}}HCO_2R^1 \quad A \\ + \\ R\overset{OH}{\underset{|}{C}}HCH_2CO_2R^1 \quad B \end{array}$$

	A	B
R = H, alkyl →	good yields	minor
R = Ph →	0%	82%

VI.A.2-6 M. Morisaki et al., *Chem. Pharm. Bull.*, 38, 1796 (1990).

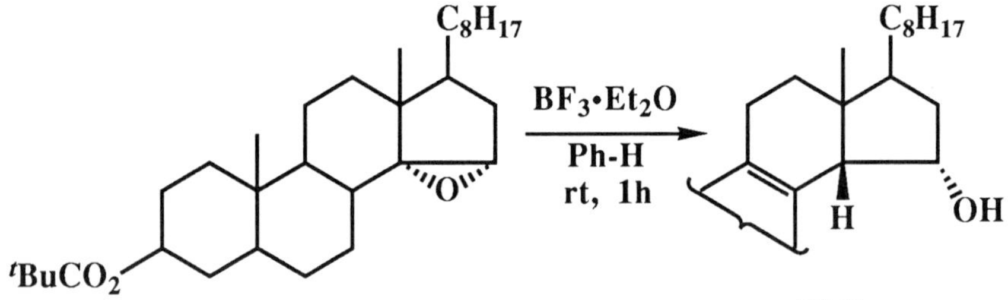

$$\xrightarrow[\substack{Ph-H \\ rt,\ 1h}]{BF_3 \cdot Et_2O} \quad 75\%$$

VI.A.2-6 J.S. Yadav et al., *Tetrahedron*, 46, 7033 (1990).

$$\underset{R^1}{\overset{R}{\diagdown}}\overset{O}{\underset{}{\diagup}}CH_2Cl \quad \xrightarrow[-33°C,\ 1h]{LiNH_2/NH_3} \quad \underset{R^1}{\overset{R}{\diagdown}}C(OH)-C\equiv CH$$

72-80%

VI.A.3. Alkyl and Aryl Halides

(see also II.B.2)

VI.A.3-1 S. Kajigaeshi et al., *Bull. Chem. Soc. Jpn.*, 63, 941, 3033 (1990); M. Schlosser et al., *Tetrahedron*, 46, 4255, 4247 (1990); R. Sauvetre et al., *J. Organomet. Chem.*, 394, 37 (1990); J.K. Stille and M.P. Sweet, *Organometallics*, 9, 3189 (1990); A.A. Kolomeitsev et al., *J. Org. Chem. (USSR)*, 26, 984 (1990).

[2,6-dimethylacetanilide] $\xrightarrow[\text{AcOH, 70°C}]{BnMe_3N^+ICl_4^-}$ [3-chloro-2,6-dimethylacetanilide]

87%

VI.A.3-2 D. Landini and M. Penso, *Tetrahedron Lett.*, 31, 7209 (1990).

[5α,6α-epoxycholestan-3β-ol] $\xrightarrow[\substack{\text{neat}\\120°C,\ 78h}]{Bu_4NH_2F_3 \\ KHF_2}$ [6β-fluorocholestane-3β,5α-diol]

47%

VI.A.3-3 D.P. Schumacher et al., *J. Org. Chem.*, **55**, 5291 (1990); S.-J. Shiuey et al., *ibid.*, **55**, 243 (1990).

$$\text{oxazoline-CH}_2\text{OH} \xrightarrow[\substack{\text{CH}_2\text{Cl}_2 \\ 100°\text{C, 2h} \\ (100 \text{ psi})}]{\text{FPA}} \text{oxazoline-CH}_2\text{F} \quad 95\%$$

FPA = (1,1,2,2,3,3,3-heptafluoropropyl)diethylamine

VI.A.3-4 D. Picq et al., *Tetrahedron Lett.*, **31**, 6527 (1990).

$$\text{sugar-OMs/OMe/OMs/N(CH}_2\text{CH=CH}_2)_2 \xrightarrow[\substack{\text{MeCN} \\ 80°\text{C, 79h}}]{\text{TEA·3HF, TEA}} \text{sugar-F/OMe/N(CH}_2\text{CH=CH}_2)_2$$

90%

VI.A.3-5 K. Yamakawa et al., *Chem. Pharm. Bull.*, **38**, 1798 (1990); S.F. Wnuk and M.J. Robins, *J. Org. Chem.*, **55**, 4757 (1990).

$$\underset{R^1\ \ R^2}{R\text{—sulfoxide oxirane (Ph)}} \xrightarrow[\substack{\text{CHCl}_3 \\ \text{rt, 0.25-1h}}]{\text{KHF}_2, \text{BF}_3\cdot\text{Et}_2\text{O}} \underset{R^1\ F\ R^2}{R\text{-C(=O)}} + \underset{R^1\ \ R^{2'}}{R\text{-C(=O)-CH=}}$$

37-80% 42-13%

VI.A.3-6 W.H. Bunelle et al., *J. Org. Chem.*, 55, 768 (1990).

$$\underset{R}{\overset{S}{\|}}\!\!-\!OR^1 \xrightarrow[\text{rt, 6h}]{\text{DAST} \atop CH_2Cl_2} R\underset{OR^1}{\overset{F\;\;F}{>\!\!<}}$$

DAST = Et$_2$NSF$_3$

53-81%

VI.A.3-7 G.A. Olah et al., *Synlett*, 594 (1990).

$$\underset{R}{\overset{NNH_2}{\|}}\!\!-\!R^1 \xrightarrow[\text{0°C, 30min}]{\text{NBS} \atop \text{pyr/(HF)}_n \atop CH_2Cl_2} R\underset{R^1}{\overset{F\;\;F}{>\!\!<}}$$

29-96%

VI.A.3-8 R.W. Hoffmann and P. Bovicelli, *Synthesis*, 657 (1990).

$$RCHO \xrightarrow[-15 \to 0°C]{(PhO)_3P,\ Br_2 \atop CH_2Cl_2} RCHBr_2$$

50-91%

VI.A.3-9 L.S. Boguslavskaya et al., *J. Org. Chem. (USSR)*, 25, 1835 (1989); A.V. Kartashov et al., *ibid.*, 25, 2209 (1989).

$$\underset{Me}{\overset{R\;\;H}{>\!\!<}}\!\!Me \xrightarrow[\text{2-12h}]{BrF_3 \atop \text{Freon 113}} \underset{Me}{\overset{R\;\;F}{>\!\!<}}\!\!Me$$

40-50%

VI.A.3-10 I.V. Tselinskii et al., *J. Org. Chem. (USSR)*, 25, 56 (1989).

$$RCH=CHC^-(NO_2)_2K^+ \xrightarrow[MeCN]{XeF_2} RCH=CHCF(NO_2)_2$$

≈70%

VI.A.3-11 P.J. Kropp et al., *J. Am. Chem. Soc.*, 112, 7433 (1990).

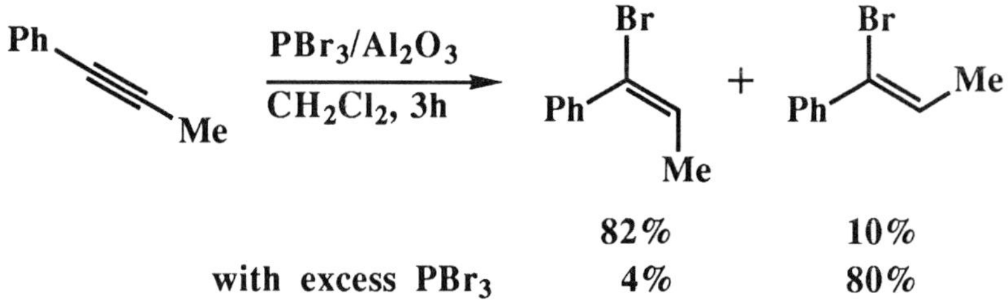

Ph—≡—Me $\xrightarrow{\text{PBr}_3/\text{Al}_2\text{O}_3}_{\text{CH}_2\text{Cl}_2,\ 3\text{h}}$ Ph(Br)C=CH(Me) + Ph(Br)C=CH—Me

	82%	10%
with excess PBr$_3$	4%	80%

VI.A.3-12 A. Bashir-Hashemi et al., *Tetrahedron Lett.*, 31, 4835 (1990).

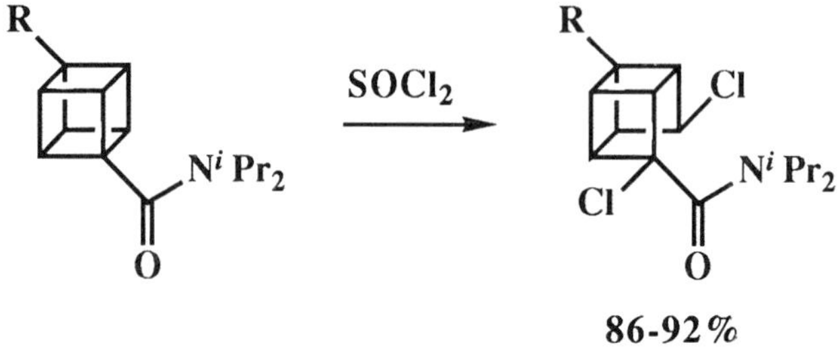

cubane-R, C(=O)N^{i}Pr$_2$ $\xrightarrow{\text{SOCl}_2}$ cubane-R, Cl, C(=O)N^{i}Pr$_2$, Cl

86-92%

VI.A.3-13 G.L. Grunewald et al., *Org. Prep. Proced. Int.*, 22, 747 (1990).

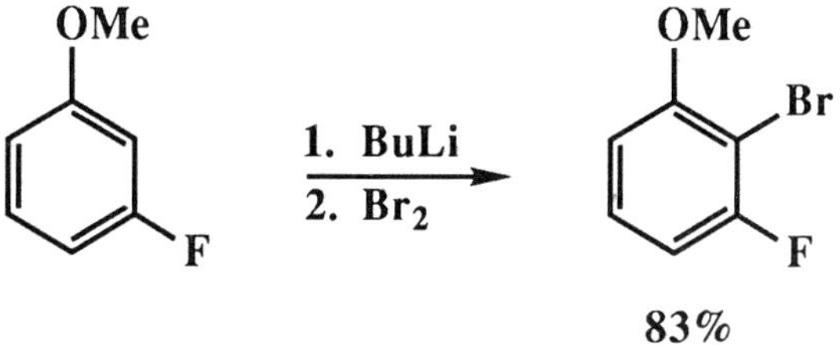

3-fluoroanisole $\xrightarrow[\text{2. Br}_2]{\text{1. BuLi}}$ 2-bromo-3-fluoroanisole

83%

VI.A.3-14 P.J. Stang et al., *Angew. Chem., Int. Ed. Engl.*, 29, 287 (1990).

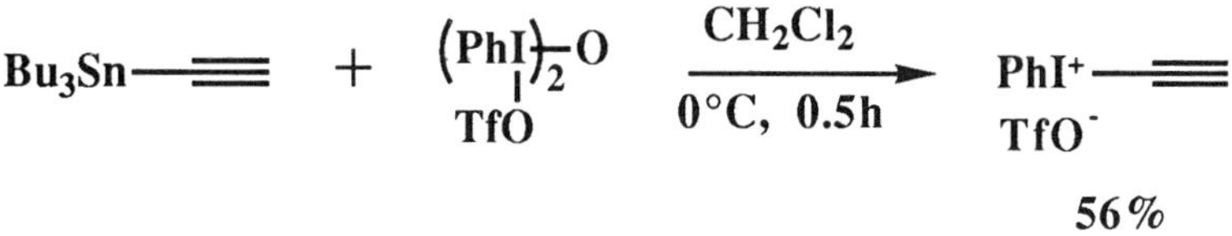

Bu$_3$Sn—≡ + (PhI)$_2$O · TfO $\xrightarrow[0°\text{C, 0.5h}]{\text{CH}_2\text{Cl}_2}$ PhI$^+$—≡ TfO$^-$

56%

VI.A.3-15 Y. Kimura et al., *Bull. Chem. Soc. Jpn.*, 63, 2010 (1990).

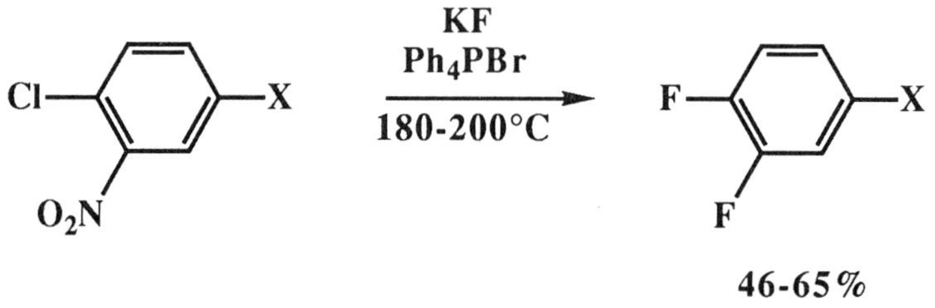

Cl-(C6H3)(NO2)-X → F-(C6H3)(F)-X

KF, Ph4PBr, 180-200°C

46-65%

VI.A.3-16 P. Pranc, *Org. Prep. Proced. Int.*, 22, 104 (1990).

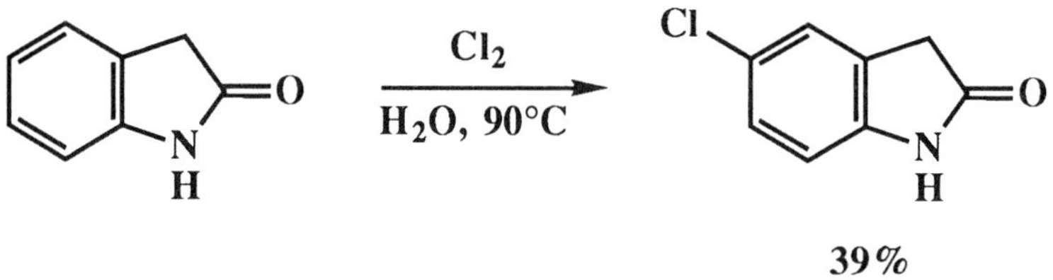

oxindole → 5-chlorooxindole

Cl_2, H_2O, 90°C

39%

VI.A.3-17 A. Leone-Bay et al., *J. Org. Chem.*, 55, 3415 (1990).

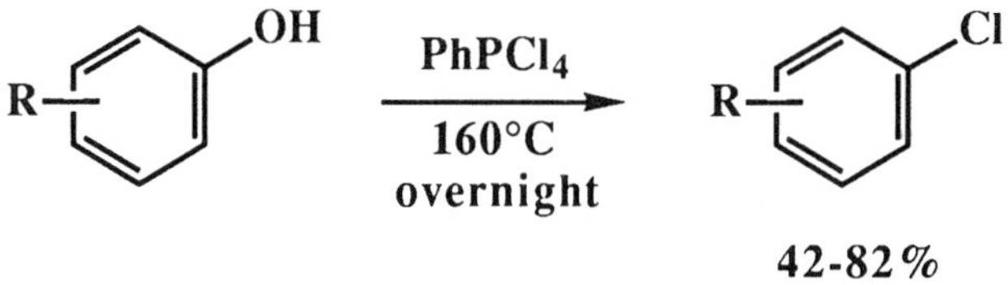

R-Ar-OH → R-Ar-Cl

$PhPCl_4$, 160°C, overnight

42-82%

VI.A.3-18 A.S. Thompson et al., *Tetrahedron Lett.*, 31, 6953 (1990).

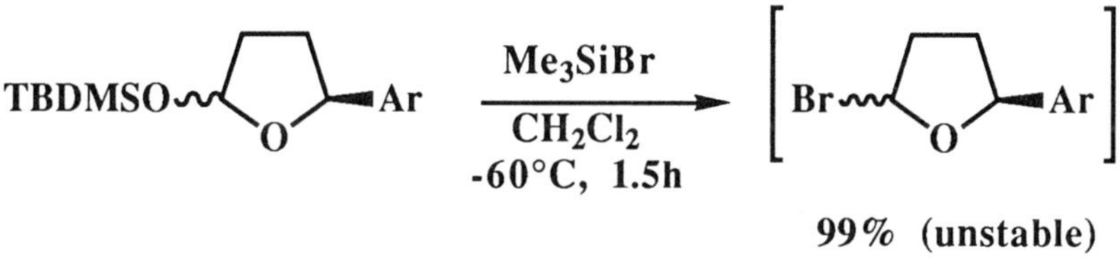

TBDMSO-(tetrahydrofuran)-Ar → [Br-(tetrahydrofuran)-Ar]

Me_3SiBr, CH_2Cl_2, -60°C, 1.5h

99% (unstable)

VI.A.4. Amides

VI.A.4-1 M. Isobe et al., *Tetrahedron Lett.*, 31, 3327 (1990).

[Reaction scheme: trichloroacetimidate of allylic alcohol with dioxolane substituent undergoes reflux, 12h to give trichloroacetamide product in 60%]

VI.A.4-2 J.T. Gupton et al., *Synth. Commun.*, 20, 563 (1990); G.W. Kabalka et al., *ibid.*, 20, 1445 (1990); Y.M. Goo et al., *Tetrahedron Lett.*, 31, 1168 (1990); J. Chin and J.H. Kim, *Angew. Chem., Int. Ed. Engl.*, 29, 523 (1990).

$$X-C_6H_4-CN \xrightarrow[\text{dioxane/H}_2\text{O, reflux, 0.5-95h}]{\text{NaBO}_3\cdot 4\text{H}_2\text{O}} X-C_6H_4-C(O)NH_2$$

13-85%

VI.A.4-3 G.E. Jagdmann, Jr. et al., *Synth. Commun.*, 20, 1203 (1990); A. Bhattacharya et al., *ibid.*, 20, 2683 (1990); P. Laszlo et al., *Tetrahedron Lett.*, 31, 1705 (1990); I.E. Marko and A. Mekhalfia, *ibid.*, 31, 7237 (1990); L. Y. Shteinberg et al., *J. Org. Chem. (USSR)*, 25, 1758 (1989).

$$RCO_2Et \xrightarrow[\substack{\text{DMF} \\ 65\text{-}100°C,\ 0.25\text{-}24h}]{\substack{\text{formamide} \\ \text{MeONa, MeOH}}} RC(O)NH_2$$

65-90%

VI.A.4-4 Y. Kikugawa et al., *Tetrahedron Lett.*, 31, 243 (1990).

$$\underset{HO}{\overset{Ph}{\searrow}}NH_2 \quad \xrightarrow[\text{rt, 1.5h}]{(MeCO)_2NOMe \atop H_2O} \quad \underset{HO}{\overset{Ph}{\searrow}}NHAc$$

88%

Acylates 1° amines in presence of 2° amines or alcohols.

VI.A.4-5 D. Roberto and H. Alper, *Organometallics*, 9, 1245 (1990).

$$ArN=NAr^1 \quad \xrightarrow[\text{60°C, 1 atm}]{Co_2(CO)_8, \ MeI \atop BnEt_3NCl \atop Ph-H/H_2O} \quad \underset{Ac}{\overset{Ac}{ArN-NAr^1}}$$

54%

VI.A.4-6 M.F. Ismail et al., *Z. Naturforsch.*, 45b, 707 (1990).

[phthalic anhydride with H⁺N=Ar, ClO₄⁻] $\xrightarrow[Me_3N]{RNH_2}$ [benzene-1,2-dicarboxamide with NHR and NHAr]

70-88%

VI.A.4-7 J. Altman et al., *Liebigs Ann. Chem.*, 339 (1990).

[imidazole with EtO₂C substituent] $\xrightarrow[\text{aq NaHCO}_3]{ClCO_2R}$ [product 1 with HN, NCHO, RO₂C, CO₂R] + [product 2 with OHCN, NH, RO₂C, CO₂R]

73%

R = (-)-menthyl

VI.A.4-8 U. Kobs and W.P. Neumann, *Chem. Ber.*, **123**, 2191 (1990).

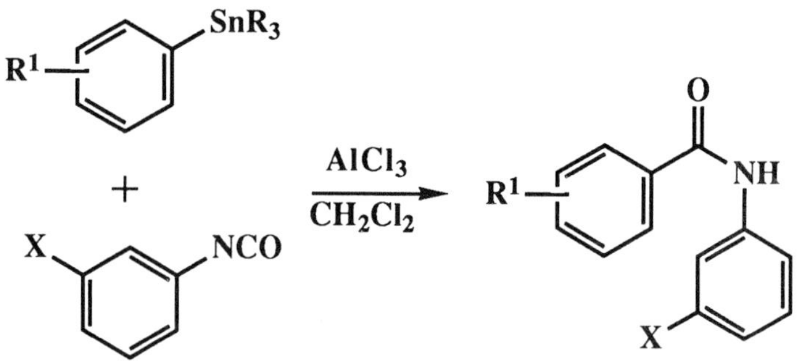

$$\text{R}^1\text{-C}_6\text{H}_4\text{-SnR}_3 + \text{X-C}_6\text{H}_4\text{-NCO} \xrightarrow{\text{AlCl}_3, \text{CH}_2\text{Cl}_2} \text{R}^1\text{-C}_6\text{H}_4\text{-C(O)NH-C}_6\text{H}_4\text{-X}$$

72-96%

VI.A.4-9 A.-R. Mahajan et al., *Chem. Ind.*, 261 (1990).

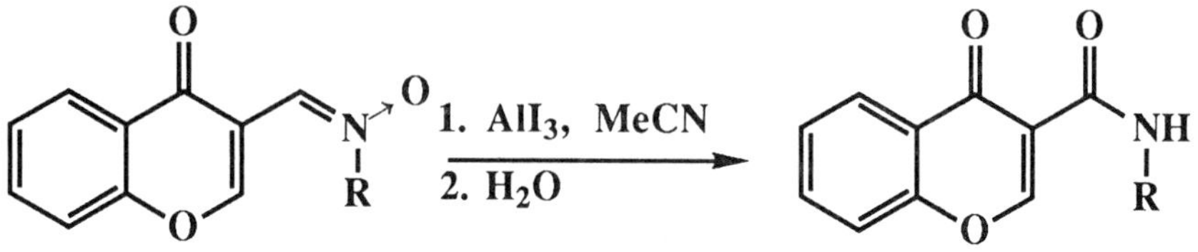

(chromone-3-CH=N(O)R) $\xrightarrow[\text{2. H}_2\text{O}]{\text{1. AlI}_3, \text{MeCN}}$ (chromone-3-CONHR)

80-84%

VI.A.4-10 J.S. Sandhu et al., *Tetrahedron Lett.*, **31**, 1063 (1990).

$$\text{Ph(R)C=NOH} \xrightarrow[\text{82°C}]{\text{AlI}_3, \text{MeCN}} \text{PhCONHR}$$

52-68%

VI.A.4-11 I.G.C. Coutts and M.R. Southcott, *J. Chem. Soc. Perkin I*, 767 (1990).

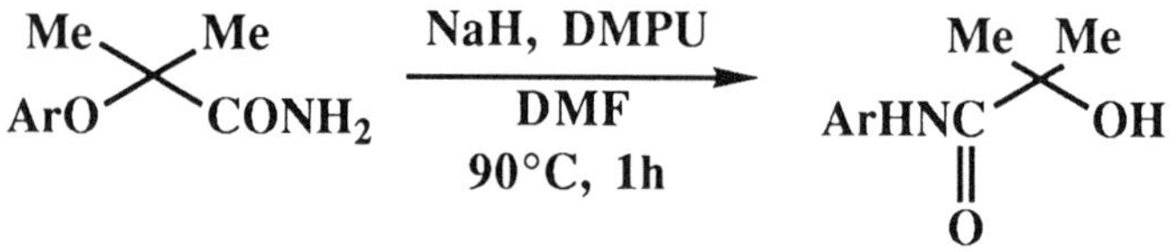

$$\text{ArO-C(Me)}_2\text{-CONH}_2 \xrightarrow[\text{90°C, 1h}]{\text{NaH, DMPU, DMF}} \text{ArHN-C(O)-C(Me)}_2\text{-OH}$$

21-96%

DMPU = N,N'-dimethyl-N,N'-propyleneurea

VI.A.5. Amines and Carbamates

VI.A.5-1 R.G. Wallace et al., *Synthesis*, 1143 (1990); J. Martens and S. Lubben, *Z. Chem.*, 949 (1990); W. Danho et al., *Org. Prep. Proced. Int.*, 22, 597 (1990).

$$Ar-C(=O)Cl \xrightarrow[\text{Ph-Me, reflux, 1-12h}]{NH_2OSO_3H} ArNH_2 \quad 51\text{-}69\%$$

VI.A.5-2 T. Murai et al., *Chem. Commun.*, 789 (1990); H. Yinglin and H. Hongwen, *Synthesis*, 122, 615 (1990); M.L. Edwards et al., *Tetrahedron Lett.*, 31, 3417 (1990) and *J. Med. Chem.*, 33, 1369 (1990).

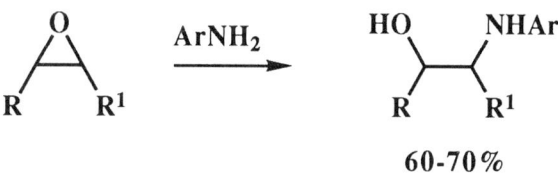

VI.A.5-3 J. Iqbal and A. Panday, *Tetrahedron Lett.*, 31, 575 (1990).

$$\underset{R\quad R^1}{\triangle\!\!\!O} \xrightarrow{ArNH_2} \underset{R\quad R^1}{HO\quad NHAr}$$

60-70%

VI.A.5-4 H. Frey and G. Kaupp, *Synthesis*, 931 (1990).

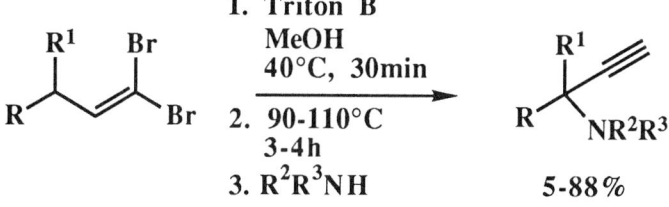

VI.A.5-5 A. Loffler and G. Himbert, *Synthesis,* 125 (1990).

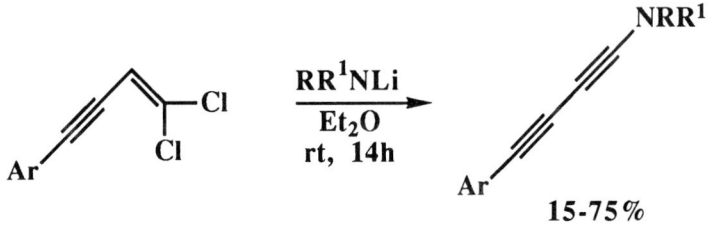

VI.A.5-6 G.W. Kabalka and Z. Wang, *Synth. Commun.,* 20, 231 (1990).

$$RNH_2 \xrightarrow[\text{2. } R^1BMe_2]{\text{1. NaOCl, 0°C}} RNHR^1$$
rt, 60min 46-74%

VI.A.5-7 M.-J. Wu and L.N. Pridgen, *Synlett,* 636 (1990).

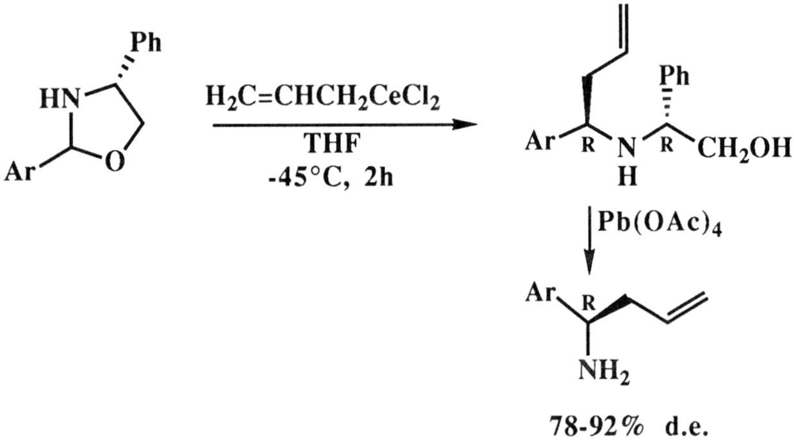

![reaction scheme]

78-92% d.e.

VI.A.5-8 G. Asenio et al., *Tetrahedron,* 46, 2453 (1990).

$$ArNH_2 + H_2C=CHCH_2OH \xrightarrow[\text{80°C, 10h}]{\text{HgO·HBF}_4 \text{ THF}} H_2C=CHCH_2NHAr$$

21-82%

VI.A.5-9 R.J. Mattson et al., *J. Org. Chem.*, **55**, 2552 (1990); G. Bringmann et al., *Liebigs Ann. Chem.*, 795 (1990).

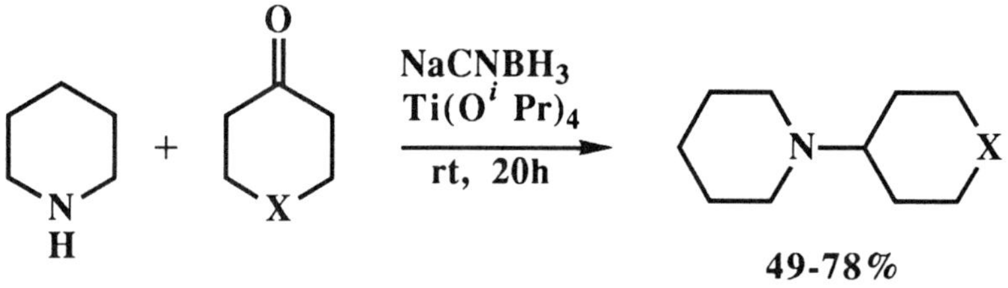

piperidine + 4-oxo-X-cyclohexane $\xrightarrow[\text{rt, 20h}]{\text{NaCNBH}_3 \;\; \text{Ti(O}^i\text{Pr)}_4}$ N-piperidinyl-X-piperidine

49-78%

VI.A.5-10 W. Chamchaang and A.R. Pinhas, *J. Org. Chem.*, **55**, 2531 (1990).

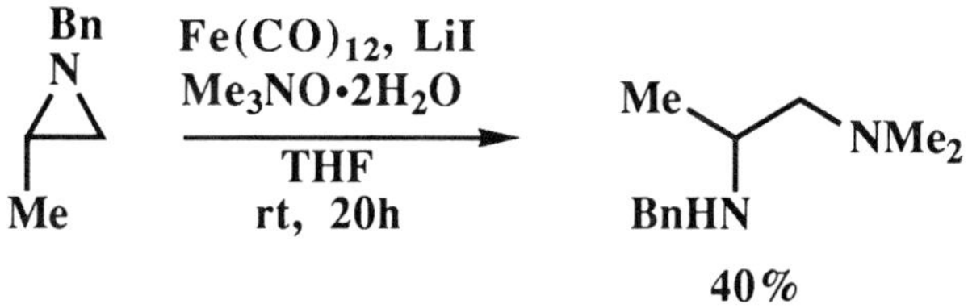

N-Bn, Me-aziridine $\xrightarrow[\text{THF, rt, 20h}]{\text{Fe(CO)}_{12}, \; \text{LiI} \;\; \text{Me}_3\text{NO·2H}_2\text{O}}$ Me-CH(NHBn)-CH$_2$-NMe$_2$

40%

VI.A.5-11 E.J. Enholm et al., *Synth. Commun.*, **20**, 981 (1990).

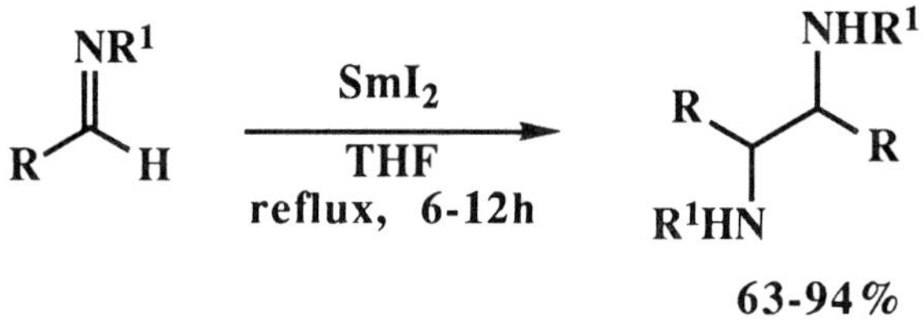

R-CH=NR^1 $\xrightarrow[\text{THF, reflux, 6-12h}]{\text{SmI}_2}$ R-CH(NHR^1)-CH(NHR^1)-R

63-94%

VI.A.5-12 M. Wozniak et al., *Liebigs Ann. Chem.*, 653 (1990).

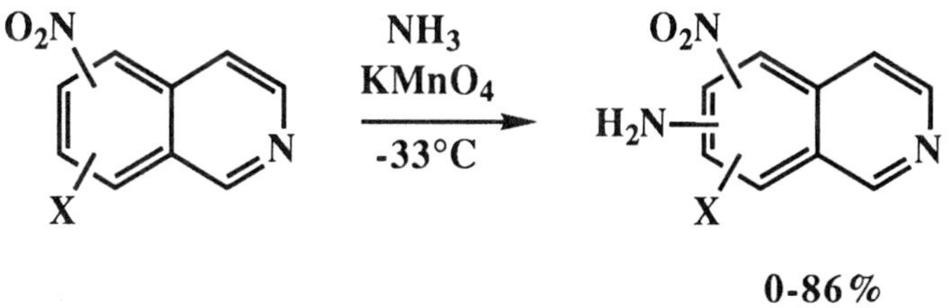

O_2N-isoquinoline-X $\xrightarrow[\text{-33°C}]{\text{NH}_3 \;\; \text{KMnO}_4}$ O_2N-(H$_2$N-)isoquinoline-X

0-86%

VI.A.5-13 E.J. Enholm et al., *Tetrahedron Lett.*, **31**, 3727 (1990).

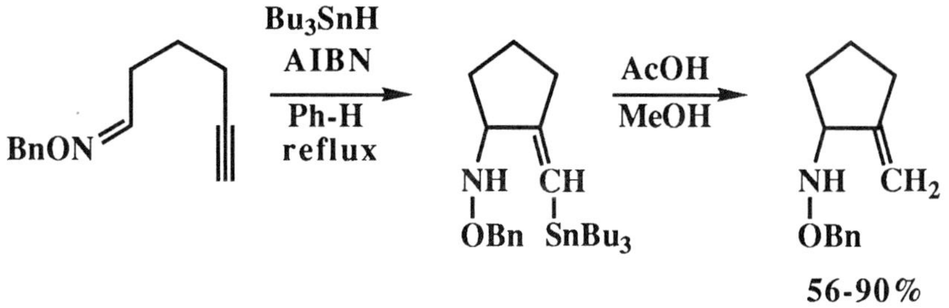

VI.A.6. Amino Acids and Derivatives

VI.A.6-1 T. Vettiger and D. Seebach, *Liebigs Ann. Chem.*, 195 (1990).

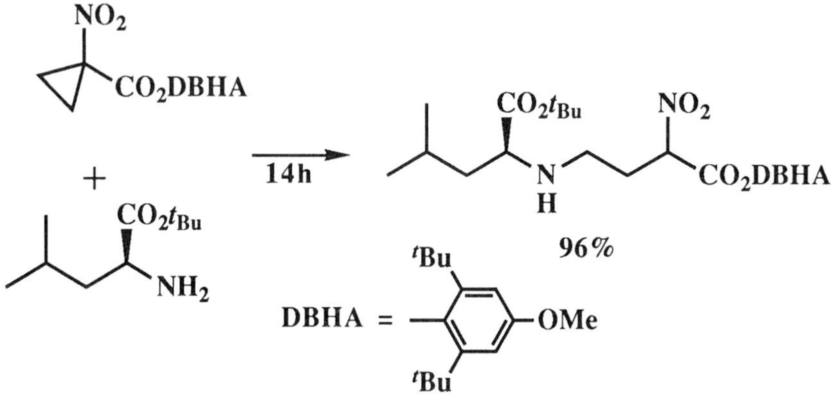

VI.A.6-2 H. Heimgartner et al, *Helv. Chim. Acta,* **73**, 13, 221 (1990).

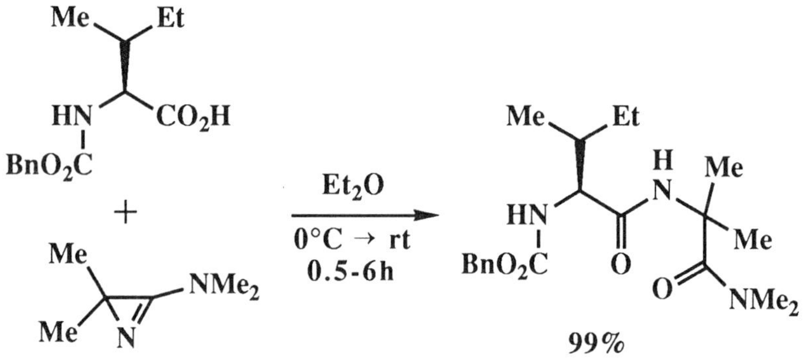

VI.A.6-3 D. Steinke and M.-R. Kula, *Angew. Chem., Int. Ed. Engl.*, 29, 1139 (1990).

$$\text{RCONH-CHR}^1\text{-CONH}_2 \xrightarrow[\text{H}_2\text{O}]{\text{peptide-amidase}} \text{RCONH-CHR}^1\text{-CO}_2^-$$

VI.A.6-4 J. Gante, F.-G. Klarner et al., *Angew. Chem., Int. Ed. Engl.*, 29, 1025 (1990); V. Gut et al., *Coll. Czech. Chem. Commun.*, 55, 2317 (1990); T. Yamada et al., *Chem. Commun.*, 1640 (1990).

$$\text{RHN-CHR}^1\text{-CO}_2\text{Me} + \text{H}_2\text{N-CHR}^2\text{-CO}_2\text{Na} \xrightarrow{\text{7-11 kbar, rt}} \text{RHN-CHR}^1\text{-CO-NH-CHR}^2\text{-CO}_2\text{H}$$

42-76%

VI.A.6-5 K. Inoguchi and K. Achiwa, *Chem. Pharm. Bull.*, 38, 818 (1990).

$$\text{Ph-C(NHAc)=CH-CO}_2\text{H} \xrightarrow[\text{MeOH}]{\text{H}_2, \text{ bisphosphine}, [\text{Rh(cod)}_2]^+\text{ClO}_4^-} \text{Ph-CH}_2\text{-CH(NHAc)-CO}_2\text{H}$$

99%, (93-96% e.e.)

bisphosphine = BnN(CH-PAr$_2$)(CH-"'PAr$_2$) Ar = 2,6-dimethyl-4-methoxyphenyl (Me, Me, OMe)

VI.A.6-6 M.J. O'Donnell et al., *Tetrahedron Lett.*, 31, 5135 (1990); K.J. Fasth and B. Langstrom, *Acta Chem. Scand.*, 44, 720 (1990).

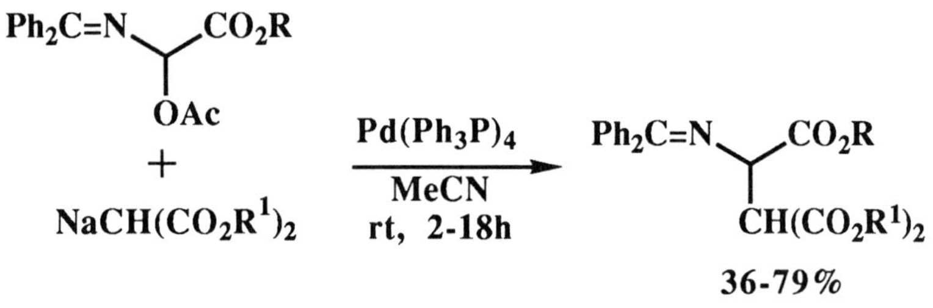
$Ph_2C{=}N$
CO_2R
OAc
+
$NaCH(CO_2R^1)_2$
$Pd(Ph_3P)_4$
MeCN
rt, 2-18h
$Ph_2C{=}N$
CO_2R
$CH(CO_2R^1)_2$
36-79%

VI.A.6-7 M. Hashimoto et al,. *Chem. Pharm. Bull.*, 38, 564 (1990).

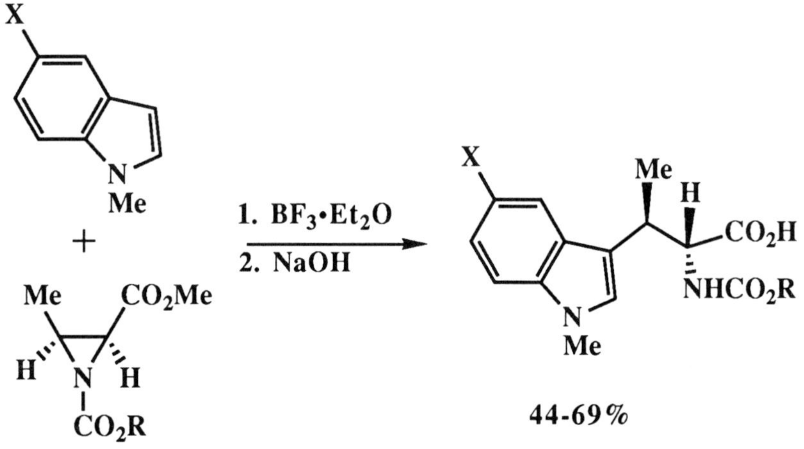
X
N
Me
+
Me
CO_2Me
H
N
H
CO_2R
1. $BF_3{\cdot}Et_2O$
2. NaOH
X
Me
H
CO_2H
$NHCO_2R$
N
Me
44-69%

VI.A.6-8 G.A. Kraus et al., *Synth. Commun.*, 20, 2667 (1990).

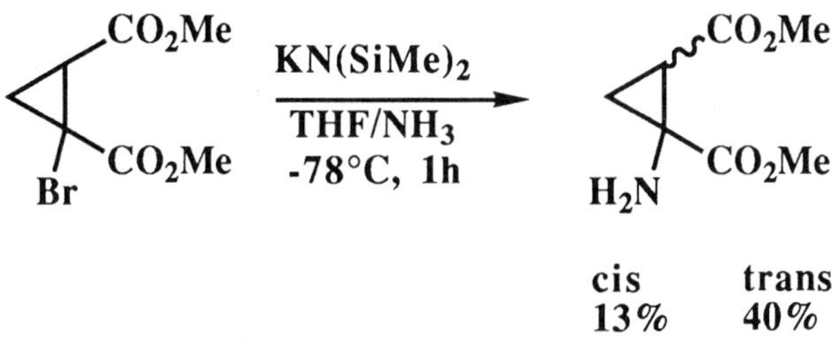
CO_2Me
CO_2Me
Br
$KN(SiMe)_2$
THF/NH_3
-78°C, 1h
CO_2Me
CO_2Me
H_2N
cis
13%
trans
40%

VI.A.6-9 W. Oppolzer and O. Tamura, *Tetrahedron Lett.*, 31, 991 (1990).

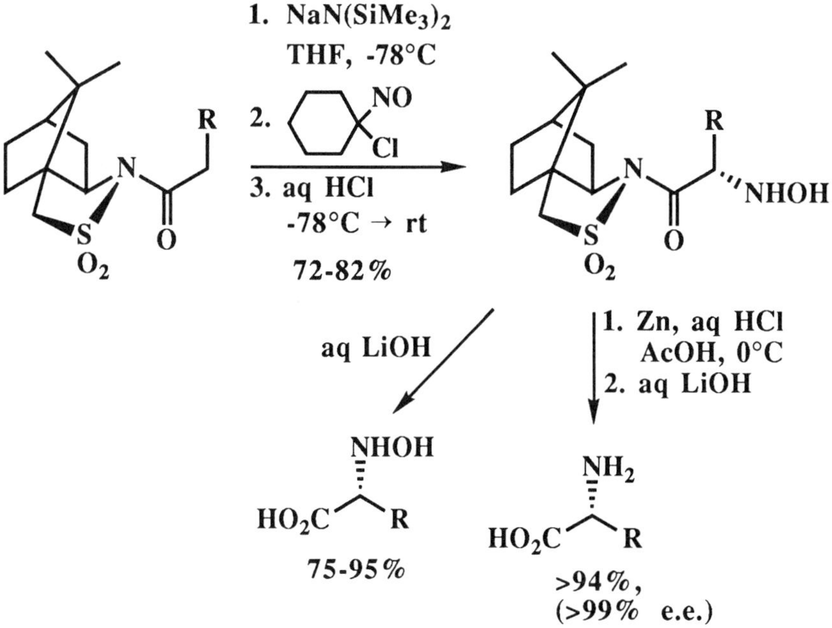

VI.A.6-10 T.M. Zydowsky et al., *J. Org. Chem.*, 55, 5437 (1990); T. Nishi, Y. Morisawa, H. Koike et al., *Chem. Pharm. Bull.*, 38, 103 (1990).

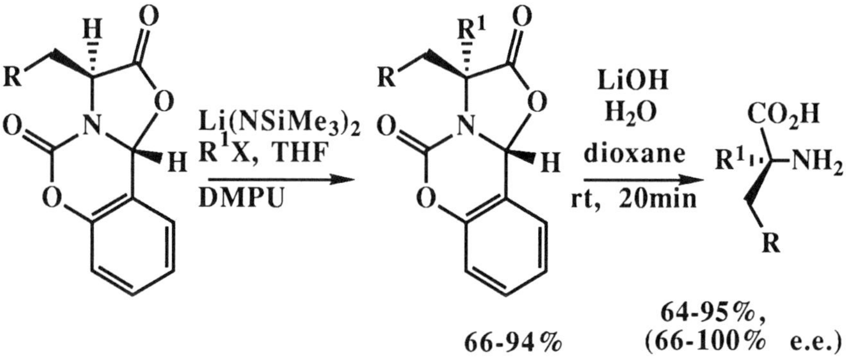

DMPU = 1,3-dimethyl-3,4,5,6-tetrahydro-2(H)-pyrimidinone

VI.A.6-11 T. Tsushima et al., *Tetrahedron Lett.*, 31, 3017 (1990).

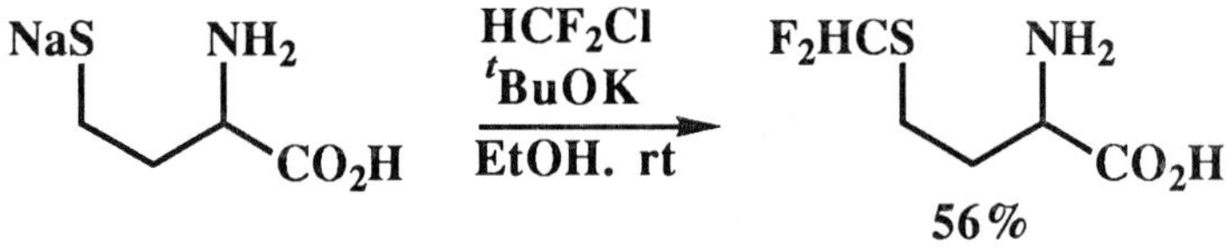

VI.A.6-12 R.M.J. Liskamp et al., *Rec. Trav. Chim.*, 109, 27 (1990).

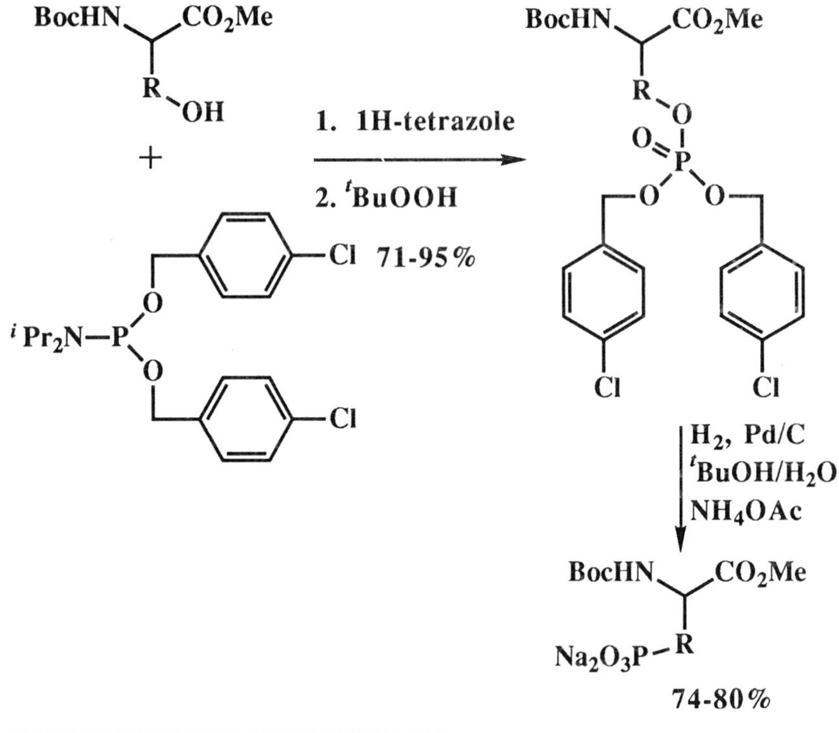

VI.A.6-13 S. Takigawa, M. Tanaka et al., *Chem. Lett.*, 1415 (1990).

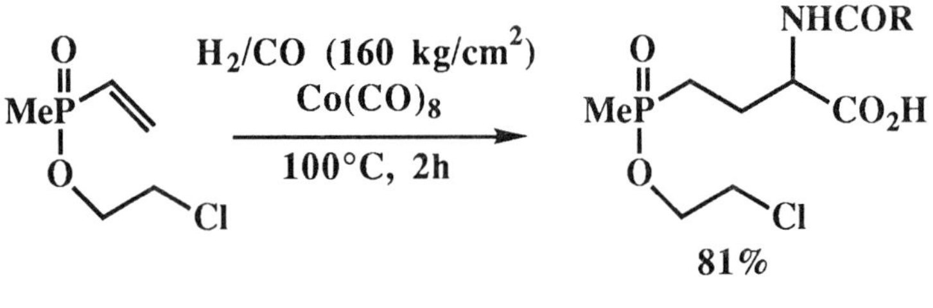

VI.A.6-14 M.Ando and H. Kuzuhara, *Bull. Chem. Soc. Jpn.*, 63, 1925 (1990).

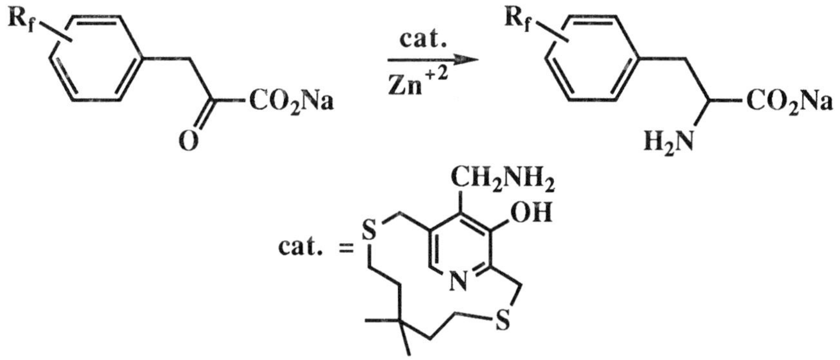

VI.A.6-15 V.M. Labroo et al., *Tetrahedron Lett.*, 31, 619 (1990).

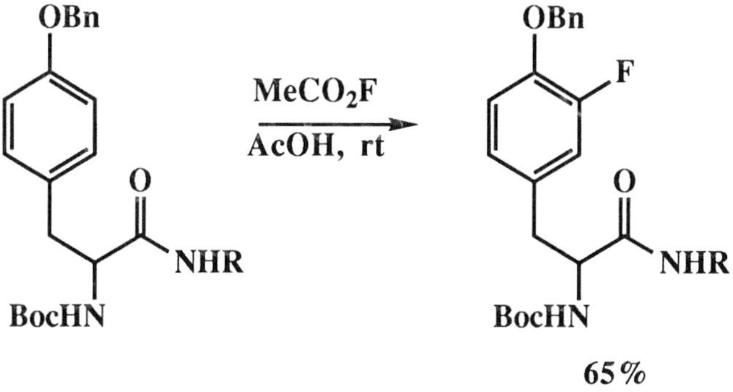

VI.A.6-16 C.J. Easton et al., *Tetrahedron Lett.*, 31, 7059 (1990).

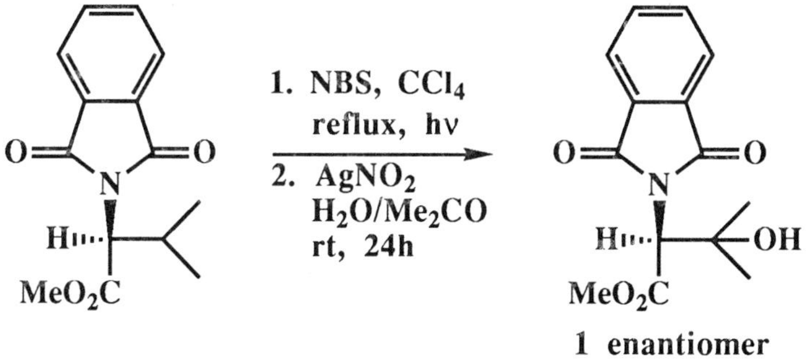

VI.A.6-17 C.W. Holzapfel et al., *Synth. Commun.*, 20, 2235 (1990).

$$\underset{\text{CO}_2\text{Bn}}{\overset{\text{NH}_2}{\underset{*\text{···}\text{NHBoc}}{S=}}} \quad \xrightarrow[\text{2. TFAA, pyr/DME, 0°C}]{\text{1. Ethyl bromopyruvate, KHCO}_3\text{, DME, rt, 5min}} \quad \underset{\text{CO}_2\text{Bn}}{\underset{*\text{···}\text{NHBoc}}{\text{[thiazole-CO}_2\text{Et]}}}$$

92%

VI.A.6-18 F. Albericio, A. Grandas et al., *Tetrahedron Lett.*, 31, 1915 (1990); J. Coste et al., *ibid.*, 31, 669 (1990); G.T. Panse and S.K. Karat, *Ind. J. Chem.*, 28B, 793 (1989).

Arenesulphonyltriazolides as condensing reagents in solid phase peptide synthesis.

VI.A.6-19 E.I. Grigor'ev and O.S. Zhil'tsov, *J. Org. Chem. (USSR)*, 25, 1774 (1989); J.L. Torres et al., *Angew. Chem. Int. Ed. Engl.*, 29, 291 (1990); S. Nozaki, *Bull. Chem. Soc. Jpn.*, 63, 842 (1990).

$\text{-(CH}_2\text{·CH)}_n\text{-}$ attached to phenyl-CH$_2$-benzotriazole-NOH (N=N)

For peptide synthesis

VI.A.7. Esters

(see also I.G.2, IV.D. and V.C.)

VI.A.7-1 T. Nishiguchi and H. Taya, *J. Chem. Soc. Perkin 1*, 172 (1990).

$$\text{ROH} + \text{R}^1\text{CO}_2\text{R}^2 \xrightarrow[\text{reflux, 0.25-2h}]{\text{Ce(SO}_4)_2/\text{SiO}_2} \text{R}^1\text{CO}_2\text{R}$$

VI.A.7-2 G. Burton et al., *J. Chem. Res. (S)*, 248 (1990).

$$\xrightarrow[\text{rt, 3h}]{\text{ZnI}_2\ \ \text{Ac}_2\text{O}}$$

VI.A.7-3 W.K. Anderson et al., *Tetrahedron Lett.*, 31, 169 (1990); R.V. Stick et al., *Aust. J. Chem.*, 43, 2093 (1990).

$$\xrightarrow[\text{2. RCOCl, Et}_3\text{N, rt, 2h}]{\text{1. Bu}_2\text{SnO, MeOH, reflux, 45min}}$$

18-44%

VI.A.7-4 G. Trapani, G. Liso et al., *Synthesis*, 853 (1990).

$$\text{ArCO}_2\text{H} \xrightarrow[\substack{\text{2. RCO}_2\text{H} \\ \text{cat BH}_3\cdot\text{Me}_3\text{N}}]{\substack{\text{1. BH}_3\cdot\text{Me}_3\text{N} \\ \text{xylene, reflux}}} \text{ArCH}_2\text{O}_2\text{CR}$$

34-77%

VI.A.7-5 A. Svatos et al., *Coll. Czech. Chem. Commun.*, 55, 485 (1990).

$$\underset{\substack{\text{F}_3\text{C}_{\prime\prime\prime}\\\text{MeO}\text{Ph}}}{}\!\!\!\!\text{CO}_2\text{H} \quad \xrightarrow[\text{2. Me}\diagdown\!\!_{\text{Ph}}\!\!\diagup\!\!\text{OH}]{1.\ \text{Cl}^-\ \text{Py}^+\text{(Me)Cl}_2} \quad \underset{\substack{\text{F}_3\text{C}_{\prime\prime\prime}\\\text{MeO}\text{Ph}}}{}\text{C(O)O-CH(Ph)(Me)}$$

0-22% e.e.

VI.A.7-6 D. Batty and D. Crich, *Synthesis*, 273 (1990).

$$\text{RCO}_2\text{H} \xrightarrow[\substack{\text{2. PhSeCl, Bu}_3\text{P}\\\text{THF, rt}}]{\substack{\text{1. TEA, CH}_2\text{Cl}_2\\\text{rt, 10min}}} \text{RCOSePh}$$

62-85%

VI.A.7-7 F.D. Mills and R.T. Brown, *Synth. Commun.*, 20, 3131 (1990).

$$\text{RCN} \xrightarrow[\substack{\text{MeOH}\\120°\text{C, 24H}}]{\text{PPA-Me ester}} \text{RCO}_2\text{Me}$$

VI.A.7-8 K. Ditrich, *Liebigs Ann. Chem.*, 789 (1990).

[Structure with O=C-CH$_2$-PO$_3$Et$_2$, Me, Me, Me, OSEM, OHC groups] $\xrightarrow[\text{2. CH}_2\text{N}_2]{\text{1. PDC, DMF}}$ [Same structure with MeO$_2$C replacing OHC]

92%

VI.A.7-9 P.K. Chowdhury, *Chem. Ind.*, 299 (1990).

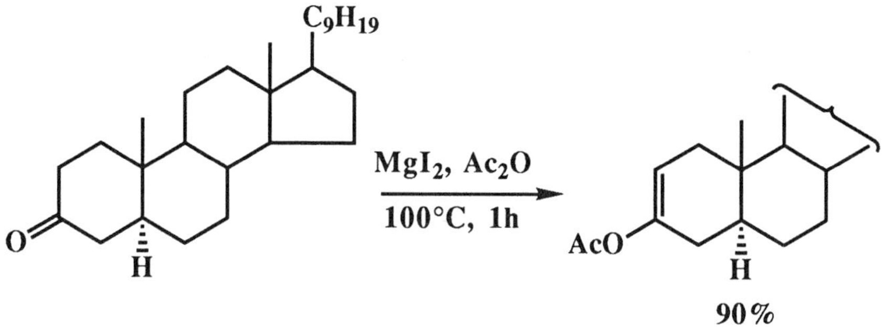

[steroid ketone] $\xrightarrow[100°C, 1h]{MgI_2, Ac_2O}$ [enol acetate] 90%

(C$_9$H$_{19}$ side chain)

VI.A.7-10 W.D. Ollis et al., *Synlett*, 345, 347 (1990)

$$RCH_2OSiMe_3 \xrightarrow[CCl_4, \text{ reflux}]{NBS, AIBN} RCO_2CH_2R$$

60-80%

VI.A.7-11 F. Mathew and B. Myrboh, *Tetrahedron Lett.*, 31, 3757 (1990).

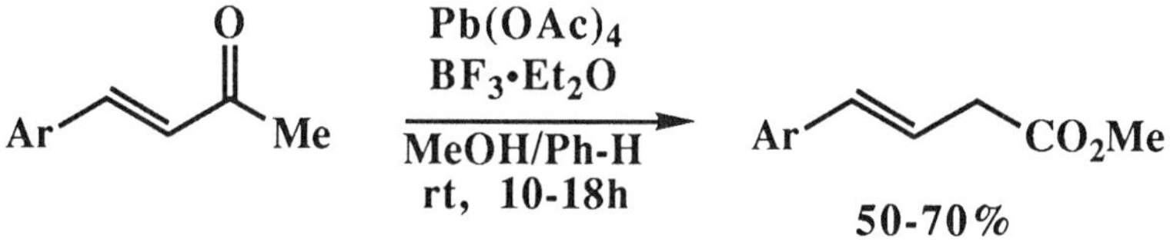

Ar-CH=CH-C(O)-Me $\xrightarrow[\substack{MeOH/Ph-H \\ rt, 10-18h}]{\substack{Pb(OAc)_4 \\ BF_3 \cdot Et_2O}}$ Ar-CH=CH-CH$_2$-CO$_2$Me

50-70%

VI.A.7-12 J.-E. Backvall et al., *Acta Chem. Scand.*, 44, 492 (1990); C. Bianchini, P.H. Dixneuf et al., *Organometallics*, 9, 1155 (1990).

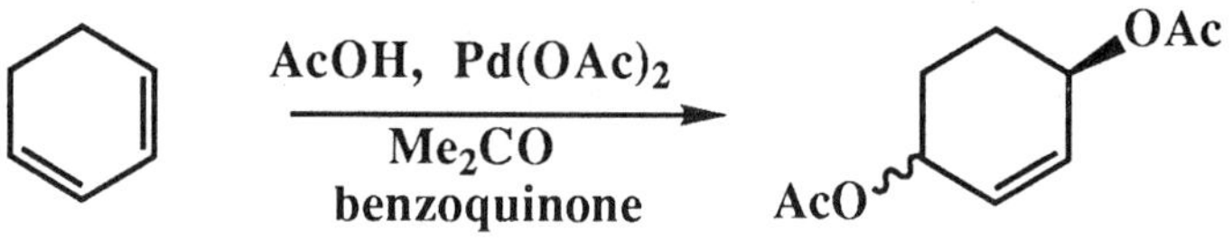

[cyclohexadiene] $\xrightarrow[\substack{Me_2CO \\ \text{benzoquinone}}]{AcOH, Pd(OAc)_2}$ [1,4-diacetoxycyclohex-2-ene]

85%
cis:trans = 83:17

VI.A.8. Ethers

VI.A.8-1 M. Schnittel et al., *Angew. Chem., Int. Ed. Engl.*, 29, 1144 (1990).

MeO—C₆H₄—CH₂—C(O)—CH₃ $\xrightarrow[\text{MeCN/MeOH, 14 min}]{(4\text{-BrC}_6\text{H}_4)_3\text{N}^{+\cdot}}$ MeO—C₆H₄—CH(OMe)—C(O)—CH₃

56%

VI.A.8-2 M.J. Crimmin and A.G. Brown, *Tetrahedron Lett.*, 31, 2017 (1990); G.W. Gokel et al., *J. Org. Chem.*, 55, 2269 (1990); D.L. Boger and D. Yohannes, *ibid.*, 55, 6000 (1990); K.-J. Hwang and S.K. Park, *Synth. Commun.*, 20, 949 (1990).

[2-OHC-6-MeO-C₆H₃-I]$^+$Br$^-$ + NaO-C₆H₃(X)(R) ⟶ aryl ether product

31-66%

VI.A.8-3 S.S. Shavanov et al., *J. Org. Chem. (USSR)*, 26, 643 (1990); I.I. Gerus et al., *ibid.*, 25, 1827 (1989); S.I. Nazarov et al., *ibid.*, 25, 1515 (1989); R.V. Stick et al., *Aust. J. Chem.*, 43, 1445 (1990); H. Quast and J. Schulze, *Liebigs Ann. Chem.*, 509 (1990).

$$\text{RCH}_2\text{X} \xrightarrow{\text{BnEt}_3\text{N}^+\text{EtO}^-} \text{RCH}_2\text{OEt}$$

49-99%

VI.A.8-4 R.E. Royer et al., *Org. Prep. Proced. Int.*, 22, 495 (1990).

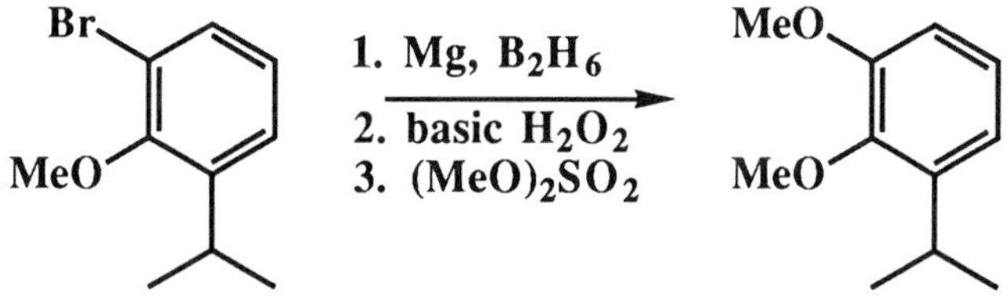

Br
MeO
1. Mg, B2H6
2. basic H2O2
3. (MeO)2SO2
MeO
MeO

88%

VI.A.8-5 P.S. Manchand et al., *Synth. Commun.*, 20, 2659 (1990).

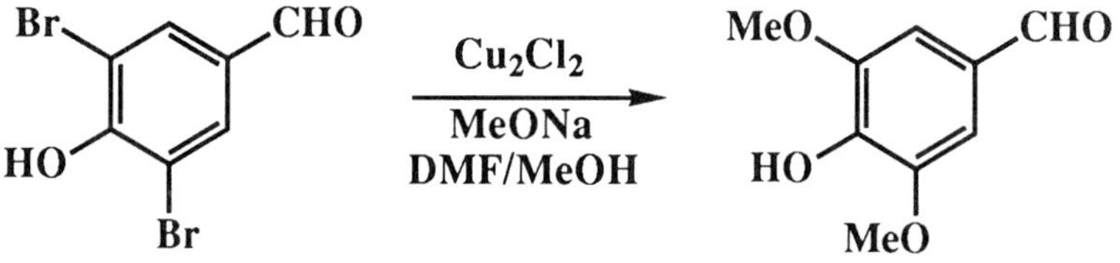

Br
CHO
HO
Br
Cu2Cl2
MeONa
DMF/MeOH
MeO
CHO
HO
MeO

88-91%

VI.A.8-6 G. Sennyey et al., *Tetrahedron*, 46, 1839 (1990).

$$\text{ArOH} + (\text{MeO})_2\text{CO} \xrightarrow[180°\text{C, 4.5h}]{(\text{Bu}_2\text{N})_2\text{C=NMe}} \text{ArOMe}$$

54-99% (G.C.)

VI.A.8-7 D. Sinou et al., *Synth. Commun.*, 20, 1551 (1990).

HO
O
OH
HO
OMe
OH
H2C=CHCH2O2COEt
Pd2(dba)3, dppb
THF, 65°C, 12h
O
O
O
O
OMe
O

70%

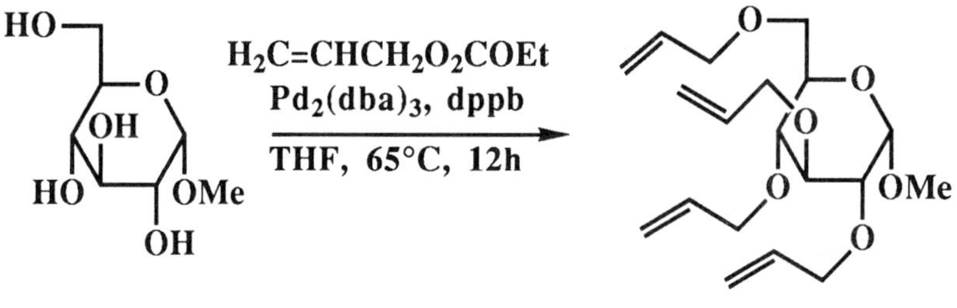

VI.A.8-8 J.S. Bajwa and R.C. Anderson, *Tetrahedron Lett.*, 31, 6973 (1990); M.J.O. Anteunis et al., *Bull. Soc. Chim. Belg.*, 99, 61, 65 (1990).

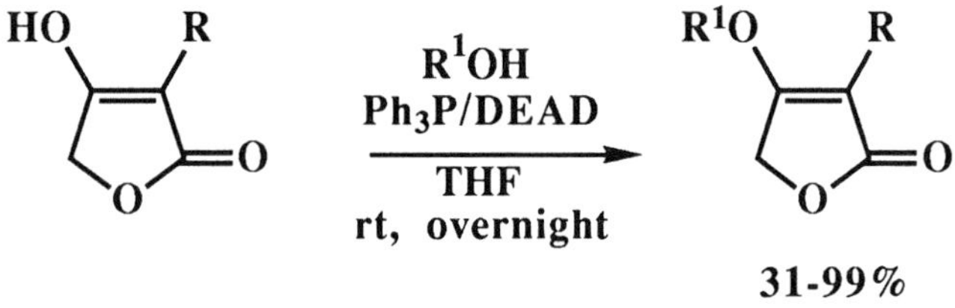

$$\text{HO-furanone} \xrightarrow[\text{THF, rt, overnight}]{R^1OH, Ph_3P/DEAD} R^1O\text{-furanone}$$

31-99%

VI.A.8-9 N. Iranpoor and I.M. Baltork, *Tetrahedron Lett.*, 31, 735 (1990) and *Synth. Commun.*, 20, 2789 (1990).

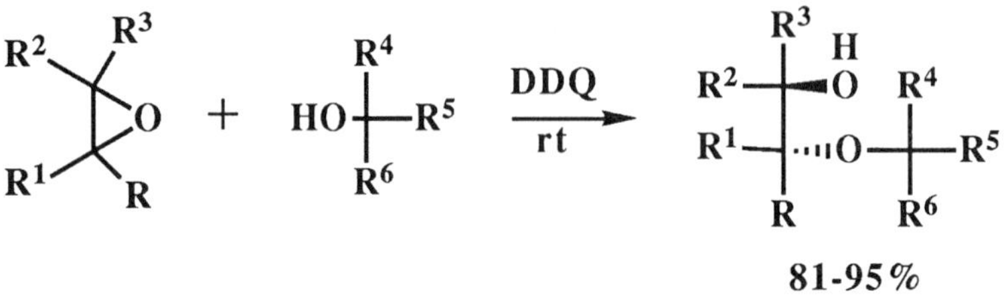

$$\text{epoxide} + HO-CR^4R^5R^6 \xrightarrow[\text{rt}]{DDQ} \text{product}$$

81-95%

VI.A.9. Aldehydes and Ketones

(see also I.A.1., II.A.1., III.F.1., V.E)

VI.A.9-1 H.M. Chawla and S.K. Sharma, *Bull. Soc. Chim. Fr.*, 127, 656 (1990).

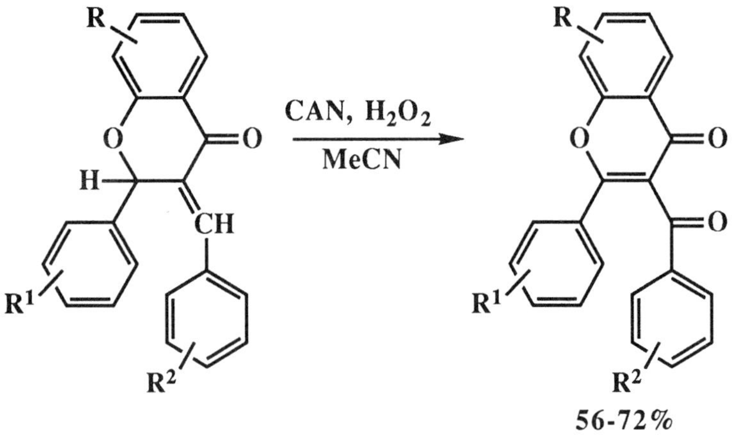

$$\xrightarrow[\text{MeCN}]{CAN, H_2O_2}$$

56-72%

VI.A.9-2 B.-J. Uang et al., *Synthesis*, 1033 (1990).

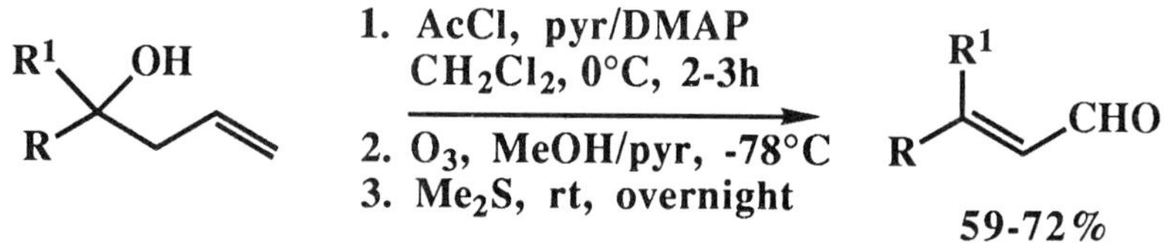

$R^1\underset{R}{\underset{|}{C}}(OH)CH_2CH=CH_2$ → (1. AcCl, pyr/DMAP, CH_2Cl_2, 0°C, 2-3h; 2. O_3, MeOH/pyr, -78°C; 3. Me_2S, rt, overnight) → $R^1R C=CHCHO$

59-72%

VI.A.9-3 M. Julia et al., *J. Organomet. Chem.*, <u>387</u>, 365 (1990).

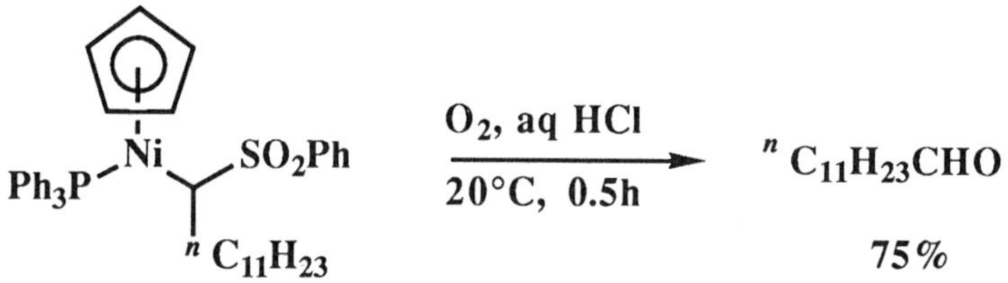

$Ph_3P-Ni(Cp)(SO_2Ph)(^nC_{11}H_{23})$ $\xrightarrow{O_2, \text{ aq HCl}, 20°C, 0.5h}$ $^nC_{11}H_{23}CHO$

75%

VI.A.9-4 J. Plumet et al., *Tetrahedron Lett.*, <u>31</u>, 7669 (1990).

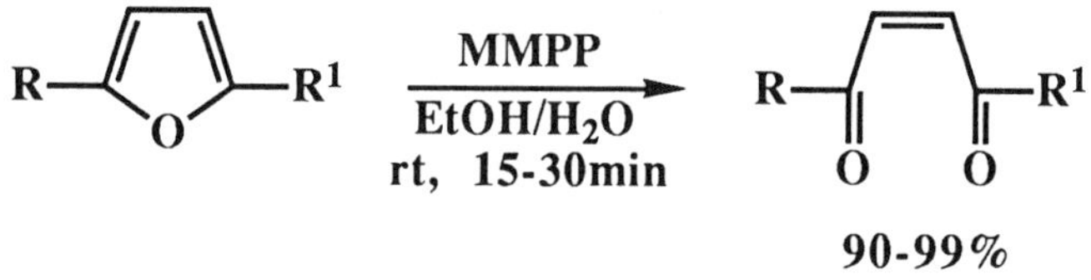

R—furan—R^1 $\xrightarrow[\text{rt, 15-30min}]{\text{MMPP}, EtOH/H_2O}$ R-CO-CH=CH-CO-R^1

90-99%

MMPP = magnesium monoperoxyphthalate

VI.A.9-5 M. Oda et al., *Chem. Commun.*, 339 (1990)

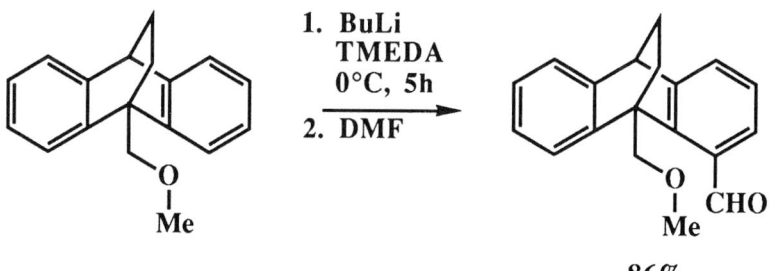

1. BuLi, TMEDA, 0°C, 5h
2. DMF

86%

VI.A.9-6 F. Urpi and J. Vilarrasa, *Tetrahedron Lett.*, 31, 7499 (1990).

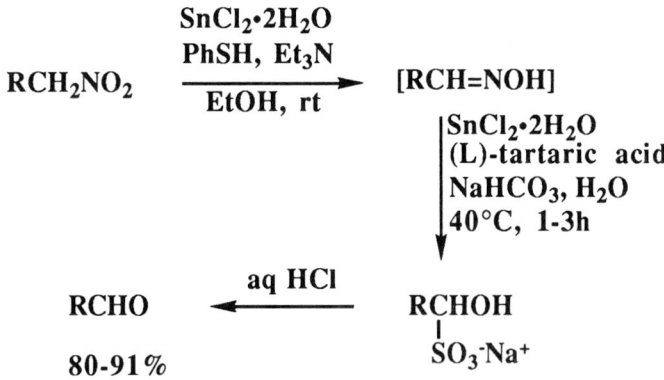

VI.A.10. Nitriles and Imines

VI.A.10-1 S. Yamazaki and Y. Yamazaki, *Bull. Chem. Soc. Jpn.*, 63, 301 (1990) and *Chem. Lett.*, 571 (1990).

$$RCH_2NH_2 \xrightarrow[H_2O/CH_2Cl_2, \text{ rt}]{NiSO_4, K_2S_2O_8, NaOH} RCN$$

84-97%

VI.A.10-2 H.G. Thomas and H.D. Greyn, *Synthesis*, 129 (1990); E.K. Ryu et al., *Synth. Commun.*, 20, 2785 (1990); T. Kitagawa et al., *Chem. Pharm. Bull.*, 38, 2583 (1990).

$$RCH=NOH \; + \; NCCO_2R^1 \xrightarrow[\text{MeCN} \\ 2\text{-}25°C, \; 0.5\text{-}2h]{TEA} RCN \quad 75\text{-}95\%$$

VI.A.10-3 F. Urpi and J. Vilarrasa, *Tetrahedron Lett.*, 31, 7497 (1990); M. Penso et al., *Synth. Commun.*, 20, 965 (1990).

$$RCH_2NO_2 \xrightarrow[\substack{DEAD, \; DMAP \\ CH_2Cl_2, \; 0°C, \; 5\text{-}10min}]{Bu_3P, \; Sn(SPh)_4} RCN \quad 85\text{-}95\%$$

VI.A.10-4 K. Abe and M. Takahashi, *Synthesis*, 939, (1990).

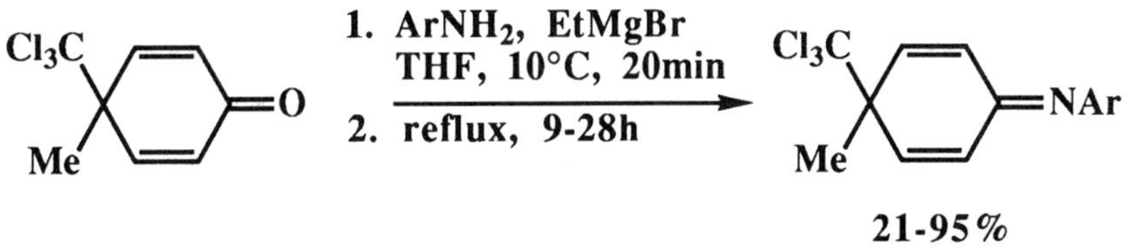

$$Cl_3C\text{-cyclohexadienone-Me} \xrightarrow[\text{2. reflux, 9-28h}]{\text{1. ArNH}_2\text{, EtMgBr, THF, 10°C, 20min}} Cl_3C\text{-cyclohexadienimine-Me=NAr}$$

21-95%

VI.A.10-5 A. Kunai et al., *Bull. Chem. Soc. Jpn.*, 63, 1843 (1990); V.G. Andrianov et al., *J. Org. Chem. (USSR)*, 25, 1834 (1989).

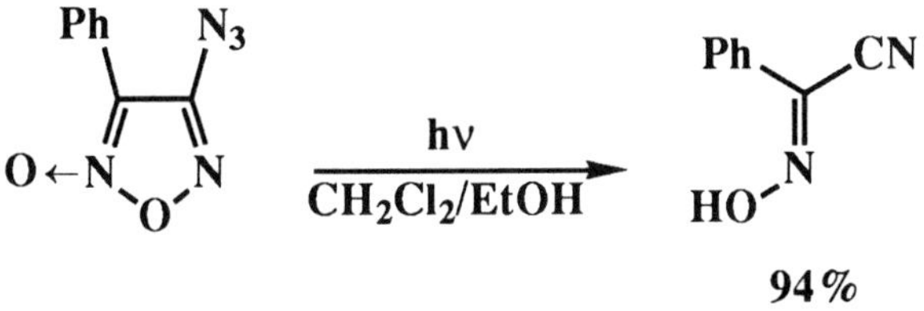

$$\text{Ph,N}_3\text{-furazan N-oxide} \xrightarrow{h\nu, \; CH_2Cl_2/EtOH} \text{Ph-C(=N-OH)-CN}$$

94%

VI.A.10-6 J. Mogensen and E.B. Pedersen, *Acta Chem. Scand.*, 44, 973 (1990).

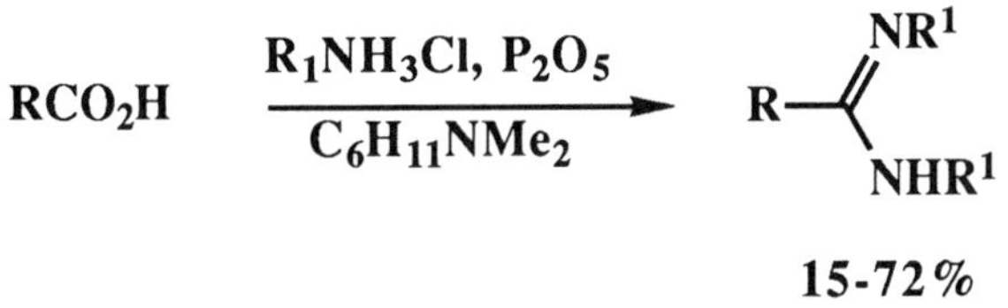

$$RCO_2H \xrightarrow[C_6H_{11}NMe_2]{R_1NH_3Cl, \; P_2O_5} R-C(=NR^1)(NHR^1)$$

15-72%

VI.A.10-7 J. Barluenga et al., *Tetrahedron Lett.*, 31, 3497 (1990).

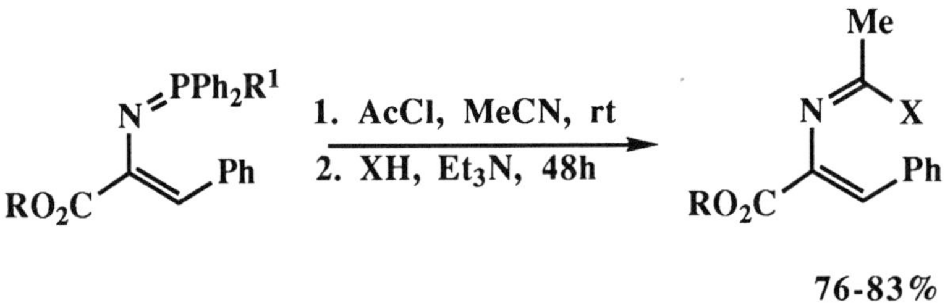

$$RO_2C-C(=N-PPh_2R^1)=CH-Ph \xrightarrow[\text{2. XH, Et}_3N, 48h]{\text{1. AcCl, MeCN, rt}} \text{pyrimidine: Me, N, X, RO}_2C, Ph$$

76-83%

VI.A.11. Azides

VI.A.11-1 P. Crotti et al., *Tetrahedron Lett.*, 31, 5641 (1990); R.E. Lehr et al., *J. Org. Chem.*, 55, 4892 (1990); A.E. Greene et al., *ibid.*, 55, 1957 (1990); S. Saito, T. Moriwake et al., *Tetrahedron Lett.*, 31, 221 (1990); T.K. Chakraborty and G.V. Reddy, *ibid.*, 31, 1335 (1990); C.J. Moody et al., *J. Chem. Soc. Perkin 1*, 689 (1990);

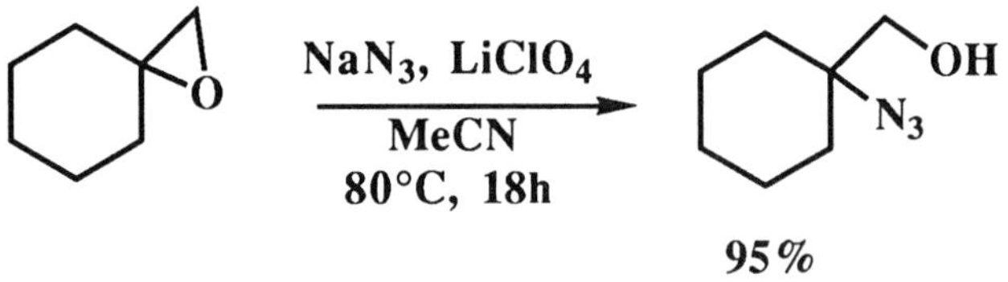

$$\text{cyclohexane spiro epoxide} \xrightarrow[\text{MeCN} \atop 80°C, 18h]{\text{NaN}_3, \text{LiClO}_4} \text{1-azido-cyclohexanol}$$

95%

VI.A.11-2 A. Hassner et al., *J. Org. Chem.*, 55, 2304 (1990); A.R. Katritzky et al., *J. Chem. Res. (S)*, 330 (1990).

$$\text{(P)}-N^+R_3N_3^- + CH_2Cl_2 \xrightarrow[20°C, 3wk]{} CH_2(N_3)_2$$

73%

caution: EXPLOSIVE

VI.A.11-3 P. Molina et al., *Chem. Commun.*, 7 (1990).

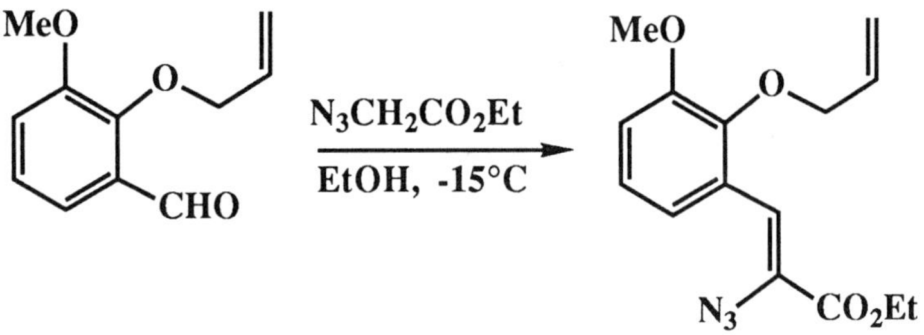

$$\text{ArCHO} \xrightarrow[\text{EtOH, -15°C}]{N_3CH_2CO_2Et} \text{Ar-CH=C(N}_3\text{)CO}_2\text{Et}$$

VI.A.11-4 A. Ketter and R. Herrmann, *J. Organomat. Chem.*, 386, 241 (1990); A. Dondoni et al., *Tetrahedron*, 46, 6167 (1990); G.A. Olah and G.K.S. Prakash, *Synlett*, 487 (1990).

$$\underset{R}{\overset{F_c}{\diagup}}=\underset{}{\overset{Me}{\diagdown}_R} \quad \xrightarrow[2.\ N_3^-]{1.\ ClCH_2OR^1 \atop \text{Lewis Acid}} \quad \underset{N_3}{\overset{F_c}{\diagdown}}\underset{CH_2OR^1}{\overset{Me}{\diagup}_R}$$

15-76%

VI.A.11-5 E.B. Pedersen et al., *Liebigs Ann. Chem.*, 1079 (1990); R.A. Abramovitch et al., *Chem. Commun.*, 269 (1990).

<chemical structure: CH₂OR, OH, RO, CHO starting material → CH₂OR, O, N₃, RO, OAc product>

1. NaN₃, 80% AcOH
2. Ac₂O, pyr

50%

VI.A.11-6 M.-L. Huber and J.T. Pinhey, *J. Chem. Soc. Perkin 1*, 721 (1990); T.P. Kogan et al., *Tetrahedron*, 46, 6623 (1990).

$$ArB(OH)_2 \quad \xrightarrow[{2.\ NaN_3 \atop DMSO,\ rt,\ 3h}]{1.\ Pb(OAc)_4,\ Hg(OAc)_2 \atop CHCl_3,\ 40°C} \quad ArN_3$$

59-82%

VI.A.11-7 Y. Yamamoto and N. Asao, *J. Org. Chem.*, 55, 5303 (1990); M.C. Viaud and P. Rollin, *Synthesis*, 130 (1990); M. Safi et al., *Tetrahedron Lett.*, 31, 527 (1990).

<chemical structure: OTBDMS, OMs, CO₂Me starting material → OTBDMS, N₃, CO₂Me product>

NaN₃, CuI
DMF
-30°C, 30min

90%, (82% e.e.)

VI.A.11-8 D.A. Evans et al., *J. Am. Chem. Soc.*, 112, 4011 (1990); A.N. Shaw et al., *Tetrahedron Lett.*, 31, 5081 (1990).

$$R\text{-C(O)-N(oxazolidinone, Bn)} \xrightarrow[\text{3. AcOH} \\ -78 \to rt]{\text{1. KN(SiMe}_3)_2 \\ \text{2. TrisN}_3} R\text{-CH(N}_3)\text{-C(O)-N(oxazolidinone, Bn)}$$

74-91%, (2S:2R = 91-99:9-1)

TrisN$_3$ = 2,4,6-^{i}Pr$_3$C$_6$H$_2$-SO$_2$N$_3$

VI.A.11-9 B.M. Kim and K.B. Sharpless, *Tetrahedron Lett.*, 31, 4317 (1990); N. Machinaga and C. Kibayashi, *ibid.*, 31, 3637 (1990).

$$\text{C}_5\text{H}_{11}\text{-CH(OSO}_2\text{O)-CH-C(O)NHOBn} \xrightarrow[\text{DMF} \\ 100°\text{C, 12h}]{\text{LiN}_3} \text{C}_5\text{H}_{11}\text{-CH(OH)-CH(N}_3)\text{-C(O)NHOBn}$$

76%

VI.A.11-10 M. McGuiness and H. Schecter, *Tetrahedron Lett.*, 31, 4987 (1990).

$$(\text{Et}_2\text{N})_3\text{P} \xrightarrow[\text{2. NaN}_3\text{, 18-Cr-6}]{\text{1. Br}_2\text{, THF, 0°C}} (\text{Et}_2\text{N})_3\text{P}^+\text{-N}_3 \; \text{Br}^-$$

80%

Diazo transfer reagent

VI.A.12. Other N-Containing Functional Groups

VI.A.12-1 J.E. Baldwin and I.A. O'Neil, *Synlett,* 603 (1990).

$$\underset{\text{NHCHO}}{\text{Ar}\diagdown\text{C}(=\text{CH}_2)} \xrightarrow[-78°\text{C, 20min}]{\text{TFAA}, \; ^{i}\text{Pr}_2\text{NEt, CH}_2\text{Cl}_2} \underset{\text{NC}}{\text{Ar}\diagdown\text{C}(=\text{CH}_2)}$$

75-83%

VI.A.12-2 F.A. Davis et al., *Org. Syn.,* 69, 154, 158 (1990); W. Oppolzer et al., *Tetrahedron Lett.,* 31, 4117 (1990); W.M. Abdou et al., *Z. Naturforsch.,* 45B, 1027 (1990).

[camphorsulfonamide] →(Amberlyst 15, Ph-Me, reflux, 4h)→ [cyclic sulfonimide] 90-95% →(LAH, THF, reflux)→ [cyclic sulfonamide NH] 92%

VI.A.12-3 P.D. Davis and R.A. Bit, *Tetrahedron Lett.,* 31, 5201 (1990); R.J.P. Corriu et al., *ibid.,* 31, 2585 (1990).

$$\underset{\text{O}}{\overset{\text{R} \quad \text{R}^1}{\text{maleic anhydride}}} \xrightarrow[\text{rt, 16h}]{\text{HN(SiMe}_3)_2, \text{MeOH/DMF}} \underset{\text{N-H}}{\overset{\text{R} \quad \text{R}^1}{\text{maleimide}}}$$

90-95%

VI.A.12-4 J.N. Kim and E.K. Ryu, *Synth. Commun.*, 20, 1373 (1990).

[Reaction: 2,4,6-trimethylbenzaldehyde oxime (CH=NOH) + 1-chlorobenzotriazole, CH$_2$Cl$_2$, rt, 5 min → 2,4,6-trimethylbenzonitrile N-oxide (C≡N→O)]

VI.A.12-5 G. Bartoli et al., *J. Org. Chem.*, 55, 4456 (1990); J.R. Hwu et al., *J. Organomet. Chem.*, 399, C13 (1990); V. St. Georgiev et al., *Helv. Chim. Acta,* 73, 169 (1990).

$$RCH_2NO_2 \; + \; \text{CH}_3\text{CH=CHCH}_2\text{MgCl} \; \xrightarrow[-70°C]{THF} \; R\text{-CH=N(O)-CH(CH}_3\text{)-CH=CH}_2$$

58-90%,
(E:Z = 2-3:98-97)

VI.A.12-6 G. Bartoli et al., *Gazz. Chim. Ital.*, 120, 247 (1990); N.R. Ayyangar et al., *Ind. J. Chem.*, 28B, 961 (1989).

[Allenyl-MgBr + Ph-NO$_2$ → 1. THF, -70°C; 2. LAH, Pd/C → N-propargyl hydroxylamine]

69%

VI.A.12-7 A.M.P. Koskinen and L. Munoz, *Chem. Commun.*, 652 (1990); F.J. Lopez-Herrera et al., *Tetrahedron,* 46, 7165 (1990).

[R-CO-CH$_2$-CO$_2$R^1 + TosN$_3$, K$_2$CO$_3$, MeCN, rt, 0.5-5h, 74-99% → R-CO-C(N$_2$)-CO$_2$R^1]

VI.A.12-8 L. Kniezo and J. Bernat, *Synth. Commun.*, 20, 509 (1990); K.H. Konig, *Tetrahedron,* 46, 7729 (1990); L.I. Simandi et al., *Angew. Chem., Int. Ed. Engl.*, 29, 1147 (1990); G.A. Olah et al., *J. Org. Chem.*, 55, 4282 (1990).

$$RCO_2H + PO(NCS)_3 \xrightarrow[70°C, 7h]{Ph-H} RC(=O)NCS \quad 45\text{-}90\%$$

VI.A.12-9 D.A. Anderson and J.R. Hwu, *J. Org. Chem.*, 55, 511 (1990); G.K.S. Prakash, G.A. Olah et al., *Helv. Chim. Acta,* 73, 1167 (1990); K. Shudo et al., *J. Med. Chem.*, 33, 1430 (1990); V.N. Lisitsyn and A.M. Tsatsakis, *J. Org. Chem. (USSR),* 26, 943 (1990); P. Laszlo et al., *Angew. Chem., Int. Ed. Engl.*, 29, 534 (1990).

iBuCH(NO_2) →
1. KF, Bu$_4$NCl, DMSO, rt, 1h
2. HC≡CCOMe, 1h
3. H$_2$C=CHCHCOMe
→ product, 51%

VI.A.12-10 M. Husain et al., *Ind. J. Chem.*, 28, 1077 (1989); J.G. Schantyl and P. Hebeisen, *Tetrahedron,* 46, 395 (1990).

o-MeC$_6$H$_4$NO$_2$ $\xrightarrow[\text{MeOH, rt, 12h}]{Zn, NH_4OH}$ (o-MeC$_6$H$_4$)N=N(o-MeC$_6$H$_4$) 70%

VI.A.12-11 R.M. Moriarty et al., *Synth. Commun.*, 20, 2353 (1990).

$$RNH_2 + R^1NO \xrightarrow[\text{CH}_2\text{Cl}_2, \text{rt, 18h}]{PhI(OAc)_2} RN=\overset{O}{\overset{\uparrow}{N}}R^1 \quad 52\text{-}68\%$$

VI.A.12-12 C.C. Cheng, *Org. Prep. Proced. Int.*, 22, 643 (1990); R.S. Garigipati, *Tetrahedron Lett.*, 31, 1969 (1990); A.R. Katritzky et al., *J. Chem. Soc. Perkin 1*, 1847 (1990); A.E. Miller et al., *Synth. Commun.*, 20, 217 (1990).

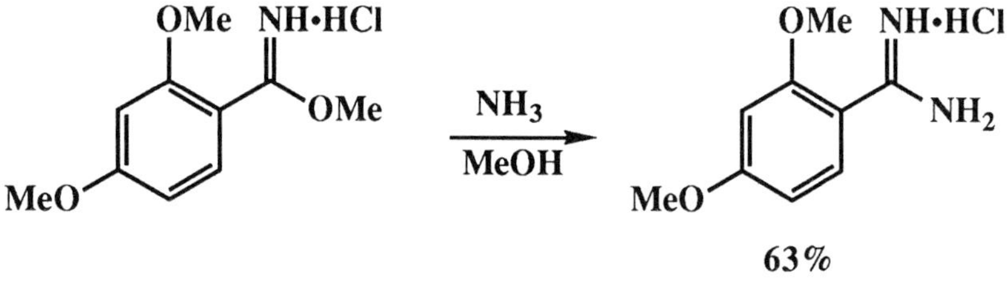

VI.A.12-13 S. Jew et al., *Tetrahedron Lett.*, 31, 1559 (1990).

$$RCONH_2 \xrightarrow[\text{rt, 12h}]{\text{NBS, Hg(OAc)}_2, \text{DMF/MeOH}} RNHCO_2Me \quad 91\text{-}99\%$$

VI.A.13. Acetals and Ketals

VI.A.13-1 P. Sinay et al., *Synlett*, 572 (1990); G.H. Veeneman et al., *Tetrahedron Lett.*, 31, 1331 (1990).

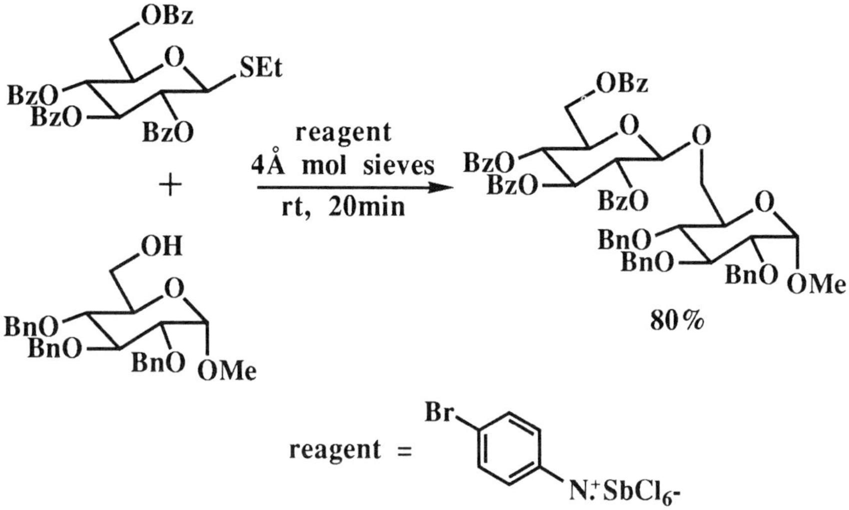

VI.A.13-2 M. Sasaki et al., *Tetrahedron Lett.*, 31, 6549 (1990); R. Roy and F. Tropper, *Synth. Commun.*, 20, 2097 (1990); W.V. Dahlhoff, *Liebigs Ann. Chem.*, 1093 (1990); P. Hansen and E.B. Pedersen, *Acta Chem. Scand.*, 44, 522 (1990).

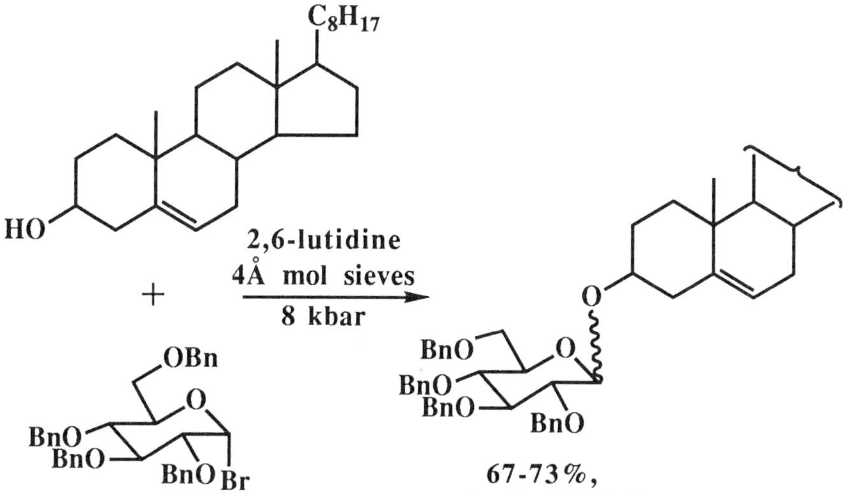

67-73%, (α:β = 15.7:1)

VI.A.13-3 S. Ikegami et al., *Heterocycles,* 30, 775 (1990) and *Chem. Pharm. Bull.*, 38, 2323 (1990).

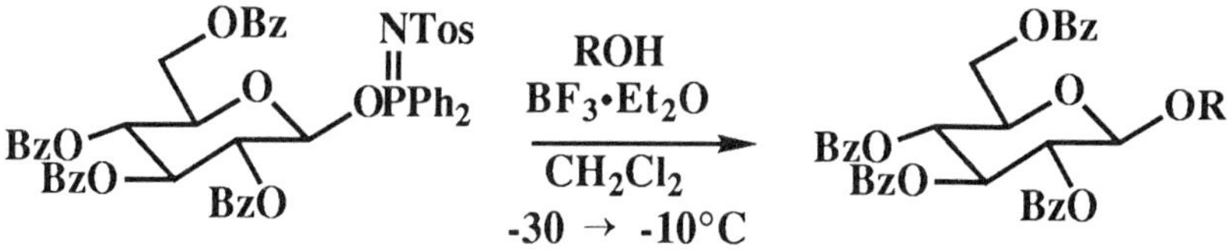

51-81%

VI.A.13-4 R. Bognar and I. Farkas, *Liebigs Ann. Chem.*, 499 (1990).

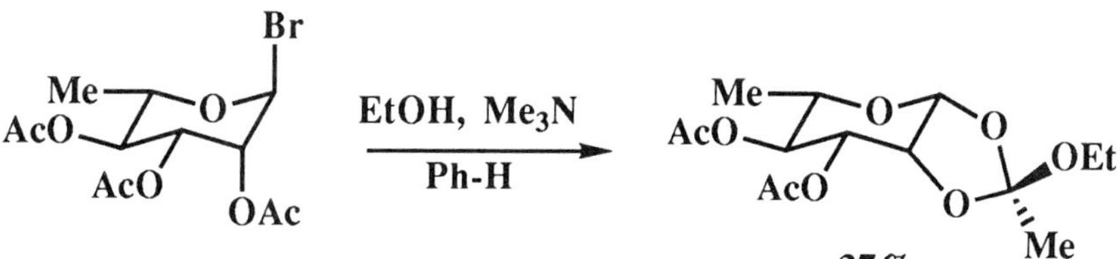

37%

VI.A.13-5 T. Hosokawa and S.-I. Murahashi et al., *Chem. Lett.*, 1387 (1990).

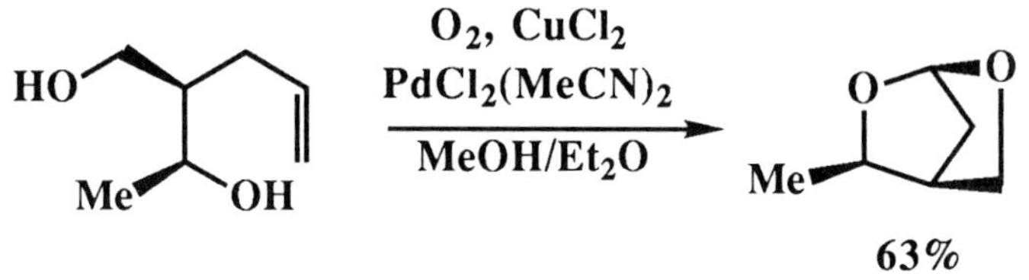

VI.A.13-6 T. Cohen et al., *J. Am. Chem. Soc.*, 112, 6389 (1990).

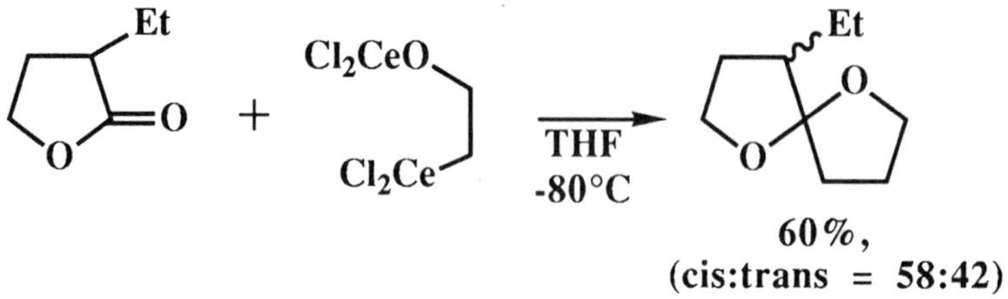

VI.A.13-7 D. Enders et al., *Synthesis*, 1013 (1990); S.V. Ley, *Tetrahedron Lett.*, 31, 3445 (1990).

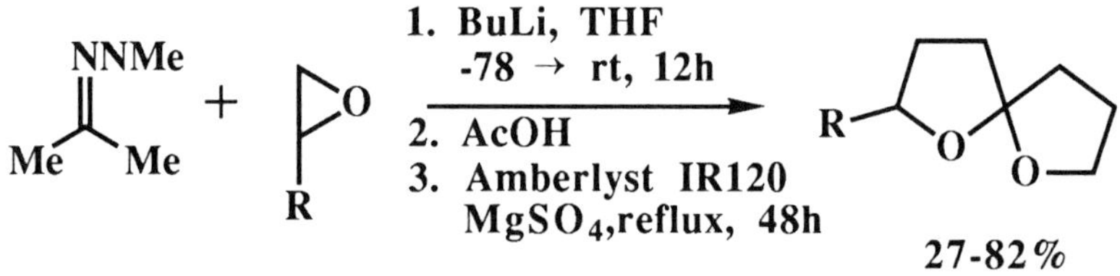

VI.A.13-8 M.J. Kurth et al., *J. Org. Chem.*, 55, 283 (1990).

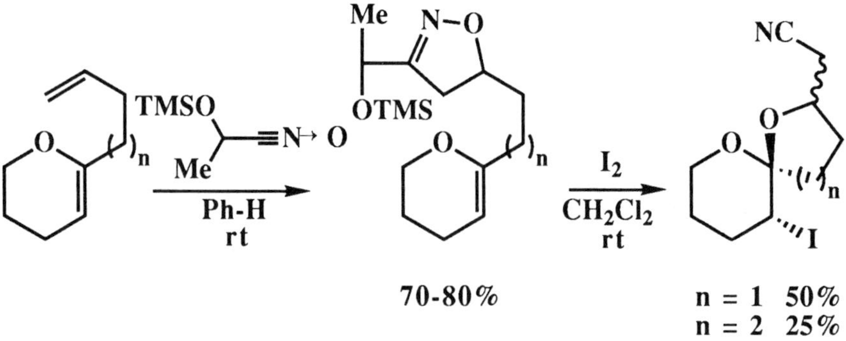

VI.A.13-9 M.J. Forn and S.V. Ley, *Synlett*, 255 (1990); H. Ogura et al., *Chem. Pharm. Bull.*, 38, 636 (1990).

$$\text{R}\underset{}{\overset{}{\bigcirc}}\text{OH} \xrightarrow[\text{2. R}^1\text{OH, ZnBr}_2 \; \text{Et}_2\text{O, reflux}]{\text{1. CDI, Et}_2\text{O}} \text{R}\underset{}{\overset{}{\bigcirc}}\text{OR}^1$$

36-88%, (α:β = 1-99:1 to 1:1.2-2)

VI.A.13-10 L.F. Tietze and M. Logers, *Liebigs Ann. Chem.*, 261 (1990).

63-95%

VI.B. Additions to Alkenes and Alkynes

VI.B-1 H.G. Viehe et al., *Synth. Commun.*, 20, 2379 (1990).

$$^t\text{Bu-}\overset{O}{\overset{\uparrow}{\text{S}}}\text{R} \; + \; \underset{}{\overset{}{\diagup\!\!\!\diagdown}} \xrightarrow[\text{rt, 1h}]{\text{TFA, TFAA}} \text{RS}\underset{}{\overset{}{\diagup\!\!\!\diagdown}}\text{O}_2\text{CCF}_3$$

VI.B-2 B.S. Thyagarajan and R.A. Chandler, *Synth. Commun.*, 20, 53 (1990); M.V. Filipushchenko et al., *J. Org. Chem. (USSR)*, 25, 1634 (1989).

$$\text{ArSO}_2\!\!-\!\!\diagdown\!\!\equiv\!\!-\!\!\equiv\!\!-\!\!\text{Me} \xrightarrow[\text{CHCl}_3, \text{rt}]{\text{Ar}^1\text{SH, Al}_2\text{O}_3} \text{ArSO}_2\!\!-\!\!\diagdown\underset{\text{Ar}^1\text{S}}{\diagup}\!\!=\!\!\diagdown\!\!-\!\!\equiv\!\!-\!\!\text{Me}$$

VI.B-3 D.A. Griffith and S.J. Danishefsky, *J. Am. Chem. Soc.*, 112, 5811 (1990).

$$\text{BnO-glycal} \xrightarrow[\text{CH}_2\text{Cl}_2,\ 0°\text{C}]{\text{PhSO}_2\text{NH}_2,\ \text{I}(sym\text{-collidine})_2\text{ClO}_4} \text{BnO-product-PhSO}_2\text{HN,\ I}$$

78%

VI.B-4 D. Anker et al., *Tetrahedron Lett.*, 31, 663, 2127 (1990); A.V. Martynov et al., *J. Org. Chem. (USSR)*, 26, 841 (1990).

$$\text{phthalimide-N-SePh} + (CH_2)_n \xrightarrow[\text{pyr, 14-30h}]{\text{HF}} \text{PhSe-}(CH_2)_n\text{-F}$$

79-95%

VI.B-5 G. Jeminet et al., *Synlett*, 615 (1990); N.N. Labeish et al., *J. Org. Chem. (USSR)*, 25, 1461 (1989).

$$\text{divinyl ketone} \xrightarrow[\text{CHCl}_3,\ 60°\text{C}]{\text{Chloramine T, OsO}_4} \text{TosHN-OH HO-NHTos product}$$

VI.B-6 Y. Ishii et al., *Synlett*, 675 (1990); J. Barluenga et al., *Tetrahedron Lett.*, 31, 7375 (1990); T. Kitamura, H. Tanigushi et al., *ibid.*, 31, 703 (1990).

$$R\text{—}\equiv\text{CH} \xrightarrow[\text{MeCN, rt, 1h}]{\text{Me}_3\text{SiCl, NaI, H}_2\text{O}} \underset{I}{\overset{R}{>}}=CH_2$$

62-82%

VI.C. Sulfur Compounds

VI.C-1 M. Gingras and D.N. Harpp, *Tetrahedron Lett.*, 31, 1397 (1990); C.B. Reese et al., *ibid.*, 31, 7485 (1990).

$$C_7H_{15}CH_2Br \;+\; (Bu_3Sn)_2S \xrightarrow[\text{MeCN/H}_2O]{\text{Bu}_4\text{NF·3H}_2\text{O}} C_7H_{15}CH_2SH$$
$$20°C, 20h \qquad 71\%$$

VI.C-2 Z.Y. Wang and A.S. Hay, *Tetrahedron Lett.*, 31, 5685 (1990); L.K. Papernaya et al., *J. Org. Chem. (USSR)*, 26, 125 (1990).

$$(PhS)_2 \;+\; ArI \xrightarrow{Ph_2O} PhSAr$$
$$250°C, 6\text{-}18h \quad 56\text{-}75\%$$

VI.C-3 D.S. Bhakuni et al., *Synth. Commun.*, 20., 1315 (1990).

2,3-dihydrofuran + Ph-S$^+$(Me)(O$_2$CF$_3$) CF$_3$CO$_2^-$ $\xrightarrow[\text{rt, 24h}]{\text{TEA, CH}_2\text{Cl}_2}$ 3-(phenylthio)-2,3-dihydrofuran   77%

VI.C-4 M.A. Pericas et al., *Tetrahedron Lett.*, 31, 2169 (1990); G.S. Jones, Jr. and D.R. Elmaleh, *Org. Prep. Proced. Int.*, 22, 112 (1990).

$$ClC\equiv CCl \;+\; RSH \xrightarrow[\text{rt, 20h}]{\text{KH, THF}} RSC\equiv CSR$$
$$93\text{-}98\%$$

VI.C-5 R. Neidlein et al., *Z. Naturforsch.*, 45b, 1582 (1990);
G. Capozzi et al., *Gazz. Chim. Ital.*, 120, 421 (1990).

$$\text{RSCN} \xrightarrow[\text{rt, 24-72h}]{\text{Al}_2\text{O}_3 / \text{Ph-H}} \text{RSSR} \quad 74\text{-}85\%$$

VI.C-6 H. Schnidt and R. Steudel, *Z. Naturforsch.*, 45b, 557 (1990).

$$\text{ROSSOR} \xrightarrow[0°C]{\text{SCl}_2} \text{ROSSCl} \xrightarrow{\text{CpTiS}_5} (\text{RO})_2\text{S}_9$$

unstable

VI.C-7 D. Craig et al., *Synlett*, 531 (1990).

$$(\text{MeO})_2\overset{O}{\underset{\|}{P}}-\text{Me} \xrightarrow[\substack{\text{2. ArSO}_2\text{R, THF, -78°C} \\ \text{3. RCHO, -78} \to 0°C}]{\text{1. BuLi, THF, -78°C}} R\diagup\!\!\!\diagup\overset{O}{\underset{\uparrow}{S}}\text{-Ar}$$

VI.C-8 X. Huang and J.-H. Pi, *Synth. Commun.*, 20, 2291 (1990);
P. Bhattacharyya et al., *Ind. J. Chem.*, 29B, 491 (1990); B.I. Alo,
G. Queguiner et al., *J. Chem. Soc. Perkin 1*, 1611 (1990); G.C. Hirst and
P.J. Parsons, *Org. Syn.*, 69, 169 (1990); W. Pritzkow et al., *J. Prakt. Chem.*, 331, 1011 (1989).

$$\text{ArSO}_2\text{Cl} + \text{BrCH}_2\text{R} \xrightarrow[\substack{\text{BnEt}_3\text{NCl} \\ \text{THF/EtOH} \\ \text{reflux, 2h}}]{(\text{EtO})_2\text{P(O)SeNa}} \text{ArSO}_2\text{CH}_2\text{R} \quad 77\text{-}93\%$$

VI.C-9 J.K. Whitesell et al., *J. Am. Chem. Soc.*, 112, 7653 (1990).

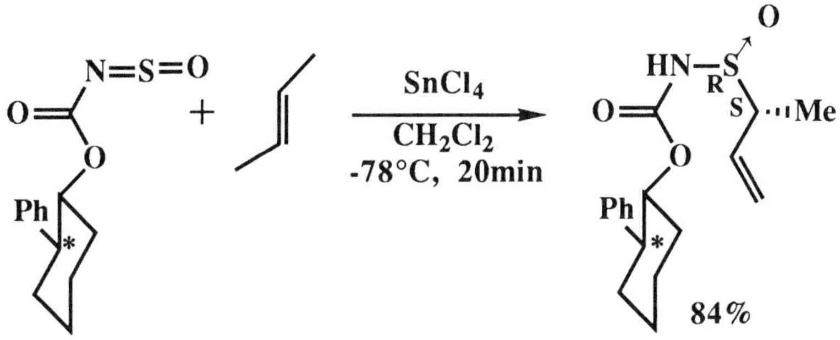

VI.C-10 K. Okuma et al., *Bull. Chem. Soc. Jpn.*, 63, 3223 (1990).

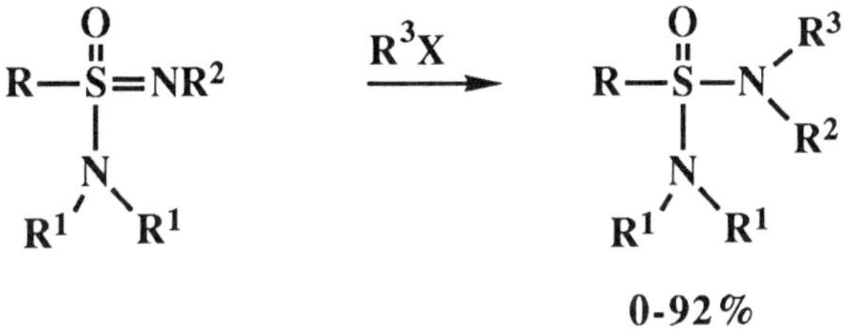

$$R-\underset{\underset{R^1}{\overset{|}{N}}R^1}{\overset{O}{\overset{\|}{S}}}=NR^2 \xrightarrow{R^3X} R-\underset{\underset{R^1}{\overset{|}{N}}R^1}{\overset{O}{\overset{\|}{S}}}-N\overset{R^3}{\underset{R^2}{\diagdown}}$$

0-92%

VI.C-11 M. Al-Talib and H. Tashtoush, *Liebigs Ann. Chem.*, 611 (1990).

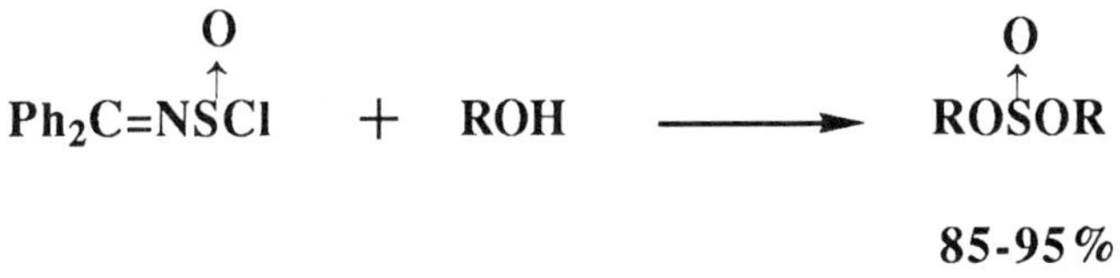

$$Ph_2C=N\overset{O}{\overset{\uparrow}{S}}Cl \; + \; ROH \; \longrightarrow \; RO\overset{O}{\overset{\uparrow}{S}}OR$$

85-95%

VI.C-12 C. Lee and L. Field, *Synthesis*, 391 (1990).

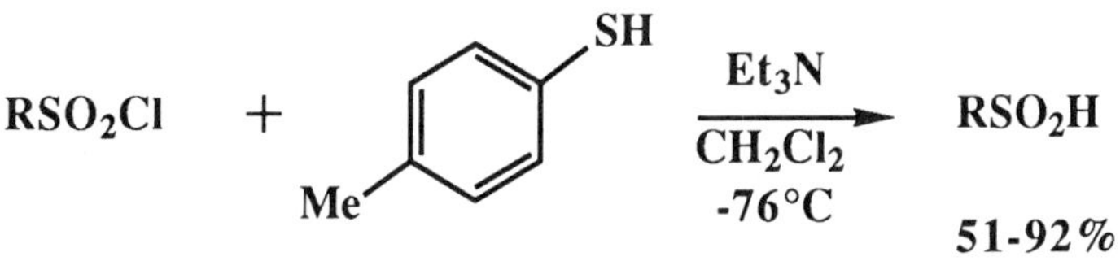

51-92%

VI.C-13 D. Prescher et al., *Z. Chem.*, 60 (1990).

$$F_3C(CF_2)_n\text{-}I \xrightarrow[85°C]{\substack{Na_2S_2O_4 \\ NaHCO_3 \\ \overline{MeCN/H_2O}}} F_3C(CF_2)_n\text{-}SO_2Na$$

71-98%

VI.C-14 A. Koeberg-Telder and H. Cerfontain, *Rec. Trav. Chim.*, 109, 41 (1990).

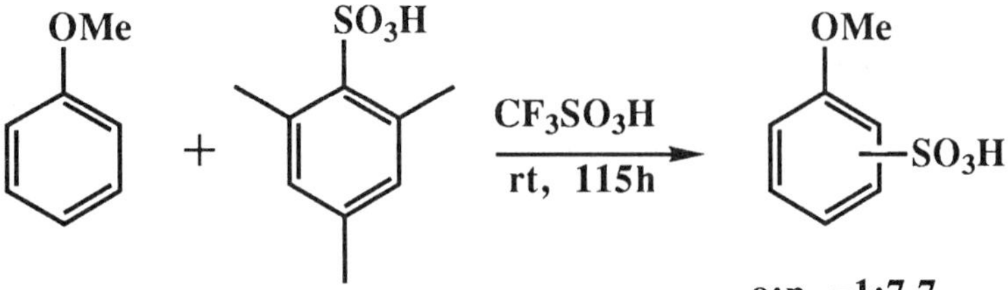

OMe + mesitylene-SO$_3$H $\xrightarrow[\text{rt, 115h}]{CF_3SO_3H}$ anisole-SO$_3$H

o:p =1:7.7

VI.C-15 H. Cerfontain et al., *Rec. Trav. Chim.*, 109, 485 (1990).

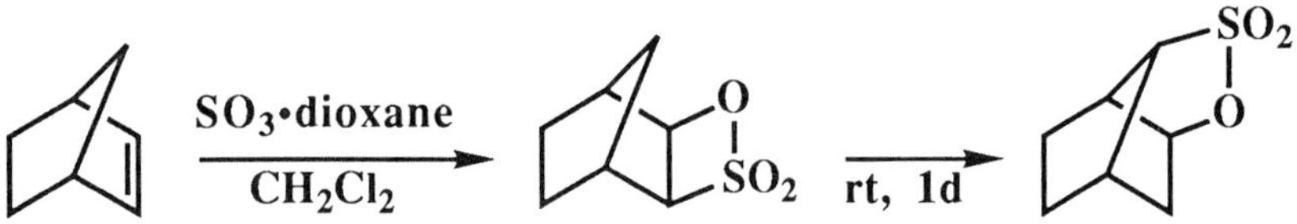

norbornene $\xrightarrow[CH_2Cl_2]{SO_3\cdot dioxane}$ sultone intermediate $\xrightarrow{rt, 1d}$ bicyclic sulfone

85%

VI.C-16 R. Nomura et al., *Chem. Ber.*, 123, 2081 (1990).

$$RCO_2H \xrightarrow{\substack{Ph_3SbO \\ P_4S_{10}}} RCOSH$$

64-95%

VI.C-17 A. Boge and J. Voss, *Chem. Ber.*, 123, 1733 (1990).

$$X(CH_2)_nCO_2H \xrightarrow[\text{Ph-Cl, 130°C, 5min}]{\overset{\displaystyle MeS\underset{S}{\underset{|}{\searrow}}\underset{|}{\overset{|}{S}}SMe}{S=P\underset{S}{\overset{\cdot}{\searrow}}P=S}} X(CH_2)_nCS_2Me$$

20-54%

VI.C-18 K. Yonemoto, I. Shibuya et al., *Bull. Chem. Soc. Jpn.*, 63, 2933 (1990).

$$ArCCl_3 \xrightarrow[\substack{\text{2. NH}_2\text{OSO}_3\text{H}\\ \text{NaOH}\\ \text{3. RCOCl, Et}_2\text{O}}]{\text{1. NaSH, EtOH}} Ar\overset{\overset{\displaystyle S}{\|}}{C}\diagdown SNHCOR$$

13-44%

VI.D. Phosphorus, Selenium and Sulfur Compounds

VI.D-1 H.-J. Ha et al., *Tetrahedron Lett.*, 31, 1567 (1990); R.C. Corcoran and J. M. Green, *ibid.*, 31, 6827 (1990); J. Barluenga et al., *Synlett,* 261 (1990); K. Afarinkia et al., *Tetrahedron*, 46, 7175 (1990); C. Yuan et al., *Synthesis,* 522 (1990); M. Soroka et al., *Liebigs Ann. Chem.*, 331, 1153 (1990).

$$ArNHCH_2OMe \xrightarrow[\substack{CH_2Cl_2\\ \text{rt, 1-2h}}]{TiCl_4,\ P(OR)_3} ArNHCH_2\overset{\overset{\displaystyle O}{\|}}{P}(OR)_2$$

61-97%

VI.D-2 T. Janecki and R. Bodalski, *Synthesis,* 799 (1990); M. Watanabe et al., *Chem. Pharm. Bull.*, 38, 2637 (1990); S.C. Welch et al., *J. Org. Chem.*, 55, 5991 (1990).

$$\underset{\underset{CO_2Me}{\diagup\!\!\diagup}}{\overset{R\diagdown\diagup OH}{}} \xrightarrow[\text{2. 70-100°C, 1-4h}]{\substack{\text{1. (EtO)}_2\text{PCl, Et}_3\text{N}\\ \text{Et}_2\text{O, -10°C, 20min}}} (EtO)_2\overset{\overset{\displaystyle O}{\|}}{P}\diagup\!\!\diagdown_{CO_2Me}^{R}$$

61-81%

VI.D-3 M. Schlosser et al., *Synthesis,* 109 (1990); N. Hamanaka et al., *Synlett,* 135 (1990).

$$\text{(2-methoxymethoxybenzene)} \xrightarrow[\text{2. (PhO)}_3\text{P, 0°C}]{\text{1. BuLi, TMEDA, THF, rt, 2h}} \text{[(2-methoxymethoxyphenyl)}_3\text{P]}$$

73%

VI.D-4 R.W. Mc Clard et al., *Tetrahedron Lett.*, 31, 3261 (1990).

$$\text{R}-\overset{\text{O}}{\underset{\|}{\text{P}}}(\text{OH})_2 \xrightarrow[\text{2. (COCl)}_2,\ -78°\text{C}]{\text{1. pyr, 0°C}} \text{R}-\overset{\text{O}}{\underset{\|}{\text{P}}}(\text{Cl})_2$$

99%

VI.D-5 J.A. Salazar et al., *J. Chem. Soc. Perkin 1*, 2417 (1990).

$$\text{(steroid with } \Delta^2\text{-ene, C}_8\text{H}_{17}\text{)} \xrightarrow[\text{CH}_2\text{Cl}_2,\ \text{rt, 40min}]{\text{PhSeCl, AgBF}_4,\ \text{NH}_2\text{CO}_2\text{Et}} \text{(2-PhSe, 3-NHCO}_2\text{Et steroid)}$$

83%

VI.D-6 Y. Takikawa et al., *Chem. Lett.,* 1403 (1990).

$$\text{RCN} \xrightarrow[\text{CH}_2\text{Cl}_2,\ \text{reflux, 2-90h}]{(\text{Me}_3\text{Si})_2\text{Se},\ \text{BF}_3\cdot\text{Et}_2\text{O}} \text{RCSeNH}_2$$

21-66%

VI.D-7 R. Zhang et al., *Synthesis*, 801 (1990).

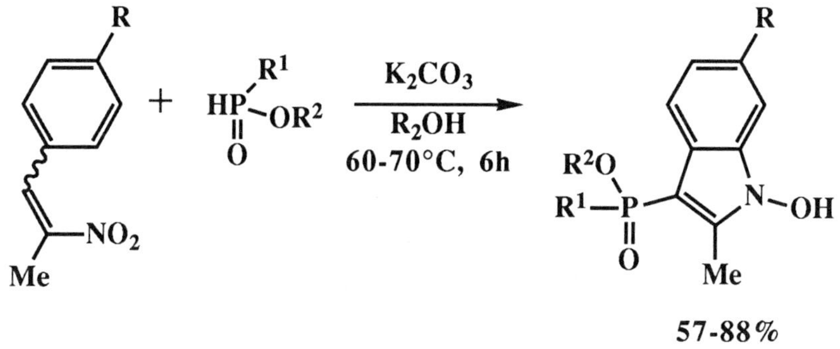

[Reaction: R-substituted β-methyl-β-nitrostyrene + HP(O)(R¹)(OR²), with K₂CO₃, R₂OH, 60-70°C, 6h → indole N-OH product with R¹—P(O)(OR²) at 3-position and Me at 2-position]

57-88%

VI.D-8 S. Fukuzawa et al., *Chem. Lett.*, 927 (1990).

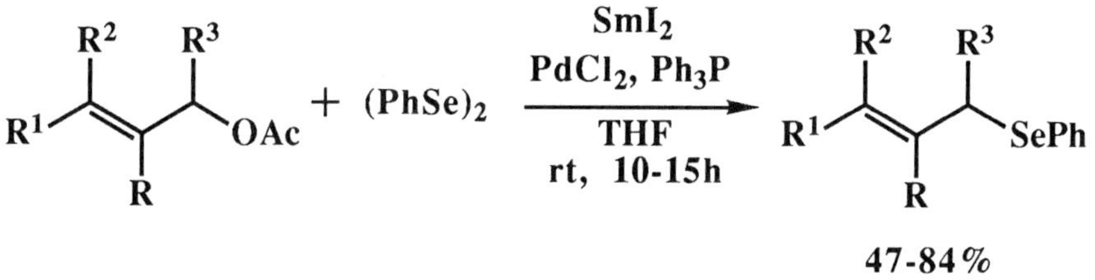

[Allylic acetate R¹R(C=C)R²R³C-OAc + (PhSe)₂, SmI₂, PdCl₂, Ph₃P, THF, rt, 10-15h → allylic selenide R¹R(C=C)R²R³C-SePh]

47-84%

VI.D-9 L. Ergman and J. Pearson, *J. Organomet. Chem.*, **388**, 71 (1990).

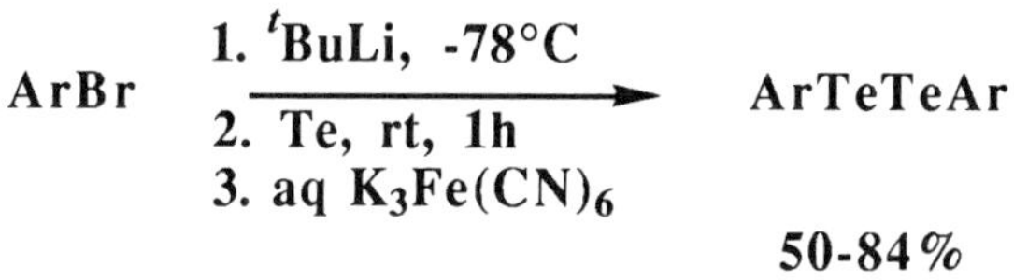

$$\text{ArBr} \xrightarrow[\substack{\text{2. Te, rt, 1h} \\ \text{3. aq K}_3\text{Fe(CN)}_6}]{\text{1. }^t\text{BuLi, -78°C}} \text{ArTeTeAr}$$

50-84%

VI.E. Nucleotides, Etc.

VI.E-1 R.M. de Lederkremer et al., *J. Chem. Res (S)*, 262, (1990); K. Achiwa et al., *Chem. Pharm. Bull.*, 38, 1766 (1990).

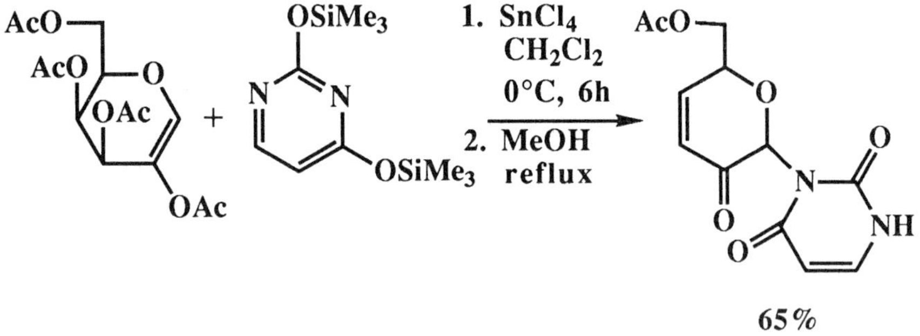

65%

VI.E-2 J. Michalski et al., *Angew. Chem., Int. Ed. Engl.*, 29, 522 (1990); I. Ugi et al., *Tetrahedron*, 46, 3167 (1990).

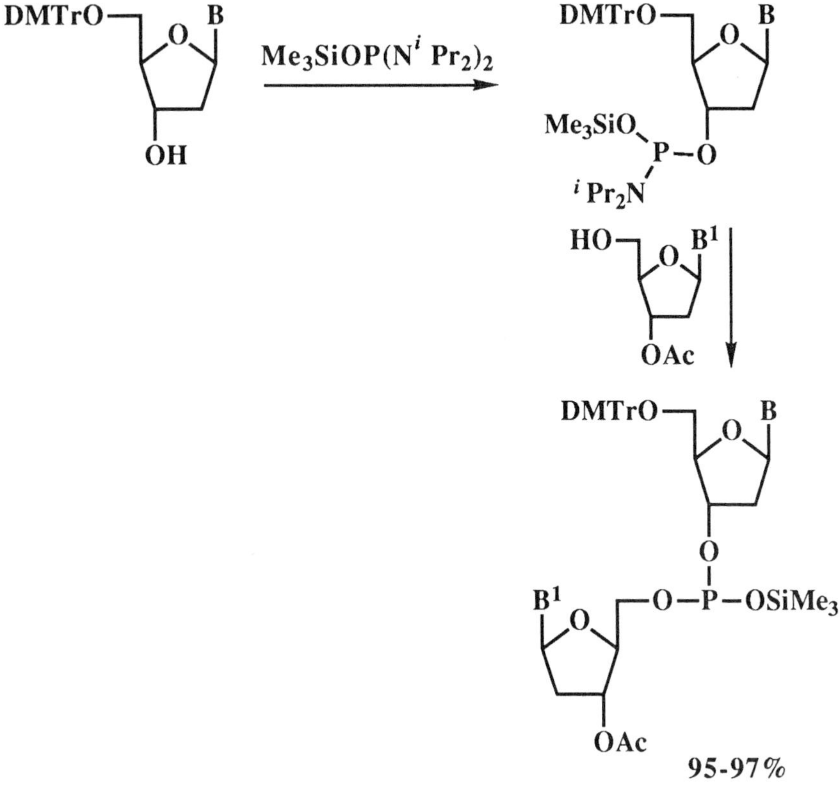

95-97%

VI.F. Silicon Compounds

VI.F-1 K.D. Kim and P.A. Magriotis, *Tetrahedron Lett.*, 31, 6137 (1990); I. Ryu, N. Sonoda et al., *Bull. Chem. Soc. Jpn.*, 63, 3361 (1990); K. Narasaka et al., *Chem. Lett.*, 1411 (1990); H. Andringa et al., *J. Organomet. Chem.*, 393, 307 (1990).

$$\underset{I}{\overset{R}{\diagdown}}=\diagup\diagdown_O\diagup\overset{Me}{\underset{Me}{\diagdown}}\!\!\leftarrow\!\!R^1 \quad \xrightarrow[-78 \to rt]{^tBuLi, THF} \quad \underset{Me'}{\overset{Me}{\diagdown}}Si\!-\!R^1 \diagdown\diagup\overset{R}{=}\diagdown\diagup\!-\!OH \quad 70\text{-}90\%$$

VI.F-2 G. Procter et al., *Tetrahedron Lett.*, 31, 1051(1990); G. Sonnek et al., *J. Organomet. Chem.*, 386, 29 (1990); T. Suzuki and P.Y. Lo, *ibid.*, 396, 299 (1990).

$$\underset{\underset{OTBDMS}{|}}{\equiv\!\!\diagdown\!\!\diagup C_5H_{11}} \quad \xrightarrow[2.\ MeMgCl]{1.\ Me_3ClSiH, THF\ cat.} \quad Me_3Si\diagdown\diagup\!=\!\diagdown\underset{\underset{OTBDMS}{|}}{\diagup C_5H_{11}}$$

cat. = $^tBu_3PPt(Nb)_2$, Nb = norbornene

VI.F-3 K. Achiwa et al., *Chem. Lett.*, 999 (1990); T. Hayashi et al., *ibid.*, 1377 (1990); B. Delmond et al., *J. Organomet. Chem.*, 398 79 (1990); M. Tanaka et al., *Organometallics*, 9, 280 (1990); I. Ojima et al., *ibid.*, 9, 3127 (1990).

$$PhCH=CH_2 \quad + \quad Cl_3SiH \quad \xrightarrow[rt,\ 24h]{PdCl_2,\ lig.} \quad Ph\overset{*}{C}H(Me)SiCl_3$$

lig. = $^iPr\overset{NHSO_2Me}{\underset{}{\diagdown}}\diagup PAr_2$

57-88%, (50-64% e.e.)

VI.F-4 D. Schultz and G. Simchen, *Liebigs Ann. Chem.*, 745 (1990).

$$\underset{H}{\overset{R}{>}}=\underset{OR^1}{\overset{OR^1}{<}} \quad \xrightarrow{\text{CF}_3\text{SO}_3\text{SiMe}_3}{\text{TEA}} \quad \underset{Me_3Si}{\overset{R}{>}}=\underset{OR^1}{\overset{OR^1}{<}}$$

49-87%

VI.F-5 J.P. Picard et al., *J. Organomet. Chem.*, 391, 13 (1990).

$$\underset{R}{\overset{R^1}{>}}\underset{CN}{\overset{OSiMe_3}{<}} \quad \xrightarrow{\text{Li, Me}_3\text{SiCl}}{\text{HMPA}} \quad \underset{R}{\overset{R^1}{>}}=\underset{N(SiMe_3)_2}{\overset{SiMe_3}{<}}$$

68-82%

VI.F-6 N. Auner and C. Seidenschwarz, *Z. Naturforsch.*, 45B, 909 (1990).

$$\text{Cl}_2\text{Si}=\text{CHCH}_2{}^t\text{Bu} \;+\; \text{PhCHO} \;\longrightarrow\; \underset{Cl_2Si\!\!-\!\!CH_2{}^t Bu}{\overset{O-CHPh}{|\quad\quad|}}$$

VI.F-7 D. Seyferth et al., *Organometallics*, 9, 2677 (1990).

$$\text{Me}_2\text{Si}\diamondsuit\text{SiMe}_2 \quad \xrightarrow[\text{reflux, 48h}]{\text{MeLi}} \quad \text{Me}_3\text{CH}_2\text{SiMe}_3$$

74%

VI.G. Tin Compounds

VI.G-1 T.N. Mitchell and K. Kwetkat, *Synthesis,* 1001 (1990).

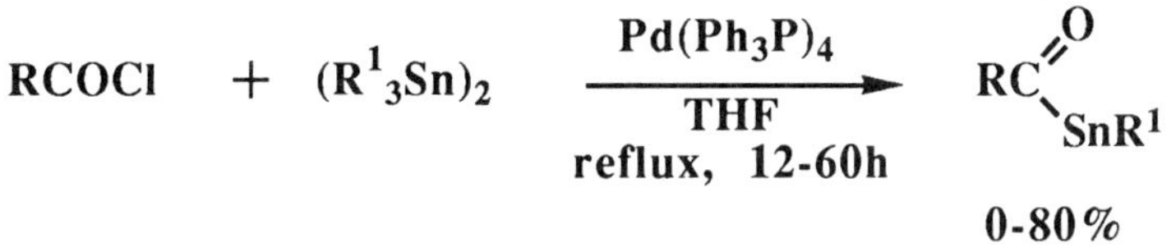

RCOCl
+
$(R^1{}_3Sn)_2$
$Pd(Ph_3P)_4$
THF
reflux, 12-60h
RC
O
SnR^1
0-80%

VI.G-2 F.J Pulido et al., *J. Chem. Res (S),* 291 (1990) and *Chem. Commun.*, 1030 (1990).

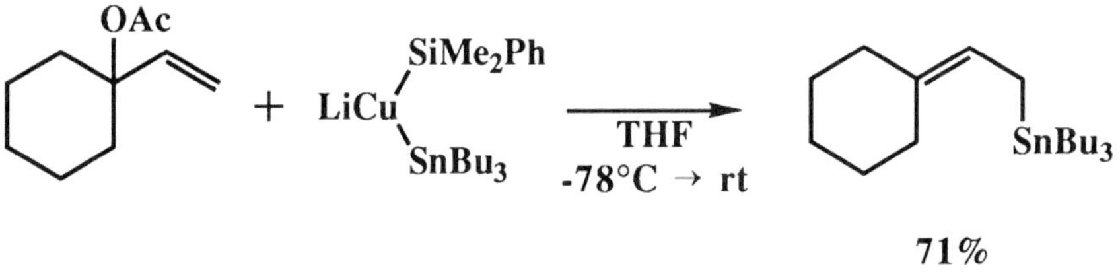

OAc
+
LiCu
$SiMe_2Ph$
$SnBu_3$
THF
-78°C → rt
$SnBu_3$
71%

VI.G-3 F. Guibe et al., *J. Org. Chem.*, 55, 1857 (1990); J.C. Cochran et al., *Tetrahedron Lett.*, 31 6621 (1990); Y. Ito et al., *Chem. Commun.*, 428 (1990); A.C. Oelschlager et al., *Tetrahedron Lett.*, 31, 165 (1990); J.P. Quintard et al., *J. Chem. Soc. Perkin 1,* 187 (1990).

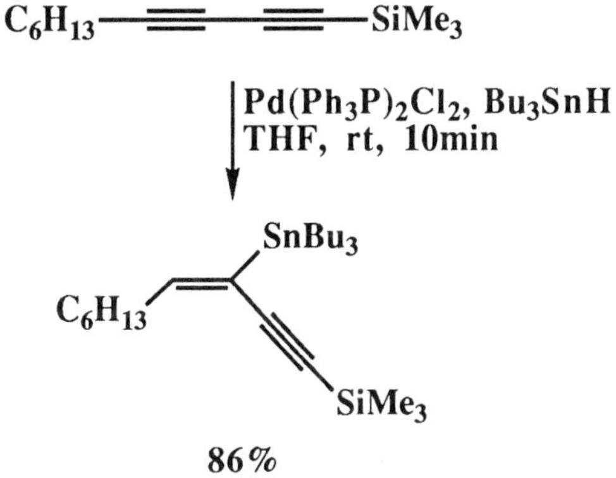

C_6H_{13}
$SiMe_3$
$Pd(Ph_3P)_2Cl_2$, Bu_3SnH
THF, rt, 10min
$SnBu_3$
C_6H_{13}
$SiMe_3$
86%

VI.H. Halogen Compounds

VI.H-1 T. Besson and P. Rollin, *Synth. Commun.*, 20, 3039 (1990); G.L. Lange and C. Gottaroo, *ibid.*, 20, 1473 (1990).

$$\text{R-CH(O)CH-CH}_2\text{OH} \xrightarrow[\text{THF, rt}]{\text{ZnI}_2,\ \text{Ph}_3\text{P}\quad{}^i\text{PrO}_2\text{CN=NCO}_2{}^i\text{Pr}} \text{R-CH(O)CH-CH}_2\text{I}$$

71-82%

VI.H-2 J. Ichihara et al., *Tetrahedron Lett.*, 31, 3167 (1990).

$$\underset{R\quad R^3}{\overset{R^1\quad R^2}{\diagup\!\!\!\!\diagdown}} + \text{(succinimide-N-I)} \xrightarrow[\text{DME}\ 30\text{-}60°\text{C, 1-6h}]{\text{AlF}_3,\ \text{NH}_4\text{HF}_2} R-\underset{F\quad R^3}{\overset{R^1\quad I}{|\ \ |}}-R^2$$

48-64%

VI.H-3 W.B. Smith and O.C. Ho, *J. Org. Chem.*, 55, 2543 (1990).

$$\text{R-C}_6\text{H}_4\text{-NH}_2 \xrightarrow[80°\text{C, 2h}]{{}^i\text{AmONO}\quad \text{CH}_2\text{I}_2} \text{R-C}_6\text{H}_4\text{-I}$$

36-90%

VI.H-4 A.C. Dupont et al., *Synth. Commun.*, 20, 1011 (1990).

$$\text{cyclobutyl-CO}_2\text{H} \xrightarrow[\text{THF, 5°C}]{\text{Pb(OAc)}_4,\ \text{LiCl}} \text{cyclobutyl-Cl}$$

65%

VII
REVIEWS

VII.A. Techniques

VII.A-1 J. Stach et al., *Z. Chem.*, 30, 157 (1990).

Review: "Tandem Mass Spectrometry - Principles and Applications".

VII.A-2 B. Jordanov, *Z. Chem.*, 30, 117 (1990).

Review: "Polarized Infrared Spectroscopy".

VII.A-3 A.G. Proidakov et al., *Russ. Chem. Rev.*, 59, 23 (1990).

Review: "The Parameters of the ^{13}C NMR Spectra of Substituted Acetylenes : Relation with Electronic Structure and Reactivity".

VII.A-4 B.V. Gidaspov et al., *Russ. Chem. Rev.*, 58, 809 (1989).

Review: "The Gas-Chromatographic and Gas-Chromatographic-Mass-Spectrometric Identification of Halogen-Containing Organic Compounds".

VII.A-5 A. Zschunke, *Z. Chem.*, 29, 434 (1989).

Review: "NMR-Spectroscopy on Organic Phosphorus Compounds".

VII.A-6 K.N. Houk et al., *Acc. Chem. Res.*, 23, 107 (1990).

  Review: "Quantitative Modeling of Proximity Effects on Organic Reactivity".

VII.A-7 M. Oki, *Acc. Chem. Res.*, 23, 351 (1990).

  Review: "1,9-Disubstituted Triptycenes: An Excellent Probe for Weak Molecular Interactions".

VII.A-8 M.R. Guisnet, *Acc. Chem. Res.*, 23, 392 (1990).

  Review: "Model Reactions for Characterizing the Acidity of Solid Catalysts".

VII.A-9 P.G. Schulz et al., *Angew. Chem., Int. Ed. Engl.*, 29, 1296 (1990).

  Review: "Catalytic Antibodies: A New Class of Transition-State Analogues Used to Elicit Hydrolytic Antibodies".

VII.A-10 T.I. Davidenko and G.I. Bondarenko, *Russ. Chem. Rev.*, 59, 299 (1990).

  Review: "The Use of Microorganism Cells Immobilized in Carrageenan for the Synthesis of Organic Substances".

VII.A-11 D. Parker, *Chem. Soc. Rev.*, 19, 271 (1990).

  Review: "Tumour Targeting with Radiolabelled Macrocycle-Antibody Conjugates".

VII.A-12 M.J.O. Anteunis et al., *Bull. Soc. Chim. Belg.*, 99, 361 (1990).

Review: "*In Situ* Silylation with Trimethylsilyl Cyanide. An Outstanding Protocol for Fast Peptide Synthesis. A Synopsis".

VII.B. Asymmetric Synthesis and Molecular Recognition

VII.B-1 J.-M. Lehn, *Angew. Chem., Int. Ed. Engl.*, 29, 1304 (1990).

Review: "Perspectives in Supramolecular Chemistry - From Molecular Recognition Towards Molecular Information Processing and Self-Organization".

VII.B-2 J. Rebek, Jr., *Angew. Chem., Int. Ed. Engl.*, 29, 245 (1990).

Review: "Molecular Recognition with Model Systems".

VII.B-3 J. Rebek, Jr., *Acc. Chem. Res.*, 23, 399 (1990).

Review: "Molecular Recognition and Biophysical Organic Chemistry".

VII.B-4 R.D. Hancock, *Acc. Chem. Res.*, 23, 253 (1990).

Review: "Molecular Mechanics Calculations and Metal Ion Recognition".

VII.B-5 F. Diederich et al., *Pure Appl. Chem.*, 62, 2227 (1990).

Review: "Solvent Effects in Molecular Recognition".

VII.B-6 O.A. Raevskii, *Russ. Chem. Rev.*, 59, 219 (1990).

Review: "The Structure and Properties of Complexes Simulating Molecular Recognition".

VII.B-7 T.E. Kron and E.N. Tsvetkov, *Russ. Chem. Rev.*, 59, 283 (1990).

Review: "Neutral Acyclic Analogues of Crown-Ethers and Cryptands and their Complex-Forming Properties".

VII.B-8 J.S. Bradshaw et al., *Heterocycles*, 30, 665 (1990).

Review: "Proton-Ionizable Crown Ethers. A Short Review".

VII.B-9 R. Noyori and H. Takaya, *Acc. Chem. Res.*, 23, 345 (1990).

Review: "BINAP: An Efficient Chiral Element for Asymmetric Catalysis".

VII.B-10 S.G. Davies, *Aldrichimica Acta*, 23, 31 (1990).

Review: "The Chiral Auxiliary [(C_5H_5)Fe(CO)(PPh$_3$)] for Asymmetric Synthesis".

VII.B-11 C.H. Heathcock, *Aldrichimica Acta*, 23, 99 (1990).

Review: "Understanding and Controlling Diastereofacial Selectivity in Carbon-Carbon Bond-Forming Reactions".

VII.B-12 N.S. Simpkins, *Chem. Soc. Rev.*, 19, 335 (1990).

Review: "New Stereoselective Reactions in Organic Synthesis".

VII.B-13 A.G. Schultz, *Acc. Chem. Res.*, 23, 207 (1990).

Review: "Enantioselective Methods for Chiral Cyclohexane Ring Synthesis".

VII.B-14 T. Oishi and T. Nakata, *Synthesis*, 635 (1990).

Review: "New Aspects of Stereoselective Synthesis of 1,3-Polyols".

VII.B-15 R.S. Ward, *Tetrahedron*, 46, 5029 (1990).

Review: "Asymmetric Synthesis of Lignans".

VII.B-16 H.B. Kagan and F. Rebiere, *Synth. Lett.*, 643 (1990).

Review: "Some Routes to Chiral Sulfoxides with Very High Enantiomeric Excesses".

VII.B-17 J. Casanova et al., *Bull. Soc. Chim. Fr.*, 127, 528 (1990).

Review: "Bicyclo [4.2.1] Nonane Skeleton.
Conformational Analysis, Synthesis, Reactivity".

VII.B-18 R.S. Ward, *Chem. Soc. Rev.*, 19, 1 (1990).

Review: "Non-Enzymatic Asymmetric Transformations
Involving Symmetrical Bifunctional Compounds".

VII.B-19 A.M. Klibanov, *Acc. Chem. Res.*, 23, 114 (1990).

Review: "Asymmetric Transformations Catalyzed by
Enzymes in Organic Solvents".

VII.B-20 R. Sheldon, *Chem. Ind.*, 212 (1990).

Review: "Industrial Synthesis of Optically Active
Compounds".

VII.C. Reactions

VII.C-1 D.H.R. Barton, *Aldrichimica Acta*, 23, 3 (1990).

Review: "The Invention of Chemical Reactions".

VII.C-2 *Pure Appl. Chem.*, 62, 1859-2068 (1990).

9 plenary and 17 invited lectures presented at the Eighth International Conference on Organic Synthesis, held in Helsinki, Finland, 23-27 July, 1990

VII.C-3 C. Thebtaranonth and Y. Thebtaranonth, *Tetrahedron*, 46, 1385 (1990).

Review: "Developments in Cyclisation Reactions".

VII.C-4 A. de Meijere and L. Weissjohann, *Synth. Lett.*, 20 (1990).

Review: "Tailoring the Reactivity of Small Ring Building Blocks for Organic Synthesis".

VII.C-5 J.P. Gilday and L.A. Paquette, *Org. Prep. Proced. Int.*, 22, 167 (1990).

Review: "Carbon-Carbon Bond Cleavage by the Haller-Bauer and Related Reactions".

VII.C-6 V.M. Neplyuev et al., *J. Org. Chem. (USSR)*, 25, 2011 (1989).

Review: "The Japp-Klingemann Reaction: Nontraditional Subjects and Leaving Groups".

VII.C-7 H. Junjappa, H. Ila et al., *Tetrahedron*, 46, 5423 (1990).

Review: "α-Oxoketene-S,S-, N,S- and N,N- Acetals: Versatile Intermediates in Organic Synthesis".

VII.C-8 M. Kolb, *Synthesis*, 171 (1990).

Review: "Ketene Dithioacetals in Organic Synthesis: Recent Developments".

VII.C-9 M. Al-Talib and H. Tashtoush, *Org. Prep. Proced. Int.*, 22, 3 (1990).

Review: "Recent Advances in the Use of Acylium Salts in Organic Synthesis. A Brief Review".

VII.C-10 P.C. Bulman Page et al., *Chem. Soc. Rev.*, 19, 147 (1990).

Review: "Synthesis and Chemistry of Acyl Silanes".

VII.C-11 M.B. Gazizov et al., *Russ. Chem. Rev.*, 59, 251 (1990).

Review: "Reactions of Phosphorus (III) Chlorides with Carbonyl Compounds".

VII.C-12 L.A. Paquette, *Synth. Lett.*, 67 (1990).

Review: "Carbonyl Group Regeneration with Substantive Enhancement of Structural Complexity".

VII.C-13 L.E. Fisher and J.M. Muchowski, *Org. Prep. Proced. Int.*, 22, 399 (1990).

Review: "Synthesis of α-Aminoaldehydes and α-Aminoketones. A Review".

VII.C-14 G. Bringmann et al., *Angew. Chem., Int. Ed. Engl.*, 29, 977 (1990).

Review: "The Directed Synthesis of Biaryl Compounds: Modern Concepts and Strategies".

VII.C-15 V. Snieckus, *Chem. Rev.*, 90, 879 (1990).

Review: "Directed Ortho Metalation. Tertiary Amide and O-Carbamate Directors in Synthetic Strategies for Polysubstituted Aromatics".

VII.C-16 A. Kamal, *Heterocycles*, 31, 1377 (1990).

Review: "Recent Advances in the Synthetic Uses of Chlorocarbonyl Isocyanate".

VII.C-17 R. Nagata and I. Saito, *Synth. Lett.*, 291 (1990).

Review: "Selective Oxidations by Peroxide-Based Reagents".

VII.C-18 R.M. Moriarty, G.F. Koser et al., *Synth. Lett.*, 365 (1990).

Review: "[Hydroxy(organosulfonyloxy)iodo]arenes in Organic Synthesis".

VII.C-19 Y.S. Kulkarni, *Aldrichimica Acta*, 23, 39 (1990).

Review: "Carboxyolefination".

VII.C-20 G.S. Kaitmazova et al., *Russ. Chem. Rev.*, 58, 1145 (1989).

Review: "Amines Acting as Hydride Ion Donors in Reactions with Unsaturated Electrophilic Compounds".

VII.C-21 N.N. Labeish and A.A. Petrov, *Russ. Chem. Rev.*, 58, 1048 (1989).

Reviews: "Reactions Involving the Addition of N-halogenoamides to Unsaturated Compounds".

VII.C-22 N.S. Simpkins, *Tetrahedron*, 46, 6951 (1990).

Review: "The Chemistry of Vinyl Sulphones".

VII.C-23 A.G.M. Barrett (editor), *Tetrahedron*, 46, 7313 (1990).

Review: "Nitroalkanes and Nitroalkenes in Synthesis".

Tetrahedron Symposium-in-Print, Number 41

VII.C-24 G. Rosini et al., *Org. Prep. Proced. Int.*, 22, 707 (1990).

Review: "Recent Progress in the Synthesis and Reactivity of Nitroketones".

VII.C-25 G. Magnusson, *Org. Prep. Proced. Int.*, 22, 547 (1990).

Review: "Rearrangements of Epoxy Alcohols and Related Compounds".

VII.C-26 J.M. Schwab and B.S. Henderson, *Chem. Rev.*, 90, 1203 (1990).

Review: "Enzyme-Catalyzed Allylic Rearrangements".

VII.C-27 R. Kluger, *Chem. Rev.*, 90, 1151 (1990).

Review: "Ionic Intermediates in Enzyme-Catalyzed Carbon-Carbon Bond Formation: Patterns, Prototypes, Probes and Proposals".

VII.C-28 V.A. Pankratov and A.E. Chesnokova, *Russ. Chem. Rev.*, 58, 879 (1989).

Review: "Polycyclotrimerisation of Cyanamides".

VII.C-29 M. Makosza, *Russ. Chem. Rev.*, 58, 747 (1989).

Review: "Vicarious Nucleophilic Substitution of Hydrogen".

VII.C-30 K. Krohn, *Tetrahedron*, 46, 291 (1990).

Review: "Synthesis of Anthracyclinones by Electrophilic and Nucleophilic Addition to Anthraquinones".

VII.D. Reactive Intermediates

VII.D-1 V.E. Petrosyan and M.E. Niyazymbetov, *Russ. Chem. Rev.*, 58, 644 (1989).

Review: "Electrochemical Methods for the Generation of Carbenes and their Analogues".

VII.D-2 R.R. Kostikov et al., *Russ. Chem. Rev.*, 58, 654 (1989).

Review: "Halogen-Containing Carbenes".

VII.D-3 O.G. Kulinkovich, *Russ. Chem. Rev.*, 58, 711 (1989).

Review: "Carbene Methods for the Introduction of Acyl and Acylmethyl Groups into Organic Molecules".

VII.D-4 T.V. Mandel'shtam, *Russ. Chem. Rev.*, 58, 720 (1989).

Review: "Carbonylcarbenes in the Specific Synthesis of Natural Products".

VII.D-5 I.I. Moiseev, *Russ. Chem. Rev.*, 58, 682 (1989).

Review: "Carbene Complexes in Catalysis".

VII.D-6 M.N. Protopova and E.A. Shapiro, *Russ. Chem. Rev.*, 58, 667 (1989).

Review: "Carbene Synthesis and Chemical Reactions of Cyclopropene-3-Carboxylate Esters - Promising Intermediates for Organic Synthesis".

VII.D-7 A.B. Antonova and A.A. Ioganson, *Russ. Chem. Rev.*, 58, 693 (1989).

Review: "Transition Metal Complexes of Unsaturated Carbenes: Synthesis, Structure and Reactivity".

VII.D-8 H. Nozaki, *Synth. Lett.*, 441 (1990).

Review: "The Role of Metals in Carbene Synthon Introduction".

VII.D-9 M.A. Kuznetsov and B.V. Ioffe, *Russ. Chem. Rev.*, **58**, 732 (1989).

Review: "The Present State of the Chemistry of Aminonitrenes and Oxynitrenes".

VII.D-10 A.J. Kresge, *Acc. Chem. Res.*, **23**, 43 (1990).

Review: "Flash Photolytic Generation and Study of Reactive Species: From Enols to Ynols".

VII.D-11 T.T. Tidwell, *Acc. Chem. Res.*, **23**, 273 (1990).

Review: "Ketene Chemistry: The Second Golden Age".

VII.D-12 M. Regitz, *Chem. Rev.*, **90**, 191 (1990).

Review: "Phosphaalkynes: New Building Blocks in Synthetic Chemistry".

VII.D-13 G. Moad and D.H. Solomon, *Aust. J. Chem.*, **43**, 215 (1990).

Review: "Understanding and Controlling Radical Polymerization".

VII.D-14 H.K. Hall, Jr. and A.B. Padias, *Acc. Chem. Res.*, 23, 3 (1990).

Review: "Zwitterion and Diradical Tetramethylenes as Initiators of "Charge-Transfer" Polymerizations".

VII.D-15 M. Newcomb, *Acta Chem. Scand.*, 44, 299 (1990).

Review: "Radical Kinetics and the Quantitation of Alkyl Halide Mechanistic Probe Studies".

VII.D-16 L. Eggert et al., *Z. Chem.*, 9 (1990).

Review: "Non-Classical Chain Reactions".

VII.D-17 P.A. Frey, *Chem. Rev.*, 90, 1343 (1990).

Review: "Importance of Organic Radicals in Enzymatic Cleavage of Unactivated C-H Bonds".

VII.D-18 Z.V. Todres, *Acta Chem. Scand.*, 44, 535 (1990).

Review: "Unusual Conjugation Effects in Aromatic Anion Radicals and their Importance in Modern Synthetic Methodology".

VII.D-19 E. Baciocchi, *Acta Chem. Scand.*, 44, 645 (1990).

Review: "Side-Chain Reactivity of Aromatic Radical Cations".

VII.D-20 S.A. Dikanov (editor), *Pure Appl. Chem.*, 62, 177-316 (1990).

Plenary lectures presented at the International Conference on Nitroxide Radicals, held in Novosibirsk, USSR, 18-22 September, 1989

VII.E. Organo-metallics and -metalloids

VII.E-1 G. Casnati, A. Ricci and P. Salvadori (editors), *Pure Appl. Chem.*, 62, 575-752 (1990).

Plenary and Invited Lectures Presented at the 5th International Symposium on Organometallic Chemistry Directed Towards Organic Synthesis, held in Florence, Italy, 1-6 October, 1989.

VII.E-2 A.J. Pearson, *Synth. Lett.*, 10 (1990).

Review: "Multiple Stereocontrol Using Organometallic Complexes. Applications in Organic Synthesis and Consideration of Future Prospects".

VII.E-3 C.G. Screttas and B.R. Steele, *Org. Prep. Proced. Int.*, 22, 269 (1990).

Review: "Organometallic Carboxamidation. A Review".

VII.E-4 S.L. Schreiber et al., *Angew. Chem., Int. Ed. Engl.*, 29, 256 (1990).

Review: "On the Conformation and Structure of Organometal Complexes in the Solid State: Two Studies Relevant to Chemical Synthesis".

VII.E-5 Y. Ito and M. Murakami, *Synth. Lett.*, 245 (1990).

Review: "Metalation of Isocyanides".

VII.E-6 R.G. Bergman, *J. Organomet. Chem.*, 400, 273 (1990).

Review: "A Physical Organic Road to Organometallic C-H Oxidative Addition Reactions".

VII.E-7 B.W. Rockett and G. Marr, *J. Organomet. Chem.*, 392, 161 (1990).

Review: "Organic Reactions of Selected π-Complexes; Annual Survey Covering the Year 1988".

VII.E-8 T.J. Marks, *Angew. Chem., Int. Ed. Engl.*, 29, 857 (1990).

Review: "Interfaces Between Molecular and Polymeric "Metals": Electrically Conductive, Structure-Enforced Assemblies of Metallo-Macrocycles".

VII.E-9 G. Appleton (editor), *Pure Appl. Chem.*, 62, 1003-1186 (1990).

Plenary and Session Lectures Presented at the 27th International Conference on Coordination Chemistry, held at Broadbeach, Australia, 2-7 July, 1989.

VII.E-10 H.M. Walborsky, *Acc. Chem. Res.*, 23, 286 (1990).

Review: "Mechanism of Grignard Reagent Formation. The Surface Nature of the Reaction".

VII.E-11 Yu.N. Polivin et al., *Russ. Chem. Rev.*, 59, 234 (1990).

Review: "Reactions Involving the Heterolytic Cleavage of Carbon-Element σ-Bonds by Grignard Reagents".

VII.E-12 J.E. Bercaw et al., *Synth. Lett.*, 74 (1990).

Review: "Coping with Extreme Lewis Acidity: Strategies for the Synthesis of Stable, Mononuclear Organometallic Derivatives of Scandium".

VII.E-13 K.H. Theopold, *Acc. Chem. Res.*, 23, 263 (1990).

Review: "Organochromium (III) Chemistry: A Neglected Oxidation State".

VII.E-14 R.C. Kerber, *J. Organomet. Chem.*, 380, 77 (1990).

Review: "Organoiron Chemistry; Annual Survey Covering the Year 1988".

VII.E-15 G. Marr and B.W. Rockett, *J. Organomet. Chem.*, 392, 93 (1990).

Review: "Ferrocene; Annual Survey Covering the Year 1988".

VII.E-16 J.-J. Brunet, *Chem. Rev.*, 90, 1041 (1990).

Reviews: "Tetracarbonylhydridoferrates, $MHFe(CO)_4$: Versatile Tools in Organic Synthesis and Catalysis".

VII.E-17 L.S. Glebov and G.A. Kliger, *Russ. Chem. Rev.*, 58, 977 (1989).

Review: "Syntheses of Organic Compounds in the Presence of Fused Iron Catalysts; Mechanism and Kinetics".

VII.E-18 W. Keim, *Angew. Chem., Int. Ed. Engl.*, 29, 235 (1990).

Review: "Nickel: An Element with Wide Application in Industrial Catalysis".

VII.E-19 C. Amatore and A. Jutand, *Acta Chem. Scand.*, 44, 755 (1990).

Review: "Rates and Mechanisms of Electron Transfer / Nickel-Catalyzed Homocoupling and Carboxylation Reactions. An Electrochemical Approach".

VII.E-20 G. van Koten, *J. Organomet. Chem.*, 400, 283 (1990).

Review: "A View of Organocopper Compounds and Cuprates".

VII.E-21 B.H. Lipshutz, *Synth. Lett.*, 119 (1990).

Review: "The Evolution of Higher Order Cyanocuprates".

VII.E-22 L.S. Hegedus, *J. Organomet. Chem.*, 380, 169 (1990) and 392, 285 (1990).

Reviews: "Transition Metals in Organic Synthesis; Annual Surveys Covering the Years 1988 and 1989".

REVIEWS

VII.E-23 L. Marko, *J. Organomet. Chem.*, 380, 429 (1990).

Review: "Transition Metals in Organic Synthesis: Hydroformylation, Reduction and Oxidation; Annual Survey Covering the Year 1988".

VII.E-24 T.-Y. Luh and Z.-J. Ni, *Synthesis*, 89 (1990).

Review: "Transition-Metal-Mediated C-S Bond Cleavage Reactions".

VII.E-25 J.-P. Sauvage, *Acc. Chem. Res.*, 23, 319 (1990).

Review: "Interlacing Molecular Threads on Transition Metals: Catenands, Catenates and Knots".

VII.E-26 R.R. Schrock, *Acc. Chem. Res.*, 23, 158 (1990).

Review: "Living Ring-Opening Metathesis Polymerization Catalyzed by Well-Characterized Transition-Metal Alkylidene Complexes".

VII.E-27 G. Erker, *J. Organomet. Chem.*, 400, 185 (1990).

Review: "Mono (η-Cyclopentadienyl)zirconium Complexes: From Coordination Chemistry to Enantioselective Catalysis".

VII.E-28 J. Tsuji, *Synthesis*, 739 (1990).

Review: "Expanding Industrial Applications of Palladium Catalysts".

VII.E-29 T. Hosokawa and S.-I. Murahashi, *Acc. Chem. Res.*, 23, 49 (1990).

Review: "New Aspects of Oxypalladation of Alkenes".

VII.E-30 B.M. Trost, *Acc. Chem. Res.*, 23, 34 (1990).

Review: "Palladium-Catalyzed Cycloisomerizations of Enynes and Related Reactions".

VII.E-31 G. Doyle Daves, Jr., *Acc. Chem. Res.*, 23, 201 (1990).

Review: "C-Glycoside Synthesis by Palladium-Mediated Glycal-Aglycon Coupling Reactions".

VII.E-32 T. Sato, *Synthesis*, 259 (1990).

Review: "Anionic Organotin Compounds in Organic Synthesis - Trialkylstannyllithium and Trialkylstannylmethyllithium".

VII.E-33 L.D. Freedman and G.O. Doak, *J. Organomet. Chem.*, 380, 1 (1990).

Review: "Antimony; Annual Survey Covering the Year 1988".

VII.E-34 G.O. Doak and L.D. Freedman, *J. Organomet. Chem.*, 380, 35 (1990).

Review: "Bismuth; Annual Survey Covering the Year 1988".

VII.E-35 R.D. Ernst, *J. Organomet. Chem.*, 392, 51 (1990).

Review: "Lanthanides and Actinides; Annual Survey Covering the Year 1982".

VII.E-36 R.D. Rogers and L.M. Rogers, *J. Organomet. Chem.*, 380, 51 (1990).

Review: " Lanthanides and Actinides; Annual Survey Covering the Year 1983".

VII.E-37 H.W. Roesky, *Synth. Lett.*, 651 (1990).

Review: "Chemistry Without Borders Between Main Group and Transition Elements: Metal-Containing Cyclic Phosphazenes and Siloxanes".

VII.E-38 G.W. Kabalka and L.H.M. Guindi, *J. Organomet. Chem.*, 392, 1 (1990).

Review: "Boron: Boranes in Organic Synthesis; Annual Survey Covering the Year 1987".

VII.E-39 I. Kuwajima and E. Nakamura, 155, 1 (1990).

Review: "Metal Homoenolates from Siloxycyclopropanes".

VII.E-40 J. Dubac et al., *Chem. Rev.*, 90, 215 (1990) and E. Colomer et al., *Chem. Rev.*, 90, 265 (1990).

Reviews: "Group 14 Metalloles. 1. Synthesis, Organic Chemistry, and Physiochemical Data".

"Group 14 Metalloles. 2. Ionic Species and Coordination Compounds".

VII.E-41 R.J.P. Corriu, *J. Organomet. Chem.*, 400, 81 (1990).

Review: "Hypervalent Species of Silicon: Structure and Reactivity".

VII.E-42 T.K. Sarkar, *Synthesis*, 969 and 1101 (1990).

Reviews: "Methods for the Synthesis of Allylsilanes. Parts 1 and 2".

VII.F. Halogen Compounds and Halogenation

(see also: VI.A.3.)

VII.F-1 K. Ingold, J. Lusztyk and K.D. Raner, *Acc. Chem. Res.*, 23, 219 (1990).

Review: "The Unusual and the Unexpected in an Old Reaction. The Photochlorination of Alkanes with Molecular Chlorine in Solution".

VII.F-2 B.V. Timokhin, *Russ. Chem. Rev.*, 59, 193 (1990).

Review: "Structural Features and Reactivity of Tetrahalomethanes".

VII.F-3 I.I. Maletina et al., *Russ. Chem. Rev.*, 58, 544 (1989).

Review: "Fluorine-Containing Organic Derivatives of Polyvalent Halogens".

VII.F-4 I.V. Martynov and A.I. Yurtanov, *Russ. Chem. Rev.*, <u>58</u>, 848 (1989).

Review: "α-Halo-α-Nitrocarboxylic Acids and their Derivatives".

VII.G. Natural Products

VII.G-1 G. Mehta (editor), *Pure Appl. Chem.*, <u>62</u>, 1209-1456 (1990).

Plenary and Invited Lectures Presented at the 17th International Symposium on the Chemistry of Natural Products, held in New Delhi, India, 4-9 February, 1990

VII.G-2 S. Hanessian (editor), *Tetrahedron*, <u>46</u>, 1-290 (1990).

Reviews: "Aspects of Modern Carbohydrate Chemistry".

Tetrahedron Symposia-In-Print Number 40

VII.G-3 P. Vogel, *Bull. Soc. Chim. Belg.*, <u>99</u>, 395 (1990).

Review: "Synthesis of Rare Carbohydrates and Biomolecules from Furan".

VII.G-4 N.K. Kochetkov, *Chem. Soc. Rev.*, <u>19</u>, 29 (1990).

Review: "Microbial Polysaccharides: New Approaches".

VII.G-5 R. Miethchen et al., *Z. Chem.*, 425 (1989) and 56 (1990).

Review: "Tendency of the Carbohydrates to React in Anhydrous Hydrogen Fluoride".

VII.G-6 J.D. Martin et al., *Bull. Soc. Chim. Belg.*, 99, 635 (1990).

Lecture: "Model Studies Directed Towards Microalgae Polyether Toxins".

Presented at the 14th European Colloquium on Heterocyclic Chemistry, Toledo, Spain, 1-3 October, 1990

VII.G-7 G. Dryhurst, *Chem. Rev.*, 90, 795 (1990).

Review: "Applications of Electrochemistry in Studies of the Oxidation Chemistry of Central Nervous System Indoles".

VII.G-8 G. Massiot, *Bull. Soc. Chim. Belg.*, 99, 717 (1990).

Lecture: "Synthesis of Indole Alkaloids and Related Molecules Along Non Biogenetic Routes".

Presented at the 14th European Colloquium on Heterocyclic Chemistry, Toledo, Spain, 1-3 October, 1990

VII.G-9 P.N. Confalone, *J. Heterocycl. Chem.*, 27, 31 (1990).

Review: "The Use of Heterocyclic Chemistry in the Synthesis of Natural and Unnatural Products".

VII.G-10 T. Hudlicky et al., *Synth. Lett.*, 433 (1990).

Review: "An Overview of the Total Synthesis of Pyrrolizidine Alkaloids *via* [4+1] Azide-Diene Annulation Methodology".

VII.G-11 R.R. Rando, *Angew. Chem., Int. Ed. Engl.*, 29, 461 (1990).

Review: "The Chemistry of Vitamin A and Vision".

VII.G-12 C.D. Poulter, *Acc. Chem. Res.*, 23, 70 (1990).

Review: "Biosynthesis of Non-Head-to-Tail Terpenes. Formation of 1'-1 and 1'-3 Linkages".

VII.G-13 V. Herout, *Russ. Chem. Rev.*, 58, 1004 (1989).

Review: "Isoprenoids as Natural Products with a Wide Variety of Functions".

VII.G-14 D. Cane, *Chem. Rev.*, 90, 1089 (1990).

Review: "Enzymatic Formation of Sesquiterpenes".

VII.G-15 C.S. Sell, *Chem. Ind.*, 516 (1990).

Review: "The Chemistry of Ambergris".

VII.G-16 V.P. Kukhar' et al., *Russ. Chem. Rev.*, 59, 89 (1990).

Review: "β-Fluoro-Substituted Aminoacids".

VII.G-17 B. Rzeszotarska and E. Masiukiewicz, *Org. Prep. Proced. Int.*, 22, 655 (1990).

Review: "Arginine, Histidine and Tryptophan in Peptide Synthesis. The Indole Function of Tryptophan".

VII.G-18 J.W. Taylor and G. Osapay, *Acc. Chem. Res.*, 23, 338 (1990).

Review: "Determining the Functional Conformations of Biologically Active Peptides".

VII.G-19 E. Uhlmann and A. Peyman, *Chem. Rev.*, 90, 543 (1990).

Review: "Antisense Oligonucleotides: A New Therapeutic Principle".

VII.G-20 C.S. Francklyn and P. Schimmel, *Chem. Rev.*, 90, 1327 (1990).

Review: "Synthetic RNA Molecules as Substrates for Enzymes that Act on tRNAs and tRNA-like Molecules".

VII.G-21 Jack E. Baldwin and M. Bradley, *Chem. Rev.*, 90, 1079 (1990).

Review: "Isopenicillin N Synthase: Mechanistic Studies".

VII.G-22 M.L. Sinnott, *Chem. Rev.*, 90, 1171 (1990).

Review: "Catalytic Mechanisms of Enzymic Glycosyl Transfer".

VII.G-23 C.T. Walsh et al., *Chem. Rev.*, 90, 1105 (1990).

Review: "Molecular Studies on Enzymes in Chorismate Metabolism and the Enterobactin Biosynthetic Pathway".

VII.G-24 R.G. Matthews and J.T. Drummond, *Chem. Rev.*, 90, 1275 (1990).

Review: "Providing One-Carbon Units for Biological Methylations: Mechanistic Studies on Serine Hydroxymethyltransferase, Methylenetetrahydrofolate Reductase, and Methyltetrahydrofolate-Homocysteine Methyltransferase".

VII.G-25 A.R. Battersby and F.J. Leeper, *Chem. Rev.*, 90, 1261 (1990).

Review: "Biosynthesis of the Pigments of Life: Mechanistic Studies on the Conversion of Porphobilinogen to Uroporphyrinogen III".

VII.G-26 A.I. Scott, *Acc. Chem. Res.*, 23, 308 (1990).

Review: "Mechanistic and Evolutionary Aspects of Vitamin B_{12} Biosynthesis".

VII.G-27 C.T. Walsh et al., *Acc. Chem. Res.*, 23, 301 (1990).

Review: "Organomercurial Lyase and Mercuric Ion Reductase: Nature's Mercury Detoxification Catalysts".

VII.H. Others

VII.H-1 D. Seebach, *Angew. Chem., Int. Ed. Engl.*, 29, 1320 (1990).

Review: "Organic Synthesis - Where Now?".

VII.H-2 J.B. Hendrickson, *Angew. Chem., Int. Ed. Engl.*, 29, 1286 (1990).

Review: "Organic Synthesis in the Age of Computers".

VII.H-3 J. Economy, *Angew. Chem., Int. Ed. Engl.*, 29, 1256 (1990).

Review: "Advanced Materials: Trends and Possibilities in Liquid Crystalline Polymers".

VII.H-4 R.D. Katsarava, *Russ. Chem. Rev.*, 58, 891 (1989).

Review: "Condensing Agents in Polycondensation".

VII.H-5 P.M. Hergenrother, *Angew. Chem., Int. Ed. Engl.*, 29, 1262 (1990).

Review: "Perspectives in the Development of High-Temperature Polymers".

VII.H-6   T. Asao (editor), *Pure Appl. Chem.*, 62, 373-574 (1990).

Plenary and Invited Lectures Presented at the 6th International Symposium on Novel Aromatic Compounds, held in Toyonaka, Osaka, Japan, 20-25 August, 1989

VII.H-7   A. Collett et al., *Bull. Soc. Chim. Belg.*, 99, 617 (1990).

Lecture: "Design, Synthesis, and Properties of Macrocyclic Receptors for Tetrahedral Substrates".

14th European Colloquium on Heterocyclic Chemistry, Toledo, Spain, 1-3 October, 1990

VII.H-8   A.V. Manuilov and V.A. Barkhash, *Russ. Chem. Rev.*, 59, 179 (1990).

Review: "Recent Trends in the Theory of the Deamination of Aliphatic and Alicyclic Amines".

VII.H-9   A.R. Katritzky and B.E. Brycki, *Chem. Soc. Rev.*, 19, 83 (1990).

Review: "The Mechanisms of Nucleophilic Substitution in Aliphatic Compounds".

VII.H-10   I. Lee, *Chem. Soc. Rev.*, 19, 133 (1990).

Review: "Stereoelectronic Origins of the Intrinsic Barrier to S_N2 Reactions".

VII.H-11 S.S. Shaik, *Acta Chem. Scand.*, 44, 205 (1990).

Review: "The S_N2 and Single Electron Transfer Concepts. A Theoretical and Experimental Overview".

VII.H-12 N. Kornblum, *Aldrichimica Acta*, 23, 71 (1990).

Review: "Synthetic Aspects of Electron-Transfer Chemistry".

VII.H-13 D.H. Evans, *Chem. Rev.*, 89, 739 (1990).

Review: "Solution Electron-Transfer Reactions in Organic and Organometallic Electrochemistry".

VII.H-14 *Top. Curr. Chem.*, 156, 1-226 (1990).

7 Reviews on Photoinduced Electron Transfer

VII.H-15 Ya.N. Malkin and V.A. Kuz'min, *Russ. Chem. Rev.*, 59, 164 (1990).

Review: "The Photochemistry of Azines".

VII.H-16 R.S. Davidson (editor), *Pure Appl. Chem.*, 62, 1457-1630 (1990).

Plenary and Invited Lectures Presented at the 13th International Symposium on Photochemistry, held at the University of Warwick, Coventry, U.K., 22-28 July 1990.

VII.H-17 T. Bartik, P. Heimbach et al., *Z. Chem.*, 30, 193 (1990).

Review: "Investigations in the Wittig-System in Accord to an Ordering Concept of Alternative Principles".

VII.H-18 T.-L. Ho, *Top. Curr. Chem.*, 155, 81 (1990).

Review: "Through-Bond Modulation of Reaction Centers by Remote Substitutents".

VII.H-19 S.I. Radchenko and A.A. Petrov, *Russ. Chem. Rev.*, 58, 948 (1989).

Review: "Acetylenic Ethers and their Analogues".

VII.H-20 M.I. Bruce and A.H. White, *Aust. J. Chem.*, 43, 949 (1990).

Review: "Invited Review. Some Chemistry of Pentakis-(methoxycarbonyl)cyclopentadiene, $HC_5(CO_2Me)_5$, and Related Molecules".

VII.H-21 C.H. Stammer, *Tetrahedron*, 46, 2231 (1990).

Review: "Cyclopropane Amino Acids (2,3- and 3,4-Methanoamino Acids)".

VII.H-22 R.M. Moriarty and R.K. Vaid, *Synthesis*, 431 (1990).

Review: "Carbon-Carbon Bond Formation *via* Hypervalent Iodine Oxidations".

VII.H-23 A.G. Giumanini et al., *Tetrahedron*, 46, 1081 (1990).

Review: "Acetic Formic Anhydride. A Review".

VII.H-24 M. Balci et al., *Tetrahedron*, 46, 3715 (1990).

Review: "Conduritols and Related Compounds".

VII.H-25 M. Tramotini and L. Angiolini, *Tetrahedron*, 46, 1791 (1990).

Review: "Further Advances in the Chemistry of Mannich Bases".

VII.H-26 B.N. Kozhushko et al., *Russ. Chem. Rev.*, 58, 1062 (1989).

Review: "Phosphorus-Containing Alkyl, Alkenyl, Aryl, Acyl, and Sulphonyl Isocyanates".

VII.H-27 D.P.N. Satchell and R.S. Satchell, *Chem. Soc. Rev.*, 19, 55 (1990).

Review: "Mechanisms of Hydrolysis of Thioacetals".

VII.H-28 G. Mann, *Z. Chem.*, 1 (1990).

Review: "Structure of Alicyclic Molecules with Saturated Six-Membered Rings: In Memory of the 100th Anniversary of the Structural Specification of Cyclohexane by Hermann Sachse".

AUTHOR INDEX

AUTHOR INDEX

Abad, A. -267
Abdou, W.M. -399
Abe, K. -395
Abou-Elzahab, M.M. -158
Abramovitch, R.A. -397
Abramson, H.N. -187
Acharya, S.P. -219
Achiwa, K. -246, 381, 414, 415
Achmatowicz, Jr., O. -116
Adam, W. -232
Afarinkia, K. -411
Agrawal, K.C. -351
Ahlberg, P. -102
Ahlbrecht, H. -23
Aitken, R.A. -126
Ajos Radics, L. -143
Akerman, B. -223
Akermark, B. -93
Akhrem, A.A. -326
Akita, H. -94
Al-Hassan, M.I. -128, 175
Al-Jalal, N. -159
Al-Lohedan, H.A. -351
Al-Talib, M. -409, 426
Albericio, F. -386
Alder, R.W. - 210
Aleandrou, N.E. -323
Alexakis, A. -27
Ali, S.A. -327
Ali, S.M. -66
Alo, B.I. -408
Alper, H. -194, 195, 200, 201, 253, 258, 272, 375
Altman, J. -375
Alvarez-Ibarra, C. -68
Amatore, C. -436
Anastasia, M. -238
Anderson, J.C. -225
Anderson, W.K. -293, 387
Andersson, C.-M. -177
Ando, M. -50, 385
Andrianov, V.G. -395
Andringa, H. -415

Andrus, A. -358
Angle, S.R. -87
Anjaneyulu, A.S.R. -208
Anker, D. -406
Anteunis, M.J.O. -363, 392, 421
Antonova, A.B. -430
Aoyama, H. -159
Appleton, G. -434
Arase, A. -237
Armesto, D. -135
Arno, M. -267
Arnold, D.R. -325
Arsenio, G. -378
Arya, P. -262
Asami, M. -101
Asao, T. -447
Asaoka, M. -71, 214
Ashby, E.C. -126
Astruc, D. -175
Auge, J. -208, 298
Auner, N. -416
Avendano, C. -257
Ayyangar, N.R. -400
Azzena, U. -183
Baba, A. -5, 269
Baba, T. -5
Bachi, M.D. -275
Baciocchi, E. -6, 432
Back, T.G. -249
Backvall, J.-E. -14, 20, 389, 300
Baeckstrom, P. -252, 259
Bai, D. -276
Bailey, W.F. -22, 22
Baird, M.S. -287
Bajwa, J.S. -392
Balasubraniun, K.K. -307
Balci, M. -450
Baldoli, C. -267
Baldwin, J.E. -399
Baldwin, Jack E. -444
Balicki, R. -251
Ballini, R. -362

Banerjee, A. -220
Banerjef, A.K. -212
Banerji, A. -289
Banfi, S. -233
Baraldi, P.G. -327
Barbier, M. -331
Barker, S.J. -300
Barkhash, V.A. -447
Barluenga, J. -45, 93, 107, 290, 306, 346, 395, 406, 411
Barmettler, P. -124
Baro, A. -295
Barret, R. -238
Barrett, A.G.M. -75, 89, 99, 428
Barrish, J.C. -211
Barron, A.R. -31, 204
Barta, M. -266
Bartik, T. -449
Bartoli, G. -34, 400
Barton, D.H.R. -163, 181, 221, 424
Bashir-Hashemi, A. -372
Battersby, A.R. -445
Bayle, J.P. -366
Beau, J.-M. -176
Beckwith, A.L.J. -321
Begtrup, M. -89
Beijer, N.A. -245
Bell. T.W. -302
Bellassoued, M. -40
Benneche, T. -176
Bercaw, J.E. -435
Bergdahl, M. -70
Bergman, J. -173
Bergman, R.G. -51, 434
Bernath, G. -322
Bernotas, R. -358
Berti, G. -353
Bertrand, M.P. -87
Bestmann, H.J. -92
Bhakuni, D.S. -407
Bhattacharya, A. -374

Bhattacharyya, P. -408
Bianchini, C. -255, 389
Binkley, R.W. -353
Biok, M.J. -254
Black, T.H. -214, 280
Blanc-Muesser, M. -356
Bleasdale, C. -352
Block, E. -137, 311
Bloodworth, A.J. -229
Boche, G. -351
Bogdanovic, B. -20
Bogdanowicz-Szwed, K - 274
Boger, D.L. -82, 84, 346, 390
Boguslavskaya, L.S. -371
Boland, W. -265
Bold, G. -261
Boldalski, R. -411
Bolesov, I.G. -326
Bolm, C. -49
Bondarenko, G.I. -420
Boons, G.J.P.H. -354
Bosch, J. -296, 301
Bosnich, B. -280
Bouchard, H. -32
Bowie, J.H. -208
Bradbury, R.H. -8
Bradley, M. -444
Bradshaw, J.S. -422
Brandi, A. -327
Brandsma, L. -127, 226, 252, 292
Braunlich, G. -27
Braverman, S. -314
Bridson, P.K. -323
Brigaud, T. -228
Brimble, M.A. -8, 227
Bringmann, G. -379, 427
Brocard, J. -33
Brooke, G.M. -291
Brouillette, W.J. -182, 319
Brown, A.G. -390
Brown, H.C. -55, 191, 194

AUTHOR INDEX

Brown, J.M. -177
Brubaker, C.H. -21
Bruce, M.I. -449
Bruckner, R. -211
Brunet, J.-J. -195, 435
Bruni, F. -304
Brunner, H. -109, 244, 254
Brussee, J. -247
Brycki, B.E. -447
Buchwald, S.L. -52, 313
Bulachkova, A.I. -326
Bull, J.R. -33, 137
Bulman Page, P.C. -426
Bunce, R.A. -23
Bunnelle, W.H. -47, 371
Buono, G. -117, 137
Burger, K. -46, 129
Burger, U. -149
Burke, S.D. -200
Burnell, D.J. -111
Burri, K.F. -147
Burton, D.J. -10, 123, 127
Burton, G. -387
Butenschon, H. -79
Butler, R.N. -338, 341
Byers, J.H. -163
Bystrom, S.E. -223
Cabri, W. -177, 257
Cacchi, S. -119, 175
Caddick, S. -75
Cadogan, J.I.G. -158
Cahiez, G. -73
Caldwell, R.A. -158
Calo, V. -25
Cambie, R.C. -106, 229, 238
Cambon, A. -44
Campbell, M.M. -272
Camps, F. -253
Cane, D. -443
Capozzi, G. -408
Cardillo, -346
Carite, C. -318
Carpino, L.A. -357

Carr, R.L.K. -102
Carroll, A.R. -111
Carruthers, W. -230
Casalnuovo, A.L. -178
Casanova, J. -424
Casey, C.P. -15
Casnati, G. -433
Castedo, L. -164, 224, 316
Cativiela, C. -34, 143
Ceccherelli, P. -226
Cekovic, Z. -82, 134
Cerfontain, H. -410
Cervinka, O. -309
Cha, J.K. -297
Chakraborty, T.K. -396
Chambers, R.D. -104
Chan, T.-H. -111, 312, 36
Chandrasekaran, S. -237, 242, 278, 249
Chapleur, Y. -25, 355
Charlton, J.L. -149
Charonnat, J.A. -69
Chauvin, Y. -198
Chawla, H.M. -392
Chelucci, G. -275
Chen, L.-C. -300
Chen, Q.-Y. -48
Chen, W.-x. -322
Chenault, J. -97
Cheng, C.C. -402
Chernyshev, E.A. -347
Cherton, J.-C. -328
Chesnokova, A.E. -429
Chiba, T. -58
Chikashita, H.z -36
Chin, J. -374
Chiusoli, G,P. -86
Cho, B.T. -247
Chong, J.M. -57
Choudary, B.M. -12, 177, 196, 197, 219, 232
Chow, Y.L. -227
Chowdhury, P.K. -264, 389
Choy, W. -144

Chu, C.K. -260
Chuang, C.-P. -76
Chucholowski, A.W. -302
Chung, B.Y. -273
Ciquini, M. -327
Citterio, A. -190, 284
Clark, R.D. -301
Clive, D.L.J. -7, 111, 137
Coates, R.M. -46
Cochran, J.C. -185, 417
Cohen, T. -404
Cole-Hamilton, D.J. -200
Collett, A. -447
Collins, D.J. -9
Collins, P.M. -327
Collins, S. -53
Colomer, E. -439
Colvin, E.W. -270
Confalone, P.N. -239, 442
Consiglio, G. -200
Corcoran, R.C. -411
Corey, E.J. -19, 37, 124, 242
Corey, R.M. -281
Cornelisse, J. -23, 164
Corriu, R.J.P. -399, 440
Corsano, S. -76
Cort, A.D. -351
Cory, R.M. -68
Cossy, J. -167, 274
Coste, J. -386
Courtneidge, J.L. -229
Coutts, I.G.C. -376
Couture, A. -311
Coville, N.J. -255
Coward, J.K. -127
Craig, D. -140, 236, 408
Craig, J.C. -352
Crich, D. -1, 84, 388
Crimmons, M.T. -72
Cristau, H.-J. -93
Crociani, B. -179
Crotti, P. -396
Crowe, W.E. -199

Cruz-Almanza, R. -355
Cunico, R.F. -122
Cuppen, T.J.H.M. -161
Curci, R. -221, 232
Curini, E. -88
Curran, D.P. -75, 81, 82, 83
Cushman, M. -253
D'Auria, M. -158, 166
Dahlhoff, W.V. -403
Danho, W. -377
Daniewski, A.R. -36
Danishefsky, S.J. -309, 406
Darbarwar, M. -333
Das, J. -96
Dauben, W.G. -111, 131, 199, 208
Davidenko, T.I. -420
Davidson, R.S. -448
Davies, S.G. -196, 422
Davis, A.P, -56, 356
Davis, F.A. -18, 225, 399
Davis, P.D. -399
de Groot, A. -217
de Lederkremer, R.M. -414
de Meijere, A. -177, 213, 425
Degl'Innocenti, A. -214
Dehmlow, E.V. -23, 129
DeKimpe, N. -2, 103, 133
Dellaria, J.F. -43, 93
Delmond, B. -333, 415
Demir, A.S. -225
den Boer, D.H.W. -233
Deng, M.-Z. -193
DeNinno, M.P. -242
Denmark, S.E. -73, 264, 309, 316
Descotes, G. -168, 339
Deslongchamps, P. -64, 65, 137, 141
Destro, R. -327
Diederich, F. -422

AUTHOR INDEX

Dieter, R.K. -354
DiFuria, F. -222, 230
Dikanov, S.A. -433
Ditrich, K. -388
Dittami, J.P. -162
Dittmer, D.C. -248
Dixneuf, P.H. -236, 389
Dmitrienko, G.I. -137
Doak, G.O. -438
Dodd, R.H. -240
Doi, J.K. -331
Dolbier, Jr., W.R. -130
Dolling, R. -363
Dolphin, D. -349
Donaldson, W.A. -14, 28
Dondoni, A. -397
Donnelly, D.M.X. -181
Dopp, D. -139
Dotz, K.H. -150, 191
Doxsee, K.M. -305
Doyle Daves, Jr., G. -438
Doyle, M.P. -123
Drewes, S.E. -285
Drey, C.N.C. -362
Drummond, J.T. -445
Dryhurst, G. -442
Dubac, J. -439
Duddeck, H. -212
DuFaud, V. -196
Duhamel, L. -119
Dulcere, J.-P. -288
Dunach, E. -203
Dupont, A.C. -418
Dussault, P. -91
Easton, C.J. -227, 385
Eaton, P.E. -221
Echavarren, A.M. -118, 299
Economy, J. -446
Edwards, M.L. -98, 377
Edwards, P.D. -180
Effenberger, F. -58
Eggert, L. -432
Eguchi, S. -3, 6, 142

Eichinger, P.C.H. -208
Eilbracht, P. -198
El-Zohry, M.F. -174
Elsevier, C.J. -201
Enders, D. -2, 64, 404
Endo, T. -218, 324
Engler, T.A. -87, 287
Enholm, E.J. -379, 380
Epsztajn, J. -273
Erba, E. -276
Ergman, L. -413
Erker, G. -143, 173, 437
Ernst, R.D. -439
Evans, D.A. -38, 94, 241, 244, 253, 398
Evans, D.H. -448
Evans, Jr., S.A. -34
Evans, R.F. -183
Evans, S.L. -190
Falck, J.R. -306
Faller, J.W. -308
Fallis, A.G. -145
Fang, J.-M. -11, 43
Fanghanel, E. -186
Farkas, I. -403
Fawell, P. -104
Fechtel, U. -285
Federsel, H.-J. -315
Fehr, C. -139
Feldman, K.S. -116, 161
Ferber, P.H. -154
Feringa, B.L. -146, 150
Fernandez, M.V. -267
Ferreira, D. -224
Fertel, L.B. -240
Fiaud, J.-C. -179
Field, L. -409
Filipushchenko, M.V. -405
Fillion, H. -137, 306
Finch, H. -266
Firouzabadi, H. -220
Fischer, G. -348
Fischer, H. -110, 131
Fisher, G.W. -332

Fisher, L.E. -426
Fishwick, C.W.G. -315
Fleet, G.W.J. -269
Flisak, J.R. -233
Floriani, C. -31
Flynn, D.L. -82
Forbes, J.E. -83
Forsyth, C.J. -286
Foucaud, A -232, 344
Fournet, G. -14
Francesch, C. -127
Franck, R.W. -142
Franck-Neumann, M. -131, 212
Frangin, Y. -127
Frauenrath, H. -308
Fray, G.I. -137
Freedman, J. -330
Freedman, L.D. -438
Freeman, F. -350
Frey, P.A. -432
Friedrich, E.C. -130
Friesen, R.W. -176
Fringuelli, F. -135
Fronczek, F.R. -101
Fruhauf, H.-W, -298
Fry, J.L. -262
Fuchs, P.L. -72
Fuji, K. -67
Fujii, N. -25
Fujioka, H. -41
Fujisawa, T. -48, 289
Fujita, M. -39
Fujiwara, S. -343
Fujiwara, Y. -207
Fukumoto, K. -18, 65, 144, 215, 326
Fukuyama, T. -249
Fukuzawa, S. -53, 413
Furukawa, M. -322, 340
Furukawa, N. -18, 231
Furukawa, S. -188
Gallagher, T. -120
Gallina, C. -61

Gandour, R.D. -125
Ganem, B. -107, 211
Gante, J. -381
Garcia, M.P. -247
Garigipati, R.S. -402
Garner, P. -295
Gassman, P.G. -154
Gatti, N. -365
Gazizov, M.B. -426
Gebhard, R, -96
Geffkin, D. -56
Geirsson, J.K.F. -65
Genet, J.P. -19, 328, 365
Geng, L. -14
Geoffror, G.L. -191
Georg, G.I. -270
Gerus, I.I. -390
Gewald, K. -292
Ghosez, L. -89, 91
Ghosh, S. -143, 167
Gidaspov, B.V. -419
Giese, B. -85, 256
Giguere, R.J. -153
Gilbert, A. -160
Gildea, B.D. -352
Giles, R.G.F. -120
Gill, M. -47
Giordano, C. -172
Giumanini, A.G. -450
Givens, R.S. -159
Glebov, L.S. -436
Gleiter, R. -305
Goeldner, M. -359
Gokel, G.W. -390
Goldberg, Y. -244
Golding, B.T. -352
Gollnick, K. -135
Gonzalez, F.S. -259
Goo, Y.M. -374
Gore, J. -14
Goti, A. -248
Goto, K. -214, 237
Goto, T. -23
Graig, D. -105

Gramain, J.-C. -168, 162
Grandas, A. -386
Gravel, D. -162
Gree, R. -290, 294
Green, M. -360
Greene, A.E. -199, 396
Greuter, H. -347
Griesbeck, A.G. -151, 155
Griffith, W.P. -220
Grigg, R. -300, 315, 327
Grigor'ev, E.I. -386
Grobe, J. -314
Gros, E.G. -212
Grove, D.D. -171
Grunewald, G.L. -372
Guanti, G. -270
Guerrero, A. -213
Guibe, F. -417
Guillard, R. -276, 297
Guindi, L.H.M. -439
Guindon, Y. -259, 260
Guisnet, M.R. -420
Gunnarsson, K. -363
Guo, W. -280
Gupta, R.B. -238
Gupton, J.T. -374
Gut, V. -381
Guy, A. -299
Guziec, Jr., F.S. -262
Guzman, A. -127
Ha, H.-J. -411
Hagiwara, D. -360
Hagiwara, H. -65
Hahn, B.S. -159
Hajos, Z.G. -269
Hall, Jr., H.K. -133, 432
Hall, S.E. -96
Hall, S.S. -252
Hallberg, A. -118, 177
Halterman, R.L. -234
Halton, B. -98
Hamanaka, N. -412
Han, B.H. -250
Hanack, M. -171

Hanaoka, M. -40, 327
Hancock, R.D. -421
Hanessian, S. -24, 81, 282, 441
Hanko, R. -92
Hanna, I. -89
Hanson, B.E. -254
Harada, K. -245
Harada, N. -144
Harada, T. -241, 368
Harpp, D.N. -407
Harris, A.R. -262
Hart, D.J. -209
Hartke, K. -325
Hartmann, M. -46
Haruta, J. -74
Harvey, D.F. -131, 132
Harwood, L.M -267, 150
Hasegawa, E. -264, 280
Hasegawa, T. -168
Hashimoto, M. -382
Hassaneen, H.M. -319
Hassner, A. -327, 396
Hatanaka, M. -96
Hatsui, T. -158
Hawkins, J.M. -43
Hay, A.S. -112, 407
Hayashi, T. -415
Hayashi, Y. -154, 214
Haynes, R.K. -67
Heaney, H. -3, 233
Heathcock, C.H. -3, 51, 64, 156, 299, 423
Heckendorn, R. -337
Hegedus, L.S. -131, 202, 271, 436
Heimbach, P. -449
Heimgartner, H. -380
Heldrich, F.J. -176
Helquist, P. -223
Henderson, B.S. -429
Hendrich, F.J. -228
Hendrickson, J.B. -446
Hergenrother, P.M. -446

Herndon, J.W. -47, 74
Herout, V. -443
Herranz, R. -58
Herrmann, R. -397
Herscovici, J. -31
Hesse, M. -264, 313
Heuman, A. -223
Heuschmann, M. -215
Hewson, A.T. -227
Hibino, S. -304
Hiemstra, H. -315
Hill, C.L. -166
Himbert, G. -140, 326, 378
Hino, T. -137, 304
Hirao, T. -233, 234, 240
Hiroi, K. -2, 215
Hirth, C. -359
Hiyama, S. -222
Hiyama, T. -28, 103, 108, 188, 196
Ho, T.-L. -449
Hoberg, H. -59, 273
Hoffman, R.W. -7, 43, 55, 91, 371
Hoffman, R.V. -224
Hoffmann, H.M. -139
Hofmann, H. -191
Hojo, M. -339
Holmes, A.B. -355
Holzapfel, C.W. -386
Honda, T. -144, 324
Hong, P. -198
Hoornaert, G. -149, 330
Hoover, D.J. - 209
Hooz, J. -128
Hopf, H. -132, 151, 155, 164
Hori, M. -261, 331
Hoskovec, M. -128
Hosokawa, T. -325, 404, 438
Hosomi, A. -137, 315
Houk, K.N. -420
Hoye, T.R. -132

Hu, C.-M. -30
Huang, X. -194, 262, 408
Huang, Y.-Z. -52, 98, 100, 267, 361
Hudlicky, T. -113, 443
Huisgen, R. -154
Hulce, M. -69, 71
Hung, M.-H. -123, 268
Hunig, S. -44
Husain, M. -401
Hussain, S.A. -339
Hwang, K.-J. -390
Hwu, J.R. -352, 353, 400, 401
Ibuka, T. -25
Ichihara, A. -139
Ichihara, J. -418
Iddon, B. -348
Ikegami, S. -88, 126, 403
Ikoma, Y. -175
Ila, H. -190, 425
Imamoto, T. -78, 222
Ingold, K. -440
Inomata, K. -197
Inoue, H. -313
Inoue, S. -58
Inoue, Y. -288
Ioffe, B.V. -431
Ioganson, A.A. -430
Ipaktschi, J. -152, 215
Iqbal, J. -377
Iranpoor, N. -392
Irie, H. -16
Isayama, S. -237, 368
Ishibashi, H. -170, 274, 284, 311
Ishihara, T. -37, 49
Ishii, H. -208
Ishii, Y. -236, 406
Ishirara, T. -243
Ismail, M.F. -375
Ismail, Z.M. -59
Isobe, M. -374
Ito, S. -337

AUTHOR INDEX

Ito, Y. -53, 417, 434
Itoh, H. -158
Itsuno, S. -233, 247
Iwagami, H. -272
Iwao, M. -67
Iwata, C. -7, 243, 278
Iyoda, M. -122, 176
Izumi, T. -245
Jackson, R.F.W. -232
Jackson, W.R. -47, 200, 275, 277
Jacob III, P. -225
Jacobi, P.A. -210
Jacobsen, E.N. -234
Jagdmann, Jr., G.E. -374
Jager, V. -43
Jain, S. -354
Jalander, L. -72
Jalsovsky, I. -231
Jankowski, K. -279
Jarczewski, A. -102
Jeffery, T. -118
Jeminet, G. -406
Jendralla, H. -175
Jenkins, P.R. -281
Jew, S. -402
Jeyaraman, R. -265
Jintoku, T. -195
Jochims, J.C. -329
Johnson, G. -340
Johnson, P.D. -170
Johnson, R.P. -165
Johnson, W.S. -87
Jonczyk, A. -129
Jones, D.W. -238
Jones, Jr., G.S. -407
Jones, R.A. -297
Jones, R.C.F. -293
Jones, T.K. -8
Jong, T.-T. -285
Jordan, R.F. -182
Jordanov, B. -419
Joule, J.A. -248, 294
Jozwiak, A. -273

Julia, M. -114, 393
Julia, S.A. -63
Jung, M. -259
Jung, M.E. -71, 136
Junjappa, H. -190, 213, 425
Jutand, A. -175, 436
Kabalka, G,W. -365, 250, 439
Kaczmarek, L. -251
Kad, G.L. -128
Kadaba, P.K. -239
Kagan, H.B. -423
Kahara, M.O. -14
Kai, Y. -122
Kaitmazova, G.S. -428
Kajigaeshi, S. -369
Kakisawa, H. -327
Kakiuchi, K. -217
Kalbalka, G.W. -265, 368, 374, 378
Kalinin, V.N. -27
Kallmeerten, J. -282
Kamal, A. -427
Kambe, N. -52
Kamigata, N. -119, 178, 179
Kamimura, A. -40
Kaneda, K. -237
Kaneko, C. -158, 350
Kanemasa, S. -68, 99, 293
Kanematsu, K. -289
Kang, H.-Y. -79
Kang, J. -17, 85, 343
Kang, S.-K. -125
Kantam, M.L. -196
Kantlehner, W. -29
Kapil, R.S. -180
Kapoor, R.P. -213, 240
Kappe, T. -285
Kartashov, A.V. -371
Kasai, N. -122
Kasatkin, A.N. -72
Kasum, B. -301

Katagiri, N. -145, 151
Katayama, H. -319
Kato, H. -303
Kato, K. -269
Kato, M. -115
Kato, N. -215
Kato, S. -271, 342
Katritzky, A.R. -20, 28, 268, 366, 396, 402, 447
Katsarava, R.D. -446
Katsuki, T. -211
Katsumura, S. -105
Katz, T.J. -137
Kauffmann, T. -53
Kaufmann, D. -136, 143
Kaupp, G. -377
Kawai, M. -228
Kawanami, Y. -48
Kaye, P.T. -225
Keim, W. -436
Kellogg, R.M. -130, 348
Kelly, T.R. -176
Kende, A.S. -105, 256
Kennewell, P.D. -333
Kerber, R.C. -435
Ketcha, D.M. -247
Keumi, T. -172
Kher, S.M. -89
Khrimyan, A.P. -255
Khurana, J.M. -112
Kibayashi, C. -327, 398
Kieboom, A.P.G. -351
Kikugawa, Y. -375
Kim, D. -7
Kim, K.S. -231
Kim, S. -19, 71
Kim, Y.H. -219, 227
Kimura, Y. -373
Kirby, G.W. -335
Kirkiacharian, B.S. -237
Kiselev, V.D. -136
Kiso, Y. -359, 363
Kita, Y. -41, 74, 225, 274
Kitagawa, T. -394

Kitamura, T. -174, 196, 406
Kiyooka, S. -163
Klarner, F.-G. -381
Klemm, D. -49
Klibanov, A.M. -424
Kliger, G.A. -436
Klimenko, S.K. -252
Kluger, R. -429
Knapp, S. -356
Kniezo, L. -401
Knochel, P. -49, 71, 107, 180
Knolker, H.-J. -174, 295
Knorr, R. -282
Kobayashi, T. -303
Kobayashi, Y. -192
Kochetkov, N.K. -441
Kocienski, P. -26, 56, 116
Kocovsky, P. -213, 247
Koga, K. -2
Kogan, T.P. -397
Kogen, H. -233
Kohler, F.H. -101
Kohn, H. -341
Koike, H. -383
Koizumi, T. -146
Kokotos, G. -242
Kolb, M. -426
Kollar, L. -200
Kolomeitsev, A.A. -369
Komatsu, M. -268, 291
Komori, T. -264
Konig, K.H. -401
Korblova, E. -245
Kornblum, N. -448
Koser, G.F. -427
Kositkov, R.R. -430
Koskinen, A.M.P. -131, 400
Kostikov, R.R. -132
Kotali, A. -216
Kotsuki, H. -20, 128, 247
Kovalev, I.P. -77

AUTHOR INDEX

Kowalski, C.J. -99
Kowoser, E.M. -320
Kozhushko, B.N. -450
Kozikowski, A.P. -275
Krafft, M.E. -201
Krafft, T.E. -178
Krasutsky, P.A. -212
Kraus, G.A. -74, 168, 170, 212, 382
Kraus, Jr., G.A. -142
Krause, N. -123, 282
Kresge, A.J. -431
Krief, A. -22, 133
Kripylo, P. -253
Krishna, K.V.R. -180
Krohn, K. -220, 238, 429
Kron, T.E. -422
Kronenthal, D.R. -170
Kropp, P.J. -372
Krutosikova, A. -349
Kubo, A. -224
Kudo, T. -253
Kuhn, N. -347
Kujiwasa, Y. -195
Kukarni, G.H. -208
Kukhar', V.P. -444
Kula, M.-R. -58, 381
Kulinkovich, O.G. -134, 430
Kulkarni, M.G. -218
Kulkarni, Y.S. -427
Kunai, A. -395
Kundig, E.P. -184, 202
Kunesch, G. -114
Kunesch, N. -114
Kuno, H. -220, 253
Kunzer, H. -253
Kurasawa, Y. -294
Kurihara, T. -336
Kurozumi, S. -99
Kurth, M.J. -26, 335, 404
Kuwajima, I. -68, 123, 439
Kuz'min, V.A. -448
Kuznetsov, A.I. -347

Kuznetsov, M.A. -431
Kuzuhara, H. -50
L'abbe, G. -348
La Rosa, C. -327
Laatsch, H. -239
Labeish, N.N. -406, 428
Laborde, E. -118
Labroo, V.M. -385
Lakhvich, F.A. -258
Landini, D. -369
Lange, G.L. -418
Langhals, H. -1
Langlois, N. -66
Langstrom, B. -382
Larock, R.C. -14, 20, 177, 278, 305
Larson, G.L. -98
Laszlo, P. -64, 374, 401
Latruffe, N. -354
Laude, B. -294, 322
Lautens, M. -24, 25, 153, 209
Lavallee, J.F. -260
Lebedev, S.A. -175
LeCorre, M. -101
LeDrian, C. -244
Lee, C.C. -261
Lee, C.K. -114
Lee, E. -85, 210, 277
Lee, G.C.M. -108
Lee, I. -447
Lee, J.G. -362
Lee-Ruff, E. -77
Leeper, F.J. -445
LeFloc'h, Y. -366
Lehmann, J. -91
Lehn, J.-M. -421
Lehr, R.E. -396
Leigh, W.J. -163
Lentz, G.R. -330
Leone-Bay, A. -373
Leslie, D.R. -351
Ley, S.V. -201, 404, 405
Lhommet, G. -133

Li, C.-S. -177
Liebeskind, L.S. -157,
 188, 205, 213, 273
Liebscher, J. -340
Lin, H.C. -240, 260
Lin, Y. -247
Linderman, R.J. -9
Lindner, E. -203
Lippard, S.J. -68
Lipshutz, B.H. -17, 26, 70,
 71, 116, 436
Lisityn, V.N. -401
Liskamp, R.M.J. -384
Liso, G. -387
Little, D.R. -147
Little, R.D. -59, 77
Liu, H.-J. -95, 256
Liu, L. -137
Liu, R.-S. -52
Livinghouse, T. -144
Livingston, D.A. -45
Loewenthal, H.J.E. -18
Lopez, J.C. -140
Lopez-Herrera, F.J. -400
Lorenz, P. -148
Loupy, A. -353
Lown, J.W. -248
Lozanova, C. -320
Lu, X. -110, 278
Lugtenburg, J. -30
Luh, T.-Y. -106, 111, 112,
 437
Lukacs, G. -140
Lundt, I. -267
Luo, F.-T. -175
Lusztyk, J. -440
Lyle, T.A. -253
Ma, S. -107
Maat, L. -78, 153
Mac Leod, A.M. -212
Machiguchi, T. -279
Macias, F.A. -162
MacLean, D.B. -80
MacLeod, J.K. -11, 81

Magedov, I.V. -9
Magnani, G. -128
Magnusson, G. -71, 428
Magriotis, P.A. -47, 415
Mahajan, A.-R. -376
Mahajan, M.P. -311, 321
Maier, M.E. -56, 278
Main, L. -60
Maiorana, S. -267
Maitlis, P.M. -203
Majetich, G. -73, 74
Majewski, M. -214
Makin, S.M. -3
Makosza, M. -15, 186, 429
Mal'kina, A.G. -282
Malacria, M. -83, 144
Malamidou-Xenikaki, E. -
 248
Maletina, I.I. -440
Malhotra, R.C. -222
Maliverney, C. -332
Malkin, Ya.N. -448
Manchand, P.S. -391
Mandai, T. -208, 285
Mandel'shtam, T.V. -430
Mander, L.N. -72
Mani, N.S. -354
Mann, G. -450
Mann, J. -162
Manuilov, A.V. -447
Marcaccini, S. -320
Marchand, A.P. -111, 159,
 243
Margaretha, P. -159, 166
Mariano, P.S. -56
Markl, G. -344
Marko, I.E. -374
Marko, L. -437
Markov, P. -161
Marks, T.J. -434
Marquet, J. -13
Marr, G. -434, 435
Marshall, J.A. -57, 57, 211,
 286

Marson, C.M. -171
Martelli, J. -152
Martens, J. -377
Martin, J.D. -442
Martin, O.R. -177
Martin, R. -172
Martin, S.F. -296
Martinez, A.G. -171
Martynov, A.V. -406
Martynov, I.V. -441
Maruyama, K. -57
Maryanoff, C.A. -247
Masamune, S. -131
Masiukiewicz, E. -444
Maslak, P. -164
Massiot, G. -442
Mathew, J. -1, 17, 226
Mathey, F. -348, 349
Matsuda, I. -37, 200
Matsuda, Y. -293
Matsumoto, T. -47
Matsuura, T. -164
Matsuyama, H. -264
Matteoli, U. -254
Matteson, D.S. -7
Matthews, R.G. -445
Mattson, R.J. -379
Mayer, T. -123
Mayr, H. -40
Mc Clard, R.W. -412
Mc Kervey, M.A. -280
Mc Nab, H. -292
McCarthy, J.R. -90
McGarvey, G.J. -1, 50
McKervey, M.A. -88
McKillop, A. -230
McMills, M.C. -172
McMurry, J.E. -78
McNab, H. -158
Mehta, G. -42, 215, 441
Meier, H. -336
Meinwald, J. -139
Mel'nikova, V.I. -122
Melikyan, G.G. -107

Merlic, C.A. -177
Mertes, K.B. -315
Mestres, R. -80
Metz, P. -210
Metzner, P. -62
Meyers, A.I. -181
Michael, J.P. -238
Michalski, J. -414
Miethchen, R. -442
Miginiac, L. -50, 124
Miginiac, P. -189
Mikami, K. -214
Miki, S. -139
Mikolajczyk, M. -231
Mil'to, V.I. -172
Miller, A.E. -402
Miller, D.D. -240
Miller, M.J. -272, 317
Mills, F.D. -388
Mills, S.G. -8
Miokowski, C. -226
Miranda, M.A. -165, 349
Missiaen, P. -150
Mitani, M. -264
Mitchell, P.W.D. -264
Mitchell, T.N. -417
Mitsuhashi, T. - 211
Mittelbach, M. -237
Miura, M. -178
Miyakoshi, T. -189
Miyano, S. -181
Miyasaka, T. -24
Mizuno, K. -159
Mlochowski, J. -230
Mlosten, G. -332, 341
Moad, G. -431
Modena, G. -222
Moeller, K.D. -86
Moilanen, M. -35
Moiseev, I.I. -430
Molander, G.A. -286, 132
Molina, P, -303, 299, 318, 396
Mondeshka, D. -188

Montanari, F. -218
Montforts, F.-P. -297
Montginoul, C. -351
Moody, C.J. -149, 312, 396
Moore, H.W. -89, 157, 215
Moore, H.W. -308
Moran, J.R. -290
Moreno-Manas, M. -13
Moreto, J.M. -154
Mori, A. -153, 160
Mori, K. -117, 157
Mori, M. -207, 273
Moriarty, R.M. -213, 279, 280, 401, 427, 449
Morimoto, T. -220
Morin, Jr., J.M. -334
Morisaki, M. -368
Morisawa, Y. -383
Moriwake, T. -396
Mornet, R. -358
Morzherin, Y.Y. -44
Moss, W.O. -297
Motoki, S. -153, 311
Mousset, G. -362
Moyano, A. -199
Muchowski, J.M. -426
Muhlstadt, M. -334
Mukaiyama, T. -29, 40, 41, 66, 234, 235, 285
Mukherjee, D. -1
Muller, P. -156
Mulzer, J. -48, 352
Murahashi, S. -325
Murahashi, S.-I. -4, 221, 230, 254
Murai, A. -24
Murai, S. -134, 200, 201
Murai, T. -377
Murphy, J.A. -187, 263
Musker, W.K. -331
Musorin, G.K. -114
Mustafaev, A.M. -152
Myers, A.G. -40, 113

Myrboh, B. -389
Nacci, V. -334, 335
Naemura, K. -351
Nagao, Y. -8, 349
Nagashima, H. -278
Nagata, W. -329
Nagendrappa, G. -103
Nair, V. -352
Najera, C. -20, 69
Nakagawa, M. -137, 304
Nakai, T. -62, 208, 211, 214
Nakajima, N. -230
Nakajima, S. -224
Nakamura, E. -25, 439
Nakamura, K. -62, 245
Nakano, M. -90
Nakao, T. -231
Nakata, T. -423
Nakayama, J. -188
Nakazumi, H. -291
Narasaka, K. -77, 415
Narasimhan, N.S. -138
Naumann, C. -176
Nazarov, S.I. -390
Nefedov, O.M. -40, 130
Negishi, E. -22, 108
Negishi, E.-I. -201
Neidlein, R. -320, 408
Neplyuev, V.M. -425
Neumann, W.P. -376
Newcomb, M. -432
Ng, J.S. -267
Ngochindo, R.I. -364
Nicholas, K.M. -3, 22
Nicholson, B.K. -60
Nicolaou, K.C. -169, 262, 129
Nilsson, M. -180
Nishi, T. -383
Nishida, A. -84, 162
Nishigaichi, Y. -74
Nishiguchi, T. -387
Nishimura, J. -159

AUTHOR INDEX

Nishiwaki, T. -272
Nitta, M. -297, 303
Niyazymbetov, M.E. -429
Nojima, M. -345
Nokami, J. -198
Nomura, R. -410
Norbeck, D.W. -247
Norin, T. -255
Normant, J.-F. -120
Noyori, R. -49, 422
Nozaki, H. -431
Nozaki, S. -386
Nozoe, S. -258
Nozoe, T. -189, 346
Nutaitis, C.F. -258
O'Donnell, M.J. -382
O'Reilly, N.J. -260
Ochiai, M. -126
Oda, M. -121, 157, 393
Oelschlager, A.C. -417
Oertle, K. -33
Ogawa, T. -15
Ogle, C.A. -20
Oguni, N. -10, 49, 229
Ogura, H. -4, 405
Oh, D.H. -90
Ohashi, M. -164
Ohfune, Y. -317
Ohiro, Y. -268
Ohshiro, Y. -234, 240, 291, 293
Ohta, A. -177
Ohta, H. -18, 171
Oishi, T. -94, 423
Ojima, I. -415
Okamura, W.H. -136, 140
Okawara, T. -317, 318
Okazaki, H. -248
Oki, M. -420
Oku, A. -241, 368
Okuma, K. -98, 409
Okunowski, J.K. -222

Olah, G.A. -29, 121, 195, 258, 361, 371, 397, 401, 401
Oliva, A. -138
Oliver, J.E. -240
Ollis, W.D. -389
Olofson, R.A. -143
Olsson, T. -326
Onaka, M. -29
Oppolzer, W. -146, 197, 296, 383, 399
Ortar, G. -118, 257
Ortuno, R.M. -138
Osa, T. -233
Osakada, K. -201
Osapay, G. -444
Osawa, E. -111
Osborn, J.A. -247
Oshima, K. - 3,105, 115, 120, 216, 255, 315
Otera, J. -66
Otsuji, Y. -159
Otsuki, T. -159
Ottenheijm, H.C.J. -230
Otto, H.-H. -65
Overman, L.E. -177, 312, 329
Overton, K. -109
Ozaki, S. -353, 357
Ozawa, F. -196
Padias, A.B. -432
Padwa, A. -61, 67, 88, 156, 279, 289, 316
Page, P.C.B. -69, 230
Paglietti, G. -298
Pak, C.S. - 213
Pakrashi, S.C. -304
Palmer, C.J. -364
Palomo, C. -49, 98, 254, 270
Palyi, G. -196
Pandey, B. -161, 162, 231
Pandey, G. -262, 285
Pandit, U.K. -263

Panek, J.S. -235
Pankratov, V.A. -429
Panse, G.T. -386
Papernaya, L.K. -407
Paquette, L.A. -7, 119, 158, 208, 209, 210, 211, 213, 312, 425, 426
Parker, D. -420
Parsons, P.J. -75, 301, 408
Paryzek, Z. -89, 213
Pastor, S.D. -35
Patek, M. -363
Paterson, I. -37, 55, 209
Pattenden, G. -81, 209
Paulsen, H. -362
Pearson, A.J. -26, 433
Pearson, W.H. -306
Pedersen, E.B. -256, 367, 395, 397, 403
Pedersen, S.F. -367
Pedrosa, R. -10, 259
Peet. N.P. -27
Pellegata, R. -214
Penning, T.D. -242
Penso, M. -250, 369, 394
Percy, J.M. -120
Periasamy, M. -237, 241
Pericas, M.A. -126, 137, 199, 407
Perichon, J. -175, 203
Perumal, P.T. -237
Petasis, N.A. -100, 209, 279
Peterson, J.R. -309
Petit, Y. -24
Petrosyan, V.E. -429
Petrov, A.A. -428, 449
Peyman, A. -444
Picard, J.P. -416
Picq, D. -370
Pierini, A.B. -164
Piers, E. -2
Pinder, U. -142

Pindur, U. -149
Pine, S.H. -100
Pinhas, A.R. -272, 379
Pinhey, J.T. -228, 397
Piras, P.P. -250
Plumet, J. -393
Polivin, Y.N. -435
Polniaszek, R.P. -28
Pommelat, J.-C. -277
Popik, V.V. -39
Porter, N.A. -76
Posner, G.H. -81, 151, 283
Potmischil, F. -229
Potter, G.A. -175
Potts, K.T. -348
Poulter, C.D. -443
Pourcelot, G. -69
Prakash, G.K.S. -401
Prakash, O. -213, 221, 240
Praly, J.P. -131
Pranc, P. -373
Prescher, D. -410
Press, J.B. -269
Prestwich, G.D. -220
Pri-Bar, I. -228
Pridgen, L.N. -378
Pritzkow, W. -408
Procter, G. -415
Proidakov, A.G. -419
Protopova, M.N. -430
Pulido, F.J. -417
Pyne, S.G. -43
Qian, C. -251
Quallich, G.J. -172, 231
Quast, H. -390
Quayle, P. -176, 203
Queguiner, G. -408
Quintard, J.-P. -71, 417
Rabai, T. -231
Rabideau, P.W. -252
Rachwal, S. -46
Radchenko, S.I. -449
Radunz, H.-E. -6
Rae, I.D. -7

AUTHOR INDEX

Raevskii, O.A. -422
Rai, K.M.L. -133
Raifel'd, Y.E. -232
Rajan Babu, T.V. -264
Rama Rao, K. -231
Ramadas, S.R. -292
Ramakrishnan, V.T. -210
Ramesh, M. -163
Rando, R.R. -443
Rano, T.A. -176
Ranu, B.C. -241
Rao, J.M. -318
Rao, K.R. -326
Rapoport, H. -1, 45
Rastegaeva, V.M. -96
Rathke, M.W. -90
Rautenstrauch, V. -215
Ravindranathan, T. -140
Rawal, V.H. -11
Reamer, R.A. -8
Rebek, Jr., J. -8, 349, 421
Reddy, K.K. -336
Rees, D.C. -17
Reese, C.B. -364, 407
Reetz, M.T. -4
Regitz, M. -314, 345, 431
Reisch, J. -177
Reissig, H.-U. -56, 110, 131, 298, 328
Reitz, D.B. -23
Renaud, P. -81, 81
Resnick, P.R. -268
Reussig, H.-U. -139
Ricci, A. -433
Rich, D.H. -56, 233
Rich, J.D. -178
Richey, Jr., H.G. -183
Rieke, R.D. -158, 184
Rigby, J.H. -154
Ritter, K. -209
Roberts, S.M. -274
Robins, M.J. -218, 370
Rockett, B.W. -434, 435
Roesky, H.W. -439

Rogers, R.D. -439
Rollin, P. -397, 418
Rose-Munch, F. -185, 257
Rosenblum, M. -206
Rosini, G. -428
Roskamp, E.J. -11
Rossi, E. -321
Rossi, J.-C. -91
Rossi, R.A. -164
Rotella, D.P. -285
Roth, G.P. -118
Roush, W.R. -55, 193
Rousseau, G. -40
Roy, R. -40, 403
Royer, R.E. -391
Rozen, S. -228
Ruchardt, C. -158
Rudchenko, V.F. -268
Rudler, H. -199
Ruedi, P. -164
Rukavishnikov, A.V. -233
Russavskaya, N.V. -292
Russell, G.A. -73
Ruttimann, A. -148
Ruveda, E.A. -16
Ruzziconi, R. -6
Ryall, R.P. -185
Ryu, E.K. - 219, 326, 394, 400
Ryu, I. -199, 415
Rzeszotarska, B. -444
Saa, J.M. -176, 257
Saba, A. -132
Saba, S. -342
Saburi, M. -253
Saegusa, T. -204, 281
Safi, M. -397
Saigo, K. -10, 28, 143, 294, 362
Saito, I. -95, 427
Saito, K. -151
Saito, S. -396
Sakai, K. -72
Sakai, K. -212

Sakaki, J. -279
Sakamoto, M. -162, 209, 214
Saki, K. -288
Sakuragi, H. -158
Salaun, J. -213, 266
Salazar, J.A. -412
Salerno, G. -109
Salomon, R.G. -307
Salvadori, P. -265, 433
Sammes, M.P. -343
Sampson, P. -237, 283
Samuilov, Y.D. -152
Sandhu, J.S. -148, 251, 376
Sano, T. -158
Santamaria, J. -165
Santiago, B. -255
Saquet, M. -262
Sargent, M.V. -181, 189
Sarkar, T.K. -215, 440
Sarmah, P. -250
Sartori, G. -172
Sasaki, M. -403
Satchell, D.P.N. -450
Satchell, R.S. -450
Sato, F. -71, 108, 192
Sato, K. -92, 310
Sato, M. -158
Sato, R. -214, 246, 273
Sato, T. -438
Sato, Y. -51
Saunders, M. -111
Sauvage, J.-P. -437
Sauvetre, R. -120, 234, 369
Scarpati, M.L. -171
Schafer, H.-J. -12, 286
Schakel, M. -45
Schantyl, J.G. -401
Scharf, H.-D. -223
Schecter, H. -398
Scheeren, J.W. -103
Schenk, W.A. -313

Schick, H. -35, 129, 354
Schimmel, P. -444
Schlosser, M. -130, 223, 369, 412
Schmidt, A.H. -181
Schmidt, H. -344
Schmidt, R.R. -101, 120, 152, 209
Schmitz, F.J. -213
Schnittel, M. -390
Schobert, R. -264
Schonecker, B. -27
Schoofs, A.R. -328
Schreiber, S.L. -91, 141, 433
Schrock, R.R. -437
Schultz, A.G. -423
Schultz, M. -225
Schulz, P.G. -420
Schumacher, D.P. -370
Schummer, D. -256
Schwab, J.M. -429
Schwarts, U.M. -297
Schwartz, J. -102
Schwegler, M.A. -367
Scolastico, C. -9, 235
Scott, A.I. -445
Scott, F. -255
Scott, L.T. -88
Screttas, C.G. -433
Scrivanti, A. -200
Seebach, D. -69, 351, 380, 446
Seela, F. -256
Seitz, G. -306
Sell, C.S. -443
Sennyey, G. -391
Sera, A. -310
Seyferth, D. -416
Sha, C.-K. -81, 297
Shaik, S.S. -448
Shakespeare, W.C. -150
Shapiro, E.A. -430
Sharma, G.V.M. -286

Sharma, R.P. -106
Sharma, S.D. -270
Sharpless, K.B. -235, 398
Shatzmiller, S. -34, 170
Shavanov, S.S. -390
Shaw, A.N. -398
Shea, K.J. -140, 317
Sheldon, R. -424
Sheldrake, P.W. -149
Shen, Y. -95, 96, 97, 171
Sheridan, J.B. -202
Shi, L.-L. -52
Shiao, M.-J. -184
Shibagaki, M. -361, 51, 273, 118
Shibata, I. -260, 267
Shibuya, I. -411
Shim, S.C. -79, 159, 194
Shimizu, I. -264
Shimizu, N. -214
Shimizu, S. -261
Shimizu, T. -319
Shing, T.K.M. -139
Shishido, K. -89, 326
Shiuey, S.-J. -370
Shono, T. -50
Shteinberg, L.Y. -374
Shudo, K. -401
Si, Z.-x. -237
Siebert, W. -345
Simandi, L.I. -401
Simchen, G. -416
Simonet, J. -80
Simpkins, N.S. -307, 423, 428
Sinay, P. -402
Singh, H.B. -345
Singh, V. -87
Singleton, D.A. -83, 147
Sinnott, M.L. -445
Sinou, D. -391
Sivova, L.A. -293
Sjoholm, R.E. -46
Skarzewski, J. -218

Sket, B. -238
Sliwa, H. -337
Smalley, R.K. -338
Smith, III, A.B. -72
Smith, M.B. -136
Smith, R.A.J. -169
Smith, R.S. -23
Smith, W.B. -418
Snider, B.B. -16, 72, 80, 89, 190
Snieckus, V. -75, 121, 178, 186, 427
Snyder, J.K. -145, 238
Snyder, J.P. -169
Soai, K. -49
Soderquist, J.A. -55, 98, 117, 255
Solladie, G. -243
Solladie-Cavallo, A. -45
Solomon, D.H. -431
Sommer, M.B. -89
Sonawane, H.R. -165, 168
Sonnek, G. -415
Sonoda, N. -52, 199, 415
Soroka, M. -411
Sosnovskii, G.M.. -21
Souchet, M. -45
Speckamp, W.N. -315
Spindler, F. -247
Spitzner, D. -65
Spreitzer, H. -1, 299, 366
Srikrishna, A. -81, 150, 208, 286
St. Georgiev, V. -327, 400
Stach, J. -419
Stammer, C.H. -449
Stang, P.J. -372
Stanovnik, B. -324
Staretty, P. -208
Steckhan, E. -142
Steele, B.R. -433
Steenkamp, J.A. -224
Stefanovsky, Y.N. -61
Stella, L. -302

Stephenson, G.R. -185
Sternbach, D.D. -144
Sternhell, S. -183
Steudel, R. -408
Stevens, P.J. -298
Stick, R.V. -387
Stick, R.V. -390
Still, I.W.J. -342
Stille, J.K. -128, 202
Stille, J.R. -21
Stoodley, R.J. -152
Stork, G. -7, 8, 176
Streinz, L. -92
Streith, S. -328
Strekowski, L. -305
Strukul, G. -233
Stryker, J.M. -135, 253, 255
Suarez, E. -221
Suda, K. -39
Sugahara, K. -280
Sugasawa, T. -186
Suginome, H. -163, 222, 282
Sugiyama, K. -233
Sundaram, N. -323
Sundermeyer, W. -310
Suri, S.C. -178, 216
Suss-Fink, G. -247
Sutherland, R.G. -184
Suzuki, A. -37, 117, 192, 193
Suzuki, H. -15, 325, 327
Suzuki, K. -170, -214
Suzuki, T. -415
Svantos, A. -388
Svetlik, J. -303
Swaminnathan, S. -210
Sweet, M.P. -369
Sweigart, D.A. -179
Swenton, J.S. -7, 166
Swindell, C.S. -42
Sy, W.-W. -228
Sydnes, L.K. -260

Szabo, Z. -334
Szantay, C. -297
Szeimies, G. -265
Tadano, K. -208
Tagawa, H. -12
Tagliavini, G. -57
Taguchi, T -10, 62
Tai, A. -130
Takacs, J.M. -86, 215
Takahashi, H. -48
Takahashi, T. -144
Takai, K. -48, 54, 108, 255
Takaki, K. -207
Takano, S. -28, 125, 267, 294
Takashita, H. -215
Takaya, H. -422
Takeda, T. -5, 217
Takehira, K. -222
Takeshita, H. -153, 158, 160, 237
Takeuchi, R. -200
Takigawa, S. -384
Takikawa, Y. -412
Takuwa, A. -57, 167
Talapatra, B. -246
Talapatra, S.K. -246
Tamakawa, K. -43
Tamao, K. -46, 186
Tamm, C. -33, 180
Tamura, R. -327
Tanaka, J. -68, 99
Tanaka, K. -70, 415
Tanaka, M. -245, 384
Tani, H. -325
Tanigushi, H. -174, 406
Tanikaga, R. -14
Tanimoto, S. -244, 262
Tanis, S.P. -172
Tanner, D. -24
Tari, I. -220
Taticchi, A. -135, 143
Tatsuta, K. -326
Taylor, E.C. -11, 350

AUTHOR INDEX

Taylor, J.W. -444
Taylor, R.J.K. -39, 89, 127
Tellier, F. -128
Tenaglia, A. -217
Terashima, S. -58, 127
Teuben, J.H. -205
Thebtaranonth, C. -425
Thebtaranonth, Y. -155, 425
Theodoridis, G. -250
Theopold, K.H. -435
Thomas, E.J. -142
Thomas, H.G. -394
Thomas, S.E. -298
Thompson, A.S. -373
Thompson, W.J. -14
Thornton, E.R. -152
Thurston, D.E. -358
Thyagarajan, B.S. -405
Tidwell, T.T. -220, 431
Tiecco, M. -278
Tietze, L.F. -168, 309, 405
Tietze, L.T. -73
Timmer, K. -253
Timokhin, B.V. -440
Timoney, R.F. -272
Timoteus, K.R. -32
Tingoli, M. -278
Tius, M.A. -307
Tobe, Y. -214
Todres, Z.V. -432
Togni, A. -35, 309
Togo, H. -284
Toke, L. -129
Tokumitsu, T. -62
Tolbert, L.M. -165
Tolstikov, G.A. -96, 219
tom Dieck, H. -206
Tombo, G.M.R. -129
Tominaga, Y. -315
Tomioka, H. -157
Tomioka, K. -67, 146, 235
Toniolo, L. -198

Torii, S. -30, 32, 48, 79, 146
Torres, J.L. -360, 386
Torssell, K.B.G. -326
Toru, T, -5
Toth, G. -293
Tour, J.M. -255, 291
Tramotini, M. -450
Trapani, G. -387
Trivedi, G.K. -130
Trofimov, B.A. -347
Trombini, C. -37
Tronche, P. -275
Trost, B.M. -60, -127, 204, 285, 438
Trzeciak, A.M. -200
Tsai, Y.-M. -81
Tselinskii, I.V. -371
Tsuboi, S. -220
Tsuchiya, T. -338
Tsuda, T. -204, 281, 320, 158
Tsuge, O. -349
Tsuji, J. -123, 198, 437
Tsuji, T. -161
Tsunoda, T. -210, 366
Tsushima, T. -384
Tsvetkov, E.N. -422
Uang, B.-J. -393
Ueda, I. -96
Uemura, S. -233
Uenishi, J. -38
Ugi, I. -414
Uhlmann, E. -444
Umani-Ronchi, A. -3, 10
Umemoto, T. -227
Undheim, K. -346
Uneyama, K. -78, 170
Urpi, F, -394, 394
Utimoto, K. -3, 29, 48, 54, 105, 108, 115, 120, 216, 315
Uvarov, V.I. -170
van Boom, J.H. -97

van den Berg, E.M.M. -96
van der Baan, J.L. -248
van der Heide, E. -236
van der Helm, D. -213
van der Made, A.W. -233
van der Plas, H.C. -151
van Doorn, J.A. -183
van Koten, G. -180, 436
van Leeuwen, P.W.N.M. -200
Varie, D.L. -172
Vatele, J.M. -211
Vedejs, E. -1
Veeneman, G.H. -402
Venkateswaren, R.V. -159
Verboom, W. -346
Vereshchagin, L.I. -337
Verlhac, J.-B. -56
Vidari, G. -361
Viehe, H.G. -405
Villieras, J. -72
Vinnik, M.I. -100
Vogel, P. -143, 441
Vogtle, F. -111
Vollhardt, K.P.C. -182, 252, 295
Vorbruggen, H. -115, 310
Vors, J.-P. -323
Voskoboinikov, A.Z. -200
Voss, J. -411
Wada, M. -54
Wakabayashi, H. -189
Walborsky, H.M. -434
Waldman, H. -50
Waldmann, H. -146
Walkup, R.D. -241, 286
Wallace, R.G. -377
Wallace, T.W. -238
Walsh, C.T. -445, 446
Walther, D. -27
Wamhoff, H. -321
Ward, R.S. -423, 424
Warkentin, J. -319
Wasserman, H.H. -303

Watanabe, M. -45, 411
Watanabe, Y. -29, 251, 365,
Watson, W.H. -111, 159
Watt, D.S. -225, 240
Wayner, D.D.M. -236, 278
Weigel, L. -243
Weiler, L. -118
Weinges, K. -87, 97
Weinreb, S.M. -56, -215, 321
Welch, J.T. - 211
Welch, S.C. -411
Wells, A.S. -149
Wender, P.A. -48, 103, 139, 150, 160, 199
Wenkert, E. -88, 114, 135, 143
Werbitzky, O. -328
Werner, H. -113
Wess, G. -91
West, F.G. -160
Whitby, R.J. -198
White, A.H. -449
White, J.B. -210
White, J.D. -16, 239, 271
Whitesell, J.K. -409
Whitham, G.H. -84
Whiting, D.A. -77, 288
Wicha, J. -18, 83, 114
Wickberg, B. -141
Widdowson, D.A. -180
Wiemer, D.F. -94
Wiersom, U.E. -79
Wijnberg, J.B.P.A. -217
Wilcox, C.S. -81
Williams, D.R. -94, 287
Williams, G.M. -46
Williams, M.T. -172
Williams, R.M. -8
Winkler, J.D. -159
Wistrand, L.-G. -24
Wobig, D. -292
Wong, H.N.C. -215

Woodgate, P.D. -60, 223
Wozniak, M. -379
Wright, M.E. -58, 131
Wu, Y.L. -226
Wulff, W.D. -131, 148, 203, 214, 298
Xie, Z.-F. -45
Xu, Y. -6
Yadav, J.S. -197, 369
Yamada, T. -235, 381
Yamada, Y. -258
Yamagishi, T. -13, 245
Yamaguchi, M. -13, 39, 63
Yamakawa, K. -18, -48, 370
Yamamoto, A. -196, 201
Yamamoto, H. -208, 208, 249, 314
Yamamoto, K. -235
Yamamoto, M. -28
Yamamoto, T. -103
Yamamoto, Y. -25, 54, 212, 215, 306, 312, 397
Yamamura, S. -91, 239, 282
Yamanaka, H. -175, 176, 281, 350
Yamashita, A. -191
Yamauchi, T. -213
Yamazaki, C. -323
Yamazaki, S. -60, 394
Yan, T.-H. -120
Yanada, K. -104
Yang, P.-W. -189
Yang, T.-K. -302
Yanlong, Q. -79
Yasuda, H. -112
Yates, P. -139
Yinglin, H. -377
Yoakim, C. -259
Yoishida, K. -180
Yokoyama, M. -284, 327
Yoneda, N. -128
Yonemoto, K. -411

Yoo, S. -250
Yoo, S.-E. -359
Yoshii, E. -28, 33
Yoshikoshi, A. -62, 69, 264, 283
Yoshioka, M. -168
Yuan, C. -411
Yurtanov, A.I. -441
Zakrzewski, J. -251, 347
Zavada, J. -103
Zbiral, E. -99, 263
Zhang, R. -327, 413
Zhou, W. -62
Zhou, W.-S. -232
Ziegler, F.E. -215, 353
Zimmermann, G. -155
Zoeller, J.R. -156
Zschunke, A. -419
Zwanenburg, B. -268. 310
Zweifel, G. -125
Zydowsky, T.M. -383